中国科学院大学研究生教材系列

普通病毒学

（第二版）

胡志红　陈新文　主编

U0824733

科学出版社
北　京

内 容 简 介

本书系统阐述了普通病毒学的基础理论和概念，并选择重要的病毒类群进行深入介绍。内容包括病毒的分类与命名、形态与结构、复制周期、基因组复制、致病机制、感染与免疫、疫苗、药物，以及病毒性新发传染病、重要人类病毒、重要动物病毒、重要植物病毒、重要虫媒病毒、烈性病毒和非传统病毒等。全书内容翔实，丰富而新颖，既系统介绍了病毒学的基础理论知识，又反映了病毒学研究的最新发展动态和方向。

本书可作为病毒学、微生物学等专业硕士、博士研究生的专业教材，也可作为相关专业本科生的辅助教材和考研参考资料，同时可供从事病毒学、微生物学、免疫学、医学、兽医、农业、生物技术等相关专业研究的科技人员参考。

图书在版编目（CIP）数据

普通病毒学 / 胡志红，陈新文主编 . —2 版 . —北京：科学出版社，2019.11

中国科学院大学研究生教材系列

ISBN 978-7-03-063156-5

Ⅰ . ①普… Ⅱ . ①胡… ②陈… Ⅲ . ①病毒学—研究生—教材 Ⅳ . ① Q939.4

中国版本图书馆 CIP 数据核字（2019）第 249165 号

责任编辑：刘 丹 赵晓静 / 责任校对：严 娜

责任印制：赵 博 / 封面设计：耕者设计

科学出版社出版

北京东黄城根北街 16 号

邮政编码：100717

http://www.sciencep.com

北京建宏印刷有限公司印刷

科学出版社发行 各地新华书店经销

*

2002 年 10 月第 一 版 开本：787 × 1092 1/16

2019 年 11 月第 二 版 印张：22 1/4

2026 年 1 月第二十四次印刷 字数：526 000

定价：98.00 元

（如有印装质量问题，我社负责调换）

编写委员会

Drafting Committee

主　编　胡志红　陈新文

编　委（按姓氏笔画排序）

王　云　中国科学院武汉病毒研究所
王华林　中国科学院武汉病毒研究所
王延轶　中国科学院武汉病毒研究所
邓　菲　中国科学院武汉病毒研究所
石正丽　中国科学院武汉病毒研究所
叶　健　中国科学院微生物研究所
刘玉乐　清华大学
关武祥　中国科学院武汉病毒研究所
杨兴娄　中国科学院武汉病毒研究所
杨秀玲　中国农业科学院植物保护研究所
杨荣阁　中国科学院武汉病毒研究所
李　毅　北京大学
李朝阳　中国科学院武汉病毒研究所
肖庚富　中国科学院武汉病毒研究所
吴建国　福建农林大学
吴春晨　中国科学院武汉病毒研究所
张　波　中国科学院武汉病毒研究所
张忠信　中国科学院武汉病毒研究所
陈建军　中国科学院武汉病毒研究所
陈绪林　中国科学院武汉病毒研究所
陈新文　中国科学院武汉病毒研究所
范在丰　中国农业大学
罗敏华　中国科学院武汉病毒研究所
周　涛　中国农业大学
周　鹏　中国科学院武汉病毒研究所
周　溪　中国科学院武汉病毒研究所
周雪平　中国农业科学院植物保护研究所
郑振华　中国科学院武汉病毒研究所
赵　坤　北京大学

赵　非　中国科学院武汉病毒研究所
胡　犇　中国科学院武汉病毒研究所
胡志红　中国科学院武汉病毒研究所
胡勤学　中国科学院武汉病毒研究所
钟　波　武汉大学
袁志明　中国科学院武汉病毒研究所
夏　菡　中国科学院武汉病毒研究所
陶小荣　南京农业大学
黄　钰　北京大学
曹　晟　中国科学院武汉病毒研究所
龚　鹏　中国科学院武汉病毒研究所
彭　珂　中国科学院武汉病毒研究所
曾文波　中国科学院武汉病毒研究所
鄢慧民　中国科学院武汉病毒研究所
裴荣娟　中国科学院武汉病毒研究所
潘兹书　武汉大学

序
Preface

随着人类活动的增加和全球气候的变化，病毒性传染病对人类健康、经济发展、社会稳定和国家安全所造成的威胁越来越引人注目。其实，除了作为病原微生物，病毒还在控制宿主种群密度、维持地球生物圈的物质及能量平衡等方面发挥着重要的作用。病毒是一种十分奇特的生物，它本质上是一种生物大分子，而当这种大分子遇到合适的宿主细胞时，就会表现出入侵、复制、组装等生命特征。比起其他的细胞生物，病毒的生命形式相对简单，但其与宿主的相互作用却因自然演化而变得丰富多样又独具特色。病毒学研究，一方面，针对引起人类、动物、植物疾病的病毒病原进行深入研究，了解其生物学特性、繁殖机制、传播规律，研制相应的疫苗和药物，从而对病毒性疾病进行预防、控制和治疗；另一方面，通过对病毒及其与宿主相互作用的研究，揭示生命科学的重要规律。此外，还可以将病毒开发为生物技术的工具，为人类造福。因此，病毒学自 100 多年前诞生以来，一直是生命科学的重要分支，并且在分子生物学、细胞生物学、肿瘤学、免疫学等学科和相关生物技术的发展中起到了重要作用。

《普通病毒学》第二版系统全面地介绍了病毒学的理论体系和相关研究的最新进展。该书的前半部分从病毒的分类与命名、形态与结构、复制周期、基因组复制、致病机制、感染与免疫、疫苗、药物等方面系统阐述普通病毒学的基础理论，后半部分选择病毒性新发传染病、重要人类病毒、重要动物病毒、重要植物病毒、重要虫媒病毒、烈性病毒以及非传统病毒进行重点介绍。作为一本研究生教材，该书具有知识结构清晰、内容翔实、参考资料丰富、深浅结合等特点，可以让学生在掌握经典病毒学知识的同时，深入了解病毒学的最新进展和发展方向，为其今后的科学研究奠定基础。

该书的编者主要来源于中国科学院武汉病毒研究所和病毒学国家重点实验室，也包括其他单位的病毒学专家，他们长期工作在病毒学研究的第一线，为我国病毒学的发展做出了重要贡献。作为病毒学国家重点实验室的学术委员会主任，我对多数编者的工作比较了解，很高兴能看到该书的出版，相信它将对病毒学相关领域的科学研究和人才培养产生重要的推动作用。

饒子和

于清华园

2019 年 5 月 15 日

第二版前言

Second edition preface

病毒是地球上形态最小、数量最为丰富的生命形式，它们在对人类健康、经济发展和社会稳定产生重大影响的同时，也在地球生物圈中发挥着重要的作用。病毒学是生命科学的重要分支，从 100 多年前诞生开始，其就对生命科学和生物技术的发展起到了重要的推动作用。普通病毒学主要研究病毒的基本特性及其与宿主相互作用的本质规律，研究对象涵盖人类病毒、动物病毒、植物病毒、噬菌体等所有病毒。

本书第一版于 2002 年出版，被列入中国科学院研究生教学丛书，得到广大师生的充分肯定。第一版出版至今已有 17 年，这期间病毒学的理论知识和应用技术都有很大的发展。因此，第二版在上一版的基础上，根据最新的研究进展对病毒学理论知识进行了扩充和更新，为引导读者进一步深度学习精选了一些重要的参考文献，还补充了复习思考题，并且由第一版的黑白印刷改为彩版印刷。

本书共 16 章，前 9 章主要阐述普通病毒学的理论体系，后 7 章选择重要的病毒类群进行专门介绍。本书的编者主要为中国科学院武汉病毒研究所和病毒学国家重点实验室的人员，也包括武汉大学、北京大学、中国农业大学、福建农林大学、中国科学院微生物研究所、清华大学、南京农业大学、中国农业科学院植物保护研究所等长期从事病毒学相关领域研究的专家。本书具体编写分工如下：第 1 章病毒学概述由胡志红、陈新文编写，第 2 章病毒分类与命名由张忠信编写，第 3 章病毒的形态与结构由曹晟、龚鹏编写，第 4 章病毒的复制周期由胡勤学、关武祥编写，第 5 章病毒基因组复制由张波、彭珂编写，第 6 章病毒的致病机制由陈新文、王云编写，第 7 章病毒感染与免疫由王延轶、钟波编写，第 8 章抗病毒疫苗由鄢慧民编写，第 9 章抗病毒药物由陈绪林编写，第 10 章病毒与病毒性新发传染病由石正丽、周鹏、杨兴娄、胡犇编写，第 11 章重要人类病毒由罗敏华、赵非、吴春晨、裴荣娟、陈新文、郑振华、陈建军、曾文波、杨荣阁编写，第 12 章重要动物病毒由周溪、潘兹书编写，第 13 章重要植物病毒由李毅、范在丰、周涛、吴建国、叶健、刘玉乐、陶小荣、周雪平、杨秀玲、黄钰、赵坤编写，第 14 章重要虫媒病毒由邓菲、王华林编写，第 15 章烈性病毒与生物安全由肖庚富、袁志明、夏菡编写，第 16 章非传统病毒由李朝阳编写。

全书的编写和审定过程得到了科学出版社刘丹女士和赵晓静女士的大力支持，编者的一些同事和学生为本书提供了图片、编辑等帮助，病毒学国家重点实验室对本书的出版给予了大力支持，在此一并表示由衷的感谢。

感谢饶子和院士为本书作序。

本书获得了中国科学院大学教材出版中心的资助，并被列入中国科学院大学研究生系列教材，感谢评审专家为本书提出的修改建议。

本书第一版的主编谢天恩先生已于2010年离开了我们，第二版的出版也是对谢先生最好的纪念。

由于病毒学及其相关生物技术发展十分迅速，加之编者水平的局限性，书中不妥之处在所难免，恳请读者批评指正，以便再版时及时更定。

编　者

2019年5月

目录 Contents

第 1 章　病毒学概述……1

第一节　病毒学发展史……1

一、人类对病毒认识的经验时期……1

二、病毒的发现时期……2

三、早期病毒学的发展……3

四、病毒学及其对生命科学的推动作用……5

五、病毒学相关生物技术的发展……8

第二节　病毒的种类及其在自然界中的作用……9

一、病毒的分类……9

二、病毒的起源……10

三、病毒在自然界中的作用……11

小结……13

复习思考题……14

参考文献……14

第 2 章　病毒分类与命名……19

第一节　病毒分类的组织……19

一、国际病毒分类委员会……19

二、病毒分类学的发展……19

第二节　病毒的主要类群……22

一、脊椎动物的病毒……22

二、昆虫及其他无脊椎动物的病毒……23

三、高等植物的病毒……23

四、藻类和真菌的病毒……24

五、原核生物的病毒……24

六、亚病毒因子……25

第三节　病毒分类单元及命名规则……26

一、病毒分类单元……26

二、病毒分类命名通用规则……27
三、病毒分类单元的命名规则……27
四、病毒种的命名规则……28
五、亚病毒因子的分类命名规则……29
六、病毒名称书写规则……29

第四节　病毒分类的原理和依据……29
一、病毒分类的原理……29
二、病毒分类的依据……30

第五节　病毒分类系统……30

小结……40

复习思考题……40

参考文献……40

第 3 章　病毒的形态与结构……43

第一节　病毒结构概述……43
一、什么是病毒粒子……43
二、病毒粒子的形态和大小……44

第二节　病毒的对称性结构……45
一、病毒衣壳多以对称结构存在……45
二、正二十面体球状结构……45
三、螺旋状结构……48
四、复合对称结构……49

第三节　病毒的高分辨率结构研究……51
一、冷冻电子显微术……51
二、病毒重要蛋白质的结构研究……55

小结……59

复习思考题……59

参考文献……59

第 4 章　病毒的复制周期……63

第一节　病毒吸附和进入……63
一、病毒的吸附……63
二、病毒进入细胞的一般机制……64
三、包膜病毒的入侵……66
四、无包膜病毒的入侵……70

第二节　病毒脱衣壳 …… 72

一、病毒脱衣壳的通用机制 …… 72

二、重要病毒脱衣壳的过程 …… 74

第三节　病毒的装配与释放 …… 78

一、病毒粒子的装配 …… 78

二、病毒粒子的释放 …… 81

小结 …… 83

复习思考题 …… 84

参考文献 …… 84

第 5 章　病毒基因组复制 …… 86

第一节　病毒基因组复制的基本概念 …… 86

一、巴尔的摩病毒分类 …… 86

二、病毒聚合酶 …… 88

三、病毒复制地点的类型及原因 …… 89

四、复制的分子机制 …… 89

五、复制工厂及宿主因子 …… 91

六、突变率 …… 91

第二节　病毒基因组复制的类型 …… 92

一、DNA 病毒的复制 …… 92

二、RNA 病毒的复制 …… 99

三、逆转录病毒的复制 …… 101

小结 …… 105

复习思考题 …… 105

参考文献 …… 105

第 6 章　病毒的致病机制 …… 108

第一节　病毒感染宿主 …… 108

一、入侵 …… 108

二、病毒在宿主体内的扩散 …… 110

三、病毒的传播 …… 111

四、几个相关概念与定义 …… 112

第二节　病毒感染的类型 …… 113

一、病毒感染的潜伏期 …… 113

二、急性感染 …… 113

三、持续性感染 …… 114
四、流产感染 …… 115
五、转化性感染 …… 115
第三节 病毒感染与肿瘤 …… 115
一、细胞转化与肿瘤 …… 115
二、肿瘤病毒 …… 115
三、病毒致肿瘤的机制 …… 116
第四节 病毒感染与炎症反应 …… 119
一、病毒感染引起的急性和慢性炎症反应 …… 119
二、炎症反应的分子生物学基础 …… 119
小结 …… 120
复习思考题 …… 121
参考文献 …… 121
第 7 章 病毒感染与免疫 …… 123
第一节 抗病毒免疫概述 …… 123
一、免疫系统概述 …… 123
二、抗病毒免疫应答概述 …… 124
第二节 天然免疫对病毒感染的识别 …… 125
一、模式识别受体概述 …… 125
二、Toll 样受体 …… 126
三、RIG-Ⅰ样受体 …… 126
四、胞质 DNA 受体 …… 127
第三节 抗病毒天然免疫 …… 128
一、干扰素介导的抗病毒天然免疫 …… 128
二、自然杀伤（NK）细胞介导的抗病毒天然免疫 …… 129
三、补体系统介导的抗病毒天然免疫 …… 130
第四节 适应性免疫细胞对病毒感染的识别 …… 131
一、T 细胞对病毒抗原的识别依赖于抗原呈递细胞对病毒的摄取、加工与呈递 …… 131
二、B 细胞直接识别病毒抗原 …… 133
第五节 抗病毒细胞免疫与体液免疫 …… 135
一、T 细胞介导的细胞免疫 …… 135
二、B 细胞介导的体液免疫 …… 136
第六节 病毒的免疫逃逸 …… 138
一、病毒对天然免疫的逃逸 …… 138

二、病毒对适应性免疫的逃逸……139
小结……141
复习思考题……141
参考文献……141
第 8 章 抗病毒疫苗……144
第一节 疫苗的来历与发展……144
一、中国古代的“类疫苗”医学实践……144
二、詹纳与巴斯德开创近代疫苗学先河……145
三、近代疫苗研发进程和现代免疫接种应用概况……146
第二节 疫苗的种类及其典型实例……147
一、减毒疫苗……148
二、灭活疫苗……148
三、亚单位疫苗……149
四、载体疫苗……149
五、DNA 疫苗……150
六、RNA 疫苗……150
七、多糖疫苗……150
第三节 抗病毒疫苗免疫接种、免疫应答和保护机制……151
一、疫苗的接种方式及递送系统……151
二、疫苗佐剂……152
三、疫苗免疫应答机制与保护机制……155
第四节 抗病毒疫苗的研制……157
一、从概念到产品原型，产品原型到临床试验，临床试验到临床应用……158
二、疫苗研制遵循“安全有效，质量可控”原则……159
三、疫苗具有公共安全属性，还需兼顾成本价格和大众支付能力……159
第五节 抗病毒疫苗研发的挑战和展望……159
一、抗病毒疫苗研发面临的问题和研发瓶颈……159
二、抗病毒疫苗未来发展方向和突破路径……162
小结……162
复习思考题……163
参考文献……163
第 9 章 抗病毒药物……165
第一节 概述……165

一、抗病毒药物研究的简要历史 ……165
二、抗病毒药物的现状 ……166
第二节 抗病毒药物研究方法与技术 ……166
一、病毒的生活周期与抗病毒药物靶标 ……166
二、基于靶标的体外抗病毒药物筛选技术 ……168
三、基于细胞的抗病毒药物筛选技术 ……168
四、药物的抗病毒机制研究及耐药性 ……172
五、病毒感染性疾病的动物模型 ……173
第三节 抗 HIV 药物 ……174
一、抗 HIV 药物及 HAART 治疗 ……174
二、抗 HIV 药物的研究进展与展望 ……175
第四节 抗乙型肝炎病毒药物 ……176
一、慢性乙肝的治疗药物 ……176
二、抗乙肝药物的研究进展与展望 ……177
第五节 抗丙型肝炎病毒药物 ……178
一、早期抗 HCV 药物及治疗 ……178
二、抗 HCV 药物研究进展 ……179
第六节 抗流感病毒药物 ……180
一、流感的致病特点及治疗药物 ……180
二、抗流感药物研究进展 ……181
小结 ……182
复习思考题 ……183
参考文献 ……183
第 10 章 病毒与病毒性新发传染病 ……186
第一节 病毒性新发传染病 ……186
一、病毒性新发传染病的特征 ……186
二、病毒性新发传染病的传播 ……187
三、病毒性新发传染病的影响因素 ……188
第二节 病毒性新发传染病的动物溯源 ……189
一、SARS 冠状病毒 ……189
二、MERS 冠状病毒 ……193
三、汉坦病毒 ……195
四、拉沙病毒 ……198
第三节 新发病毒的预防与控制 ……200

小结……203
复习思考题……203
参考文献……204
第 11 章 重要人类病毒……207
第一节 消化系统病毒……207
一、肝炎病毒……207
二、肠道病毒……213
第二节 神经系统病毒……215
一、疱疹病毒……215
二、狂犬病病毒……220
第三节 呼吸系统病毒……222
一、流感病毒基本特性……222
二、病毒的复制与生活周期……224
三、病毒流行及防控……225
第四节 免疫系统病毒……227
一、HIV 形态结构……227
二、HIV 基因组……228
三、HIV 复制生活周期……229
四、HIV 临床感染症状、传播方式与检测……229
五、HIV 感染现状与治疗……230
小结……231
复习思考题……231
参考文献……232
第 12 章 重要动物病毒……236
第一节 重要动物病毒简介……236
第二节 口蹄疫病毒……236
一、病毒特性……236
二、病毒基因组结构、编码蛋白与复制调节……237
三、病毒感染、传播与危害……237
四、疾病的诊断、预防与控制……238
第三节 瘟病毒属……238
一、病毒特性……238
二、病毒基因组结构、编码蛋白与复制调节……239

三、病毒感染、传播与危害……240
四、疾病的诊断、预防与控制……240
第四节 非洲猪瘟病毒……241
一、病毒特征……241
二、病毒基因组结构、编码蛋白与复制调节……241
三、病毒感染、传播与危害……241
四、疾病的诊断、预防与控制……242
第五节 伪狂犬病病毒……242
一、病毒特性……242
二、病毒基因组结构、编码蛋白与复制调节……243
三、病毒感染、传播与危害……243
四、疾病的诊断、预防与控制……244
第六节 猪繁殖与呼吸综合征病毒……244
一、病毒特性……244
二、病毒基因组结构、编码蛋白与复制调节……245
三、病毒感染、传播与危害……246
四、疾病的诊断、预防与控制……246
第七节 昆虫病毒……247
一、昆虫 DNA 病毒……247
二、昆虫 RNA 病毒……250
三、昆虫逆转录病毒……252
小结……252
复习思考题……253
参考文献……253
第 13 章 重要植物病毒……257
第一节 植物病毒简介……257
一、植物病毒概述……257
二、寄主的抗病毒与病毒致病机制……262
三、病毒-介体昆虫-植物三者相互作用……265
第二节 重要的植物病毒……268
一、烟草花叶病毒……268
二、番茄斑萎病毒……271
三、水稻矮缩病毒……274
四、中国番茄黄化曲叶病毒……277
小结……281

复习思考题……281
参考文献……282

第 14 章 重要虫媒病毒……283

第一节 媒介生物及虫媒病毒的定义……283
一、重要的媒介生物及传播的疾病……283
二、虫媒病毒的定义……283
三、新发虫媒病毒传染病带来生物安全挑战……283
第二节 重要的蚊媒病毒……284
一、蚊媒黄病毒……284
二、蚊媒甲病毒……287
三、蚊媒布尼亚病毒……289
四、蚊媒呼肠孤病毒……291
第三节 重要的蜱传病毒……292
一、蜱传黄病毒……293
二、蜱传布尼亚病毒……294
三、蜱传正黏病毒……297
小结……298
复习思考题……298
参考文献……298

第 15 章 烈性病毒与生物安全……301

第一节 病原微生物分级、分类和生物安全实验室分级……301
一、生物安全……301
二、病原危害程度分级、分类……302
三、生物安全实验室分级……303
第二节 烈性病毒……304
一、布尼亚病毒……305
二、黄病毒……308
三、披膜病毒……312
四、痘病毒……313
五、丝状病毒……315
六、副黏病毒……316
七、疱疹病毒……318
小结……318
复习思考题……319

参考文献 319

第16章 非传统病毒 321

第一节 类病毒 321
一、基本简介 321
二、病毒特征 322
三、研究历史 322
四、致病机制 322
五、进化意义 323
第二节 朊病毒 323
一、基本简介 323
二、朊病毒及其底物朊病毒蛋白的特征 323
三、动物及人类朊病毒疾病概况 327
四、朊病毒诱导朊病毒蛋白构象变化的机制 330
五、演化 331
第三节 巨型病毒 332
一、基本简介 332
二、病毒特征 332
第四节 内源性病毒 334
一、基本简介 334
二、病毒特征 334
三、研究历史 334
小结 336
复习思考题 336
参考文献 336

C 第 1 章
hapter One

病毒学概述

第一节　病毒学发展史

病毒是一种十分独特的生物，虽然人类发现病毒的历史只有 100 多年，但病毒在地球生命形成的早期可能就已经出现，而且一直在地球生物圈中发挥着重要的作用。

一、人类对病毒认识的经验时期

病毒的概念出现在 1880 年前后，但人类对病毒病的记载却有几千年的历史。人类在发现病毒之前，就有对多种病毒病的记载。

病毒学界公认的人类历史上最早关于病毒病的记载，是一块来自古埃及首都孟菲斯的石碑，上面刻画了一位牧师的布道场景，牧师的右腿有明显的残疾，与脊髓灰质炎的疾病症状十分类似，这块石碑的记载年代为公元前 1400 年。

人类对抗天花的历史十分悠久，埃及法老拉米西斯五世（Ramses Ⅴ）去世于公元前 1144 年，他的木乃伊显示了感染天花的痕迹。天花在我国的流行也有几千年的历史，16 世纪，我国发明了人痘接种法来预防天花。明朝隆庆年间（1567～1572），人痘接种法从我国先后传至俄国、日本、朝鲜、土耳其和英国。1796 年，英国医生爱德华·詹纳（Edward Jenner，1749～1823）发明了用牛痘接种预防天花的方法，在英国及欧洲大陆普遍应用，挽救了千百万人的生命，这是世界上最早的疫苗，为人类传染病的预防奠定了重要基础。

在动物病毒方面，公元前 4 世纪亚里士多德（Aristotle，公元前 384～前 322）所著的《动物志》一书中就对狂犬病进行了描述。我国东晋著名的医学家葛洪（284～364）在其《肘后备急方》一书中记载了治疗狂犬病的方法。

昆虫病毒方面，12 世纪中叶我国的陈旉（1076～1156）著有《农书》，在下篇的《蚕说》中记载了家蚕的“高节”“脚肿”等病症，其实就是杆状病毒感染的典型症状。

在植物病毒病方面，最早有记载的是郁金香碎色花病。在 17 世纪早期，荷兰人对病毒感染植株后形成具有条斑的花朵比未被感染的单色花朵更为珍视，并流行起“郁金香热”，据说一株好花的球茎可以换阿姆斯特丹的一栋房屋，由于当时并不知道产生这种花卉的原因，因此无法稳定地保证后代花卉的品质，球茎的买卖也变成了赌博，并由此引发了世界上第一次经济泡沫。

上述历史表明，人类在不知道病毒之前，就已经在实践中总结出对抗病毒病的疫苗接种方法，并利用病毒培育出了美丽的花卉。

二、病毒的发现时期

19 世纪中叶，随着显微镜的发明，人们逐渐接受了细菌、真菌等微生物。1840 年，德国科学家雅各布·亨勒（Jacob Henle，1809～1885）提出可能存在一种更小的、光学显微镜看不见的感染性物质，但由于缺乏证据，他的这一假说当时并没有受到重视。

到 19 世纪后期，病原发生学说已经十分普及，亨勒的学生罗伯特·科赫（Robert Koch，1843～1910），提出了著名的科赫法则（Koch's postulate），也称为亨勒-科赫法则（Henle-Koch postulate）。该法则认为，要证实某种微生物是某种疾病的病原，需要满足以下 4 种条件：① 在每一病例中都出现相同的微生物；② 这种微生物可以通过纯培养被分离出来；③ 用这种培养出的微生物接种敏感宿主，会引发同样的疾病；④ 从试验发病的宿主病灶中能再度分离培养出这种微生物。到 19 世纪末期，这种实验方法已成为主导医学微生物的经典方法。也正是某些病原不符合科赫法则，才导致了病毒的发现。

病毒的发现可以归功于 3 位科学家的重要贡献：① 德国科学家 Adolf Mayer（1843～1942），1879 年 Mayer 在任荷兰瓦赫宁根农业实验站的站长时，应荷兰农民的要求开始研究烟草的一种疾病，他将此病命名为烟草花叶病，并对病症进行了详细描述，发现这种疾病可以通过病叶汁传播，但不能分离培养出细菌或真菌。1886 年他发表文章提出这种传染源可能是一种可溶的、类似酶样的病原（Mayer，1886）。② 几年后一位俄国的科学家 Dmitry Iwanowski（1864～1920）也发现了类似的现象，但 Iwanowski 增加了一个重要的实验步骤，他用可以过滤掉细菌的陶瓷滤器过滤了染病的烟草汁液，结果发现这种过滤除去所有细菌的汁液仍具有感染性，1892 年 2 月 12 日，他向圣彼得堡科学院报告了这项研究结果。可惜的是，Iwanowski 没能在概念上进一步突破，他认为通过滤器的是一种毒素。③ 概念性的突破来自于 Mayer 的荷兰同事 Martinus Beijerinck（1851～1931），Beijerinck 在不了解 Iwanowski 研究结果的情况下，于 1898 年独立地发现通过陶瓷滤器的烟草汁液仍有感染性，不仅如此，他还发现将有“毒性”汁液稀释后，通过感染活的植物组织，汁液的毒性会得到恢复，也就是说这种感染原可以在活的细胞中进行增殖。他将这种病原称为“有感染性的活的液体”。因此，这 3 位科学家的研究奠定了病毒的基本性质。感染性、可滤过性和在活细胞中的增殖特性，后来，满足这 3 种特性，但不能按科赫法则用培养基培养出来的疾病病原，被称为病毒。

什么是病毒?

病毒没有非常严谨的定义，一般来讲，病毒应该具有以下几种特性：① 是一种非常小的非细胞生物；② 一般由蛋白质外壳和内部包裹的核酸组成；③ 能感染敏感细胞，并利用宿主细胞系统进行繁殖；④ 新产生的子代病毒能再次感染敏感细胞。综上所述，病毒是一类介于生命和非生命之间的特殊生命形式，是严格的细胞内寄生生物，离开宿主细胞，它只是一个大分子复合物或大分子；只有在宿主细胞内它才表现出生命的形式。

烟草花叶病毒（tobacco mosaic virus，TMV）是第一个被发现的病毒，随后，Loeffler 和 Frosch 发现了第一种动物病毒——口蹄疫病毒（foot-and-mouth disease virus，FMDV）（Loeffler and Frosch，1898）；1901 年 Walter Reed 和他的团队发现了第一种人类病毒——黄热病毒（yellow fever virus，YFV）（Reed and Agramonte，1983）。1932～1956 年是病毒发现的高峰时期，包括天花、麻疹、腮腺炎、脊髓灰质炎、狂犬病、黄热病、流感的病毒病原，都是在这一时期发现的。这些病毒的发现，为病毒分子生物学的诞生奠定了基础。

三、早期病毒学的发展

在 TMV 发现后的 50 年间，其相关研究引领了整个病毒学的发展，1935 年温德尔・斯坦利（Wendell M. Stanley）得到了 TMV 的晶体（Stanley，1935），X 射线衍射显示它由重复的单元构建而成，斯坦利因此获得了 1946 年的诺贝尔化学奖（表 1-1），这也为后来詹姆斯・沃森（James Watson）和弗朗西斯・克里克（Francis Crick）提出多数简单的病毒都是由一种或几种蛋白质重复所构成的理论打下了基础（Crick and Watson，1956）。1939 年第一张病毒的电镜照片显示，TMV 是一个杆状的病毒粒子；1945～1946 年，TMV 的相关研究让人们意识到病毒是可以自组装的；1956 年，TMV 的遗传物质被证明为 RNA，这也是首次证明 RNA 可以作为遗传物质（Gierer and Schramm，1956）。

表 1-1 与病毒学相关的诺贝尔奖

获奖年份	获奖者	外文名	所获奖项	获奖原因
1946 年	温德尔・斯坦利	Wendell M. Stanley	化学奖（1/4）	TMV 的结晶
1951 年	麦克斯・泰累尔	Max Theiler	生理学或医学奖（1/1）	发明黄热病疫苗
1954 年	约翰・富兰克林・恩德斯	John Franklin Enders	生理学或医学奖（1/3）	分离与培养脊髓灰质炎病毒
1954 年	弗雷德里克・查普曼・罗宾斯	Frederick Chapman Robbins	生理学或医学奖（1/3）	分离与培养脊髓灰质炎病毒
1954 年	托马斯・哈克尔・韦勒	Thomas Huckle Weller	生理学或医学奖（1/3）	分离与培养脊髓灰质炎病毒
1965 年	安德烈・利沃夫	André M. Lwoff	生理学或医学奖（1/3）	发现噬菌体的基因调控机制
1966 年	裴顿・劳斯	Peyton Rous	生理学或医学奖（1/2）	发现病毒致癌
1969 年	麦克斯・德尔布吕克	Max Delbrück	生理学或医学奖（1/3）	发现噬菌体的遗传结构及复制机制
1969 年	阿弗雷德・赫希	Alfred Day Hershey	生理学或医学奖（1/3）	发现噬菌体的遗传结构及复制机制
1969 年	萨尔瓦多・卢瑞亚	Salvador Luria	生理学或医学奖（1/3）	发现噬菌体的遗传结构及复制机制
1975 年	戴维・巴尔的摩	David Baltimore	生理学或医学奖（1/3）	发现逆转录酶
1975 年	罗纳托・杜尔贝科	Renato Dulbecco	生理学或医学奖（1/3）	发现劳斯肉瘤病毒的癌基因
1975 年	霍华德・特明	Howard M. Temin	生理学或医学奖（1/3）	发现逆转录酶
1976 年	巴鲁克・布隆伯格	Baruch S. Blumberg	生理学或医学奖（1/2）	发现乙型肝炎病毒及其传播机制
1976 年	丹尼尔・盖杜谢克	Daniel C. Gajdusek	生理学或医学奖（1/2）	发现库鲁病病原及其传播机制

续表

获奖年份	获奖者	外文名	所获奖项	获奖原因
1980 年	保罗·伯格	Paul Berg	化学奖（1/2）	重组 DNA 技术
1982 年	阿龙·克卢格	Aaron Klug	化学奖（1/1）	用晶体学电子显微镜技术解析病毒及其他大分子的结构
1989 年	迈克尔·毕晓普	J. Michael Bishop	生理学或医学奖（1/2）	发现原癌基因
1989 年	哈罗德·瓦慕斯	Harold E. Varmus	生理学或医学奖（1/2）	发现原癌基因
1996 年	彼得·杜赫提	Peter C. Doherty	生理学或医学奖（1/2）	发现免疫系统识别病毒感染细胞的机制
1996 年	罗夫·辛克纳吉	Rolf M. Zinkernagel	生理学或医学奖（1/2）	发现免疫系统识别病毒感染细胞的机制
1997 年	史坦利·布鲁希纳	Stanley Prusiner	生理学或医学奖（1/1）	发现朊病毒
2008 年	哈拉尔德·豪森	Harald zur Hausen	生理学或医学奖（1/4）	发现人乳头瘤病毒导致宫颈癌
2008 年	弗朗索瓦丝·巴尔·西诺西	Françoise Barré-Sinoussi	生理学或医学奖（1/4）	发现人类免疫缺陷病毒
2008 年	吕克·蒙塔尼耶	Luc Montagnier	生理学或医学奖（1/4）	发现人类免疫缺陷病毒
2018 年	乔治·史密斯	George P. Smith	化学奖（1/4）	发明噬菌体展示技术
2018 年	格雷戈里·温特	Gregory P. Winter	化学奖（1/4）	利用噬菌体展示技术展示多肽及抗体

与此同时，噬菌体的研究也带动了整个病毒学及分子生物学的发展。Twort（1915）和 d'Herelle（1917）分别发现噬菌体；1932～1934 年，Max Schlesinger 发现纯噬菌体的质量为 4×10^{-16}g，而且其蛋白质和核酸组分基本是等量的。噬菌体研究得益于麦克斯·德尔布吕克（Max Delbrück）、埃默里·埃利斯（Emory Ellis）、萨尔瓦多·卢瑞亚（Salvador E. Luria）这几位科学家的合作，1940 年德尔布吕克和卢瑞亚成立了“噬菌体研究组”，他们在美国四处游说，召集科学家以噬菌体为模型研究生命现象；1947 年 3 月，在冷泉港召开了只有 8 个人参加的第一次噬菌体培训班，这被认为是现代分子生物学的开端。1950～1975 年，噬菌体相关研究达到了高峰，此期间的主要发现集中在：① T-偶数噬菌体对大肠杆菌的裂解性感染；② λ 噬菌体的溶源性感染；③ 几种噬菌体如 φ×174、RNA 噬菌体、T7 噬菌体等的复制特性。一些重要的发现包括阿弗雷德·赫希（Alfred D. Hershey）和玛莎·蔡斯（Martha Chase）通过同位素标记证实了噬菌体的遗传物质是 DNA 而不是蛋白质（Hershey and Chase，1952），并揭示了复杂的 λ 噬菌体的复制调控等。1969 年，德尔布吕克、赫希、卢瑞亚因为发现噬菌体的遗传结构及复制机制而分享了诺贝尔生理学或医学奖（表 1-1）。

与植物病毒和噬菌体研究不同，动物病毒的早期研究受限于缺乏合适的培养系统。1948～1955 年，通过下面一系列重要的研究进展，这方面终于取得了突破：1948 年 Sanford 及其美国国立卫生研究院（National Institutes of Health，NIH）的同事突破了单细胞培养（Sanford et al.，1948）；1949 年约翰·富兰克林·恩德斯（John Franklin Enders）、弗雷德里克·查普曼·罗宾斯（Frederick Chapman Robbins）和托马斯·哈克尔·韦勒（Thomas Huckle Weller）证实脊髓灰质炎病毒可以在体外培养的人类组织中增殖（Enders et al.，1949），他们 3 人也因此分享了 1954 年的诺贝尔生理学或医学奖（表 1-1）；1952 年 George Gey 建立了第一个人类的传代细胞系——HeLa 细胞系（Gey et al.，1952）；1955 年 Harry Eagle 发明了可用于单细胞培养的培养基（Eagle，1955）。

上述技术变革，对动物病毒的研究起到了变革性的推动作用，1953 年罗纳托·杜尔贝科（Renato Dulbecco）等建立了空斑技术（Dulbecco and Vogt。1953），开启了动物病毒学研究的新时代。同时，对疫苗的生产也产生了重大影响，在 1949 年以前，人类的天花疫苗、狂犬病疫苗、流感疫苗都是利用动物（牛、兔）或鸡胚生产的，而有了细胞培养之后，脊髓灰质炎疫苗成为首个利用培养细胞生产出的疫苗。

图 1-1 列举了病毒学发展史上的一些重要历史事件。

1890～1899年
- 1892年伊万诺夫斯基证明通过滤器的植物汁液仍能传播疾病
- 1898年贝杰林克发现烟草花叶病毒
- 1898年莱夫勒和弗洛施发现了口蹄疫病毒

1900～1909年
- 1901年发现了第一种人类病毒：黄热病毒
- 1903年发现狂犬病病毒对人的感染
- 1908年发现病毒可致鸡白血病
- 1909年分离了脊髓灰质炎病毒

1910～1919年
- 1911年劳斯在鸡中发现可致肿瘤的病毒
- 1915年图尔特发现了细菌病毒
- 1917年德赫雷尔将细菌病毒命名为噬菌体
- 1918年流感大暴发

1930～1939年
- 1933年流感病毒被发现并分离
- 1935年发现烟草花叶病毒的结晶
- 1937年泰勒尔研制成功黄热病病毒减毒疫苗
- 1939年获得第一张病毒的电镜照片

1940～1949年
- 1940年噬菌体复制周期被阐明
- 1945年发现噬菌体可以发生突变
- 1949年恩德斯等证明脊髓灰质炎病毒可以用细胞进行培养

1950～1959年
- 1952年赫希和蔡斯证实DNA是遗传物质
- 1952年索尔克研制出脊髓灰质炎疫苗
- 1956年病毒RNA被证明为遗传物质
- 1957年发现干扰素

1960～1969年
- 1964年特明提出逆转录病毒在复制中将RNA转为DNA
- 1965年布隆伯格发现乙型肝炎表面抗原

1970～1979年
- 1970年特明和巴尔的摩发现了逆转录酶
- 1971年总结得到病毒的巴尔的摩分类方法
- 1974年发现T细胞对病毒感染细胞的识别受MHC的限制
- 1979年天花被消灭

1980～1989年
- 1980年发现了第一个人类逆转录病毒
- 1981年脊髓灰质炎病毒cDNA克隆
- 1983年构建了杆状病毒表达载体
- 1983年发现了艾滋病的病原是人类免疫缺陷病毒

1990～1999年
- 1995年发现庚型肝炎病毒
- 1997年H5N1病毒流感暴发
- 1998年发现基因沉默是一种抗病毒反应

2000～2009年
- 2001年发现人类基因组11%为逆转录病毒序列
- 2001年产生第一个病毒宏基因组学研究
- 2003年发现巨型病毒和SARS冠状病毒
- 2006年人乳头瘤病毒疫苗研制成功

2010～2019年
- 2011年牛瘟病毒被消灭
- 2014年发现3万年前的病毒仍能感染阿米巴原虫
- 2015年宏基因组学揭示大量新的RNA病毒
- 2018年国际病毒分类委员会(ICTV)命名RNA病毒域

图 1-1 病毒学发展史上的一些重要历史事件

四、病毒学及其对生命科学的推动作用

（一）病毒学及其分支学科

病毒学作为一门独立的生物学科，出现于 20 世纪 50 年代。研究病毒学的主要目的包括：① 针对引起人类、动物、植物疾病的病毒病原进行深入研究，了解其生物学特性、繁殖机制、传播规律，研制相应的疫苗和药物，从而对病毒性疾病进行预防、控制和治疗；② 病毒是最简单的生命形式，在其生活周期中，与宿主发生了一系列的

相互作用，通过对病毒及其与宿主相互作用的研究，能揭示生命中重要的本质规律，也能对生命起源有所启示；③ 利用病毒为人类造福，如以病毒作为载体表达外源基因，用溶瘤病毒来杀灭肿瘤，利用病毒对农林害虫进行生物防治，等等。随着研究的日益深入，病毒学已经派生出多种分支学科，如医学病毒学、兽医病毒学、植物病毒学、分子病毒学、病毒流行病学等。普通病毒学主要研究病毒的基本特性及其与宿主相互作用的本质规律，其研究对象涵盖人类病毒、动物病毒、植物病毒、噬菌体等所有病毒。

（二）病毒学对生命科学的推动作用

病毒学在其发展过程中，同时推动了分子生物学和细胞生物学等多学科的发展，举例来讲，病毒学在下列研究中均起到了重要的推动作用。

1. 遗传物质

1952 年噬菌体的研究揭示 DNA 是遗传物质（Hershey and Chase，1952），1956 年，TMV 的研究证明 RNA 也可以作为遗传物质（Gierer and Schramm，1956），这些研究为对遗传物质的认识奠定了基础。此外，与细胞生物的遗传物质多为双链 DNA 不同，病毒的遗传物质呈现多种形态，除双链 DNA 之外，还有单链 DNA 以及不同形式的 RNA，这极大地丰富了我们对遗传物质的认知，也在一定的程度上支持了病毒在生命形成的早期就已出现的假说，即病毒保留了原始大分子的多种形态。

2. 真核生物染色体的结构

猿猴空泡病毒 40（SV40 病毒）DNA 的超螺旋结构及其与核小体的相互作用研究为真核生物染色体结构提供了良好的模型（Germond et al.，1975）。

3. 真核生物的转录调控

许多真核生物的转录调控机制都是在病毒学研究的过程中发现的。例如，SV40 的研究发现了第一个真核生物的启动子和增强子（Gruss et al.，1981），以及转录因子（Dynan and Tjian，1983）；对痘苗病毒的研究，首次揭示了 mRNA 的多聚腺苷化［poly（A）］（Kates and Beeson，1970）；对呼肠孤病毒 mRNA 的研究揭示了 5′ 端甲基化帽子［m7G（5′）ppp（5′）N］的结构（Furuichi et al.，1975）；通过对腺病毒六邻体蛋白基因的 mRNA 与 DNA 杂交后的电镜观察，发现了 mRNA 的剪切功能（Berget et al.，1977；Chow et al.，1977）；1981 年，poly（A）信号在 SV40 的研究中被首次揭示（Fitzgerald and Shenk，1981）。

4. 真核生物的翻译调控

我们对真核生物翻译调控的认识也很大程度上来自于病毒学研究：1975 年，对呼肠孤病毒的研究揭示 mRNA 与核糖体的结合依赖于 mRNA 5′ 端的帽子结构（Both et al.，1975）；1989 年，内部核糖体进入信号在小 RNA 病毒的研究中被发现（Jang et al.，1989；Pelletier and Sonenberg，1989）。此外，多聚蛋白的合成、蛋白质的后修饰以及在细胞内的运输等，也都以病毒为模型得到了很好的阐释。

5. 逆转录酶与中心法则

1970 年，戴维·巴尔的摩（David Baltimore）及霍华德·马丁·特明（Howard Martin Temin）分别发现了逆转录酶（Baltimore，1970；Temin and Mizutani，1970），

这一发现修改了中心法则，同时也为利用 mRNA 进行分子克隆奠定了基础。巴尔的摩和特明也因此获得了 1975 年的诺贝尔生理学或医学奖（表 1-1）。

6. 病毒与肿瘤

我们对肿瘤起因的认识，主要来源于对逆转录病毒和 DNA 肿瘤病毒的研究。1911 年裴顿·劳斯（Peyton Rous）首先发现肿瘤细胞来源的可滤过性物质可在禽类中引起肿瘤（Rous，1911），多年后，他人的研究证实这是劳斯肉瘤病毒（Rous sarcoma virus，RSV）导致的禽类白血病，劳斯也因此获得 1966 年的诺贝尔生理学或医学奖（表 1-1）。1970 年科学家在 RSV 上发现可导致肿瘤的癌基因（Duesberg and Vogt，1970）。1976 年，多米尼克·斯特赫林（Dominique Stehelin）、哈罗德·瓦慕斯（Harold E. Varmus）和迈克尔·毕晓普（J. Michael Bishop）报道在禽类的 DNA 上也找到了癌基因，发现宿主原癌基因的突变可以导致肿瘤（Stehelin et al.，1976）。后来人们发现逆转录病毒编码多种癌基因，并通过病毒基因整合到宿主染色体后实现对宿主基因的激活，揭示了病毒导致肿瘤的机制（Hayward et al.，1981）。1979 年，在对 SV40 的相关研究中发现了后来被证实极其重要的抑癌基因 *p53*（Lane and Crawford，1979；Linzer and Levine，1979）。之后一系列研究表明，多种肿瘤病毒，包括 SV40、人的腺病毒和多瘤病毒等都能编码抑制肿瘤的两个重要的抑癌基因产物 P53 及 Rb。1989 年，毕晓普和瓦慕斯因发现原癌基因获得了诺贝尔生理学或医学奖（表 1-1）。

7. 病毒与免疫学

詹纳因 1796 年发明了天花疫苗，被誉为免疫学之父。1957 年，Alick Isaacs 和 Jean Lindenmann 在对流感病毒的研究中，发现热灭活的流感病毒接种鸡胚后，对流感病毒的感染有抑制作用，从而提出了干扰素（interferon，IFN）的概念（Isaacs and Lindenmann，1957）。后来随着干扰素蛋白的纯化以及干扰素基因的克隆，最终证实了干扰素的作用。在此基础上，干扰素的诱导通路以及信号转导通路的研究得以深入，揭示干扰素通过与细胞表面的干扰素受体结合，启动 JAK/SATA 信号转导通路，激活下游众多干扰素响应基因（interferon stimulated gene，ISG）的转录表达，从而使细胞进入抗病毒免疫状态（Darnell et al.，1994）。

1974 年，罗夫·辛克纳吉（Rolf M. Zinkernagel）和彼得·杜赫提（Peter C. Doherty）在对淋巴细胞脉络丛脑膜炎病毒（lymphocytic choriomeningitis virus，LCMV）的研究中，发现细胞毒性 T 淋巴细胞（cytotoxic T lymphocyte，CTL）在杀伤感染病毒的靶细胞时，受到主要组织相容性复合体（major histocompatibility complex，MHC）的限制（Zinkernagel and Doherty，1974）。后来的研究表明，CTL 能够识别细胞表面结合了病毒多肽的 MHC-Ⅰ分子，从而选择性地杀伤感染了病毒的细胞。辛克纳吉和杜赫提因此分享了 1996 年的诺贝尔生理学或医学奖（表 1-1）。

CRISPR 系统是最近才揭示出的细菌抵抗病毒感染的免疫系统，CRISPR 是“规律间隔成簇短回文重复序列”（clustered regularly interspaced short palindromic repeats）的缩写。这类序列虽然早在 1987 年就被发现（Ishino et al.，1987），但其功能一直是个谜。2002 年，科学家发现 CRISPR 序列周围常伴随一些具有解旋酶和核酸酶结构域的相邻基因（CRISPR-associated，cas）（Jansen et al.，2002）。2005 年 Mojica 等发现，病毒无法感染携带有与病毒同源间隔序列的细胞，而可以侵入那些没有间隔序列的细胞，由此提出 CRISPR 可能参与细菌的免疫功能（Mojica et al.，2005）。之后的一系列研究揭示，在病毒感染后，细菌或古菌中的 CRISPR/CAS 系统会将病毒基因组中的小片段整合到宿主基因组中的 CRISPR 位点，产生间隔区，这些间隔区在同源病毒再次感染时，就会被激活产生小分子 RNA，与 CAS 一起用来降解入侵病毒的核酸（Marraffini，2015）。目前，CRISPR/CAS9 系统为各类生物的基因组编辑提供了工具，具有广阔的应用前景。

五、病毒学相关生物技术的发展

（一）疫苗研究

世界卫生组织（World Health Organization，WHO）于 1966 年启动了消灭天花运动，通过全球范围的疫苗接种，彻底消灭了天花，这是人类历史上消灭的第一种病毒，也是人类卫生运动的重大成就（Henderson，1987）。2011 年，世界动物卫生组织（World Organisation for Animal Health，OIE）和联合国粮食及农业组织（Food and Agriculture Organization of the United Nations，FAO）联合宣布牛瘟病毒为世界上第二种被成功消灭的病毒（Mariner et al.，2012）。另外，脊髓灰质炎疫苗也取得了重要成果，20 世纪 50 年代初期，美国每年约有 21 000 例脊髓灰质炎患者，而现在该病在美国已经被消灭，全世界也仅有几个国家还在流行（Nathanson and Kew，2010）。

在我国，乙型肝炎（简称乙肝）疫苗的应用取得了巨大成功。1979 年和 1992 年开展的两次大规模人口血清学调查结果显示，我国人群乙型肝炎病毒（hepatitis B virus，HBV）表面抗原的阳性率接近 10%（李明，1986；戴志澄和祁国明，1995）。1992 年起，卫生部（现为国家卫生健康委员会）将乙型肝炎疫苗纳入计划免疫管理，2002 年开始对所有新生儿免费接种乙肝疫苗。2006 年第 3 次全国血清学普查结果显示，在 5 岁以下儿童中 HBV 表面抗原阳性率仅为 1%，相对于 1992 年下降了 90%（Liang et al.，2009）。2014 年第 4 次血清学普查结果显示，小于 15 岁的儿童中 HBV 表面抗原阳性率下降了 92%（从 1992 年的 10.5% 下降为 0.8%），而小于 5 岁的儿童中 HBV 表面抗原阳性率下降了 97%（从 1992 年的 9.9% 下降为 0.3%）（Cui et al.，2017）。

传统的疫苗包括灭活疫苗、减毒疫苗、亚单位疫苗等，新的疫苗类型包括重组亚单位疫苗、类病毒颗粒、DNA 疫苗、RNA 疫苗等。从早期人类对天花疫苗的原理一无所知，到现在已经可以根据细胞免疫和体液免疫效果来针对性地评价疫苗，人类对疫苗的认识、研制和应用已经有了质的飞跃。本书第 8 章将对抗病毒疫苗进行详细介绍。

（二）抗病毒药物

相对于早期疫苗的成功，抗病毒药物的研究则起步较晚，直到 20 世纪 60 年代，杜邦公司才研发出了抗流感的药物金刚烷胺（symmetrel）。Burroughs Wellcome 公司生产的阿昔洛韦（acyclovir），对 20 世纪七八十年代单纯疱疹病毒 2 型的流行起到了很好的抑制作用。很多核苷类似物对 DNA 病毒都有很好的抑制效果。在人类免疫缺陷病毒（human immunodeficiency virus，HIV）出现之前，抗 RNA 病毒的药物很少，随着对 HIV 研究的深入，出现了一系列抑制病毒核酸复制的核苷类似物药物，以及阻止病毒入侵、抑制病毒蛋白酶活性等的药物。

干扰素是在病毒的研究中发现的，干扰素在乙型肝炎病毒、丙型肝炎病毒、疱疹病毒等的感染中都有临床应用，同时还在肿瘤、多发性硬化等的治疗中得到了应用。

特异性抗体在抗击埃博拉病毒感染中也发挥了重要作用。

本书第 9 章将对抗病毒药物进行详细介绍。

（三）病毒载体与基因治疗

病毒载体用于基因治疗起始于 20 世纪 90 年代，在发展初期，因为出现了两次恶性事件，它的发展受到了严重影响：1999 年，在美国针对鸟氨酸氨甲酰基转移酶缺乏症的基因治疗中，一位患者因对腺病毒载体的异常免疫反应而死亡（Raper et al., 2003）；2002 年，在法国以逆转录病毒为载体来治疗重症联合免疫缺陷的实验中，逆转录病毒整合到原癌基因上，导致几名被试儿童患上了白血病（McCormack and Rabbitts, 2004）。但是，经过科学家多年的努力，病毒载体在传递和安全性上都取得了较大改良，基因治疗迎来了新的高潮，到 2017 年，全世界开展的基因治疗临床试验已经超过 3000 个，其中 70% 用到了病毒载体（Beitelshees et al., 2017）。目前临床试验中基因治疗主要针对的是癌症、单基因遗传病、传染病和心血管疾病。常用的病毒载体包括腺病毒、腺相关病毒、单纯疱疹病毒、逆转录病毒、慢病毒等（Lundstrom，2018）。其中，有些病毒不仅作为基因的传递载体，同时还发挥其他的治疗作用。例如，单纯疱疹病毒等溶瘤病毒可选择性地感染和杀伤肿瘤细胞，并激发免疫反应，起到对肿瘤的治疗作用（Martuza et al.，1991；Choi et al.，2016）。

（四）生物农药

昆虫病毒特别是杆状病毒，由于具有对人和家畜没有危害、杀虫致死率高、能产生流行性疾病、生产成本适中等优点，从 20 世纪 70 年代起，被世界卫生组织和国际粮食及农业组织推荐作为化学农药的替代品，在农林生产中进行推广应用。病毒杀虫剂在巴西、中国、美国、加拿大、欧洲等国家和地区得到了广泛的应用（Lacey et al., 2015）。我国从 20 世纪 60 年代开始研发昆虫病毒杀虫剂，第一例商品化的病毒杀虫剂——棉铃虫病毒杀虫剂于 1993 年在我国登记注册，迄今，已经有 32 种病毒被用于农林害虫的防治，主要是杆状病毒，也有少量的质型多角体病毒、浓核病毒。近年来，我国病毒杀虫剂产品的年产量稳定在 1600t 左右，在农林害虫的综合防治中发挥着重要作用（Sun，2015）。

除此以外，病毒在外源基因表达、抗菌治疗（噬菌体）、新型纳米材料、人工合成等生物技术领域中也有着广泛的应用。

第二节　病毒的种类及其在自然界中的作用

一、病毒的分类

从通俗的角度，病毒有以下几种不同的分类方法：按照其感染的宿主分为人类病毒、动物病毒、植物病毒、细菌病毒（也称噬菌体）；按照其遗传物质可以分为 DNA

病毒、RNA 病毒、朊病毒（遗传物质为蛋白质）等。

20 世纪 70 年代，著名的病毒学家巴尔的摩根据病毒基因组的存在形式和转录特征，将病毒分为 6 类（Baltimore，1971），包括双链 DNA 病毒、单链 DNA 病毒、双链 RNA 病毒、正链 RNA 病毒、负链 RNA 病毒、逆转录病毒及拟逆转录病毒，这套分类系统由于对病毒的复制类型进行了科学归类，至今仍在使用（详见本书第 5 章）。

为了让病毒的分类命名标准化，科学家成立了国际病毒分类委员会（International Committee on Taxonomy of Viruses，ICTV），建立了一套复杂的命名系统，以拉丁语命名病毒的域（realm）、门（phyllum）、纲（class）、目（order）、科（family）、属（genus）、种（species）。本书第 2 章将系统介绍病毒的分类。

二、病毒的起源

病毒最初是如何产生的？是单一起源还是多起源？病毒的起源与细胞生物的起源存在什么关系？这些一直是困扰病毒学家和进化学家的重要科学问题，也是生命起源的重要问题。目前的发现，不支持病毒的单一起源，而比较多地指向病毒的多起源。例如，所有的 RNA 病毒，目前被归为了一个域，它们被认为可能具有共同的起源；所有的有尾噬菌体，目前被列为一个目，也被认为有共同的起源；另外，一些复杂的大 DNA 病毒，包括痘病毒、非洲猪瘟病毒、囊泡病毒、虹彩病毒、拟菌病毒、马赛病毒等能追溯到约 50 个共有基因，推测它们也可能具有共同起源（Colson et al.，2013）。

关于病毒的起源，学术界一直有两种观点：一种观点认为，病毒在原始细胞生命产生之前就出现了，称为“病毒在先”（virus-first）学派；另一种观点认为，病毒是由细胞生物蜕变而来的，起源于细胞内的寄生生物，这种寄生生物原来可能具备完整的细胞形态，由于寄生在宿主体内，逐步丢失了一些必需基因，改由宿主提供相应的功能。

病毒的基因可以分为三大类：① 在细胞生物中有同源物的基因；② 病毒所特有的基因（在细胞生物中找不到同源蛋白）；③ 病毒的标志性基因（viral hallmark gene）。分布最为广泛的病毒特征性基因包括果冻卷衣壳蛋白（jelly-roll capsid protein，JRC）基因和超家族 3 解旋酶（superfamily 3 helicase，S3H）基因，由于这些病毒标志性基因从来都没有出现在细胞中，因此有人提出它们来自于原始基因库（primordial gene pool），认为存在一个原始的“远古病毒世界”（the ancient virus world），这个世界早于细胞生物的出现，是现今主要病毒类群、细胞及病毒基因的来源（Koonin et al.，2006）。从进化时间来看，最早出现的蛋白质结构一般与膜有关，而且与代谢有关的蛋白质先出现，然后才是与翻译相关的蛋白质的出现，RNA 多聚酶出现在核糖体之前。大约在距今 30 亿年前，现代意义上的遗传开始出现，这也标志着原始基因库时代的终结，这些都发生在最早的细胞生命之前。也有观点认为，现代病毒来源需要最早的细胞，然后是 RNA 多聚酶和 RNA 蛋白组，然后才是 DNA 病毒，以及巨型病毒（Nasir and Caetano-Anollés，2015）。

2003 年起发现的巨型病毒（La Scola et al.，2003）使病毒与细胞的起源问题变得更为复杂。从发现开始，就有人认为巨型病毒代表了以前生命三域（细菌、古菌、真核生物）以外的第四域（Raoult et al.，2004），这一观点在病毒学家和进化学家中引起了争论。赞成者在此基础上，进一步提出了微生物的新分类概念——TRUC（things resisting uncompleted classification），TRUC在法文中意为“东西”，即将含有巨型病毒的TRUC与细菌、古菌、真核生物并列为四大类（Raoult，2013）；也有不同观点认为，巨型病毒由细胞生物退变而来（Legendre et al.，2012）。新发现的图潘病毒（Tupanviruses）具有距今为止最复杂的病毒翻译系统，它编码67～70种tRNA、20种氨基酸-tRNA合成酶（aminoacyl tRNA-synthetase）及11种翻译因子，与细胞的翻译机器相比，它仅缺核糖体（Abrahao et al.，2018）。此外，巨型病毒的基因组中汇集有类似各种生物的基因。例如，图潘病毒中有51%的基因与病毒基因同源、11%的基因与真核生物同源、8%的基因与细菌同源，还有0.2%的基因与古菌同源（Abrahao et al.，2018）。巨型病毒不仅基因组具有这种马赛克特性，它的单个基因或序列有时也具有这种特性。目前的观点认为，巨型病毒与经典病毒之间存在跳跃式的进化。

从遗传物质来看，噬菌体主要是双链DNA病毒，但在植物中双链DNA病毒很少；RNA病毒在动物和植物中都非常普遍，但在细菌中很少，在古菌中目前还仅发现了一例可能的RNA病毒（Bolduc et al.，2012）。那么，在病毒进化的历史过程中，是否曾经出现过一些大的灾害而导致一些病毒种类的消失呢？这些进化相关的问题，还需要今后更多的研究来阐明。

三、病毒在自然界中的作用

（一）病毒在自然界中的数量及种类

病毒是地球上丰度最高的生物，其数量要超过所有细胞生物至少一个数量级。据估算，地球上仅噬菌体的数量就达到4.8×10^{31}（Cobián Güemes et al.，2016）。病毒无处不在，无论哪种生物，只要仔细研究，就会发现相关的病毒。人们推测，陆地和海洋中真核生物的种类可能是8700万（Mora et al.，2011），如果按每个物种携带10种病毒计算，目前ICTV报道的病毒种类则只占到可能存在的病毒种类的不到0.01%（Geoghegan and Holmes，2017）。即使按每个物种仅携带1种病毒，并且每种病毒可能感染10种不同的宿主推算，目前报道的病毒种类也仅占整个病毒圈（virosphere）的不到1%。传统的新病毒发现受到两方面的局限，一方面是病毒与人类的相关性，一般来讲，引起人类疾病或对农牧业有重要影响的病毒容易引起人们的关注；另一方面还受到实验技术的限制。而宏基因组学或宏转录组学的出现，使新病毒的发现出现了质的飞跃（Zhang et al.，2018）。张永正研究员领导的团队，近年来利用宏转录组学技术在无脊椎动物的RNA病毒（Li et al.，2015；Shi et al.，2016）、脊椎动物的RNA病毒（Shi et al.，2018）等方面开展了系统研究，这些研究不仅展现了病毒世界的多样性，还为病毒在自然界中的作用提供了新的认知，因为现有的数据显示，真正引起疾病的病毒并非多数（Zhang et al.，2018）。

（二）病毒在自然生物圈中的作用

病毒被认为是地球上最丰富的物种，以海洋为例，推测海洋中有10^{30}个病毒，每秒内会发生10^{23}次病毒的感染（Suttle，2007）。病毒的感染会导致蓝藻、对虾、鲸鱼等多种海洋生物的死亡。病毒每天可杀死海洋微生物生物量的20%，提供了丰富的遗传资源和能量来源，因此，病毒在生物圈的物质及能量循环中发挥着重要的作用（Suttle，2007）。

无论是海洋还是陆地，病毒一直在自然界中发挥着调控宿主种群的作用。当宿主种群密度增大，如有大的虫害暴发时，往往可以发现病毒导致的宿主死亡，以及病毒病的流行，随之而来的是宿主种群密度的降低。在湖泊或海洋中发生水华和赤潮时，随之也会检测到噬藻体含量的增加，以及藻类种群的下降。自然界中，这种调控是宏观的，有时也是缓慢和隐性的。人类的农业集约化养殖会导致一些在自然界中罕见的疾病的暴发。例如，对虾白斑综合征是随着对虾的集约化养殖出现的病症，由对虾白斑综合征病毒（white spot syndrome virus）引起，这种病毒在自然界也许存在了几亿年，但并没有引起人们的注意，直到集约化养殖的出现。这种病 1991 年在我国首次暴发，之后迅速传播至全世界，在 20 世纪 90 年代对全球对虾养殖业产生了毁灭性的打击。

（三）病毒与宿主的互生关系

人类对病毒的认识，是从病毒传播的疾病开始的，因此，一般认为病毒一定是对宿主有害的病原生物，其实不然。病毒是一种专性的细胞内寄生生物，在与其宿主长期的共进化过程中，产生了十分奇妙和复杂的相互作用关系。

有些病毒是宿主的共生生物，也就是说它们与宿主具有互利共生的关系。例如，有研究表明，携带潜伏性感染疱疹病毒的老鼠，其天然免疫系统会处于激活状态，可抵御李斯特菌和鼠疫杆菌等细菌的感染（Barton et al.，2007）。细菌和酵母菌可以通过携带病毒杀死竞争者，获得生存优势。

病毒与宿主的相互作用，不仅是双向的，在复杂的生态环境中，还可能是三维的，甚至是多维的。在美国的黄石国家公园，由于地热活动，土壤的温度可以达到 50℃以上，在这里生长的野生植物都感染了一种内生真菌，而这些内生真菌又被病毒所感染。研究表明，病毒、真菌和植物三者一起才能提供耐热性，缺一不可（Marquez et al.，2007）。本书第 13 章将介绍病毒-介体昆虫-植物三者之间的互作关系。多分 DNA 病毒也是典型的例子，多分 DNA 病毒是在寄生蜂中发现的一类奇特的病毒，它们的基因组由几十个环状的双链 DNA 分子所组成，这些 DNA 平时整合在寄生蜂的基因组中，在雌蜂产卵前，病毒在卵巢中复制组装，形成病毒粒子，当寄生蜂产卵时，病毒粒子和卵一起被注射至寄主昆虫的血腔中，病毒在寄主体内会产生抑制昆虫免疫反应的病毒蛋白，从而使寄生蜂顺利发育。因此，多分 DNA 病毒已经发展成寄生蜂的一部分，离开病毒，寄生蜂将无法发育生存（Strand and Burke，2014）。最近的研究还显示，多分 DNA 病毒的感染可以抑制寄主昆虫口腔酶类的分泌，避免刺激植物的免疫系统，使寄主昆虫得以更多地取食，从而孵育出更多的寄生蜂和病毒。在这一生态系统中，病毒俨然成为寄生蜂、昆虫寄主、植物等多维生物的调节纽带（Tan et al.，2018）。相信随着新病毒的发现和研究的深入，会发现越来越多这类病毒与宿主之间的互生关系。

（四）内源性病毒及其作用

在人类基因组中，有 50% 的 DNA 来源于逆转录病毒、逆转座子、DNA 转座子、假基因等，其中人类内源性逆转录病毒（human endogenous retrovirus，HERV）约占8%（Lander et al.，2001；International Human Genome Sequence Consortium，2004），在人类进化中产生了重要影响。这些HERV被认为起源于一些已经消失了的逆转录病毒，它们在4000万～1亿年前整合到了灵长类祖先的生殖细胞中（Bannert and Kurth，2006）。人类基因组中的HERV，有些保留有完整的前病毒形式，但大多数已经突变或缺失了某些编码基因，有的仅留下两端的长末端重复序列（long terminal repeat，LTR）。虽然人类基因组中没有活的HERV，但这些HERV的基因组片段，可在不同的细胞和组织中转录并表达出蛋白质，甚至产生缺陷型、无感染性的病毒粒子。HERV-W的囊膜蛋白Env可特异性地在人体胎盘组织中表达，其表达产物合胞素（syncytin）具有形成合胞体的功能，被认为在人类的胚胎发育中发挥重要作用（Mi et al.，2000）。目前的观点认为，内源性逆转录病毒表达的合胞素在哺乳动物的胎盘发育中发挥了重要作用。除了表达蛋白质外，散在于基因组中的逆转录病毒还给基因组的转录提供了大量的顺式调控元件及反式调节因子。此外，内源性逆转录病毒还对人类的天然免疫系统的进化及其功能的发挥有重要影响（Grandi and Tramontano，2018）。除了人类以外，内源性逆转录病毒在许多生物的基因组中都存在，而且不仅仅是内源性逆转录病毒，在脊椎动物和无脊椎动物的基因组中发现的“病毒化石”还包括丝状病毒、博尔纳病毒、细小病毒、环状病毒等（Belyi et al.，2010；Horie and Tomonaga，2011），提示这些病毒具有悠久的历史，并且在与其宿主的共进化过程中可能发挥了重要作用。

小　结

病毒是自然界中一种十分独特的生物，它是一种由核酸和蛋白质外壳组成的生物大分子，必须在活的宿主细胞体内才能复制和繁殖。病毒的概念出现在1880年前后，但人类对病毒的防御和利用已有几千年的历史。

本章介绍了病毒学的诞生和发展。科学家利用病毒这种相对简单的实验系统，揭示了一系列重要的生命科学规律。病毒学研究在分子生物学、细胞生物学、肿瘤学、免疫学等学科的发展中起到了重要作用。

经过100多年的发展，病毒学已经派生出普通病毒学、医学病毒学、兽医病毒学、植物病毒学、分子病毒学、病毒流行病学等多种分支学科。普通病毒学主要研究病毒的基本特性及其与宿主相互作用的本质规律，其研究对象涵盖所有病毒。病毒学的发展也推动了病毒疫苗、抗病毒药物、病毒载体、生物农药等相关生物技术的发展和应用。

病毒是地球上数量最多的生物，目前所发现的病毒估计还不到病毒种类的1%。病毒在自然界中通过对宿主种群的调控，在生物圈的物质和能量循环中发挥着重要作用。病毒并非都对宿主有害，有些病毒是宿主的共生生物，它们可与宿主及环境形成三维或多维的相互作用。

病毒是研究生命起源和进化的重要工具。病毒可能起源于生命诞生之初，具有多起源。在人类基因组中，约有8%的序列来自人类内源性逆转录病毒。

复习思考题

1. 病毒具有哪些特征？
2. 请举例说明病毒学对生命科学的贡献。
3. 病毒学在医学和生物技术中有哪些应用？
4. 请举例说明病毒与宿主的共生现象。
5. 有关病毒起源的假说有哪些？它们分别有什么证据？

（胡志红　陈新文）

参 考 文 献

戴志澄，祁国明. 1995. 中国病毒性肝炎血清流行病学调查（上卷），1992～1995. 北京：科学技术文献出版社：60-71.

李明. 1986. 中国病毒性肝炎流行病学调查研究. 中华微生物学和免疫学杂志，增刊号（病毒性肝炎专辑）：1-15.

Abrahao J, Silva L, Silva LS, et al. 2018. Tailed giant Tupanvirus possesses the most complete translational apparatus of the known virosphere. Nat Commun, 9:749.

Baltimore D. 1970. RNA-dependent DNA polymerase in virions of RNA tumour viruses. Nature, 226:1209-1211.

Baltimore D.1971. Expression of animal virus genomes. Bacteriol Rev, 35:235-241.

Bannert N, Kurth R. 2006. The evolutionary dynamics of human endogenous retroviral families. Annu Rev Genomics Hum Genet, 7:149-173.

Barton ES, White DW, Cathelyn JS, et al. 2007. Herpesvirus latency confers symbiotic protection from bacterial infection. Nature, 447:326-329.

Beitelshees M, Hill A, Rostami P, et al. 2017. Pressing diseases that represent promising targets for gene therapy. Discov Med, 24:313-322.

Belyi VA, Levine AJ, Skalka AM. 2010. Unexpected inheritance: multiple integrations of ancient bornavirus and ebolavirus/marburgvirus sequences in vertebrate genomes. PLoS Pathog, 6:e1001030.

Berget SM, Moore C, Sharp PA. 1977. Spliced segments at the 5′ terminus of adenovirus 2 late mRNA. Proc Natl Acad Sci U S A, 74:3171-3175.

Bolduc B, Shaughnessy DP, Wolf YI, et al. 2012. Identification of novel positive-strand RNA viruses by metagenomic analysis of archaea-dominated Yellowstone hot springs. J Virol, 86:5562-5573.

Both GW, Furuichi Y, Muthukrishnan S, et al. 1975. Ribosome binding to reovirus mRNA in protein synthesis requires 5′ terminal 7-methylguanosine. Cell, 6:185-195.

Choi AH, O'Leary MP, Fong Y, et al. 2016. From benchtop to bedside: a review of oncolytic virotherapy. Biomedicines, 4(3): 18.

Chow LT, Gelinas RE, Broker TR, et al. 1977. An amazing sequence arrangement at the 5′ ends of adenovirus

2 messenger RNA. Cell, 12:1-8.

Cobián Güemes AG, Youle M, Cantú VA, et al. 2016. Viruses as winners in the game of life. Annu Rev Virol, 29:197-214.

Colson P, de Lamballerie X, Yutin N, et al. 2013. "Megavirales", a proposed new order for eukaryotic nucleocytoplasmic large DNA viruses. Arch Virol, 158:2517-2521.

Crick FH, Watson JD. 1956. Structure of small viruses. Nature, 177:473-475.

Cui F, Shen L, Li L, et al. 2017. Prevention of chronic hepatitis B after 3 decades of escalating vaccination policy, China. Emerg Infect Dis, 23:765-772.

Darnell JE Jr, Kerr IM, Stark GR. 1994. Jak-STAT pathways and transcriptional activation in response to IFNs and other extracellular signaling proteins. Science, 264:1415-1421.

d'Herelle F. 1917. Sur un microbe invisiniste des bacilles dysentériques. C R Hebd Seances Acad Sci, 1:72-99.

Duesberg PH, Vogt PK. 1970. Differences between the ribonucleic acids of transforming and nontransforming avian tumor viruses. Proc Natl Acad Sci U S A, 67:1673-1680.

Dulbecco R, Vogt M. 1953. Some problems of animal virology as studied by the plaque technique. Cold Spring Harb Symp Quant Biol, 18:273-279.

Dynan WS, Tjian R. 1983. The promoter-specific transcription factor Sp1 binds to upstream sequences in the SV40 early promoter. Cell, 35:79-87.

Eagle H. 1955. Nutrition needs of mammalian cells in tissue culture. Science, 122:501-514.

Enders JF, Weller TH, Robbins FC. 1949. Cultivation of the lansing strain of poliomyelitis virus in cultures of various human embryonic tissues. Science, 109:85-87.

Fitzgerald M, Shenk T. 1981. The sequence 5′-AAUAAA-3′forms parts of the recognition site for polyadenylation of late SV40 mRNAs. Cell, 24:251-260.

Furuichi Y, Morgan M, Muthukrishnan S, et al. 1975. Reovirus messenger RNA contains a methylated, blocked 5′-terminal structure: m-7G (5′) ppp (5′) G-MpCp. Proc Natl Acad Sci U S A, 72:362-366.

Geoghegan JL, Holmes EC. 2017. Predicting virus emergence amid evolutionary noise. Open Biol, 7: 170-189.

Germond JE, Hirt B, Oudet P, et al. 1975. Folding of the DNA double helix in chromatin-like structures from simian virus 40. Proc Natl Acad Sci U S A, 72:1843-1847.

Gey GO, Coffman WD, Kubicek MT. 1952. Tissue culture studies of the proliferative capacity of cervical carcinoma and normal epithelium. Cancer Res, 12:264-265.

Gierer A, Schramm G. 1956. Infectivity of ribonucleic acid from tobacco mosaic virus. Nature, 177:702-703.

Grandi N, Tramontano E. 2018. Human endogenous retroviruses are ancient acquired elements still shaping innate immune responses. Front Immunol, 9:2039.

Gruss P, Dhar R, Khoury G. 1981. Simian virus 40 tandem repeated sequences as an element of the early promoter. Proc Natl Acad Sci U S A, 78:943-947.

Hayward WS, Neel BG, Astrin SM. 1981. Activation of a cellular onc gene by promoter insertion in ALV-induced lymphoid leukosis. Nature, 290:475-480.

Henderson DA. 1987. Principles and lessons from the smallpox eradication programme. Bull World Health Organ, 65:535-546.

Hershey AD, Chase M. 1952. Independent functions of viral protein and nucleic acid in growth of bacteriophage. J Gen Physiol, 36:39-56.

Horie M, Tomonaga K. 2011. Non-retroviral fossils in vertebrate genomes. Viruses, 3:1836-1848.

International Human Genome Sequencing Consortium. 2004. Finishing the euchromatic sequence of the human genome. Nature, 431:931-945.

Isaacs A, Lindenmann J. 1957. Virus interference. Ⅰ. the interferon. Proc R Soc Lond B Biol Sci, 147(927): 258-267.

Ishino Y, Shinagawa H, Makino K, et al. 1987. Nucleotide sequence of the iap gene, responsible for alkaline phosphatase isozyme conversion in *Escherichia coli*, and identification of the gene product. J Bacteriol, 169: 5429-5433.

Jang SK, Davies MV, Kaufman RJ, et al. 1989. Initiation of protein synthesis by internal entry of ribosomes into the 5′ nontranslated region of encephalomyocarditis virus RNA *in vivo*. J Virol, 63:1651-1660.

Jansen R, Embden JD, Gaastra W, et al. 2002. Identification of genes that are associated with DNA repeats in prokaryotes. Mol Microbiol, 43: 1565-1575.

Kates J, Beeson J. 1970. Ribonucleic acid synthesis in vaccinia virus. Ⅱ. Synthesis of polyriboadenylic acid. J Mol Biol, 50:19-33.

Koonin EV, Senkevich TG, Dolja VV. 2006. The ancient virus world and evolution of cells. Biol Direct, 1:29.

La Scola B, Audic S, Robert C, et al. 2003. A giant virus in amoebae. Science, 299:2033.

Lacey LA, Grzywacz D, Shapiro-Ilan DI, et al. 2015. Insect pathogens as biological control agents: back to the future. J Invertebr Pathol, 132:1-41.

Lander ES, Linton LM, Birren B, et al. 2001. Initial sequencing and analysis of the human genome. Nature, 409:860-921.

Lane DP, Crawford LV. 1979. T antigen is bound to a host protein in SV40-transformed cells. Nature, 278:261-263.

Legendre M, Arslan D, Abergel C, et al. 2012. Genomics of Megavirus and the elusive fourth domain of life. Commun Integr Biol, 5:102-106.

Li CX, Shi M, Tian JH, et al. 2015. Unprecedented genomic diversity of RNA viruses in arthropods reveals the ancestry of negative-sense RNA viruses. Elife, 4: e05378.

Liang X, Bi S, Yang W, et al. 2009. Epidemiological serosurvey of hepatitis B in China-declining HBV prevalence due to hepatitis B vaccination. Vaccine, 27:6550-6557.

Linzer DI, Levine AJ. 1979. Characterization of a 54K dalton cellular SV40 tumor antigen present in SV40-transformed cells and uninfected embryonal carcinoma cells. Cell, 17:43-52.

Loeffler F, Frosch P. 1898. Zentralbl Bakteriol Parasitenkd Infektionskr Hyg. Abt Orig, 28:371.

Lundstrom K. 2018. Viral vectors in gene therapy. Diseases, 6: E42.

Mariner JC, House JA, Mebus CA, et al. 2012. Rinderpest eradication: appropriate technology and social innovations. Science, 337:1309-1312.

Marquez LM, Redman RS, Rodriguez RJ, et al. 2007. A virus in a fungus in a plant: three-way symbiosis required for thermal tolerance. Science, 315:513-515.

Marraffini LA. 2015. CRISPR-Cas immunity in prokaryotes. Nature, 526: 55-61.

Martuza RL, Malick A, Markert JM, et al. 1991. Experimental therapy of human glioma by means of a genetically engineered virus mutant. Science, 252:854-856.

Mayer A. 1886. Über die Mosaikkrankheit des Tabaks. Die Landwirtschaftliche Versuchs-stationen , 32: 451-467.

McCormack MP, Rabbitts TH. 2004. Activation of the T-cell oncogene LMO2 after gene therapy for X-linked severe combined immunodeficiency. N Engl J Med, 350:913-922.

Mi S, Lee X, Li X, et al. 2000. Syncytin is a captive retroviral envelope protein involved in human placental morphogenesis. Nature, 403:785-789.

Mojica FJ, Díez-Villaseñor C, García-Martínez J, et al. 2005. Intervening sequences of regularly spaced prokaryotic repeats derive from foreign genetic elements. J Mol Evol, 60: 174-182.

Mora C, Tittensor DP, Adl S, et al. 2011. How many species are there on earth and in the ocean? PLoS Biol, 9:e1001127.

Nasir A, Caetano-Anolles G. 2015. A phylogenomic data-driven exploration of viral origins and evolution. Sci Adv, 1:e1500527.

Nathanson N, Kew OM. 2010. From emergence to eradication: the epidemiology of poliomyelitis deconstructed. Am J Epidemiol, 172:1213-1229.

Pelletier J, Sonenberg N. 1989. Internal binding of eucaryotic ribosomes on poliovirus RNA: translation in HeLa cell extracts. J Virol, 63:441-444.

Raoult D. 2013. TRUC or the need for a new microbial classification. Intervirology, 56:349-353.

Raoult D, Audic S, Robert C, et al. 2004. The 1.2-megabase genome sequence of *Mimivirus*. Science, 306:1344-1350.

Raper SE, Chirmule N, Lee FS, et al. 2003. Fatal systemic inflammatory response syndrome in a ornithine transcarbamylase deficient patient following adenoviral gene transfer. Mol Genet Metab, 80:148-158.

Reed W, Agramonte A. 1983. Landmark article. Feb 16, 1901: The etiology of yellow fever. An additional note. By Walter Reed, Jas. Carroll and Aristides Agramonte. JAMA, 250: 649-658.

Rous P. 1911. A Sarcoma of the fowl transmissible by an agent separable from the tumor cells. J Exp Med, 13:397-411.

Sanford KK, Earle WR, Likely GD. 1948. The growth *in vitro* of single isolated tissue cells. J Natl Cancer Inst, 9:229-246.

Shi M, Lin XD, Chen X, et al. 2018. The evolutionary history of vertebrate RNA viruses. Nature, 556: 197-202.

Shi M, Lin XD, Tian JH, et al. 2016. Redefining the invertebrate RNA virosphere. Nature, 540:539-543.

Stanley WM. 1935. Isolation of a crystalline protein possessing the properties of tobacco-mosaic virus. Science, 81:644-645.

Stehelin D, Varmus HE, Bishop JM, et al. 1976. DNA related to the transforming gene (s) of avian sarcoma viruses is present in normal avian DNA. Nature, 260:170-173.

Strand MR, Burke GR. 2014. Polydnaviruses: nature's genetic engineers. Annu Rev Virol, 1:333-354.

Sun X. 2015. History and current status of development and use of viral insecticides in China. Viruses, 7:306-319.

Suttle CA. 2007. Marine viruses—major players in the global ecosystem. Nat Rev Microbiol, 5:801-812.

Tan CW, Peiffer M, Hoover K, et al. 2018. Symbiotic polydnavirus of a parasite manipulates caterpillar and plant immunity. Proc Natl Acad Sci U S A, 115:5199-5204.

Temin HM, Mizutani S. 1970. RNA-dependent DNA polymerase in virions of Rous sarcoma virus. Nature, 226:1211-1213.

Twort FW. 1915. An investigation on the nature of the ultramicroscopic viruses. Lancet, 189:1241-1243.

Zhang YZ, Shi M, Holmes EC. 2018. Using metagenomics to characterize an expanding virosphere. Cell, 172:1168-1172.

Zinkernagel RM, Doherty PC. 1974. Restriction of *in vitro* T cell-mediated cytotoxicity in lymphocytic choriomeningitis within a syngeneic or semiallogeneic system. Nature, 248:701-702.

病毒分类与命名

病毒分类是将自然界存在的病毒种群，按照它们的性质和亲缘关系加以归纳编排，以了解其共性与个性。一个好的病毒分类系统应建立在完善命名的基础上，并能形成稳固的分类规律，还能提供一个有效的信息存取系统，便于对病毒的查考、交流、认识和利用。

经过长期的探索，病毒的分类与命名已有较大的发展，但现阶段的病毒分类学，还不能完全按进化进行分类，有待进一步完善。病毒分类不仅有利于对已知病毒的认识、促进对未知病毒的发现，而且有助于对病毒的利用以及对病毒病的控制。例如，我们可以根据同科或同属病毒之间的共同抗原，利用同科异属或同属异种的病毒进行免疫预防。应用牛痘苗预防人的天花就是一个经典案例，虽在当时仅仅是一种偶然发现。另外，应用鸽痘病毒预防鸡痘，应用火鸡疱疹病毒预防鸡的马立克病，也都是这方面有代表性的例子。

第一节　病毒分类的组织

一、国际病毒分类委员会

病毒分类和命名的组织是国际病毒分类委员会（ICTV），ICTV 由执行委员会（Executive Committee）负责，下设 6 个分委员会，分别为细菌和古菌病毒分委员会、真菌和原生动物病毒分委员会、植物病毒分委员会、动物 DNA 病毒和逆转录病毒分委员会、动物双链 RNA 病毒和负单链 RNA 病毒分委员会、动物正单链 RNA 病毒分委员会。每个分委员会中有若干个研究组（study group）。全世界病毒学工作者都可以将有关病毒分类命名的建议提交给 ICTV 相应的分委员会进行讨论（ICTV 官方网站可下载建议模板）。ICTV 对每一项建议都采取十分慎重的态度，凡经 ICTV 执行委员会通过的新建议，需在三年一度的 ICTV 全体会议上表决批准，近年来随着互联网技术的发展，执行委员会通过的建议可通过网上投票获得批准。这样，某些 ICTV 批准的建议在正式出版前便得到通过，并在 ICTV 的官方网站（ https://www.ictvonline.org/ ）上公布。

二、病毒分类学的发展

从病毒发现到 1966 年，国际上没有统一的关于病毒分类的组织，病毒学家在各自的研究领域提出或建立一些分类系统，病毒分类和命名进展缓慢，且缺乏国际协作。

1966 年，在莫斯科召开的国际微生物学大会上，建立了国际病毒命名委员会（International Committee on Nomenclature of Viruses，ICNV）。Wildy 任主席期间，于 1970 年 8 月第十届国际微生物学代表大会举行时，通过了 ICNV 的第一次报告，由 Wildy 整理发表（Wildy，1971）。这是病毒分类学一件划时代的大事。ICNV 第一次报告描述并设立了 43 个属（组、群），其中脊椎动物病毒分成 2 个科（乳多空病毒科和小 RNA 病毒科）18 个属（组），无脊椎动物病毒分为 3 个属（组），植物病毒分为 16 个组，细菌病毒分为 6 个群。每个病毒属（组、群）都有其主要区别特征的简要描述，并有一个代表成员。公布的病毒种共 290 个。病毒分类中采用了密码，每一个病毒的密码包括 4 对符号：第一对符号为核酸类型 / 核酸股数；第二对符号为核酸的分子质量（$\times 10^6$）/ 病毒体中含核酸的百分比；第三对符号为病毒体形状 / 病毒核衣壳形状；第四对符号为感染宿主种类 / 传播介体种类。此外，会议还通过了“国际病毒命名法则”，选出 Fenner 为下届主席。

1973 年 5 月，在伦敦召开的 ICNV 执行委员会上，ICNV 更名为国际病毒分类委员会（International Committee on Taxonomy of Viruses，ICTV），理由是为了更好地体现该委员会的职责。该建议于 1974 年国际微生物协会第一次全体代表会议上得到通过。

1975 年，在第三届国际病毒学大会举行期间 ICTV 召开了会议，由 Fenner 做了报告，与第一次报告相比，该报告有下列几个特点。① 将病毒按宿主分为五大类：寄生于一种以上寄主的病毒、只寄生于脊椎动物的病毒、只寄生于无脊椎动物的病毒、只寄生于细菌的病毒、只寄生于植物的病毒。② 病毒的化学组成、形态结构、生理生化仍是分类上的重要依据，包括核酸类型、核酸股数、病毒的形态大小及其复制情况。③ 增加了科、属、群名词的词源。④ 在 ICTV 下设立 7 个分委员会，分别是细菌病毒分委员会、真菌病毒分委员会、植物病毒分委员会、无脊椎动物病毒分委员会、脊椎动物病毒分委员会、密码及资料分委员会和协调分委员会。病毒分类和命名法则也进行了修改，共有 16 项，会议选举 Metthews 为下届主席，1976 年，发表了 ICTV 第二次报告（Fenner，1976）。

1978 年，在海牙召开的 ICTV 第三次会议上，Metthews 做了 ICTV 第三次报告，将病毒按照病毒基因组核酸的类型、病毒体有无囊膜分为七大群；再根据寄主、病毒体的形态、病毒的组成和结构分成 50 个科或组；决定不再使用密码来描述病毒的主要特征。会议选举 Metthews 继续担任下届 ICTV 主席，该报告于 1979 年发表（Metthews，1979）。

1981 年，在法国斯特拉斯堡举行的第五届国际病毒学大会期间，ICTV 也召开了会议，并通过了 ICTV 第四次报告，分类的依据与第三次报告相同，即按病毒核酸类型、病毒体有无囊膜，然后考虑其复制方式，病毒体的形态、大小、结构以及对称形式和感染宿主的类型，介绍了 54 个科或组。病毒命名法则修改为 22 项。ICTV 第四次报告于 1982 年发表（Metthews，1982；谢天恩，1986）。

在分别于 1984 年、1987 年及 1990 年召开的第六届、第七届及第八届国际病毒学大会上，ICTV 对第四次报告的内容做了许多修改、补充。1991 年 Francki 等发表了 ICTV 第五次报告（Francki et al.，1991；谢天恩，1992），该报告介绍了 73 个病毒科和组。

1993 年，在英国格拉斯哥召开举行了第九届国际病毒学大会，其间 ICTV 也召开了会议，并对第五次报告做了修改和补充。1995 年由 Murphy 等发表了 ICTV 第六次报告（Murphy et al.，1995），其中最突出的是植物病毒分类不再采用组、亚组，而统一使用科、属、种的分类系统；该报告介绍了 1 个病毒目，50 个科，9 个亚科，166 个属。

1996 年，在耶路撒冷召开第十届国际病毒学大会期间，ICTV 又对第六次报告做了修改和补充，此后，1997 年和 1998 年国际病毒分类委员会执行委员会又对其进行了多次讨论与补充；2000 年由 van Regenmortel 等执笔并公布了 ICTV 第七次报告及其检索表（van Regenmortel et al.，2000），设立 3 个病毒目，64 个病毒科，9 个病毒亚科，234 个病毒属。

2005 年，由 Fauquet 等执笔，编写了 ICTV 第八次报告，由爱思唯尔学术出版社（Elsevier Academic Press）出版（Fauquet et al.，2005）。报告正式认可的病毒有 5450 多个，1899 种。该报告设有 3 个病毒目，73 个病毒科，11 个病毒亚科，289 个病毒属。亚病毒因子包括类病毒、卫星和朊病毒，其中类病毒设 2 个科，7 个属；卫星有 2 个亚组，卫星核酸有 3 个亚组；朊病毒分为脊椎动物朊病毒和真菌朊病毒（陆承平，2005；洪健和周雪平，2005，2006；刘二龙和唐婕，2006；冯书章等，2007）。

2012 年，在前几个报告的基础上，ICTV 汇集了 2005～2011 年所有得到批准的病毒分类建议，由 King 等负责编撰，编写了 ICTV 的第九次病毒分类报告（King et al.，2012）。在这个长达 1327 页的报告中，将 ICTV 正式承认的 2285 种病毒和类病毒归入 349 个属，19 个亚科，87 个科和 6 个目，并公布了卫星病毒和朊病毒的种类（张忠信，2012）。

表 2-1 整理了 ICTV 第 1～9 次报告所报道的病毒分类系统。

表 2-1　ICTV 第 1～9 次报告所报道的病毒分类系统

报告	文献	召开会议完成报告或 MSL 的时间和地点	报道的目、科、属、种数
第一次	Wildy, 1971	赫尔辛基（Helsinki），1968	2 个科，43 个属或组
第二次	Fenner, 1976	布达佩斯（Budapest），1971；马德里（Madrid），1975	47 个科或组
第三次	Matthews, 1979	海牙（The Hague），1978	50 个科或组
第四次	Matthews, 1982	斯特拉斯堡（Strasbourg），1981	54 个科或组
第五次	Francki et al., 1991	仙台（Sendai），1984；埃德蒙顿（Edmonton），1987；柏林（Berlin），1990	2420 个病毒归属于 73 个科或组
第六次	Murphy et al., 1995	格拉斯哥（Glasgow），1993	1 个目，50 个科，9 个亚科，166 个属，3600 多种
第七次	van Regenmortel et al., 2000	耶路撒冷（Jerusalem），1996	3 个目，64 个科，9 个亚科，234 个属，1550 多种
第八次	Fauquet et al., 2005	悉尼（Sydney），1999；巴黎（Paris），2002	3 个目，73 个科，11 个亚科，289 个属，1899 种
第九次	King et al., 2012	旧金山（San Francisco），2005；伊斯坦布尔（Istanbul），2008；札幌（Sapporo），2011	6 个目，87 个科，19 个亚科，349 个属，2285 种

注：MSL 为 master species list 的缩写，为 ICTV 公布的病毒各级分类单元及种的索引列表

第二节 病毒的主要类群

国际病毒分类系统按病毒的核酸类型排列病毒分类体系，但病毒是作为病原而被发现的，所以人们习惯按照它们的“原始寄主”将病毒分为若干个类群。所谓“原始寄主”是指首先发现被某个病毒感染并出现特异症状的寄主。

目前已知，从原核生物的细菌、支原体、放线菌、立克次氏体、蓝绿藻，真核生物的藻类、真菌、蕨类、裸子植物、被子植物、原生动物、腔肠动物、线虫、节肢动物、软体动物、脊椎动物乃至人类中都能分离到病毒。其中从细菌、被子植物、节肢动物、脊椎动物和人类中找到的病毒最多；但不少低等植物如硅藻、黏菌、苔藓、苏铁属植物和低等动物如多孔动物门、扁虫动物门、腕足动物门、棘皮动物门等也都有少量病毒报道。这种分布不均的现象也许部分反映了处于演化系统不同位置的动植物对病毒有不同的易感性，但更可能反映的是人们以更多的注意力用于发现并研究与人类健康和经济生活有关的一些寄主的病毒。

一、脊椎动物的病毒

脊椎动物病毒中最被关注的是人类病毒，常见的病毒病有天花、黄热病、小儿麻痹症、麻疹、腮腺炎、狂犬病、肝炎、病毒性脑炎和艾滋病等。鱼类的病毒有上百种，如草鱼出血病病毒、传染性胰腺坏死症病毒、鲤春病毒血症病毒、鲤鱼痘疮病毒等。两栖动物中也发现有病毒，如蛙肾瘤病毒、牛蛙水肿病毒等。在鸟类和家禽中也发现了多种病毒，有些在经济上是极重要的，如新城疫病毒、禽流感病毒等；家禽的肿瘤病毒是研究病毒与肿瘤关系方面的良好材料。许多野生的哺乳动物和大多数家养的哺乳动物都有病毒病。

动物病毒的命名目前仍是多种多样的。现有动物病毒“种”的名称大多用其所引起疾病的名称后加“病毒”两字，如麻疹病毒、脊髓灰质炎病毒。兽医学上则常再加上宿主种类，如马流行性感冒病毒、猪瘟病毒等；也有的在前面再加上最初发现该病毒的地名，如日本乙型脑炎病毒、委内瑞拉马脑炎病毒等；还有的甚至直接用发现病毒的地名称呼该病毒，如扎伊尔埃博拉（Zaire ebola）病毒等。某些病毒用人名命名，如劳斯（Rous）肉瘤病毒和马立克病毒。虽然这些命名方法看起来很混乱，但由于它们已为大家所熟悉，ICTV 在病毒命名规则中规定这些名称应予保留。

现有动物病毒目、科和属的名称，有的是依据病毒的形态和理化特性，如小 RNA 病毒科、沙粒病毒科、逆转录病毒科、轮状病毒属等；有的是依据该类病毒的病原性及其引起病变的性质，如疱疹病毒目、痘病毒科；有的以病毒酶作用位点的黏液性基质命名，如正黏病毒科和副黏病毒科；有的病毒科名来自病毒的最初分离部位，如腺病毒科；有的以感染宿主的部位命名，如鼻病毒属和肠病毒属等。由于它们分别取自相应病毒分类单元的共性，而且这些名称又为人们所接受，因此也就得以通用和保留。

关于病毒株的命名，尽管这并不是 ICTV 的职责，但也在相关研究专家的努力下逐步统一，特别是对像流感病毒等重要的多型性病毒，基本上已经统一命名。然而，在其他一些病毒中，仍然存在任意命名或编号的现象。例如，把分离出该病毒株的患者的名字作为毒株名称等，这样易造成混乱，现已基本纠正。

病毒毒株名称至少应能反映该毒株的分离地点和时间以及该毒株的型别。在甲型流感病毒中，因病毒表面蛋白血凝素（hemagglutinin，HA）和神经氨酸酶（neuraminidase，NA）抗原性的不同而被分为16种HA亚型（H1～H16）和10种NA亚型（N1～N10）。国际上通用的流感病毒命名方法是：型别 / 分离地点 / 分离序号 / 分离时间（年代）。近年来又在“分离年代”之后加上HA和NA的序号，如A/HongKong/1/68（H3N2），“A”代表甲型流感病毒，括号中的“H3”代表HA为3亚型，“N2”代表其NA为2亚型。国内流感病毒株的早期命名方法一般是：分离地点-分离单位简称-分离年代-型别-分离序号，如“京科68-甲-1”是指1968年由中国医学科学院在北京分离获得的第1株甲型流感病毒。

动物流感病毒的命名方法基本同上，仅在型别和分离地点之间再加上一个动物宿主名称，如“甲 / 马 / 布拉格 /1/56（Heq-1Neq-1）”是指1956年在布拉格分离的第1株甲型马流感病毒，其表面抗原为：血凝素，马1亚型；神经氨酸酶，马1亚型。尽管ICTV并不参与协调病毒株、变异株或血清型的分类与命名，这些被认为是病毒学研究组及病毒学家的事情，但每次ICTV报告中对公认的病毒株和病毒亚型均明确公布。在第八次报告以后，更是要求每个病毒种必须至少设立一个型（株）以支持该病毒种的存在。

二、昆虫及其他无脊椎动物的病毒

在无脊椎动物中，昆虫的病毒病最多。此外，在水螅、牡蛎、虾、蟹、海兔、海鞘、塔螺等中也发现有病毒的存在。1995年ICTV第六次报告中，昆虫和其他无脊椎动物病毒的种类近千种，由于早期昆虫杆状病毒研究资料不够完善，大多数没有病毒核酸序列的资料，只有病毒分离和电镜观察形态的报道，ICTV第七次报告中，将过去公布的大多数昆虫杆状病毒不作为确定成员或暂定成员，只保留少数种类。近年来杆状病毒分子生物学研究突飞猛进，完成基因组全序列分析的杆状病毒数量不断增加。2012年，ICTV在第九次报告中，正式将杆状病毒科由过去的2个属改为4个属（Herniou et al.，2012）。2018年，ICTV新分类报告公布的杆状病毒正式成员为69种，可能成员39种（Harrison et al.，2018），而已经报道的杆状病毒总数超过600种（Cory and Evans，2007；Eberle et al.，2012a，2012b）。

许多昆虫和无脊椎动物是人类和高等动物病毒的媒介。2016年，中国科学家对9个动物门超过220种无脊椎动物标本进行了宏转录组测序，发现了1445种全新的病毒（Li et al.，2015；Shi et al.，2016）。这些病毒虽然为无脊椎动物病毒，但与脊椎动物病毒存在于相同的目、科或属，无脊椎动物可能也是这些新发现病毒的媒介。近年来，随着在无脊椎动物中发现可能感染脊椎动物病毒的种类增多，ICTV将原来下设的无脊椎动物病毒分委员会和脊椎动物病毒分委员会合并，按核酸类型重新组成3个动物病毒分委员会。

三、高等植物的病毒

病毒引起的高等植物病毒病相当普遍。高等植物病毒绝大多数属于RNA病毒，但花椰菜花叶病毒科、双生病毒科和矮缩病毒科则属于DNA病毒。逆转录病毒目花椰菜花叶病毒科成员基因组为双链环状DNA，其中一个环不完整，病毒复制中涉及逆转录，是DNA逆转录病毒。双生病毒科和矮缩病毒科成员基因组为单链环状DNA。

植物病毒是通过它们在寄主上引起病害才被认识的，所以，人们常常以这些病害作为取名的依据。例如，最常见的能引起烟草叶子出现深浅不一绿色花斑的病毒，称为烟草花叶病毒（tobacco mosaic virus，TMV）。有些植物病毒可感染多种植物，这就需要我们在植物病毒分类中特别注意。例如，黄瓜花叶病毒的寄主范围极为广泛，能感染40个科的191种植物。因此，在植物病毒分类中，不仅要对所分离病毒的形态和引起的症状进行鉴定，还应进行分子生物学鉴定，从而确定其分类地位，避免把已知的病毒误定为一种新的病毒。

植物病毒分类单元过去大多数设为组，相当于后来的病毒属，在ICVT第六次报告（Murphy et al.，1995）中，植物病毒分类单元取消组，全部按科属设立。在第八次报告中，大多数植物病毒属都归入病毒科，但还有16个植物病毒属不能归入科。在ICTV第九次报告（King et al.，2012）中，正式在植物病毒中设立一个病毒目，为芜菁黄花叶病毒目（*Tymovirales*）。另外，设立一个新病毒科帚状病毒科（*Virgaviridae*），将以前的6个独立属归入其中。目前的病毒分类系统（Lefkowitz et al.，2018）维持了植物病毒的这种分类格局，并在芜菁黄花叶病毒目中加入了一个丁型线形病毒科（*Deltaflexiviridae*）。

四、藻类和真菌的病毒

珊瑚轮藻病毒是第一个发现的具有感染性的真核藻类病毒。此外，多种小球藻中也发现了病毒。除了DNA藻类病毒外，近年来也发现了大量RNA藻类病毒，这些RNA病毒大多数属于海洋RNA病毒科。藻类病毒可能是抑制水体蓝藻疯长的一种生物因子。

迄今为止，已报道的真菌病毒已超过100种。病毒的宿主包括核盘菌、栗疫病菌、根前毛菌、燕麦孺孢菌、蘑菇、双孢蘑菇、小麦全蚀病菌、产黄青霉、玉米黑粉菌和啤酒酵母等。蘑菇病毒会对商业生产的蘑菇造成很大的损失，研究蘑菇病毒的分子生物学特性，开发早期检测蘑菇病毒的分子生物学技术，对于早期预防病毒病的发生具有重要意义。由于栗疫病菌病毒和核盘菌病毒可以减弱真菌病菌的危害，这些病毒有望作为防治真菌病害的生物因子，目前真菌病毒的研究越来越受到重视。

五、原核生物的病毒

在原核生物中，细菌病毒研究得最为深入。细菌病毒在种一级分类单元通常称为噬菌体，迄今为止，几乎所有细菌都有其对应的噬菌体。已报道的细菌病毒有几百种。噬菌体的寄主范围不会跨越已经确立的细菌类群之间的分类学界限。例如，小球菌的噬菌体不会在链球菌内增殖，伤寒菌的噬菌体通常不会在假单胞菌内增殖。这种界限不仅限制于“科”或“种”，就是“株”间也存在着特异性。噬菌体的命名中，许多噬菌体以代号及符号（字母和数目）命名，如T2噬菌体、T4噬菌体等，这些名称已为细菌病毒学者广泛接受，它们都在现在的病毒分类系统中得以保留。

除了细菌病毒外，在古菌、放线菌、支原体、立克次氏体中也发现有病毒粒子。

六、亚病毒因子

在病毒研究的范围内，还存在一些亚病毒因子，它们感染动物、植物等生物类群，但结构比病毒更为简单。这些亚病毒因子主要包括类病毒、卫星和感染性蛋白因子。

（一）类病毒

早在1922年，美国就发现了一种严重影响马铃薯产量的马铃薯纺锤形块茎病。1960年，我国也发现这类病害，造成马铃薯减产20%～70%。1971年，瑞士Diener在试图分离马铃薯纺锤形块茎病的病毒时，发现其病原不是病毒，而是一种不具衣壳蛋白，仅由RNA组成的新“病毒”，称为马铃薯纺锤形块茎病类病毒（potato spindle tuber viroid）。根据其特殊的性质，Diener把这类致病因子称为类病毒（viroid）（Diener，1971）。

类病毒主要感染植物，目前由ICTV植物病毒分类分委员会负责其分类。

（二）卫星

卫星包括卫星病毒、卫星核酸和拟卫星核酸，卫星基因组的大部分或全部核苷酸序列不同于辅助病毒或其帮助病毒的基因组。

卫星病毒和卫星核酸都是没有编码复制功能所需基因的亚病毒因子，它们的复制依赖于共同感染宿主细胞的辅助病毒。两者的区别是，卫星病毒编码本身的核衣壳结构蛋白，具有与辅助病毒不同的核衣壳组分。卫星核酸只编码非结构蛋白或根本不编码蛋白质，它的核衣壳结构蛋白由辅助病毒编码。

拟卫星核酸分为两类，一类不编码复制酶，但编码相关病毒成功传代所需功能的基因，这类拟卫星核酸可以弥补缺陷病毒缺陷的组分。它们有时被归类为其所帮助病毒基因组的一部分。例如，与双生病毒（begomovirus）相关的拟卫星DNA（双生病毒卫星属成员）编码双生病毒的致病性决定因子。另一类拟卫星核酸是能够自主复制的核酸，这类亚病毒因子依靠它们的辅助病毒完成入壳包埋、细胞到细胞和远距离移动及媒介传播的多种功能。例如，一些与马铃薯卷叶病毒（polerovirus）相关的自主复制拟卫星RNA可能编码类麝香石竹斑驳病毒（carmovirus）的依赖RNA的RNA多聚酶（RdRp）。

卫星在遗传上与辅助病毒不同，其核苷酸序列与辅助病毒有很大不同。然而，大多数卫星的基因组与辅助病毒基因组通常在末端具有完全相同的短序列。这可能与卫星和辅助病毒的核酸复制依赖同一病毒聚合酶和宿主编码蛋白有关。卫星不同于缺陷干扰（DI）RNA或缺陷RNA，因为缺陷干扰RNA来源于它们的“辅助”病毒基因组。然而，卫星可能形成它们自己的DI RNA，该RNA特异性地干扰卫星基因组RNA。卫星和辅助病毒之间可能发生重组。例如，麝香石竹病毒相关的卫星RNA和辅助病毒基因组部分序列可形成嵌合分子。

卫星和辅助病毒与寄主之间有着专化性关系，表现为对病毒病症状的高度特异性调节。一些卫星，如葡萄扇叶病毒卫星RNA、芜菁皱缩病毒卫星RNA、花生丛簇病毒卫星RNA等，能加重其辅助病毒在寄主上引起的症状。另一些卫星病毒或卫星核酸则能减轻寄主的发病症状，如烟草环斑病毒卫星 RNA 能减轻烟草环斑病毒在黑眼豇豆上引起的严重症状，使症状几乎消失。还有一些卫星病毒或卫星核酸，如烟草坏死卫星病毒和烟草花叶卫星病毒等，对于各自辅助病毒引起的症状都没有调节作用。

以前，卫星并不构成一个统一的分类系统，一些卫星病毒被作为病毒进行分类和命名，如腺病毒科的依赖病毒属成员就是卫星病毒。2018 年，ICTV 正式提出将卫星单独建为甲型卫星科（*Alphasatellitidae*）和番茄曲叶病毒卫星科（*Tolecusatellitidae*）。

（三）朊病毒

朊病毒（proteinacious infectious particle，prion），又称朊蛋白，是一种具有感染性和自我复制能力的蛋白质因子，主要分为哺乳动物朊病毒和真菌朊病毒。本书第 16 章对朊病毒有专门的介绍。由于朊病毒结构的特殊性，因此目前关于它的分类还没有完善的体系。

第三节 病毒分类单元及命名规则

一、病毒分类单元

2018 年，ICTV 在其新修订的法规“ICTV Code”中（King et al.，2018），建议病毒分类单元从高到低依次为域、界、门、纲、目、科、属、种。

1. 域（realm）和次域（subrealm）

病毒分类设域，次域由分类特性相同的界组成，域由一到多个次域或界组成。病毒域和次域学名分别加后缀“*-viria*”和“*-vira*”。目前 ICTV 仅建立了一个域——RNA 病毒域（*Riboviria*），涵盖所有基于依赖 RNA 的 RNA 多聚酶（RNA dependent RNA polymearase，RdRp）的病毒，包括 1 个门，以及 3 个目，40 个科，8 个属。

2. 界（kingdom）和亚界（subkingdome）

界为域的下一级分类单元，亚界由一到多个门构成，界由若干个亚界或直接由门组成，病毒界和病毒亚界学名的后缀分别为“*-virae*”和“*-virites*”。

3. 门（phylum）和亚门（subphylum）

病毒亚门由一组性质相同的病毒纲组成，病毒门由一到几个分类特征相同或相似的病毒亚门或病毒纲组成。病毒门和病毒亚门正式名称的后缀分别为“*-viricota*”和“*-viricotina*”。目前 ICTV 仅建立了一个病毒门，负链 RNA 病毒门（*Negarnaviricota*）。根据负链 RNA 核酸是单一片段还是多片段，以及病毒核酸进化来源是单一来源还是多途径来源等特性，该病毒门分为两个病毒亚门，分别是单纯负链 RNA 病毒亚门（*Haploviricotina*）和多元负链 RNA 病毒亚门（*Polyploviricotina*）。

4. 纲（class）和亚纲（subclass）

病毒亚纲由一组分类依据特征相同的病毒目组成，病毒纲由病毒亚纲或直接由病毒目构成。病毒纲和病毒亚纲正式书写名称后缀相应地为“*-viricetes*”或“*-viricetidae*”。目前共建立了 6 个纲，还没有设立亚纲。

5. 目（order）和亚目（suborder）

病毒亚目由一到多个性状相同的病毒科构成，病毒目由一组性状相同的病毒亚目构成，或直接由一组病毒科组成。正式文字表述时，病毒目和病毒亚目分别加后缀“*-virales*”或“*-virineae*”。目前在病毒中已建立了14个目，并在套病毒目（*Nidovirales*）中建立了7个亚目。

6. 科（family）和亚科（subfamily）

病毒亚科由分类依据特征相同的一组病毒属组成，病毒科由若干病毒亚科或一组具有相同特性的病毒属组成，它们与其他科病毒成员有明显区别。病毒科的正式名称表述加后缀“*-viridae*”，其分类主要是依据病毒粒子形态、基因组结构、复制策略等特性进行。目前已在22个病毒科中设立了亚科，病毒亚科的后缀是“*-virinae*”。

7. 属（genus）和亚属（subgenus）

病毒亚属由性状相同的病毒种构成，病毒属由病毒亚属或一组具有相同特性的病毒种组成，它与其他属病毒成员的特性明显不同，它的后缀为“*-virus*”。一个新病毒属的批准必须伴随着一个代表种的批准。每个病毒属都需设定一个种为该属的代表种。

8. 种（species）

病毒种是病毒分类的基本单元，处于分类系统的最初级位置，ICTV关于病毒种的定义为：病毒种是指构成一个复制谱系，占有一个特定生态位，具有多原则分类特性的病毒。每个病毒种需设定一个病毒型（株）以支持该种的存在。病毒种正式书写名称的最后一个单词为“*virus*”，或最后一个单词的后缀为“*-virus*”。

需要指出的是，病毒的分类并不使用分类学的所有级别，在所有级别的分类单元中，目前只有种和属两个级别是强制性的。最初级的分类是将发现的病毒分类到种，大多数种划分到相应的属中，大多数属划分到相应的科中。不能划分到属的种将以“未归属”形式直接归于科。

二、病毒分类命名通用规则

病毒分类和命名是国际性的，普遍适用于所有病毒。

病毒分类系统应当采用域、亚域、界、亚界、门、亚门、纲、亚纲、目、亚目、科、亚科、属、亚属和种的层次结构。但若在没有更高级别分类单元存在时，一种病毒的最后归属将自动划归到较低等级的分类单元。

ICTV不负责低于种等级的病毒分类和命名。病毒种的血清型、基因型、毒株、变种和分离株的分类和命名是国际公认的专家组的责任。

目前，人工创造的病毒和实验室杂交病毒并不给予分类学考虑，它们的分类也是国际公认的专家组的责任。

三、病毒分类单元的命名规则

提出一个分类单元（如病毒属、科或目等），只有当其代表性成员病毒在已发表的文献中得到充分的特征描述，能够明确地识别它们，并且该分类单元能与其他相似分类单元区别开时，才能建立该分类单元。只有该分类单元已经划归于上一级ICTV批准的分类单元时，名称才会被接受。

由各分委员会向ICTV提出分类学提案中的病毒分类单元建议名称是“有效名

称”；如果它们符合分类和命名规则，并且归于已建立的分类单元，有效名称就是“接受名称”；如果它们在某次 ICTV 报告中被作为批准的国际名称公布，或它们的分类学建议随后通过 ICTV 投票，则它们就会成为“正式名称”。

病毒分类和命名应保持稳定性，对现有分类单元名称，只要可行，应予保留。只有当正式名称与现在命名规则发生冲突，或需要更改以消除歧义或混淆时，才会考虑更改现有的分类单元正式名称。

病毒命名不遵守优先律。一个较早的分类单元名称可作为候选名称方便病毒学家选择使用，但是当前使用的病毒分类名称不会因为已被取代的较早名称有优先权而失效。

在设计新分类单元的名称时，可以使用人的名字。但是，如果该人在提出分类学建议时还活着，在提交正式分类建议时，需要同时提供使用他 / 她 / 他们名字的书面同意文件。使用人名命名分类单元是否适当，将由 ICTV 相关研究组、各 ICTV 分委员会及 ICTV 执行委员会做出判断，并根据已建立的分类建议程序予以批准或不批准。此外，个人不得提出以他 / 她自己的名字作为任何新分单元名称的基础；分类单元不得全部或部分以 ICTV 研究组或委员会的任何现任成员命名。

病毒分类单元名称应易于使用，易于记忆。悦耳的名字是首选，音节的数量应保持在最低限度。

病毒分类单元名称中不能使用连词、变音符号、标点符号（不包括连字符）、下标、上标、斜线及非拉丁字母（如那些未包括在 ISO 基本拉丁字母表中的字母）。允许使用数字和连字符，但在一系列种名称的末尾附加数字或字母时不应使用连字符，并且不得应用于属、亚科、科或目的名称。病毒分类单元新名称不得与已批准的名称重复。不能选择与当前使用或最近使用过的名称非常相似的名称作为新名称。为新分类单元选择的名称也不应该听起来与任何级别的其他分类单元的名称或任何分类单元无法区分。符号，包含字母和 / 或取自复合词中单词字母组合的名称，可被接受为分类单元的名称。

同一病毒分类单元如果提出多个候选名称时，相关分委员会将向执行委员会提出建议，执行委员会随后将在候选名称中决定向 ICTV 推荐哪个候选者以供接受批准。在可能的范围内，ICTV 关于分类和命名问题的决定应该反映相关病毒学领域的主流观点。

选择新的病毒分类单元名称时应考虑相关国家和（或）地区的敏感性。当病毒学家在著作中普遍使用某些名称时，这些名称或衍生的名称应作为创建新名称的优选基础。

任何病毒分类单元的分类学建议在决定提交 ICTV 执行委员会之前，需通过所有相关的 ICTV 分委员会和研究组的审议。例如，真菌藻类病毒分委员会及其研究组之一将审议与双组分病毒科有关的分类学建议，由于该科的一些属含有植物病毒，影响该科的建议也将由植物病毒分委员会及其研究组审议。

四、病毒种的命名规则

病毒种是 ICTV 认可的最低分类级别。种的定义是：一个病毒种是一组单系病毒，其特性可通过多种标准与其他种类的病毒区分开。一个病毒属内不同种的区分标准应由相应的研究组确定。使用的标准应在 ICTV 报告的相关章节中公布，并由相应研究组定期审查。

一个病毒种的名称应由尽可能少的单词组成，但要与其他分类单元的名称不同。种的名称不应只是由宿主名加“病毒”组成。种的名称通常包括一个以上的单词。

种名必须赋予一个病毒“种”恰如其分的鉴别特征。种名应该与众不同，应该以不容易与其他分类单元名称混淆的形式存在。

每个单独的病毒都是一个物理实体，并被划归于若干不同等级分类单元种，其中一些可能仍然保持为未确定归属的种。

五、亚病毒因子的分类命名规则

与病毒分类有关的规则也应适用于类病毒和卫星病毒及卫星核酸的分类。

六、病毒名称书写规则

在正式的分类学用法中，病毒、类病毒和卫星的域、次域、界、亚界、门、亚门、纲、亚纲、目、亚目、科、亚科、属和亚属的正式名称均用斜体印刷，名称的第一个字母大写。

种名称斜体印刷，其中第一个单词的首个字母大写，其他字母都小写，但专用名词或专用名词的一部分除外。例如，烟草花叶病毒和墨累河谷脑炎病毒种名的正确书写和印刷方式分别是 *Tobacco mosaic virus* 和 *Murray Valley encephalitis virus*。

当非正式使用分类单元名称时，斜体字和首个单词初始大写字母都不需要，这适用于所有分类学级别。例如，“烟草花叶病毒聚合酶”，是在描述烟草花叶病毒种成员中的聚合酶，这时就写为“the tobacco mosaic virus polymerase”，病毒第一个单词的首个字母不必大写，病毒名称也不必斜体。

第四节 病毒分类的原理和依据

一、病毒分类的原理

病毒分类的原理主要强调病毒分类的稳定性、实用性、认可性和灵活性。

所谓病毒分类的稳定性，是指病毒名称及其隶属关系一旦确定下来，就应该尽可能地保留。

病毒分类的实用性，是指病毒分类体系在病毒学研究领域应该方便使用。目前的病毒分类体系是域、门、纲、目、科、属、种，但并不是每个分类单元都必须隶属于上一级分类单元。例如，一个病毒种不一定必须归于某个属，它可能称为某个科的未归属成员；一个病毒属也不一定必须归入某个科，它可能就以一个独立属存在。

病毒分类的认可性，是指病毒分类的不同级别单元和名称应该为病毒学研究者所乐意接受和使用，所以，认可性也是实用性的必然结果。在将病毒翻译成中文名称时，也应注意这种认可性。例如，*nodavirus* 早期根据它是从日本的野田村（Noda）发现的，所以按发现地名称翻译为野田村病毒，后来发现用其音译名称更方便，故现在一般将该病毒称为诺达病毒。

病毒分类的灵活性，是指病毒分类不同级别单元可以依据某些新发现而进行重新调整和再确定。例如，非洲猪瘟病毒就曾归入虹彩病毒科或痘病毒科，后来根据对其特性的了解，特设立了一个非洲猪瘟病毒科，并将其列入该科。

二、病毒分类的依据

病毒分类命名主要依据以下 8 个方面的内容。

1）核酸的类型、结构和相对分子质量：具体依据包括病毒基因组的长度，是 DNA 还是 RNA，是单股还是双股，是线状还是环状，是单分子还是多节段，鸟嘌呤加胞嘧啶（G+C）的含量，5′ 端是否存在帽子结构，是否存在共价结合蛋白，3′ 端是否存在 poly(A) 尾等。

2）病毒的形状和大小：病毒粒子的形状是杆状、球状、二十面体、子弹状、砖形，还是蝌蚪状等；不同形状病毒粒子的长度、宽度或直径。

3）病毒的形态与结构：病毒壳体的对称性；病毒粒子有无囊膜；囊膜上有无突起，突起的结构和组成；二十面体壳体的壳粒数目、直径等。

4）病毒对乙醚、氯仿等脂溶剂的敏感性。

5）病毒的抗原性质和血清学关系。

6）病毒在宿主中和细胞培养方面的特性：包括宿主、组织和细胞的特异性；病毒感染宿主的临床病理特征和组织嗜性；病毒在感染细胞内的复制过程；合成和装配部位等。

7）除脂溶剂外，还有病毒对其他化学和物理因子的敏感性。

8）流行病学特点：包括病毒天然的宿主范围；病毒在自然状态下的传播方式和媒介种类；病毒在自然界的地理分布。

第五节　病毒分类系统

自 2012 年 ICTV 的第九次报告正式出版后，ICTV 计划不再正式出版纸质病毒分类报告，而是在官网上及时公布病毒分类的最新信息，相关分类单元的摘要则陆续在《普通病毒学杂志》（*Journal of General Virology*）上发表，每个分类单元的详细资料也相应地在 ICTV 网站上（https://talk.ictvonline.org/taxonomy/）公布。2017 年和 2018 年，研究人员向 ICTV 执行委员会提出了许多新的病毒分类建议（Adams et al.，2017；King et al.，2018），经 ICTV 成员投票通过，形成目前的 ICTV 病毒分类系统（表 2-2）。病毒分类系统正式承认的种为 5560 个，设有 1 个病毒域，1 个病毒门，2 个病毒亚门，6 个病毒纲，14 个病毒目，7 个病毒亚目，146 个病毒科，77 个病毒亚科，998 个病毒属，2 个类病毒科，8 个类病毒属，2 个卫星科，2 个卫星亚科，13 个卫星属。

目前，RNA 病毒的分类得到了较好的汇总，形成了第一个病毒域——RNA 病毒域（*Riboviria*）。其中，中国科学家通过宏基因组序列分析发现了 2000 多种新病毒的卓越研究工作（Zhang et al.，2018），促进了第一个病毒门——负链 RNA 病毒门（*Negarnaviricota*）的建立。RNA 病毒域中还包括正义单链 RNA 病毒、双链 RNA 病毒和类病毒。双链 DNA 病毒和逆转录病毒等已建立了部分病毒目，但单链 DNA 病毒和卫星的分类单元最高等级仍然是科，朊病毒还没有纳入目前的分类系统（表 2-2）。

表 2-2 国际病毒分类系统简表（截至 2019 年 3 月）

域	门、亚门、纲或核酸类型	目、亚目	科	亚科和属的个数	宿主
RNA 病毒域（*Riboviria*）	负链 RNA 病毒门（*Negarnaviricota*） 单纯负链 RNA 病毒亚门（*Haplovirictina*） 春秋病毒纲（*Chunqiuviricetes*）	秦穆公病毒目（*Muvirales*）	秦国病毒科（*Qinviridae*）	1 个属	无脊椎动物和脊椎动物
	米尔斯病毒纲（*Milneviricetes*）	蛇形病毒目（*Serpentovirales*）	蛇形病毒科（*Aspiviridae*）	1 个属	植物
	单分子负链荆楚病毒纲（*Monjiviricetes*）	荆楚病毒目（*Jingchuvirales*）	楚国病毒科（*Chuviridae*）	1 个属	无脊椎动物
		单负链 RNA 病毒目（*Mononegavirales*）	节肢动物单负链 RNA 病毒科（*Artoviridae*）	1 个属	无脊椎动物
			博尔纳病毒科（*Bornaviridae*）	2 个属	脊椎动物
			丝状病毒科（*Filoviridae*）	3 个属	脊椎动物
			李市蜘蛛病毒科（*Lispiviridae*）	1 个属	无脊椎动物和脊椎动物
			真菌单负链 RNA 病毒科（*Mymonaviridae*）	1 个属	真菌
			尼亚米病毒科（*Nyamiviridae*）	6 个属	无脊椎动物
			副黏病毒科（*Paramyxoviridae*）	4 个亚科 14 个属	脊椎动物
			肺病毒科（*Pneumoviridae*）	2 个属	脊椎动物
			弹状病毒科（*Rhabdoviridae*）	18 个属	脊椎动物
			阳光海岸病毒科（*Sunviridae*）	1 个属	脊椎动物
			新城蚊病毒科（*Xinmoviridae*）	1 个属	无脊椎动物和脊椎动物
	允常病毒纲（*Yunchangviricetes*）	勾践病毒目（*Goujianvirales*）	越国病毒科（*Yueviridae*）	1 个属	脊椎动物

续表

域	门、亚门、纲或核酸类型	目、亚目	科	亚科和属的个数	宿主
RNA 病毒域（*Riboviria*）	负链 RNA 病毒门（*Negarnaviricota*）多元负链 RNA 病毒亚门（*Polyploviricotina*）埃里奥特病毒纲（*Ellioviricetes*）	布尼亚病毒目（*Bunyavirales*）	沙粒病毒科（*Arenaviridae*）	4 个属	脊椎动物
			温岭甲壳动物病毒科（*Cruliviridae*）	1 个属	无脊椎动物
			无花果花叶病毒科（*Fimoviridae*）	1 个属	植物
			汉坦病毒科（*Hantaviridae*）	4 个亚科 7 个属	脊椎动物
			利什曼原虫布尼亚病毒科（*Leishbuviridae*）	1 个属	原生动物
			湖北多足虫病毒科（*Mypoviridae*）	1 个属	无脊椎动物
			内罗毕病毒科（*Nairoviridae*）	3 个属	脊椎动物
			泛布尼亚病毒科（*Peribunyaviridae*）	4 个属	脊椎动物
			幻影病毒科（*Phasmaviridae*）	5 个属	无脊椎动物
			白纤病毒科（*Phenuiviridae*）	12 个属	脊椎动物和无脊椎动物
			番茄斑萎病毒科（*Tospoviridae*）	1 个属	植物
			武汉千足虫病毒科（*Wupedeviridae*）	1 个属	无脊椎动物
			未确定科	囊胶病病毒属（*Coguvirus*）	植物
	流感鲑传贫索戈托病毒纲（*Insthoviricetes*）	分段负链 RNA 病毒目（*Articulavirales*）	罗非鱼病毒科（*Amnoonviridae*）	1 个属	脊椎动物
			正黏病毒科（*Orthomyxoviridae*）	7 个属	脊椎动物
	未归入负单链 RNA 病毒门的负单链 RNA 病毒	未确定目	未确定科	丁型肝炎病毒属（*Deltavirus*）	脊椎动物
	正义单链 RNA 病毒	套病毒目（*Nidovirales*）海兔套病毒亚目（*Abnidovirineae*）	海兔套病毒科（*Abyssoviridae*）	1 个亚科 1 个属	脊椎动物
		套病毒目（*Nidovirales*）动脉炎套病毒亚目（*Arnidovirineae*）	动脉炎病毒科（*Arteriviridae*）	6 个亚科 12 个属	脊椎动物

续表

域	门、亚门、纲或核酸类型	目、亚目	科	亚科和属的个数	宿主
RNA 病毒域（*Riboviria*）	正义单链 RNA 病毒	套病毒目（*Nidovirales*）冠状套病毒亚目（*Cornidovirineae*）	冠状病毒科（*Coronaviridae*）	2 个亚科 5 个属	脊椎动物
		套病毒目（*Nidovirales*）中等大小套病毒亚目（*Mesnidovirineae*）	中部套病毒科（*Medioniviridae*）	2 个亚科 2 个属	脊椎动物
			中等大小套病毒科（*Mesoniviridae*）	1 个亚科 1 个属	脊椎动物
		套病毒目（*Nidovirales*）单一套病毒亚目（*Monidovirineae*）	单一套病毒科（*Mononiviridae*）	1 个亚科 1 个属	脊椎动物
		套病毒目（*Nidovirales*）杆状套病毒亚目（*Ronidovirineae*）	水母螃蟹套病毒科（*Euroniviridae*）	2 个亚科 2 个属	无脊椎动物
			杆状套病毒科（*Roniviridae*）	1 个亚科 1 个属	脊椎动物
		套病毒目（*Nidovirales*）环曲套病毒亚目（*Tornidovirineae*）	环曲病毒科（*Tobaniviridae*）	4 个亚科 8 个属	脊椎动物
		小 RNA 病毒目（*Picornavirales*）	双顺反子病毒科（*Dicistroviridae*）	3 个属	无脊椎动物
			传染性软腐病病毒科（*Iflaviridae*）	1 个属	无脊椎动物
			海洋 RNA 病毒科（*Marnaviridae*）	7 个属	藻类，原生动物
			小 RNA 病毒科（*Picornaviridae*）	47 个属	脊椎动物
			多顺反子小 RNA 病毒科（*Polycipiviridae*）	3 个属	无脊椎动物
			伴生豇豆花叶病毒科（*Secoviridae*）	1 个亚科 5 个属	植物
		芜菁黄花叶病毒目（*Tymovirales*）	甲型线形病毒科（*Alphaflexiviridae*）	7 个属	植物，真菌
			乙型线形病毒科 *Betaflexiviridae*	2 个亚科 12 个属	植物
			丙型线形病毒科（*Gammaflexiviridae*）	1 个属	真菌
			丁型线形病毒科（*Deltaflexiviridae*）	1 个属	真菌，植物
			芜菁黄花叶病毒科（*Tymoviridae*）	3 个属	植物，无脊椎动物

续表

域	门、亚门、纲或核酸类型	目、亚目	科	亚科和属的个数	宿主
RNA 病毒域（*Riboviria*）	正义单链 RNA 病毒	未确定目	甲型四体病毒科（*Alphatetraviridae*）	2 个属	无脊椎动物
		未确定目	囊泡虫 RNA 病毒科（*Alvernaviridae*）	1 个属	原生动物
		未确定目	星状病毒科（*Astroviridae*）	2 个属	脊椎动物
		未确定目	杆状 RNA 病毒科（*Barnaviridae*）	1 个属	真菌
		未确定目	甜菜坏死黄脉病毒科（*Benyviridae*）	1 个属	植物
		未确定目	雀麦花叶病毒科（*Bromoviridae*）	6 个属	植物
		未确定目	杯状病毒科（*Caliciviridae*）	11 个属	脊椎动物
		未确定目	类麝香石竹斑驳四体病毒科（*Carmotetraviridae*）	1 个属	无脊椎动物
		未确定目	长线形病毒科（*Closteroviridae*）	4 个属	植物
		未确定目	黄病毒科（*Flaviviridae*）	4 个属	脊椎动物
		未确定目	戊肝病毒科（*Hepeviridae*）	2 个属	脊椎动物
		未确定目	低毒病毒科（*Hypoviridae*）	1 个属	真菌
		未确定目	北岛病毒科（*Kitaviridae*）	3 个属	植物
		未确定目	光滑病毒科（*Leviviridae*）	2 个属	细菌
		未确定目	黄症病毒科（*Luteoviridae*）	3 个属	植物
		未确定目	梅顿病毒科（*Matonaviridae*）	1 个属	脊椎动物
		未确定目	裸露 RNA 病毒科（*Narnaviridae*）	2 个属	真菌
		未确定目	诺达病毒科（*Nodaviridae*）	2 个属	脊椎动物和无脊椎动物
		未确定目	单双链转换四体病毒科（*Permutotetraviridae*）	1 个属	无脊椎动物
		未确定目	马铃薯 Y 病毒科（*Potyviridae*）	10 个属	植物
		未确定目	小节肢动物病毒科（*Sarthroviridae*）	1 个属	无脊椎动物

续表

域	门、亚门、纲或核酸类型	目、亚目	科	亚科和属的个数	宿主
RNA 病毒域（*Riboviria*）	正义单链 RNA 病毒	未确定目	南方菜豆花叶病毒科（*Solemoviridae*）	2 个属	植物
		未确定目	红火蚁病毒科（*Solinviviridae*）	2 个属	无脊椎动物
		未确定目	披膜病毒科（*Togaviridae*）	1 个属	脊椎动物和无脊椎动物
		未确定目	番茄丛矮病毒科（*Tombusviridae*）	3 个亚科 16 个属	植物
		未确定目	帚状病毒科（*Virgaviridae*）	7 个属	植物
		未确定目	未确定科	甲乙型烟草坏死病毒伴随病毒属（*Albetovirus*）	植物
		未确定目	未确定科	玉米绿萝病毒伴随病毒属（*Aumaivirus*）	植物
		未确定目	未确定科	悬钩子病毒属 *Idaeovirus*	植物
		未确定目	未确定科	黍花叶病毒伴随病毒属（*Papanivirus*）	植物
		未确定目	未确定科	西奈湖病毒属（*Sinaivirus*）	脊椎动物
		未确定目	未确定科	烟草花叶病毒伴随病毒属（*Virtovirus*）	植物
	双链 RNA 病毒	未确定目	单双组分混合病毒科（*Amalgaviridae*）	2 个属	植物
		未确定目	双节段 RNA 病毒科（*Birnaviridae*）	4 个属	脊椎动物和无脊椎动物
		未确定目	波特欧尔密病毒科（*Botourmiaviridae*）	4 个属	植物、真菌
		未确定目	青霉病毒科（*Chrysoviridae*）	2 个属	真菌
		未确定目	囊状病毒科（*Cystoviridae*）	1 个属	细菌
		未确定目	内源 RNA 病毒科（*Endornaviridae*）	2 个属	植物

续表

域	门、亚门、纲或核酸类型	目、亚目	科	亚科和属的个数	宿主
RNA 病毒域（*Riboviria*）	双链 RNA 病毒	未确定目	大双节段 RNA 病毒科（*Megabirnaviridae*）	1 个属	植物
		未确定目	双组分病毒科（*Partitiviridae*）	5 个属	真菌，植物和原生动物
		未确定目	小双节段 RNA 病毒科（*Picobirnaviridae*）	1 个属	脊椎动物
		未确定目	四组分病毒科（*Quadriviridae*）	1 个属	真菌
		未确定目	呼肠孤病毒科（*Reoviridae*）	2 个亚科 15 个属	真菌，植物，脊椎动物和无脊椎动物
		未确定目	单组分病毒科（*Totiviridae*）	5 个属	真菌，原生动物
		未确定目	未确定科	灰霉双 RNA 病毒属（*Botybirnavirus*）	真菌
	类病毒	未确定目	鳄梨日斑类病毒科（*Avsunviroidae*）	3 个属	植物
		未确定目	马铃薯纺锤形块茎类病毒科（*Pospiviroidae*）	5 个属	植物
未确定域	双链 DNA 病毒	有尾病毒目（*Caudovirales*）	阿克曼病毒科（*Ackermannviridae*）	2 个亚科 3 个属	细菌
			赫雷尔病毒科（*Herelleviridae*）	5 个亚科 11 个属	细菌 古菌
			肌尾病毒科（*Myoviridae*）	5 个亚科 91 个属	细菌
			短尾病毒科（*Podoviridae*）	3 个亚科 58 个属	细菌
			长尾病毒科（*Siphoviridae*）	11 个亚科 210 个属	细菌，古菌
		疱疹病毒目（*Herpesvirales*）	异疱疹病毒科（*Alloherpesviridae*）	4 个属	脊椎动物
			疱疹病毒科（*Herpesviridae*）	3 个亚科 13 个属	脊椎动物
			软体动物疱疹病毒科（*Malacoherpesviridae*）	2 个属	无脊椎动物

续表

域	门、亚门、纲或核酸类型	目、亚目	科	亚科和属的个数	宿主
未确定域	双链 DNA 病毒	弦丝状病毒目（*Ligamenvirales*）	脂毛病毒科（*Lipothrixviridae*）	3 个属	古菌 细菌
			小杆状病毒科（*Rudiviridae*）	1 个属	古菌
		未确定目	腺病毒科（*Adenoviridae*）	5 个属	脊椎动物
		未确定目	瓶状病毒科（*Ampullaviridae*）	1 个属	细菌
		未确定目	囊泡病毒科（*Ascoviridae*）	2 个属	无脊椎动物
		未确定目	非洲猪瘟病毒科（*Asfarviridae*）	1 个属	脊椎动物
		未确定目	杆状病毒科（*Baculoviridae*）	4 个属	无脊椎动物
		未确定目	双尾病毒科（*Bicaudaviridae*）	1 个属	细菌
		未确定目	被脂病毒科（*Corticoviridae*）	1 个属	细菌
		未确定目	微小纺锤形病毒科（*Fuselloviridae*）	2 个属	古菌
		未确定目	球状病毒科（*Globuloviridae*）	1 个属	细菌
		未确定目	微滴形病毒科（*Guttaviridae*）	2 个属	古菌
		未确定目	唾液腺肥大病毒科（*Hytrosaviridae*）	2 个属	昆虫
		未确定目	虹彩病毒科（*Iridoviridae*）	2 个亚科 5 个属	脊椎动物和 无脊椎动物
		未确定目	依赖大病毒的类卫星病毒科（*Lavidaviridae*）	2 个属	原生动物
		未确定目	马赛病毒科（*Marseilleviridae*）	1 个属	原生动物
		未确定目	拟菌病毒科（*Mimiviridae*）	2 个属	脊椎动物， 原生动物
		未确定目	线头病毒科（*Nimaviridae*）	1 个属	无脊椎动物
		未确定目	裸露病毒科（*Nudiviridae*）	2 个属	无脊椎动物
		未确定目	椭球形病毒科（*Ovaliviridae*）	1 个属	古菌

续表

域	门、亚门、纲或核酸类型	目、亚目	科	亚科和属的个数	宿主
未确定域	双链 DNA 病毒	未确定目	乳头瘤病毒科（*Papillomaviridae*）	2 个亚科 53 个属	脊椎动物
		未确定目	藻类 DNA 病毒科（*Phycodnaviridae*）	6 个属	藻类
		未确定目	原质病毒科（*Plasmaviridae*）	1 个属	细菌
		未确定目	多脂病毒科（*Pleolipoviridae*）	3 个属	古菌
		未确定目	多分 DNA 病毒科（*Polydnaviridae*）	2 个属	无脊椎动物
		未确定目	多瘤病毒科（*Polyomaviridae*）	4 个属	脊椎动物
		未确定目	载球体病毒科（*Portogloboviridae*）	1 个属	古菌
		未确定目	痘病毒科（*Poxviridae*）	2 个亚科 14 个属	脊椎动物和无脊椎动物
		未确定目	球脂病毒科（*Sphaerolipoviridae*）	3 个属	细菌
		未确定目	复层病毒科（*Tectiviridae*）	3 个属	细菌
		未确定目	三层基质膜病毒科（*Tristromaviridae*）	1 个属	古菌
		未确定目	塔状病毒科（*Turriviridae*）	1 个属	古菌
		未确定目	未确定科	双鞭甲藻 DNA 病毒属（*Dinodnavirus*）	藻类
		未确定目	未确定科	根前毛菌病毒属（*Rhizidiovirus*）	原生动物
		未确定目	未确定科	盐末端蛋白病毒属（*Salterprovirus*）	古菌
	单链 DNA 病毒	未确定目	指环病毒科（*Anelloviridae*）	14 个属	脊椎动物
		未确定目	硅藻单链 DNA 病毒科（*Bacilladnaviridae*）	3 个属	藻类
		未确定目	双节段单链 DNA 病毒科（*Bidnaviridae*）	1 个属	无脊椎动物
		未确定目	圆环病毒科（*Circoviridae*）	2 个属	脊椎动物

续表

域	门、亚门、纲或核酸类型	目、亚目	科	亚科和属的个数	宿主
未确定域	单链 DNA 病毒	未确定目	双生病毒科（*Geminiviridae*）	9 个属	植物
		未确定目	真菌类双生病毒科（*Genomoviridae*）	9 个属	真菌
		未确定目	丝杆状病毒科（*Inoviridae*）	7 个属	细菌
		未确定目	微小病毒科（*Microviridae*）	2 个亚科 6 个属	细菌
		未确定目	矮缩病毒科（*Nanoviridae*）	2 个属	植物
		未确定目	细小病毒科（*Parvoviridae*）	2 个亚科 13 个属	脊椎动物和无脊椎动物
		未确定目	小环状 DNA 病毒科（*Smacoviridae*）	6 个属	脊椎动物和无脊椎动物
		未确定目	螺旋状病毒科（*Spiraviridae*）	1 个属	古细菌
	DNA 或 RNA 逆转录病毒	逆转录病毒目（*Ortervirales*）	贝尔帕奥病毒科（*Belpaoviridae*）	1 个属	无脊椎动物和脊椎动物
			花椰菜花叶病毒科（*Caulimoviridae*）	8 个属	植物
			变位病毒科（*Metaviridae*）	2 个属	真菌，植物，无脊椎动物
			伪病毒科（*Pseudoviridae*）	3 个属	真菌，植物，无脊椎动物
			逆转录病毒科（*Retroviridae*）	2 个亚科 11 个属	脊椎动物
		未确定目	棒状体病毒科（*Clavaviridae*）	1 个属	古细菌
		未确定目	嗜肝 DNA 病毒科（*Hepadnaviridae*）	2 个属	脊椎动物
	卫星和其他病毒依赖性核酸		甲型卫星科（*Alphasatellitidae*）	2 个亚科 11 个属	植物
			番茄曲叶病毒卫星科（*Tolecusatellitidae*）	2 个属	植物

小　结

病毒分类和命名是重要的基础学科，对整个病毒学的发展和利用都具有重要意义。本章简要介绍了病毒分类和命名国际组织——国际病毒分类委员会（ICTV）的情况，国际病毒分类学的发展历史，以及病毒的主要类群和亚病毒因子。本章详细阐述了近期关于病毒的命名规则和病毒的分类原则，着重报道了最新的病毒分类系统。

ICTV 将所有已知的病毒根据核酸的类型分为单链 DNA 病毒、双链 DNA 病毒、DNA 与 RNA 逆转录病毒、双链 RNA 病毒、负链 RNA 病毒、正链 RNA 病毒等六大类群，另外设亚病毒因子（subviral agent）一类。ICTV 将病毒分类单元的最高等级定为域，按域、界、门、纲、目、科、属、种进行分类。现已将 RNA 病毒建成一个域，其他核酸类型病毒分类单元级别只设到目或科。病毒分类单元不是强制性的，每种病毒不必分类到所有级别的分类单元中。目前正式承认的病毒种有 5560 种，设立了 1 个病毒域，1 个病毒门，2 个病毒亚门，6 个病毒纲，14 个病毒目，7 个病毒亚目、150 个科，79 个亚科，1019 个属。

现阶段的病毒分类还较少涉及病毒进化或系统发生。相信随着病毒分子进化及系统发生研究工作的深入与发展，必将建立更为完善的病毒分类系统。

复习思考题

1. 第一次病毒命名报告于哪一年发表？简述其公布的分类单元。
2. 国际病毒分类委员会下设哪些分委员会？
3. 病毒分类系统设哪些分类单元？简述目前病毒分类系统包含的分类单元。
4. 简述病毒分类的 8 个依据。
5. 任选 20 个病毒科，表述其科名称组成的词源。

（张忠信）

参 考 文 献

冯书章，刘军，孙洋. 2007. 细菌病毒——噬菌体最新分类和命名. 中国兽医学报，27 (4): 604-608.

洪健，周雪平. 2005. ICTV 第八次报告的最新植物病毒分类系统. 植物病理学报，35 (6): 1-9.

洪健，周雪平. 2006. ICTV 第八次报告的最新病毒分类系统. 中国病毒学，21 (1): 84-96.

刘二龙，唐婕. 2006. 脊椎动物病毒分类现状. 动物医学进展，27 (11): 101-103.

陆承平. 2005. 最新动物病毒分类简介. 中国病毒学，20 (6): 682-688.

谢天恩. 1986. 昆虫病毒的分类及其意义. 病毒学杂志，1 (4): 3-17.

谢天恩. 1992. 病毒的分类与命名进展概况. 中国病毒学，7 (4): 375-382.

张忠信. 2012. ICTV 第九次报告对病毒分类系统的一些修改. 病毒学报，28 (5): 595-599.

Adams MJ, Lefkowitz EJ, King AMQ, et al. 2017. Changes to taxonomy and the International Code of Virus

Classification and Nomenclature ratified by the International Committee on Taxonomy of Viruses (2017). Arch Virol, 162:2505-2538.

Diener TO. 1971. Potato spindle tuber "virus" Ⅳ. A replicating low molecular weight RNA. Virology, 45: 411-428.

Eberle KE, Wennmann JT, Kleespies RG, et al. 2012a. Basic techniques in insect virology. *In*: Lacey LA. Manual of Techniques in Invertebrate Pathology. 2nd ed. San Diego: Academic Press: 15-74.

Eberle KE, Jehle JA, Hüber J. 2012b. Microbial control of crop pests using insect viruses. *In*: Abrol DP, Shankar U. Integrated Pest Management: Principles and Practice. Wallingford: CABI Publishing: 281-298.

Fauquet C, Mayo MA, Maniloff J, et al. 2005. Virus taxonomy: eighth report of the International Committee on Taxonomy of Viruses. San Diego: Elsevier Academic Press.

Fenner F. 1976. Classification and nomenclature of viruses. second report of the International Committee on Taxonomy of Viruses. Intervirology, 7: 1-115.

Francki RIB, Fauquet CM, Knudson DL, et al. 1991. Classification and nomenclature of viruses. fifth report of International Committee on Taxonomy of Viruses. Arch Virol, 140(2): 391-392.

Harrison RL, Herniou EA, Jelhe JA, et al. 2018. ICTV virus taxonomy profile: Baculoviridae. J Gen Virol, 99: 1185-1186.

Herniou EA, Arif BM, Becnel JJ, et al. 2012. Family Baculoviridae. *In*: King AMQ, Adams MJ, Carstens EB, et al. Virus Taxonomy, Classification and Nomenclature of Viruses, Ninth Report of the International Committee on Taxonomy of Viruses. Amsterdam: Elsevier Academic Press: 163-173.

King AMQ, Adams MJ, Carstens EB, et al. 2012. Virus Taxonomy: Ninth Report of the International Committee on Taxonomy of Viruses. San Diego: Elsevier/Academic Press.

King AMQ, Lefkowitz EJ, Mushegian AR, et al. 2018. Changes to taxonomy and the International Code of Virus Classification and Nomenclature ratified by the International Committee on Taxonomy of Viruses (2018). Archives of Virology, 163: 2601-2631.

Lacey LA, Kaya HK. 2007. Field Manual of Techniques in Invertebrate Pathology: Application and Evaluation of Pathogens for Control of Insects and Other Invertebrate Pests. 2nd ed. Dordrecht: Springer: 149-174.

Lefkowitz EJ, Dempsey DM, Hendrickson RC, et al. 2018. Virus taxonomy: the database of the International Committee on Taxonomy of Viruses (ICTV). Nucleic Acids Res, 46 (D1): D708-D717.

Li CX, Shi M, Tian JH, et al. 2015. Unprecedented genomic diversity of RNA viruses in arthropods reveals the ancestry of negative-sense RNA viruses. Elife, 4:e05378.

Metthews REF. 1979. Classification and nomenclature of viruses. third report of the International Committee on Taxonomy of Viruses. Intervirology, 12: 129-296.

Metthews REF. 1982. Classification and nomenclature of viruses. fourth report of the International Committee on Taxonomy of Viruses. Intervirology, 17: 1-199.

Murphy FA, Fauquet CM, Bishop DHL, et al. 1995. Viruses Taxonomy: Classification and Nomenclature of viruses. sixth report of the International Committee on Taxonomy of Viruses. New York: Springer Wien.

Shi M, Lin XD, Tian JH, et al. 2016. Redefining the invertebrate RNA virosphere. Nature, 540: 539-543.

van Regenmortel MHV, Fauquet CM, Bishop DHL, et al. 2000. Virus Taxonomy: Seventh Report of the International Committee on Taxonomy of Viruses. San Diego: Academic Press.

Wildy P. 1971. Classification and nomenclature of viruses. first report of the International Committee on Nomenclature of viruses. Monographs in Virology, 5: 1-81.

Zhang YZ, Shi M, Holmes EC. 2018. Using matagenemics characrerize an expanding virosphere. Cell, 172 (6): 1168-1172.

C 第3章 hapter Three

病毒的形态与结构

第一节　病毒结构概述

一、什么是病毒粒子

病毒作为一种独特的生命形式，无法单独完成其生命周期，必须侵入细胞内部，才能完成其基因组的复制。在细胞内，病毒基因组主要借助宿主细胞的各种资源完成复制，并实现一系列程序化的装配，此时的病毒往往呈现为各种与组装进度有关的动态结构。病毒完成装配后，将成熟为病毒粒子（virus particle），有时也称为毒粒（virion）。本章将主要围绕这种结构相对稳定的静态病毒粒子展开讨论。

病毒粒子以特有的组成和结构形式存在，是病毒将遗传物质从一个细胞转移到另一个细胞的载体，是一个独立于细胞之外的分子机器。一般来说，病毒粒子由两个或者三个主要部分组成（图 3-1）：① 由 DNA 或 RNA 分子构成的病毒基因组位于病毒的核心；② 包裹基因组的蛋白质层，称为衣壳（capsid），有时保护基因组的蛋白质是某些与核酸结合的核蛋白（nucleoprotein）；③ 一些病毒在衣壳外还包裹着一层来源于细胞的膜脂成分，称为囊膜或包膜（envelope），在囊膜上有时还有一些由囊膜蛋白形成的刺突（spike）结构。病毒的核酸与衣壳有时也被称为核衣壳（nucleocapsid）。核酸和其结合的核蛋白形成的复合结构称为核糖核蛋白复合体（ribonucleoprotein complex，RNP）。

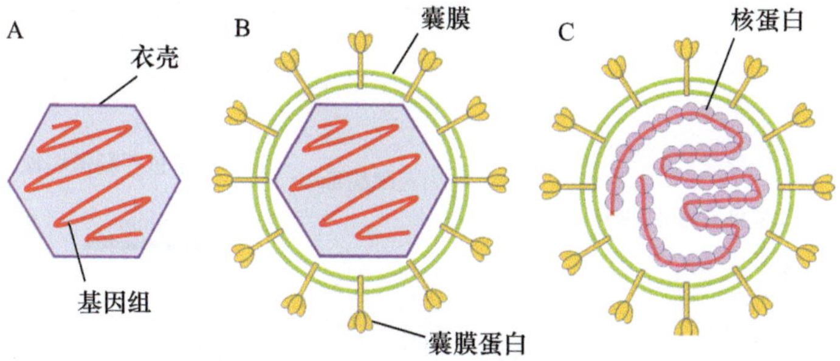

图 3-1　病毒结构示意图

A. 病毒基因组被衣壳蛋白保护，如细小病毒；B. 来源于宿主细胞的磷脂双层膜可以进一步保护病毒核衣壳，膜上分布的蛋白质参与病毒与宿主细胞的相互作用，如黄病毒、甲病毒；C. 有一些病毒的基因组由核蛋白直接保护，但缺乏一个完整的病毒衣壳，囊膜在分隔病毒内外环境中起关键作用，如冠状病毒

二、病毒粒子的形态和大小

病毒的形态结构，是区分不同病毒的重要依据，往往也是我们认识病毒、描述病毒的第一步。在电子显微镜下的毒粒往往呈现出各种形态，如球状（人类免疫缺陷病病毒、流感病毒、腺病毒）、杆状（烟草花叶病毒）、砖形（痘病毒）、弹状（狂犬病病毒）、丝状（埃博拉病毒）和蝌蚪状（T4 噬菌体）（谢天恩和胡志红，2002）（参考 ViralZone，https://viralzone.expasy.org/）。有些病毒以包涵体形式存在，如昆虫杆状病毒。根据毒粒是否有囊膜成分，病毒可分为具有脂双层膜的囊膜病毒（enveloped virus）和裸露的无囊膜病毒（non-enveloped virus）。

病毒粒子一般比较小，多数已研究的球状或者近球状病毒直径一般为 20～300nm。如球状的细小病毒的直径约为 26nm（Halder et al.，2013），完整的疱疹病毒直径约为 200nm（衣壳为 125nm）（Yuan et al.，2018）（图 3-2）。丝状噬菌体（如大肠杆菌噬菌体 M13、f1 和 fd）直径为 6～8nm，却有 800～2000nm 长（Mai-Prochnow et al.，2015）。球状细菌的直径一般为 0.5～1μm，所以病毒能够穿过具有 0.22μm 孔的滤膜，而细菌则无法通过，这种方法常用于粗分离较小的病毒粒子。由于物理尺度小，用光学显微镜无法对大多数病毒粒子进行观察，因此往往需要通过电子显微镜来进行研究。

自然界中也有一些较大的病毒，如砖状的牛痘病毒的尺寸约为 360nm × 270nm × 250nm（Condit et al.，2006）。近年，研究者发现了多种巨型病毒（giant virus）（Aherfi et al.，2016），不断提高了病毒的极限尺寸，如拟菌病毒（mimivirus）有一个直径为 400nm 的正二十面壳体，其表面分布着 80nm 的纤维状突起，而潘多拉病毒（pandoravirus）是一种卵形病毒，尺寸约为 1000nm × 500nm，阔口罐病毒（pithovirus）是更大的卵形病毒（1500nm × 500nm）（参见本书第 16 章）。

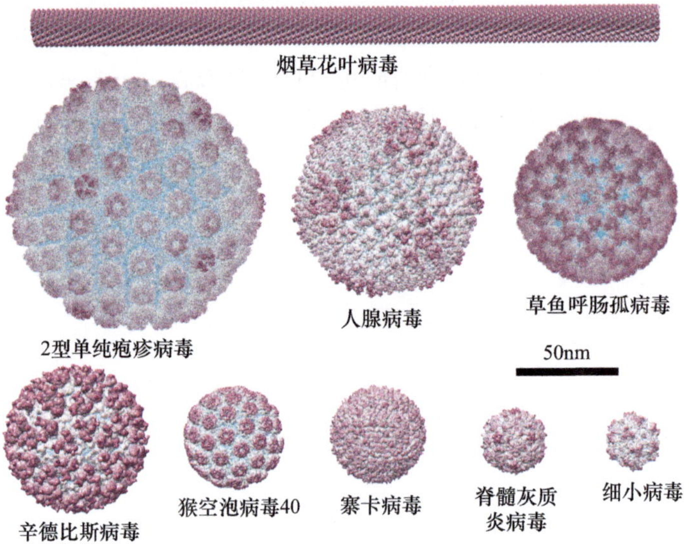

图 3-2 一些具有对称性的病毒衣壳结构

球状粒子的大小和结构数据来源参考表 3-1

第二节 病毒的对称性结构

一、病毒衣壳多以对称结构存在

在所有三维物体中，球体是同体积时表面积最小的一种结构，许多病毒正是采用这种经济的构造来包装其基因组的。我们先看看最简单的一类球状病毒：细小病毒。这种病毒有一个球形的衣壳蛋白，包裹约 5kb 单链 DNA。其衣壳蛋白为 VP，由同一核酸编码但长度不同的 VP1、VP2 和 VP3 组成，具有完全一致的 C 端序列，其中 VP2 为主要成分（Halder et al.，2013）。在所解析的细小病毒衣壳结构中，VP 蛋白只有 C 端 520～550 氨基酸的结构是稳定的，病毒基因组的 1/3（约 1600 碱基）用于编码衣壳中结构稳定的部分。核酸占据半径约为 90Å 的球体空间，为了保护这些核酸，VP 蛋白形成一个约为 40Å 厚的壳层。由于单独一个衣壳蛋白的存在是不可能在空间上包裹完整病毒核酸的，因此病毒的衣壳蛋白往往通过某种对称形式（symmetry），以寡聚的方式组装成空心体结构来包装病毒基因组。病毒中常见的对称壳体有：二十面壳体（icosahedral capsid）、螺旋壳体（helical capsid）和复合对称壳体（capsid of complex symmetry）。衣壳蛋白的对称组装往往是病毒粒子在形态学上存在差异的分子基础，也是我们理解病毒结构的基础。

二、正二十面体球状结构

病毒衣壳蛋白可以二十面体方式进行排列，形成球状结构（Baker et al.，1999）。严格意义上来说，球形的二十面壳体病毒并没有 20 个“面”，而是采用了二十面体的对称操作。二十面体（icosahedron）有 20 个面，每个面都是正三角形（图 3-3），也称为正二十面体。有三种通过中心的旋转轴：6 个 5 次旋转轴通过二十面体的 12 个顶点，10 个 3 次旋转轴通过 20 个正三角形面的中心，15 个 2 次旋转轴通过正三角形边的中点。

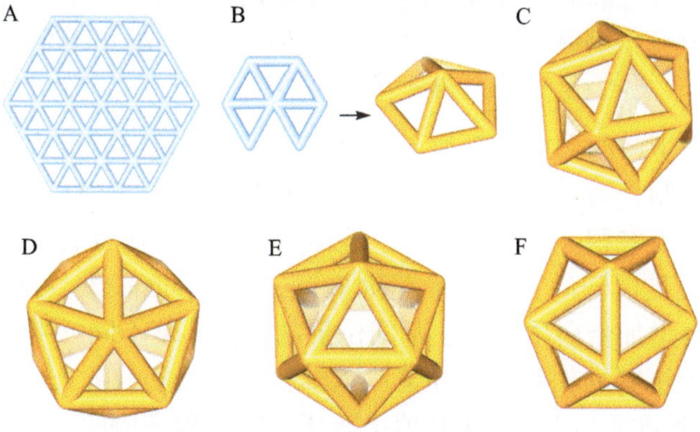

图 3-3 以正三角形作为最小单元组成的 2D 平面和 3D 空间

A. 理论上，以正三角形作为最小结构单元可以平展在一个无限的 2D 平面上，这时相邻的 6 个正三角形组成一个正六边形；B. 为了能够形成一个封闭的 3D 空间，我们可以将组成六边形的三角形拿走一个，这时 5 个正三角形能形成折面；C. 20 个正三角形可以形成封闭的 3D 物体，也就是正二十面体；D～F. 分别从 5 次、3 次和 2 次旋转轴方向来观察正二十面体最简单的正二十面体病毒衣壳中有 60 个不对称单位（asymmetric unit），通过 5 次、3 次、2 次旋转对称操作可以将它们关联起来（图 3-4D）。细小病毒的壳体，就是由 60 个结构构象完全相同的衣壳蛋白 VP 组成的，这种衣壳蛋白之间的关系是等价（equivalence）的。

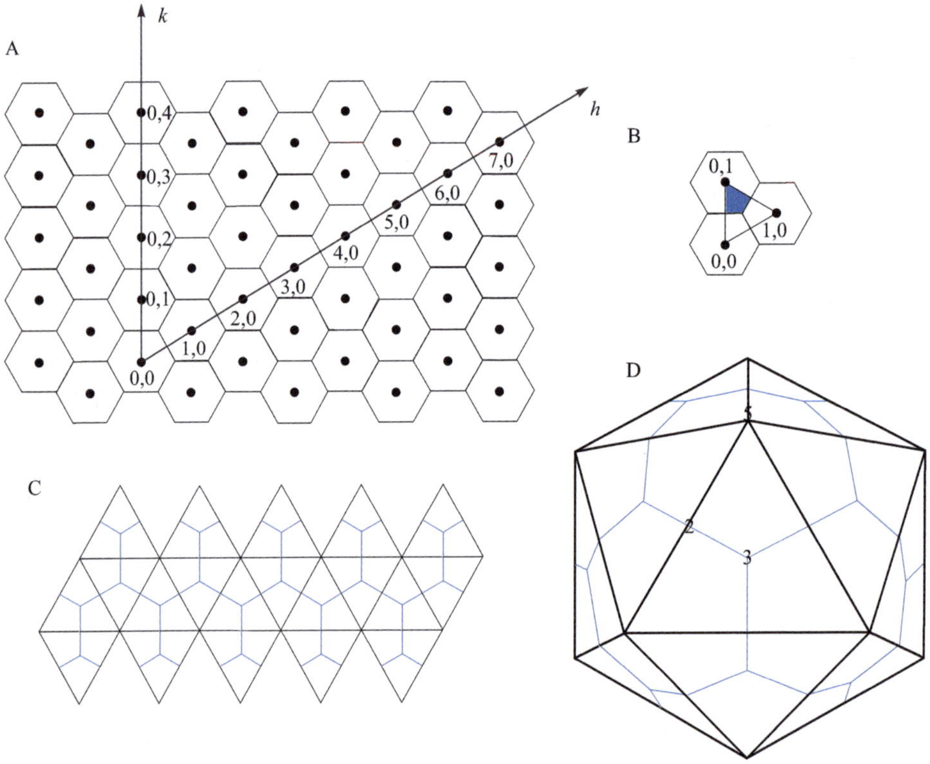

图 3-4 构建 T=1 正二十面体

A. 正六边形构成的连续网格中，h 和 k 轴以 60° 夹角相交于一个六边形的中心，为原点（0,0）；B. 点（1,0）或点（0,1）到原点的连线作为正三角形的边，此正三角形区域即 T=1 的正二十面体的一个面。蓝色区域是构成正二十面体的不对称单位，占据正六边形面积的 1/6；C. T=1 正二十面体可平展为 20 个正三角形；D. T=1 正二十面体，5、3、2 标示对称轴

由于病毒衣壳蛋白的大小一般为 30～70kDa，60 个蛋白质组成的二十面体的空腔体积也因而受到限制，为了能够容纳更多的基因组成分，许多病毒采取了增加衣壳蛋白数目的方式来扩大容积。为了保留二十面体对称关系，病毒衣壳蛋白的构型不能完全相同，这时衣壳蛋白间的关系为准等价（quasi-equivalence）。可以理解为，如果在二十面体不同位置增加蛋白质，由于不同位置的对称环境不同，需要对蛋白质的构象做一些调整以适应不同的相互作用环境。数学上，三角剖分数（triangulation number，T）被用于描述这种准等价关系，T 数值上等于不同对称环境的数目。T=1 的壳体，衣壳蛋白只有一种构象，即上面提到的由 60 个不对称单位实现的正二十面壳体。当 T>1 时，T 值需满足公式 $T=h^2+hk+k^2$，其中 h 和 k 为非负整数，所以大于 1 的 T 可以是 3，4，7，9，12，13，16，19，21，25，27，28，等等（图 3-5 和表 3-1）。由于一个正二十面体有 60 个不对称单位，对于不同的 T 值，组成二十面体的最小对称单位的数目

为 60T。这里“最小对称单位”所指的衣壳蛋白可以是单一蛋白质或单一蛋白质的寡聚状态（同源二聚体、同源三聚体等），或者是多种蛋白质的寡聚状态（异源二聚体、异源三聚体等）。通过这种方式，病毒粒子可以获得更加复杂的球状对称壳体。

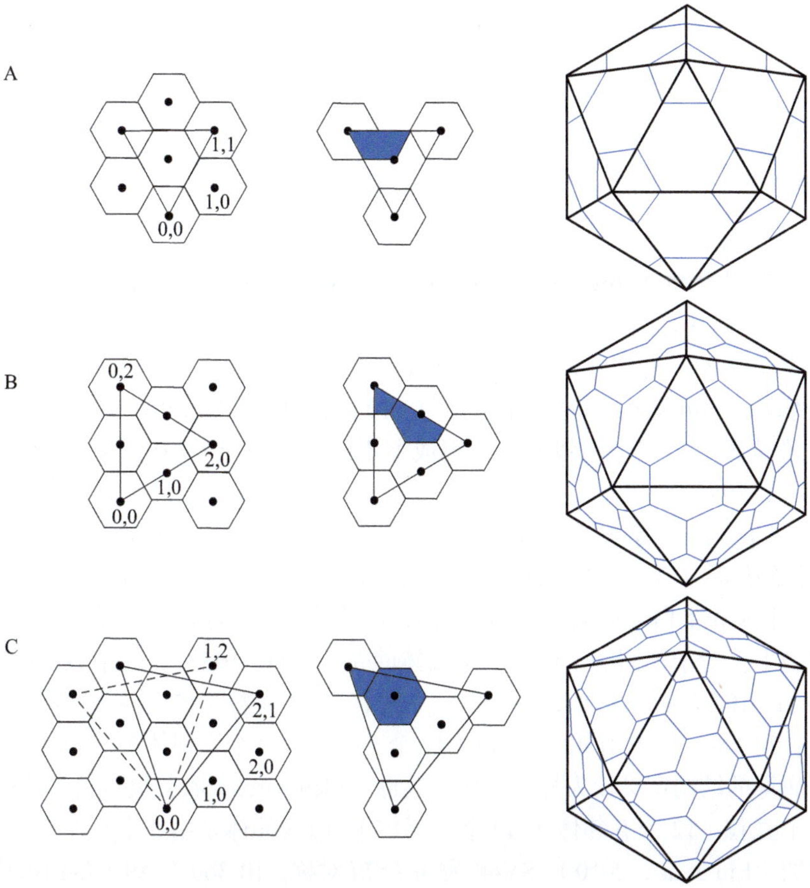

图 3-5　构建 $T>1$ 的正二十面壳体

A. T=3（h=1，k=1）；B. T=4（h=2，k=0 或 h=0，k=2），两种组装方式完全相同；C. T=7（h=2，k=1 或 h=1，k=2），两种组装方式有细微差别，原点到（2,1）作为边所构成的正三角形面，为左手模型（left-handed，也记作 T=7 laevo 或 7l），原点到（1,2）作为边所构成的正三角形面，为右手模型（right-handed，也记作 T=7 dextro 或 7d），蓝色区域为不对称单位。注意：不对称单位可有多种形状，但必须占据正三角形面积的 1/3。如果将正六边形面积的 1/6 记作一个单位面积，那么 T 数值上正好等于不对称单位中单位面积的数目

表 3-1　代表性正二十面体衣壳

三角剖分数（T）	衣壳直径 /nm	代表病毒	参考结构[①]
1	26	H-1 细小病毒	PDB-4G0R（Halder et al.，2013）
3	50	寨卡病毒	PDB-5IRE（Sirohi et al.，2016）
3（伪）	31	脊髓灰质炎病毒	PDB-1ASJ（Wien et al.，1997）
4	70	辛德比斯病毒	EMDB-1121（Mukhopadhyay et al.，2006）
7d（伪）	50	猴空泡病毒 40	PDB-1SVA（Stehle et al.，1996）

续表

三角剖分数（T）	衣壳直径 /nm	代表病毒	参考结构[①]
1 和 13[②]	82	草鱼呼肠孤病毒	EMDB-6969（Wang et al.，2018）
16	125	2 型单纯疱疹病毒	EMDB-6907（Yuan et al.，2018）
25（伪）	91	人腺病毒	PDB-6CGV（Natchiar et al.，2018）

① 参考结构来源于两个数据库：PDB（Protein Data Bank，http://www.rcsb.org/）和 EMDB（Electron Microscopy Data Bank，http://www.ebi.ac.uk/pdbe/emdb/）。更多正二十面体结构可参考数据库 VIPERdb（Virus Particle ExploreR database，http://viperdb.scripps.edu/）

② 草鱼呼肠孤病毒为双层衣壳，内层 T=1，外层为不完整的 T=13

一些二十面体病毒不严格遵循以上的定义，我们称其为“伪”（pseudo）正二十面体。豇豆花叶病毒（cowpea mosaic virus，CPMV）的衣壳由两种亚基组成（Lin et al.，1999），大亚基有两个 jelly-roll 结构域，小亚基只有一个 jelly-roll 结构域，这三个结构域占据 T=3 的三种位置，因此这种病毒衣壳的对称称为伪 T=3（pseudo T=3）。脊髓灰质炎病毒（poliovirus）的衣壳结构与 CPMV 类似，也是伪 T=3 对称，不同的是，三个准等价位置上由三个相似但化学组成上不同的蛋白质（VP1、VP2 和 VP3）占据（Hogle et al.，1985）。

壳粒（capsomer）是衣壳蛋白的聚合物，也常用来描述二十面体病毒。有两种常见壳粒：5 个衣壳蛋白形成的五聚物，也称为五邻体（penton），分布在二十面体病毒的 12 个角上；6 个衣壳蛋白形成的六聚物，也称为六邻体（hexon），分布在二十面体病毒的各个面和边上。对于不同的 T 值，二十面体的壳粒数目 =10T+2，其中五邻体数目 =12，六邻体数目 =10（T−1）。例如，T=1 时，一共有 12 个壳粒（12 个五邻体），60 个最小对称单位；T=4 时，一共有 42 个壳粒（12 个五邻体 +30 个六邻体），240 个最小对称单位。有些病毒的结构定义较为复杂，如腺病毒（adenovirus）衣壳呈现伪 T=25 对称，一共有 252 个壳粒（12 个五邻体 +240 个六邻体），但六邻体是由 3 个亚基而不是由 6 个亚基组成的（Liu et al.，2010）。SV40 为伪 T=7d 对称，由 360 个 VP1 蛋白形成 72 个五聚体，不但占据五邻体的位置，还占据了六邻体的位置（Liddington et al.，1991）。

有些正二十面体病毒具有多层壳体，如轮状病毒（rotavirus）。这种病毒有三个同心蛋白质壳层，核心壳层由 120 个 VP2 分子形成 T=1 对称（VP2 分子形成的同源二聚体为最小对称单位，也被称为 T=2 对称），中间壳层由 260 个 VP6 三聚体形成 T=13 对称，最外壳层有 260 个 VP7 三聚体也组成 T=13 对称，60 个由 VP4 三聚体形成的刺突结构分布于毒粒表面（Desselberger，2014）。

三、螺旋状结构

在笛卡儿坐标系（Cartesian coordinate）中，连续的螺旋可以视作位于 x-y 平面的一个圆在 z 轴方向上的不断上升（图 3-6A 和 B），并可由用以下三个公式描述：$x=r\cos(2\pi z/P)$，$y=r\sin(2\pi z/P)$，$z=z$。其中，螺旋的半径为 r，而沿着 z 轴方向上的重复距离（即螺距）为 P。在生物学里，实际上不存在这种连续的像弹簧一样的螺线。生命体中的螺旋排列是由独立的模块（如 DNA 中的核苷酸、α 螺旋中的氨基酸残基和病毒壳体中的衣壳蛋白），沿着螺旋路径并以一定的间隔盘绕排列而成的。螺旋状结构一般用角度间隔（$\Delta\varphi$）和轴向间隔（Δz）来进行描述，有时也用每圈螺旋所含有的模块数目来进行定义。这些数字可以不是整数，如对 α 螺旋来说，每圈有 3.6 个氨基酸残基。

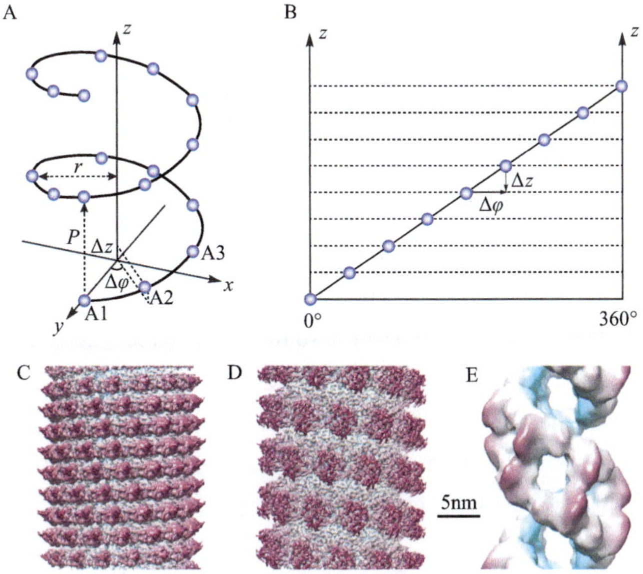

图 3-6 螺旋对称

A. 螺旋对称的几何描述；B. 将螺旋平展至二维空间的几何描述；C. TMV 的结构模型（EMDB-1730，分辨率 4.6Å）；D. 麻疹病毒 RNP 的结构模型（EMDB-2867，分辨率 4.3Å）；E. 甲型流感病毒 RNP 的结构模型（EMDB-2205，分辨率 18Å）；5nm 比例尺用于图 C～E

烟草花叶病毒（tobacco mosaic virus，TMV）的衣壳是研究最多的螺旋壳体（图 3-6C）。组成其毒粒的衣壳蛋白只有一种，大约 2000 个这种分子以右手螺旋方式排列成直径约 18nm、长度约 300nm 的杆状粒子，每圈螺旋中有 16.3 个分子，螺距为 2.3nm（Clare and Orlova，2010）。虽然理论上螺旋壳体可以无限延伸，但病毒的基因组大小决定了毒粒的实际长度。烟草花叶病毒的成熟粒子中，单股 RNA 链位于螺旋管体的内腔，与衣壳蛋白采用相同螺旋走向，每 3 个核苷酸对应一个衣壳蛋白。有些螺旋对称的壳体结构缺乏足够的刚性，这些病毒往往呈现为丝状，如 M13 噬菌体。野生型 M13 噬菌体的壳体由大约 2700 个衣壳蛋白 pⅧ组成，螺旋直径约 7nm，长度约 900nm（Ebrahimizadeh and Rajabibazl，2014）。

在囊膜病毒中，核蛋白与核酸结合所形成的 RNP 也往往呈现为柔性的螺旋对称结构，这些螺旋结构被囊膜所保护，不受外界环境的直接作用。例如，麻疹病毒（measles virus）（图 3-6D），由单链 RNA 和核蛋白核心区组成的 RNP 结构中，每圈螺旋包含 12.3 个分子，螺距为 5nm（Gutsche et al., 2015）。在甲型流感病毒（influenza A virus）（图 3-6E）中，结构更为复杂：8 段单链 RNA 被核蛋白包裹成柔性的具有双螺旋对称的 RNP（Arranz et al.，2012），这些 RNP 的直径相同，根据长度可被分为三组：90～110nm，60～90nm 和 30～50nm。

四、复合对称结构

复合对称壳体是指一些具有复合对称关系的病毒衣壳。与简单病毒相比，结构上复杂的病毒往往具备各种辅助蛋白，有些具有部分正二十面体或螺旋对称性，有些只有局部对称性而病毒整体却表现为各种形态。

有尾噬菌体（tailed bacteriophage）是一类研究较多的呈现复合对称壳体的非囊膜病毒。它们的毒粒由具有不同对称性的形态学单元组合而成，在这些单元连接的界面上会产生对称错配（symmetry mismatch）（Parent et al.，2018）。噬菌体的头部（head）一般呈现二十面体对称，用来容纳双链 DNA 基因组。在 HK97 和 T7 噬菌体中，正二十面体头部呈现 T=7 的球体，而 T4 和 φ29 噬菌体的头部是一个拉伸了的椭球形结构（图 3-7A～C）。在二十面体的一个顶点上，五邻体被一个孔道（portal）或者连接体（connector）取代，并连接到噬菌体的尾部（tail），这个结构对噬菌体转运病毒 DNA 起到关键作用。根据尾部的形态，有尾噬菌体可分为三类：肌尾病毒（myovirus，如 T4 噬菌体，尾部长且可收缩）、长尾病毒（siphovirus，如 λ 噬菌体，尾长而不可收缩）和短尾病毒（podovirus，如 T7 噬菌体、P22 噬菌体）。T4 噬菌体的尾部结构复杂，主体部分是由尾鞘（tail sheath）和尾管（tail tube）形成的螺旋状套管结构，完成尾部的伸展和收缩（图 3-7B 和 C）（Hu et al.，2015）。这种既有二十面体对称又有螺旋对称的壳体，有时也称为双对称（binal symmetry）壳体。

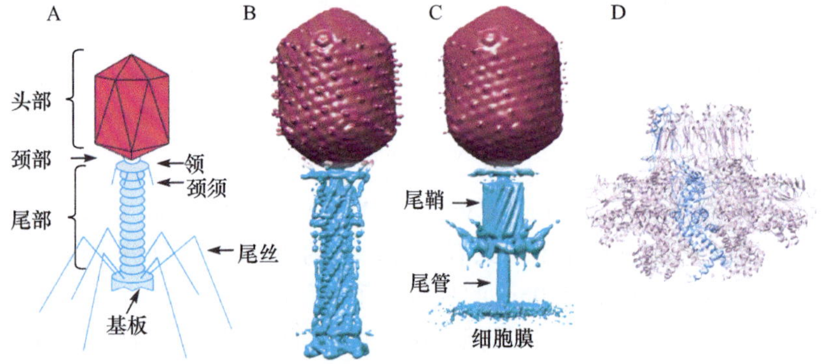

图 3-7 T4 噬菌体的结构

A. T4 噬菌体的结构示意图；B. 尾部伸展时的结构模型（EMDB-2774）；C. 尾鞘和尾管发生相对运动，T4 噬菌体尾部在细胞膜表面收缩时的结构模型（EMDB-6082），颈须和尾丝的柔性导致在结构中其电子密度不连续；D. T4 噬菌体孔道由 12 个 gp20 环绕而成（PDB-3JA7），蓝色分子为单个 gp20

自然界中其他复杂对称的病毒衣壳在组装时往往具有部分正二十面体或螺旋的对称性。例如，弹状病毒的衣壳主体部分由螺旋管组成，管体在末端逐渐变细并且封口（Ge et al.，2010）。又如，逆转录病毒的衣壳蛋白（CA）能形成五聚体（Pornillos et al.，2011）和六聚体（Pornillos et al.，2009），以及类似正二十面体中的五邻体和六邻体。在某些特定的体外条件下，六聚体的 CA 形成管状或者平面（Zhao et al.，2013），五聚体的 CA 可以形成 T=1 的二十面壳体（Cardone et al.，2009）。在成熟的毒粒中，由非对称分布的 CA 五聚体和六聚体形成一个近圆锥体的衣壳（Pornillos et al.，2011）。值得一提的是，病毒在侵染细胞的过程中，病毒粒子会发生结构性改变，往往意味着对称性被逐渐破坏，研究病毒的复杂对称方式和对称的破坏过程将是深入研究病毒动态结构的必经之路。

第三节 病毒的高分辨率结构研究

研究病毒结构的主要方法：① 电子显微镜技术（electron microscopy）是对病毒粒子在微观尺度上进行物理描述最直接的研究手段，传统的超薄切片技术可以用来观察感染细胞中病毒粒子的分布和形态，而随着近年来冷冻电子显微术（cryo-electron microscopy，cryo-EM，又称冷冻电镜技术）的应用，我们已经能够得到完整病毒粒子的精细结构；② X射线晶体学技术（X-ray crystallography）可以对结晶的病毒粒子进行原子级结构解析，但由于毒粒往往难以结晶，这个技术目前主要用于解析病毒某些蛋白质组分的晶体结构；③ 核磁共振技术（nuclear magnetic resonance，NMR），相比于前两种方法，NMR可以在溶液环境中直接研究原子级分辨率的生物大分子结构，但目前只能研究一些较小蛋白质或复合物。番茄丛矮病毒是第一个获得高分辨率结构解析的病毒（Harrison et al.，1978），当时使用的方法是晶体学，但由于晶体学对样品制备要求严苛，限制了其应用，因此冷冻电镜在研究病毒粒子结构方面具有更普遍的用途（Jiang and Tang，2017）。本节主要讨论冷冻电镜技术，以及病毒中一些关键组成蛋白的结构特点。

一、冷冻电子显微术

（一）冷冻电子显微术的发展历史

正如我们常说的“眼见为实”，如何更加清晰地看到微观的物质形态一直是科学家热衷的研究方向。透射电子显微技术在研究非生命材料时，往往可以比较容易地获得原子级分辨率的结构信息，但在观察生物样品时，这种技术往往难以获得理想的结果。局限透射电子显微技术在生物领域应用的原因主要有三个：① 当电子束穿透生物样品时，样品本身极易受到辐射损伤；② 由于组成生物分子的主要成分是低原子序数的碳、氢、氧等原子，它们对电子的散射能力比较弱，往往难以清晰成像；③ 为了降低空气中颗粒对电子束的影响，透射电镜中的样品必须始终保持在高度真空的环境下，但生物材料耐受高真空环境的能力较差。冷冻电镜技术恰好能在某种程度上克服以上这些限制。

为了最大限度地保持生物分子的形态结构，我们希望能在有水的情况下观察生物样品，但是水在高真空环境下极易与生物样品分离。为了降低水的挥发，将生物样品进行冷冻处理，就成了一个自然的解决方案。早期的冷冻样品在制备时会产生大量的冰晶，当电子穿透这些富含冰晶的样品时，电子发生衍射，强烈地干扰了从样品本身而来的电子散射信息。但这些早期的尝试告诉我们，在冷冻条件下进行生物样品的成像，能获得辐射损伤较小并且更清晰的图像。Jacques Dubochet 等改善了制样方法，将冰由晶态结构转换为“玻璃态”，从而开启了冷冻电镜的新时代（Adrian et al.，1984）。

2017年诺贝尔化学奖颁给开发冷冻电镜技术的三位先行者，他们是Jacques Dubochet、Joachim Frank和Richard Henderson。这三位科学家在冷冻制样、高分辨率生物材料结构研究和3D结构计算算法领域的突破，为如今冷冻电镜技术爆发式的发展奠定了基础。

20 世纪 80 年代初，Jacques Dubochet 和其同事将水成功“引入”电镜。他们制备了嵌在玻璃样冰层中的生物样品，第一次展示了这种技术能保留病毒粒子的天然结构特征。而早在 1975 年，Richard Henderson 等就用电镜技术向我们展示了长度为 7.5Å 细菌视紫红质的 3D 重建电镜图片，他们当时使用的方法是 2D 晶体电子衍射。随后，Richard Henderson 等开始尝试使用冷冻条件在不同的电镜上获得这种材料的衍射信息，并于 1990 年获得了 3.5Å 的电子密度图谱和蛋白质的原子模型。尽管 2D 晶体的电子衍射能为我们带来更加精细的结构，但绝大多数生物大分子无法形成 2D 晶体，因此科学家希望找到能解析普通生物大分子冷冻电镜结构的方法。1975～1986 年，Joachim Frank 提出并不断完善了现在所常用到的“单颗粒重建”技术，来解析非周期排列样品的 3D 结构。

早期的冷冻电镜技术由于技术瓶颈，获得的结构信息往往难以像晶体衍射那样展现清晰的分子主链，因此也常被嘲笑为“团团学”（blob-ology）。较高分辨率结构主要来源于一些高对称性的生物组装体（如正二十面体病毒粒子）或 2D 晶体，使得在更大范围内应用这项技术受到了很大的限制（Shen，2018）。直到 2012 年，直读电子相机（direct electron detector，DED）进入冷冻电镜领域，使得电镜的生物成像质量获得了巨大提升，带来了冷冻电镜领域的分辨率革命（resolution revolution），也使电镜三维技术真正迈入了原子级分辨率（Kuhlbrandt，2014）。DED 相比于传统的电荷耦合器件（charge-coupled device，CD）相机和胶片技术，在灵敏度上有显著的提升。通过 DED 相机，在电子束的照射下，被照射区域会发生位移，这使一定时间段内获得的电子累加照片实际上是模糊的。DED 的高速数据收集能力，使收集的电镜数据可以不再是单张照片，而是多帧的电影，然后通过对一段时间内的多帧图像进行分析，可以获取被照射区域的位移规律，从而对其进行校正，获得更加清晰的数据叠加照片。同时，新的电镜三维重构的算法以及 GPU 计算加速的运用，使结构解析过程更加高效，可帮助科研人员获得分辨率更高的电子密度分布。这些电子密度不仅可以用于蛋白质分子主链的建模，有时甚至可以用来辨别侧链信息。值得一提的是，病毒样品在冷冻电镜的发展过程中起到了许多关键作用（表 3-2），而冷冻电镜的发展又促进了我们对病毒结构的不断深入认识。

表 3-2　病毒样品在冷冻电镜发展过程中的里程碑作用

研究成果	科学意义	代表文献
T4 噬菌体尾部 3D 结构	螺旋物体的单张 2D 照片可以用来获得 3D 信息	De Rosier and Klug，1968
正二十面体病毒 TBSV 的 3D 结构	球状病毒的多张 2D 照片（角度随机）可以用来获得 3D 信息	Crowther et al.，1970
玻璃样冰中的腺病毒结构	冷冻电镜样品的核心制备技术，近代 cryo-EM 的起始	Adrian et al.，1984
7.4Å 乙肝病毒电镜结构	α 螺旋可以在电子密度中辨识	Bottcher et al.，1997
3.3Å 呼肠孤病毒电镜结构	第一个原子级分辨率冷冻电镜结构	Zhang et al.，2010

（二）冷冻电镜技术与传统电镜技术相比的优势

通过不同的电镜制样技术，我们可以直接观察到病毒。对生物组织进行超薄切片，可用于观察病毒在感染细胞的过程中细胞的各种生理变化，但为了在更高分辨率条件下研究病毒，一般需要获取纯度较高的病毒粒子。负染（negative staining）是一种常用的电镜样品制备技术，用来对病毒粒子进行低分辨率形态观察（图 3-8A）。负染过程比较简单，首先将病毒粒子附着到电镜铜网的碳支持膜上，再加入适量的重金属盐染料，待染料完全晾干后，就可直接到透射电子显微镜（transmission electron microscope，TEM）下进行观察。负染作为一种高衬度（contrast）成像技术，照片中的病毒粒子与背景之间的差异明显，但是由于病毒粒子处于干燥脱水条件下，结构容易发生形变，因此无法用于高分辨率结构分析。与之相比，冷冻电镜技术可以更好地保存病毒粒子的天然构象（图 3-8B）。冷冻电镜与普通 TEM 相比，硬件配置较高，并配备一个低温装置，保证样品温度始终控制在液氮温度下。冷冻电镜照片中的病毒粒子虽然衬度比负染的颗粒低，但接近天然的病毒构象使重要的结构信息得以保存。

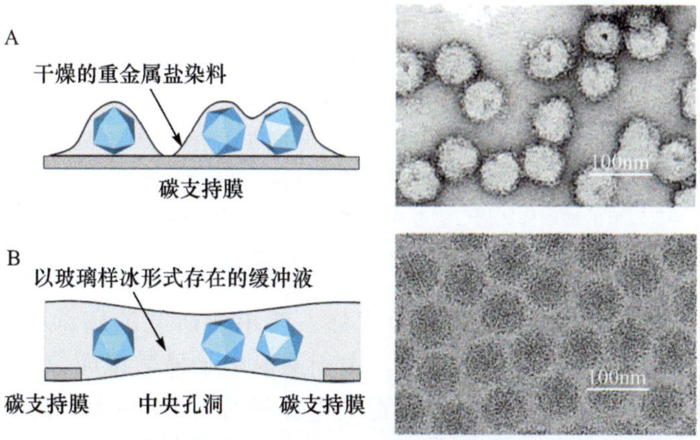

图 3-8　对辛德比斯病毒进行负染电镜与冷冻电镜制样的比较

A. 以比碳、氢、氧等原子具有更强电子散射能力的重金属盐（如磷钨酸或乙酸双氧铀）作为染料，干燥于病毒粒子（由连续的碳支持膜承载）表面形成一个染料层。从垂直方向上来看，病毒粒子边缘的染料要多于病毒粒子正上方的染料，这样导致在电镜成像时（右图），病毒粒子所对应区域的灰度较浅，而边缘较深，形成所谓的“负染”现象。B. 冷冻电镜制样时，溶解病毒的缓冲液被速冻为一个连续的玻璃样冰层，病毒粒子内嵌在其中，由于冰层自身具有刚性，无须完整碳支持膜的支撑。由于没有更强的电子散射源存在，冷冻电镜成像时，病毒粒子所对应区域灰度比背景深。辛德比斯病毒电镜照片由 Dr. Wei Zhang（University of Minnesota）提供

（三）冷冻电镜解析结构的两种主要途径

冷冻电镜解析结构的数学基础是中央截面定理（central slice theorem），即一个三维函数沿某方向投影的傅里叶变换等于此三维函数傅里叶变换通过坐标原点且垂直于投影方向的截面函数。具体来说，沿某个方向对病毒粒子进行投影，投影像的 2D 傅里叶变换记为 A；对病毒粒子进行 3D 傅里叶变换，通过此 3D 傅里叶变换的中心与投影方向垂直的截面记为 B，则 A 与 B 相等。所以，理论上来看，如果能获得病毒粒子在各个方向上的投影，我们就可以填充病毒粒子所对应的 3D 傅里叶空间，而通过 3D 傅里

叶变换的逆变换，就能获得病毒粒子的三维重建。有两种通过冷冻电镜获取三维结构的方法：单颗粒重建（single particle reconstruction，SPR）和冷冻电子断层成像（cryo-electron tomography，cryo-ET），基本过程如图 3-9 所示。

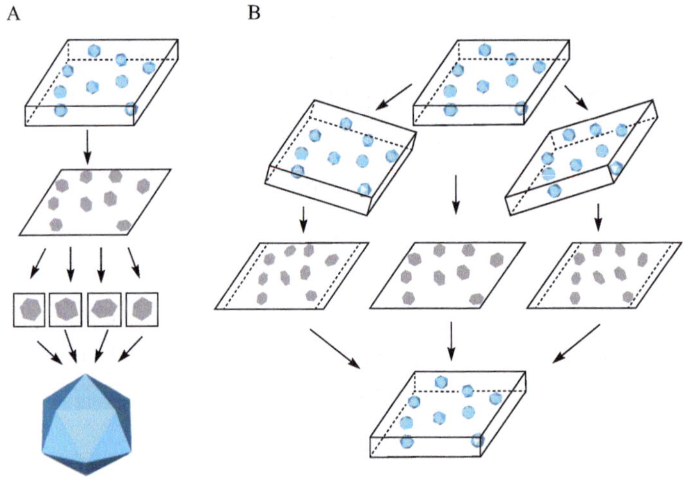

图 3-9 通过冷冻电镜解析病毒三维结构的两种方法

A. 单颗粒重建技术：收集玻璃样冰层中（一般 100～200nm 厚）嵌入的病毒粒子的二维投影照片，计算获得单个病毒粒子所对应的投影方向（θ，ϕ，ω），然后将病毒粒子不同方向的投影像计算还原为单一的病毒粒子结构。B. 冷冻电子断层成像技术：按 −70° ~+70°旋转玻璃样冰层，每隔一定角度（如 2°）收集二维投影照片，然后将收集的二维图像还原为一定厚度的玻璃样冰层。需要注意的是，由于样品台倾斜，在高角度收集数据时，有效数据的面积会比不倾斜时减少

对病毒粒子进行高分辨率的单颗粒重建，要求所研究的病毒粒子具有均一的结构，而且往往需要大量的病毒粒子照片。由于透射电子显微镜成像的物理背景较为复杂，为了更好地理解，我们可以想象病毒的电镜照片（2D 图像）是病毒结构（3D 模型）在电子束（平行光源）照射下的投影像，2D 照片中的每个像素强度与光路上的障碍物（原子电子云）的总量成正比。病毒粒子所占据的空间中，物质的分布是不均一的，最终得到的 2D 图像也是明暗不均的（图 3-8B 右）。事实上，从不同方向上对病毒结构模型进行投影，得到的图样是不同的，这是 SPR 技术中 2D 图像比对的物理基础。根据明暗特征，通过相关性比较，就可以确定 2D 图像所对应的投影方向。除此之外，为了获得高分辨率结构重建，还要优化 2D 图像上病毒粒子的中心位置、图像的欠焦度（defocus）和局部放大倍数等参数，由于计算量大，现代的高分辨率 SPR 往往需要在计算机集群上完成。

有些病毒粒子缺乏固定的形态，或者在实现生物学功能的过程中对称性发生破坏，使得研究这些病毒的结构变得极其困难。这时，SPR 技术所要求的均一病毒粒子无法获得，为了能从单个病毒粒子的角度来研究病毒结构，cryo-ET 技术就显得非常有用。例如，在研究囊膜病毒粒子结构时，病毒粒子间能发生膜融合从而导致对称性的破坏（图 3-10），就可以用 cryo-ET 来建模。由于 cryo-ET 技术需要对所研究区域进行多角度成像，为了降低电子束穿透对样品的破坏，在每个角度拍照时，均需要控制曝光量，这样产生的电镜图像的信噪比比较低，从而导致 3D 重建结构的分辨率较低，这是

cryo-ET技术的主要劣势。最近，通过平均cryo-ET重建中具有重复特征的较小区域，即三维亚单元（sub-volume 3D），结构分辨率已有相当大的提升。

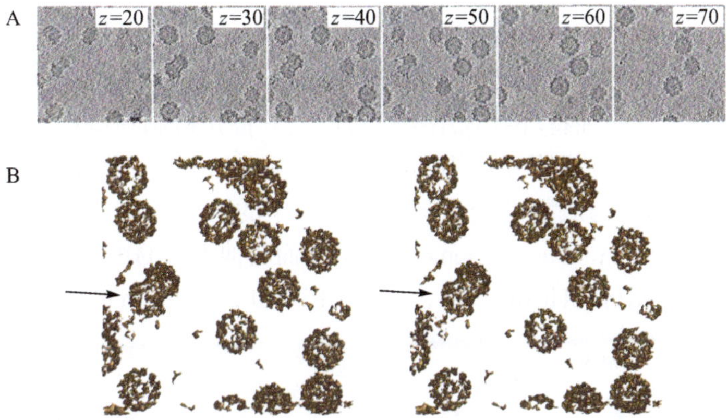

图3-10 辛德比斯病毒间发生融合作用时的cryo-ET研究

A. 通过cryo-ET技术获得一个3D区域的结构重建，此区域包含多个病毒粒子，z表示在cryo-ET重建中z轴方向的截面位置；B. 3D重建的立体对象（stereo pair），箭头处指示正在发生融合反应的两个病毒粒子

二、病毒重要蛋白质的结构研究

（一）病毒转录和复制关键蛋白质的结构与功能

病毒基因组的复制及相关的转录过程一般需要可持续合成的核酸聚合酶来执行。某些病毒体系如细小病毒的转录和复制过程均依赖宿主的聚合酶来主导完成（Cotmore and Tattersall，2014）。而在部分病毒体系中，宿主的聚合酶可参与转录和复制过程，如T7噬菌体感染大肠杆菌后，首先由大肠杆菌的RNA聚合酶通过识别噬菌体基因组中的大肠杆菌启动子来执行噬菌体自身编码的T7 RNA聚合酶基因的转录，进而由T7 RNA聚合酶识别噬菌体启动子来实现其他基因的转录（Dunn and Studier，1973）。对RNA病毒来说，转录和复制过程则主要由其自身编码的依赖RNA的RNA聚合酶（RNA-dependent RNA polymerase，RdRp）来主导完成。病毒RdRp最早于20世纪60年代早期在小RNA病毒科（*Picornaviridae*）的门戈病毒（mengovirus）和脊髓灰质炎病毒等的相关研究中被发现（Reich et al.，1961，1962）。由于相关病毒的感染对放线菌素D不敏感，而放线菌素D对依赖DNA的聚合酶具有广谱的抑制作用，因此研究人员推断这类病毒可编码一种可依赖RNA模板来合成RNA的聚合酶，也就是RdRp。下文将以病毒RdRp为例，介绍病毒转录复制关键蛋白质的结构与功能关系研究现状。

病毒RdRp的三维结构的解析最早于1997年由Steve C. Schultz研究组利用脊髓灰质炎病毒RdRp和X射线晶体学方法完成（Hansen et al.，1997）。与其他类型的单亚基聚合酶相似，RdRp的核心区形似杯状右手（cupped right hand），由手掌（palm）、拇指（thumb）和手指（fingers）三个结构域围绕形成一个催化中心（图3-11A）。由于受到该RdRp晶体晶格中蛋白质间相互作用的影响，该结构中的手指区大部分未能形成有序结构，因此该结构未能反映出此RdRp三维结构的全貌。而完整的脊髓灰质炎病毒的RdRp结构在2004年获得解析，该项研究还创造性地将手指区细分为食指、中指、无名指和小指 4 个亚结构域（图 3-11B），为阐述 RdRp 结构与功能关系提供了方便（Thompson and Peersen，2004）。1999 年，三个研究组分别报道了黄病毒科（*Flaviviridae*）丙型肝炎病毒 RdRp 的晶体结构（Lesburg et al.，1999；Bressanelli et al.，1999；Ago et al.，1999），首次揭示了病毒 RdRp 通过拇指与食指尖端的疏水相互作用形成了不同于其他单亚基聚合酶的环绕式（encircled）右手结构（图 3-11C）。后续研究表明，RdRp 这一独特环绕式结构很可能与其催化机制独特性相关，由于手指区的运动性受到了拇指与食指相互作用的限制，病毒 RdRp 在底物 NTP 诱导的催化中心关闭过程（可理解为酶与底物的诱导契合过程）中的构象变化主要发生在手掌结构域（Gong and Peersen，2010；Wu and Gong，2018），而其他类型的单亚基聚合酶的相关构象变化则主要发生在手指区（Huang et al.，1998；Li et al.，1998；Yin and Steitz，2004）。

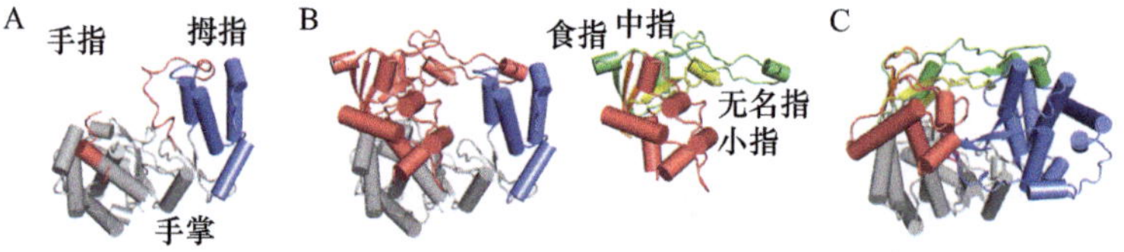

图 3-11　病毒 RdRp 核心区的三维结构

A. 不完整的脊髓灰质炎病毒 RdRp 结构，由手掌、拇指和手指三个结构域构成，其中手指大部分未形成有序结构；B. 完整的脊髓灰质炎病毒 RdRp 结构（左）及其手指区的食指、中指、无名指和小指亚结构域划分（右）；C. 丙型肝炎病毒 RdRp 的结构

作为 RNA 病毒编码的功能最保守的蛋白质，RdRp 催化中心的周围共有 A～G 7 个催化基序（catalytic motif）（图 3-12）（Poch et al.，1989；Gorbalenya et al.，2002；Bruenn，2003）。其中的基序 A 和基序 C 各包含一个高度保守的天冬氨酸残基（图 3-12），在 RdRp 的催化过程中，通过与两个二价金属离子（通常为镁离子）的配位相互作用对磷酰基转移反应的过渡态起到稳定作用，而其他类型单亚基聚合酶同样也具备这两个基序和行使同样功能的两个天冬氨酸残基。病毒 RdRp 的基序 A～F 和逆转录酶（reverse transcriptase）具有同源性，两者的基序 B 均包含一个高度保守的甘氨酸残基

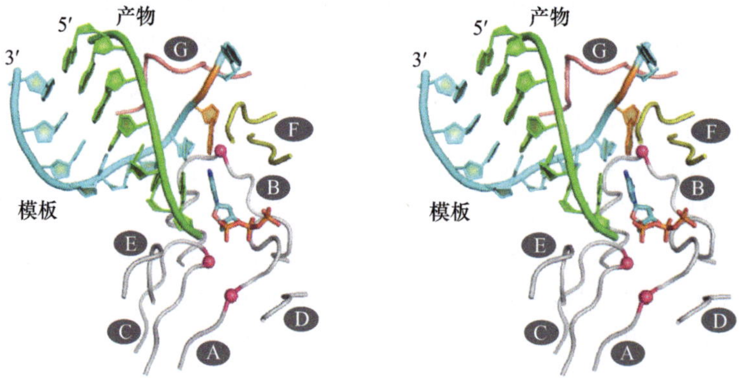

图 3-12　病毒 RdRp 7 个催化基序的空间排布（立体构象）

A～G 7 个催化基序（大写字母标注）的颜色与图 3-11 中对各结构域和亚结构域的着色保持一致。基序 A～C 中高度保守的三个氨基酸残基的 α 碳原子用洋红色球形显示。模板 RNA 中与底物 NTP（棍状模型）形成碱基配对的核苷酸用橙色显示。结构采用的 PDB 号为 5F8I

（图 3-12），但此残基的确切功能目前尚未得到清晰阐明。除上述三个保守残基之外，病毒 RdRp 没有绝对保守的氨基酸位点，仅在同目、同科或同属的病毒类群中具有相对较高的氨基酸序列相似性。从总体角度来说，病毒 RdRp 的保守性主要体现在 7 个催化基序在空间排布上的相似性和少数关键氨基酸残基的等同性上。

病毒 RdRp 的多样性不仅体现在 7 个催化基序乃至手掌、拇指和手指三个结构域在氨基酸水平的差异上，还可体现在整体结构形式上。可能由于 RNA 病毒的基因组编码容量有限，RdRp 分子常常与其他的功能区以融合的形式存在，或与其他病毒蛋白共折叠后协同发挥功能，以下列举几个较为典型的实例（图 3-13）。以脊髓灰质炎病毒为代表的小 RNA 病毒的 RdRp 仅由核心区构成（图 3-13A）。与丙型肝炎病毒同科的瘟病毒和黄病毒在其 RdRp 核心区的氨基端分别融合了一个约含 90 个氨基酸残基（分子质量约 10kDa）和一个约含 260 个氨基酸残基（分子质量约 30kDa）的结构域。研究表明，瘟病毒 RdRp 的氨基端区域折叠成一个小的球形结构（图 3-13B）（Liu et al.，2018；Li et al.，2018），很可能通过与手掌区的分子内相互作用参与调控 RdRp 的合成保真度（Liu et al.，2018）；而黄病毒 RdRp 的氨基端区域则是一个与病毒基因组 5′ 端加帽相关的甲基转移酶，研究表明甲基转移酶可通过不同方式与 RdRp 建立分子内相互作用（图 3-13C），但两者之间功能相互调节的精确机制仍有待进一步阐明（Lu and Gong，2013；Zhao et al.，2015）。弹状病毒科（*Rhabdoviridae*）的水疱性口炎病毒的 RdRp 又称为 L 蛋白，由 2000 多个氨基酸残基组成，由 RdRp 核心区和多个结构域协同发挥功能，而这些结构域中至少包含两个与病毒基因组 5′ 端加帽相关的酶功能区（图 3-13D）（Liang et al.，2015）。副黏病毒科（*Paramyxoviridae*）的流感病毒的 RdRp 又称 PB1 蛋白，它需要和病毒编码的另外两个蛋白 PA 及 PB2 共折叠形成异源三聚体（图 3-13E），除行使 RdRp 功能外，还能通过 PB2 与宿主 RNA 的 5′ 端帽子结合并利用 PA 的核酸内切酶功能夺取包含 5′ 端帽子在内的短核酸链作为 RdRp 合成的引物（简称“夺帽”）（Reich et al.，2014；Pflug et al.，2014）。上述结构在一定程度上诠释了 RdRp 整体结构的多样性，但目前所解析的病毒 RdRp 的结构还十分有限。以正链 RNA 病毒为例，2018 年国际病毒分类委员会（ICTV）所列出的 40 多个病毒科中仅有小 RNA 病毒科、黄病毒科、杯状病毒科（*Caliciviridae*）、光滑病毒科（*Leviviridae*）和单双链转换四体病毒科（*Permutotetraviridae*）这 5 科病毒有 RdRp 的三维结构报道。因此要全面系统地了解病毒 RdRp 整体结构及功能的多样性，需要获得更多的代表性 RdRp 的结构和功能信息。

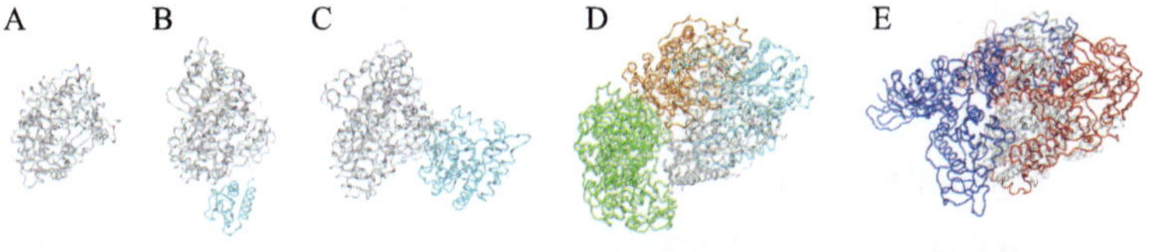

图 3-13　5 种在整体结构上具有代表性的病毒 RdRp 的三维结构

各结构中 RdRp 核心区均由浅灰色显示；A. 小 RNA 病毒 RdRp 仅包含核心区；B. 瘟病毒 RdRp 还包含一个氨基端结构域（浅蓝色显示）；C. 黄病毒 RdRp 还包含一个甲基转移酶结构域（浅蓝色显示）；D. 弹状病毒 RdRp 还包含三个由多个结构域构成的功能区（分别用绿色、橙色和浅蓝色显示）；E. 副黏病毒 RdRp 与另外两个蛋白质（红色和深蓝色显示）共折叠构成异源三聚体；结构采用的 PDB 号为 3OL6、5YF5、4K6M、5A22 和 4WSB

（二）囊膜蛋白结构与膜融合

囊膜病毒具有来源于细胞的脂质双分子膜结构，膜表面上分布着各种病毒囊膜蛋白。细胞膜蛋白由胞外向胞内，一般可以分为三个结构域：胞外域（ectodomain）、跨膜域（transmembrane domain）和胞质域（cytoplasmic domain）。与此类似，病毒囊膜蛋白也沿用这样的定义：位于病毒囊膜外表面的蛋白结构域为胞外域，位于囊膜内的蛋白结构域为胞质域。病毒膜蛋白的结构研究，第一步是获得稳定并且有足够产量和纯度的蛋白质。但与细胞膜蛋白一样，疏水的跨膜域导致常常难以获得完整的病毒膜蛋白，而可溶的胞外域则成为病毒结构研究的重要材料。

对于带有囊膜的病毒而言，入侵宿主细胞时，病毒囊膜与细胞膜（有时是细胞器膜）需要发生融合才能将遗传物质释放到细胞中，有一类蛋白质介导这个过程发生，称为膜融合蛋白（fusion protein）。从热动力学角度来看，膜融合是有利的，但在两片膜接近的过程中，特别是间距小于 20Å 时，水合斥力（repulsive hydration force）明显加强，必须克服动力学势垒（kinetic barrier）膜融合才能继续发生，而膜融合蛋白就负责完成这一催化过程（Harrison，2008，2015）。病毒粒子表面的膜融合蛋白以融合前构象（prefusion conformation）的形式存在，稳定这种构象一般由蛋白质间的相互作用来实现，可以是同种蛋白质的不同部分（如同源二聚体的相互作用界面），也可以是不同蛋白质间的相互作用（如异源二聚体）。从结构角度来看，病毒膜融合蛋白可分为三大类（表 3-3），不同种类的膜融合蛋白结构差异明显，但都会形成所谓的“发卡”（hairpin）结构来实现融合。在这个过程中，病毒膜融合蛋白的一个疏水的片段，会插入靶膜中，通过自身折叠形成发卡结构，带动病毒膜与宿主膜的靠拢，最终完成膜融合过程。如果疏水片段位于蛋白质的末端附近，则称为融合肽（fusion peptide），如果在蛋白质内部，则一般称为融合环（fusion loop）。在融合前构象中，融合肽（环）被融合蛋白自身的其他结构或其他蛋白质所包埋，无法暴露并插入靶膜中。一般认为有两个分子事件来促使融合肽（环）插入靶膜：融合蛋白要首先通过蛋白酶切来完成“启动”（priming），然后，通过与某种配体相互作用来实现“引发”（triggering）（Harrison，2015）。酸性 pH 诱发膜融合时（如流感病毒），配体是质子，而细胞表面的共受体（CXCR4 或 CCR5）则是 HIV-1 的膜融合配体。

表 3-3 三种膜融合蛋白类型

	Ⅰ型	Ⅱ型	Ⅲ型
代表性膜融合蛋白	流感病毒 HA2，埃博拉病毒 GP2，HIV-1 的 gp41，SARS 冠状病毒的 S2	黄病毒（如登革热病毒）E 蛋白，甲病毒（如辛德比斯病毒）E1 蛋白	水疱性口炎病毒的 G 蛋白，单纯疱疹病毒的 gB，杆状病毒的 gp64
主要结构特点	α 螺旋为主要二级结构单元，不同蛋白质的折叠方式差异较大，融合后三聚体中心域为卷曲螺旋	β 片层为主要二级结构单元，不同蛋白质的折叠方式相似，胞外域分为三个结构域	二级结构单元既有 α 螺旋也有 β 片层，不同蛋白质的折叠方式相似，胞外域由 5 个结构域组成
“启动”方式	单链前体被切割为两个蛋白质，如流感病毒的 HA 经过蛋白酶切为 HA1 和 HA2	伴侣蛋白被切割为两个蛋白质，如甲病毒的伴侣蛋白 pE2 被切为 E2 和 E3	无须酶切“启动”

小　结

了解病毒的结构组成是研究病毒生命过程的基础。成熟病毒粒子的形态大小和组成成分差异显著，衣壳蛋白和囊膜结构在保护病毒基因组方面起重要作用。由于病毒基因组容量的限制，衣壳蛋白往往采用高效的对称组装方式来形成封闭或接近封闭的衣壳。衣壳常见的对称方式有正二十面体和螺旋对称。最简单的正二十面体衣壳由60个衣壳蛋白组成，其三角剖分数T=1，有三种基本对称方式（5次、3次、2次旋转对称操作）。随着T数值的增加，参与衣壳组装的蛋白质数目也成比例增加，衣壳由T种构型的衣壳蛋白组成。病毒结构中的螺旋对称可以是刚性也可以是柔性的。对称元素的组合和局部对称性的破坏增加了病毒结构的复杂性。冷冻电子显微术，比传统电镜技术更能保持病毒粒子的天然构象，能让我们更加清晰地解析病毒粒子的结构细节，直读电子相机和结构计算新方法的应用，使我们能在原子级分辨率水平研究病毒的结构和功能。单颗粒重建和冷冻电子断层成像是解析病毒冷冻电镜结构的两种常用技术。在病毒编码的重要蛋白质中，聚合酶在病毒转录和复制等过程中发挥关键作用，对病毒基因信息的传承和传递至关重要，病毒囊膜糖蛋白在膜融合过程中发挥重要功能，其结构研究对理解病毒侵染过程有重要作用。

复习思考题

1. 病毒衣壳蛋白是通过哪些对称性来保护病毒核酸的？
2. 三角剖分数是什么？T=4的病毒粒子衣壳蛋白如何排布？
3. 冷冻电镜技术相比于负染电镜技术在研究病毒结构上有什么优缺点？
4. SPR技术和cryo-ET技术在对病毒结构的分析上有什么异同？
5. RNA病毒编码的聚合酶在整体结构上与其他类型的单亚基聚合酶有何不同？其核心区由哪三个结构域构成？其参与催化的最为保守的两个天冬氨酸残基分别位于哪两个基序中？

（曹　晟　龚　鹏）

参 考 文 献

谢天恩，胡志红. 2002. 普通病毒学. 北京：科学出版社.

Adrian M, Dubochet J, Lepault J, et al. 1984. Cryo-electron microscopy of viruses. Nature, 308: 32-36.

Ago H, Adachi T, Yoshida A, et al. 1999. Crystal structure of the RNA-dependent RNA polymerase of hepatitis C virus. Structure, 7: 1417-1426.

Aherfi S, Colson P, La Scola B, et al. 2016. Giant viruses of amoebas: an update. Front Microbio, 7: 349.

Arranz R, Coloma R, Chichon FJ, et al. 2012. The structure of native influenza virion ribonucleoproteins. Science, 338: 1634-1637.

Baker TS, Olson NH, Fuller SD. 1999. Adding the third dimension to virus life cycles: three-dimensional reconstruction of icosahedral viruses from cryo-electron micrographs. Microbiol Mol Biol Rev, 63: 862-922.

Bottcher B, Wynne SA, Crowther RA. 1997. Determination of the fold of the core protein of hepatitis B virus by electron cryomicroscopy. Nature, 386: 88-91.

Bressanelli S, Tomei L, Roussel A, et al. 1999. Crystal structure of the RNA-dependent RNA polymerase of hepatitis C virus. Proc Natl Acad Sci U S A, 96: 13034-13039.

Bruenn JA. 2003. A structural and primary sequence comparison of the viral RNA-dependent RNA polymerases. Nucleic Acids Res, 31: 1821-1829.

Cardone G, Purdy JG, Cheng NQ, et al. 2009. Visualization of a missing link in retrovirus capsid assembly. Nature, 457: 694-698.

Clare DK, Orlova EV. 2010. 4.6 angstrom cryo-EM reconstruction of tobacco mosaic virus from images recorded at 300 keV on a 4k × 4k CCD camera. J Struct Biol, 171: 303-308.

Condit RC, Moussatche N, Traktman P. 2006. In a nutshell: structure and assembly of the vaccinia virion. Adv Virus Res, 66: 31-124.

Cotmore SF, Tattersall P. 2014. Parvoviruses: small does not mean simple. Annu Rev Virol, 1: 517-537.

Crowther RA, Amos LA, Finch JT, et al. 1970. Three dimensional reconstructions of spherical viruses by fourier synthesis from electron micrographs. Nature, 226: 421-425.

Desselberger U. 2014. Rotaviruses. Virus Res, 190: 75-96.

De Rosier DJ, Klug A. 1968. Reconstruction of three dimensional structures from electron micrographs. Nature, 217: 130-134.

Dunn JJ, Studier FW. 1973. T7 early RNAs are generated by site-specific cleavages. Proc Natl Acad Sci U S A, 70: 1559-1563.

Ebrahimizadeh W, Rajabibazl M. 2014. Bacteriophage vehicles for phage display: biology, mechanism, and application. Curr Microbiol, 69: 109-120.

Ge P, Tsao J, Schein S, et al. 2010. Cryo-EM model of the bullet-shaped vesicular stomatitis virus. Science, 327: 689-693.

Gong P, Peersen OB. 2010. Structural basis for active site closure by the poliovirus RNA-dependent RNA polymerase. Proc Natl Acad Sci U S A, 107: 22505-22510.

Gorbalenya AE, Pringle FM, Zeddam JL, et al. 2002. The palm subdomain-based active site is internally permuted in viral RNA-dependent RNA polymerases of an ancient lineage. J Mol Biol, 324: 47-62.

Gutsche I, Desfosses A, Effantin G, et al. 2015. Near-atomic cryo-EM structure of the helical measles virus nucleocapsid. Science, 348: 704-707.

Halder S, Nam HJ, Govindasamy L, et al. 2013. Structural characterization of H-1 parvovirus: comparison of infectious virions to empty capsids. J Virol, 87: 5128-5140.

Hansen JL, Long AM, Schultz SC. 1997. Structure of the RNA-dependent RNA polymerase of poliovirus. Structure, 5: 1109-1122.

Harrison SC, Olson AJ, Schutt CE, et al. 1978. Tomato bushy stunt virus at 2.9-a resolution. Nature, 276: 368-373.

Harrison SC. 2008. Viral membrane fusion. Nat Struct Mol Biol, 15: 690-698.

Harrison SC. 2015. Viral membrane fusion. Virology, 479: 498-507.

Hogle JM, Chow M, Filman DJ. 1985. Three-dimensional structure of poliovirus at 2.9 A resolution. Science, 229: 1358-1365.

Hu B, Margolin W, Molineux IJ, et al. 2015. Structural remodeling of bacteriophage T4 and host membranes during infection initiation. Proc Natl Acad Sci U S A, 112: E4919-E4928.

Huang H, Chopra R, Verdine GL, et al. 1998. Structure of a covalently trapped catalytic complex of HIV-1 reverse transcriptase: implications for drug resistance. Science, 282: 1669-1675.

Jiang W, Tang L. 2017. Atomic cryo-EM structures of viruses. Current Opinion in Structural Biology, 46: 122-129.

Kuhlbrandt W. 2014. The resolution revolution. Science, 343: 1443-1444.

Lesburg CA, Cable MB, Ferrari E, et al. 1999. Crystal structure of the RNA-dependent RNA polymerase from hepatitis C virus reveals a fully encircled active site. Nat Struct Biol, 6: 937-943.

Liang B, Li Z, Jenni S, et al. 2015. Structure of the L protein of vesicular stomatitis virus from electron cryomicroscopy. Cell, 162: 314-327.

Liddington RC, Yan Y, Moulai J, et al. 1991. Structure of simian virus-40 at 3.8-a resolution. Nature, 354: 278-284.

Lin TW, Chen ZG, Usha R, et al. 1999. The refined crystal structure of cowpea mosaic virus at 2.8 angstrom resolution. Virology, 265: 20-34.

Liu HR, Jin L, Koh SBS, et al. 2010. Atomic structure of human adenovirus by cryo-EM reveals interactions among protein networks. Science, 329: 1038-1043.

Liu W, Shi X, Gong P. 2018. A unique intra-molecular fidelity-modulating mechanism identified in a viral RNA-dependent RNA polymerase. Nucleic Acids Res, 46: 10840-10854.

Li W, Wu B, Soca WA, et al. 2018. Crystal structure of classical swine fever virus NS5B reveals a novel N-Terminal domain. J Virol, 92: e00324-18.

Li Y, Korolev S, Waksman G. 1998. Crystal structures of open and closed forms of binary and ternary complexes of the large fragment of *Thermus aquaticus* DNA polymerase I: structural basis for nucleotide incorporation. EMBO J, 17: 7514-7525.

Lu G, Gong P. 2013. Crystal structure of the full-length Japanese encephalitis virus NS5 reveals a conserved methyltransferase-polymerase interface. PLoS Pathog, 9: e1003549.

Mai-Prochnow A, Hui JGK, Kjelleberg S, et al. 2015. Big things in small packages: the genetics of filamentous phage and effects on fitness of their host. FEMS Microbiol Rev, 39: 465-487.

Mukhopadhyay S, Zhang W, Gabler S, et al. 2006. Mapping the structure and function of the E1 and E2 glycoproteins in alphaviruses. Structure, 14: 63-73.

Natchiar SK, Venkataraman S, Mullen TM, et al. 2018. Revised crystal structure of human adenovirus reveals the limits on protein IX quasi-equivalence and on analyzing large macromolecular complexes. J Mol Biol, 430: 4132-4141.

Parent KN, Schrad JR, Cingolani G. 2018. Breaking symmetry in viral icosahedral capsids as seen through the lenses of X-ray crystallography and cryo-electron microscopy. Viruses, 10: E67.

Pflug A, Guilligay D, Reich S, et al. 2014. Structure of influenza A polymerase bound to the viral RNA promoter. Nature, 516: 355-360.

Poch O, Sauvaget I, Delarue M, et al. 1989. Identification of four conserved motifs among the RNA-dependent polymerase encoding elements. EMBO J, 8: 3867-3874.

Pornillos O, Ganser-Pornillos BK, Kelly BN, et al. 2009. X-Ray structures of the hexameric building block of the HIV capsid. Cell, 137: 1282-1292.

Pornillos O, Ganser-Pornillos BK, Yeager M. 2011. Atomic-level modelling of the HIV capsid. Nature, 469: 424-427.

Reich E, Franklin RM, Shatkin AJ, et al. 1961. Effect of actinomycin D on cellular nucleic acid synthesis and virus production. Science, 134: 556-557.

Reich E, Franklin RM, Shatkin AJ, et al. 1962. Action of actinomycin D on animal cells and viruses. Proc Natl Acad Sci U S A, 48: 1238-1245.

Reich S, Guilligay D, Pflug A, et al. 2014. Structural insight into cap-snatching and RNA synthesis by influenza polymerase. Nature, 516: 361-366.

Shen PS. 2018. The 2017 Nobel Prize in Chemistry: cryo-EM comes of age. Anal Bioanal Chem, 410: 2053-2057.

Sirohi D, Chen ZG, Sun L, et al. 2016. The 3.8 angstrom resolution cryo-EM structure of Zika virus. Science, 352: 467-470.

Stehle T, Gamblin SJ, Yan YW, et al. 1996. The structure of simian virus 40 refined at 3.1 angstrom resolution. Structure, 4: 165-182.

Thompson AA, Peersen OB. 2004. Structural basis for proteolysis-dependent activation of the poliovirus RNA-dependent RNA polymerase. EMBO J, 23: 3462-3471.

Wang XR, Zhang FX, Su R, et al. 2018. Structure of RNA polymerase complex and genome within a dsRNA virus provides insights into the mechanisms of transcription and assembly. Proc Natl Acad Sci U S A, 115: 7344-7349.

Wien MW, Curry S, Filman DJ, et al. 1997. Structural studies of poliovirus mutants that overcome receptor defects. Nat Struct Biol, 4: 666-674.

Wu J, Gong P. 2018. Visualizing the nucleotide addition cycle of viral RNA-dependent RNA polymerase. Virus Res, 10: E24.

Yin YW, Steitz TA. 2004. The structural mechanism of translocation and helicase activity in T7 RNA polymerase. Cell, 116: 393-404.

Yuan SA, Wang JL, Zhu DJ, et al. 2018. Cryo-EM structure of a herpesvirus capsid at 3.1 angstrom. Science, 360: eaao7283.

Zhang X, Jin L, Fang Q, et al. 2010. 3.3 angstrom cryo-EM Structure of a nonenveloped virus reveals a priming mechanism for cell entry. Cell, 141: 472-482.

Zhao G, Perilla JR, Yufenyuy EL, et al. 2013. Mature HIV-1 capsid structure by cryo-electron microscopy and all-atom molecular dynamics. Nature, 497: 643-646.

Zhao Y, Soh TS, Zheng J, et al. 2015. A crystal structure of the Dengue virus NS5 protein reveals a novel inter-domain interface essential for protein flexibility and virus replication. PLoS Pathog, 11: e1004682.

第4章 Chapter Four

病毒的复制周期

第一节　病毒吸附和进入

病毒入侵宿主细胞的过程可以分为吸附和进入两个步骤：首先，病毒通过病毒蛋白与细胞表面受体蛋白相互作用而吸附至细胞上；然后，特定病毒蛋白重要构象发生改变，插入（如非包膜/囊膜病毒）细胞膜或与细胞膜融合（如包膜病毒），从而使病毒基因组转入宿主细胞内。

一、病毒的吸附

病毒吸附有非特异性吸附和特异性吸附两种。非特异性吸附时，病毒与细胞以静电引力相结合。这种结合是可逆的，单纯的稀释或冲洗、抗病毒血清、高浓度盐类和一定的 pH 环境等，都可将吸附的病毒与细胞分离。特异性吸附是不可逆性结合，这一过程需要病毒自身的吸附蛋白和细胞表面的附着因子与受体（receptor）共同完成（Dimitrov，2004；Grove and Marsh，2011；Marsh and Helenius，2006）。此外，某些膜脂质和多糖也可能是病毒吸附的分子。某些病毒一旦吸附至敏感细胞上，就不能与细胞分离，似乎没有可逆吸附阶段；而另一些病毒（如正黏病毒及副黏病毒）即使进入了不可逆的结合阶段，病毒粒子仍可与细胞分离，并吸附另一细胞。这是由于这些病毒具有神经胺酸酶，该酶可切断细胞受体多糖链上的神经胺酸。

病毒吸附细胞的过程，可在几分钟到几十分钟内完成。西方马型脑炎病毒在鸡胚成纤维细胞上，30min 时的吸附率达 85%。狂犬病病毒在 BHK-21 细胞上的吸附，也可在 30min 内完成。病毒学实验中，病毒感染细胞时，通常感染 30～60min 即可达到感染目的。但对某些病毒来说，不同的细胞需要不同的时间才能获得最大量的病毒吸附。例如，口蹄疫病毒对悬浮培养的牛舌上皮细胞的吸附需要 15～30min，但其对牛肾或猪肾单层细胞的吸附，却需要 80～90min 才能完成。

（一）病毒吸附蛋白

病毒吸附蛋白是病毒粒子表面能够特异性地识别细胞受体并与之结合的结构蛋白，也称为反受体（antireceptor）或配体。无包膜病毒的病毒吸附蛋白往往是核衣壳的组成部分，有包膜病毒的病毒吸附蛋白一般为包膜糖蛋白（envelope glycoprotein），如 T-偶数噬菌体的尾丝蛋白、流感病毒包膜表面的血凝素糖蛋白等。一些复杂的病毒，如痘苗病毒、单纯疱疹病毒等，有多个病毒吸附蛋白，而且一个病毒吸附蛋白可能有多个功能结构域，分别与不同的受体相互作用。编码病毒吸附蛋白的基因突变、能够灭活或破坏病毒吸附蛋白的蛋白水解酶、β-糖苷酶及中和抗体等均可导致病毒吸附蛋白与受体相互作用能力的丧失，从而影响病毒的感染性。

（二）细胞吸附因子和受体

吸附因子和受体是存在于细胞表面且能被病毒吸附蛋白特异性识别并与之结合的组分，包含多种不同的蛋白质、脂类和碳水化合物。蛋白多糖和糖脂通常被用作病毒受体或附着因子，如已经鉴定出的人类免疫缺陷病毒 1 型（human immunodeficiency virus type 1，HIV-1）受体 CD4、鼻病毒主要亚群细胞间黏附因子-1（intercellular adhesion molecule-1，ICAM-1）等为蛋白质受体。而有些病毒则利用细胞表面的糖蛋白或糖脂碳水化合物作为受体，因为这些受体在不同种属来源的细胞都有表达，所以利用碳水化合物作为受体的病毒有着广泛的宿主范围，如流感病毒和一些副黏病毒的刺突糖蛋白的凝集素域能够与细胞表面的唾液酸结合，而多瘤病毒的主要外壳蛋白 VP1 则与特定神经节苷的甘氨酸部分结合。

吸附因子通过与病毒粒子相互作用，从而帮助病毒在细胞表面富集，而受体则是能够介导病毒进入细胞的主要蛋白质。受体是影响病毒的细胞或组织嗜性（tropism）的主要决定因素，可以分为单一型受体的病毒和需要共受体（coreceptor）的病毒。单一型受体是指不需要借助于其他分子的作用，其自身就足以介导病毒吸附的病毒受体。常见的单一型受体有鼻病毒受体、脊髓灰质炎病毒受体及流感病毒受体等。某些病毒要成功感染细胞，除了需要细胞上的特定受体外，还需要另外一种或几种细胞表面分子协助受体识别病毒，这种细胞表面分子被称为共受体。例如，HIV-1 受体介导病毒吸附到细胞后，还需要一些趋化因子受体作为共受体来完成感染，这些共受体主要有 CCR5 和 CXCR4（Berger et al.，1999）。疱疹病毒 α 亚科则需要疱疹病毒进入介导因子（herpesvirus entry mediator，HVe）A、B、C 作为共受体。虽然一个宿主细胞上的受体蛋白非常多，但并不是每种细胞表面都有特定病毒的特异性受体。细胞有无特定病毒的受体，直接影响其对该病毒是否具有易感性。

二、病毒进入细胞的一般机制

吸附与进入是一个连续过程。病毒进入宿主细胞的机制有多种，已有很多文献报道细胞可以通过内吞作用（endocytosis）内化病毒（Grove and Marsh，2011；Marsh and Helenius，2006；Mercer and Helenius，2009）；病毒还可以通过膜融合，以及细胞-细胞融合或形成合胞体的方式在宿主内传播（Sattentau，2008）。因此，病毒通过内吞作用、膜融合、细胞-细胞融合（合胞体）这三种主要的方式进入宿主细胞。

（一）内吞作用

细胞通过内吞作用将病毒内化后，病毒被送到早期内体中，随后被转移到晚期内体，然后转移到溶酶体。在内体 pH 较低的环境下，病毒表面蛋白能够发生 pH 依赖的构象变化，从而与内体膜表面分子相互作用将病毒基因组或核衣壳释放到细胞质中。一些病毒离开内体后，可能利用微管在细胞质内进行转运。进入细胞质后，一些病毒就会向细胞核移动，将遗传物质传送到细胞核内。一种称为动力蛋白（dynamin）的鸟苷酸转移酶（GTPase）在调节大部分内吞途径中起关键作用。病毒可以通过几种主要的内吞途径进入细胞并逃避宿主的免疫系统监视。以下列举几种重要的内吞途径（图 4-1）（Marsh and Helenius，2006）。

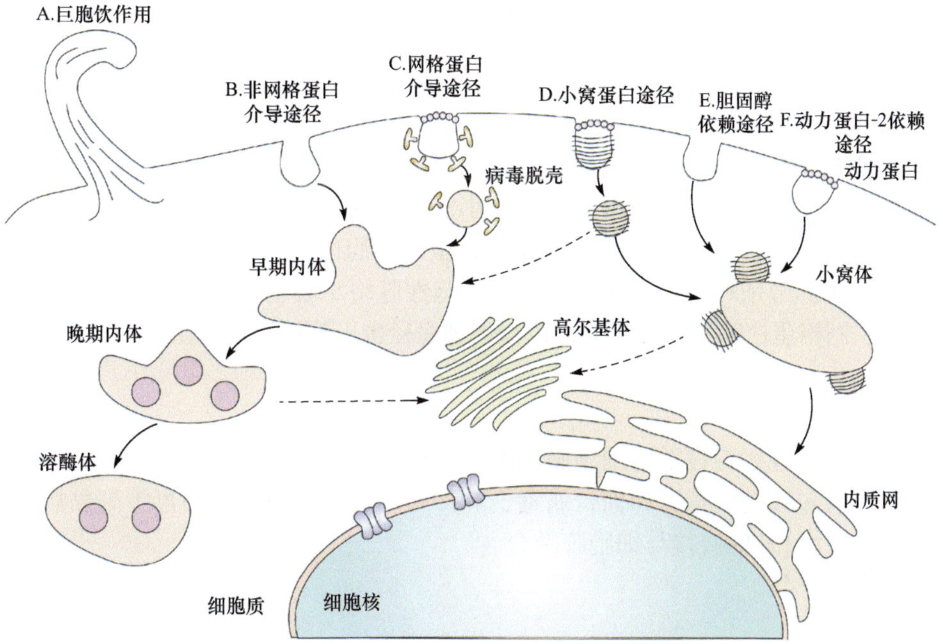

图 4-1 病毒内吞途径

A. 巨胞饮作用，与腺病毒的入侵有关；B. 质膜上非网格蛋白介导的途径，已经被证明是流感病毒和沙粒病毒入侵的有效途径；C. 网格蛋白介导的途径，是病毒最常见的入侵途径；D. 小窝蛋白途径，是几个密切相关的依赖胆固醇的途径之一，这些途径将病毒（包括 SV40、柯萨奇 B、小鼠多瘤和 I 型埃可病毒）带到小窝体；E. 胆固醇依赖途径，无网格蛋白和小窝蛋白参与，多瘤病毒和 SV40 利用这种途径进入细胞；F. 一种类似于 D 的通路，但依赖于动力蛋白-2，I 型埃可病毒能够使用这种途径入侵细胞

1. 吞噬作用

一般发生在具有吞噬大颗粒物质能力的特殊哺乳动物细胞（专业吞噬细胞，如树突状细胞和巨噬细胞）中。这些细胞通常会形成大的细胞外突出物，内化的病毒被带入吞噬体。动力蛋白和小分子 G 蛋白家族成员 RhoA 通常是这个过程所必需的。

2. 胞饮

胞饮是细胞吸收溶质和液体的过程。胞饮作用可以根据膜的结构和与之相关的分子类型进一步分类。巨胞饮（macropinocytosis）是一个非特异性的过程，当它被病毒利用时，病毒蛋白和细胞受体之间的相互作用会激活细胞内的信号或引起肌动蛋白（actin）重排从而使宿主细胞外表面形成褶边或丝状伪足。这些褶状物随后闭合，形成一个被称为巨胞饮体的小泡，它将病毒携带到细胞质中。该通径通常需要动力蛋白、Rho GTPases（Rac 和 Cdc42）、激活磷脂酰肌醇-3-OH 激酶（PI3K）和 Na^+/H^+ 交换，需要激酶来调控巨胞饮体的形成和关闭。虽然一些病毒通过巨胞饮作用进入细胞可能不需要动力蛋白，但一些腺病毒和痘病毒需要动力蛋白的帮助才能进入细胞。

3. 网格蛋白介导的内吞

在该内吞过程中，细胞将病毒内化在一个富含网格蛋白（clathrin）的瓶状内凹/腔（泡）中，称为网格蛋白包被小窝。然后病毒通过内体进入细胞质。网格蛋白和胆固醇是这个过程所必需的，而动力蛋白和转铁蛋白通常参与小窝的形成。

4. 小窝/筏板内吞作用

该途径类似于网格蛋白介导的内吞作用，但涉及含有小窝蛋白（caveolin）而非网格蛋白的小坑。内化的病毒被传递到洞穴状的结构中，这种结构被称为小窝体（caveosome），其内部 pH 为中性。

5. 基于其他途径的内吞

这些途径涉及既不含网格蛋白也不含小窝蛋白的囊泡。然而，就像网格蛋白和小窝蛋白介导的途径一样，它们通常需要动力蛋白、胆固醇和/或脂质，如动力蛋白-2依赖途径、胆固醇依赖途径。此外，淋巴细胞性脉络丛脑膜炎病毒使用一种不依赖于动力蛋白、网格蛋白和小窝蛋白的途径，这种途径也不依赖于肌动蛋白、脂筏和 pH。

（二）膜融合

病毒蛋白促进病毒粒子与细胞膜的融合，病毒粒子脱壳将它的基因组转移到细胞质中。许多有包膜的病毒，如仙台病毒、麻疹病毒和呼吸道合胞病毒等副黏病毒家族成员，能在中性 pH 时直接与细胞膜融合。

（三）细胞-细胞融合

一些病毒如牛痘病毒和单纯疱疹病毒可诱导感染细胞表面的蛋白质表达，吸引未感染的细胞，使它们在低 pH 下与感染细胞融合，形成多核细胞，也就是合胞体。合胞体的形成是病毒在宿主内传播的一种非常有效的方式：它可绕过免疫系统监视，为病毒的核复制创造一个良好的复制场所。值得注意的是，合胞体的形成本身并不总是被视为进入机制。

三、包膜病毒的入侵

包膜（又称囊膜）病毒（enveloped virus）的病毒核心由一层脂质双分子膜（病毒包膜）所包裹。病毒包膜是病毒出芽时，从宿主细胞膜上携带而来的，其上包含病毒包膜糖蛋白及一些宿主细胞成分。包膜病毒入侵宿主细胞需要通过病毒包膜与细胞膜的融合，从而成功地将病毒遗传物质释放至宿主细胞内，完成病毒的入侵。由于膜融合不会自动发生，因此病毒入侵过程是病毒包膜糖蛋白与宿主细胞膜蛋白形成的融合复合物所介导的一种高度调控的、能量依赖的过程。

（一）包膜病毒入侵过程

1. 膜融合的基本过程

虽然包膜病毒的种类繁多，但包膜糖蛋白的结构和介导的膜融合过程却是高度保守的（Plemper，2011）。与真核细胞中的囊泡融合机制类似，包膜病毒的膜融合也是由膜蛋白复合物所介导的。膜融合一般可以分为以下三个阶段：膜与膜靠近、单层膜融合和融合孔的形成（Harrison，2015）。

病毒的包膜糖蛋白一般突出于病毒包膜。在膜融合的第一步，一般由包膜糖蛋白与细胞膜上的受体相互作用，从而使病毒包膜和细胞膜相互靠近。与受体分子的结合能够使包膜糖蛋白进行空间构象重组，暴露出一段疏水性的肽段（称为融合肽），后者能够直接插入细胞膜，从而进一步拉近病毒包膜与细胞膜的距离。包膜糖蛋白经过进一步构象改变，形成膜融合复合体，并将病毒包膜与细胞膜拉至非常近的距离，在两层膜局部形成一个疏水区域，导致相互靠近的两层膜融合，形成单层膜融合的中间状态。随后，进一步的内层膜融合导致融合孔的形成。形成的融合孔经进一步扩大后，便可以使病毒遗传物质进入细胞，开始病毒的细胞内周期。

2. pH 依赖与 pH 非依赖的融合途径

依据膜融合发生时的环境 pH 不同，一般可以将其分为 pH 依赖和 pH 非依赖的融合途径（表 4-1）（Cosset and Lavillette，2011）。在 pH 非依赖的膜融合情况下（如副黏病毒和大多逆转录病毒），病毒通过病毒包膜与细胞膜直接融合而进入宿主细胞。在此过程中，病毒包膜糖蛋白与受体的结合能够直接活化包膜糖蛋白，从而介导膜融合。因为该过程发生在中性 pH 条件下，所以称为 pH 非依赖的膜融合途径。

表 4-1 部分 pH 依赖和 pH 非依赖病毒及其包膜糖蛋白和细胞受体

类型	病毒家族	病毒	包膜糖蛋白	受体
pH 依赖	甲病毒	塞姆利基森林病毒（SFV）	E3-E2-6K-E1	MHC-Ⅰ
		基孔肯亚病毒（CHIKV）	E3-E2-6K-E1	
	黄病毒	蜱传脑炎病毒（TBEV）	PrM-E	HS
		登革热病毒（DENV）	PrM-E	CD206，HS
	肝炎病毒	丙型肝炎病毒（HCV）	E1-E2	CD81，SRB1，Claudin，Occludin
	正黏病毒	甲型流感病毒（IAV）	HA1-HA2	唾液酸
	弹状病毒	水疱性口炎病毒（VSV）	G	未知
	布尼亚病毒	汉坦病毒（HTNV）	G1-G2	整合素 3b，CD55
	丝状病毒	埃博拉病毒（EBOV）	GP1-GP2	L-DC-SIGN，hMGL，组织蛋白酶 B，组织蛋白酶 L，FRα
	风疹病毒	风疹病毒（RV）	E1-E2	PS，PI，PE，PC，神经节苷脂
	逆转录病毒	禽白血病 / 肉瘤病毒（ALSV）	GP85-GP37	TVA
	沙粒病毒	淋巴细胞性脉络丛脑膜炎病毒（LCMV）	GP1-GP2	α-肌营养不良蛋白聚糖
		拉沙病毒（LASV）	GP1-GP2	α-肌营养不良蛋白聚糖

续表

类型	病毒家族	病毒	包膜糖蛋白	受体
pH 非依赖	逆转录病毒	人类免疫缺陷病毒 -1（HIV-1）	GP120-GP41	CD4，CCR5，CXCR4
		鼠白血病病毒（AMLV）	GP70-GP15	PiT-2
		猫白血病病毒（FeLV）	GP70-GP15	PiT-1
		臂猿白血病病毒（GaLV）	GP70-GP15	PiT-1
		甲型猪内源性逆转录病毒（PERV-A）	GP70-GP15	HuPAR2，GHBh1
		猫内源性逆转录病毒（RD114）	GP70-GP15	ASCT-2，SLC1A5
		1 型人类嗜 T 淋巴细胞病毒（HTLV-1）	GP46-GP21	GluT-1，神经纤毛蛋白 1，HS
	副黏病毒	麻疹病毒（MV）	H，F	CD46，CD150
		新城鸡瘟病毒（NDV）	HN，F	唾液酸
		人副流感病毒（HPIV）	H，F1-F2	未知
	α 型疱疹病毒	单纯疱疹病毒 1 型（HSV-1）	gB，gD，gH，gL	HVEM，nectin1，HS
	β 型疱疹病毒	爱泼斯坦-巴尔病毒（EBV）	gB，gH，gL	CD21
	痘病毒	痘苗病毒（VV）	L1，A27L，D8L，A33，H3L，B5 等	HS，EGFR
	冠状病毒	鼠肝炎病毒 4 型（MHV-4）	S	Bgp
		SARS 冠状病毒（SARS-CoV）	S	ACE-2，组织蛋白酶 B，组织蛋白酶 L

与 pH 非依赖的膜融合病毒不同，大多数其他病毒的入侵均严格依赖于多种细胞内化途径，如巨胞饮、吞噬等。依赖于这些途径发生膜融合的病毒，其包膜糖蛋白的活化一般均依赖于弱酸性的 pH 环境，而这些内化囊泡则刚好能够提供其活化所需的特定 pH。

在众多病毒入侵依赖的内化途径中，网格蛋白依赖的内吞途径是目前研究最为清楚的一条途径，也是大多数 pH 依赖病毒进入宿主细胞所使用的途径。在此途径中，病毒包膜糖蛋白首先通过与细胞膜上受体蛋白相互作用，激活细胞内特定信号通路，并导致网格蛋白在细胞膜内侧大量富集，形成网格蛋白包裹的细胞膜凹陷（clathrin-coated pit，CCP）。内化后的病毒粒子在细胞的内体（endosome）中完成膜融合，并且使病毒遗传物质进入宿主细胞。

一些病毒，如痘病毒等，主要通过巨胞饮作用介导的细胞内化途径入侵宿主细胞。巨胞饮作用一般是由生长因子和佛波脂（phorbol ester）等诱导发生的细胞外液体摄入的过程，但是病毒包膜糖蛋白与细胞表面蛋白的结合也可以通过激活特定信号通路来诱导肌动蛋白介导细胞皱折和形成囊泡。病毒通过细胞形成的巨胞饮体进入细胞，并通过膜融合完成病毒感染。

目前，对于网格蛋白和细胞膜穴样内陷非依赖的内化途径的研究较少，相关通路仍未阐明，但是依据不同途径使用的 GTP 酶不同，可以分为动力蛋白、Rho、CDC42 和 ARF6 调控途径等。正黏流感病毒、SARS 冠状病毒和淋巴细胞性脉络丛脑膜炎病毒等通过这类途径入侵宿主细胞。

除了以上两种 pH 依赖和 pH 非依赖的入侵机制外，少数病毒还能够采用一种中间状态的复合机制进入宿主细胞。禽白血病病毒进入宿主细胞需要两个步骤：首先，病毒包膜糖蛋白需要通过与受体的结合来诱导自身构象的改变；然后，构象改变后的包膜糖蛋白才能在酸性条件（低 pH）下，激活其膜融合活性并介导膜融合过程。羊肺腺瘤病毒的入侵过程与禽白血病病毒非常类似，但是其病毒内吞过程需要动力蛋白的介导。

此外，虽然绝大多数病毒主要通过一种内化途径入侵宿主细胞，但是也有部分病毒能够利用多种内化途径完成入侵。例如，埃博拉病毒一般通过网格蛋白介导的内吞途径入侵细胞，但也可以通过动力蛋白依赖的巨胞饮途径实现入侵。

3. 包膜糖蛋白与病毒入侵

在病毒入侵过程中，包膜糖蛋白需要完成两个主要功能：一是与细胞受体结合，二是完成膜融合。对于一部分病毒而言，这两个功能均由一个包膜糖蛋白完成，如 SARS 冠状病毒，其受体结合和膜融合均由 S 糖蛋白完成。而对于另一部分病毒而言，这两个功能由不同的蛋白质共同完成，如 α 型疱疹病毒 HSV-1 和 HSV-2，其入侵宿主细胞需要 gB、gD、gH 和 gL 4 个包膜糖蛋白共同参与完成，其中，gD 完成与细胞表面受体的结合，活化 gB、gH 和 gL 融合复合物，而后面三个包膜糖蛋白形成的复合物完成病毒包膜与细胞膜的融合。

（二）融合蛋白及其分类

包膜病毒的融合蛋白依据其在融合前后的结构特征，可以为三类，分别为 Ⅰ 型、Ⅱ 型和 Ⅲ 型融合蛋白（fusion protein）（Backovic and Jardetzky，2011；Connolly et al.，2011；Harrison，2015）。Ⅰ 型融合蛋白的特征是含有由 α 螺旋卷曲结构组成的三聚化发夹结构；Ⅱ 型融合蛋白则含有由 β 折叠组成的三聚化发夹结构；而 Ⅲ 型融合蛋白的三聚化发夹结构同时含有 α 螺旋卷曲结构和 β 折叠。

1. Ⅰ 型融合蛋白

Ⅰ 型融合蛋白是最早被解析结构的融合蛋白类型，也是目前研究得最为清楚的一类融合蛋白，主要包括流感病毒 HA、副黏病毒 F、HIV-1 Env 和埃博拉病毒 GP 等。所有 Ⅰ 型融合蛋白均以同源三聚体的形式存在。融合蛋白开始在体内均以无融合活性的蛋白前体形式进行合成，然后通过蛋白酶切割，释放 N 端的融合肽后，形成具有融合活性的成熟蛋白形式。蛋白酶解一般为细胞内常见的弗林蛋白酶，蛋白酶切割一般发生在具有酸性 pH 的高尔基体和反式高尔基体网络中，以保证蛋白质能以成熟形式到达细胞表面。

不同病毒家族的融合蛋白，其重新折叠成为成熟蛋白质的方式稍有不同。有的融合蛋白的重新折叠依赖于酸性 pH（如流感病毒 HA），而有的融合蛋白则需要受体的结合及酸性 pH 环境（如副黏病毒的肺病毒亚科），还有一些融合蛋白则需要与受体在中性 pH 条件下结合（如大部分副黏病毒）。无论蛋白质成熟方式是否一样，所有 Ⅰ 型融合蛋白均包含特征性的 2 个七次重复区域（HR），紧挨融合肽和融合蛋白的跨膜区。

以流感病毒 HA 蛋白为例，其融合前构象呈现为一个“棒棒糖”结构，顶部为一个圆形头部，往下连接 HR 区、跨膜区和一个短的胞内区。在这个融合前构象中，融合肽和 HR 区呈现为较分散式的分布，而融合后构象中，HR 区重新折叠成一个三聚化的 α 螺旋卷曲结构，并推进融合肽往细胞膜靠近。随后，近跨膜区一端的 HR 区域进一步折叠插入三聚化的 α 螺旋卷曲结构中，最终形成一个热动力学上非常稳定的六螺旋束。六螺旋束的形成能够为融合孔的形成和扩大提供重要的驱动力，最终实现膜融合。

2. Ⅱ型融合蛋白

Ⅱ型融合蛋白是三种类型中唯一一类在融合前以二聚体形式存在的融合蛋白，如黄病毒的包膜蛋白 E 蛋白。E 蛋白既能与受体结合，又具有膜融合活性。但是，此蛋白需依赖于伴随蛋白以稳定其融合前的折叠构象。新合成的 E 蛋白可能在内质网中与另一种色膜蛋白 M 的前体蛋白 prM 蛋白结合为异源二聚体，然后在反式高尔基体网络中 prM 被蛋白酶酶解，从而使成熟形式的 E 蛋白同源二聚体呈现于病毒包膜表面。

Ⅱ型融合蛋白还有一个明显的特点，是其融合前的构象以非常伸展的状态平铺于病毒包膜上。E 蛋白的膜外区含有大量 β 折叠结构，并形成三个结构域：近跨膜区的 β 折叠管状区（结构域Ⅰ）、棒状结构区（结构域Ⅱ）和受体结合区（结构域Ⅲ）。融合前，融合肽位于远离跨膜区的结构域Ⅱ的顶端并隐藏在二聚体内部。在细胞内体的酸性 pH 环境下，E 蛋白复合物暂时分离，并使跨膜区和融合肽区域旋转至靶向宿主细胞膜。经过第二次再折叠后，E 蛋白的跨膜区和融合肽进一步靠近，并启动膜融合的发生。

3. Ⅲ型融合蛋白

Ⅲ型融合蛋白主要包括水疱性口炎病毒 G 蛋白、棒状病毒 G 蛋白、疱疹病毒 gB 蛋白和杆状病毒 gp64 等。以水疱性口炎病毒 G 蛋白为例，其与Ⅱ型融合蛋白类似，既可以与受体结合，又具有膜融合活性。融合前天然构象的 G 蛋白经过一系列的构象改变后，形成一个类似发夹结构的融合后构象。构象改变的步骤与Ⅰ型和Ⅱ融合蛋白类似，但是与其他两类融合蛋白不同的是，这种构象改变是可逆的，融合前后构象存在一个依赖于 pH 的动态平衡。

融合前天然状态的 G 蛋白呈现出一个“三脚架”形状，包括 4 个结构域：富含 β 折叠的侧面结构域（结构域Ⅰ）、三聚化结构域（结构域Ⅱ）、pH 结构域（结构域Ⅲ）和融合结构域（结构域Ⅳ）。结构域Ⅰ、Ⅲ和Ⅳ在融合前后构象保持不变，结构域Ⅱ在接收到变构信号后，从底部经过 180° 旋转，上扬到融合蛋白的顶部，从而促使融合肽与跨膜区靠近，并朝向细胞膜。

四、无包膜病毒的入侵

与包膜病毒相比，无包膜病毒（non-enveloped virus）由于缺乏包膜和相关的融合蛋白，不能利用膜融合的方式进入细胞。无包膜病毒必须经过构象的改变帮助它们结合、破坏和穿透细胞膜，从而达到成功感染的目的（Johnson and Vogt，2010）。低 pH、Ca^{2+}、蛋白酶或分子伴侣活性都可以诱导病毒构象的改变。无包膜病毒入侵细胞的途径以小 RNA 病毒、腺病毒、呼肠孤病毒和 SV40 病毒这 4 种不同类型的病毒为典型代表，它们分别通过穿透细胞膜、破坏内体泡膜、经溶酶体作用和小窝途径入侵细胞。

（一）小 RNA 病毒

小 RNA 病毒家族成员是小型无包膜的正二十面体结构的病毒，基因组为单链 RNA。小 RNA 病毒科包含许多重要的人类病原，如鼻病毒、脊髓灰质炎病毒、甲型肝炎病毒、埃可病毒、柯萨奇病毒等。

人类鼻病毒（human rhinoviruses，HRV）是呼吸道感染的一个主要病因（Blaas and Fuchs，2016）。研究表明 ICAM-1 是 HRV 大多数血清型的受体。ICAM-1 为分子质量大约为 90kDa 的膜蛋白，是一类细胞整合素的配体，这类整合素高表达于造血干细胞。ICAM-1 是免疫球蛋白超家族（IgSF）的一员，在它的胞外区包含 5 个免疫球蛋白样结构域，只有氨基端的免疫球蛋白包含 HRV 结合的初始位点。目前对于 ICAM-1 和鼻病毒的结合提出了一个模型：首先 HRV-ICAM-1 相互作用，然后配体发生移位，与病毒五倍轴处的峡谷接触，引发病毒衣壳蛋白构象改变，最终导致病毒 VP1 蛋白远离五倍轴中心，打开一个通道，使得 VP1、VP4 和病毒 RNA 发生内化。鼻病毒衣壳蛋白包含一个疏水口袋，可以结合天然的口袋因子及抗病毒成分，但是，由于 ICAM-1 缺乏典型调节内吞的信号序列，因此 ICAM-1 可能不会直接调节病毒的内化。人类低密度脂蛋白受体被认为是 HRV 少数血清型的入侵受体。

（二）腺病毒

腺病毒（adenoviruses，AdV）是一种无包膜的双链 DNA 病毒，是呼吸道、胃肠和口腔感染的重要病原。对于腺病毒入侵受体的研究主要是针对 C 亚群腺病毒 2 型和 5 型。病毒的吸附由 fiber 蛋白调节，该蛋白受体是一个 46kDa 的包膜糖蛋白，也被称为柯萨奇病毒-腺病毒受体（Coxsackievirus-adenovirus receptor，CAR）（Freimuth et al.，2008）。CAR 调节 B 亚群的柯萨奇病毒和大多数血清型腺病毒的高度吸附。CAR 也是 IgSF 的一员，包含 2 个免疫球蛋白样结构域。只有膜远端的免疫球蛋白结构域负责腺病毒的结合。腺病毒的 fiber 蛋白是一个三聚体，其氨基端与病毒衣壳上的戊聚糖基蛋白结合，中间区域形成可变的细长结构，C 端形成球状旋钮结构域与 CAR 相互作用。

尽管 CAR 是大多血清型腺病毒的主要受体，但是 B 亚群的腺病毒如 Ad3 和 Ad7 却不能识别这类受体。早期电镜研究显示腺病毒通过受体调节的内吞作用进入细胞。腺病毒的摄入需要动力蛋白，动力蛋白是调节内体形成的约 100kDa 的 GTPase。腺病毒 fiber 蛋白使病毒以高亲和力结合到细胞上，但是这种结合并不足以促进病毒有效的内化。腺病毒的戊聚糖基蛋白上的 RGD 序列与玻连蛋白结合的整合素（αvβ3 和 αvβ5）相互作用增强病毒的摄入。此外，研究发现腺病毒-整合素相互作用可以诱导特定的信号进而改变细胞的形态，增强肌动蛋白聚合和磷脂酰肌醇-3-激酶（PI3K）活性。这个脂质激酶是多种信号传递包括调节细胞骨架功能和细菌入侵细胞的第二信使。PI3K 也可以激活位于细胞膜和细胞器膜上的一类调节型小分子 GTP 结合蛋白 Rab5，Rab5 是和早期内体形成相关的 GTPase。除了 PI3K，腺病毒的内化还需要其他几个信号分子的参与，如小型 GTPase 的 Rho 家族 p130CAS。Rho GTPase 通过与下游效应分子 WASP 和 PAK1 相互作用，调节细胞的形态，促进肌动蛋白的重排，使细胞骨架发生改变来完成病毒的内化。p130CAS 是一个大型配体蛋白，为 c-Src 和 PI3K 的 p85 催化亚基提供重要的功能连接。腺病毒与 αv 整合素的结合不仅促进病毒内化，而且促进早期内体的破坏，帮助病毒逃避在晚期内体和溶酶体中的降解。

（三）呼肠孤病毒

呼肠孤病毒家族的成员是基因组为 10～12 个节段的 dsRNA 病毒。因为溶酶体中含有可以降解病毒颗粒的蛋白酶和核酸酶，所以大多数通过受体介导的内吞作用进入细胞的病毒在囊泡到达溶酶体之前就已经释放到细胞质中，然而呼肠孤病毒科家族成员却能够利用溶酶体中的蛋白酶和核酸酶完成脱衣壳。呼肠孤病毒的感染是通过 σ1 蛋白和一个或多个细胞表面受体相互作用起始的，吸附后，病毒粒子通过受体调节的内吞作用内化到细胞内（Arias et al.，2015）。在内体内，通过酸依赖的蛋白酶的作用去掉病毒的外衣壳，形成感染性的亚病毒颗粒（infectious subvirion particle，ISVP），ISVP 可以穿透内体或细胞膜，进而将病毒的核心传递到细胞质内。

（四）猿猴空泡病毒 40

猿猴空泡病毒 40（simian vacuolating virus 40，SV40 virus）是多瘤病毒科无包膜的环形双链 DNA 病毒（Tsai and Qian，2010）。小窝是由细胞膜内陷形成的膜性囊泡，其能够转移至内质网并与其融合。SV40 通过细胞表面的神经节苷脂受体 GM1 起始内化的过程，依赖小窝的内吞作用将 SV40 吸附到脂筏上从而进入细胞，再通过内体运输到内质网。一旦进入内质网腔，SV40 就必须穿透内质网膜才能进入细胞质，该过程需要宿主的氧化还原酶、分子伴侣等参加。

第二节　病毒脱衣壳

在病毒感染的最初阶段，病毒会发生脱衣壳（uncoating），释放其基因组进入细胞质或细胞核，这一过程对于病毒复制和组装等过程极其重要。根据病毒脱衣壳过程中的动态变化方式，可分为 4 种不同的类型。

一、病毒脱衣壳的通用机制

（一）受体介导的病毒脱衣壳

受体介导的病毒脱衣壳由病毒识别的细胞膜分子介导，主要包括细胞中的蛋白质、糖类、脂质等大分子。这些分子介导病毒表面抗原和细胞表面受体的结合，促进病毒的内吞作用；介导病毒粒子或者病毒表面结构的构象改变，促进病毒感染微环境的形成，并引发下游信号通路来实现病毒对细胞的感染过程。小 RNA 病毒、脊髓灰质炎病毒、鼻病毒与它们的细胞表面受体的结合会诱导病毒衣壳的构象发生变化和核心结构域的暴露，并导致衣壳蛋白解离。

细胞表面的受体在被病毒内吞后会随病毒一起进入细胞，进而影响细胞内的信号通路。例如，树突状细胞特异性细胞间黏附分子-3 结合非整合素分子（DC-SIGN）会随着布尼亚病毒的感染转运至细胞内，影响细胞下游信号通路（Lozach et al.，2011）。病毒与受体的相互结合还会诱导细胞质膜的融合，如拉沙病毒的糖蛋白与受体溶酶体相关膜蛋白 1（LAMP1）的结合可以引起细胞之间的相互融合（Jae et al.，2014）。

单独的细胞表面受体在某些条件下不足以诱导完整的病毒脱衣壳过程，病毒脱衣壳还需要其他辅助条件。体外用分离的细胞膜或纯化的受体可以诱导脊髓灰质炎病毒的 VP4 蛋白脱落，但是还需要高盐或十二烷基硫酸钠才能促进病毒 RNA 释放。鼻病毒表面蛋白与细胞表面受体的相互作用只触发病毒蛋白的部分构象变化，低 pH 环境才能够引发病毒颗粒完全的构象变化，从而完成病毒脱衣壳过程。HIV-1 与细胞表面受体 CD4 结合，导致病毒表面的 gp120 蛋白亚基解离，并释放膜结合的 gp41 蛋白亚基，引起病毒感染的下游事件。

（二）酶介导的病毒脱衣壳

酶介导的病毒脱衣壳则主要依赖于细胞内的氧化还原体系、质量控制系统和病毒蛋白的解聚作用。其中，质量控制系统主要包括泛素蛋白酶体系统和内质网相关的蛋白降解作用。

痘病毒在脱衣壳的过程中，有两个步骤需要还原条件的参与。首先，在病毒衣壳蛋白多聚体解聚时，还原条件能够帮助打开衣壳多聚体间的二硫键；其次，在病毒的转录过程中，还原条件对于打开两个 RNA 聚合酶亚基间的二硫键至关重要。SV40 依赖于内质网相关的蛋白质降解途径（ERAD）这一质量控制系统来进行病毒脱衣壳过程。病毒粒子转运到内质网后，其衣壳蛋白会在内质网降解途径的作用下降解，从而释放出病毒核心蛋白。

在入侵宿主细胞的过程中，绝大多数的病毒结构蛋白都会被降解掉，但是蛋白质水解病毒衣壳蛋白的效率太低，因此病毒脱衣壳还依赖于病毒蛋白的水解酶活性。呼肠孤病毒进入细胞进行脱衣壳主要依赖于病毒蛋白的水解作用，外部蛋白 μ1 蛋白酶解能够产生第一种亚病毒粒子中间体，通过膜融合后病毒从内体进入细胞质，依赖于细胞质的蛋白酶发生第二轮水解，病毒 RNA 基因组完全脱去外层衣壳，并处于一种转录激活的状态。痘病毒发生细胞质膜的融合后，一种病毒编码的脱衣壳因子被转运到细胞质中并激活，水解病毒表面的衣壳蛋白，促进痘病毒在细胞质中的脱衣壳。

（三）化学介导的病毒脱衣壳

化学介导的病毒脱衣壳主要受到低 pH 和各种离子浓度等因素的影响，这些化学因素可能在内体成熟的过程中受到调节。化学条件的改变可以引起病毒包膜、衣壳和核酸与蛋白复合物等的构象变化。不同细胞组分间［如从内质网到细胞质（Inoue and Tsai，2011），从内体到细胞质］的化学组成差异有利于进行完整的病毒脱衣壳过程。

包膜病毒在病毒脱衣壳的过程中需要首先脱去外层包膜，才能进行病毒衣壳蛋白的解体和病毒基因组的释放。内体的低 pH 环境可以帮助多种包膜病毒进行脱衣壳过程，如正黏病毒和布尼亚病毒等。低 pH 环境能诱导病毒表面融合蛋白的构象变化，有利于激活其潜在的膜融合活性。内体的低 pH 环境也能够介导多种无包膜病毒，如腺病毒、呼肠孤病毒和鼻病毒等颗粒入侵宿主细胞并进行脱衣壳过程。当 pH 低于 6.5 时，腺病毒颗粒具疏水性，从而与内体膜结合并进入内体。内体的低 pH 环境能够有效地裂解进入其中的病毒颗粒，促进病毒基因组被释放到细胞质中。

（四）促进因子间接介导的病毒脱衣壳

促进因子是一类能促进病毒脱衣壳的宿主因子，如蛋白质、糖类、脂类等大分子或 Ca^{2+} 等细胞内的信号因子。促进因子并不参与病毒或者病毒颗粒的直接结合，而是通过间接作用影响病毒脱衣壳过程。细胞内的信号因子（如细胞质内的 Ca^{2+} 的瞬时流动）和转运因子（如核孔复合体、肌动蛋白和微管丝）都能间接促进病毒脱衣壳过程。

病毒的脱衣壳过程主要发生在细胞质中，如在细胞质中复制的弹状病毒、副黏病毒和痘病毒等；也包括在细胞核中复制的流感病毒、腺病毒和疱疹病毒等。在细胞核中复制的病毒由于衣壳蛋白无法有效通过最大直径约 28nm 的核孔，因此这类病毒必须在细胞质中进行脱衣壳过程释放病毒基因组，其基因组才能依赖于细胞内的核转运分子通过核孔。流感病毒具有分段基因组，也能有效地进行基因组的核转运。在有丝分裂期间出现核膜破裂时，致癌逆转录病毒将它们的基因组转运到细胞核并整合到宿主染色体中，从而使整合的病毒基因组能够复制。

二、重要病毒脱衣壳的过程

在病毒入侵宿主细胞的过程中，往往需要借助于其表面的结构。在入侵宿主的过程中，包膜病毒需要先脱去表面的包膜，才能进行脱衣壳过程，最后将病毒核酸转运到细胞质或者细胞核中进行复制。无包膜病毒由于缺少脱包膜的过程，直接脱去病毒衣壳并且释放其基因组即可。

（一）HIV-1 的脱衣壳

HIV-1 首先附着于感染细胞的表面受体建立感染，在病毒和宿主细胞膜融合后，HIV-1 包含病毒 RNA 基因组的衣壳核心被释放到感染细胞的细胞质，随后 HIV-1 通过裂解核膜将衣壳核心转移到细胞核中，在细胞核中病毒 RNA 基因组被逆转录为 DNA，最终，病毒基因组将被稳定地整合到靶细胞的基因组中（Ambrose and Aiken，2014）。

病毒衣壳蛋白（CA）在许多脱衣壳步骤中都起重要作用，同时影响 HIV-1 脱衣壳过程和感染的晚期事件，包括病毒基因组的核转运和基因组整合。根据 HIV-1 脱衣壳的过程可以将其分为以下三种模型。

（1）HIV-1 快速脱衣壳模型　这是最早提出的 HIV-1 脱衣壳模型，HIV-1 感染后不久从细胞分离的病毒逆转录复合物（RTC）中基本上不存在 CA 和衣壳核心，病毒基因组的颗粒中可以检测到基质蛋白（MA）、逆转录酶和整合酶，观察到的 CA 较少，这说明 HIV-1 衣壳核心在病毒进入时已被立即降解。

（2）细胞质脱衣壳模型　在感染后的最初几小时内，病毒发生显著的核心解体或重塑，而逆转录通常在感染后 8～12h 达到峰值，提示病毒脱衣壳的早期过程发生在逆转录和细胞核内产生 RTC 之前，大量的 CA 从病毒 RTC 中丢失可能主要是因为病毒 RTC 需要经过逆转录和向细胞核转移。

（3）核孔脱衣壳模型　感染期间产生的病毒 cDNA 会被先天免疫系统中的 DNA

传感器 cGAS 识别，CA 保护病毒基因组免受 cGAS 识别。在细胞质中病毒衣壳核心保持完整的结构，而在核孔复合物（NPC）处 CA 相关的蛋白因子触发病毒核心的解体，并诱导病毒 RTC 转运入核。

（二）流感病毒的脱衣壳

甲型流感病毒基因组为分段的单链负义 RNA，病毒 RNA 包裹在核糖核蛋白（ribonucleoprotein，RNP）中，包装成具有包膜的完整病毒粒子（Greber et al.，1994）。甲型流感病毒主要通过 pH 依赖性的内吞作用入侵细胞，并在细胞核中复制它们的基因组（图 4-2）。

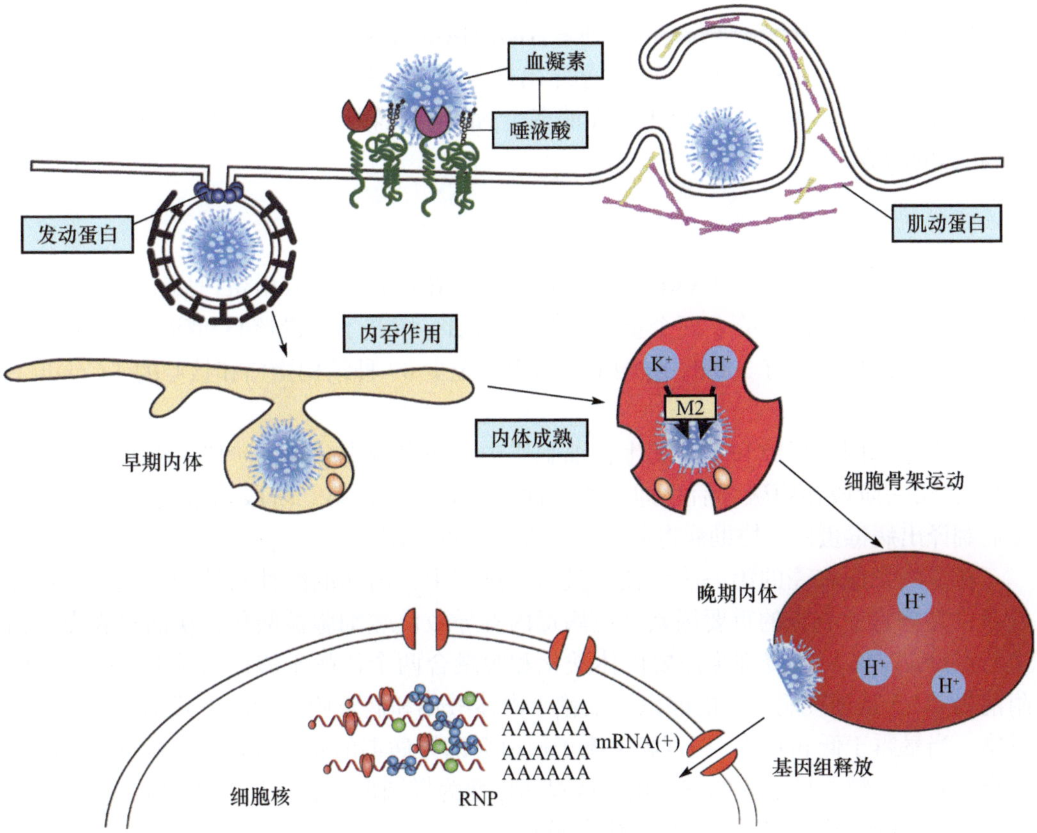

图 4-2 甲型流感病毒的脱衣壳过程

甲型流感病毒首先通过 HA 与受体的结合起始病毒入侵，再通过 pH 依赖性的内吞作用入侵细胞，随后病毒颗粒与内体进行膜融合并在内体中实现部分病毒蛋白解聚，最终在核膜处完全释放基质蛋白 M1，将病毒的 RNP 转运至细胞核并开始其基因组的复制

细胞表面的两种唾液酸糖蛋白或糖脂是流感病毒的受体，病毒表面的糖蛋白血凝素（hemagglutinin，HA）能够选择性地识别附着于病毒受体上的由 *N*-乙酰基唾液酸连接的半乳糖。在 HA 蛋白识别细胞表面受体并结合后，2/3 的流感病毒以网格蛋白介导的内吞作用被内吞入细胞。剩下的 1/3 的病毒可以不借助网格蛋白的帮助，通过其他内吞作用进入细胞。

在病毒内吞到细胞质之后，HA 具有疏水性的多肽暴露于内体的低 pH（pH 4.5～5.5）环境下，并诱导膜结构的融合，膜融合是介导流感病毒进入细胞的必要步骤。病毒的膜结构可以利用蛋白 GTP 酶来形成细胞内囊泡，含病毒的囊泡成熟为早期内体和晚期内体，病毒在其中开始病毒膜融合和脱衣壳过程。一旦在内体区域发生膜融合，未包被的病毒就会释放到细胞质中。内体低 pH 环境可以通过酸化病毒蛋白来促进病毒脱衣壳。流感病毒的 M2 蛋白能够在膜结构中形成质子通道，酸化流感病毒的衣壳蛋白，使病毒的衣壳蛋白发生解离。在内体中，H^+ 通过病毒包膜存在的 M2 离子通道转移到病毒体内部，从 RNP 释放流感基质蛋白 M1。抗流感药金刚烷胺能抑制 M2 离子通道，从而防止病毒内部产生低 pH 环境，导致病毒 RNP 不能够释放基质蛋白 M1。

流感病毒脱衣壳和核酸转运到细胞核相互偶连，但是流感病毒 RNP 的直径过大，无法有效通过核孔，因此流感病毒的三种聚合酶及核蛋白 NP 中都含有核定位信号（nuclear localization signal，NLS）。病毒脱衣壳暴露出具 NLS 的 NP 蛋白的 N 端，能够帮助病毒分节 RNA 的核转运。此外，RNP 上存在的多个 NLS 的核转运功能受到病毒脱衣壳过程中 M1 蛋白的调节。

（三）痘病毒的脱衣壳

痘病毒包括痘苗病毒（VACV）、痘病毒和天花病毒，含有由蛋白质水解产生、二硫键连接、哑铃状的衣壳。两个蛋白质侧体（LB）填充了病毒核心和病毒膜结构之间的空间。病毒核心含有 200kb dsDNA 基因组，至少 47 种结构蛋白和核心酶（Condit et al.，2006）。

痘病毒基因组释放和复制发生在细胞质中，病毒脱壳分两个阶段（Schmidt et al.，2013）：第一阶段在膜融合后立即开始，称为核心激活；第二阶段细胞质基因组释放，随后翻译出病毒蛋白，协助病毒脱衣壳，促进病毒复制。

在痘病毒脱衣壳的第一阶段核心激活的过程中，内体的酸性条件和细胞质的还原性条件是病毒脱衣壳的重要因素。痘病毒内吞导致巨噬细胞被酸化，从而对衣壳蛋白进行修饰。VACV 入侵细胞需要内体酸化和膜融合两个依赖于酸性条件的步骤。在吸附前用 pH 5 预处理病毒，能够以不依赖于内体酸化和病毒膜融合的方式来增强病毒的感染。当暴露于低 pH 时，病毒膜中质子通道会诱导病毒的膜融合过程。病毒核心的膜融合引起病毒粒子显著的形态变化，从双凹形变为椭圆形。病毒核心结构蛋白和 LB 支架蛋白之间的二硫键被还原，导致病毒脱衣壳。

第二阶段脱衣壳反应的启动必须依赖于病毒转录机制的激活。在病毒和细胞发生膜融合后，通过病毒 RNA 聚合酶和转录因子的作用，预先结合在病毒启动子上的转录因子会立即从病毒核心开始启动早期基因转录和 mRNA 的翻译。病毒的引发酶 / 解旋酶蛋白 D5 就是一种早期转录出的病毒脱壳因子（Kilcher et al.，2014）。没有新合成的病毒 D5 蛋白时，病毒基因组结合病毒核心，病毒核心作为稳定的结构滞留在细胞质中。D5 蛋白以六聚体形成的环状复合物来参与病毒脱衣壳的过程，为基因组释放提供动力。

第二阶段的脱衣壳过程还需要宿主蛋白酶体的活性，蛋白酶体的作用会促进病毒核心的降解和基因组的释放等。存在细胞蛋白酶体抑制剂时，依然会大量表达病毒脱衣壳蛋白 D5，但是病毒核心不会分解。病毒基因组仍保持稳定，并且保持与病毒核心的结合。只有当细胞的蛋白酶体直接作用于病毒核心时，病毒核心蛋白质才会降解，从而释放出病毒基因组。

（四）腺病毒的脱衣壳

腺病毒衣壳具有独特的二十面体形态，其衣壳由六邻体蛋白组成的同源三聚体构成（Russell，2009）。病毒表面的纤维蛋白与柯萨奇-腺病毒受体（CAR）结合，而病毒颗粒上的五邻体蛋白与腺病毒共受体 αv-β3/5 整合素发生相互作用。αv-β3/5 整合素的结合会破坏病毒五邻体蛋白的聚集结构，而病毒诱导的 CAR 聚集引起肌动蛋白和肌球蛋白-2 介导的运动。CAR 介导的运动和 αv-β3/5 整合素的协同作用共同促进病毒纤维蛋白的脱落（图 4-3）。

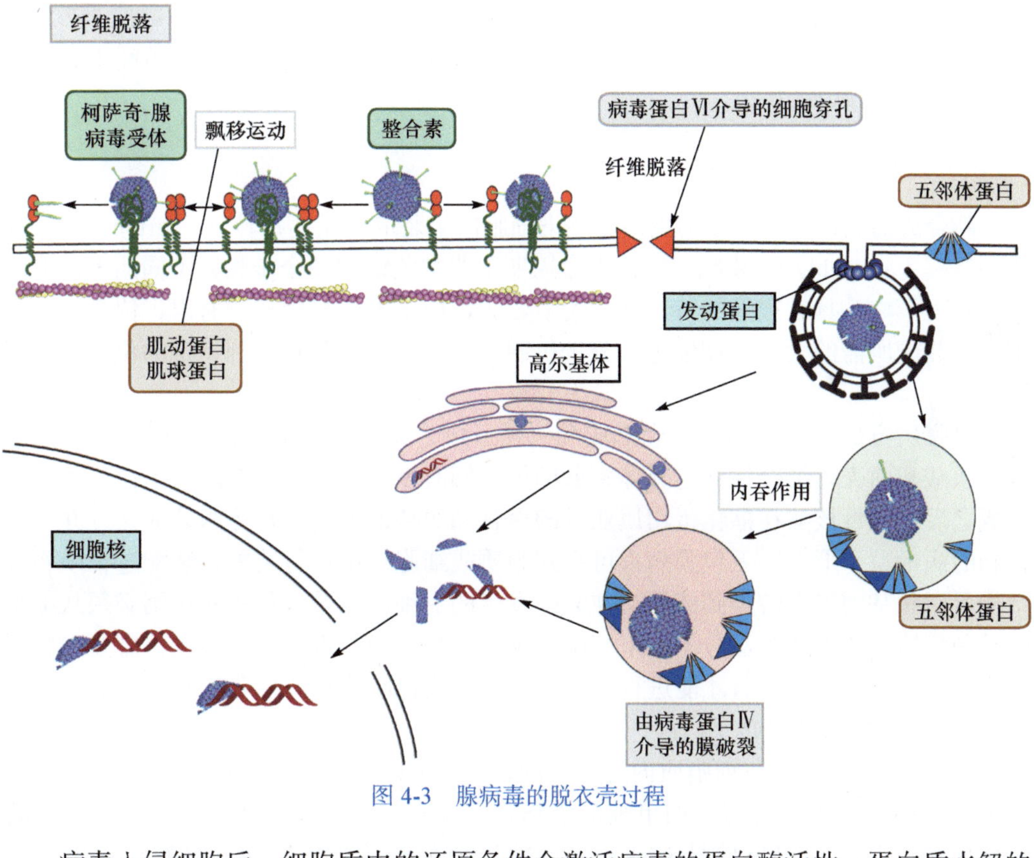

图 4-3 腺病毒的脱衣壳过程

病毒入侵细胞后，细胞质内的还原条件会激活病毒的蛋白酶活性，蛋白质水解的病毒粒子中间体立即开始脱衣壳。活化的蛋白酶会在细胞质中裂解病毒衣壳蛋白Ⅵ，导致蛋白Ⅵ与其他病毒蛋白的相互作用消失，并从病毒衣壳蛋白中释放病毒基因组。因此，病毒蛋白Ⅵ的蛋白酶解会导致病毒在核孔处脱衣壳，从而将病毒脱衣壳与病毒基因组核转运联系起来。

在腺病毒的细胞质脱衣壳步骤中，腺病毒衣壳蛋白沿着微管蛋白转运至细胞核表面，病毒粒子衣壳蛋白通过与一种核孔蛋白 Nup214 结合，并与核孔复合物（NPC）

相互作用，病毒在核膜处发生完全的脱衣壳，病毒基因组随后被转运到细胞核内。Kinesin1 通过其轻链与病毒蛋白 pⅨ结合而被募集到亚病毒颗粒中，而其重链与核孔蛋白 Nup358 相结合引导病毒粒子向细胞核内的运动（Cho et al.，2009）。NPC 组分和亚病毒颗粒发生机械性破坏，核膜透过性增加，病毒基因组进行完整的脱衣壳过程，并促进病毒基因组的核转运。

第三节 病毒的装配与释放

病毒在装配与释放前，需要完成基因组的复制。由于没有核糖体，病毒粒子中缺少复制所必需的蛋白质，无法独立完成自身的复制，必须依赖宿主细胞进行自身遗传物质的复制才能形成子代病毒。病毒在宿主细胞内，以自身基因组为模板，在酶和辅助蛋白的共同作用下，合成全新的基因组和蛋白质，再组装成完整的病毒粒子。不同的病毒之间基因组大小差异很大，这种差异体现在不同病毒采用的复制策略上，详见第 5 章“病毒基因组复制”。

一、病毒粒子的装配

新合成的病毒核酸和结构蛋白在感染细胞内组装成完整病毒粒子（virion）的过程称为装配（assembly）。装配是病毒生命周期中非常关键的一个步骤，不同病毒采取不同的装配策略，具有很强的特异性。大多数病毒由于本身基因产物有限，依赖宿主细胞合成装配所需的大分子和细胞的分选机制，使各病毒组分转运到特定的位置来进行装配。

包膜病毒的装配包括核衣壳形成和包膜形成，无包膜病毒则仅包括核衣壳形成。病毒核酸和前壳体结合往往与壳体多肽的加工同时发生。在完成核酸与蛋白质的生物合成之后，病毒核酸在催化蛋白质亚基的聚合和组装的同时，自体组装成熟，并形成正确的病毒粒子形态。无包膜病毒可在细胞质或细胞核中进行装配，装配过程中病毒结构蛋白和基因组需转运到或保持在装配发生的亚细胞区域。包膜病毒则必须从细胞的某种膜结构获得磷脂双分子层来装配包膜。一些包膜病毒如疱疹病毒，需要先装配形成完整的核衣壳，然后才能进行包膜化；另一些包膜病毒的包膜化和衣壳装配同时进行，如流感病毒和逆转录病毒。

大多数 RNA 病毒在细胞质内进行装配，如正黏病毒、副黏病毒等；大多数 DNA 病毒在细胞核内进行装配，如单纯疱疹病毒、乳多空病毒等。能够转运到细胞核的蛋白质通常具有核定位信号（NLS）；而输出细胞核的蛋白质往往具有核输出信号（nuclear export signal，NES）。某些蛋白质既具有核定位信号又具有核输出信号，能在细胞质和细胞核之间自由穿梭，如 HIV-1 的 Rev 蛋白。

（一）HIV-1 的装配

HIV-1 完整病毒粒子的装配必须含有感染所需的所有组分：包括两个拷贝的正义基因组病毒 RNA；三种引发 cDNA 合成的分子——病毒包膜（Env）蛋白、Gag、多聚蛋白；三种病毒的酶——蛋白酶（PR）、逆转录酶（RT）和整合酶（IN）。HIV-1 Gag 多聚蛋白具有介导病毒粒子装配的所有必要功能（图 4-4），包括结合细胞质膜、介导蛋白质-蛋白质相互作用产生球形亚病毒颗粒、募集病毒 Env 蛋白和通过与 RNA 包装序列的直接相互作用包装基因组 RNA。Gag 氨基端结构域称为 MA，结合细胞质膜并募集病毒 Env 蛋白。Gag 的中心结构域称为 CA，介导未成熟病毒粒子装配所需的蛋白质-蛋白质相互作用，然后产生成熟病毒核心的壳结构——衣壳。Gag 的羧基端结构域 NC 包含两个逆转录病毒锌指结构，NC 在组装期间结合病毒基因组，并且在引物退火和逆转录期间充当核酸“伴侣蛋白”。Gag 构象变化与膜结合、病毒粒子装配和 RNA 包装都在质膜上同时发生。尽管 Gag 可以结合膜并自行组装成球形颗粒，但是从细胞质膜释放病毒粒子是由宿主 ESCRT（运输所需的内体分选复合物，由 ESCRT-Ⅰ蛋白、ESCRT-Ⅲ蛋白和 ALIX 蛋白组成）机制介导的。

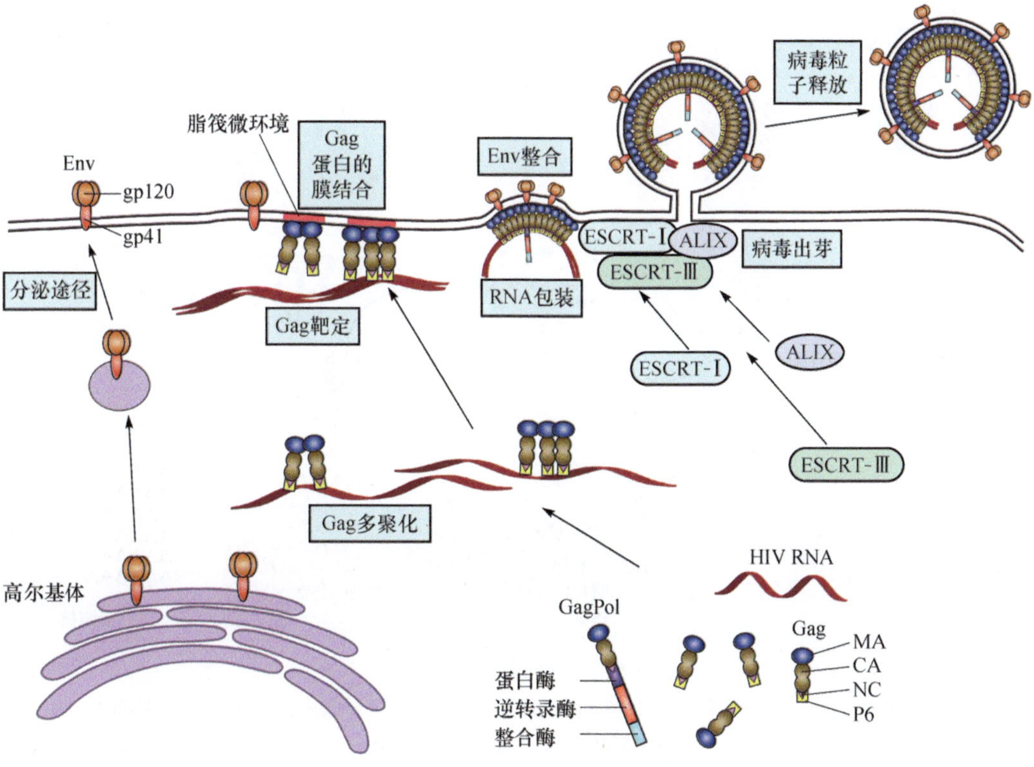

图 4-4　HIV-1 的装配与释放

HIV-1 的装配主要依赖于其 Gag 蛋白，从细胞质膜释放病毒粒子由宿主 ESCRT 机制介导

（二）流感病毒的装配

子代流感病毒粒子的组装和出芽是一个复杂、多步骤的过程，发生在感染细胞的细胞膜脂筏区域（图 4-5）。病毒蛋白血凝素（HA）和神经氨酸酶（neuraminidase, NA）以脂筏为靶点并聚集，促进脂筏区域的结合和扩大，引起细胞膜的变形和随后的病毒出芽。病毒 M1 蛋白含有由短接头序列分开的三个 α 螺旋结构域，中间结构域介导 M1 蛋白的寡聚化并促进 M1 蛋白与 vRNP（病毒核糖核蛋白）结合，随后，vRNP 的核心组分——病毒的 NP（核蛋白）和 PB1、PB2、PA 蛋白（即 3P 蛋白）被募集，

行使病毒的 RNA 聚合酶功能。M1 蛋白与 HA 和 NA 的细胞质末端相结合，引起脂筏膜的构象变化，使 M1 蛋白能够在病毒出芽位点聚合，构成子代病毒粒子的内部结构。M1 蛋白作为病毒 RNP 的募集位点，招募 M2 蛋白到病毒出芽部位。M2 蛋白最初稳定出芽部位，使基质蛋白聚合并形成丝状病毒粒子。随后 M2 蛋白改变出芽病毒颈部的膜弯曲程度，导致膜脱落和子代病毒粒子的释放。

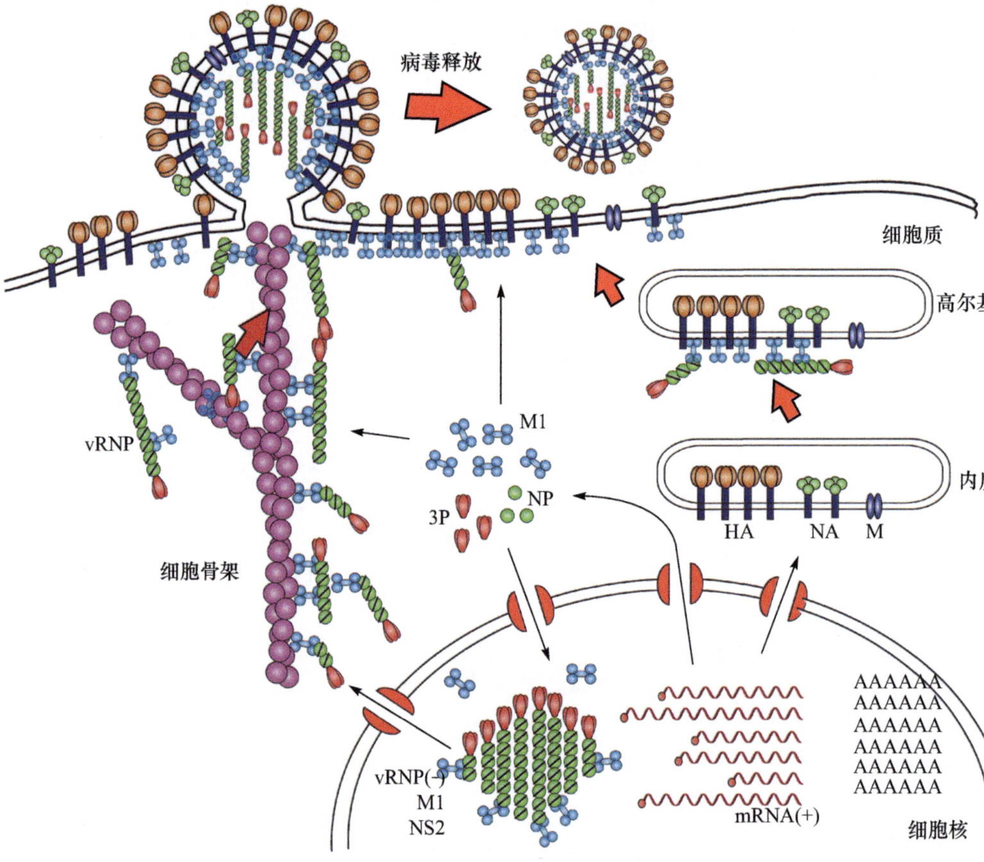

图 4-5　流感病毒的装配与释放

vRNP. 病毒核糖核蛋白，参与病毒复制；NP. 核蛋白，流感病毒的 RNA 聚合酶组分之一；3P. 病毒的 PB1、PB2 和 PA 蛋白，IAV 病毒的聚合酶组分

流感病毒的出芽由 HA 蛋白和 NA 蛋白靶向脂筏结构域启动，HA 和 NA 通过尾部结构域与 M1 蛋白相互结合促使 M1 蛋白发生聚合并将 M2 蛋白募集到出芽位点。在出芽的颈部，M2 蛋白通过将两个亲脂性螺旋插入膜中来促进膜断裂和病毒颗粒释放。阻止 HA 蛋白和其受体结合可释放出芽的病毒粒子

（三）HBV 的装配

乙型肝炎病毒（hepatitis B virus，HBV）属于嗜肝 DNA 病毒科，是一种包膜病毒，病毒含有部分双链 DNA 基因组，被二十面体蛋白衣壳包围。HBV 的核心蛋白质含有装配结构域（1～149 位氨基酸）和富含精氨酸的羧基端结构域（CTD），CTD 对该蛋白与 RNA 和 DNA 的相互作用至关重要。病毒的包装依赖于核糖核蛋白的形成、宿主因子和包膜蛋白的共同参与。

病毒 RNA 的包装取决于 RNP 复合物的形成，需要 P 蛋白和 pgRNA 5′端附近的包装信号 ε 相互作用。ε 是一个 137 个核苷酸长的序列基序，能够形成保守的茎环结构。ε 的序列基序以及 pgRNA 和 ε 之间的距离是 RNA 包装的重要决定因素。

多种宿主因子与病毒衣壳组装和 RNA 包装有关。分子伴侣 Hsp90 可以与 P 蛋白结合，抑制 Hsp90 可以减少病毒衣壳的形成和病毒 RNA 的包装。核磷蛋白（B23）就能与 HBV 核心蛋白相互作用，从而介导 HBV 的衣壳组装。抑制 HBV 复制的宿主因子主要包括 DEAD box 解旋酶 DDX3 和人胞苷脱氨酶 APOBEC3G（A3G），这两种蛋白质都能够阻断 RNA 包装。

HBV 包膜或表面蛋白（HBsAg）包括小表面蛋白（S-HBsAg，S）、中表面蛋白（M-HBsAg，M）和大表面蛋白（L-HBsAg，L），也影响病毒的装配。HBsAg 对于感染性病毒粒子的产生不是必要的，但影响病毒颗粒的装配和感染能力。大包膜蛋白（L）在其氨基端具有肉豆蔻酸并附着在膜上，具有对病毒颗粒的装配和感染性极其重要的拓扑结构。HBV 的前表面抗原蛋白（preS）暴露在病毒粒子的表面，有助于成熟病毒的附着和进入。胞质 preS 的 96～116 位的短保守区域和 S 结构域的胞质环的一部分形成的拓扑结构，对于病毒包膜蛋白与衣壳的相互作用和病毒组装都是十分重要的。

（四）HCV 的装配

丙型肝炎病毒（hepatitis C virus，HCV）RNA 的复制发生在 ER（内质网）膜上的特定位点，病毒复制的基因组与核心蛋白接触，形成病毒衣壳核心。HCV 病毒粒子的装配可以分为两个阶段：① 脂滴（lipid droplet，LD）的初始组装阶段；② 在组装开始后病毒因子的帮助。最后装配好的病毒粒子通过 ER 膜与极低密度脂蛋白（very low density lipoprotein，VLDL）组装通路相互作用，促进病毒粒子的成熟和释放。

HCV 组装的早期阶段需要病毒核心蛋白与 LD 的相互作用。通过信号肽肽酶的作用，HCV 在 ER 膜上产生成熟的病毒核心。成熟的病毒核心分为两个结构域（D1 和 D2），其中 D2 介导核心和 LD 的互作核心对于感染性 HCV 产生是必不可少的，破坏核心-LD 与 D2 的相互作用将抑制病毒释放。通过招募非结构蛋白到产生感染性病毒的细胞中的 LD 表面，复制的 RNA 分子从 ER 膜上的 RC 位点转运至 LD 来实现 RNA 分子与核心相互作用。HCV 的 NS5A 蛋白可以将 RC 转运至 LD，帮助 RNA 转移至核心，并介导病毒包装。病毒核心和 NS5A 共同作用将装配位点与 RNA 合成偶连，核心包被的 LD 可以为组装途径的早期阶段提供装配位点。其他 HCV 编码的蛋白质，包括 p7、NS2、NS3 和 NS4B，也都参与产生感染性病毒粒子，其中 NS2 在病毒粒子装配后期发挥作用，赋予病毒粒子感染性或促进病毒粒子进入晚期感染诱导阶段，使病毒能够释放。

二、病毒粒子的释放

病毒组装完成后，大量子代病毒粒子在细胞中积累数小时甚至数天不等。装配完成后子代病毒从细胞内转移到细胞外的过程为释放（release）。大多数无包膜病毒的释放会导致宿主细胞的裂解，而包膜病毒则发展出多种不同的策略来实现病毒从细胞中的释放，主要包括细胞内体分选机制、多种病毒蛋白的相互促进作用、多次出芽和膜融合。逆转录病毒的释放和蛋白质分选到多泡体（multi-vesicular body，MVB）主要由病毒的晚期结构域序列通过与细胞内体分选机制的组分相互作用介导，出芽可在质膜发生或直接在 MVB 中发生。另外，几种包膜病毒（如副黏病毒、正黏病毒和丝状病毒）的释放需通过病毒结构蛋白与脂筏的相互作用。疱疹病毒的释放需经多次出芽和融合，先在细胞核中聚集并在内核膜处进行初级组装，然后在高尔基体衍生的囊泡中进行二次组装，当含有病毒的囊泡与细胞质膜融合时，子代病毒从细胞中释放出来。

（一）HIV-1 的释放

HIV-1 释放步骤由 Gag 蛋白利用细胞 ESCRT 机制完成。Gag 蛋白发挥功能依赖其 C 端 P6 结构域，P6 中的 PTAP 基序与 ESCRT-Ⅰ的肿瘤易感基因 101（*TSG101*）亚基之间可直接结合，募集 ESCRT-Ⅰ所需的内体分选复合物，同时 P6 中的 YPXL 基序与 ESCRT 相关因子 ALG2 相互作用蛋白 X（ALIX）直接结合。随着萌芽过程的进行，ESCRT-Ⅲ被 ESCRT-Ⅰ和 ALIX 招募，ESCRT-Ⅲ在驱动膜断裂中起着核心作用。ESCRT-Ⅲ组装成圆形阵列或螺旋形，有助于收缩芽颈处的膜以驱动断裂。ESCRT-Ⅲ组分足以驱动腔内囊泡的出芽和脱离，同时募集液泡蛋白分选 4（VSP4），为膜断裂提供能量。ESCRT 定位在芽殖病毒体的头部内，从芽内部驱动膜断裂释放病毒粒子。在从细胞表面形成出芽颗粒期间或之后不久，病毒蛋白酶切割 Gag 多蛋白前体形成衣壳核心，并触发 HIV-1 病毒粒子进一步成熟。

（二）流感病毒的释放

流感病毒的出芽由 HA 蛋白和 NA 蛋白启动，HA 和 NA 均靶向脂筏结构域，并且都能够改变膜弯曲，因此脂筏中 HA 和 NA 的浓度可以引起膜弯曲的局部改变，从而起始出芽过程。HA 和 NA 通过尾部结构域与 M1 蛋白相互结合促使 M1 蛋白发生聚集并聚合，从而促进丝状病毒粒子的形成。另外，膜结合的 M1 蛋白还可改变膜曲率，促进出芽事件。M1 蛋白将 M2 蛋白募集到出芽位点，可以使 M2 蛋白处于富含胆固醇的环境中，帮助 M2 蛋白稳定出芽部位。在出芽的颈部，M2 蛋白通过将两个亲脂性螺旋插入膜中来改变两个脂质相之间的张力，从而调整其自身的膜曲率，膜曲率的改变促进膜断裂和病毒颗粒释放。

在膜断裂完成后，由于病毒颗粒上的 HA 蛋白和细胞表面唾液酸受体相互作用，子代病毒仍可能被束缚在细胞膜上。此时，NA 蛋白通过在细胞表面切割唾液酸，阻止 HA 蛋白和其受体的相互作用，并释放出芽的病毒粒子。

（三）HBV 的释放

HBV 病毒颗粒的释放由晚期内体区室的多泡体（MVB）介导，MVB 的形成依赖于转运所需的内体分选复合物（ESCRT）。许多包膜 RNA 病毒如逆转录病毒、丝状病毒、弹状病毒和副黏病毒，利用 ESCRT 的宿主蛋白组分促进质膜出芽。HBV 病毒粒子定位于晚期内体和细胞内区室的膜结构，提示 HBV 出芽进入 MVB 并通过外泌体途径离开细胞。ESCRT-Ⅲ、VSP4 和 ALIX 的显性失活突变会显著抑制 HBV 病毒的组装和释放，表明 HBV 释放显著依赖于 ESCRT。蛋白 γ2-adaptin 是一种可以指导各种蛋白质通过细胞内各区室膜结构的衔接蛋白，泛素连接酶 Nedd4 可能通过 PPAY 结构域介导 γ2-adaptin 与病毒衣壳的相互作用，γ2-adaptin 表达的下调会抑制病毒粒子的形成和释放。PPAY 位于核心蛋白的二聚体结构区域内，Y132A 突变（指 PPAY 中的 Y 氨基酸突变为 A 氨基酸）会干扰 HBV 衣壳的形成。表面蛋白（HBsAg）首先组装成 ER 内的丝状颗粒，然后转运到 ER-高尔基体中间隔室（ERGIC）。在 ERGIC 腔内，丝状颗粒被转化成球形颗粒并从细胞中分泌出来。

（四）HCV 的释放

HCV 病毒颗粒的成熟和释放与产生极低密度脂蛋白（VLDL）的途径基本一致，VLDL 途径主要从肝细胞中输出胆固醇和甘油三酯。在受感染的个体中，病毒颗粒与 VLDL 结合，称为 LVP。LVP 富含甘油三酯，含有病毒 RNA、核心蛋白和 VLDL 结构成分 ApoB 与 ApoE。HCV 的 NS5A 蛋白与 RC 内的 ApoE 相互作用，促进脂蛋白转运至含有病毒核心的 LD 和病毒粒子的装配。该机制可以将含有 HCV 核心和 RNA 的子代病毒颗粒转运到 VLDL 组装途径中，以便在病毒释放之前进行后续成熟。MTP 脂质化 ApoB，产生脂质贫乏的前 VLDL。HCV 病毒颗粒的释放依赖于 VLDL 的产生和分泌，ApoE 对于病毒组装和释放至关重要，而对 ApoB 水平和 MTP 活性几乎没有影响。MTP 抑制剂阻止 ApoB 分泌而不阻止 ApoE 和病毒释放。

控制内体形成的途径是调控病毒颗粒释放的另一种细胞途径。内体形成取决于 ESCRT，将靶蛋白裹入多泡体进行降解而促进病毒释放。VSP4 寡聚蛋白的 ATP 水解将 ESCRT 从多泡体膜上解离出来，然后回流用于下一次的囊泡形成。VSP4 的功能缺失可导致 ESCRT 的功能缺失和异常内体的形成，ESCRT 的成分减少和 VSP4 的功能缺失将减少 HCV 颗粒的产生。

小　结

病毒复制周期包括吸附、穿透、脱壳、核酸复制、蛋白质合成、核壳体装配、出芽及成熟等一系列连续过程。病毒需要通过非特异性或特异性地吸附到宿主细胞表面，再通过内吞作用、膜融合等方式进入细胞，其中膜融合是包膜病毒入侵宿主细胞的关键步骤，而无包膜病毒则必须经过构象的改变来结合、破坏和穿透细胞膜结构，从而达到入侵的目的。病毒入侵后，发生脱衣壳，释放其基因组进入细胞质或细胞核中，在细胞内，病毒以自身基因组为模板，依赖宿主细胞进行自身核酸遗传物质的复制，合成全新的病毒基因组和蛋白质。在核酸和蛋白质的生物合成之后，在病毒核酸催化蛋白质亚基的聚合和组装的同时，自体组装成熟，并形成正确的病毒粒子形态，不同病毒采取不同的装配策略，其中大多数 RNA 病毒在细胞质内进行装配，而大多数 DNA 病毒在细胞核内进行装配。装配完成后子代病毒从细胞内释放到细胞外，大多数无包膜病毒的释放会导致宿主细胞的裂解，而包膜病毒则发展出多种不同的策略来实现病毒从细胞中释放，如细胞内体分选机制、多种病毒蛋白的相互促进作用、多次出芽和膜融合等。

复习思考题

1. 病毒入侵宿主细胞有哪几种主要方式?
2. 包膜病毒入侵和无包膜病毒入侵有哪些主要异同点?
3. 病毒脱衣壳有哪些通用机制?
4. DNA 病毒与 RNA 病毒的装配场所有什么差别?
5. 病毒复制周期中，哪些步骤是理想的药物靶点?

（胡勤学　关武祥）

参 考 文 献

Ambrose Z, Aiken C. 2014. HIV-1 uncoating: connection to nuclear entry and regulation by host proteins. Virology, 454-455: 371-379.

Arias CF, Silva-Ayala D, Lopez S. 2015. Rotavirus entry: a deep journey into the cell with several exits. J Virol, 89: 890-893.

Backovic M, Jardetzky TS. 2011. Class Ⅲ viral membrane fusion proteins. Adv Exp Med Biol, 714:91-101.

Berger EA, Murphy PM, Farber JM. 1999. Chemokine receptors as HIV-1 coreceptors: roles in viral entry, tropism, and disease. Annu Rev Immunol, 17: 657-700.

Blaas D, Fuchs R. 2016. Mechanism of human rhinovirus infections. Mol Cell Pediatr, 3: 21.

Cho KI, Yi H, Desai R, et al. 2009. RANBP2 is an allosteric activator of the conventional kinesin-1 motor protein, KIF5B, in a minimal cell-free system. EMBO Rep, 10: 480-486.

Condit RC, Moussatche N, Traktman P. 2006. In a nutshell: structure and assembly of the vaccinia virion. Adv Virus Res, 66: 31-124.

Connolly SA, Jackson JO, Jardetzky TS, et al. 2011. Fusing structure and function: a structural view of the herpesvirus entry machinery. Nat Rev Microbiol, 9: 369-381.

Cosset FL, Lavillette D. 2011. Cell entry of enveloped viruses. Adv Genet, 73: 121-183.

Dimitrov DS. 2004. Virus entry: molecular mechanisms and biomedical applications. Nat Rev Microbiol, 2: 109-122.

Freimuth P, Philipson L, Carson SD. 2008. The coxsackievirus and adenovirus receptor. Curr Top Microbiol Immunol, 323: 67-87.

Greber UF, Singh I, Helenius A. 1994. Mechanisms of virus uncoating. Trends Microbiol, 2: 52-56.

Grove J, Marsh M. 2011. The cell biology of receptor-mediated virus entry. J Cell Biol, 195: 1071-1082.

Harrison SC. 2015. Viral membrane fusion. Virology, 479-480: 498-507.

Inoue T, Tsai B. 2011. A large and intact viral particle penetrates the endoplasmic reticulum membrane to reach the cytosol. PLoS Pathog, 7: e1002037.

Jae LT, Raaben M, Herbert AS, et al. 2014. Virus entry. Lassa virus entry requires a trigger-induced receptor switch. Science, 344: 1506-1510.

Johnson JE, Vogt PK. 2010. Cell entry by non-enveloped viruses. Curr Top Microbiol Immunol, 343: v-vii.

Kilcher S, Schmidt FI, Schneider C, et al. 2014. siRNA screen of early poxvirus genes identifies the AAA+ ATPase D5 as the virus genome-uncoating factor. Cell Host Microbe, 15: 103-112.

Lozach PY, Kuhbacher A, Meier R, et al. 2011. DC-SIGN as a receptor for phleboviruses. Cell Host Microbe, 10: 75-88.

Marsh M, Helenius A. 2006. Virus entry: open sesame. Cell, 124: 729-740.

Mercer J, Helenius A. 2009. Virus entry by macropinocytosis. Nat Cell Biol, 11: 510-520.

Plemper RK. 2011. Cell entry of enveloped viruses. Curr Opin Virol, 1: 92-100.

Russell WC. 2009. Adenoviruses: update on structure and function. J Gen Virol, 90: 1-20.

Sattentau Q. 2008. Avoiding the void: cell-to-cell spread of human viruses. Nat Rev Microbiol, 6: 815-826.

Schmidt FI, Bleck CK, Reh L, et al. 2013. Vaccinia virus entry is followed by core activation and proteasome-mediated release of the immunomodulatory effector VH1 from lateral bodies. Cell Rep, 4: 464-476.

Tsai B, Qian M. 2010. Cellular entry of polyomaviruses. Curr Top Microbiol Immunol, 343: 177-194.

C 第5章
hapter Five

病毒基因组复制

病毒基因组是指病毒颗粒中的核酸大分子，含有病毒复制增殖所需要的遗传信息。病毒基因组的复制是指病毒在感染宿主细胞的过程中病毒基因组拷贝数的增加。病毒必须先入侵宿主细胞，才能在被感染细胞内实现病毒基因组的复制，进而产生病毒基因组的大量拷贝，用于包装生成新的子代病毒，再对新的宿主细胞进行感染，实现病毒的增殖与传播。不同病毒基因组的成分和结构差异较大，具有各种具体形式，从核酸组成上可分为 DNA 或 RNA 病毒基因组；从基因组结构上可分为双链或单链、线状或环状、分节段或不分节段病毒基因组。病毒基因组的差异决定了病毒基因组复制机制的差异。一般而言，DNA 或 RNA 病毒直接利用其基因组作为模板来合成子代 DNA 或 RNA 病毒基因组。但有些 DNA 病毒会通过 RNA 中间体来合成其 DNA 基因组，而一些 RNA 病毒则会利用 DNA 中间体来进行基因组的复制。在介绍病毒基因组具体复制机制之前，首先对病毒基因组的分类以及相关的背景知识进行简单介绍。

第一节　病毒基因组复制的基本概念

一、巴尔的摩病毒分类

病毒可以进行 DNA 和 / 或 RNA 的复制，也可以从 DNA 合成 RNA，反之亦然。但由于其缺乏完整的系统进行蛋白质的合成，它们必须依赖宿主细胞的核糖体来翻译 mRNA 上的遗传信息。另外，宿主细胞只能从 mRNA 翻译合成蛋白质，所以无论病毒的基因组性质如何，所有病毒都必须拥有合成病毒 mRNA 的能力，用来翻译产生病毒蛋白，以完成病毒自己的生命复制周期。病毒如何把自己的基因组转变成宿主细胞能够识别的 mRNA 是病毒生命周期中至关重要的环节。mRNA 作为合成蛋白质的模板，其核苷酸序列被定义为正链（+），和 mRNA 相同序列的 DNA 链也被称为正链，与正链互补的 RNA 或 DNA 链称为负链（−）。病毒利用病毒基因组转录出 mRNA 的过程称为转录，病毒基因组的扩增称为复制。

巴尔的摩病毒分类系统是由病毒学家、诺贝尔生理学或医学奖获得者大卫·巴尔的摩（David Baltimore）基于病毒基因组的特点提出的。其核心思想是“所有病毒都必须由其基因组合成 mRNA，以便产生蛋白质并进行自我复制”，而对于每个病毒家族，实现这一目标的具体机制是不同的。巴尔的摩病毒分类系统（Baltimore，1971）根据病毒基因组产生 mRNA 方式的不同将病毒分为 7 类（图 5-1）：Ⅰ（双链 DNA 病毒）、Ⅱ（单链 DNA 病毒）、Ⅲ（双链 RNA 病毒）、Ⅳ（正链 RNA 病毒）、Ⅴ（负链 RNA 病毒）、Ⅵ（单链 RNA 逆转录病毒 / 需要 DNA 中间体的正链 RNA 病毒）、Ⅶ（双链 DNA 逆转录病毒 / 有缺口的双链 DNA 病毒）。

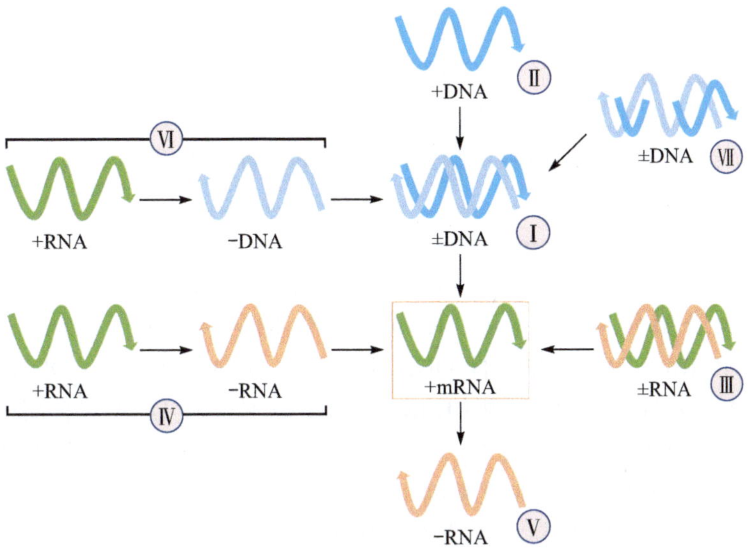

图 5-1 巴尔的摩病毒分类系统（Alcaraz-Estrada et al.，2014）

双链 DNA 病毒包括腺病毒、非洲猪瘟病毒、杆状病毒、疱疹病毒、乳头瘤病毒、多瘤病毒、痘病毒、虹彩病毒等。它们的病毒基因组为线性或者环状，基因组的复制和 mRNA 的合成通过宿主或者病毒编码的聚合酶来完成。

单链 DNA 病毒包括圆环病毒、细小病毒等。单链 DNA 基因组首先要合成 mRNA 才能够进行蛋白质的翻译。无论单链 DNA 是正链还是负链，mRNA 的合成都是通过双链 DNA 的形式。病毒的单链 DNA 基因组的合成大多是通过宿主的 DNA 聚合酶完成的。

双链 RNA 病毒包括呼肠孤病毒等。

正链 RNA 病毒包括冠状病毒、黄病毒等。病毒的基因组 RNA 可以直接作为 mRNA 进行病毒蛋白质的翻译合成。病毒基因组先合成出负链 RNA，再以其为模板合成出子代的正链基因组 RNA。

负链 RNA 病毒包括布尼亚病毒、丝状病毒、流感病毒等。这类病毒必须通过病毒编码的聚合酶利用负链 RNA 合成病毒的 mRNA。其中有些负链 RNA 病毒是分节段，有些则只有一个片段。另外，布尼亚病毒目的病毒负链 RNA 基因组是双义的，它们的基因组 RNA 某些部分可直接作为 mRNA 进行某些病毒蛋白的翻译。

单链 RNA 逆转录病毒包括逆转录病毒科的病毒等，它们的基因组为正链 RNA，复制过程需要形成 DNA 中间体，这类病毒通过自身编码的逆转录酶（reverse transcriptase，RT）利用病毒的基因组 RNA 合成出双链 DNA，该 DNA 可以作为模板进行 mRNA 及病毒基因 RNA 的合成。

双链 DNA 逆转录病毒有嗜肝 DNA 病毒科（*Hepadnaviridae*），它们的基因组为有缺口的双链 DNA。该类病毒在合成 mRNA 之前首先要进行 DNA 缺口的修补。通常缺口的修补是通过病毒编码的逆转录酶利用 RNA 为模板来完成的。

二、病毒聚合酶

病毒聚合酶（polymerase）在病毒基因组复制和转录中起核心作用。由于病毒的基因组编码能力的限制，病毒聚合酶通常为单个蛋白质，执行与核酸复制相关的多种功能，以确保基因组的完整复制。其功能包括复制初始结合位点的识别、复制延伸、末端终止、协调核酸的化学合成步骤及病毒基因组的修饰等（Choi，2012）。

（一）病毒聚合酶的分类

根据病毒基因组的不同类型和特定病毒的特殊需要，病毒编码不同类型的聚合酶。病毒的聚合酶分为 4 种类型：RNA 依赖性 RNA 聚合酶（RNA dependent RNA polymerase，RdRp）、RNA 依赖性 DNA 聚合酶（RNA dependent DNA polymerase，RdDp）、DNA 依赖性 RNA 聚合酶（DdRp）和 DNA 依赖性 DNA 聚合酶（DdDp）。其中 RNA 依赖的 DNA 聚合酶（RdDp）也称为逆转录酶。DNA 病毒利用 DNA 作为它们的遗传物质，使用 DdDp 复制其基因组，并使用 DdRp 转录 mRNA。RNA 病毒具有 RNA 基因组，利用 RdRp 复制和转录其基因组。逆转录病毒通过逆转录进行复制，通过 DNA 中间体对其 RNA 基因组进行复制，因此需要病毒编码的 RdDp（逆转录酶）。另外，由于宿主细胞不需要 RNA 复制和逆转录的机制，因此 RdRp 和 RdDp（逆转录酶）为病毒所特有的聚合酶。

（二）聚合酶的基本结构

不同聚合酶氨基酸序列的一致性非常低，即使是同一类型的聚合酶其序列差异也很大，但是这些聚合酶也含有一些保守序列。这些保守序列负责与模板、引物、NTP 底物的结合，以及聚合酶的催化等功能（Choi，2012），同时也为新发现病毒的聚合酶基因的预测提供了支持。

所有的聚合酶都大致具有右手的杯状结构（Cerny et al.，2015），包括手指、手掌和拇指结构域。聚合酶的催化中心位于手掌结构域，手指和拇指结构域则主要在模板、引物结合，以及 NTP 的选择上发挥作用（Lu and Gong，2017）。在不同类型的聚合酶中，手掌区是高度保守的，而手指和拇指结构域无论在大小和二级结构上都有显著的变化。有些病毒的聚合酶还常常具有其他结构域，这些结构域执行与病毒基因组转录和复制相关的其他功能（Choi，2012）。例如，黄病毒 RdRp 的 N 端具有甲基转移酶域，用于催化病毒基因组 5′ 帽子结构的甲基化。逆转录病毒的逆转录酶具有额外的 RNA 酶 H 结构域，该结构域在基因组复制期间降解 RNA-DNA 杂合链中的 RNA 链。一些病毒 DNA 依赖性聚合酶包含核酸酶结构域，具有校对活性，以纠正在基因组合成过程中错误结合的核苷酸。

三、病毒复制地点的类型及原因

病毒编码的聚合酶对于转录和/或复制的需求取决于基因组复制的细胞定位和病毒基因组的性质，即它是 DNA 或 RNA，双链或单链，正链或负链。通常 RNA 病毒的复制发生在细胞质，其整个生命周期在细胞质中完成，由于其不能利用宿主的聚合酶复制基因组，一般编码自己的聚合酶用于转录和复制。大多数 DNA 病毒基因组复制发生在被感染的细胞核内，部分 DNA 病毒不需要编码它们自己的聚合酶，而是依赖宿主细胞机制进行基因组复制和 mRNA 合成。但是也有一些例外，如一些分节段的负链 RNA 病毒也可以在细胞核中复制。也有一些 DNA 病毒在细胞质内进行基因组的复制，如痘病毒、虹彩病毒、非洲猪瘟病毒等。无论是在细胞核还是在细胞质复制，病毒的复制工厂（viral replication machinery）都会被包裹在病毒诱导产生的特定结构中以促进病毒复制。

四、复制的分子机制

病毒基因组复制的化学本质是聚合酶通过碱基互补配对，复制模板核酸链以产生子代链，因此聚合酶的主要催化活性是将与模板链互补的三磷酸核苷酸（NTP）的核苷部分转移至 RNA 或 DNA 的生长子代链的 3′羟基端，在这个过程中二价金属离子（如 Mg^{2+} 或 Mn^{2+}）是聚合酶活性所必需的（Steitz，1998）。聚合酶诱导的核酸合成可分为起始、延伸和终止三个阶段，细胞的 DNA 和 RNA 聚合酶启动核酸的合成需要寡核苷酸引物，而病毒聚合酶可以使用各种不同机制来启动基因组复制（Choi，2012）。聚合酶活性位点必须具有模板链的结合位点、DNA 或 RNA 引物末端结合位点（起始“i”位点）和底物 NTP 结合位点（i+1）（图 5-2）。催化反应步骤包括：① 模板-引物与 NTP 的结合；② 将单磷酸核苷掺入生长子代链；③ 焦磷酸盐的释放；④ 沿模板的移动。当模板和引物结合后，正确的 NTP 通过 Watson-Crick 碱基配对与模板碱基结合到子链中。

1. 起始

所有已知的聚合酶都是沿 5′ 到 3′ 的方向合成核酸的，所以最初的催化反应是在模板链的 3′ 端启动。病毒聚合酶有两种方式起始合成，一种是引物依赖的机制，一种是从头（*de novo*，不依赖引物）合成的机制。引物依赖的起始合成所需要的引物可以是寡核苷酸或蛋白质，以提供初始合成所需要的 3′羟基，用于加入第一个进入的核苷酸。病毒聚合酶通过引物依赖机制启动核酸的合成有多种策略。

（1）寡核苷酸引物　所有的 DdDp 都使用短 RNA 引物启动 DNA 合成，它们只能向已有的链添加新的 NTP；逆转录酶也是使用 RNA 引物来启动 DNA 合成的。

（2）夺帽机制　负链 RNA 病毒的 RdRp 利用宿主细胞含有帽子结构的 mRNA 的片段作为引物合成病毒的正链 mRNA。这些病毒编码一种内切核酸酶，该酶从宿主 mRNA 的 5′ 端切割得到带有帽子结构的寡核苷酸，并将其作为引物。

（3）蛋白质引物　和寡核苷酸引物一样，多肽的氨基酸也可以提供 3′ 羟基用于和第一个核苷酸形成磷酸二酯键。例如，小 RNA 病毒（ssRNA 病毒）和腺病毒（dsDNA 病毒）会编码一种病毒蛋白，利用酪氨酸或丝氨酸残基的羟基作为蛋白质引物。

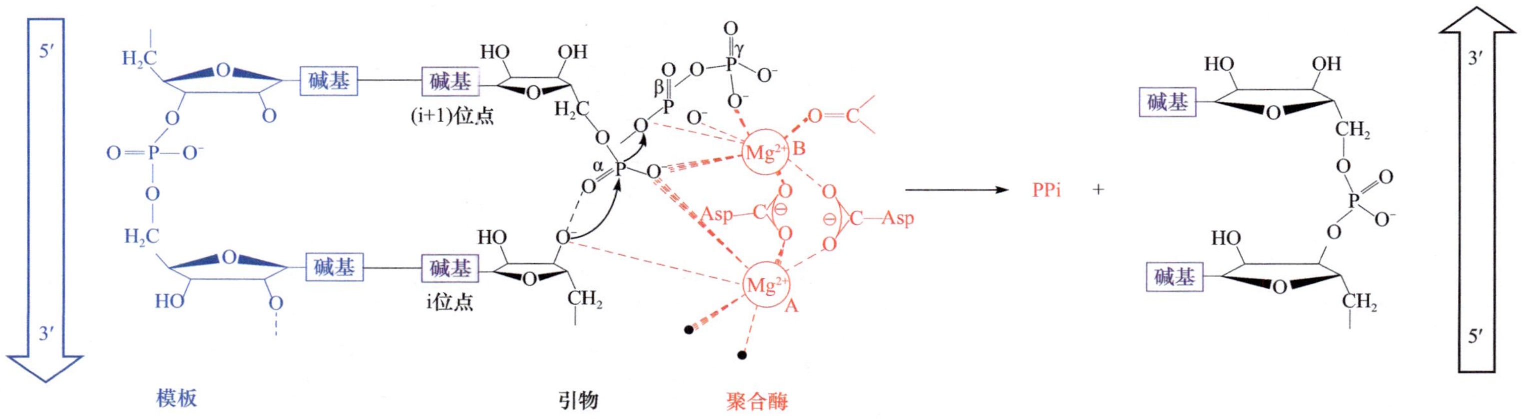

图 5-2　聚合酶的分子催化（修改自 Steitz，1998）

模板、引物及聚合酶分别标注为蓝色、黑色和红色。聚合酶的催化区域含有模板、引物（i）及 NTP 的结合位点（i+1）。两个 Mg^{2+} 协调聚合酶活性位点的保守 Asp 基团与引物和 NTP 的聚合作用

聚合酶也可以在不需要引物的情况下从头开始启动核酸的合成。从头合成需要两个 NTP，即在 i 位点和 i+1 位点各需要一个底物 NTP（图 5-2）。i 位点的 NTP 提供了一个 3′羟基和 i+1 位点的 NTP 反应，这类似于引物起始合成策略中的引物末端的羟基参与的核苷酸起始合成。从病毒基因组的 3′ 端精确起始基因组的合成对于保证整个基因组序列完整性具有重要作用。黄病毒和噬菌体 f6 的 RdRp 可利用从头合成机制在基因组 RNA 的 3′ 端启动 RNA 合成，进而合成整个全长的基因组 RNA。DdRp 也可以启动 RNA 的从头合成。在从头合成的起始阶段，由于起始复合物不够稳定，容易使起始复合物解离，不能够继续延伸，常常会产生一系列短的 RNA 寡核苷酸（3～8 个核苷酸）；一旦新合成的 RNA 链长度达到 9 个核苷酸，聚合酶就能够形成一个稳定的延伸复合体，进而顺利进行整个 RNA 链的合成。

2. 延伸

一旦形成稳定的聚合酶-核酸复合物，聚合酶就可以利用模板连续地添加核苷酸而合成互补链，大多数聚合酶在递进伸长过程中可以添加数千个核苷酸。

3. 终止

目前，人们还不清楚病毒聚合酶是如何在基因组的 5′ 端终止核酸合成的。在基因组的 5′ 端精确终止对于具有线性基因组（如单链 RNA 或 DNA 病毒）的病毒尤其具有挑战性。如果在连续几轮复制过程中没有复制基因组的末端，基因组将会逐渐变短。

五、复制工厂及宿主因子

无论 DNA 病毒还是 RNA 病毒，在其基因组的复制过程中都会形成复制工厂的特定结构。我们以正链 RNA 病毒为例：其基因组复制与宿主细胞细胞质内的膜结构紧密相关，在病毒基因组的复制过程中，除了聚合酶这个复制核心蛋白以外，其他翻译出来的病毒蛋白和聚合酶一起通过和宿主因子的协同相互作用使细胞内的一些膜结构发生变构，从而形成独特的细胞器样结构，称为病毒复制工厂，病毒基因组的复制就发生在这些独特的结构当中。复制工厂是在细胞内形成的相对独立的隔离区域，可以协调病毒基因组复制周期的不同步骤、保证病毒基因组的高效复制，以及保护病毒 RNA 免受细胞防御机制的影响（Chatel-Chaix and Bartenschlager，2014）。最近几年，通过电子断层成像（electron tomography）技术解析了许多正链 RNA 病毒复制工厂的三维结构，结果表明不同病毒家族之间的复制工厂具有形态上的相似性（Welsch et al.，2009）。根据病毒诱导的膜变构重排的形态，复制工厂分为两个亚类：内陷囊泡 / 球囊型（invaginated vesicle/spherule type）和双膜囊泡型（double membrane vesicle type）。

六、突变率

病毒的突变率通常定义为在病毒的每个复制周期中，病毒子代基因组中产生核苷酸突变的平均数。与其他生物体相比较，病毒具有很高的突变率。RNA 病毒的 RdRp 由于不具有核酸酶校对活性，因此其基因组在复制过程中核苷酸的错配率就比较高，每 10^3～10^7 个核苷酸中就会出现一个错误碱基。相比之下，由于 DdDp 具有错误纠正机制，DNA 病毒突变率相对较低，每 10^9～10^{10} 个核苷酸会发生一次突变。

病毒的高突变率，加上其复制周期短、种群数量大，使得病毒能够快速进化并适应宿主环境，这对病毒生存具有重要的意义，因此突变率也是了解病毒进化的关键参数。同时病毒的突变也产生了病毒的遗传多样性，在流行病学上，突变率是导致新发传染病出现的风险因素之一。例如，病毒表面蛋白的突变可能导致病毒出现新的感染嗜性，能够感染新的宿主，实现病毒的跨种传播。病毒可以通过突变逃避宿主的抗病毒反应或产生耐药性（Clutter et al.，2016），因此使用多种药物进行联合治疗就显得十分必要。理论上，高突变率的病毒可以通过诱变剂来进行治疗，这种方法被称为致死诱变策略（Crotty et al.，2000），该策略已经被证明对几种 RNA 病毒有效。例如最新的研究表明利用核苷类似物药物可提高病毒突变率，进而控制寨卡病毒的感染（Bassi et al.，2018）。病毒突变率在评估可能的疫苗接种策略中也发挥作用，已经有研究表明突变率会影响脊髓灰质炎减毒活疫苗的稳定性，人们可以通过控制聚合酶的突变率来进行疫苗的理性化设计（Vignuzzi et al.，2008）。

第二节　病毒基因组复制的类型

一、DNA 病毒的复制

DNA 病毒种类众多，可分为双链 DNA 病毒、单链 DNA 病毒和双链 DNA 逆转录病毒。双链 DNA 病毒基因组由双链或部分双链核酸组成，基因组可能是线状或环状。小的双链 DNA 病毒，如基因组 5kb 的多瘤病毒，不编码病毒自身的 DNA 聚合酶，完全借助宿主的 DNA 聚合酶进行基因组复制。而大的双链 DNA 病毒，如基因组可达 120～220kb 的疱疹病毒，则编码全套的 DNA 复制机制，由病毒编码的 DNA 聚合酶完成基因组复制过程。单链 DNA 病毒的基因组复制依赖于宿主 DNA 聚合酶。以细小病毒为例，其基因组为线性，5′ 和 3′ 端带有发卡结构，病毒基因组的合成通常由 3′ 端发卡结构引起。双链 DNA 逆转录病毒在由病毒编码的逆转录酶的作用下合成 cDNA 基因组后，具有一个双链含缺口的 DNA 基因组，该缺口需经过合成补充以形成完整的基因组。以乙型肝炎病毒（hepatitis B virus，HBV）为例，HBV 感染宿主细胞后病毒基因组的缺口在宿主细胞 DNA 聚合酶及连接酶作用下形成共价闭合环状的 DNA 基因组（covalently closed circular DNA，cccDNA）（Li et al.，2017）。在病毒基因组复制的过程中，cccDNA 首先被转录为前基因组 RNA（pregenomic RNA，pgRNA），随后翻译出病毒的核心蛋白（core）和逆转录酶（reverse transcriptase，RT），随后 RT 以 pgRNA 为模板逆转录合成病毒的负链 DNA，并在 DNA 聚合酶的作用下完成正链 DNA 的合成（Hong et al.，2017）。

病毒 DNA 基因组的合成与真核细胞 DNA 复制遵循同样的规则：① DNA 合成是依赖模板的，以脱氧核苷三磷酸（dNTP）为底物，在新生 DNA 链 3′-OH 端引入脱氧核苷单磷酸（dNMP），自 5′ 向 3′ 延伸；② 双链 DNA 分子会通过碱基配对分别产生两条互补的子代链；③ DNA 合成的起始和终止均发生于模板上的特定位点，分别称为“复制起点”和“复制终点”；④ 在复制的起始和延伸过程中，需要数种辅助因子和 DNA 聚合酶一起协同介导 DNA 的高效合成。与 RdRp 需要依赖模板重新合成 RNA 的功能不同，DNA 聚合酶起始 DNA 的复制合成需要具有 3′-OH 自由末端的引物。

病毒DNA基因组的复制通常需要至少一种病毒蛋白的参与，因此感染细胞时病毒DNA基因组的合成不会立即启动，而需要等到参与基因组复制的病毒蛋白在细胞内合成达到一定浓度时启动。病毒复制相关的蛋白质通常会和宿主蛋白形成复制复合体，共同介导基因组DNA的复制。大多数DNA病毒能利用细胞内的DNA复制装置来复制病毒DNA基因组，这种策略可以使病毒基因组中有限的编码能力被最大限度应用于表达促进病毒复制和感染的其他蛋白质。病毒DNA基因组的复制一般包含下述4个阶段，即复制起点的识别，复制复合体的组装，DNA基因组复制的引发、延伸和终止，以及基因组复制产物的释放，下文将进一步展开介绍病毒DNA合成的机制。

（一）病毒基因组复制起点的特征与识别

DNA病毒复制起点的定义是病毒基因组上介导DNA起始合成所需的最小DNA片段。大多数病毒DNA基因组的复制起点是单一的DNA片段，该片段上含有复制起点识别蛋白特异性结合所需的序列。复制起点识别蛋白结合复制起点后，可介导复制起始蛋白复合体的组装。当基因组以自我引发机制起始复制时，复制起点还包括形成和维持复制起始所需的二级结构的序列。

1. 复制起点的数量及序列特征

在小DNA病毒基因组上，如乳头瘤病毒和多瘤病毒，通常只有一个复制起点，而在大DNA病毒基因组上则可以有多个复制起点。以基因组大小约为40kb的腺病毒为例，其线状基因组的两端各有一个相同的复制起点，病毒DNA聚合酶和蛋白引物在该位点组装成复制复合体，起始基因组复制（Liu et al.，2003）。疱疹病毒Epstein-Barr（EB）病毒则有三个复制起点且不同的复制起点具有不同的功能，其中起点OriP维持潜伏性感染细胞中基因组的稳定性，而另两个复制起点（OriLyt）则对于增殖性感染中起始病毒基因组的复制起重要作用（Hammerschmidt and Sugden，2013）。

虽然不同DNA病毒的复制起点的引发机制不同，但序列上具有一定的相似性，其中复制起点所含的AT碱基对富含区是一个显著特征。有些病毒，如多瘤病毒SV40，复制起点的两端还含有一些可显著增强复制效率的序列，这些序列能被细胞转录激活蛋白结合从而增强复制效率。

2. 病毒复制识别蛋白及复制起点识别的机制

DNA病毒复制起点的识别具有多种机制，这里首先介绍研究较为深入的多瘤病毒SV40的复制起点的识别，随后对病毒复制起始识别蛋白具有的共同属性进行介绍。

SV40复制起点的识别由病毒早期基因编码的大T抗原（large T antigen，LT）介导，该蛋白同时具有复制起点解链和复制叉移动所需的解旋酶活性（Simmons，2000）。LT蛋白形成六聚体，两个LT六聚体分别包裹复制起点两端的序列，通过六聚体的构象变化诱发复制起点的解链（Cuesta et al.，2010）。在解链过程中细胞复制蛋白A（replication protein A，Rp-A）和拓扑异构酶Ⅰ协同促进LT行使3′至5′解链酶活性，从复制起点双向解开双链，而Rp-A蛋白则会结合解开的单链DNA，这种结合为后续DNA聚合酶在复制起点的识别与行使功能创造了条件。

LT蛋白不仅介导SV40病毒基因组的复制起始，还介导SV40感染复制的种属特异性，因为LT蛋白只结合敏感宿主细胞中的由DNA聚合酶α大亚基而形成的有功能的复制复合体。LT 蛋白的 N 端和 C 端具有多处磷酸化修饰位点，其中第 124 位苏氨酸的磷酸化修饰对于促进 LT 结合复制起始位点及解开 DNA 双链均具有重要作用。

其他病毒的起点识别蛋白和 SV40 的 LT 蛋白类似，在特定的复制起点识别特异的 DNA 序列，并招募其他辅助蛋白以起始基因组复制。例如，单纯疱疹病毒 1 型（herpes simplex virus type 1，HSV-1）的复制起始蛋白 UL9，会招募病毒编码的其他复制蛋白（如病毒 DNA 聚合酶 UL30 等）以复合体的形式结合到复制起点中 AT 富集区域，此时 UL9 具有的解链酶活性沿 3′ 至 5′ 方向解开 DNA 双链促进复制起始（Marintcheva and Weller，2003）。HSV-1 UL9 蛋白在基因组复制起始后会被细胞蛋白酶 cathepsin B 切割并从复制起点解离。这种切割产物是否发挥复制的抑制子功能尚待深入研究。

大多数 DNA 病毒基因组的复制起始是由多个病毒蛋白介导的。例如，人乳头瘤病毒基因组的复制起始由病毒 E1 和 E2 蛋白协同介导，基因组复制起点序列上含有 E1 和 E2 结合序列（Dowd et al.，2016）。E1 蛋白与病毒 DNA 初始结合时序列特异性和亲和力都较低，而当 E1 和 E2 蛋白同时结合上复制起点序列后，E1 蛋白与病毒 DNA 结合的特异性和亲和力均显著增强。当 E1-E2 复合体在复制起点完成组装后，E2 蛋白从复合体上解离，伴随着 E2 蛋白的解离，更多的 E1 蛋白参与到起始复合体的组装中，最终形成 E1 六聚体环绕 DNA 复制起点，在 E1 解旋酶活性的作用下解开 DNA 双链，并起始复制。

腺病毒的复制起始由病毒编码的前终止蛋白和 DNA 聚合酶组成的复合体介导，这两种蛋白质在翻译出来后就形成复合体并进入细胞核内，特异性地结合到病毒复制起点上。随后，该病毒蛋白复合体与细胞转录调控蛋白发生相互作用，进一步促进前起始复合体在病毒基因组复制起点上的组装，起始腺病毒 DNA 的合成。腺病毒 DNA 合成模板的 5′ 端有一个共价结合的末端蛋白，该蛋白促进 DNA 双螺旋末端的解链，并可能介导病毒 DNA 分子在被感染的细胞核内的特定位置进行复制。当子代链合成了最初的几个核苷酸后，病毒 DNA 聚合酶与前终止蛋白分离，介导子代链进一步延伸。

（二）病毒 DNA 合成的引发和延伸

前文已经介绍了病毒 DNA 合成的引发（priming）必须依赖引物，引物既可以是 RNA 引物，也可以是病毒基因组中特征性的结构或病毒蛋白。下文将简述这三种不同的引发机制的差异及其对 DNA 合成延伸机制的影响。

1. RNA 引物介导 DNA 合成的引发和延伸

用于病毒 DNA 基因组合成引发的 RNA 分子可由宿主细胞或病毒编码的引物酶合成，多瘤病毒基因组合成所需的 RNA 引物即由细胞 DNA 聚合酶 α-引物酶合成。以多瘤病毒 SV40 为例（图 5-3），DNA 聚合酶 α-引物酶在 SV40 复制起点结合到 LT 蛋白和宿主 Rp-A 蛋白上形成的复合体，由引物酶合成 RNA 引物，再由 DNA 聚合酶 α 从该引物延伸，合成 DNA 链小片段。这些小片段 DNA 的 3′-OH 端会结合细胞复制因子 C（replication factor C，Rf-C）、增殖性细胞核抗原（proliferating-cell nuclear antigen，Pcna）和 DNA 聚合酶 ε，由 Pcna 促进 DNA 聚合酶 ε 的持续合成（Maga et al.，1999）。

大 DNA 病毒则可由病毒编码的引物酶合成 RNA 引物，如 HSV-1 由病毒编码的 UL5、UL8 和 UL52 蛋白组成引物酶异源三聚体合成 RNA，并将其作为引物（Weller and Coen，2012）。以 RNA 作为引物起始 DNA 合成时，两条亲代链中的一条只能进行不连续的复制。对于线性化的 DNA 模板，病毒会采用一种选择性引发机制以避免不连续的 DNA 合成。

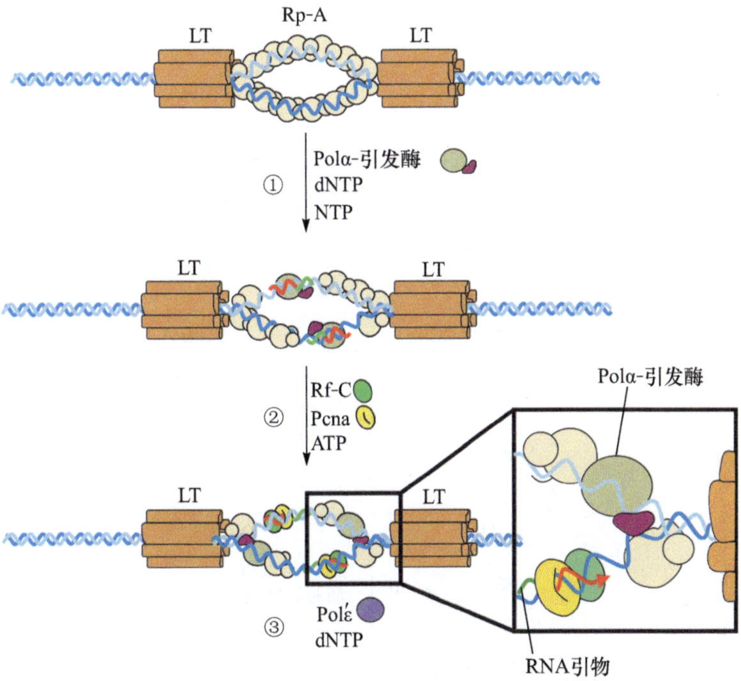

图 5-3　SV40 病毒基因组合成的起始（修改自 Flint et al.，2015）

LT 六聚体与病毒基因组复制起点结合后，解开 DNA 双链，细胞复制蛋白 Rp-A 结合到单链 DNA 上，随后招募细胞 DNA 聚合酶 α-引物酶，并合成短链 RNA 引物（红色所示）用于起始子代 DNA 链的合成。新合成的 DNA 链的 3′-OH 端会结合细胞复制因子 Rf-C、Pcna 和 DNA 聚合酶 ε，Pcna 促进 DNA 聚合酶 ε 对病毒基因组进行持续合成

2. DNA 介导的合成自引发

病毒也可以利用基因组中的特殊结构进行 DNA 合成的自我引发，这种引发机制使得病毒无须单独编码介导引发的蛋白质，有利于小 DNA 病毒充分利用其有限的编码能力表达病毒感染所需的其他的蛋白质。以腺联病毒为例，其基因组为单链线状 DNA，两端具有反向末端重复序列（inverted terminal repeat，ITR）（Cataldi and McCarty，2013），形成 T 形的发卡结构，可作为引物，从 3′-OH 端引发 DNA 合成，直到亲代链的 5′ 端。首轮引发复制到模板末端时，子代链的合成尚不完整，需要在亲代链的末端发卡形成处引入一个缺刻（nick），以产生一个新的 3′-OH 端（图 5-4）。这时亲代链以原来的 ITR 区作为模板，从缺刻处开始延伸合成新的 ITR 区，且两条单链 DNA 形成双链的复制中间体。新合成的 ITR 区再次形成发卡结构，引发新一轮的 DNA 合成，并使复制循环进行。腺联病毒的 DNA 合成是连续循环开展的，由于利用了自引发机制而不需要 DNA 聚合酶 α-引物酶。

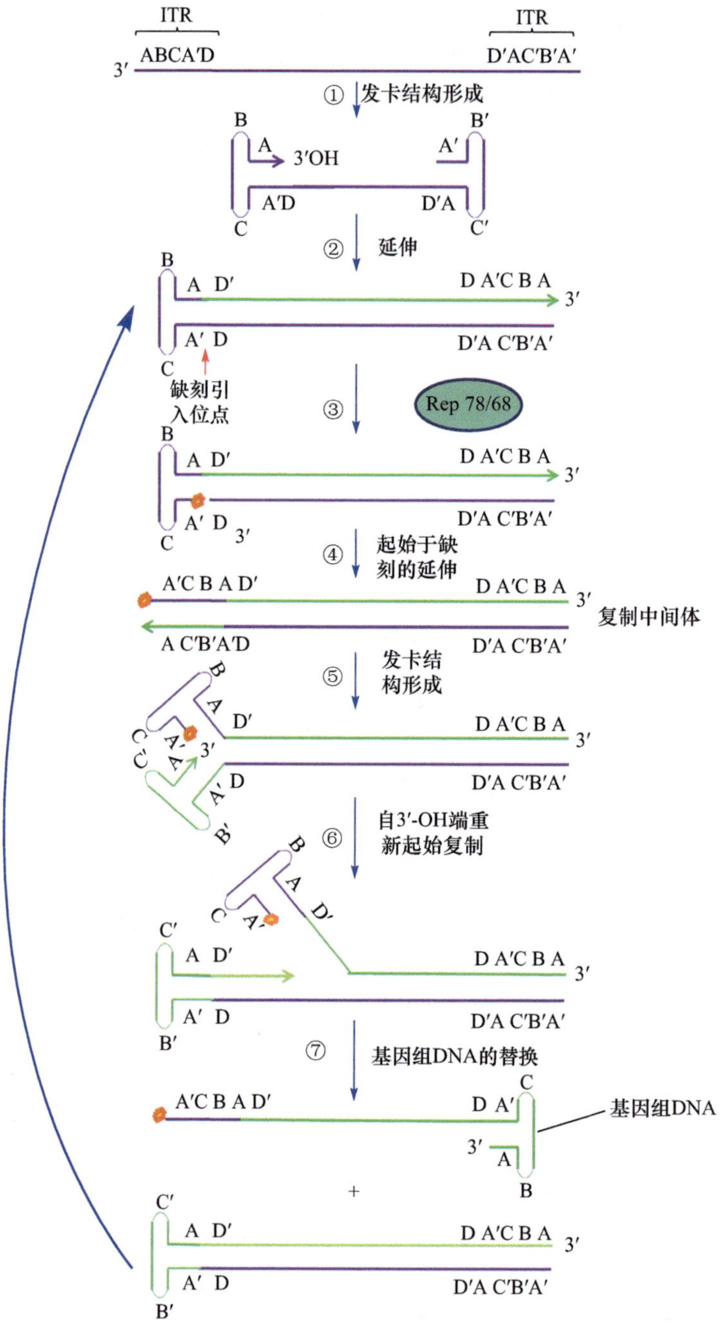

图 5-4 腺联病毒基因组复制过程（修改自 Flint et al.，2015）

① 线性基因组两端的反向末端重复序列 ITR 形成 T 形发卡结构；② 发卡结构的 3′-OH 端引发 DNA 的合成，延续至模板链基因组的 5′ 端；③ 为获得完整的子代链基因组，在病毒 Rep78/68 蛋白的作用下，在基因组特定位点引入缺刻（nick），如图中箭头所示；④ 此时亲代链中所暴露出来的 3′-OH 端会以原亲代链为模板延伸至末端，形成完整的子代链，并形成双链 DNA 复制中间体；⑤ 双链复制中间体的末端可分别形成 T 形发卡结构，其中新合成的末端序列（图中红色发卡结构）的 3′-OH 端可再次起始复制循环；⑥ 3′-OH 端起始新一轮基于自引发机制的病毒 DNA 合成，并替换出结合的另一条 DNA 单链；⑦ 随着新一轮病毒 DNA 合成的完成，复制产物可再次通过引入缺刻，重启步骤③中的合成事件，从而进入循环复制

上述病毒基因组复制过程中缺刻的引入对于病毒 DNA 的连续合成极为重要，而缺刻的形成是由病毒编码的 Rep78 和 Rep68 复合体介导的（Urabe et al.，1999）。该复合体具有核酸内切酶活性，能以六聚体的形式特异性地识别并切割 ITR 内的序列，切割释放的 3′ 端使病毒 DNA 的复制能够循环进行。复合体同时还具有 ATP 依赖的 3′ 至 5′ 解链酶活性，这一活性是解开复制型 ITR 和形成具引发功能的发卡结构所必需的。

3. 蛋白质介导的引发

蛋白质作为引物引发 DNA 合成仅在少数 DNA 病毒基因组复制过程中存在，如噬菌体 φ29（Kamtekar et al.，2006）、嗜肝 DNA 病毒和腺病毒（Liu et al.，2003）。其中腺病毒的蛋白引物是由病毒编码的前终止蛋白（precursor terminal protein，pTP）和 DNA 聚合酶（Pol）形成的复合体（Mysiak et al.，2004）。前终止蛋白 pTP 结合在线性 DNA 基因组的两端，当 pTP 和 Pol 在复制起点处组装成一个前起始复合体时，DNA 聚合酶介导 dCMP 的 α-磷酸基团与 pTP 上一个特异性的丝氨酸残基共价结合，由 pTP-dCMP 上的自由 3′-OH 基团在 DNA 聚合酶的作用下起始 5′ 至 3′ 方向的 DNA 合成，并连续复制到模板链的末端。上述合成过程中置换出来的单链 DNA 会被病毒编码的单链 DNA 结合蛋白（single-stranded DNA binding protein，DBP）所包裹。由于病毒基因组末端片段含有一个反向重复序列（图 5-5 中的 A 和 A′），由 DBP 包裹形成的单链 DNA 的末端可以退火形成一个短的双链结构（图 5-5 步骤④的产物），这个双链结构中也含有复制起点，可以经由与图 5-5 步骤①相同的机制起始并完成复制。

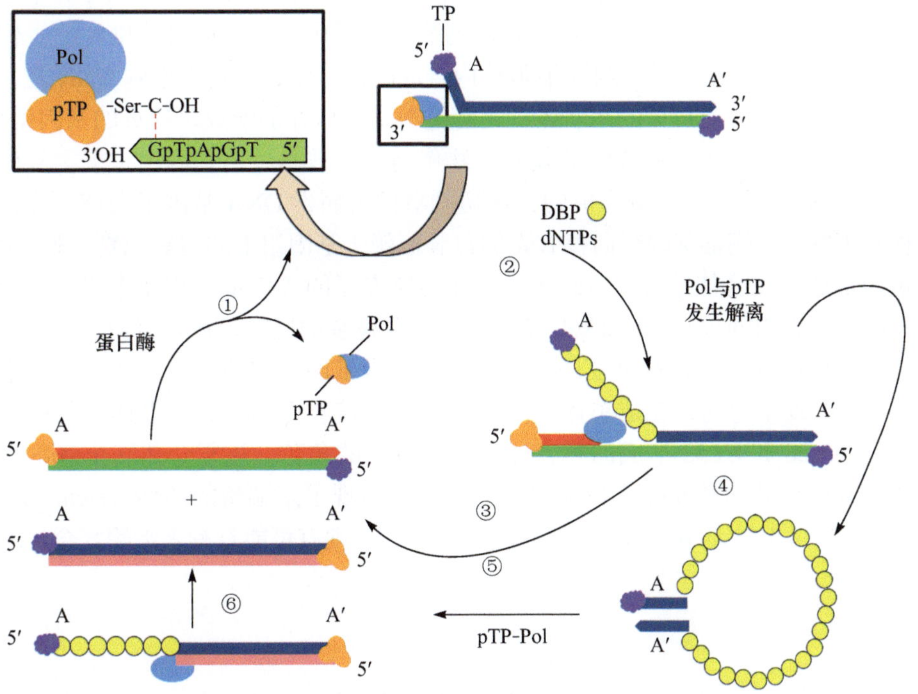

图 5-5　腺病毒蛋白引物起始病毒 DNA 合成的机制（修改自 Flint et al.，2015）

无论哪种引发机制，DNA 的合成过程都基于两种已知的合成机制，即复制叉合成机制或链置换机制，其中病毒 DNA 以链置换方式合成时不依赖于 RNA 引物的引发，而当以复制叉方式合成时则总是依赖于 RNA 引物起始复制。

（三）DNA 病毒基因组复制复合体

DNA 病毒的复制复合体（replication complex）包含多种组分，行使合成引物、介导 DNA 合成及维持 DNA 合成的延续性等多种功能，如腺病毒的复制复合体包括前终止蛋白（作为蛋白引物）、DNA 聚合酶和单链 DNA 结合蛋白等。单链 DNA 结合蛋白不仅能促进病毒 DNA 复制的起始，还能在延伸的过程中结合被置换的模板链，而这种结合可以使 DNA 聚合酶的活性提高 100 倍以上，促进病毒 DNA 聚合酶持续性地合成 DNA。单链 DNA 结合蛋白能支持复制叉长距离地移动，而不需要 ATP 的水解，是双链 DNA 模板不依赖 ATP 解链的驱动力。另一种常参与病毒 DNA 复制的蛋白质是细胞拓扑异构酶，如拓扑异构酶 I 型，其功能是结合在复制模板上以减少其超螺旋化的趋势。

大 DNA 病毒编码的复制复合体相对更为复杂，如 HSV-1 编码至少 7 个病毒蛋白参与复制，包括复制起始识别蛋白 UL9、病毒 DNA 聚合酶 UL30、UL5-UL8-UL52 形成的引物酶和解旋酶异源三聚体、持续性因子 UL42（维持病毒 DNA 聚合酶的持续合成能力）（Chaudhuri and Parris，2002）及单链 DNA 结合蛋白 UL29。

（四）病毒复制产物的解离与加工

部分病毒 DNA 基因组复制过程中产生的子代基因组前体以多聚 DNA 分子的形式存在，需要剪切加工后才能包装进新合成的病毒粒子中，组装成具感染性的子代病毒粒子。例如，HSV-1 病毒基因组在细胞核内合成的过程中，在宿主细胞 DNA 连接酶Ⅳ的作用下形成多基因组拷贝的串联体，需经过剪切释放才能形成单拷贝的基因组形式。HSV-1 单拷贝病毒基因组从连续的复制产物中剪切释放是经由基因组末端重复序列内特异位点（DR 序列）的切割完成的，该切割事件与病毒 DNA 基因组向核衣壳内包装的过程同步发生。病毒基因组向核衣壳的包装依赖于基因组上的包装识别序列 pac，由病毒蛋白形成的复合体结合在 pac 序列上并与核衣壳的入口蛋白相互作用，介导病毒基因组向核衣壳内的包装（Frenkel，2006）。随着包装的进行，在入口蛋白复合体遇到一个相同方向的基因组末端重复序列时，提示病毒基因组包装完成，此时在这个重复序列的 DR 区发生剪切，完成单体基因组的切割与核衣壳内包装。上述过程中病毒蛋白 UL15、UL28 和 UL33 形成的复合体扮演了重要的角色，该复合体结合病毒基因组末端的重复序列并与核衣壳入口蛋白相互作用，体现了末端酶的活性（Heming et al.，2017）。其中，UL28 与 pac 包装序列结合，而 UL15 则有可能具有末端酶复合体所需的 ATPase 活性。

（五）病毒基因组复制的调控

DNA 病毒在细胞内复制时，每一个被感染细胞内可产生 10^5 个甚至更多病毒基因组，病毒通过多种机制来实现这种指数型的基因组复制，其中对宿主细胞转录因子功能的调控是一种十分重要的机制。与实验室常用的永生或转化细胞系不断发生活跃分裂不同，生理条件下病毒感染的宿主细胞常处于静息态的 G_0 期，缺少病毒高效复制所需的细胞复制机制和 dNTP 等复制所需的底物。而病毒则可阻断 G_0 期细胞内抑制细胞分裂的途径从而刺激细胞进入活跃分裂状态，为病毒高效复制创造条件。这里以腺病毒调控细胞视网膜母细胞瘤（retinoblastoma，Rb）蛋白为例进行介绍。Rb 蛋白是一个肿瘤抑制因子，可抑制细胞从 G_1 期进入 S 期，使细胞进行有序生长和分裂。在 G_1 期，Rb 蛋白结合 E2f 家族的细胞转录激活因子，这种结合抑制了 E2f 家族蛋白转录激活的能力（Fischer and Muller，2017），也可抑制病毒复制蛋白的合成。而腺病毒编码的 E1A 蛋白能结合 Rb 蛋白，使被 Rb 蛋白结合的宿主 E2f 蛋白得以释放，激活参与细胞周期和 DNA 合成的基因转录，促进病毒的高效复制（Chakraborty and Tansey，2009）。E2f 蛋白转录活性的释放对于腺病毒 DNA 合成还具有直接的促进功能，因为病毒 *E2* 基因的表达也依赖于 E2f 的转录活性，而 *E2* 基因编码了腺病毒的 DNA 聚合酶、前终止蛋白引物和 DNA 结合蛋白，直接介导腺病毒 DNA 复制的起始与延伸。

二、RNA 病毒的复制

RNA 病毒根据巴尔的摩的病毒分类规则，可以分为正链 RNA 病毒、负链 RNA 病毒和双链 RNA 病毒。由于宿主细胞中没有利用 RNA 为模板进行 RNA 合成的机制，因此 RNA 病毒基因组的复制需要由病毒自身编码的 RdRp 来合成新的病毒基因组以及翻译所需要的 mRNA。由于宿主细胞可以直接利用正链 RNA 病毒的基因组作为 mRNA 进行翻译，从而可以产生病毒复制所需要的蛋白质，因此正链 RNA 病毒的颗粒中不包装 RdRp，而在感染过程中合成；由于宿主细胞不能直接利用负链 RNA 和双链 RNA 病毒的基因组进行翻译和复制，因此这些病毒包装形成感染性颗粒中都包含 RdRp，以利用病毒基因组为模板进行 mRNA 的合成，进而起始病毒基因组 RNA 的复制合成。

（一）正链 RNA 病毒的复制

正链 RNA 病毒的基因组复制发生在由病毒聚合酶和其他病毒蛋白、细胞蛋白及病毒 RNA 组成的特殊膜结构中，称为复制复合体，目前复制复合体的确切组成和性质仍不清楚。在正链 RNA 病毒感染的细胞中，RNA 基因组可直接作为 mRNA，翻译产生病毒蛋白，其中产生的 RdRp 负责病毒 RNA 基因组的复制。RdRp 首先将基因组正链 RNA 转录成互补的负链 RNA 以形成 dsRNA 中间体；然后以负链作为模板产生大量拷贝的正链 RNA，形成 RNA 复制的不对称合成，即正链 RNA 通过负链进行大量合成，并且所有负链都作为 dsRNA 中间体的一部分存在。病毒聚合酶在感染宿主细胞中能够特异性地复制病毒基因组 RNA，而分离纯化的重组聚合酶则缺乏特异性，能够在体外同时使用病毒和非病毒模板进行 RNA 合成。因此，复制复合体很大程度上可以通过将各种底物集中在聚合酶附近为病毒基因组 RNA 的特异性和高效复制创造最佳的环境。

1. 引物依赖启动的 RNA 合成

我们以小 RNA 病毒科病毒为例来说明引物依赖启动的 RNA 合成的机制。该类病毒有大家熟悉的脊髓灰质炎病毒、EV71、口蹄疫病毒和柯萨奇病毒等。以脊髓灰质炎病毒为例，病毒基因组大约为 7.5kb，分为 5′ 端非翻译区（5′NTR）、一个可读框及带有多腺苷酸[poly(A)]尾巴的 3′NTR。RNA 基因组的 5′ 端与病毒蛋白 VPg（viral protein genome-linked）共价连接，VPg 是一个含有 22 个氨基酸残基由病毒编码的蛋白质，也称为 3B 蛋白，由病毒前体蛋白 3AB 切割成熟而来。小 RNA 病毒的 RdRp 聚合酶为 3D 蛋白，3D 催化 VPg 与基因组的初始连接和随后的延伸，以产生新的基因组 RNA。

3D 聚合酶最初使用 3′poly（A）尾巴作为模板催化 VPg 的尿苷酰化。RNA 合成是在第二个核苷酸 A 而不是模板 3′ 端的 A 处开始的，并且在保守的 Tyr 残基（Tyr3）上共价地将 UTP 附着到 VPg。Tyr3 的羟基类似于引物末端的游离 3′ 羟基，与 UTP 形成磷酸二酯键以形成 VPg-pU。然后，该 VPg-pU“向后滑动”一个碱基与模板的 3′ 端 A 形成碱基对，并且 3D 聚合酶添加第二个 UTP 以形成 VPg-pUpU。随后聚合酶使用 VPg-pUpU 作为引物，正链基因组 RNA 作为模板来合成全长的负链 RNA。接下来，3D 聚合酶使用 VPg-pUpU 作为引物和新合成的负链作为模板合成正链 RNA。据报道，用于正链 RNA 合成的蛋白引物 VPg-pUpU 也可由保守的顺式作用复制元件（CRE）作为模板来进行合成；目前尚不清楚聚合酶如何区分这两种类型的 VPg-pUpU（图 5-6）。

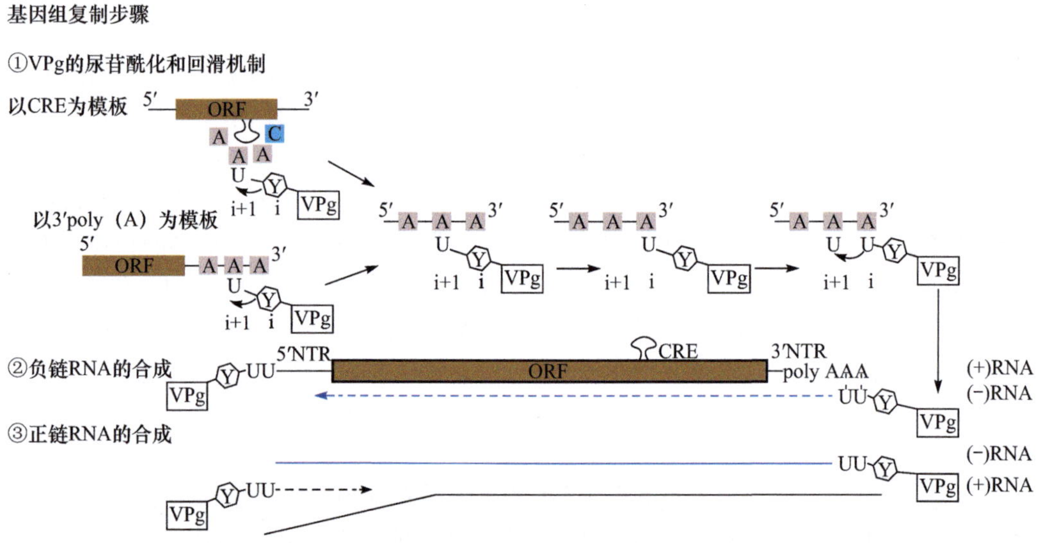

图 5-6　脊髓灰质炎病毒的基因组复制（修改自 Choi，2012）

① VPg 的尿苷酰化和回滑机制：VPg 既可以利用 poly（A）尾巴也可以利用 CRE 为模板合成 VPg-pUpU，聚合酶利用第二个 A 起始 VPg 的尿苷酰化，合成的 VPg-pU 向后滑动和第一个 A 配对，然后聚合酶再进行第二次的尿苷酰化形成 VPg-pUpU。② 负链 RNA 的合成：以 VPg-pUpU 为引物利用正链 RNA 为模板合成负链 RNA（蓝色）。③ 正链 RNA 的合成

2. 从头起始的 RNA 合成

我们以黄病毒科的病毒为例来说明从头起始机制的 RNA 合成。这些病毒的基因组为 10～12kb 的单链正义 RNA，由 5′NTR、单个可读框和缺少 poly（A）尾的 3′NTR 组成。其中黄病毒属的病毒还含有独特的 5′ 帽子结构，因此其病毒基因组的复制还需要额外的机制进行病毒基因组 RNA 的加帽。黄病毒科病毒的 RdRp 大小不同，其中丙型肝炎病毒的 NS5B 聚合酶是最小的黄病毒科病毒聚合酶，仅含有一个聚合酶结构域。瘟病毒属的 NS5B 聚合酶还有一个功能未知的小 N 端结构域。黄病毒 NS5 聚合酶则由两个结构域组成，含有一个 N 端甲基转移酶结构域和一个 C 端聚合酶结构域。

黄病毒科病毒利用 RdRp 通过从头合成的机制启动 RNA 合成（Ackermann and

Padmanabhan，2001）。第二个 NTP 直接添加到第一个起始 NTP 的 3′ 羟基中，而不需要引物。病毒聚合酶不需要解离，结合在正链基因组 RNA 的 3′ 端并复制整个基因组，然后利用新合成的负链 RNA 作为模板合成大量拷贝的正义基因组 RNA。

从头起始合成在基因组复制中具有优势，因为不需要进行额外的引物合成，RNA 合成可以在基因组的末端开始，可以很好地保证全长基因组的复制而不丢失任何遗传信息。然而，从头合成方式形成一个稳定的起始复合体是具有挑战性的。聚合酶需要将模板链、两个引发首步反应的 NTP 和两个二价金属离子（通常为镁离子）精准地组装到位；这一过程可能还需要其他辅因子的参与，高浓度的 GTP 是黄病毒聚合酶从头合成的重要辅助因子。尽管从头启动合成可能是感染细胞中病毒基因组复制的机制，但重组病毒聚合酶能够通过从头起始和引物依赖性两种方式启动 RNA 合成。

（二）负链 RNA 病毒

病毒负链 RNA 基因组不能用于蛋白质合成，需要首先转录为正链 RNA。宿主聚合酶不能进行 RNA 依赖的 RNA 合成，因此病毒的 RdRp 与基因组一起包装在病毒颗粒中，在病毒感染过程中与病毒基因组 RNA 一起被释放到细胞质中，进行基因组的转录和复制。这些病毒合成出来的 mRNA 的 5′ 端含有一段包含帽子结构的 5～15 个非病毒序列的寡核苷酸，由于负链 RNA 病毒不编码加帽酶，一般 5′ 帽子和非病毒模板的核苷酸是通过“夺帽”（cap-snatching）机制从细胞 mRNA 中得到的。在转录过程中，病毒聚合酶结合到宿主细胞 mRNA 的帽子结构上，通过内切酶活性从 5′ 端下游切割得到含有帽子结构的 10～15 个核苷酸，然后带有帽子结构的寡核苷酸 RNA 被用作病毒 mRNA 合成的引物。一般认为流感病毒、布尼亚病毒和沙粒病毒都采取这种机制进行 mRNA 的合成。

负链 RNA 病毒的功能性聚合酶一般是多个蛋白质或多个结构域的复合物（Choi，2012）。流感病毒聚合酶是由 PA、PB1 和 PB2 蛋白组成的异源三聚体，而布尼亚病毒和沙粒病毒聚合酶是由多个结构域组成的大蛋白，称为 L 蛋白。流感病毒 PA 蛋白的 N 端结构域和布尼亚病毒、沙粒病毒 L 蛋白的 N 端结构域具有核酸内切酶活性，可能与夺帽机制有关。包含 GDD 基序的聚合酶序列位于流感病毒聚合酶的 PB1 蛋白和布尼亚病毒与沙粒病毒聚合酶 L 蛋白的中心区域，L 蛋白 C 端的酶学功能尚不清楚。

（三）双链 RNA 病毒

双链 RNA 病毒基因组的双链 RNA 的正链不能作为 mRNA 来合成病毒蛋白，而是通过基因组的负链 RNA 由病毒编码的 RdRp 来合成 mRNA 进行病毒蛋白的翻译，其基因组复制与负链 RNA 病毒类似。

三、逆转录病毒的复制

单链 RNA 逆转录病毒，又称为以 DNA 为复制中间体的单链 RNA 病毒，其中最为典型的代表为逆转录病毒科的病毒，如人类免疫缺陷病毒 1 型（human immunodeficiency virus type 1，HIV-1）。逆转录病毒感染细胞后病毒编码的 RNA 依赖的 DNA 聚合酶，即逆转录酶，将病毒 RNA 基因组逆转录为 DNA 基因组。随后在病毒整合酶的作用下，病毒 DNA 被整合进宿主细胞的染色体中，在宿主细胞 RNA 聚合酶Ⅱ的作用下转录形成子代病毒的 RNA 基因组，完成病毒基因组复制。逆转录机制的发现拓展了经典的分子生物学中心法则，即遗传信息的传递不仅是从 DNA 到 RNA 再到蛋白质，还可以从 RNA 逆向传递至 DNA。

（一）逆转录酶的基本特性

逆转录病毒科中 HIV-1 的逆转录酶研究最为深入，下文将以 HIV-1 的逆转录酶为例，简述逆转录酶的基本特性。逆转录酶由病毒的 *pol* 基因编码，是由 p66 和 p51 组成的异源二聚体，每个病毒粒子中含有 50～100 个逆转录酶分子（Hu and Hughes，2012）。与细胞的聚合酶一样，RT 也需要结合二价阳离子（Mg^{2+} 或 Mn^{2+}）作为辅助因子。RT 由于缺乏外切核酸酶的校验功能，在合成 DNA 的过程中极易引入突变，据估算，逆转录酶的突变引入率约为每合成 10^4 个核苷酸即可引入一个突变，这一特性被认为是造成逆转录病毒在体内产生高突变率的主要原因，也是 HIV 极易产生耐药性突变的原因（Das and Arnold，2013a，2013b）。

与 DNA 聚合酶一样，逆转录酶合成 DNA 的过程也依赖于引物，而不能重头合成（Hughes，2015）。逆转录过程起始所用的引物是来源于被感染细胞内的 tRNA 分子，HIV-1 最常用的是宿主 $tRNA^{Lys3}$。$tRNA^{Lys3}$ 通过和 RNA 基因组上的引物结合区域（primer binding site，pbs）结合，在病毒粒子组装的过程中即结合在病毒基因组上。病毒入侵细胞后，在逆转录酶的作用下该 $tRNA^{Lys3}$ 引物介导病毒 DNA 的起始合成。另外，$tRNA^{Lys3}$ 分子在病毒粒子中的包装并不完全依赖于与病毒 RNA 基因组的结合，每一个 HIV-1 粒子中约含 100 个 $tRNA^{Lys3}$ 分子。相对于两个拷贝的 RNA 基因组数量，这种高丰度的 $tRNA^{Lys3}$ 确保了引物与病毒 RNA 基因组的有效结合，以保证复制的高效起始。

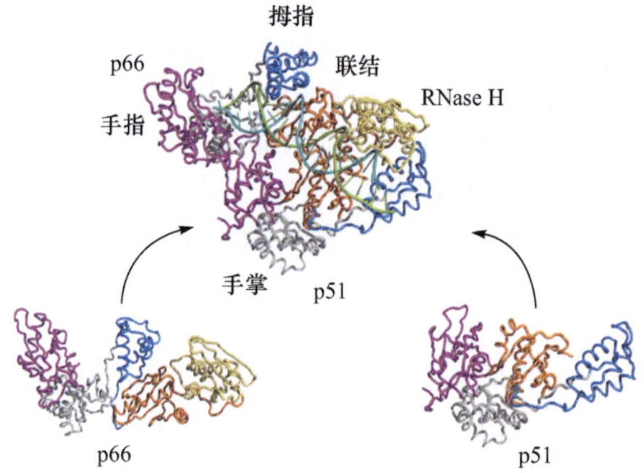

图 5-7 HIV-1 逆转录酶的结构（修改自 Flint et al.，2015）

HIV-1 的逆转录酶是由 p66 和 p51 两个亚基组成的异源二聚体，蛋白质序列上 p66 亚基在 C 端比 p51 亚基多一个 RNase H 活性区域（图中黄色所示）。图中亮蓝色显示的是病毒基因组的 RNA 链，绿色为新合成的病毒 cDNA 链

上文提到 HIV-1 的逆转录酶含有 p66 和 p51 两个亚基，这两个亚基均含有聚合酶活性，而只有 p66 亚基含有 RNaseH 活性，在逆转录合成病毒 cDNA 的过程中切割降解 RNA 模板。逆转录酶的催化功能主要由大亚基 p66 提供，而 p51 亚基的主要功能似

乎只是维持逆转录酶的结构。晶体结构（图 5-7）显示，这两个亚基紧密贴合，具有较大的相互作用界面，包裹着病毒 RNA 基因组及新合成的病毒 cDNA。p66 和 p51 两个亚基均具有 4 个亚区域，分别为“手指”（图中蓝色区域）、“手掌”（图中红色区域）、“拇指”（图中绿色区域）和“联结”（图中黄色区域）区域，其中“联结”区域是两个亚基主要接触的部位，也是 p66 亚基中联结“拇指”和 RNase H 活性结构域的区域。p51 亚基中“拇指”区域会与 p66 亚基中的 RNase H 结构域相互作用，而这种相互作用对于 RNase H 酶的活性很重要。

1975 年的诺贝尔生理学或医学奖授予了三位科学家，分别是霍华德·马丁·特明（Howard Martin Temin）、大卫·巴尔的摩（David Baltimore）和罗纳托·杜尔贝科（Renato Dulbecco）。

特明
Howard Martin Temin
1934～1994

杜尔贝科
Renato Dulbecco
1914～2012

巴尔的摩
David Baltimore
1938～

杜尔贝科通过研究证明了 DNA 肿瘤病毒可引起细胞转化，而且进一步证明了感染性病毒的 DNA，在被转化细胞中起着遗传要素的作用。

特明在研究劳斯肉瘤病毒时发现该病毒具有不同的亚型，而不同亚型劳斯肉瘤病毒所转化的细胞的恶性表型均不一样。此现象的合理解释为劳斯肉瘤病毒在诱导细胞癌变的过程中，将自己的遗传信息稳定地传递给了正常细胞，从而使它们具有特征性的恶性表型。劳斯肉瘤病毒为一种 RNA 病毒，这与当时的传统科学理论（DNA → RNA →蛋白质）是相矛盾的。特明认为在感染的细胞内存在以劳斯肉瘤病毒的 RNA 为模板合成的“DNA 中间体”（又称前病毒，provirus），这个 DNA 中间体随后整合到细胞的 DNA 中，从而永久地改变被感染细胞的遗传特性。

要证明这一观点的正确性最为关键的一点就是要找到以劳斯肉瘤病毒的 RNA 为模板合成“DNA 中间体”所必需的酶，即以 RNA 为模板的 DNA 聚合酶。特明这一实验设计得简单而巧妙，将合成 DNA 所必需的 A、T、G、C 4 种脱氧核糖核苷酸与破坏了外壳的劳斯肉瘤病毒一起在体外 40℃的条件下温育一段时间后，在试管内获得了一种新合成的生物大分子，而它不能被 RNA 酶水解却可以被 DNA 酶水解，从而证明这种新的生物大分子为 DNA。但如果用 RNA 酶预先破坏劳斯肉瘤病毒的 RNA，再重复上述实验则不能获得这种大分子，说明这个 DNA 是以

RNA 为模板合成的。这个实验有力地证明了劳斯肉瘤病毒中存在一种依赖 RNA 的 DNA 聚合酶。

而巴尔的摩则是利用劳舍尔氏白血病病毒和劳斯肉瘤病毒进行的研究，用类似的实验证明在这些病毒粒子中，的确存在一种依赖 RNA 的 DNA 聚合酶。这样，特明和巴尔的摩分别在 1970 年 5 月先后报道了这种酶。

逆转录酶的发现，修正了“中心法则”，而杜尔贝科的研究是特明和巴尔的摩的研究的基础，所以三人由于发现肿瘤病毒和细胞的遗传物质之间的相互作用一起获得了 1975 年的诺贝尔生理学或医学奖。

（二）逆转录过程

病毒逆转录的事件主要发生被感染的细胞质内（Campbell and Hope，2015）。以 HIV-1 为例，逆转录的过程发生在病毒衣壳蛋白包裹所形成的逆转录复合体（reverse transcription complex，RTC）中（Peng et al.，2014），这种包裹的结构可以避免病毒核酸被细胞质内的模式识别受体所结合，从而避免了抗病毒天然免疫反应的诱发（Yamashita and Engelman，2017）。下文将以 HIV-1 为例，简述逆转录过程的分子机制。

1. 负链 DNA 合成的起始

HIV-1 DNA 合成所用的引物来源于被感染细胞的 $tRNA^{Lys3}$ 分子，在病毒组装过程中 $tRNA^{Lys3}$ 结合到病毒基因组的引物结合位点上（Kleiman et al.，2004）。病毒入侵细胞释放出包裹着病毒基因组的衣壳结构后，在逆转录酶的作用下，负链 DNA 的合成从 $tRNA^{Lys3}$ 引物 3′ 端邻近处起始，在合成了约 100bp 后到达模板链的 5′ 端，此时逆转录酶的 RNase H 酶活性发生作用，降解与新合成的负链 DNA 配对的 RNA 基因组，暴露出来的短链 DNA 片段将参与下一阶段的反应。

2. 初次模板交换

暴露出来的短链 DNA 片段与病毒 RNA 基因组的 3′ 端序列互补配对，完成初次模板交换后（退火），在逆转录酶的作用下持续性地进行 DNA 合成。由于在病毒感染的体系下进行模板交换的负链 DNA 极少被检测到，人们推测在病毒感染生理条件下模板交换及随后的延伸机制发生的效率非常高。

3. 正链 DNA 起始合成

在负链 DNA 持续合成的过程中，逆转录酶的 RNase H 酶对 RNA 基因组模板进行消化，在消化过程中保留下了一段由 13～15 个核苷酸组成的多聚尿嘧啶链，作为引物介导正链 DNA 的合成。正链 DNA 的合成终止于 $tRNA^{Lys3}$ 引物上的一个被修饰碱基，此时，正链 DNA 的尾端含有与 tRNA 引物上配对的一段核苷酸。

4. 第二次模板交换

在逆转录酶 RNase H 活性将引物 tRNA 剪切释放后，正链 DNA 的 3′ 端可与新合成的负链 DNA 的 3′ 端互补配对，完成第二次的模板交换。上述互补配对过程完成后，负链 DNA 继续延伸，新合成的负链 DNA 置换与正链 DNA 结合的片段，随着延伸的完成合成完整的负链 DNA。此时，正链 DNA 以完整的负链 DNA 为模板，合成完整的正链 DNA。

小　结

病毒基因组复制是指在感染宿主细胞的过程中病毒基因组拷贝数的增加。不同病毒基因组的成分和结构差异较大，具有各种具体形式。根据病毒 mRNA 的产生方式，巴尔的摩病毒分类系统将病毒分为七大类。病毒基因组的差异决定了病毒基因组复制机制的差异。无论病毒的遗传物质是 DNA 还是 RNA 的形式，病毒聚合酶在病毒基因组复制中都起着关键作用。病毒基因组复制的化学本质是聚合酶通过碱基互补配对，复制模板核酸链以产生子代链，因此聚合酶的主要催化活性是将与模板链互补的三磷酸核苷酸的核苷部分转移至 RNA 或 DNA 的生长子代链的 3′羟基端，在这个过程中二价金属离子（如 Mg^{2+} 或 Mn^{2+}）是聚合酶活性所必需的。病毒的复制发生在特定的场所，在其基因组的复制过程中病毒因子和宿主因子相互作用以形成一个被称为复制工厂的特定结构。通常 RNA 病毒的复制发生在细胞质，DNA 病毒基因组复制发生在细胞核内，但是也有一些例外。

复习思考题

1. 巴尔的摩病毒分类系统的依据是什么？
2. 聚合酶分为哪几类？哪些聚合酶是病毒特有的？
3. 病毒 DNA 合成的引发有哪几种方式？
4. RNA 病毒为什么具有较高突变率？高突变率对 RNA 病毒有何生物学意义？
5. 简述 HIV-1 病毒逆转录的过程。

（张　波　彭　珂）

参考文献

Ackermann M, Padmanabhan R. 2001. *De novo* synthesis of RNA by the dengue virus RNA-dependent RNA polymerase exhibits temperature dependence at the initiation but not elongation phase. J Biol Chem, 276: 39926-39937.

Alcaraz-Estrada SL, Del Angel R, Padmanabhan R. 2014. Construction of self-replicating subgenomic dengue virus 4 (DENV4) replicon. Methods Mol Biol, 1138: 131-150.

Baltimore D. 1971. Expression of animal virus genomes. Bacteriol Rev, 35: 235-241.

Bassi MR, Sempere RN, Meyn P, et al. 2018. Extinction of Zika virus and Usutu virus by lethal mutagenesis reveals different patterns of sensitivity to three mutagenic drugs. Antimicrob Agents and Chemother, 62 (9): e00380-18.

Campbell EM, Hope TJ. 2015. HIV-1 capsid: the multifaceted key player in HIV-1 infection. Nat Rev Microbiol, 13: 471-483.

Cataldi MP, McCarty DM. 2013. Hairpin-end conformation of adeno-associated virus genome determines interactions with DNA-repair pathways. Gene Ther, 20: 686-693.

Cerny J, Cerna Bolfikova B, de A Zanotto PM, et al. 2015. A deep phylogeny of viral and cellular right-hand polymerases. Infect Genet Evol, 36: 275-286.

Chakraborty AA, Tansey WP. 2009. Adenoviral E1A function through Myc. Cancer Res, 69: 6-9.

Chatel-Chaix L, Bartenschlager R. 2014. Dengue virus and hepatitis C virus-induced replication and assembly compartments: the enemy inside caught in the web. J Virol, 88: 5907-5911.

Chaudhuri M, Parris DS. 2002. Evidence against a simple tethering model for enhancement of herpes simplex virus DNA polymerase processivity by accessory protein UL42. J Virol, 76: 10270-10281.

Choi KH. 2012. Viral polymerases. Adv Exp Med Biol, 726: 267-304.

Clutter DS, Jordan MR, Bertagnolio S, et al. 2016. HIV-1 drug resistance and resistance testing. Infect Genet Evol, 46: 292-307.

Crotty S, Maag D, Arnold JJ, et al. 2000. The broad-spectrum antiviral ribonucleoside ribavirin is an RNA virus mutagen. Nat Med, 6: 1375-1379.

Cuesta I, Nunez-Ramirez R, Scheres SH, et al. 2010. Conformational rearrangements of SV40 large T antigen during early replication events. J Mol Biol, 397: 1276-1286.

Das K, Arnold E. 2013a. HIV-1 reverse transcriptase and antiviral drug resistance. Part 1. Curr Opin Virol, 3: 111-118.

Das K, Arnold E. 2013b. HIV-1 reverse transcriptase and antiviral drug resistance. Part 2. Curr Opin Virol, 3: 119-128.

Dowd KA, DeMaso CR, Pelc RS, et al. 2016. Broadly neutralizing activity of Zika virus-immune sera identifies a single viral serotype. Cell Rep, 16: 1485-1491.

Fischer M, Muller GA. 2017. Cell cycle transcription control: DREAM/MuvB and RB-E2F complexes. Crit Rev Biochem Mol Biol, 52: 638-662.

Flint J, Racaniello V, Rall G, et al. 2015. Principles of Virology. 4th ed. New York: ASM Press.

Frenkel N. 2006. The history of the HSV amplicon: from naturally occurring defective genomes to engineered amplicon vectors. Curr Gene Ther, 6: 277-301.

Hammerschmidt W, Sugden B. 2013. Replication of Epstein-Barr viral DNA. Cold Spring Harb Perspect Biol, 5: a013029.

Heming JD, Conway JF, Homa FL. 2017. Herpesvirus capsid assembly and DNA packaging. Adv Anat Embryol Cell Biol, 223: 119-142.

Hong X, Kim ES, Guo H. 2017. Epigenetic regulation of hepatitis B virus covalently closed circular DNA: implications for epigenetic therapy against chronic hepatitis B. Hepatology, 66: 2066-2077.

Hu WS, Hughes SH. 2012. HIV-1 reverse transcription. Cold Spring Harb Perspect Med, 2: a006882.

Hughes SH. 2015. Reverse transcription of retroviruses and LTR retrotransposons. Microbiol Spectr, 3: 27.

Kamtekar S, Berman AJ, Wang J, et al. 2006. The phi29 DNA polymerase: protein-primer structure suggests a model for the initiation to elongation transition. EMBO J, 25: 1335-1343.

Kleiman, Halwani R, Javanbakht H. 2004. The selective packaging and annealing of primer $tRNA^{Lys3}$ in HIV-1. Curr HIV Res, 2: 163-175.

Li X, Zhao J, Yuan Q, et al. 2017. Detection of HBV covalently closed circular DNA. Viruses, 9: 139.

Liu H, Naismith JH, Hay RT. 2003. Adenovirus DNA replication. Curr Top Microbiol Immunol, 272: 131-164.

Lu G, Gong P. 2017. A structural view of the RNA-dependent RNA polymerases from the *Flavivirus* genus. Virus Res, 234: 34-43.

Maga G, Jonsson ZO, Stucki M, et al. 1999. Dual mode of interaction of DNA polymerase epsilon with proliferating cell nuclear antigen in primer binding and DNA synthesis. J Mol Biol, 285: 259-267.

Marintcheva B, Weller SK. 2003. Helicase motif Ⅰa is involved in single-strand DNA-binding and helicase activities of the herpes simplex virus type 1 origin-binding protein, UL9. J Virol, 77: 2477-2488.

Mysiak ME, Holthuizen PE, van der Vliet PC. 2004. The adenovirus priming protein pTP contributes to the kinetics of initiation of DNA replication. Nucleic Acids Res, 32: 3913-3920.

Peng K, Muranyi W, Glass B, et al. 2014. Quantitative microscopy of functional HIV post-entry complexes reveals association of replication with the viral capsid. Elife, 3: e04114.

Simmons DT. 2000. SV40 large T antigen functions in DNA replication and transformation. Adv Virus Res, 55: 75-134.

Steitz TA. 1998. A mechanism for all polymerases. Nature, 391: 231-232.

Urabe M, Hasumi Y, Kume A, et al. 1999. Charged-to-alanine scanning mutagenesis of the N-terminal half of adeno-associated virus type 2 Rep78 protein. J Virol, 73: 2682-2693.

Vignuzzi M, Wendt E, Andino R. 2008. Engineering attenuated virus vaccines by controlling replication fidelity. Nat Med, 14: 154-161.

Weller SK, Coen DM. 2012. Herpes simplex viruses: mechanisms of DNA replication. Cold Spring Harb Perspect Biol, 4: a013011.

Welsch S, Miller S, Romero-Brey I, et al. 2009. Composition and three-dimensional architecture of the dengue virus replication and assembly sites. Cell Host Microbe, 5: 365-375.

Yamashita M, Engelman AN. 2017. Capsid-dependent host factors in HIV-1 infection. Trends Microbiol, 25: 741-755.

C 第6章
hapter Six

病毒的致病机制

第一节　病毒感染宿主

一、入侵

病毒的自然感染过程通常始于病毒对宿主与外界接触部位的上皮或黏膜组织的入侵。而作为对抗病毒入侵第一道防线的上皮或黏膜组织，同样具备了各具特色的防御机制来阻止病毒的入侵。

（一）呼吸道

人类的呼吸道由鼻、咽、喉、气管、支气管、肺泡等组成，负责维持人类生存所需的气体交换。呼吸时，富含氧气的空气由鼻腔经呼吸道进入肺泡，同时人体产生的二氧化碳也由肺泡经呼吸道从鼻腔排出体外。由于呼吸道时刻都处于与外界进行气体交换的过程，因此空气中携带的病毒颗粒，或者人体内产生的病毒都可以经由呼吸道发生传播。随着人类社会活动日益增加，空气中各种气溶胶、飞沫、$PM_{2.5}$颗粒等均有可能成为各种病毒的载体，从而提高经呼吸道传播病毒的概率。所幸的是，人类的呼吸道具备强大的防御能力。分布在鼻腔到支气管的黏膜上皮细胞能够分泌黏液。这些黏液可以黏附包括病毒在内的各种吸入颗粒，进而通过上皮细胞的纤毛蠕动，将黏液推送到喉部，最终被排出体外或者吞咽入消化道。另外，黏液中的病毒抗体也可以起到中和病毒的作用。进入肺泡的病毒颗粒则可以被肺泡周围的巨噬细胞吞噬降解。通过呼吸道入侵人体的常见病毒见表 6-1。

表 6-1　病毒入侵途径与种类（Flint et al.，2015）

位置	入侵途径	病毒种类
呼吸道	上呼吸道	鼻病毒；柯萨奇病毒；冠状病毒；沙粒病毒；汉坦病毒；副流感病毒（1～4型）；呼吸道合胞体病毒；甲型及乙型流感病毒；人类腺病毒（1～7，14，21型）
	下呼吸道	呼吸道合胞体病毒；甲型及乙型流感病毒；人类腺病毒（1～7，14，21型）；严重急性呼吸综合征病毒；副流感病毒（1～3型）
	经由呼吸道转为系统性感染	风疹病毒；沙粒病毒；汉坦病毒；腮腺炎病毒；麻疹病毒；水痘-带状疱疹病毒；痘病毒

续表

位置	入侵途径	病毒种类
消化道	系统感染	肠道病毒；呼肠孤病毒；腺病毒（40，41 型）
	局部感染	冠状病毒；轮状病毒
泌尿生殖道	系统感染	人类免疫缺陷病毒；乙型肝炎病毒；单纯疱疹病毒
	局部感染	乳头瘤病毒
眼结膜	系统感染	肠道感染（70 型）；单纯疱疹病毒
	局部感染	腺病毒（8，22 型）
皮肤	蚊虫叮咬	布尼亚病毒；黄病毒；痘病毒；呼肠孤病毒；披膜病毒
	针刺，性接触	乙型、丙型、丁型肝炎病毒；巨细胞病毒；人类免疫缺陷病毒；乳头瘤病毒（局部感染）；EB 病毒
	动物抓咬	狂犬病病毒

（二）消化道

消化道承担机体摄入饮食的功能。传统观念中的“病从口入”即说明消化道是包括病毒在内的一系列病原微生物的重要入侵途径。与呼吸道上皮类似，消化道上皮也具备分泌黏液、中和抗体、巨噬细胞吞噬等防御措施。除此之外，消化道内的极端 pH 环境（胃内的强酸环境、小肠内的碱性环境）、各种消化酶类以及胆汁酸的去垢剂作用等，一起构成了消化道的病原防护体系。通过消化道入侵人体的常见病毒见表 6-1。

（三）泌尿生殖道

由于尿道内经常流动的尿液具备强大的冲刷能力，一般难以成为病毒等病原微生物的入侵地点。生殖系统（女性阴道）内部的黏液与酸性环境具备一定的抗病毒入侵能力。然而由于性活动经常造成生殖道表皮出现损伤，因此容易成为病毒入侵的通道。通过泌尿生殖道入侵人体的常见病毒见表 6-1。

（四）眼结膜

眼结膜（指覆盖在眼球表面的上皮组织）和内层眼睑上皮之间的腔隙由于黏液（由睑板腺分泌）的吸附和眼泪的冲刷作用，加之高频率的眨眼动作，因而较少成为病毒侵入的窗口。少数病毒可通过破损的上皮组织侵入眼部，形成局部感染。通过眼结膜入侵人体的常见病毒见表 6-1。

（五）皮肤

皮肤分布于身体的表面，是机体与外界接触面积最大的部分。人类表皮由包括角质层在内的多层结构组成。其中角质层由多层扁平无胞核角质细胞组成。其细胞质内充满嗜酸性的角蛋白，对酸、碱、摩擦等因素有较强的抵抗力，病毒无法在该层细胞中复制。当皮肤的机械屏障作用被破坏后（如各种外伤、动物抓咬伤、蚊虫叮咬等），病毒等病原微生物可直接接触到真皮，甚至真皮下的神经肌肉组织，由此造成全身系统性感染。通过皮肤入侵人体的常见病毒见表 6-1。

二、病毒在宿主体内的扩散

（一）局部感染与系统性感染

当病毒完成入侵过程后，根据入侵局部情况，病毒可以引起仅限于入侵部位的局部感染，或者通过宿主循环系统等途径扩散到其他器官引起系统性感染。

（二）循环系统

人类的循环系统由心血管系统和淋巴系统组成。血管和淋巴管之间相互连通，共同构成连续封闭的管道系统。从组织学特性而言，淋巴管的通透性高于毛细血管，从而更容易被病毒入侵。当病毒进入淋巴管内，首先会被引流到淋巴结。淋巴结内驻留有大量免疫细胞。这些免疫细胞成为感知和限制病毒等病原微生物进一步扩散到血管系统的屏障。然而某些专门感染免疫细胞的病毒，比如人类免疫缺陷病毒（human immunodeficiency virus，HIV）则可以利用淋巴结内丰富的T细胞进行大量复制。

病毒颗粒存在于血液中的状态称为病毒血症（viremia）。根据病毒血症发生的先后顺序和病毒释放的位置，可划分为原发性病毒血症（primary viremia）和继发性病毒血症（secondary viremia）。前者是指病毒颗粒在入侵局部直接释放入循环系统；后者是指病毒颗粒通过原发性病毒血症播散到其他组织器官，进而从这些被感染器官再次释放入循环系统。根据病毒扩散是否依赖于病毒复制，可划分为主动性病毒血症（active viremia）和被动性病毒血症（passive viremia）。前者需要病毒在入侵部位进行复制，进而释放入循环系统（如麻疹病毒在呼吸道上皮完成复制，新生病毒颗粒进而通过出芽的方式进入毛细血管，引起病毒血症）；后者则不需要病毒复制，直接由入侵部位通过破损的血管壁释放入血（如蚊虫叮咬传播的病毒、经输血等途径传播的病毒）。

病毒血症在临床上具有多重意义。从病毒扩散角度而言，病毒血症可以通过循环系统向人体各个组织器官运输病毒，从而为病毒感染敏感器官提供便利途径（如肝炎病毒通过病毒血症感染肝脏）；从流行病学角度而言，由于输血是临床治疗的常用手段之一，病毒血症的存在成为血液制品传播艾滋病、病毒性肝炎等的主要原因；从临床角度而言，由于血液是最容易获得的人体组织，病毒血症也为快速检测病毒感染提供了诊断样本。

（三）神经系统

神经元（神经细胞）由树突（dendrite）、胞体、轴突（axon）组成。树突主要负责接受神经冲动，并将冲动传递到胞体；轴突则主要接受来自胞体的神经冲动，并将该冲动经由突触（synapses）传递到下一级神经元的树突或者胞体。

神经系统不仅负责传导神经冲动，还是某些病毒复制、传播所依赖的系统，这些病毒被称为神经嗜性病毒（neurotropic virus）。该类病毒具有不同程度的神经侵袭性（neuro-invasiveness）和神经毒性（neuro-virulence）。举例而言，单纯疱疹病毒（herpes simplex virus，HSV）对于中枢神经系统而言，其侵袭性较低，然而一旦感染中枢神经系统，则致死率极高；腮腺炎病毒则与HSV恰好相反，其中枢神经系统感染率很高，但是仅引起轻微疾病；狂犬病病毒同时具备极高的神经侵袭性和神经毒性。如果没有及时处理，病死率为100%。

病毒在神经元内部的传播方向主要根据神经冲动的方向来定义。当病毒由轴突向胞体传播时，即逆向神经冲动，这个方向的传播称为逆向传播（retrograde）；反之则称为顺向传播（anterograde）。当病毒进行跨神经元的传播时，病毒可以被释放入突触，从而感染下一级神经元。某些病毒如HSV和狂犬病病毒，可以通过跨突触的方式在神经元之间广泛传播，从而由外周神经系统蔓延至中枢神经系统，造成严重后果。

（四）血-器官屏障

当病毒在黏膜、上皮等位置完成入侵过程，并通过循环系统等进行扩散后，最终需要寄生到宿主的各个靶器官中，从而为病毒的大量复制提供最佳场所。在由扩散途径（以循环系统为例）进入靶器官时，病毒需要跨越三种类型的血-器官屏障：在中枢神经、骨骼肌与心肌、肺等器官中，毛细血管（capillary）管壁和基膜层连续完整，病毒难以跨越；在脉络丛、小肠绒毛、肾小球、胰腺等器官中，毛细血管后微静脉（venule）的管壁不完整，病毒较容易跨越；在肾上腺、肝脏和骨髓中，血管以缺乏基膜层和完整管壁的血窦形式存在，然而血窦周围富含巨噬细胞［如肝血窦内的库普弗（Kupffer）细胞］，为防御病毒进入靶器官提供保护作用。

（五）组织嗜性

病毒根据自身特点，会选择最适合其复制和传播的组织器官作为靶器官，来完成其主要复制过程。病毒的这种靶器官选择性称为组织嗜性（tropism）。决定病毒组织嗜性的因素至少包括：病毒接近宿主细胞的难易度，即病毒对细胞的可接触性（accessibility）；病毒受体在宿主细胞表面的分布，即病毒对细胞的易感性（susceptibility）；病毒复制对细胞内差异性表达产物的依赖程度以及细胞自身的天然免疫特性对病毒的抵抗能力，即细胞对病毒的许可性（permissivity）。以上因素综合影响，决定了病毒对宿主器官的组织嗜性。

三、病毒的传播

当病毒在宿主内完成入侵、扩散、释放过程后，子代病毒感染其他易感宿主的过程称为病毒的传播（transmission of viral infection）。

从子代病毒传播的载体而言，带有囊膜的病毒由于表面被脂质双分子层覆盖，因此倾向于通过气溶胶、分泌物或者输血（包括器官移植）等方式进行传播；而无囊膜病毒由于表面被病毒蛋白覆盖，因此可以耐受更加严酷的外界环境，通常以粪-口途径或呼吸道途径传播。

从子代病毒再感染对象的角度划分，病毒传播分为同类物种传播（如麻疹病毒和甲肝病毒只能以人传人的形式传播）和跨物种传播（如狂犬病病毒只能通过猫或狗等传播给人）。在同类物种传播中，垂直传播是指病毒由母亲通过胎盘、乳汁传播给子代；水平传播则指发生在非母子之间的病毒传播过程。虫媒病毒是一类由昆虫充当传播载体的跨物种传播病毒。常见的虫媒病毒包括登革热病毒、日本脑炎病毒、蜱传脑炎病毒、非洲猪瘟病毒等。这些病毒在脊椎动物（包括人）体内复制并出现病毒血症。当蚊子、蜱虫、白蛉等昆虫叮咬受病毒感染的脊椎动物时，病毒通过病毒血症传播给昆虫，进而在昆虫的唾液腺内形成新的感染；当昆虫再次叮咬其他脊椎动物时，昆虫唾液腺内的病毒再次通过血源途径传播给脊椎动物。

四、几个相关概念与定义

由于病毒感染宿主的过程是整个病毒学研究的核心内容，因此在此简要介绍该过程所涉及的部分病毒学概念与定义。

（一）病毒滴度

在病毒学研究中，用病毒滴度（virus titer）来表征病毒的浓度。在传统测定滴度的方法中，主要采用终点稀释法（endpoint dilution assay）来连续稀释待测病毒原液（virus stock），直到病毒稀释液无法再产生可检测感染（如无法再观察到细胞病变效应，或者病毒特异性抗体无法再检测到病毒蛋白），此时稀释度的倒数即病毒滴度。

病毒滴度的单位一般常用空斑形成单位（plaque-forming unit，PFU）或半数组织培养感染剂量（50% tissue culture infective dose，$TCID_{50}$）来表示。PFU 是指病毒感染细胞后引起细胞裂解，继而在细胞培养皿上形成空斑的数量。例如，当病毒滴度为 200 PFU/μL 时，取 2μL 该病毒原液加入单层细胞培养皿后可以形成 400 个空斑。需要注意的是，PFU 是通过空斑实验得到的反映病毒感染能力的间接数据，而不是通过荧光定量 PCR 等方法获得的病毒拷贝数量的直接数据，因此 200PFU/μL 并不意味着每微升病毒原液中含有 200 个病毒颗粒。

$TCID_{50}$，顾名思义是指引起 50% 培养组织发生感染的病毒滴度。由于 $TCID_{50}$ 的计算方法是基于计数发生病毒感染的细胞培养孔数（而非计数每孔中有多少细胞被感染），比依赖空斑计数（有时空斑互相叠加，难以准确计数）的 PFU 更加具有客观性与可重复性，因此目前在病毒学领域应用得更加广泛。

（二）感染复数

感染复数（multiplicity of infection，MOI）是指病毒颗粒与受感染细胞之间的比值。由于病毒感染细胞呈现遵循泊松（Poisson）分布规律的随机性，即每个细胞可同时被 0 到数个病毒颗粒感染，因此理论上当 MOI=1 时，并非所有细胞都能够被首轮病毒感染上。在病毒学研究过程中，有时需要计算出单位数量的病毒可以感染多少细胞；或者要感染一定数量的细胞，至少需要用到多少数量的病毒。这种问题可以根据公式 $P(n)=\frac{m^n \times e^{-m}}{n!}$进行计算。其中 $P(n)$ 为一个细胞被 n 个病毒颗粒感染的概率；m 为 MOI 值。随着 MOI 的升高，细胞被感染的概率也会随之升高（表 6-2）。

表 6-2　MOI 与细胞感染概率对照表

MOI	1.0	2.0	3.0	4.0	5.0	6.0	7.0	8.0
细胞感染概率/%	63.2	86.5	95.0	98.2	99.3	99.8	99.9	～100

（三）一步病毒生长曲线

在病毒学研究中，常需要检测病毒在细胞中复制的速度。一步病毒生长曲线（one-step virus growth curve）描绘的是自细胞被病毒感染后一段时间内，产生的新生病毒的滴度的动态变化，用以反映病毒在细胞内的复制速度。“一步”是指所有细胞被病毒一次性感染，因此通常需要使用 MOI≥5 的病毒原液来测定一步病毒生长曲线。

第二节　病毒感染的类型

一、病毒感染的潜伏期

病毒入侵宿主后，不会立刻引起宿主出现临床症状或者产生传染性，该段时间称为潜伏期。根据不同的时间节点，病毒感染的潜伏期具有不同阶段：症状潜伏期（incubation period）是指病毒入侵宿主，到宿主出现相关临床症状的时间区间；传染潜伏期（latency period）是指病毒入侵宿主，到宿主产生感染性的时间区间。两者时间起点相同（均起始于病毒入侵宿主），然而截止时间点不同。

二、急性感染

病毒急性感染（acute infection）特征为症状潜伏期短，病程短，通常具有自愈性。常见的鼻病毒（引起普通感冒）、流感病毒（引起流感）感染多呈现急性感染特征。在该病毒感染类型中，病毒复制动力学曲线呈现单一峰（图 6-1）。在病毒感染早期，宿主获得性免疫系统（体液免疫和细胞免疫）尚未被唤醒，仅天然免疫系统发挥抗病毒作用。此时病毒复制速度逐步加快，在短时间内达到峰值。随着宿主获得性免疫系统的唤醒和产生（特异性抗体和细胞毒性 T 淋巴细胞），病毒复制被逐步抑制，最终被清除。随着记忆性 T 细胞、B 细胞的产生，宿主还会获得对该病毒抗原特征的记忆，从而形成对该病毒感染的持久抵抗能力。

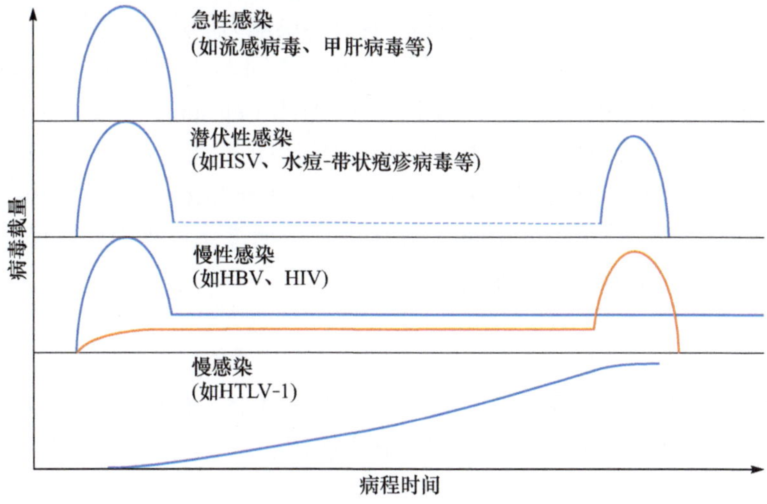

图 6-1　不同感染类型的病毒复制动力学曲线

三、持续性感染

与急性感染不同，病毒的持续性感染（persistent infection）发生于宿主获得性免疫系统无法有效清除病毒，病毒可以在宿主体内长期存在，甚至处于持续活动性复制的状态。根据病毒复制的动力学特点和临床表现，持续性感染可分为慢性感染（chronic infection）、潜伏性感染（latent infection）和慢感染（slow infection）。其中慢性感染是指病毒在宿主体内持续处于低水平复制状态，血清中可检测到低水平的病毒；潜伏性感染的病毒则时常处于不复制状态，血清中经常无法检测到病毒。这些感染类型对应的病毒复制动力学曲线如图 6-1 所示。

病毒建立持续性感染是来自多方面因素的共同作用。① 病毒对宿主天然免疫系统的干扰：如丙型肝炎病毒（hepatitis C virus，HCV）利用其编码的 NS3/4A 蛋白去切割宿主天然免疫通路中重要的接头蛋白 MAVS，借此抑制干扰素的激活，从而逃避天然免疫的攻击（Li et al.，2005）。② 病毒对宿主获得性免疫系统的改造：HSV、HIV-Nef、Tat 蛋白和人类巨细胞病毒 IE2 蛋白可以上调受感染细胞表面的跨膜蛋白 Fas 配体（Chiou et al.，2001；Westendorp et al.，1995；Xu et al.，1999），从而引起 T 细胞凋亡等。③ 病毒自身发生适应性突变以逃避宿主免疫系统的监控：在宿主持续的免疫反应攻击下，HIV 等可以通过容错式复制产生无法被细胞毒性 T 淋巴细胞识别的突变株，从而逃避免疫系统的攻击。④ 病毒寄生在免疫反应发生阈值高的器官组织中：皮肤、腺体的腔面、胆道、肾小管等器官组织由于直接接触外界或者分泌物，因此这些部位的免疫反应发生阈值较高，病毒在这些器官组织内复制，不容易激活免疫反应，从而为建立持续性病毒感染打下基础。

（一）潜伏性感染

潜伏性感染具备以下三个特征：① 病毒基因组保存完整，而某些与病毒活动性复制相关的病毒基因产物低表达甚至不表达，无法产生具有感染能力的病毒颗粒；② 宿主免疫系统难以识别被病毒寄生的细胞；③ 在一定条件下，处于潜伏性感染状态的病毒可以重新进入活动性复制，产生完整的、具有感染能力的病毒颗粒。

建立潜伏性感染的核心在于病毒基因组可以不同形式长期存在于细胞中。在以 HSV 为代表的潜伏性感染中，病毒基因组以附加体（episome）形式存在于宿主细胞中；而以 HIV 为代表的潜伏性感染中，病毒基因组以前病毒（provirus）形式整合到宿主基因组中。一个极端的例子是内源性逆转录病毒（endogenous retrovirus，ERV），这类病毒在远古时期整合入宿主基因组，并在生物长期进化过程中得以保存，据估计，人类基因组中有大约 10% 的序列来自该类病毒。

（二）慢感染

慢感染最典型的特征是症状潜伏期可长达 10 年以上。然而一旦出现临床症状，往往意味着宿主生命即将终止。对于人类，麻疹病毒、JC 病毒、HIV、T 淋巴细胞病毒等可以建立慢感染，最终导致患者出现神经系统病变而死亡。

四、流产感染

流产感染（abortive infection）是指病毒入侵宿主后，始终无法建立活动性复制的状态（潜伏性感染是暂时无法建立活动性复制的）。这种病毒感染类型建立的分子基础通常是某些与病毒活动性复制密切相关的病毒或者宿主基因产物没有表达。

鉴于流产感染无法导致病毒的活动性复制，因此病毒学家常常通过基因工程手段敲除某些病毒的重要基因（包括控制病毒活动性复制的基因和引起宿主致病的基因），导致该病毒丧失建立活动性复制的能力，且对宿主丧失致病性。进而将改造后的病毒作为基因治疗载体或者疫苗来服务于临床医疗。

五、转化性感染

某些病毒在感染细胞后，会导致宿主细胞出现增殖速度加速等表型改变，这种持续性感染称为转化性感染（transforming infection）。宿主细胞发生转化后，往往向肿瘤方向发展。

第三节 病毒感染与肿瘤

一、细胞转化与肿瘤

生命的基本组成单位是细胞。人类生长、发育、衰老、死亡的过程，其实就是人体内各种细胞群体处于不断地分裂、分化、死亡的动态过程的反映。正常情况下，这些细胞群体的分裂增殖过程受到严格的调控。在某些异常情况下（如病毒感染），细胞内的原癌基因（proto-oncogene）和抑癌基因（tumor-suppressor gene 或者 anti-oncogene）发生功能失调，导致细胞获得永生性（immortality），即这些细胞能够不断分裂增殖，不再受到机体的调控，这样的过程称为细胞转化（cellular transformation），细胞转化前后的特征对比见表 6-3。细胞获得永生性是肿瘤发生（oncogenesis）过程中的早期步骤。某些获得永生性的细胞可以进一步发生克隆化增殖，最终形成肿瘤。

表 6-3 正常细胞与发生细胞转化的细胞的特性对比

	正常细胞	转化后细胞
生长状态	无致癌性	具有致癌潜力
	有限生命	获得永生性
	接触抑制	接触抑制被解除
	依赖外源生长因子	可自主产生生长因子
生化特性	常规的营养供给	强化了的营养供给
	有氧呼吸	有氧糖酵解

二、肿瘤病毒

能够诱导肿瘤发生的病毒称为肿瘤病毒（oncogenic virus）。肿瘤病毒根据核酸类型分为逆转录肿瘤病毒和DNA肿瘤病毒。其中逆转录肿瘤病毒又可分为转导型逆转录病毒（transducing retrovirus）、顺式作用型逆转录病毒（cis-acting retrovirus）、反式作用型逆转录病毒（trans-acting retrovirus）。转导型逆转录病毒的基因组携带有源自细胞原癌基因的病毒癌基因（viral oncogene）。该病毒感染细胞后可通过基因重组的形式将这些癌基因重新“还给”细胞，导致细胞发生转化，并且快速癌变；顺式作用型逆转录病毒的基因组中没有病毒癌基因，然而在细胞内形成前病毒的过程中，可以将其长末端重复序列（long terminal repeat，LTR）插入细胞原癌基因旁，作为顺式作用元件上调原癌基因的表达，导致细胞发生癌变；以1型人类嗜T淋巴细胞病毒（human T lymphotropic virus-1，HTLV-1）为代表的反式作用型逆转录病毒通过表达某些转录因子，从而调控细胞发生癌变的过程。这三种逆转录肿瘤病毒的特点对比总结于表6-4。

表6-4　三种逆转录肿瘤病毒的特点对比

病毒类型	转导型逆转录病毒	顺式作用型逆转录病毒	反式作用型逆转录病毒
代表病毒	劳斯肉瘤病毒	禽类白血病病毒	HTLV-1
致癌性	极高	中高	极低
致癌潜伏期	短，数天	中等，数周或数月	长，数月或数年
病毒基因组特征	多为复制缺陷性病毒；感染细胞后发生病毒-细胞基因组重组	病毒基因组完整，具有复制能力	病毒基因组完整，具有复制能力
病毒癌基因	携带源自细胞的癌基因	通过前病毒激活细胞癌基因	编码转录因子调控细胞转录
致癌机制	将病毒癌基因转导至细胞	顺式激活细胞癌基因	反式激活因子
细胞转化能力	具备	无	无

DNA肿瘤病毒大多以反式作用的方式，通过编码的病毒基因产物来干扰宿主原癌基因-抑癌基因之间的功能平衡等方式促进细胞的癌变过程。总体而言，DNA肿瘤病毒主要通过以下三个途径参与肿瘤发生：①干扰宿主细胞信号转导通路，特别是调控与细胞增殖和凋亡相关的通路；②通过影响细胞DNA损伤反应（DNA damage response），导致宿主细胞对基因组损伤的修复能力下降；③病毒感染引起的炎症反应会导致活性氧等增加，进一步引起细胞基因组的损伤。

根据世界卫生组织下属的国际癌症研究机构（The International Agency for Research on Cancer，IARC，https://www.iarc.fr/）公布的信息，有充分的证据证明乙型肝炎病毒（HBV）、HCV、EB病毒（Epstein-Barr virus，EBV）、高危人类乳头瘤病毒（high-risk human papillomavirus，HPV）、HTLV-1、HIV和卡波氏肉瘤相关疱疹病毒（Kaposi's sarcoma-associated herpesvirus，KSHV）与人类肿瘤发生具有密切关系。

三、病毒致肿瘤的机制

肿瘤发生是一个连续、多步骤、多因素发挥作用的过程。根据Douglas Hanahan和Robert Weinberg分别在2000年和2011年发表在*Cell*杂志上的里程碑式的肿瘤发生综述文章（Hanahan and Weinberg，2000，2011）提出的观点，肿瘤发生是10个危险因素综合作用的结果。这10个危险因素包括：①细胞基因组稳定性下降和基因突变积累；②细胞程序性死亡（细胞凋亡）过程受阻；③ 局部慢性炎症的持续性刺激；④ 自主分泌生长因子或生长因子信号通路被持续性激活；⑤ 细胞生长抑制因子失效；⑥ 细胞能量代谢类型由有氧呼吸转变为无氧糖酵解；⑦ 细胞获得无限增殖能力；⑧ 诱导周围血管增生；⑨ 获得伪装以逃避免疫细胞在免疫检查点的攻击；⑩ 获得组织侵袭能力和转移能力（图 6-2）。

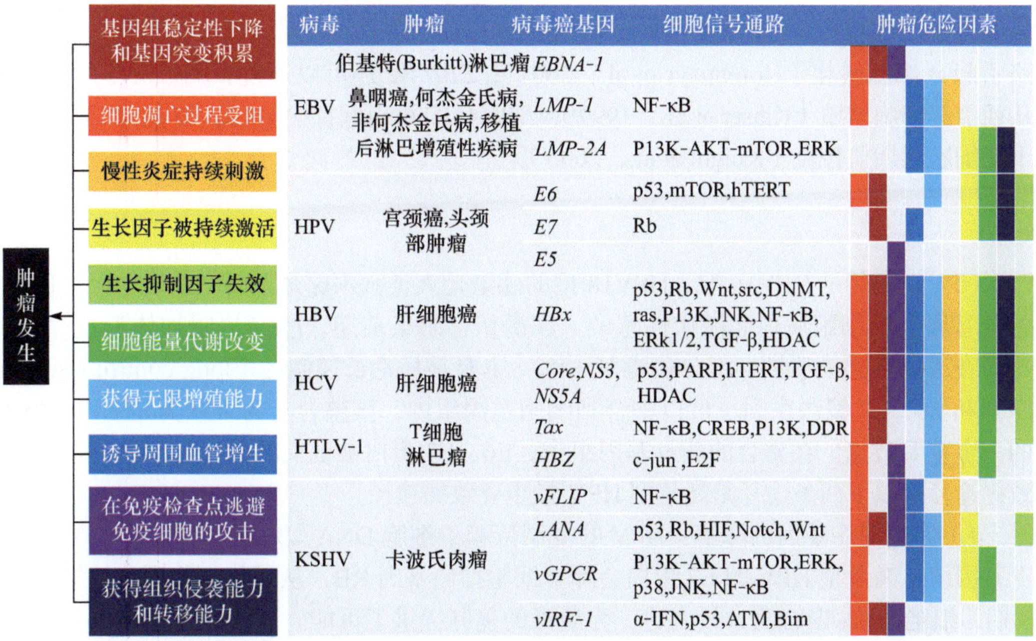

图 6-2 肿瘤发生危险因素和肿瘤病毒参与肿瘤发生的途径（修改自 Mesri et al.，2014）

肿瘤危险因素在左侧用不同颜色标出，不同病毒感染导致的肿瘤危险因素在右侧用对应颜色标出

肿瘤病毒导致肿瘤发生也是通过以上机制进行的，不同病毒可能使用部分或者全部 10 条（如 HBV、HCV）途径诱导肿瘤的发生（图 6-2）。

（一）EB 病毒致癌机制

EBV 主要感染人类 B 淋巴细胞，可导致淋巴瘤、鼻咽癌等肿瘤。EBV 初次感染细胞后可形成活动性复制，导致溶细胞性感染（lytic infection）。当活动性复制被宿主免疫系统控制后，EBV 转而以附加体形式形成潜伏性感染，长期在宿主体内维持。根据潜伏性感染时附加体表达的基因不同，EBV 的潜伏性感染可分成 latency Ⅰ、Ⅱ、Ⅲ三种形式。

在 latency Ⅰ状态下，EBV 可通过病毒编码的癌基因 *EBNA1* 引起伯基特淋巴瘤。*EBNA1* 基因主要通过以下途径发挥其致癌作用：可抑制细胞死亡（Kirchmaier and Sugden，1997）；通过上调 Rag-1、Rag-2 的表达和增加活性氧，引起细胞基因组的不稳定性增加和损伤（Tsimbouri et al.，2002）。另外在 latency Ⅰ状态下，EBV 编码的小 RNA（EBER）也可以抑制细胞凋亡，从而参与 EBV 的致癌性（Iwakiri et al.，2009）。

在 latency Ⅱ状态下，除 *ENBA1* 以外，病毒还表达 *LMP-1* 和 *LMP-2A* 癌基因，导

致霍奇金淋巴瘤和鼻咽癌的发生。*LMP-1* 可以持续性激活 NF-κB（Mosialos et al.，1995），而该分子是淋巴细胞癌变的关键转录因子；*LMP-2A* 可以模拟 B 细胞表面的 Ig 受体，通过激活 P13K-AKT 通路引起 B 细胞的转化（Merchant et al.，2000；Portis and Longnecker，2004）。

在 latency Ⅲ 状态下，除上述癌基因以外，EBV 还表达 *EBNA-2*、*EBNA-3A*、*EBNA-3B*、*EBNA-3C*、*EBNA-LP* 癌基因，导致艾滋病相关非霍奇金淋巴瘤和器官移植后的淋巴细胞增殖。*EBNA-2* 可模拟切割后的 Notch 分子，从而通过异常激活 Notch 通路引起 B 细胞转化（Hofelmayr et al.，2001）；*EBNA-2* 还可以通过影响 c-myc 的调控，从而引起细胞增殖（Kaiser et al.，1999）；*EBNA-3C* 可引起抑癌基因 *pRB* 的降解，从而干扰细胞周期监控点（Knight et al.，2005）。

（二）人乳头瘤病毒致癌机制

HPV，尤其是 HPV16 型、HPV18 型的感染是人类宫颈癌最重要的致癌原因。HPV 感染基底上皮细胞后引起潜伏性感染。在潜伏性感染前期，HPV 以附加体形式存在。然而在潜伏性感染后期，部分病毒基因组［主要是病毒长控制区（long control region）序列和 E6、E7 编码序列］可以整合到细胞基因组内，该整合行为被认为是 HPV 致癌的一个重要节点。在整合的病毒基因组中，E6、E7 蛋白被证实几乎参与了所有可能的致癌途径。以下两条途径是高危型 HPV 最重要致癌途径。

1）促进抑癌基因的降解：HPV 的复制依赖于细胞 DNA 复制酶，为了持续复制病毒基因组，高危型 HPV 的 E7 蛋白会降解细胞抑癌基因 RB，从而使细胞周期持续处于 S 期，细胞 DNA 聚合酶大量表达，为病毒的复制提供了可能。而细胞持续处于 S 期会触发另一抑癌基因 *p53* 的表达，使细胞发生凋亡。此时，高危型 HPV 的 E6 蛋白可降解 P53 蛋白，从而避免了细胞凋亡，维持了病毒的持续性复制（McLaughlin-Drubin et al.，2012；Moody and Laimins，2010）。

2）破坏细胞基因组稳定性：高危型 HPV 的 E7 蛋白可以破坏细胞基因组的稳定性，而负责监控基因组健康的 P53 蛋白又被 E6 蛋白所降解，因此形成了一个不断积累基因组损伤和突变，而不被修复的恶性循环（McLaughlin-Drubin et al.，2012；Moody and Laimins，2010）。

（三）肝炎病毒致癌机制

HBV 和 HCV 是引起肝细胞癌的最主要病原（参见第 11 章）。两种病毒都可以引起慢性感染。由病毒慢性感染继发的慢性炎症反应，与病毒编码的癌基因一起共同作用促发肝细胞癌的发生。对于 HBV 而言，最主要的癌基因为 *HBx*（Levrero and Zucman-Rossi，2016）；对于 HCV 而言，*Core*、*NS5A*、*NS3* 是主要的癌基因（Jeong et al.，2012）。这些癌基因的产物都通过不同途径调控与细胞增殖相关的信号转导通路以及与基因组损伤修复有关的反应。

（四）Ⅰ型人类嗜 T 淋巴细胞病毒致癌机制

HTLV-1 是引起成人 T 细胞淋巴瘤的病原。作为一种反式作用型逆转录肿瘤病毒，

HTLV-1 的致癌作用分两步发生：首先病毒通过自身编码的 Tax（HTLV-1 的一个病毒蛋白）蛋白引起被感染的 T 细胞发生多克隆增殖。然而 Tax 蛋白会被宿主细胞毒性 T 淋巴细胞识别，进而受感染的细胞会逐渐被消灭，以至于 Tax 蛋白含量下降甚至消失，被感染的人会出现 20～40 年的无症状期；然后病毒编码的 HBZ 蛋白会继续发挥癌基因的作用，最终导致肿瘤的发生（Matsuoka and Jeang，2007）。

（五）卡波西肉瘤病毒致癌机制

KSHV 与 EBV 一样，感染宿主后会出现两种状态：溶细胞性感染和潜伏性感染。前者可以完整表达所有病毒基因（包括多个引起强烈血管生成和炎症反应的癌基因），并诱导免疫力正常的机体产生强烈的免疫反应；后者仅表达部分病毒基因，诱导机体产生的免疫反应弱。当宿主处于免疫抑制状态，如合并 HIV 感染或者器官移植后使用免疫抑制剂的状态下，机体无法清除处于溶细胞性感染状态下的病毒，从而使 KSHV 编码的大量癌基因发挥致癌作用，最终导致卡波西肉瘤的产生。另外，在 KSHV 感染中，还存在溶细胞性感染状态下的细胞与邻近处于潜伏性感染状态下的细胞同时表达溶细胞性感染状态下的癌基因，这种现象称为旁分泌致癌作用（Montaner et al.，2006）。

第四节　病毒感染与炎症反应

一、病毒感染引起的急性和慢性炎症反应

炎症反应（inflammatory response）是指机体在受到病原微生物、外伤、化学药物等伤害后，由免疫细胞、血管系统及其他免疫分子参与的一系列机体保护性反应。炎症反应的经典临床症状为“红、肿、热、痛”。其病理学基础为炎症反应局部的毛细血管充血（导致局部皮肤发红、发热）、渗透性增加，导致大量血清和白细胞由血管渗透到组织间隙（肿），压迫感觉神经（痛）。

根据炎症反应发生的时间和浸润细胞的类型，可分为急性炎症反应和慢性炎症反应。前者是机体受到损伤或感染后立即发生的保护性反应。标志性的事件是受损（受感染）局部毛细血管通透性增加而导致大量血清和白细胞（以粒细胞为代表）渗透到组织间隙，通过一系列生化过程来修复损伤或控制感染造成的伤害；后者则是炎症反应迁延不止，在原有修复受损组织的基础上，又对组织造成了新的伤害。标志性的特征为炎症组织中浸润的细胞类型由粒细胞变为单核细胞。

二、炎症反应的分子生物学基础

炎症反应是机体免疫系统对抗病毒等外来病原的措施之一。炎症反应的分子基础是一系列炎症因子（inflammatory mediator）的逐级扩大释放，从而在感染局部（炎症因子在感染局部发挥作用）和全身（炎症因子释放入循环系统）引发一系列的病理反应。炎症因子最初由病毒入侵局部的“哨兵细胞”（主要包括巨噬细胞、树突状细胞等）所释放。这些炎症因子可以激活和招募更多的免疫细胞，从循环系统外渗到感染局部，从而清除病原；另外“哨兵细胞”还可以吞噬病毒感染细胞的碎片，将其中的

病毒抗原分解呈递，从而引发机体的适应性免疫反应。

被病原微生物感染后，细胞识别病原的分子基础是细胞编码的模式识别受体（pattern recognition receptor，PRR）对病原所携带的病原体相关分子模式（pathogen-associated molecular pattern，PAMP）的识别。目前发现的PRR主要包括定位于膜结构（包括细胞膜和内质网膜）的TLR（toll-like receptor）和CLR（C-type lectin receptor），以及定位于细胞质或细胞核的RLR（RIG-Ⅰ-like receptor）、NLR（NOD-like receptor）、CDS（cytosolic DNA sensor）5类（Brubaker et al.，2015）。其中负责识别病毒RNA的主要是TLR和RLR，识别病毒DNA的主要是CDS。当细胞的PRR识别病原所携带的PAMP后，即会通过不同的接头蛋白（adaptor）启动一系列信号转导通路，激活并促进NF-κB和（或）IRF3(7)等转录因子由细胞质转移入细胞核，上调包括炎症促进因子（pro-inflammatory cytokine）、Ⅰ型干扰素（interferon，IFN）、趋化因子等一系列炎症因子的表达（图6-3）。

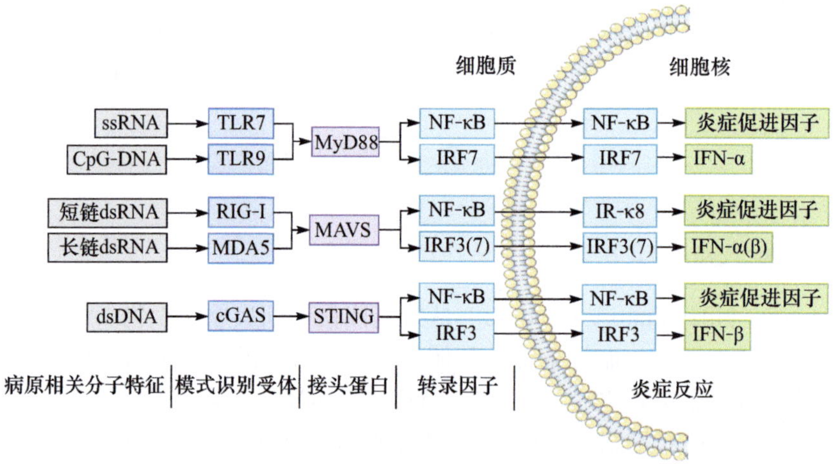

图6-3 病毒感染诱导的炎症反应发生的分子基础

各种病毒携带不同类型的PAMP（核酸），这些特征可以被人类细胞中不同的PRR分别识别，PRR再通过各自的接头蛋白与下游的信号转导通路作用，激活并促进包括NF-κB、IRF3（7）等转录因子入核，进而上调与抗病毒免疫相关的炎症促进因子和Ⅰ型干扰素等的转录水平，从而在感染局部清除病毒

与此同时，病毒作为诞生时间远早于人类的半自主生命形式，在漫长的进化过程中积累了大量调控、抑制甚至挟持宿主免疫系统的方案。当人类的天然和获得性免疫系统无法及时清除病毒时，病毒就有机会干扰人体的免疫系统，使包括炎症反应在内的免疫反应失去应有的靶向性。上述各种炎症促进因子、干扰素等所激活的细胞信号转导通路，以及由此产生的生物学效应可以从清除病毒感染转变为伤害人体自身，即发生炎症性疾病（inflammatory disorder）。

小　结

本章首先系统描述了病毒入侵宿主的方式、在宿主体内的扩散途径以及病毒在宿主体内完成复制后的释放和传播。在此基础上，根据病毒复制的特点和对宿主的影响，介绍了急性感染、持续性感染（包括慢性感染、潜伏性感染、慢感染）、流产感染、转化感染等病毒感染的类型以及一些相关的病毒学概念与定义。

病毒感染导致的人类疾病主要分为肿瘤性疾病和炎症性疾病。人类肿瘤发生主要与包括细胞基因组稳定性下降、免疫检查点失灵等在内的 10 条途径相关。而肿瘤病毒（包括 HBV、HCV、EBV、HPV、KSHV 等）可以部分或者全部参与这 10 条途径，从而导致人体肿瘤的发生。病毒导致的炎症性疾病主要与病毒感染引起的异常炎症反应有关。炎症反应发生的分子生物学基础是病毒 PAMP 被宿主的 PRR 识别后启动的一系列细胞信号转导过程，最终引起炎症促进因子、Ⅰ型干扰素、趋化因子等一系列炎症因子的表达。这些分子生物学事件的生物学效应就是以感染局部红、肿、热、痛为代表的炎症反应的典型临床表现。当病毒干扰正常的炎症反应过程时，炎症反应的作用就会由保护机体转为危害机体，最终演变为炎症性疾病。

复习思考题

1. 病毒潜伏性感染与慢性感染有何区别？
2. 正常细胞与转化后细胞有何区别？
3. 原癌基因与病毒癌基因有何区别与联系？
4. 简述与肿瘤发生相关的病毒种类。
5. 简述炎症反应发生的分子生物学基础。

（陈新文　王　云）

参 考 文 献

Brubaker SW, Bonham KS, Zanoni I, et al. 2015. Innate immune pattern recognition: a cell biological perspective. Annu Rev Immunol, 33: 257-290.

Chiou SH, Liu JH, Hsu WM, et al. 2001. Up-regulation of Fas ligand expression by human cytomegalovirus immediate-early gene product 2: a novel mechanism in cytomegalovirus-induced apoptosis in human retina. J Immunol, 167: 4098-4103.

Flint SJ, Racaniello VR, Rall GF, et al. 2015. Principles of Virology: Bundle.4th ed. Herndon: American Society of Microbiology.

Hanahan D, Weinberg RA. 2000. The hallmarks of cancer. Cell, 100: 57-70.

Hanahan D, Weinberg RA. 2011. Hallmarks of cancer: the next generation. Cell, 144: 646-674.

Hofelmayr H, Strobl LJ, Marschall G, et al. 2001. Activated Notch1 can transiently substitute for EBNA2 in the maintenance of proliferation of LMP1-expressing immortalized B cells. J Virol, 75: 2033-2040.

Iwakiri D, Zhou L, Samanta M, et al. 2009. Epstein-Barr virus (EBV)-encoded small RNA is released from EBV-infected cells and activates signaling from Toll-like receptor 3. J Exp Med, 206: 2091-2099.

Jeong SW, Jang JY, Chung RT. 2012. Hepatitis C virus and hepatocarcinogenesis. Clin Mol Hepatol, 18: 347-

356.

Kaiser C, Laux G, Eick D, et al. 1999. The proto-oncogene c-myc is a direct target gene of Epstein-Barr virus nuclear antigen 2. J Virol, 73: 4481-4484.

Kirchmaier AL, Sugden B. 1997. Dominant-negative inhibitors of EBNA-1 of Epstein-Barr virus. J Virol, 71: 1766-1775.

Knight JS, Sharma N, Robertson ES. 2005. Epstein-Barr virus latent antigen 3C can mediate the degradation of the retinoblastoma protein through an SCF cellular ubiquitin ligase. Proc Natl Acad Sci U S A, 102: 18562-18566.

Levrero M, Zucman-Rossi J. 2016. Mechanisms of HBV-induced hepatocellular carcinoma. J Hepatol, 64: S84-S101.

Li XD, Sun L, Seth RB, et al. 2005. Hepatitis C virus protease NS3/4A cleaves mitochondrial antiviral signaling protein off the mitochondria to evade innate immunity. Proc Natl Acad Sci U S A, 102: 17717-17722.

Matsuoka M, Jeang KT. 2007. Human T-cell leukaemia virus type 1 (HTLV-1) infectivity and cellular transformation. Nat Rev Cancer, 7: 270-280.

McLaughlin-Drubin ME, Meyers J, Munger K. 2012. Cancer associated human papillomaviruses. Curr Opin Virol, 2: 459-466.

Merchant M, Caldwell RG, Longnecker R. 2000. The LMP2A ITAM is essential for providing B cells with development and survival signals *in vivo*. J Virol, 74: 9115-9124.

Mesri EA, Feitelson MA, Munger K. 2014. Human viral oncogenesis: a cancer hallmarks analysis. Cell Host Microbe, 15: 266-282.

Montaner S, Sodhi A, Ramsdell AK, et al. 2006. The Kaposi's sarcoma-associated herpesvirus G protein-coupled receptor as a therapeutic target for the treatment of Kaposi's sarcoma. Cancer Res, 66: 168-174.

Moody CA, Laimins LA. 2010. Human papillomavirus oncoproteins: pathways to transformation. Nat Rev Cancer, 10: 550-560.

Mosialos G, Birkenbach M, Yalamanchili R, et al. 1995. The Epstein-Barr virus transforming protein LMP1 engages signaling proteins for the tumor necrosis factor receptor family. Cell, 80: 389-399.

Portis T, Longnecker R. 2004. Epstein-Barr virus (EBV) LMP2A mediates B-lymphocyte survival through constitutive activation of the Ras/PI3K/Akt pathway. Oncogene, 23: 8619-8628.

Tsimbouri P, Drotar ME, Coy JL, et al. 2002. bcl-xL and RAG genes are induced and the response to IL-2 enhanced in EmuEBNA-1 transgenic mouse lymphocytes. Oncogene, 21: 5182-5187.

Westendorp MO, Frank R, Ochsenbauer C, et al. 1995. Sensitization of T cells to CD95-mediated apoptosis by HIV-1 Tat and gp120. Nature, 375: 497-500.

Xu XN, Laffert B, Screaton GR, et al. 1999. Induction of Fas ligand expression by HIV involves the interaction of Nef with the T cell receptor zeta chain. J Exp Med, 189: 1489-1496.

C 第 7 章 hapter Seven

病毒感染与免疫

第一节　抗病毒免疫概述

一、免疫系统概述

病毒感染是指病毒通过各种途径入侵细胞，并在细胞内进行复制、繁殖的过程。目前报道的由于病毒感染导致人类严重疾病的事例越来越多。病毒感染人体后所致疾病的严重程度除了与病毒本身的种类和特性有关外，还与机体的免疫应答状态相关。机体在与病原微生物长期对抗过程中形成了一套具有自我保护功能的免疫系统。免疫系统根据其组成、防御机制及效应分子等不同可分为天然免疫（固有免疫）和适应性免疫（获得性免疫）。机体与生俱来能抵抗病原微生物的能力为天然免疫，是机体抵抗病原微生物感染的第一道防线。天然免疫系统对病原体入侵的反应是迅速的，可在入侵后几分钟至几小时内启动（Litman et al.，2005）。天然免疫能够在感染早期控制病原的增殖，但有时并不能完全清除病原。这时就需要启动适应性免疫。适应性免疫系统通过产生抗原特异性抗体和杀伤性 T 细胞等方式，最终清除病原微生物。适应性免疫持续时间较长并且具有记忆功能，保障机体在病原体二次感染时能够快速有效地将其清除。

天然免疫系统主要包括以下几部分。① 生理屏障：如皮肤形成的物理屏障；黏膜不仅可形成物理屏障，同时还含有一些天然免疫细胞和免疫分子，可形成化学屏障；消化道分泌的一些抗菌肽、酶类等都有抗菌效果（Degn and Thiel，2013；Wichgers Schreur et al.，2012）。② 补体系统：补体是免疫应答时体液中的主要成分，补体系统攻击的是被病原微生物感染的细胞，在靶细胞表面发生的一串级联反应，并协助抗体杀伤病原体（Moreau et al.，2001）。③ 免疫细胞：包括吞噬细胞、天然淋巴细胞、肥大细胞及 NK 细胞等。这些免疫细胞相互协作识别病原微生物并将其消灭，同时帮助激活适应性免疫（Gabrielli et al.，2016）。

适应性免疫是有颌脊椎动物中特有的，其能更有效地清除病原微生物，促进感染细胞的死亡，并产生记忆细胞。适应性免疫应答一般发生在脾脏、淋巴结等外周免疫器官，根据参与细胞和免疫效应的不同可以分为：T 细胞介导的细胞免疫应答和 B 细胞介导的体液免疫应答。

天然免疫和适应性免疫并非完全独立的两个过程，在病原体入侵时它们共同协作。天然免疫细胞不但能够在第一时间清除部分病原体，还能将病原信息传递给 T 细胞和 B 细胞，诱导适应性免疫的产生（Withers，2016）。同时可以通过接受不同病原微生物刺激后，分泌不同类型的细胞因子，影响和调控适应性免疫应答。而浆细胞分泌的抗体，不能直接杀伤病原体，需在固有免疫细胞和固有免疫分子的协助下才能清除外源物质。因此天然免疫和适应性免疫在机体内是相辅相成的关系。

二、抗病毒免疫应答概述

病毒是细胞内专性寄生微生物，它们依赖宿主的核酸和蛋白质合成系统进行自我复制和繁殖。病毒感染引起的天然和适应性免疫反应是宿主阻断感染和清除感染的重要手段，天然免疫产生的Ⅰ型干扰素和适应性免疫反应产生的中和性抗体能有效地阻止病毒的感染和复制，而一旦感染确立，受病毒感染的细胞在天然免疫反应中可被 NK 细胞清除，在适应性免疫反应中被细胞毒性 T 淋巴细胞（cytotoxic T lymphocyte，CTL）清除（Gabrielli et al.，2016）。

抗病毒天然免疫反应的主要机制是Ⅰ型干扰素介导的抑制病毒复制作用和 NK 细胞介导的细胞杀伤作用。大部分的病毒感染都能引发感染细胞产生Ⅰ型干扰素。本章第二节、第三节分别讨论了病毒感染诱导干扰素表达的机制及干扰素的抗病毒效应。NK 细胞杀伤病毒感染细胞，是机体在病毒感染早期的重要保护机制。正常生理条件下，机体所有有核细胞均可表达主要组织相容性复合体-Ⅰ（major histocompatibility complex-Ⅰ，MHC-Ⅰ）。MHC-Ⅰ位于细胞表面，参与细胞对内源性抗原的加工和提呈。病毒感染后，促使细胞关闭 MHC-Ⅰ类分子的表达，以逃避 CTL 的杀伤。而 MHC-Ⅰ的缺失使 NK 细胞从正常的抑制状态中释放出来，从而杀伤被病毒感染的细胞。在病毒感染早期，补体系统被激活，补体的中和放大效应能有效阻止病毒的感染和扩散（见本章第三节）。

针对病毒感染的适应性免疫由抗体和 CTL 介导，前者阻断病毒结合和进入宿主细胞，后者杀伤病毒感染细胞。B 淋巴细胞和 T 淋巴细胞对病毒抗原的识别和激活机制见第四节。病毒特异性抗体与病毒包膜或衣壳抗原结合，主要起中和病毒作用，防止病毒附着和进入宿主细胞。因此，抗体既可以防止病毒最初的感染，也可以防止病毒在细胞之间的传播。除中和作用外，抗体还发挥调理作用，抗体与病毒颗粒表面的抗原结合，更有利于吞噬细胞的识别和吞噬。细胞内病毒的清除由 CTL 介导。CTL 在病毒感染过程中大量增殖，它可以杀伤被感染的有核细胞。CTL 除了杀伤病毒感染的细胞外，也可发挥其他的抗病毒效应，如活化感染细胞的核酸酶从而降解病毒基因组、分泌细胞因子如 IFN-γ 从而激活吞噬细胞等（见本章第五节）。

病毒与宿主的长期共存对病毒和宿主免疫系统都施加了进化压力。一方面，宿主进化出能够攻击病毒和病毒感染细胞的免疫系统；另一方面，病毒也发展出一系列免疫逃逸机制来逃避宿主的免疫反应。一般来说，病毒基因组越大，病毒逃逸宿主免疫反应的方式就越多样化，从而延长病毒复制和病毒颗粒传播的时间。此外，也有一些病毒通过建立潜伏性感染来躲避宿主免疫系统的攻击。本章第六节介绍了病毒对天然免疫和适应性免疫的逃逸。

第二节 天然免疫对病毒感染的识别

一、模式识别受体概述

病原微生物包含某些保守的且能被宿主识别的成分，即病原体相关分子模式（PAMP），而能够识别病原体相关分子模式的宿主受体称为模式识别受体（PRR）（Janeway and Medzhitov，2002）。模式识别受体是天然免疫的重要组成部分，能够识别多种病原产生的PAMP。模式识别受体结合PAMP后，通过激活一系列信号级联反应诱导Ⅰ型干扰素、炎症细胞因子的产生，激活天然免疫应答并协助启动适应性免疫。

自从1989年免疫学家Charles Alderson Janeway首次提出模式识别受体的概念以来，科学家发现了越来越多的模式识别受体及相应的PAMP。能被宿主识别的病毒PAMP包括病毒基因组核酸、病毒包膜糖蛋白，以及病毒复制过程中产生的代谢产物和中间产物。宿主细胞存在多种监测病毒PAMP的模式识别受体，按照细胞定位和功能的不同，识别病毒PAMP的模式识别受体主要有三类：Toll样受体（toll-like receptor，TLR）、RIG-Ⅰ样受体（RIG-Ⅰ-like receptor，RLR）和胞质DNA受体（表7-1）。

表7-1 模式识别受体及其配体

模式识别受体		病原相关分子模式	接头蛋白	免疫反应类型
Toll样受体	TLR3	dsRNA	TRIF	干扰素反应，炎症反应
	TLR7	ssRNA	MyD88	干扰素反应，炎症反应
	TLR8	ssRNA	MyD88	干扰素反应，炎症反应
	TLR9	未甲基化CpG DNA	MyD88	干扰素反应，炎症反应
	TLR2	囊膜成分	TIRAP/MyD88	炎症反应
	TLR4	囊膜成分	TRAM/TRIF；TIRAP/MyD88	干扰素反应，炎症反应
RIG-Ⅰ样受体	RIG-Ⅰ	5′三磷酸RNA、短链dsRNA	VISA	干扰素反应，炎症反应
	MDA5	长链dsRNA	VISA	干扰素反应，炎症反应
	LGP2	dsRNA	—	—
胞质DNA受体	cGAS	dsDNA、cDNA、RNA-DNA杂合链	STING	干扰素反应，炎症反应
	AIM2	dsDNA	ASC	炎症反应
	IFI16	ssDNA dsDNA	STING ASC	干扰素反应，炎症反应
	DDX41	dsDNA	STING	干扰素反应，炎症反应
	RNA聚合酶Ⅲ	富含AT的dsDNA	VISA	干扰素反应，炎症反应

二、Toll 样受体

Jules A. Hoffmann 最早发现了果蝇的 *Toll* 基因在抗真菌天然免疫中发挥关键作用。随后 Bruce A. Beutler 发现小鼠的 *Toll* 同源基因 *TLR4*（*Toll-like receptor 4*）是细菌脂多糖（LPS，也称为内毒素）的受体，并在抗细菌感染中发挥关键作用（Lemaitre et al.，1996；Poltorak et al.，1998）。这两位科学家因在天然免疫识别方面的开创性发现被授予 2011 年诺贝尔生理学或医学奖。TLR 属于Ⅰ型跨膜糖蛋白，由胞外区、跨膜区和胞内区组成，在进化上高度保守。胞外区 N 端富含亮氨酸重复序列（leucine-rich repeat，LRR），负责识别和结合各种类型的 PAMP；胞内区为 TIR（Toll-IL-1 receptor）结构域，负责招募细胞内含有 TIR 结构域的接头蛋白，起始下游信号转导。Toll 样受体定位于细胞膜或内体膜上，识别病毒、细菌、真菌和寄生虫等产生的 PAMP。其中，能识别病毒 PAMP 的 Toll 样受体包含 TLR2、TLR3、TLR4、TLR7、TLR8 和 TLR9。TLR2 和 TLR4 识别病毒胞膜糖蛋白，TLR3、TLR7、TLR8 和 TLR9 识别病毒核酸（Takeda et al.，2003）。

TLR3 定位于内体上，识别病毒产生的 dsRNA。dsRNA 广泛存在于病毒生活周期中，因此 TLR3 能够识别多种病毒，包括基因组为 dsRNA 的病毒及在复制过程中会产生 dsRNA 中间体的病毒，如流感病毒（influenza virus）、西尼罗病毒（West Nile virus，WNV）、单纯疱疹病毒（herpes simplex virus，HSV）等。基因组为 dsRNA 的病毒经内吞进入细胞，然后与内体融合后释放的 dsRNA 能够被 TLR3 识别；病毒感染细胞被吞噬后释放的 dsRNA 也能被 TLR3 识别。TLR3 识别的 dsRNA 没有序列特异性而只与长度有关，它能够结合的最短长度为 40～50 个碱基对。与 dsRNA 的结合导致 TLR3 胞内区 TIR 结构域相互靠近，从而招募下游接头蛋白，起始信号传递。

TLR7、TLR8 和 TLR9 也定位于内体。TLR7 和 TLR8 高度同源且功能相似，能够识别病毒 ssRNA 并被活化，两者在不同类型的细胞中发挥作用。ssRNA 也是哺乳动物细胞的成分，但是在正常生理状态下细胞自身的 ssRNA 存在于细胞核或细胞质中，而不会进入内体被 TLR7 和 TLR8 识别。但是在某些病理状态下，自身的 ssRNA 也会被 TLR 识别而导致自身免疫性疾病。TLR9 主要识别包含未被甲基化 CpG 基序的 DNA，在哺乳动物基因组中，CpG 二核苷酸基序中的胞嘧啶被高度甲基化，能有效防止被 TLR9 识别，而大部分病毒的基因组 DNA 的 CpG 没有被甲基化修饰，成为被 TLR9 识别的 PAMP。

三、RIG-Ⅰ样受体

TLR3、TLR7、TLR8 和 TLR9 定位于内体，因此只能识别经内吞或吞噬进入细胞的病毒核酸，而不能识别病毒在复制过程中产生的病毒核酸。定位于细胞质的 RIG-Ⅰ样受体，包括 RIG-Ⅰ、MDA5 和 LGP2，可以识别细胞质中的病毒 RNA，是另一类重要的模式识别受体。RIG-Ⅰ和 MDA5 都含有 RNA 解旋酶结构域和 caspase 募集结构域（caspase recruitment domain，CARD），其中 RNA 解旋酶结构域负责结合 RNA，CARD 结构域通过招募含有 CARD 结构域的接头蛋白向下游传递信号。

RIG-Ⅰ和 MDA5 对不同病毒的识别存在差异（Kato et al.，2006）。RIG-Ⅰ能够

识别绝大多数单链RNA病毒，包括正链和负链RNA病毒，如流感病毒、新城疫病毒（newcastle disease virus，NDV）、仙台病毒（Sendai virus，SeV）及日本脑炎病毒（Japanese encephalitis virus，JEV）等；而MDA5主要负责识别小RNA病毒（picornavirus）家族的某些成员，如脑心肌炎病毒和小鼠肝炎病毒（murine hepatitis virus）等。RIG-Ⅰ和MDA5对不同病毒的识别取决于病毒RNA的结构特征。RIG-Ⅰ识别并结合5′三磷酸RNA、带有磷酸基团的短链dsRNA和体外转录的RNA等。小RNA病毒科的病毒通过VPg蛋白结合到其基因组RNA的5′端，掩盖了5′端的三磷酸基团，因此不能被RIG-Ⅰ识别而只能被MDA5识别。宿主细胞自身的5′三磷酸RNA在细胞核中发生“加帽”修饰，能够避免被RIG-Ⅰ识别。

RIG-Ⅰ的RNA解旋酶结构域识别并结合病毒RNA后发生构象变化，使RIG-Ⅰ的CARD结构域暴露出来，从而招募下游接头蛋白VISA（也称为MAVS，IPS-1或Cardif）。活化的VISA在线粒体膜上高度聚集形成朊病毒样结构，该聚集作为高效的信号复合物装配平台，招募多种信号分子组装成信号级联反应的复合物，如IKKα/β/γ复合物、TANK、TBK1、IKKε等，最终激活转录因子NF-κB和IRF3或IRF7，诱导Ⅰ型干扰素和炎症因子的产生（Hou et al.，2011）。

四、胞质DNA受体

近年来陆续发现了多个胞内能够识别病毒DNA的PRR，如AIM2、IFI16、DDX41、cGAS等。AIM2识别细胞质DNA后，能够激活炎症小体，促进炎症因子IL-1β和IL-18前体的剪切和成熟。IFI16在不同类型细胞中有不同的亚细胞定位，细胞核中的IFI16能够结合单链或双链DNA，随后诱导Ⅰ型干扰素表达。另外，RNA聚合酶Ⅲ也能够作为胞质DNA受体，识别富含AT的双链DNA，如由A和T组成的多聚双链DNA［poly（dA：dT）］，并将其转录成含有5′三磷酸的dsRNA。这种RNA作为RIG-Ⅰ的配体，通过RIG-Ⅰ信号通路来诱导Ⅰ型干扰素的表达（Chiu et al.，2009）。cGAS（环鸟苷-腺苷二磷酸合成酶）是一种广谱的胞质DNA识别受体（Sun et al.，2013）。胞质中的cGAS能够结合各种形式的DNA，包括DNA病毒、逆转录病毒、胞内寄生菌等释放的DNA。此外，cGAS还能够感应因DNA损伤而累积的胞质DNA、吞噬细胞所摄取的肿瘤DNA等。cGAS含有一个核苷酸转移酶结构域和两个DNA结合结构域，当cGAS与胞质中的DNA结合后，其酶活性受到活化，结合并催化ATP、GTP生成2′3′-cGAMP。cGAMP作为第二信使结合到内质网膜上的STING（也叫MITA），使后者构象发生改变而活化。

STING的发现是揭示胞质DNA识别机制的里程碑（Ishikawa et al.，2009）。STING作为接头蛋白枢纽，作用于多个DNA受体下游，如cGAS、AIM2、IFI16、DDX41等，通过激活转录因子IRF3和NF-κB，诱导Ⅰ型干扰素和炎症细胞因子产生。对*Sting*基因敲除的研究充分证实了胞质DNA受体介导的天然免疫在抵抗病毒感染中的重要性。此外，基因突变引起的STING异常活化也会导致严重的自身免疫性疾病。

宿主通过不同的模式识别受体监测病毒成分，包括病毒蛋白、基因组核酸及病毒复制中间产物等，起始抗病毒天然免疫应答。模式识别受体的多样性及细胞定位的不同，使天然免疫系统能够多维度、全方位地监测病毒的感染，确保实时有效的抵抗病毒侵染。同时，也使病毒很难通过单一的手段逃避宿主的天然免疫系统，从而实现对机体的保护。

第三节 抗病毒天然免疫

一、干扰素介导的抗病毒天然免疫

（一）干扰素的分类

干扰素（interferon，IFN）是天然免疫系统中的重要免疫分子，在抗病毒感染的第一道防线中发挥重要作用。干扰素最早是在流感病毒感染的鸡胚细胞中被发现的，因其具有干扰病毒复制的作用而得名（Isaacs and Lindenmann，1957）。其主要功能包括抗病毒、抗肿瘤和免疫调节效应等，家族成员分为三类：Ⅰ型、Ⅱ型和Ⅲ型干扰素（Pestka et al.，2004）。

Ⅰ型干扰素是最大的一类干扰素亚家族，主要由IFN-β、IFN-α、IFN-ω、IFN-ε、IFN-κ、IFN-δ、IFN-τ和IFN-ζ组成。在人和小鼠中，IFN-α的基因分别由13和14个亚基因组成，然而IFN-β的基因目前被发现仅有一个（Weissmann and Weber，1986）。这些基因在病毒感染的细胞中被诱导表达。IFN-β能够在大多数细胞中表达，然而IFN-α主要在pDC等免疫细胞中产生。Ⅰ型干扰素分泌到细胞外后也可与干扰素受体（interferon receptor，IFNAR）结合，激活JAK-STAT信号级联反应，诱导PRK、ISG15和OAS等抗病毒蛋白的表达。另外，Ⅰ型干扰素还能调控树突状细胞的成熟，连接天然免疫和适应性免疫反应。此外，Ⅰ型干扰素也在机体抗肿瘤和自身免疫疾病中发挥作用。IFN-β的基因诱导是一个高度有序的过程，受多种转录因子，如IRF、NF-κB和AP-1等共同调控。

Ⅱ型干扰素IFN-γ与Ⅰ型干扰素没有结构相关性，主要在T细胞和NK细胞中被诱导分泌。IFN-γ在宿主抵御细菌等病原微生物的过程中起重要作用，为抗细菌感染应答中巨噬细胞的活化所必需。此外，IFN-γ也能促进CD4阳性的Th1细胞（$CD4^+Th1$）和CD8阳性的T细胞（$CD8^+T$）的发育。

Ⅲ型干扰素是最近被发现的一类干扰素，包括IFNλ1/IL-29、IFNλ2/IL-28A和IFNλ3/IL-28B（Pestka et al.，2004）。与IFN-β和IFN-α相似，Ⅲ型干扰素也能在病毒感染细胞中被诱导，发挥抗病毒作用。与Ⅰ型和Ⅱ型干扰素受体的广泛表达不同，Ⅲ型干扰素的高亲和力特异性受体IFNLR1主要在上皮细胞中表达。

（二）干扰素诱导的信号转导和抗病毒效应因子

不同类型的干扰素能被各自的干扰素受体识别。Ⅰ型干扰素（IFN-α或IFN-β）与IFNAR1和IFNAR2亚基组成的异源二聚体结合，分别招募并激活酪氨酸激酶2（tyrosine kinase 2，TYK2）和Janus家族酪氨酸激酶1（Janus-family tyrosine kinase 1，JAK1），随后诱导下游的信号转导和转录激活因子（signal transducers and activators of transcription，STAT）1和2的磷酸化，进一步招募IRF9形成STAT1-STAT2-IRF9三聚体转录复合物 ISGF3[IFN-stimulated gene（ISG）factor 3]。ISGF3 进入细胞核中，诱导 ISG 的表达（Uddin et al.，1995）。除了诱导 ISGF3 的形成，Ⅰ型干扰素也能诱导磷酸化的 STAT1 形成同源二聚体。STAT1 二聚体能结合在某些 ISG 基因启动子的 GAS（gamma-activated sequence）作用元件上诱导基因转录（Platanias，2005）。Ⅲ型干扰素可被 IL-10R2 和 IFNLR1 识别，也能诱导 ISGF3 和 STAT1 二聚体的形成，促进下游基因转录（Donnelly and Kotenko，2010）。Ⅱ型干扰素 IFN-γ 主要以二聚体的形式与两个 IFNGR1 亚基结合，并进一步和两个 IFNGR2 互作形成配体-受体复合物，通过 JAK1 和 JAK2 激活下游信号（Platanias，2005）。IFN-γ 主要诱导 STAT1 和 STAT3 形成的同源或异源二聚体再由后者介导抗病毒基因的表达 (Platanias，2005)。

除了经典的 JAK-STAT 信号通路外，促分裂素活化蛋白激酶 p38（Uddin et al., 1999)、磷脂酰肌醇激酶（phosphatidylinositol 3-kinase，PI3K）（Platanias，2005；Uddin et al.，1999）、CrkL-RAP1（Crk-like protein-Ras-related protein 1）通路、ERK（extracellular signal-regulated kinase）通路、JNK（c-Jun N-terminal kinase）通路及 mTOR（mammalian target of rapamycin）通路等非经典信号均能被干扰素激活（Fish and Platanias，2014）。这些信号能够为作为干扰素信号的效应器参与细胞不同生理活动的调控。

干扰素发挥抗病毒作用主要是通过诱导众多 ISG 的表达介导，ISG 编码的蛋白质具有广泛的免疫调节作用。例如，编码 PPR、IRF 和 STAT1（2）的 ISG 能够增强干扰素的产生及下游信号。编码趋化因子及其受体的 ISG 则能介导细胞与细胞之前的免疫信号传递。相反，另一些 ISG 也能编码负反馈调控蛋白，从而消减干扰素反应，维持免疫稳态。此外，还有一部分 ISG 编码蛋白能够通过直接作用于病毒生命周期中关键事件来发挥抗病毒效应，包括抑制病毒的进入、抑制病毒的翻译和复制、抑制病毒的释放等。

二、自然杀伤（NK）细胞介导的抗病毒天然免疫

（一）NK 细胞的活化

自然杀伤细胞（natural killer cell，NK 细胞）是天然免疫系统的重要组成部分，其在机体对病毒感染和肿瘤转化的早期抵御中发挥重要作用。NK 细胞对于病毒感染细胞及肿瘤细胞的识别无须经过抗原的预先刺激，因而得名自然杀伤细胞（Mace and Orange，2016）。尽管 NK 细胞本身能够直接识别被感染细胞，但是病毒感染后机体产生的细胞因子对于 NK 细胞的活化也有重要的影响。病毒感染后产生的Ⅰ型干扰素或者 IL-12 能够显著地增强 NK 细胞的杀伤能力。IL-12 和 IL-18 共同作用于 NK 细胞则能够刺激 NK 细胞分泌大量的Ⅱ型干扰素，从而进一步增强巨噬细胞杀伤病毒的能力。

NK 细胞对于靶细胞的识别和杀伤是一个复杂的过程，最终结果取决于 NK 细胞表面的激活性受体和抑制性受体之间的信号平衡。NK 细胞识别靶细胞的方式主要有两个方面：“丧失自我”（missing self）和“压力诱导”（stress-induced self）。NK 细胞表面的抑制性受体与正常细胞表面的 MHC-Ⅰ分子结合后会抑制 NK 细胞的活化，从而使正常细胞免受 NK 细胞的杀伤。病毒感染细胞表面 MHC-Ⅰ分子表达的下调，使抑制性受

体失去对NK细胞的抑制。NK细胞通过识别MHC-Ⅰ分子的下调，从而识别靶细胞的方式，即“丧失自我”。病毒感染细胞后引起的细胞稳态压力会诱导细胞表达某些表面分子。NK细胞上的激活性受体与这些受压力诱导表达的配体结合后向下游传递激活信号，从而激活NK细胞对靶细胞的杀伤作用。NK细胞的这种识别方式则被称为“压力诱导”。NK细胞上的部分受体还可以与病毒感染细胞表面的病毒蛋白结合，从而识别、杀伤被感染的细胞。NK细胞在整合前述的几种信号之后，完成对于靶细胞的杀伤（Vivier et al.，2008）。

（二）NK细胞的抗病毒机制

NK细胞对于感染细胞的杀伤主要有两种方式：直接杀伤和TRAIL介导的细胞凋亡途径。NK细胞对于感染细胞的直接杀伤过程与细胞毒性T淋巴细胞（cytotoxic T lymphocyte，CTL）杀伤靶细胞的过程相似，可以分为4步：①NK细胞识别靶细胞后，在靶细胞与NK细胞接触的地方建立起免疫突触（immunological synapse），细胞黏附分子在免疫突触处聚集，NK细胞内的细胞骨架发生重构；②微管组织中心（microtubule organizing center，MTOC）和分泌溶酶体向免疫突触移动；③分泌溶酶体被锚定到细胞膜附近；④分泌溶酶体与细胞膜融合从而将溶酶体内含物释放到免疫突触中，杀伤靶细胞。

NK细胞除了能够直接杀伤靶细胞外，还可以通过肿瘤坏死因子（tumor necrosis factor，TNF）超家族成员TRAIL诱导靶细胞的凋亡（Schaefer et al.，2007）。当NK细胞识别靶细胞后，其表面表达的TRAIL和靶细胞表面的受体TNFRSF10A和TNFRSF10B结合，从而引起受体的三聚化。三聚化后受体通过Fas相关死亡结构蛋白（Fas-associated protein with death domain，FADD）进一步募集胱天蛋白酶（caspase）8的前体，组装形成死亡诱导信号复合物（death-inducing signaling complex，DISC）。caspase 8在DISC中被活化，从而引起细胞凋亡（von Karstedt et al.，2017）。

三、补体系统介导的抗病毒天然免疫

（一）补体系统简介及补体活化的途径

补体是血清中的正常成分，主要由30多种血浆和细胞膜蛋白组成。在生理情况下，补体固有成分以酶原形式存在。当补体识别抗原抗体免疫复合物、病原体或凋亡细胞等多种成分后，补体各个成分依次活化，发生酶促级联反应，产生一系列生物学效应。补体主要有抵抗病原微生物感染、清除异物、维持内环境稳定，以及调节适应性免疫反应等功能（Walport，2001a，2001b）。

补体活化的过程可以分为前期和后期两个阶段。在前期阶段，按照补体激活物质和激活反应的顺序不同，有三条途径可以激活补体，即经典途径（classic pathway）、凝集素途径（lectin pathway）和替代途径（alternative pathway）。经典途径也称抗体依赖性途径，可以被IgG和IgM有效起始。除了抗原-抗体免疫复合物外，其他一些物质如核酸、酸性黏多糖、肝素、鱼精蛋白，以及一些病原体如逆转录病毒和菌原体等都可以通过经典途径激活补体。凝集素途径的识别分子是甘露糖结合凝集素（mannose-binding lectin，MBL）、胶原凝集素（collectin-LK）和无花果酶（ficolin）。替代途径可以由多种颗粒性物质激活，如细菌的脂多糖和磷壁酸、各种革兰氏阴性菌和阳性菌、寄生虫及大量聚集的 IgA 和 IgG4 等。补体激活的后期阶段是前期阶段三条途径所共有的。前期阶段三条途径产生的 C5 转换酶使补体成分 C5 水解产生 C5a 和 C5b 两个片段。C5b 与补体成分 C6、C7 和 C8 形成 C5b678 复合物，诱导 12～16 个 C9 分子聚合，从而在细胞膜上形成膜通道样的膜攻击复合物（membrane attack complex，MAC）。MAC 可以使靶细胞膜穿孔损伤，改变膜的通透性，最终发生溶胞作用（Bajic et al.，2015；Ricklin et al.，2010）。

（二）补体的抗病毒机制

补体系统可以通过直接和间接两种方式有效阻止病毒感染和扩增，在抗病毒免疫中具有重要作用。首先，补体系统能直接裂解病毒、中和病毒以及标记病毒感染细胞以便机体将其清除。其次，补体系统可以通过调节树突状细胞和淋巴细胞的功能，促进抗病毒适应性免疫应答的启动。

补体的直接抗病毒作用可以分为抗体依赖性和非抗体依赖性两种机制。在抗体依赖性作用中，血清中的抗体能够与病毒结构蛋白结合，形成抗原-抗体免疫复合物，通过经典途径激活补体系统。在非抗体依赖性作用中，经典途径和凝集素途径中的识别分子 C1q 和 MBL 能够直接识别病毒表面的糖蛋白，激活补体系统（Blue et al.，2004；Stoermer and Morrison，2011）。

补体的间接抗病毒作用主要是指补体通过调节适应性免疫间接发挥抗病毒作用。许多补体成分参与调节树突状细胞、T 细胞和 B 细胞的功能。抗原呈递细胞（antigen presenting cell，APC）、T 细胞和 B 细胞上表达多种补体成分的受体和补体调节蛋白。这些受体和调节蛋白能影响免疫细胞的活化、增殖和效应功能（Blue et al.，2004）。

第四节 适应性免疫细胞对病毒感染的识别

病毒感染诱导的宿主适应性免疫反应包括 T 细胞介导的细胞免疫和 B 细胞介导的体液免疫。T 细胞和 B 细胞除了能通过模式识别受体介导对病毒核酸的非特异识别外，还通过其细胞表面的受体针对病毒编码蛋白的某个抗原表位进行特异识别。其中 B 细胞通过细胞表面的 B 细胞受体（B cell receptor，BCR）直接识别病毒的抗原表位并活化，并分泌特异识别该表位的抗体；而 T 细胞则通过 T 细胞受体（T cell receptor，TCR）识别抗原呈递细胞呈递的病毒多肽，在辅助性刺激信号（costimulatory signal）及细胞因子微环境的作用下分化为不同的 T 细胞亚群，进而直接杀伤被感染的细胞，或通过分泌细胞因子与 B 细胞或天然免疫细胞相互作用，促进对病毒或感染细胞的杀伤。

一、T 细胞对病毒抗原的识别依赖于抗原呈递细胞对病毒的摄取、加工与呈递

T 细胞受体（TCR）并不能直接识别病毒抗原，而依赖于抗原呈递细胞内主要组

织相容性复合物（major histocompatibility complex，MHC）对病毒抗原的呈递。根据其结构及功能，MHC 分为Ⅰ类（MHC-Ⅰ）和Ⅱ类（MHC-Ⅱ）分子两大类，MHC-Ⅰ几乎在所有有核细胞中均表达，MHC-Ⅱ在除 T 细胞外的所有类型细胞中均有表达。MHC-Ⅰ由一个 α 亚基和一个 β2 微球蛋白（microglobulin）组成。α 亚基的胞外区有 α1、α2、α3 三个结构域，α1 和 α2 结构域上的 α 螺旋形成一个口袋，装载长度为 8～13 个氨基酸残基的短肽，并与 TCR 相互作用，而 α3 结构域则负责与 T 细胞表面 CD8 分子结合。MHC-Ⅱ由一个 α 亚基和一个 β 亚基组成，α 亚基的 α1 结构域与 β 亚基的 β1 结构域上的 α 螺旋组成一个口袋，装载长度为 10～30 个氨基酸残基的短肽，并与 TCR 相互作用，β 亚基的 β2 结构域负责与 T 细胞表面的 CD4 分子相互作用。因此，同一病毒的蛋白质通过不同的途径装载至 MHC-Ⅰ及 MHC-Ⅱ分子分别呈递给 CD8 或 CD4 T 细胞，进而诱导 T 细胞的活化。此外，由于病毒抗原多肽与 MHC 分子的结合依赖于多肽与口袋内氨基酸残基的电荷及氢键间的相互作用，因此病毒抗原的某些表位在细胞内的表达量大、与 MHC 分子结合强度强，使之有较大机会被更加稳定地装载至 MHC 分子的口袋，进而被呈递给 T 细胞，这样的抗原表位称为免疫优势表位（immunodominant epitope）。

（一）MHC-Ⅰ途径对病毒抗原的摄取、加工及装载

病毒在感染与复制的过程中，大量的病毒编码蛋白会在细胞质中进行翻译，宿主细胞内的“垃圾”清理器与氨基酸回收站——蛋白酶体识别泛素化的病毒蛋白并将其降解成多肽。这些多肽随后被内质网上的抗原加工相关转运蛋白（transporter associated with antigen processing，TAP）转运至内质网腔。内质网腔中的氨基肽酶（aminopeptidase）进一步将这些多肽进行加工，使之成为长短合适的短肽（8～13 个氨基酸残基）。在内质网上合成的 MHC-Ⅰ分子则与 TAP 等蛋白质相互作用，在一系列内质网蛋白如钙联蛋白（calnexin）等的共同作用下，识别并装载该短肽。

有些病毒的 RNA 在内质网上进行翻译，病毒粒子也在内质网上进行组装。在这一过程中，病毒蛋白会发生错误折叠，或者由于病毒基因的突变病毒导致产生的蛋白质没有功能或者构象错误，引起内质网压力（ER stress），这些蛋白质会被内质网上的质量控制系统（quality control system）捕获并降解成多肽。在氨基肽酶（aminopeptidase）、钙联蛋白等内质网蛋白的作用下，多肽被进一步加工成长短合适的短肽并装载至 MHC-Ⅰ。随后装载有短肽的 MHC-Ⅰ分子离开内质网，通过高尔基体迁移到细胞膜表面。

（二）MHC-Ⅱ途径对病毒抗原的摄取、加工及装载

有些病毒通过胞吞途径感染宿主细胞，通过胞吐途径将成熟的病毒颗粒释放至细胞外。细胞外的病毒颗粒还可以被抗体或补体结合，通过与抗原呈递细胞上的抗体受体或补体受体结合而被内吞至细胞内。此外，细胞也可以通过自噬将病毒粒子或病毒蛋白包裹起来，形成双层膜结构的特殊内体。在上述过程中，细胞内的溶酶体通过与含有病毒粒子的内体（endosome）融合形成溶酶-内体（lyso-endosome），利用溶酶体内的蛋白酶或低 pH 将病毒蛋白水解成多肽，从而阻止病毒从内体中逃逸到细胞质或释

放至胞外，进而抑制或干扰病毒的感染与复制。

MHC-Ⅱ的 α 亚基和 β 亚基在内质网上合成，随后在分子伴侣的作用下装配成有功能的 MHC-Ⅱ分子。内质网上合成的一条不变链（invariant chain，Ii）的 N 端插入 MHC-Ⅱ分子上结合抗原短肽的口袋，以防止 MHC-Ⅱ被 TAP 转运至内质网腔，并通过高尔基体出芽至内体中。含有 MHC-Ⅱ的内体与含有病毒多肽的溶酶-内体融合，MHC-Ⅱ口袋中的 Ii 被溶酶-内体内的蛋白酶水解为 24 个氨基酸残基的短肽（class Ⅱ-associated invariant chain peptide，CLIP），在 H-2M 或 HLA-DM 的辅助下 CLIP 从口袋中释放出来，病毒抗原短肽被装载进 MHC-Ⅱ的口袋，随同内体迁移至细胞膜表面。

（三）抗原呈递细胞通过 MHC-Ⅰ及 MHC-Ⅱ呈递病毒抗原

宿主体内的巨噬细胞和树突状细胞作为专职抗原呈递细胞，大量表达 MHC 分子，它们定位在皮下、黏膜及外周淋巴器官或随着血液全身循环，像哨兵一样时刻监视着宿主各个部位入侵的病毒。大部分的病毒感染发生在黏膜或局部组织（local infection），被定位在相应部位的巨噬细胞或树突状细胞识别。这些细胞对病毒抗原进行加工并通过 MHC 分子呈递在细胞表面，同时随着淋巴循环进入外周淋巴器官如淋巴结，将病毒抗原呈递给 T 细胞；此外，它们吞噬被感染的组织细胞或无感染能力的病毒粒子，将病毒蛋白加工通过 MHC-Ⅰ途径（而非 MHC-Ⅱ途径）呈递在细胞表面，随着淋巴血液循环进入淋巴结或脾脏，激活 CD8 T 细胞，这一过程叫作交叉呈递（cross presentation）。活化的 T 细胞增殖随后从淋巴结或脾脏中迁出，随着血液循环到达被感染的部位，直接或间接杀伤被感染的细胞，同时促进组织修复。

宿主的组织细胞也表达 MHC 分子，受到病毒感染后也将病毒抗原呈递在细胞表面，等待活化的 T 细胞迁移到感染部位后将病毒抗原呈递给 T 细胞，进一步促进 T 细胞的增殖与活化，通过各种方式杀伤被感染的细胞，以达到清除病毒、修复受损组织的目的。

二、B 细胞直接识别病毒抗原

病毒或病毒编码的蛋白质可通过多种途径进入外周淋巴器官从而被 B 细胞识别。通过血液或体液途径感染的病毒，可通过血液循环进入脾脏或淋巴结，其表面的蛋白质或糖蛋白能直接被 B 细胞表面的 IgM 或 IgD 识别；此外，病毒表面会结合补体或抗体，抗原呈递细胞如巨噬细胞或树突状细胞表面富含补体受体及 Fc 受体（可结合抗体恒定区），能捕获补体或抗体结合的病毒，通过血液-淋巴循环进入脾脏或淋巴结，从而被 B 细胞识别。血液或体液中游离的分子质量较小的病毒蛋白（＜70kDa），能直接通过血液-淋巴循环，进入外周淋巴器官的 B 细胞区（B cell zone），从而被 B 细胞识别；而分子质量较大的病毒蛋白或释放的无感染复制功能的病毒颗粒，通过血液-淋巴循环进入淋巴结或脾脏后被巨噬细胞或树突状细胞捕获（通过表面表达的补体受体和 Fc 受体），并进入 B 细胞区被 B 细胞识别。

与 T 细胞识别 MHC 分子呈递的线性多肽抗原的方式不同，B 细胞直接识别病毒抗原表位，该表位既可以是由相邻连续的氨基酸残基组成的线性表位，也可以是非连续相邻的氨基酸残基组成的空间表位。B 细胞前体在骨髓中分化成未成熟的 B 细胞（immature B cell，可表达 IgM），随后迁移到黏膜层或外周淋巴器官，如胸腔、腹腔、肠道固有层（lamina propria）、脾脏、淋巴结及派氏小体（peyer’s patche）等。黏膜层的B细胞被命名为B1 B细胞，通过模式识别受体如TLR、RLR及胞质DNA受体识别病毒核酸或病毒表面糖脂类分子，随后分泌IgM或IgA。外周淋巴器官的B细胞在趋化因子CXCL13及其受体CXCR5的作用下定位在B细胞区，分化为成熟B细胞（mature B cell，可表达IgM和IgD）。这类B细胞根据其在B细胞区的定位以及表面分子标记可分为边缘区B细胞（marginal zone B cell，MZB）或滤泡B细胞（follicular B cell，FOB）。下面简要介绍这两类B细胞对病毒抗原的识别与活化过程。

（一）MZB和B1 B细胞的活化不依赖于T细胞的辅助

MZB和B1 B细胞能自发地产生少量IgM，称为自然抗体（natural antibody），可能可以识别某些病毒抗原。此外，MZB和B1 B细胞内还可表达大量的补体受体（如C3R）及模式识别受体（如TLR及RLR等），在BCR与补体受体或模式识别受体双重信号刺激下活化，分化为短寿命的浆细胞，产生大量的IgM或IgA，分别在脾脏和黏膜层产生第一波抗体抵御病毒入侵，对早期病毒感染的防御非常重要。MZB细胞表面也表达大量的MHC分子，在T/B细胞交界处（T/B border）将病毒抗原呈递给T细胞进而促进T细胞的活化。

BCR介导的信号转导过程涉及一系列复杂的酪氨酸蛋白激酶及其底物的磷酸化。BCR与病毒抗原或抗原复合物结合后聚集成束，其胞内段构象发生改变，从而招募蛋白激酶Lyn，Lyn随后磷酸化BCR胞内区保守的酪氨酸残基，随后招募Syk及CD19，这些蛋白质聚集在一起形成免疫突触，随后启动一系列的信号级联反应，激活NF-κB、PI3K/AKT及MAPK信号通路，从而促进B细胞的增殖、分化，以及分泌IgM或IgA。

（二）FOB细胞的增殖与分化依赖于T细胞的辅助

FOB细胞除了直接识别病毒外，还可以与携带有病毒抗原的滤泡树突状细胞（follicular dendritic cell，FDC）或巨噬细胞相互作用，识别其表面的病毒抗原而活化，表达一定量的IgM。同时树突状细胞或巨噬细胞表达细胞因子，诱导FOB细胞的活化与增殖，同时下调细胞表面的CXCR5，导致其从滤泡迁出。迁出的FOB细胞在T细胞区或者T/B细胞交界处与T细胞相互作用，一部分FOB细胞的命运与MZB细胞类似，将分化成短寿命的浆细胞分泌发生少量的高频突变（somatic hypermutation）的IgM，另一部分FOB细胞则上调CXCR5的表达，回到B细胞滤泡区。什么样的因素或信号决定FOB细胞是回到滤泡还是分化为IgM浆细胞？目前对这一问题还没有准确的答案。进入滤泡内的B细胞大量增殖，在滤泡内形成分裂旺盛染色呈深色的区域（dark zone）和凋亡相对旺盛的染色呈浅色的区域（light zone），形成生发中心（germinal center）。

同时，接收到MZB或FOB细胞信号或者树突状细胞MHC-Ⅱ分子信号的CD4 T细胞也有两种命运，一部分停留或返回至T细胞区增殖分化为不同类型的T细胞亚群（本章第五节将讨论），随后从淋巴结或脾脏迁出至感染部位，发挥抗病毒功能；另一部分则上调CXCR5的表达，分化为滤泡辅助性T细胞（follicular helper T cell，Tfh）进入B细胞滤泡（生发中心）的染色浅的区域。这群T细胞表面进一步上调CD40L的表达，与FOB细胞表面的CD40相互作用，促进活化诱导的脱氨酶（activation-induced deaminase，AID）的表达，在其他T或B细胞表面受体-配体相互作用以及Tfh细胞分泌的细胞因子信号的影响下，FOB细胞内发生高频突变及类别转换（class switch），产生新的抗体分子。产生更高亲和性抗体的B细胞能结合更多病毒抗原，产生足够多的生存或分裂信号，进而存活下来并进一步分化为长寿命的浆细胞（long-lived plasma cell），迁移至骨髓，产生大量的抗体。如果B细胞无法产生有功能的抗体或抗体亲和性低，在与产高亲和性抗体的B细胞的竞争中得不到足够多的抗原信号，最终会进入凋亡程序。

第五节 抗病毒细胞免疫与体液免疫

抗病毒细胞免疫与体液免疫分别由T细胞和B细胞介导，并对感染的病毒产生免疫记忆。病毒感染后，病毒抗原特异的T（B）细胞从增殖到发挥抗病毒效应大概需要7～14d；而当宿主再次受到同样病毒感染时，记忆T（B）细胞从活化增殖到发挥抗病毒效应只需1～2d。

一、T细胞介导的细胞免疫

宿主体内的T细胞包括α/β T细胞（大约占95%，主要定位在淋巴结、脾脏和肠道固有层）和γ/δ T细胞（大约占5%，主要定位在黏膜和肠道）。其中α/β T细胞根据其表面表达的分子标记可分为CD4 T细胞（又叫作辅助T细胞，helper T cell）和CD8 T细胞（又叫作细胞毒性T细胞，cytotoxic T cell），CD4分子与MHC-Ⅱ分子相互作用，而CD8分子则与MHC-Ⅰ分子相互作用，进而促进TCR对MHC呈递的多肽的识别。在淋巴结或脾脏中，T细胞在MHC信号以及抗原呈递细胞表面的辅助激活信号如CD80/CD86、OX40、4-1BB等信号的刺激下活化，同时表达相关抑制受体如CTLA4、PD-1等，以防止T细胞的过度活化并诱导T细胞在感染晚期的凋亡。

（一）CD8 T细胞的活化、分化、发挥效应及免疫记忆

除了MHC-Ⅰ与辅助刺激信号外，CD8 T细胞的活化还需要来自病毒感染诱导产生的Ⅰ型干扰素及IL-12，CD8 T细胞的持续增殖则依赖于CD4 T细胞产生的IL-2。一般情况下，抗原特异的CD8 T细胞约占总CD8 T细胞的百万分之一，经过7d左右的持续活化与增殖后，该比例可达10%。活化的CD8 T细胞表面受体的表达发生变化，从淋巴结或脾脏迁移至血液，通过血液循环到达感染部位。与此同时，细胞内的IFN-γ及颗粒酶（granzyme B）和穿孔素（perforin）表达量上调。IFN-γ从CD8 T细胞中释放出来，激活NK细胞和巨噬细胞，进而起到杀伤感染细胞、促进抗原呈递、抑制病毒扩散的作用。颗粒酶和穿孔素以颗粒（granule）的形式储存在CD8 T细胞中。当CD8 T细胞识别被感染细胞上MHC-Ⅰ呈递的病毒抗原时，CD8 T细胞与靶细胞间形成稳定的相互作用，含有穿孔素和颗粒酶的颗粒从细胞内迁移至细胞-细胞相互作用的界面，穿孔素随即插入靶细胞的细胞膜形成孔径，颗粒酶随着孔径进入靶细胞，诱导靶细胞的凋亡或裂解。

随着病毒及其感染细胞的清除，绝大多数（大于 90%）CD8 T 细胞不能获得足够多的 MHC-Ⅰ信号从而进入凋亡程序，少数 CD8 T 细胞存活下来分化为记忆性 CD8 T 细胞，目前这一过程的具体分子机制还不清楚，但至少依赖于 IL-2、IL-12、IL-15、IL-7 和Ⅰ型干扰素等细胞因子信号，以及一系列的转录因子如 T-bet、Eomes、Blimp-1 等的调控（Martin and Badovinac，2018）。最终该记忆性 CD8 T 细胞（针对某一病毒特定抗原）的数量大约占 CD8 T 细胞总数的万分之一，比未感染时上升了 100～1000 倍。记忆性 CD8 T 细胞主要分为中枢（central memory）记忆细胞和效应（effector memory）记忆细胞，其中前者定位在淋巴结和脾脏，后者随着血液-淋巴在全身循环。当宿主再次被同样病毒入侵的时候，效应记忆 CD8 T 细胞迅速在感染部位聚集、活化并增殖，分化为效应 T 细胞，将病毒感染消灭在“萌芽”状态；当病毒通过血液侵染或突破黏膜层进入淋巴结或脾脏时，中枢记忆 CD8 T 细胞在树突状细胞或巨噬细胞的帮助下迅速活化增殖，随后迁移到外周杀伤被感染的细胞。需要指出的是，目前对中枢记忆细胞和效应记忆细胞的起源仍有争议，有研究认为它们共同起源于一个相同初始激活的 CD8 T 细胞，也有研究认为它们具有独立的起源。

（二）CD4 T 细胞的活化、分化、发挥效应及免疫记忆

与 CD8 T 细胞的活化类似，CD4 T 细胞的活化也需要来自抗原呈递细胞的 MHC-Ⅱ信号、辅助刺激信号及细胞因子信号。不同细胞因子的刺激诱导 CD4 T 细胞分化为不同的亚群，如 IL-12 诱导 Th1 的分化（表达 IFN-γ 和 TNF-α），IL-4 诱导 Th2 的分化（表达 IL-4、IL-5 及 IL-13），TGF-β 及 IL-2 诱导 Treg 的分化（表达转录因子 FoxP3），TGF-β、IL-6、IL-1β 及 IL-23 诱导 Th17 分化（表达 IL-17、IL-17F、IL-22 及 GM-CSF），IL-6 及 IL-21 诱导 Tfh 的分化（表达 IL-21）等（Sallusto, 2016）。这些 Th 细胞亚群在外周或淋巴器官内能辅助 CD8 T 细胞的活化，并促进 CD8 T 细胞产生免疫记忆；或进入生发中心促进 B 细胞的活化与分化，产生高亲和性抗体；或迁移至感染部位，通过释放细胞因子促进 NK 细胞、巨噬细胞或粒细胞的活化，进而促进病毒或感染细胞的清除与受损组织的修复。

在感染清除的晚期，大量的 CD4 T 细胞进入凋亡，少数分化为记忆细胞，主要定位在骨髓，CD4 T 记忆细胞的多少取决于病毒抗原刺激的强弱与时间，其中的具体分子机制目前还不完全清楚。当宿主受到同样病毒感染的时候，这些细胞识别 MHC-Ⅱ呈递的抗原迅速分化为效应细胞，并保持其原始的分泌相关细胞因子的特性（如 Th1 记忆细胞分化为 Th1 细胞，分泌 IFN-γ 及 TNF 等细胞因子），促进病毒的清除与组织修复。

二、B 细胞介导的体液免疫

B 细胞主要通过产生抗体（即免疫球蛋白，immunoglobulin，Ig）的方式发挥抗病毒免疫功能。根据抗体重链恒定区（constant region，C 区）的不同，人体内的抗体分为 5 种，即 IgM、IgD、IgG（1～4）、IgE 及 IgA（1、2）。其中 IgG 是血浆中主要的抗体形式，占抗体总量的 70%～75%，IgA 次之，占 10%～15%，IgM 占 8%～10%，IgE 小于 1%，IgD 约占 0.25%。

（一）B 细胞介导体液免疫的主要形式——抗体

抗体由两条重链（heavy chain，H 链，约 55kDa）和两条轻链（light chain，L 链，约 25kDa）构成，分别由 1 个可变区（variable region，V 区）和 3～4 个恒定区（C1～C4）结构组成，C1 和 C2 间有一个构象相对松散的铰链区（hinge region），其中一条重链与一条轻链的恒定区间形成一个二硫键，两条重链的铰链区间由 2 个二硫键连接，这样 H 链和 L 链间的 V 区在结构和空间上靠近，形成识别抗原的口袋。病毒抗原与该口袋结合导致抗体重链的 C2-C3 恒定区的构象发生变化，或通过与 C1q（补体 C1 的重要成分）相互作用激活补体途径，或通过与细胞表面的 Fc 受体结合，激活一系列的信号转导通路，进而发挥抗病毒效应。具体来说抗体主要通过以下途径发挥抗病毒效应。

（1）中和作用（neutralization） 抗体与病毒表面抗原结合，从而阻断病毒与细胞表面受体的相互作用，进而阻断病毒对靶细胞的入侵。

（2）抗体介导的吞噬作用（phagocytosis） 结合病毒或病毒抗原的抗体可以通过与吞噬细胞（巨噬细胞或粒细胞）上 Fc 受体结合，激活吞噬作用、促进对病毒抗原的加工与呈递、诱导粒细胞或肥大细胞的脱颗粒（degranulation），以及相关炎症细胞因子的表达，进而引发强烈的炎症反应。

（3）激活补体（complement activation） 补体成分中的 C1q 能与抗体的 Fc 部分相互作用，激活经典的补体途径，直接破坏病毒表面包膜结构，使其失去感染活性。补体活化途径中产生的 C3a、C5a 等与单核细胞、巨噬细胞等表面的受体结合，激活炎症细胞因子的表达。

（4）抗体介导的细胞杀伤（antibody-dependent cell-mediated cytotoxicity，ADCC） 除了结合游离的病毒或病毒抗原外，抗体还可以识别在细胞表面附着的病毒或者病毒抗原，随后自然杀伤细胞通过表面的 Fc 受体与抗体结合，促进 IFN-γ 的表达及 NK 细胞对靶细胞的杀伤。

（5）抑制 B 细胞的持续活化 上文提到生发中心的 B 细胞识别抗原，在 T 细胞的辅助下发生体细胞高频突变及抗体类别转换，这一信号过度的活化将使 B 细胞过度增殖，严重的将导致自身免疫性疾病或白血病。为了防止相关疾病的发生，B 细胞表面表达抑制性的 Fc 受体，在与抗体结合后产生抑制 B 细胞活化的信号。

（二）B 细胞免疫记忆

随着病毒的清除与病毒抗原的消失，生发中心的 B 细胞接收到的抗原信号越来越弱，最终走向凋亡。极少数表达高亲和性抗体的 B 细胞表达抗凋亡因子如 BCL2 等生存下来，分化为长寿命的浆细胞，但这一过程的具体分子机制目前仍然不清楚。浆细胞迁出生发中心，随着血液循环进入骨髓或者脾脏，可以在人体内存在 50 年甚至更长的时间。当机体再次受到同样病毒的入侵时，浆细胞迅速识别并增殖，并在 T 细胞的辅助下，再次发生高频突变以产生更高效率的抗体（Tomayko and Allman，2019）。

第六节　病毒的免疫逃逸

机体的免疫反应可分为天然免疫和获得性免疫两种方式。病毒感染后，机体会快速启动免疫应答以抵抗病毒的入侵；与此同时，病毒在与宿主“斗争”的过程中，也进化出了一系列逃避宿主免疫应答的策略，实现病毒免疫逃逸并促进自身复制。

一、病毒对天然免疫的逃逸

（一）逃逸天然免疫的识别

本章第二节介绍了天然免疫对病毒核酸的识别。在与宿主的长期博弈中，病毒进化出了一系列逃逸天然免疫识别的机制。病毒感染细胞后，其核酸可被胞质中的模式识别受体识别。病毒进化出了多种机制来逃逸模式识别受体的免疫监视：① 病毒利用自身或宿主的核酸结合蛋白结合病毒核酸，使其免于暴露；② 病毒通过修饰自身 RNA 或 DNA 使其无法被宿主受体所识别；③ 病毒可以通过翻译后修饰等手段调控模式识别受体的功能或稳定性，使其无法结合病毒核酸。例如，埃博拉病毒（Ebola virus，EBOV）的 VP35 蛋白可与病毒 RNA 结合，逃避 RIG-Ⅰ样受体的识别（Ramanan et al.，2012）；克里米亚-刚果出血热病毒（Crimean-Congo haemorrhagic fever virus，CCHFV）编码的磷酸酶可水解病毒 RNA 的 5′ 三磷酸基团为单磷酸基团，逃逸 RIG-Ⅰ的识别（Habjan et al.，2008）；卡波氏肉瘤病毒（Kaposi's sarcoma-associated herpesvirus，KSHV）的 ORF52 蛋白通过抑制 cGAS 与 DNA 结合，介导病毒的免疫逃逸（Wu et al.，2015）。

（二）抑制干扰素的表达

本章第二节中曾提到，RIG-Ⅰ和 MDA5 识别病毒 RNA 后，构象改变从而活化，随后进一步激活定位于线粒体上的接头蛋白 VISA，VISA 则招募 TBK1 和 IKK 复合物，激活 IRF3 和 NF-κB。入核后的 NF-κB 和 IRF3 结合到Ⅰ型干扰素基因启动子区域的顺式作用元件上，诱导Ⅰ型干扰素的表达。

该信号转导过程中的关键分子，如病毒 RNA 受体 RIG-Ⅰ、关键接头蛋白 VISA、重要激酶 TBK1、转录因子 IRF3 等，都是病毒免疫逃逸的靶标。甲型流感病毒 IAV 编码的 NS1 蛋白可以干扰 RIG-Ⅰ的泛素化修饰，从而抑制 RIG-Ⅰ的活性（Gack et al.，2009）。丙型肝炎病毒 HCV 的蛋白酶 NS3/4A 对 VISA 进行切割，从而使 VISA 失活（Li et al.，2005；Meylan et al.，2005）。埃博拉病毒蛋白 VP35 能够与 TBK1/IKKε 结合，抑制 IRF3 或 IRF7 的磷酸化，从而抑制Ⅰ型干扰素的表达（Dilley et al.，2017）。

细胞内的广谱 DNA 受体 cGAS 与胞质中的双链 DNA 结合后，合成 cGAMP，cGAMP 作为第二信使，继而活化内质网膜上的接头蛋白分子 STING（MITA），活化的 STING 招募下游激酶 TBK1 和 IKK 复合物，进而诱导Ⅰ型干扰素和炎症因子表达。

多种病毒通过抑制 cGAS-MITA 信号通路达到免疫逃逸的目的。KSHV 表达的 vIRF1 蛋白可以与 STING 结合以竞争性地抑制 STING 对 TBK1 的招募（Ma et al.，

2015）；人巨细胞病毒（human cytomegalovirus，HCMV）的被膜蛋白 UL82 能够阻断 STING 从内质网向核周的转运（Fu et al.，2017）；HSV-1 的丝氨酸蛋白激酶 VP24 能够特异性地阻断 TBK1 和 IRF3 之间的相互作用，抑制Ⅰ型干扰素的诱导表达（Zhang et al.，2016）。

（三）抑制 NK 细胞功能

本章第三节阐述了 NK 细胞识别被感染细胞的机制。在长期的进化过程中，病毒也进化出了一系列的方法来逃避 NK 细胞的杀伤。巨细胞病毒（cytomegalo virus，CMV）对 NK 细胞的逃逸被研究得最为详细。巨细胞病毒逃逸 NK 细胞主要有以下几种策略：① 编码抑制性受体的替代性配体；② 抑制激活性配体的表达。

病毒感染后，NK 细胞可通过识别“缺失自我”信号对靶细胞进行杀伤。HCMV 感染后，通过多种方式降低 MHC-Ⅰ分子的表达，作为抑制性受体的配体，MHC-Ⅰ的缺失可触发 NK 细胞的细胞毒性作用。为此，HCMV 编码抑制性受体的替代性配体 UL40，来维持抑制性受体的作用（Lisnic et al.，2010）。

NKG2D 是一种同时存在于人和小鼠 NK 细胞中的重要激活受体。小鼠的 NKG2D 识别 RAE1、MULT1、H60 等配体，MCMV 通过 m152、m145、m155 等病毒蛋白分别抑制被感染细胞表面 RAE1、MULT1、H60 的表达。HCMV 同样也进化出了诱导配体蛋白降解的机制，抑制人源 NKG2D 介导的 NK 细胞激活（Lanier，2008）。

（四）逃逸补体效应

补体系统是天然免疫系统重要的组成部分，同时也参与获得性免疫过程的发生与发展。目前已知的病毒逃逸补体系统的机制包括抑制补体效应分子功能、促进补体效应分子水解、招募宿主补体调控分子等。例如，HSV-1 编码的 gC-1 结合 C3b 从而阻碍补体激活；HCV 的 NS5A 抑制 C3 和 C4 的 mRNA 转录，从而实现病毒免疫逃逸（Bennett et al.，2017）。

二、病毒对适应性免疫的逃逸

尽管高等动物的适应性免疫系统足够复杂，从理论上能识别任何抗原（多达 10^9～10^{16} 种），但病毒也进化出了多种抑制宿主适应性免疫反应的分子机制，在漫长的进化历史进程中保留了下来。下面简要介绍一下病毒逃逸适应性免疫反应的途径与机制。

（一）隐藏自身抗原

形成潜伏性感染。嗜神经病毒如日本脑炎病毒（JEV）、HSV-1 可在神经细胞中形成潜伏性感染（latent infection）。在潜伏性感染的细胞中，病毒抗原几乎不表达，因此不会被 MHC 分子呈递到细胞表面。在宿主免疫力低下，如服用免疫抑制药物、宿主发生其他类型感染时，病毒基因迅速表达，病毒大量复制，诱导细胞凋亡及炎症反应等。

抑制 MHC 分子的表达或转运。疱疹病毒、痘病毒、HIV、HCV、HCMV 等能干扰 MHC 分子的表达。例如，HIV 的 Tat 蛋白抑制编码 MHC-Ⅰ的基因的转录；HCMV 抑制转录因子 CIITA 的活化，从而抑制 MHC-Ⅱ基因的转录；HSV-1 的 gB 蛋白抑制

MHC-Ⅱ由高尔基体向细胞膜的转运；HCMV 的 US2 和 US11 蛋白使 MHC-Ⅰ从内质网向胞质转运并迅速降解。

干扰病毒抗原的加工与装载。HCV 的 NS3 蛋白通过与 MHC-Ⅱ相互作用抑制 MHC-Ⅱ与抗原肽的结合；EBV 的 EBNA-1 蛋白及 KSHV 的 LANA1 蛋白富含亮氨酸-丙氨酸重复序列，能抵抗蛋白酶体的降解；HPV-18 的 E7 蛋白及人腺病毒（血清型 12）的 E1A 蛋白抑制 TAP 的转录；鼠 γHV68 的 mK3 蛋白与 TAP 结合并促进其降解，从而抑制病毒抗原向内质网的转运；HCMV 的 US3 蛋白与 Tapasin 相互作用，抑制内质网腔的抗原肽被 MHC-Ⅰ装载。

（二）影响 T（B）细胞活化与分化的信号通路

抑制 TCR 或 BCR 介导的信号转导。HIV 的 Nef 蛋白含有 PXXP 基序，在胞质中与 TCR 下游一系列的激酶如 Hck、Lyn、Lck 及 Vav 等的 SH3 结构域相互作用，从而抑制 TCR 信号转导；鼠 γHV68 病毒感染抑制 BCR 下游 PI3K 信号通路的活化及高亲和性抗体的产生；EBV 的 LMP2A 与 BCR 下游的激酶 Lyn 及 Syk 相互作用抑制 BCR 信号的激活。此外，病毒还可能通过过度激活 TCR 或 BCR 信号通路，诱导 T（B）细胞的过度活化与增殖，导致 T（B）细胞失去多样性甚至使机体产生白血病。

细胞因子介导的 JAK-STAT 信号通路对 T 细胞的活化与分化也非常重要，病毒编码一系列的细胞因子类似蛋白或细胞因子结合蛋白，从而抑制细胞因子诱导的信号转导与 T 细胞的分化。例如，副痘病毒（parapoxvirus）与 EBV 编码的 IL-10 类似蛋白，抑制 IL-12 介导的信号转导及 Th1 的分化；EBV 编码的 BARF1 结合 M-CSF，痘病毒编码的 GIF 与 IL-2 结合抑制这些细胞因子的功能。还有些病毒编码细胞因子的替代性受体，使之不能与细胞编码的真正受体结合发挥功能。例如，痘苗病毒（vaccina virus）编码 B15R 和 B18R 两个蛋白质，在细胞表面结合 IL-1β，抑制 IL-1β 介导的信号转导。

（三）突变自身抗原

RNA 病毒编码的 RNA 聚合酶的错配修复功能低，在基因组的转录与复制过程中导致大量的突变，这种突变的频率超过了抗体与 CD8 T 细胞的选择与扩增速度，使病毒在适应性免疫反应中生存下来，并具备更高的感染能力。最具代表性的就是流感病毒、HIV 及 HCV。此外，宿主自身的碱基编辑酶如胞嘧啶脱氨酶（cytidine deaminase）等也可以修饰病毒基因组诱导其发生突变，这种方式也是宿主拮抗病毒复制的一种手段，但反过来被病毒利用提高自身的突变频率，以获得更强、更能适应宿主免疫反应的毒株。

（四）诱导 T（B）细胞耗竭

在病毒慢性感染（HCV、HBV 及 HIV 等）过程中，尽管宿主体内有大量的针对该病毒抗原的 T（B）细胞，但这些细胞表面的抑制性受体（如 PD-1、TIM-3、CTLA4 等）或凋亡受体（如 Fas）表达水平上调，促进细胞生存与增殖的受体（如 IL-7R 及 IL-15R）的表达水平下调，导致病毒特异性 T（B）细胞不能发挥抗病毒的功能，且易发生凋亡，这一现象叫作 T（B）细胞耗竭（exhaustion）。导致 T（B）细胞耗竭的机制目前还不是很清楚，但病毒的突变及反复低水平的感染刺激是其中的原因之一。病毒不断的突变导致宿主体内针对突变抗原的新的T（B）细胞群不断地产生与增殖，导致T（B）细胞上TCR和BCR的多样性降低［即针对该病毒抗原的T（B）细胞群比例增大，而针对非该病毒的T（B）细胞群比例减少］。除了诱导抑制性受体的表达水平上升外，低水平的反复感染会导致抑制性的细胞因子如IL-10、TGF-β等的表达量升高，抑制T（B）细胞介导的免疫应答。

小 结

病毒感染严重危害人类健康，它可引起严重的慢性或突发传染病，如病毒性肝炎、艾滋病、非典型性肺炎和流感等。机体在与病原微生物长期对抗过程中形成了一套具有自我保护功能的免疫应答机制。在此过程中病毒也进化出针对机体抗病毒免疫应答不同阶段的多种免疫逃逸机制。本章主要介绍病毒感染过程中，机体是如何积极有效地诱导抗病毒天然免疫应答和病毒如何逃逸宿主天然免疫反应两部分内容：简要介绍了抗病毒免疫的基本概念（第一节）；阐述了模式识别受体识别病毒核酸的机制及其激活抗病毒天然免疫应答的过程（第二节）；介绍了干扰素、自然杀伤细胞、补体介导的抗病毒天然免疫效应（第三节）；讲述了T细胞、B细胞识别病毒感染的机制以及由其介导的抗病毒细胞免疫和体液免疫（第四、第五节）；对病毒逃逸宿主免疫的机制进行了总结（第六节）。

复习思考题

1. 简述天然免疫和适应性免疫的概念，并阐述两者在抵御病毒入侵中的作用。
2. 概述可识别病毒感染的模式识别受体的类型及其定位与功能的关系。
3. 适应性免疫能通过哪些途径识别并杀伤病毒？
4. 干扰素有哪些类型？干扰素如何发挥抗病毒功能？
5. 病毒逃逸宿主免疫应答的方式有哪些？其各自的特点是什么？

（王延轶　钟　波）

参 考 文 献

Bajic G, Degn SE, Thiel S, et al. 2015. Complement activation, regulation, and molecular basis for complement-related diseases. EMBO J, 34: 2735-2757.

Bennett KM, Rooijakkers SH, Jr Gorham RD. 2017. Let's tie the knot: marriage of complement and adaptive immunity in pathogen evasion, for better or worse. Front Microbiol, 8: 89.

Blue CE, Spiller OB, Blackbourn DJ. 2004. The relevance of complement to virus biology. Virology, 319: 176-184.

Chiu YH, Macmillan JB, Chen ZJ. 2009. RNA polymerase Ⅲ detects cytosolic DNA and induces type I interferons through the RIG-Ⅰ pathway. Cell, 138: 576-591.

Degn SE, Thiel S. 2013. Humoral pattern recognition and the complement system. Scand J Immunol, 78: 181-193.

Dilley KA, Voorhies AA, Luthra P, et al. 2017. The Ebola virus VP35 protein binds viral immunostimulatory and host RNAs identified through deep sequencing. PLoS One, 12: e0178717.

Donnelly RP, Kotenko SV. 2010. Interferon-lambda: a new addition to an old family. J Interferon Cytokine Res, 30: 555-564.

Fish EN, Platanias LC. 2014. Interferon receptor signaling in malignancy: a network of cellular pathways defining biological outcomes. Mol Cancer Res, 12: 1691-1703.

Fu YZ, Su S, Gao YQ, et al. 2017. Human cytomegalovirus tegument protein UL82 inhibits STING-mediated signaling to evade antiviral immunity. Cell Host Microbe, 21: 231-243.

Gabrielli S, Ortolani C, Del Zotto G, et al. 2016. The memories of NK cells: innate-adaptive immune intrinsic crosstalk. J Immunol Res, 2016: 1376595.

Gack MU, Albrecht RA, Urano T, et al. 2009. Influenza A virus NS1 targets the ubiquitin ligase TRIM25 to evade recognition by the host viral RNA sensor RIG-Ⅰ. Cell Host Microbe, 5: 439-449.

Habjan M, Andersson I, Klingstrom J, et al. 2008. Processing of genome 5′ termini as a strategy of negative-strand RNA viruses to avoid RIG-Ⅰ-dependent interferon induction. PLoS One, 3: e2032.

Hou F, Sun L, Zheng H, et al. 2011. MAVS forms functional prion-like aggregates to activate and propagate antiviral innate immune response. Cell, 146: 448-461.

Isaacs A, Lindenmann J. 1957. Virus interference. I. The interferon. Proc R Soc Lond B Biol Sci, 147: 258-267.

Ishikawa H, Ma Z, Barber GN. 2009. STING regulates intracellular DNA-mediated, type I interferon-dependent innate immunity. Nature, 461: 788-792.

Janeway CA, Jr., Medzhitov R. 2002. Innate immune recognition. Annu Rev Immunol, 20: 197-216.

Kato H, Takeuchi O, Sato S, et al. 2006. Differential roles of MDA5 and RIG-Ⅰ helicases in the recognition of RNA viruses. Nature, 441: 101-105.

Lanier LL. 2008. Evolutionary struggles between NK cells and viruses. Nat Rev Immunol, 8: 259-268.

Lemaitre B, Nicolas E, Michaut L, et al. 1996. The dorsoventral regulatory gene cassette spatzle/Toll/cactus controls the potent antifungal response in Drosophila adults. Cell, 86: 973-983.

Li XD, Sun L, Seth RB, et al. 2005. Hepatitis C virus protease NS3/4A cleaves mitochondrial antiviral signaling protein off the mitochondria to evade innate immunity. Proc Natl Acad Sci U S A, 102: 17717-17722.

Lisnic VJ, Krmpotic A, Jonjic S. 2010. Modulation of natural killer cell activity by viruses. Curr Opin Microbiol, 13: 530-539.

Litman GW, Cannon JP, Dishaw LJ. 2005. Reconstructing immune phylogeny: new perspectives. Nat Rev Immunol, 5: 866-879.

Ma Z, Jacobs SR, West JA, et al. 2015. Modulation of the cGAS-STING DNA sensing pathway by gammaherpesviruses. Proc Natl Acad Sci U S A, 112: E4306-E4315.

Mace EM, Orange JS. 2016. Genetic causes of human NK cell deficiency and their effect on NK cell subsets. Front Immunol, 7: 545.

Martin MD, Badovinac VP. 2018. Defining memory CD8 T cell. Front Immunol, 9: 2692.

Meylan E, Curran J, Hofmann K, et al. 2005. Cardif is an adaptor protein in the RIG-Ⅰ antiviral pathway and is targeted by hepatitis C virus. Nature, 437: 1167-1172.

Moreau JM, Girgis DO, Hume EB, et al. 2001. Phospholipase A (2) in rabbit tears: a host defense against Staphylococcus aureus. Invest Ophthalmol Vis Sci, 42: 2347-2354.

Pestka S, Krause CD, Walter MR. 2004. Interferons, interferon-like cytokines, and their receptors. Immunol Rev, 202: 8-32.

Platanias LC. 2005. Mechanisms of type-I-and type-II-interferon-mediated signalling. Nat Rev Immunol, 5: 375-386.

Poltorak A, He X, Smirnova I, et al. 1998. Defective LPS signaling in C3H/HeJ and C57BL/10ScCr mice: mutations in Tlr4 gene. Science, 282: 2085-2088.

Ramanan P, Edwards MR, Shabman RS, et al. 2012. Structural basis for Marburg virus VP35-mediated immune evasion mechanisms. Proc Natl Acad Sci U S A, 109: 20661-20666.

Ricklin D, Hajishengallis G, Yang K, et al. 2010. Complement: a key system for immune surveillance and homeostasis. Nat Immunol, 11: 785-797.

Sallusto F. 2016. Heterogeneity of human CD4 (+) T cells against microbes. Annu Rev Immunol, 34: 317-334.

Schaefer U, Voloshanenko O, Willen D, et al. 2007. TRAIL: a multifunctional cytokine. Front Biosci, 12: 3813-3824.

Stoermer KA, Morrison TE. 2011. Complement and viral pathogenesis. Virology, 411: 362-373.

Sun L, Wu J, Du F, et al. 2013. Cyclic GMP-AMP synthase is a cytosolic DNA sensor that activates the type I interferon pathway. Science, 339: 786-791.

Takeda K, Kaisho T, Akira S. 2003. Toll-like receptors. Annu Rev Immunol, 21: 335-376.

Tomayko MM, Allman D. 2019. What B cell memories are made of. Curr Opin Immunol, 57: 58-64.

Uddin S, Majchrzak B, Woodson J, et al. 1999. Activation of the p38 mitogen-activated protein kinase by type I interferons. J Biol Chem, 274: 30127-30131.

Uddin S, Yenush L, Sun XJ, et al. 1995. Interferon-alpha engages the insulin receptor substrate-1 to associate with the phosphatidylinositol 3′-kinase. J Biol Chem, 270: 15938-15941.

Vivier E, Tomasello E, Baratin M, et al. 2008. Functions of natural killer cells. Nat Immunol, 9: 503-510.

von Karstedt S, Montinaro A, Walczak H. 2017. Exploring the TRAILs less travelled: TRAIL in cancer biology and therapy. Nat Rev Cancer, 17: 352-366.

Walport MJ. 2001a. Complement. First of two parts. N Engl J Med, 344: 1058-1066.

Walport MJ. 2001b. Complement. Second of two parts. N Engl J Med, 344: 1140-1144.

Weissmann C, Weber H. 1986. The interferon genes. Prog Nucleic Acid Res Mol Biol, 33: 251-300.

Wichgers Schreur PJ, van Weeghel C, Rebel JM, et al. 2012. Lysozyme resistance in Streptococcus suis is highly variable and multifactorial. PLoS One, 7: e36281.

Withers DR. 2016. Innate lymphoid cell regulation of adaptive immunity. Immunology, 149: 123-130.

Wu JJ, Li W, Shao Y, et al. 2015. Inhibition of cGAS DNA sensing by a herpesvirus virion protein. Cell Host Microbe, 18: 333-344.

Zhang D, Su C, Zheng C. 2016. Herpes simplex virus 1 serine protease VP24 blocks the DNA-sensing signal pathway by abrogating activation of interferon regulatory factor 3. J Virol, 90: 5824-5829.

第8章 Chapter Eight

抗病毒疫苗

第一节　疫苗的来历与发展

人类在自然进化过程中拥有了一套免疫系统。这套免疫系统并非人类独有，而是与很多哺乳动物类似。这套免疫系统得以让人类与微生物形成一种“相生相克”的关系。这种关系延续数万年至今改变并不是很大，近百年来科学的发展才使得人类对自身的免疫系统有了一些基本的认识，从而能够进一步认识人类与微生物之间的关系。人类与微生物之间的这种“相生相克”关系既促成了人的免疫系统的生物学发生、形成和进化，也促进了人类深入认识和研究自身的免疫系统。各类源于病原微生物感染引发的疾病则是促进人类认识病原微生物和自身免疫系统的原初动力。病毒——作为微生物的一大类别——是引起人类多种疾病的传染性病原，也是历史上乃至当今多种严重流行性疾病的病原，如引发天花（small pox）的天花病毒（variola virus）、引发麻疹（measles）的麻疹病毒（measles virus）、引发重症急性呼吸综合征（severe acute respiratory syndrome，SARS）的 SARS 冠状病毒（SARS-CoV）以及引发埃博拉出血热（Ebola hemorrhagic fever）的埃博拉病毒（Ebola virus）等。

在过去的 100 多年中，公共卫生领域取得了两个最重要的成就：卫生（sanitation）和疫苗接种（vaccination）。卫生的改进大大减少了人类与病原微生物的接触和感染；疫苗接种则主动加强了人体预防病原微生物的入侵感染和由其引发的疾病。这两大进步显著地降低了人类因传染病而导致的死亡率。在此之前数千年的人类历史中，人类在防治疾病的医学实践中摸索出了一些可以预防和治疗感染性疾病的方法，其实也就开始了人为主动调节和操控人体免疫系统和免疫应答。这些医学实践帮助人类实现了有效预防病毒性疾病，也由此开创了疫苗学从实践到理论的发展历史。

一、中国古代的“类疫苗”医学实践

根据中外医学史的记录和学界观点，人类预防病毒性传染病的疫苗接种方法首先应用于天花（Fields et al.，1996）。早在 1000 多年前的 10 世纪，中国人就在世界上首先采用“种痘”（“人痘法”）（variolation）的方法来预防天花。此方法经印度、西亚逐渐西传。18 世纪初，在当时英国女王的支持下，种痘法在全英国推广并逐渐传遍欧洲。后来发明牛痘疫苗的爱德华 • 詹纳（Edward Jenner）在 8 岁时也接种过人痘。

实际上，中国晋代著名医学家葛洪在其《肘后备急方》一书中就记载了中国有关天花的病症和防治。作者在卷二“治伤寒时气温病方第十三”中明确描述了天花（当时称为“虏疮”）的症状，以及治疗天花的经验和预防天花的方法。文中所述“每多作毒意防之”“若初觉便作菰蒂赤豆散吹鼻中”。由此可知，中国早在1000多年前用于预防天花的“种痘”法为鼻苗接种法，即在鼻中吹入干燥的天花疮痂材料。葛洪所载的“作菰蒂赤豆散吹鼻中”的方法，在接种方法上为后来的鼻痘法开了先河。不过所载的“菰蒂赤豆散”没有明确成分，无法确定是否有人痘的疮痂成分。葛洪在治痘方中还包括“稀痘方”，即种稀痘使少发痘，可减轻病情，避免严重后果。

葛洪在《肘后备急方》中还有诊治狂犬病的各种方法和防治的处方记载。在该著作“治卒有猘犬所咬毒方第五十四”中有载“凡猘犬咬人，七日一发，过三七日不发，则脱也”（葛洪·肘后备急方·卷七。参见：余瀛鳌，1994）。此外，还载有“仍杀所咬犬，取脑敷之，后不复发”。该方法即是用狂犬脑组织外敷伤口作为防治措施。唐代著名医药学家孙思邈在其著作《备急千金要方》卷七十六中也列出了多条治疗狂犬病的处方，其中也有“取狂犬脑敷之，后不复发”的记载（孙思邈·备急千金要方·卷七十六。参见：余瀛鳌，1994）。

葛洪和孙思邈所记载的这种用于治疗狂犬病的方法，是一种朴素的“以毒攻毒”的疗法，获得了一定的成效。实际上，这种疗法类似于当今我们所广为接受和实施的疫苗免疫方法。从现代疫苗学观点看，这种防治方法可以看作一种“类疫苗学”的成功医学实践，在古代疾病预防和治疗中发挥了巨大的作用，从一定程度上体现了中国古代医学实践中的免疫学思想的萌芽。这比英国詹纳的牛痘免疫接种、法国巴斯德发明的狂犬病疫苗早了1000多年。不过当时仅仅停留在经验性的实践和应用记载上，没有获得理论上的认识突破。还需要指出的是：“人痘法”种痘往往存在少量严重感染甚至感染而死亡的不良事件，因此不能达到现代疫苗和药物的安全性标准和要求。

二、詹纳与巴斯德开创近代疫苗学先河

爱德华·詹纳（Edward Jenner，1749～1823）在多年的乡村行医经历中发现患过牛痘者不感染天花的现象和事实，并在人体验证获得成功。1798年詹纳非正式发表了《天花疫苗的因果之调查》一书，公布了23个种痘而再不患天花的病例。由此用牛痘预防天花的方法逐渐被接受并得到越来越广泛的应用。到1803年詹纳的牛痘接种预防天花的方法迅速被引进欧洲人在美洲的殖民地、印度和澳大利亚，并于1805年前后传入长期种人痘的中国，并渐渐替代了人痘接种法。1925年北京的中央防疫处制出牛痘苗，实现批量制备大量分发，1950年后很快在中国普及了种牛痘。

詹纳首次提出疫苗的想法并进行试验，成功地使一名英国男孩对天花产生了免疫力。他通过调查、试验、总结、发表，将一种当时医学界忽视的民间说法转变成一种被广为接受并验证有效的疾病预防方法，为人类健康做出了杰出贡献。詹纳的贡献不仅仅在于发现牛痘接种能提供免疫保护而不致病，更在于他通过试验证明接种牛痘后再人为地让受试者感染天花病毒但不会致病。他将这个操作过程称为“接种疫苗”（vaccination），第一次确立“疫苗免疫”的概念，并拯救了无数生命。詹纳由此开创了近代疫苗学先河，还被公认为免疫学之父。

詹纳之后，法国的化学家和生物学家路易斯·巴斯德（Louis Pasteur，1822～1895）因奠定了工业微生物学和医学微生物学的基础，被后人誉为微生物学之父。巴斯德在取得一系列微生物学重大成就的同时，开始了狂犬病疫苗的研制。

巴斯德与助手通过干燥处理狂犬神经组织使病原失活，或是毒性减弱（Schwartz，2001），获得并接种了人类第一针狂犬病疫苗，证明了疫苗是有效的（Jackson and Alan，2013）。此后，巴斯德在鸡霍乱（鸡瘟）、炭疽等疫苗研究中进一步发展病原的人工减毒或灭活的方法，确立了减毒或灭活的病原不会致病，且能提供免疫保护的概念。为了纪念詹纳对牛痘的发现，巴斯德仍将这类减毒或灭活的病原叫作“疫苗”（vaccines）（Vallery-Radot，1919）。

詹纳和巴斯德创立了疫苗的概念和方法，此后得到了进一步推广和应用。在近代史上，包括第一次和第二次世界大战中为大批士兵注射了疫苗，有效防御了破伤风、白喉和斑疹伤寒等多种疾病的侵害。可以说詹纳和巴斯德共同开创了近代疫苗学先河，为现代疫苗学的发展和应用奠定了重要基础。

三、近代疫苗研发进程和现代免疫接种应用概况

近100多年来，人类成功研制了数十种防御各种感染性疾病的疫苗，极大地保护了人类健康，为疾病防治做出了不可磨灭的巨大贡献。

此后，法国医生阿尔伯特·卡麦特（Albert Calmette，1863～1933）和兽医卡米尔·古林（Camille Guérin，1872～1961）于1921获得了减毒的卡介苗（*Bacillum Calmette-Guérin*，BCG）（Hawgood，2007）。伴随卡介苗的成功研发和应用，当时包括白喉（diphtheria）、破伤风（tetanus）、黄热病（yellow fever）等多种疾病的疫苗也相继成功研制出来。随着分子生物学、生物化学、遗传学和免疫学的迅速发展，疫苗研制的技术不断提高，一些经典疫苗品种得到改进。针对各种传染病的新型疫苗，如亚单位疫苗、重组疫苗、核酸疫苗等不断问世（图8-1）。尽管人类疫苗研究和应用取

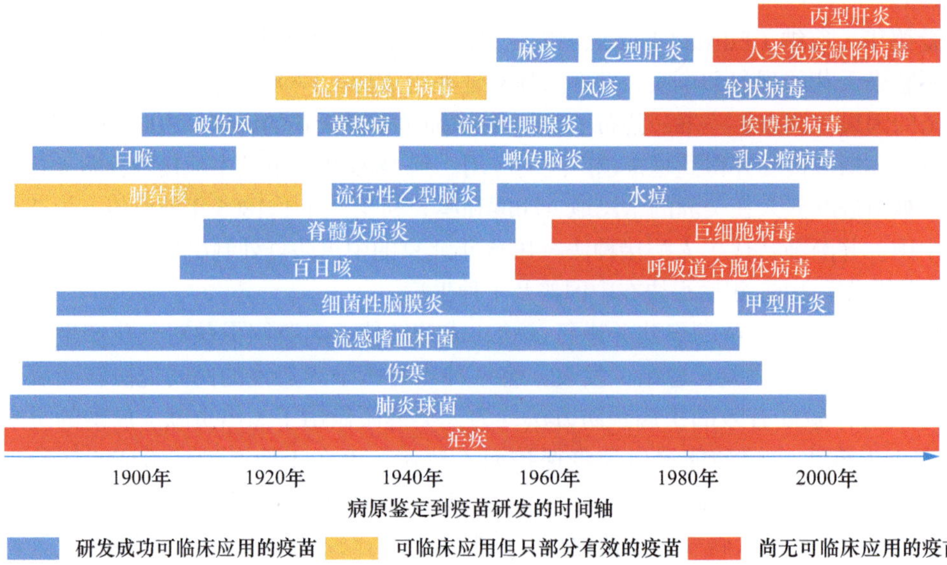

图8-1 近100多年来各种疫苗自病原体发现鉴定到研发出有效疫苗的时间历程表

得了伟大的成就，从图 8-1 中可见，但仍有许多疾病尚没有有效的疫苗。尤其是一些病毒感染性疾病，如呼吸道合胞病毒（respiratory syncytial virus，RSV）、巨细胞病毒（cytomegalovirus，CMV）、人类免疫缺陷病毒（human immunodeficiency virus，HIV）、丙型肝炎病毒（hepatitis C virus，HCV）等引起的疾病急需有效疫苗。

当前，被世界卫生组织（World Health Organization，WHO）列入基本药物（essential medicine）的疫苗有 23 种。随着天花疫苗在世界范围内的广泛接种，世界卫生组织于 1979 年 10 月 26 日在肯尼亚首都内罗毕宣布“全世界已经消灭了天花”，并为此举行了庆祝仪式。除了病毒样本被合法储存在美国和俄罗斯的两个实验室外，1980 年 5 月世界卫生组织宣布天花病毒已经灭绝。天花成为第一个被彻底消灭的人类传染病。WHO 列入行将消灭的疾病名单包括脊髓灰质炎和麻疹。消灭天花、脊髓灰质炎及麻疹都有赖于疫苗的普遍接种和人群中群体免疫力（herd immunity）的有效建立。

中国于 20 世纪 70 年代中期制定了《全国计划免疫工作条例》，将儿童的疫苗免疫纳入国家卫生计划，即对七周岁及以下儿童进行卡介苗、脊髓灰质炎三价糖丸疫苗、百白破三联疫苗和麻疹疫苗的基础免疫与及时加强免疫接种，使儿童获得对结核、脊髓灰质炎、百日咳、白喉、破伤风和麻疹的免疫，以实现“四苗防六病”的疾病预防控制愿景。1980 年中国还正式参与 WHO 的扩大免疫规划（Expanded Programme on Immunization，EPI），根据 WHO 推荐的免疫程序，中国卫生部于 1986 年重新修订了儿童计划免疫方案。1992 年中国卫生部又将乙型肝炎疫苗纳入计划免疫范畴。2007 年国家又扩大了计划免疫免费提供的疫苗种类，在原有的“五苗七病”免疫程序基础上增加到 15 种传染病，新增了甲型肝炎疫苗、乙脑疫苗、流脑多糖疫苗、风疹疫苗、腮腺炎疫苗、钩体病疫苗、流行性出血热疫苗和炭疽疫苗。

目前，相对于已知的多种感染性疾病和可能发生的新发与再发的传染性疾病，我们所拥有的有效疫苗还很少，远远落后于疾病防控的需求。这种现状也形成了巨大的疫苗需求市场。

随着人口的增长与地球环境的变迁，各种新发和再发传染性疾病对人类健康的威胁随时存在，传统疫苗策略和技术面临严峻挑战，对新型疫苗策略和技术提出了更高的要求。

第二节　疫苗的种类及其典型实例

疫苗是预防感染性疾病最经济也是最有效的方法。疫苗种类多样，按照不同的分类标准可分为数类。按照免疫原性质分类是最常见的分类方法，具体包括减毒活疫苗（live attenuated vaccine）、灭活疫苗（inactivated vaccine）、亚单位疫苗（subunit vaccine）、载体疫苗（vector-based vaccine）、DNA 疫苗（DNA vaccine）、RNA 疫苗（RNA vaccine）、多糖疫苗（polysaccharide vaccine）等。不同形式的疫苗各有优缺点。针对不同病毒的有效疫苗形式也不完全一样，某一种病毒有效的疫苗形式对另一种病毒可能并不一定适用。

疫苗除了可以预防疾病的发生，一些疫苗还有治疗作用。针对已感染的患者接种的疫苗称为治疗性疫苗。治疗性疫苗应该能够治疗或者减轻疾病，其有效性重点在于治疗已患疾病。

一、减毒疫苗

减毒疫苗通常是将整个病原体经过一定的处理后减弱其感染和致病毒力而保留其完整抗原性而产生的疫苗。减毒后的病毒株仍然可以在机体内完成入侵、复制、释放等生命周期，但是对机体的致病性却大大降低。减毒后病原体具有完整的T细胞和B细胞表位，通过接种进入机体后疫苗抗原可以主动进入细胞从而被MHC-Ⅰ提呈诱导T细胞应答；完整且天然的B细胞表位，则可以诱导较强的体液免疫应答，产生中和抗体（neutralizing antibody），提供良好的保护。而且，减毒疫苗所需要的免疫原剂量较低，一般通过两剂次接种，甚至单剂次接种就能诱导保护性应答。

病毒减毒可以通过多种途径实现，常见的方法是利用病毒不适宜的条件连续培养，如采用细胞系或鸡胚多代盲传，从而筛选突变病毒。不过，突变而来的减毒病毒在接种后进入体内复制时可能会产生回复突变，从而使其毒力恢复。因此，减毒疫苗存在潜在的安全性担忧。此外，还可直接利用基因工程技术，对病原体的致病基因进行改造，或者将毒力相关基因删除，从而降低病毒毒力。这种方法获得的减毒株在接种到人体后不易产生回复突变，提高了疫苗的安全性。

目前减毒疫苗在市场上应用比较广泛，口服脊髓灰质炎疫苗、乙型脑炎疫苗均为减毒疫苗，免疫原均是经过减毒的活病毒。减毒疫苗最经典的实例是将牛痘接种到人体来预防致死率极高的天花病毒感染。这种策略利用了牛痘对人体致病性低但是可以在人体诱导良好抗天花病毒的免疫应答，从而保护机体免受天花病毒感染。

减毒疫苗具有抗原表位完整、对佐剂需求少等优点；但是，减毒疫苗是具有生物活性的病原体，在疫苗运输过程中必须有冷链的支持，如果不能保证冷链运输，减毒疫苗的效果会受到较大的影响。

二、灭活疫苗

灭活疫苗是将病原体经过化学试剂处理或者射线照射后保留病原体部分免疫原性的疫苗。由于此类疫苗所包含的病原没有生物活性，不能主动进入细胞，也不能在细胞内进行复制，因此由MHC-Ⅰ呈递抗原数量较少，产生的细胞免疫应答也相对较弱。灭活疫苗保留的抗原表位通常能诱导机体较强的体液免疫应答，产生中和抗体，发挥保护作用。

常用的灭活方法是通过γ射线照射或者利用福尔马林溶液进行灭活，方法相对比较简单。目前灭活疫苗在市场上十分常见。脊髓灰质炎疫苗不仅有口服的减毒疫苗，也有肌内注射用的灭活疫苗，利用福尔马林溶液处理纯化后的病毒即可得到灭活疫苗，相对于口服减毒疫苗，灭活疫苗不存在接种后发生基因突变导致毒力恢复的问题，更加安全可靠。狂犬病灭活疫苗是将狂犬病病毒在细胞系中连续传代数次后经浓缩、纯化、灭活等工艺后制作而成的，接种狂犬病疫苗后产生的中和抗体对机体具有良好的保护作用。

灭活疫苗以诱导体液免疫为主，其诱导的细胞免疫应答较弱。如果想提高细胞免疫应答水平通常需要加入相应的佐剂。灭活疫苗制备必须在正确的条件下进行，如果方法选择不正确，会对其结构产生较大影响，相应的免疫原性也会降低。环境温度变化对灭活疫苗的免疫原性影响较小，因此灭活疫苗对冷链运输要求较低。此外，灭活疫苗不存在毒力恢复的问题，其安全性较高。

三、亚单位疫苗

亚单位疫苗通常是指通过重组 DNA 技术制备或者合成的病原体的某组分构成的疫苗。亚单位疫苗的免疫原性一般比较弱，常常需要配合佐剂一起使用。亚单位疫苗至少含有一个有效的抗原表位，也可以同时具有 T 细胞表位和 B 细胞表位。但是亚单位疫苗没有主动进入细胞的能力，只能被吞噬细胞摄取通过交叉呈递来激活 T 细胞产生细胞免疫应答。而大部分亚单位疫苗所包含的 B 细胞表位能诱导有效的体液免疫应答，产生有良好保护效果的中和抗体。

亚单位疫苗的常用制备方法是通过真核或者原核表达系统获得目的重组蛋白免疫原。有些多糖亚单位疫苗则通过直接提取病原体的成分获得。乙型肝炎重组疫苗是市场上成功应用的亚单位疫苗范例。另一个利用类似原理的亚单位疫苗是几年前才在临床应用的预防宫颈癌的 HPV 疫苗，其保护效应主要由疫苗诱导的体液免疫应答所产生的特异性中和抗体介导（Pils and Joura，2015）。此外，还可以通过直接化学合成的方法，设计并合成包含有效抗原表位的多肽组成的亚单位疫苗。有一类多糖疫苗也属于亚单位疫苗，将在本节第七部分进行具体的讨论。

亚单位疫苗的设计原理简单，冷链运输条件要求较低，没有减毒疫苗毒力恢复的问题，同时免疫原比较单一明确，避免了多余抗原刺激机体产生不必要的副反应。但是亚单位疫苗的免疫原性一般较低，需要多次免疫，并且需要配合相应的佐剂。亚单位疫苗往往是单独截取抗原的一部分进行表达，如果抗原多肽不能正确折叠，其免疫原性和特异性将远远低于天然抗原，则难以诱导有效的免疫应答、提供足够的保护。

四、载体疫苗

载体疫苗通常是以减毒的活病毒为载体，将另一种病原体的 DNA 插入病毒载体成为重组病毒，这种用于免疫接种的重组病毒则称为载体疫苗。重组病毒具有主动入侵细胞，并且在细胞内复制的特性，从而诱导广泛的免疫应答。重组病毒进入细胞后进行复制，表达重组的抗原，一部分抗原直接与胞内的抗原呈递系统作用激活细胞毒性 T 淋巴细胞（cytotoxic T lymphocyte，CTL）；一部分抗原可以释放到胞外激活 B 细胞产生体液免疫，同时胞外的抗原被抗原呈递细胞（APC）摄取并呈递处理后活化 T 辅助细胞（helper T cell，Th）。

目前研究最广泛的重组病毒载体是痘病毒（poxvirus）、腺病毒（adenovirus），以及水疱性口炎病毒（vesicular stomatitis virus，VSV）。在 HIV 疫苗的研发中，痘病毒作为载体的重组病毒疫苗可以诱导较高的抗原特异性免疫应答（Ulmer et al.，2012）。此外，以减毒的黄热病毒株 YFV17D 为载体，将黄热病毒（yellow fever virus，YFV）的囊膜蛋白替换为乙型脑炎病毒（Japanese encephalitis virus，JEV）的相应区域，该载体疫苗在临床试验中展现出长效的免疫应答，具有良好的预防 JEV 感染的保护效力。

五、DNA 疫苗

DNA 疫苗又称核酸疫苗或基因疫苗，是一种可高效表达疫苗靶标抗原蛋白或肽抗原的 DNA 质粒。该 DNA 质粒通过体内注射，可诱导针对特定疾病或感染产生保护性或治疗性抗原特异性免疫应答（Racz et al.，2014）。如果 DNA 疫苗被肌肉细胞吸收，肌肉细胞可以将编码表达的蛋白质转移到抗原呈递细胞，激活 T 细胞和 B 细胞应答。与减毒活疫苗、灭活疫苗及亚单位疫苗相比，DNA 疫苗具有较好的安全性，易于制备和储存，而且成本较低。此外，DNA 疫苗具有在体内诱导自然、持久，且可产生多种免疫反应的能力（Liu，2003）。

已经在许多感染性和非感染性疾病的动物模型中广泛地评估了 DNA 疫苗，其在诱导靶标抗原特异免疫应答方面通常可取得成功。不过，DNA 疫苗往往有免疫原性低的缺点。其原因尚不清楚，可能与 DNA 向人体细胞递送的效率低和对人体免疫系统的刺激不够充分有关。为了克服这些不足，常常采用电穿孔方法接种 DNA 疫苗，以促进 DNA 递送；或在 DNA 疫苗设计中加入编码具有佐剂活性的基因，以提高激活免疫系统的效力（Sardesai and Weiner，2011）。

六、RNA 疫苗

RNA 疫苗一般通过对 RNA 的模板 DNA 序列、帽子结构、poly（A）尾及 UTR 等元件进行设计并制备获得相应纯化的 RNA。这种 RNA 即成为可直接免疫接种的疫苗。这种 RNA 免疫原被接种传递至体内细胞，可以直接表达产生特定蛋白质，进而诱导机体免疫应答，实现免疫预防和治疗（Schlake et al.，2012）。

对于 RNA 疫苗的概念可以追溯到 1990 年，当时 Wolff 发现在小鼠肌内直接注射 RNA 可表达编码的报告蛋白，并诱导针对该编码蛋白的免疫应答。这种直接注射 RNA 的方法能够表达特定蛋白质，并产生免疫反应，形成了 RNA 疗法的雏形（Wolff et al.，1990）。目前 RNA 作为疫苗免疫原的研究涉及病毒抗原、肿瘤抗原和过敏原。通过动物模型实验和观察发现，RNA 免疫能够诱导抗体和 T 细胞应答，包括 $CD4^+$ 和 $CD8^+$T 细胞应答。因此，与 DNA 疫苗一样，RNA 疫苗可能应用于许多感染性和非感染性疾病。

与 DNA 疫苗相比，RNA 疫苗具有潜在优势。首先，DNA 疫苗有可能整合到免疫宿主的基因组中。尽管到目前为止几乎没有证据表明在 DNA 疫苗接种后发生整合，但使用 RNA 作为疫苗可以消除这个担忧。其次，DNA 疫苗递送必须到达细胞核内并在细胞核内转录完成蛋白质表达。这样，DNA 疫苗免疫原必须穿过两道膜屏障，大大影响了免疫原的有效利用。而 RNA 疫苗直接可在细胞质中翻译表达，不需要递送到细胞核中。

七、多糖疫苗

有的细菌入侵机体的物质基础是细菌的荚膜，而多糖是构成细菌荚膜的主要成分。引起人类疾病并带有荚膜多糖的细菌主要有 b 型流感嗜血杆菌（Hib）、肺炎球菌、流行性脑膜炎双球菌及伤寒杆菌等，其致病力主要依赖于荚膜多糖的抗吞噬作用。荚膜多糖是多种感染性细菌表面的一种抗原物质，同时也是一种重要的疫苗保护性抗原。根据荚膜多糖的化学结构及免疫学特性可将细菌分成不同的血清型。脑膜炎球菌可分成 13 个血清型；肺炎球菌可分成 91 个血清型。细菌荚膜多糖疫苗是 20 世纪 80 年代以来疫苗发展的重要成就之一，与乙肝基因工程疫苗一样，是一种亚单位疫苗，这种疫苗的成功成为第二次疫苗革命的标志。

第三节　抗病毒疫苗免疫接种、免疫应答和保护机制

一、疫苗的接种方式及递送系统

（一）疫苗的接种方式

疫苗的接种方式有多种，具体取决于不同的制剂形式。疫苗必须按照一定的程序接种，以保证疫苗可以获得良好的保护效果。而不适宜的接种方式是免疫失败的一大原因。常见的疫苗接种方式有皮下注射、肌内注射、口服、滴鼻等。大部分临床使用的疫苗多采用注射方式接种。从传统的牛痘到现代的狂犬病疫苗、乙脑疫苗等都证明，在皮下和肌肉进行注射的接种方式可以诱导良好的系统免疫应答。减毒脊髓灰质炎病毒疫苗采用口服方式可以诱导肠道黏膜免疫应答和良好的保护效力。近年来的临床研究表明，鼻腔免疫作为一种无创的给药途径和方式除了能诱导系统免疫外，因其可直接作用到黏膜，还可以诱导局部的黏膜免疫应答（Belyakov and Ahlers，2009）。

传统的接种方式在疫苗的发展中被大众广泛接受，大多数减毒、灭活、亚单位等疫苗可以通过肌内注射的方式进行接种。具有代表性的狂犬病减毒疫苗、乙脑减毒疫苗、脊髓灰质炎灭活疫苗均可以通过肌内注射接种获得良好的免疫效果。

一些利用胶体金作为佐剂的疫苗通过皮下接种可诱导机体产生强烈的免疫应答。这种途径和方式可以激活皮下的大量树突状细胞（dendritic cell，DC），促进其吞噬抗原并呈递到局部淋巴结，诱导机体产生免疫应答。

以口服形式接种的疫苗吸收比较慢，但相对其他接种方式来说更加安全。而且口服后的免疫原直接接触并激活肠道黏膜上皮细胞，调节促进后续的固有免疫应答与特异性免疫应答，产生一系列生物活性物质如 IFN-α，以及抗病毒效应因子，如 IgG、IgA 等，帮助抑制和杀伤病原体从而防止病原体入侵和感染。常见的口服疫苗有减毒脊髓灰质炎病毒疫苗、口服减毒轮状病毒疫苗。

黏膜上皮细胞广泛分布于消化道、呼吸道、泌尿生殖道，以此细胞界面形成了一道黏膜组织屏障和相关的黏膜免疫屏障，以抵御各种病原体的入侵。加强机体这道最外层的屏障防御功能可以阻止大多数病原体通过黏膜入侵机体。设计疫苗诱导机体产生系统免疫应答和黏膜免疫应答，可以增强黏膜屏障的特异黏膜免疫功能，提高抗击病原体从黏膜入侵的效力，产生更有效的免疫保护作用。这类疫苗称为黏膜疫苗（mucosal vaccine）。黏膜疫苗的接种方式有滴鼻、口服，以及经直肠、阴道局部免疫接种等。口服形式的黏膜疫苗在临床上显示安全且效果良好，其他接种方式的黏膜疫苗仍然在研发和测试中。相比于传统的注射型疫苗，黏膜疫苗既可以诱导机体产生系统免疫应答，又可以诱导有效的黏膜免疫应答，其接种方式无创、方便，较少产生不良

反应，因而更安全。

（二）递送系统

常见的疫苗递送系统包括脂质体、乳剂、聚合体微粒、病毒样颗粒等，其基本原理是利用递送物质与免疫原相互作用，使其更容易进入细胞，提高抗原有效利用率，增强免疫应答。一些递送系统将免疫原包裹在其中，由于免疫原被包裹在递送系统内，减少了接触蛋白酶、核酸酶的机会，不容易被降解从而增加了免疫原的稳定性。含有免疫原的递送复合物在抗原呈递细胞内也可以存在较长时间，延长免疫刺激。递送系统还可以增加免疫原的稳定性和免疫原性，并且递送系统的成分通常还具有佐剂的作用，因此，在增加免疫原稳定性的同时还可以增强免疫应答。

亚单位疫苗、核酸疫苗等疫苗形式在体内环境极易被降解，所以常常与脂质体、病毒样颗粒等递送物质配合使用。脂质体将免疫原包裹后形成完整的疫苗，在接种后通过脂质体与机体细胞的磷脂双层膜融合，可提高其进入细胞的效率。而病毒样颗粒可以自组装为类似病毒外壳的蛋白质颗粒，而在形成颗粒的同时将核酸包裹其中。在接种病毒样颗粒后，其表面的配体与细胞表面的受体结合后病毒样颗粒的内容物进入细胞，从而达到增加入胞效率的目的。利用同样原理的递送系统还有纳米颗粒，但是纳米颗粒的大小明显影响其递送效果（Garcia and De Sanctis，2014）。

二、疫苗佐剂

疫苗是预防感染性疾病最有效也是最简便的方法。但是在疫苗研发中，往往会遇到疫苗免疫原性低下，诱导的免疫应答不足以产生保护效果；或者产生的免疫反应比较单一，偏向 Th1 或 Th2，不能产生全面保护；或者免疫原在复杂的机体环境中不稳定，容易被降解，造成免疫效果不够理想等问题。这种情形下，就需要用到疫苗佐剂（adjuvant）。佐剂通常是一种非特异免疫增强剂，预先或者与免疫原同时接种，以增加免疫应答的强度，或者改变免疫应答的类型。广义的佐剂可以分为免疫刺激剂和递送系统，佐剂和递送系统的功能有所重叠。在疫苗发展早期，递送系统往往也看成佐剂，包含在佐剂概念之中。近年来随着递送系统的快速发展，佐剂与递送系统的侧重点因有不同而逐渐分开。狭义的佐剂主要关注在激活机体的免疫应答，产生大量细胞因子、炎症因子等，从而增强机体的免疫应答。所以，佐剂大多是具有免疫激活作用的刺激剂，包括矿物盐、油乳剂、模式识别受体（pattern recognition receptor，PRR）激动剂、肠毒素等；而递送系统的主要目的是增加免疫原的稳定性，增加免疫原的入胞效率。递送系统往往通过与细胞膜相互作用促进所携带的免疫原进入细胞，提高免疫原激活机体免疫系统的效率。递送系统的重点聚焦在将免疫原高效送入靶细胞内并发挥其作用；而佐剂的研究重点则是直接刺激机体产生更强的免疫应答。

（一）矿物盐

矿物盐作为佐剂的代表是铝佐剂。铝盐是目前最安全的佐剂，作为佐剂的历史可以追溯到 1926 年。常用的铝佐剂包括氢氧化铝、磷酸铝、硫酸铝钾、非晶体铝羟基磷等。铝佐剂可以诱导机体产生 Th2 偏向的免疫应答，产生强大的体液免疫。目前铝佐剂的作用机制尚未完全明确，普遍认为铝佐剂主要通过储存库效应与免疫刺激效应来增强机体的免疫应答。储存库效应即铝佐剂能够在注射局部长时间沉积、存留，有足够的时间吸引免疫细胞到局部进行反应。同时，铝佐剂有免疫刺激的功能，引起炎性细胞趋化到注射局部。近年的研究表明，铝佐剂通过与NLRP3形成炎症小体（inflammasome）活化炎症反应，从而激活并加强免疫应答。

虽然铝佐剂是使用历史最悠久也是目前认为最安全的佐剂，能高效诱导机体产生Th2型免疫应答，但其几乎无法产生Th1免疫应答，而且在使用过程中有一些不良反应。常见不良反应包括：注射铝佐剂疫苗会在局部产生轻微的疼痛，少数情况下也会引起系统的症状如头痛、关节和肌肉疼痛。但总体来说，并未发现其他更严重的不良反应。

矿物盐中除了铝盐，磷酸钙也可以用作佐剂。磷酸钙和铝盐相比，诱导产生较少的IgE，减少了产生过敏反应可能性，但是与铝盐有相当的免疫刺激功能。目前已有钙盐佐剂用于动物疫苗。在近年的研究中，磷酸钙被用于制作纳米颗粒，大大增加了与抗原的吸附面积，其介导的细胞主动吞噬作用可促进抗原呈递细胞对抗原的摄取。

（二）油乳剂

油乳剂作为佐剂应用十分广泛，而且包含的种类繁多。某些类型油乳剂具有免疫刺激剂的功能，能够诱导机体的免疫应答；有些油乳剂可以作为递送疫苗的载体，与免疫原混合后使免疫原更容易进入细胞，激活机体免疫应答。油乳剂主要包括油包水和水包油两种类型（Burakova et al.，2018；Garcia and De Sanctis，2014）。

油包水（water in oil）是指极小的水滴分散在油相中，而免疫原被包裹在水中。在接种带有油包水佐剂的疫苗后，免疫原穿过油相缓慢释放到机体中，此缓释的过程可以防止免疫原被体内吞噬细胞快速清除。此类佐剂中最典型的代表是弗氏佐剂（Freund's adjuvant）。弗氏佐剂分为完全弗氏佐剂和不完全弗氏佐剂。不完全弗氏佐剂的成分包括液状石蜡、羊毛脂，将其混合均匀后加入免疫原即可。在不完全弗氏佐剂中加入灭活的结核分枝杆菌即为完全弗氏佐剂。

水包油（oil in water）是指微小油滴分散在水相中的一类佐剂，而免疫原被包裹在油滴中。免疫原与油滴的混合物可以刺激细胞分泌细胞因子，从而招募免疫细胞进行应答，也可以促进巨噬细胞和树突状细胞分化和抗原呈递。水包油佐剂可以诱导良好的体液免疫和细胞免疫，但是不同的水包油佐剂由于其具体的组成成分不同，诱导的适应性免疫应答特征也不完全相同。目前在应用中效果比较好的水包油佐剂是MF59和AS03。

不同的油乳剂会产生不同的局部不良反应，如局部无菌性肉芽肿，注射部位红肿疼痛；油乳剂在应用中仍然会产生一些常见的系统不良反应，部分人群接种后会产生嗜睡、头疼、发热等症状。在动物模型中甚至出现了油乳佐剂相关的关节炎症状，并有研究认为此现象与注射佐剂之后诱发的自身免疫反应相关。

（三）TLR激动剂

Toll样受体（toll like receptor，TLR）作为模式识别受体中的一类分子在天然免疫中扮演重要角色。TLR 通常为膜蛋白，广泛分布在细胞膜、内体膜、溶酶体膜等膜结构上。TLR 家族组成成员较多，可以识别多种病原体相关分子模式（pathogen-associated molecular pattern，PAMP），包括核酸、蛋白质、脂多糖、脂蛋白、化学合成的配体相似物等。TLR 活化后通过下游接头分子 MyD88 或者 TRIF 招募下游分子，活化 NF-κB 通路，产生炎症因子招募免疫细胞发挥效应。利用 TLR 与特定配体结合活化后产生一系列应答的特性可以设计不同类型的 TLR 激动剂佐剂。研究表明，TLR4、TLR5、TLR9 在机体内分布广泛，被特定的激动剂活化后产生的效应能够增强免疫反应，目前已有多种相关激动剂被研发作为佐剂。

源于革兰氏阴性菌的脂多糖（LPS）是 TLR4 的激动剂，与树突状细胞、巨噬细胞、B 细胞等表面的 TLR4 结合产生 IL-1β、IL-18、IL-23、IL-27 等细胞因子，IL-18、IL-27 可以直接影响 Th1 细胞的分化，IL-1β 与其受体结合活化下游信号通路，产生 IL-6、TNF-α 等细胞因子，进一步促进机体产生偏向 Th1 的免疫应答。但是在应用中 LPS 的毒性较大，产生的不良反应对其应用造成了障碍。

细菌鞭毛的组成成分鞭毛素是目前已知的唯一的 TLR5 的激动剂。鞭毛是细菌的一种附属结构，是细菌的运动器官。鞭毛的末端结构鞭毛丝由鞭毛素（flagellin）蛋白单体聚合而成（Gupta et al.，2014）。TLR5 与鞭毛素结合后招募下游接头蛋白 MyD88 与下游分子活化 NF-κB 通路，产生 IL-4、IL-12、IL-6、TNF-α 等促炎因子，促进 Th1 和 Th2 偏向免疫应答。由于 TLR5 广泛分布于肺、鼻腔、肠道等处的黏膜上皮细胞，是一种黏膜疫苗佐剂的优秀候选分子（Zhong et al.，2017；Cao et al.，2017）。鞭毛素与其他 TLR 激动剂相比不良反应较小，而且能够诱导机体产生免疫应答的有效剂量相对较低；鞭毛素蛋白具有遗传操作可塑性强、能够将其与疫苗靶标蛋白构建成融合蛋白作为免疫原，也可以单独改造作为佐剂使用（Yang et al.，2017）。

TLR9 的激动剂是去甲基化的 CpG（Bode et al.，2011；Iho et al.，2015），其活化主要是通过 MyD88、IRAK、TRAF6 等下游分子，从而激活 NF-κB、AP-1、IFR-7 而产生一系列反应。当 CpG 直接与 B 细胞上的 TLR9 接触时，可以直接促进 B 细胞的分化产生相应的抗体；CpG 刺激 pDC 上调 MHC-Ⅱ、CD80、CD86 等，产生 IL-1、IL-18、IL-6 等使其分化成熟，提高抗原呈递能力（Hartmann et al.，1999）。目前 CpG 已经在乙型肝炎疫苗中应用于临床。

（四）其他佐剂

除了上述几种被人们广泛关注的佐剂外，还有一些效果良好的佐剂。从植物中提取的菊粉（inulin）（Petrovsky and Cooper，2015）可以直接与补体作用激活天然免疫，同时也能与补体结合后沉积在巨噬细胞表面使其分泌细胞因子增加 T 细胞活性，因而被研发成一种多糖佐剂；大肠杆菌不耐热毒素（*E. coli* heat labile toxin，LT）与霍乱毒素（cholera toxin，CT）是最常见的肠毒素佐剂。LT、CT 进行减毒改造后可以大幅度降低毒副作用，常常在疫苗研究中作为黏膜免疫佐剂。重组细胞因子作为佐剂也是一种较好的方案（Burakova et al.，2018），细胞因子可以直接刺激 Th1、Th2 反应，诱导体液免疫应答和细胞免疫应答，IL-12、IL-1、IL-2、GM-CSF 均是常见的细胞因子佐剂。

佐剂的种类繁多，而且不同的佐剂有不同的优缺点，使用时需要根据具体的免疫原特性进行选择。佐剂的安全性仍然是佐剂设计的重点，接种后产生的局部及系统的不良反应都提示佐剂的设计和开发仍然具有极大的空间。安全、接种简便、无痛、无不良反应仍然是佐剂开发的主要目标。

三、疫苗免疫应答机制与保护机制

（一）疫苗免疫应答机制

接种不同类型的疫苗后机体产生的免疫应答侧重点不完全相同，减毒疫苗可以诱导比较完善的免疫应答，大部分减毒疫苗可以兼顾体液免疫和细胞免疫；但是亚单位疫苗在接种后常常诱导产生体液免疫，而细胞免疫微弱甚至没有应答。不同免疫应答结果与疫苗的类型和接种途径相关。

当免疫原进入机体后，首先对其反应的是天然免疫应答系统。免疫原及佐剂的非特异性成分被天然免疫的 PRR 识别，产生一系列的细胞因子如 TNF-α、IL-6、IL-1β、IL-18 等，刺激 APC 成熟、提高递呈能力，激活 Th 细胞；同时干扰素通路也被激活，为后续的适应性免疫应答做好准备。例如，减毒疫苗免疫原被摄入细胞后可在细胞内复制并表达出目的抗原，一些抗原在胞内被蛋白酶体降解为多肽后被运送至内质网，再与 MHC-Ⅰ分子结合后递送到细胞表面，活化 CTL 细胞。有些抗原也可以被 APC 细胞吞噬，通过 APC 的交叉呈递功能激活 CTL 细胞。被呈递的抗原与 TCR 结合，在 APC 提供的共刺激分子及细胞因子的作用下活化 CD4 T 细胞。这时的 CD4 T 细胞（Th0）根据环境中细胞因子分化为 Th1 细胞或者 Th2 细胞，辅助激活细胞免疫应答或者体液免疫应答。

疫苗抗原一旦被 B 细胞受体（B cell receptor，BCR）识别并结合后，B 细胞共刺激分子将被上调，并与 Th2 细胞相应配体结合提供第二信号，再由活化的 Th2 细胞提供必要的细胞因子使 B 细胞活化，并增殖分化为浆细胞产生特异性抗体。由初次接触抗原的 B 细胞分化而来的浆细胞所产生的抗体亲和力往往较低、特异性不高。如果经过再次疫苗接种，经过抗原的多次刺激后产生的抗体才可能具有对抗原的高度特异性。

不同的疫苗类型在机体内产生的免疫应答方式并不是完全相同的。减毒疫苗和重组病毒疫苗具有主动入侵和在细胞内复制的能力，在接种疫苗后具有活性的免疫原主动进入靶细胞，复制产生的新免疫原可以被胞内的 MHC-Ⅰ呈递活化 CTL；在胞内复制出的免疫原释放到胞外，被 APC 摄取后活化 Th 细胞引起更广泛的免疫应答；若减毒后的病原体可以直接进入 APC，也可以通过后者的交叉呈递途径活化 CTL。DNA、RNA 疫苗接种后在细胞内翻译出目的抗原，分泌到胞外被 APC 通过 MHC-Ⅱ途径呈递，抗原也可以被 B 细胞识别而产生体液免疫应答。而一些不能自主在细胞内复制的疫苗，如亚单位疫苗、灭活疫苗、多糖疫苗等大多是通过 APC 的吞噬作用通过 MHC-Ⅱ途径呈递此类外源性抗原，活化 CD4 T 细胞，被活化的 CD4 T 细胞产生一系列的细胞因子影响免疫应答的偏向，对下游应答产生影响。而且这些疫苗常常具有丰富的 B 细胞抗原表位，可以通过活化 B 细胞产生良好的体液免疫。临床上常见的乙型肝炎病毒亚单位重组疫苗保护性良好，利用乙型肝炎病毒的 S 抗原良好的免疫原性，免疫后诱导强大的体液免疫对机体提供保护。多糖是没有 T 细胞表位的，因此，多糖疫苗常常通过添加相应佐剂来帮助诱导 T 细胞应答。

一些免疫原的免疫原性比较低或者产生的免疫反应比较单一，常常配合佐剂来使用。不同的佐剂增强免疫应答的原理和方法都不尽相同，但是大部分佐剂通过刺激 NF-κB、IRF-7、AP-1 等通路产生多种细胞因子，这些细胞因子可以影响 Th0 细胞活化后的分化方向；也可以通过提供 B 细胞和 T 细胞活化所需要的细胞因子来增强细胞活化的能力。

（二）疫苗免疫保护机制

疫苗接种必须能给机体在一定时间提供相应的保护。疫苗保护通常由效应细胞和效应分子提供。诱导体液免疫为主的疫苗通常在接种疫苗后一段时间产生大量的中和抗体。大量的中和抗体可以通过与病原体表面特异抗原表位结合，从而阻断其与靶细胞表面受体的结合，抑制病毒侵入细胞，防止病毒感染。此外，抗体与抗原结合之后还可以通过抗体依赖的细胞介导的细胞毒性作用（antibody-dependent cell-mediated cytotoxicity，ADCC）将病原体吞噬消灭。能有效诱导细胞免疫应答的疫苗则是通过病毒特异的 CTL 来发挥保护作用的。病毒复制必须在细胞内完成，病毒复制过程产生的病毒成分，包括结构蛋白和非结构蛋白均可经细胞 MHC-Ⅰ分子呈递到细胞表面，并能被 CTL 识别。CTL 可通过释放颗粒酶等途径杀伤被感染的细胞，从而阻止病毒的复制。CTL 还可以通过 FasL 与感染细胞的 Fas 受体结合，促进感染细胞凋亡，使细胞内的子代病毒无法释放，限制病毒感染的范围。

大多数疫苗既能诱导体液免疫应答，也能诱导细胞免疫应答。两类应答诱导产生的抗体和 CTL 联合发挥抗病毒效应，限制病毒的入侵、复制和感染，减轻感染症状，保护机体不患病。

接种疫苗（vaccination）：将灭活或减弱的病原体抗原通过如注射等途径传递到体内，以诱导机体产生特异性针对病原体的适应性免疫应答的一种操作。

疫苗（vaccine）：疫苗是指一种人为制备的含有某种病原微生物抗原成分的用于预防该种病原微生物感染的生物制品。

群体免疫力（herd immunity）：也称为群体免疫效应，是指通过疫苗接种人群中大部分个体达到保护未进行疫苗接种个体的效应中，大部分个体产生的免疫力及其对自然界中存在的某种病原的减少达到保护未进行疫苗接种个体的效应。这是一种间接预防传染病的形式，即群体中的很大一部分人对某种病原微生物具有免疫力时，就会阻断感染链，从而阻止或减缓疾病的传播。

减毒活疫苗（live attenuated vaccine）：是一种通过体外培养或某种处理降低了病原体的致病力但仍保持其增殖能力的疫苗。减毒活病毒疫苗通常可以在机体内完成入侵、复制、释放等生命周期，但是对机体的致病性却大大下降。

灭活疫苗（inactivated vaccine）：是一种通过热处理或化学制剂如甲醛等方法灭

活后获得的病毒颗粒、细菌菌体或其他病原体组成的疫苗。

亚单位疫苗（subunit vaccine）：通常是指通过重组DNA技术制备或者合成的病原体的某个或某些组分构成的疫苗。

载体疫苗（vector-based vaccine）：通常是指以减毒的活病毒为载体，将另一种病原体的靶标基因DNA插入病毒载体成为重组病毒，从而用于免疫接种的疫苗。这种疫苗可通过载体病毒主动入侵细胞，并在细胞内复制，合成靶标基因蛋白抗原，从而诱导免疫应答。

DNA疫苗（DNA vaccine）：又称核酸疫苗或基因疫苗，通常是一种可高效表达疫苗靶标抗原蛋白或抗原肽的DNA质粒。通过注射疫苗质粒DNA到体内并被细胞摄入合成疫苗靶标抗原蛋白，诱导免疫应答。

RNA疫苗（RNA vaccine）：通常是指mRNA疫苗，是一种新型核酸疫苗。根据病原靶标基因设计相应mRNA分子和必需元件，经过一定的化学修饰，并与脂质体、纳米颗粒等递送系统构成的疫苗。这种mRNA疫苗可通过注射接种传递至细胞内，进而直接表达产生靶标蛋白，诱导机体产生免疫应答。

多糖疫苗（polysaccharide vaccine）：主要是指某些依赖于荚膜多糖感染致病的细菌疫苗，如b型流感嗜血杆菌、肺炎球菌、流行性脑膜炎双球菌、伤寒杆菌等。荚膜多糖是这类细菌表面的一种与致病性相关的抗原物质，也成为研制相应疫苗的保护性抗原。由于多糖是T细胞非依赖型抗原，免疫原性差，因此需要将其与蛋白质（如毒素）结合，转换成T细胞依赖型抗原。因此，多糖疫苗也常常称为“多糖结合疫苗”（conjugated vaccine）。

中和抗体（neutralizing antibody）：是指适应性免疫应答产生的一种具有特异结合细菌毒素、病原体（如病毒）及其产物，并能抑制毒素活性、病原体感染性能力的抗体。

佐剂（adjuvant）：是指一种添加到疫苗中以增强免疫反应来产生更多抗体和更持久的免疫力，从而将所需抗原的剂量降至最低的药理学或免疫学制剂。

第四节 抗病毒疫苗的研制

如今疫苗品种数量较多，有的疫苗正处于研发阶段，有的疫苗已经通过临床上市应用接种于健康人体发挥预防保护作用。自从疫苗应用于临床以来，已有多个疫苗研发成功的典型案例。疫苗帮助人类消灭了天花，也正在帮助人类消灭脊髓灰质炎。脊髓灰质炎（小儿麻痹症）的致病原是脊髓灰质炎病毒，这种病毒在人类历史上已经流行了数千年，并造成大量感染和病患。1909年奥地利裔医生Karl Landsteiner和Erwin Popper等分离并确认了导致脊髓灰质炎的病原体是脊髓灰质炎病毒。直到1952年才由美国匹兹堡大学的Jonas Salk研制出有效的“灭活脊髓灰质炎疫苗”（inactivated poliovirus vaccine，IPV），即“Salk疫苗”。这是一种Salk三价IPV，于1955年获得上市许可，并在美国大规模推广接种。后续临床试验观察证明这种三价

IPV具有良好的群体免疫效应，被认为是目前世界上最安全的疫苗之一。

继Salk IPV发明并投入使用之后，另外一位美国科学家Albert B. Sabin在1956年研究成功了脊髓灰质炎减毒活疫苗。这种口服脊髓灰质炎疫苗（oral poliovirus vaccine，OPV）的优势在于接种剂量低、免疫应答持久，接种过OPV的青少年和成人再也没有患过脊髓灰质炎。不过，该疫苗有很小的概率发生疫苗相关麻痹型脊髓灰质炎（vaccine-associated paralytic poliomyelitis，VAPP）及疫苗衍生脊髓灰质炎病毒（vaccine-derived polioviruses，VDPV）感染。

在同时期，中国医学科学院医学生物学研究所顾方舟领导的科研团队，采用猴肾组织培养法于1957年分离获得了脊髓灰质炎病毒，于1959年成功研制出了首批Sabin株的脊髓灰质炎疫苗，并顺利完成临床试验，得以在中国推广免疫接种，为中国预防控制脊髓灰质炎做出了重大贡献。2015年1月14日，中国国家食品药品监督管理总局批准了全球首个Sabin株脊髓灰质炎灭活疫苗的生产注册申请。该疫苗同样由中国医学科学院医学生物学研究所研发，通过采用现行脊髓灰质炎减毒活疫苗的生产毒株（Sabin株），经Vero细胞生物反应器培养收获病毒，结合灭活疫苗生产工艺制备而成。该疫苗的上市应用将对中国彻底消灭脊髓灰质炎发挥重要作用。

通过脊髓灰质炎疫苗的成功案例可见，一种疫苗能够临床接种于人体常常需要经过漫长的研究探索，包括免疫原的选择和设计、工艺的优化、配方的确定、免疫策略的确定、临床试验，乃至上市应用后的跟踪监测。

一、从概念到产品原型，产品原型到临床试验，临床试验到临床应用

疫苗与人类健康息息相关。在面对传染病的威胁时，疫苗使人类首次化被动为主动，大大降低了疾病死亡率并提高了人均预期寿命。然而，疫苗的研发要经历从研究到临床试验再到上市的复杂且漫长的周期，平均需要8～20年。

疫苗的有效成分大多是感染和致病相关的蛋白质、多肽、多糖或核酸这些分子的单一成分或多成分的颗粒形式，或者是减毒的活病原或活载体形式。

疫苗研发过程可分为实验室发现、临床前研究和临床试验三个阶段。其中实验室发现阶段主要是根据病原和病原致病机制发现并确认疫苗靶标，明确该疫苗研发概念和思路，并经过实验室研究确定免疫原构成，采用实验动物模型测定免疫应答效应和免疫保护效应，从而形成疫苗原型。疫苗临床前研究主要包括疫苗免疫原相关种子库建立，工艺开发设计和优化，免疫原制备技术和工艺确定，疫苗配方确定，建立适当的动物模型，采用动物模型完成疫苗安全性、稳定性测定等。在相关动物模型安全性评价、稳定性评价、生产工艺开发、疫苗有效性测评等完成后，就可以向国家食品药品监管总局（2018年3月，将其职责整合，组建中华人民共和国国家市场监督管理总局）申请注册临床批号进行临床试验。

临床试验研究根据试验目的及目标人群分为Ⅰ、Ⅱ、Ⅲ、Ⅳ期4个研究阶段。对于疫苗人体临床试验，国家有严格的指导原则及管理规范，其中包括《药物临床试验质量管理规范》《疫苗临床试验质量管理指导原则（试行）》《伦理委员会药物临床试验伦理审查工作指导原则》《药品不良反应报告和监测管理办法》《疫苗临床试验技术指导原则》《临床试验数据管理工作技术指南》（CFDA 2016年7月27日发布）等。

二、疫苗研制遵循“安全有效，质量可控”原则

鉴于疫苗应用于健康人群，其安全性和有效性同样重要。我国疫苗质量控制近几年有了“质”的变化，已从最初的仅对最终产品进行检定，发展到对疫苗设计、生产和终产品全过程进行质量控制。而且逐步建立和完善了一整套从疫苗研究、生产到使用的法规体系，并建立了符合 WHO 要求的疫苗国家管理体系，实施对生产中间品及终产品的质量控制以及国家批签发制度，确保上市疫苗质量，更好地维护公众健康。

鉴于疫苗的生产过程所需的各种材料来源和种类各异，以及生产工艺复杂且容易受多种因素影响，疫苗的质量更要得到保证，所以需要通过大量的实验验证并确保疫苗的质量可控，进而保证疫苗的安全性、有效性和一致性。

简而言之，应用于人体的疫苗要达到“安全有效，质量可控”的标准。首先，要确保疫苗不含有免疫原之外的有害残留物；其次，要对体现效力的相关指标进行检测；再次，需要进行长时间的稳定性检测；最后，确保生产用于接种人体的疫苗安全不致病，而且能够起到预防和治疗疾病的作用。

三、疫苗具有公共安全属性，还需兼顾成本价格和大众支付能力

时代在进步，科学技术也在日益进步，应用于人体能预防和治疗疾病的疫苗种类也在日益增多。但是疫苗的公共安全问题也不容忽视。

疫苗在上市后存在的不良反应是必须考虑的一大安全问题。例如，曾经出现的口服卡介苗后患结核病，接种 OPV 后发生疫苗相关麻痹型脊髓灰质炎（VAPP），以及 RSV 的灭活疫苗 FI-RSV 接种后增加了感染和病理作用，等等，说明疫苗存在各种潜在可能的不良反应。这种在当前技术水平制约下难以避免的不良反应可以跟踪观察分析，应当在疫苗研发中加以改进。

经过科学家的努力，中国现在有 64 种可以预防 34 种传染病的疫苗应用于临床（2016 年数据）。按照国家卫生健康委员会的指导意见，中国公众接种的疫苗分为两类：一类疫苗和二类疫苗，兼顾考虑了公众疾病预防控制和大众的支付能力。

第五节 抗病毒疫苗研发的挑战和展望

现代疫苗（现代疫苗通常从巴斯德时期的疫苗算起）研究和应用走过了 100 多年的历程，成功和失败并存。既有成功应用数十年的疫苗，也有某种疾病的疫苗研发屡屡失败的记录。随着新发和再发病毒感染性疾病的增加，人类在疾病控制和预防中采用的疫苗研发策略也面临着日益增多的挑战。

一、抗病毒疫苗研发面临的问题和研发瓶颈

抗病毒疫苗仍然是预防病毒感染性疾病最成功的生物医学干预手段。早期抗病毒疫苗的成功得益于经验性的活体动物病毒传代和鸡胚技术的应用。20 世纪中期以来出

现的新技术，特别是细胞培养和分子生物学技术的应用，极大地促进了抗病毒疫苗的研发和应用。基因递送、重组蛋白表达、纳米颗粒、蛋白质制备及新型佐剂等多方面的新技术在过去半个多世纪为新型疫苗研发提供了优良的技术平台，帮助成功研发了多种抗病毒疫苗。这些技术构成的技术平台仍然蕴含着巨大的创造潜力，还将为今后的抗病毒疫苗研发提供进一步的发展空间。

细菌感染性疾病通常可采用抗生素治疗，因而对疫苗的依赖性相对较低。而病毒感染性疾病却缺乏有效的抗病毒药物用于治疗，因此，应对病毒感染性疾病更需要疫苗。目前已批准应用于临床的抗病毒疫苗包括减毒活病毒疫苗、灭活全病毒疫苗、亚单位疫苗、重组病毒蛋白疫苗、病毒样颗粒等五大类。这五大类疫苗都得益于上述技术的发展和应用。

然而，当前我们面临的病毒感染性疾病的预防和控制形势日趋严峻。一方面，缺乏有效疫苗的病毒感染性疾病仍然存在，新发病毒感染性疾病不断增多，越来越多的疫苗亟待研发，并期望能应用于临床；另一方面，随着研发成功并用于临床的疫苗种类越来越多，需要免疫接种的疫苗种类和次数也越来越多，尤其是儿童计划免疫接种的种类、次数在不断增加，随之而来的安全性担忧和疫苗不良事件也越来越受到关注。

因此，抗病毒疫苗研发当前面临的问题是多层次和多方面的，业已形成疫苗研发中的诸多瓶颈。

首先，从技术层面看，传统的抗病毒疫苗实践大多首先选择灭活疫苗的研发路线。这种疫苗技术路线清晰，主要通过病毒大量扩增、纯化、灭活等工艺过程进行生产。这种研发路线相对周期较短，可能在进入临床试验和临床应用上占有时效上的先机。一旦灭活疫苗测试具有保护效力，往往就不同程度地掩盖了灭活疫苗的诸多缺点。例如，灭活疫苗由于其包含的抗原类型多，成分复杂，难以对疫苗所包含的所有成分的生物学活性、免疫学活性、与疫苗保护效应的关系等进行准确测定和分析，也可能引发更多未知的疫苗不良反应。另一类常首选的传统抗病毒疫苗往往是减毒全病毒疫苗。这种疫苗技术路线具有与灭活疫苗同样的优势，在获得减毒疫苗毒株后，主要通过病毒大量扩增、纯化等工艺过程进行生产。这种研发路线一旦获得疫苗毒株，其在进入临床试验和临床应用中也具有相对周期短的优势。但是，这种疫苗相对减低的毒性和亚临床症状等副作用，仍然可能被轻视甚至忽略。因此，抗病毒疫苗安全性和有效性的平衡仍然是疫苗研发需要进一步解决的问题。

其次，对安全性和有效性进行综合深入分析，也会引发更深层次伦理层面的问题。已有公众对疫苗不良反应和不良事件提出诸多质疑。例如，目前疫苗中常用的添加成分或工艺制备过程残留的成分，如铝、汞（又名硫柳汞）、甲醛、谷氨酸钠及细胞残留等对儿童健康的潜在影响，从专业角度指出了疫苗质量可能存在的问题。

最后，疫苗施用人群主要是健康人群，尤其要覆盖低收入人群。然而，成本和疫苗质量控制往往存在矛盾。因此，在控制疫苗成本、平衡疫苗价格和质量保证方面也存在多方面需要解决的问题。

下面分别以 HIV 疫苗、流感疫苗和呼吸道合胞病毒疫苗研发为例简要说明。

（一）HIV 疫苗

人类在 1981 年首次发现艾滋病，并且很快于 1983 年分离到了人类免疫缺陷病毒（HIV）。当时人们乐观地认为只要“依葫芦画瓢”模仿其他病毒疫苗的研发经验就可很快地研制出艾滋病疫苗。然而，至今仍无成功的 HIV 疫苗问世。研发有效的 HIV 疫苗成为最具挑战性的科学难题之一。HIV 疫苗研发面临的问题和困难涉及多个方面。① 艾滋病病毒有高度的变异性，传统疫苗研究思路和技术路线均宣告失败。这包括了过去几十年研发 HIV 疫苗的三个重要阶段的策略均未奏效：诱发体液免疫的 HIV 疫苗；诱发 T 细胞免疫的 HIV 疫苗；同时诱发体液免疫和细胞免疫的 HIV 疫苗。② HIV 基因组可整合到宿主细胞的基因组中，难以清除。③ HIV 只感染人类，不能感染其他物种并引起发病，致使 HIV 疫苗研发缺乏良好的动物模型。④ 艾滋病药物治疗可以有效控制感染者疾病发展，但需要患者终身服药，这给很多制药企业带来了丰厚利润，因此从商业角度来说，药企业缺乏投资 HIV 疫苗研发的积极性。

（二）流感疫苗

流感疫苗的临床试验最早可追溯到 20 世纪 40 年代，是美国军方基于 1933 年首次分离到人类流感病毒后研发完成的一种灭活全病毒疫苗。虽然该疫苗具有保护作用，但此后人类仍持续面对着流感病毒的挑战，主要原因在于流感病毒不断变异从而能逃逸经疫苗免疫或自然感染诱导的免疫监视和防御。当前，针对流感病毒的有效疫苗主要通过诱导流感病毒表面血凝素（hemagglutinin，HA）蛋白的球状头部的特异抗体应答来发挥保护效力。而人类季节性流感病毒 HA 亚型每年都在变。因此，疫苗毒株的选择每年需根据流行预测而改变，以保证当年疫苗毒株与流行病毒株匹配。目前常用季节性流感疫苗包括来自 3 种（H1N1、H3N2 和 B 型流感）或 4 种（H1N1、H3N2 和两种 B 型流感）的人流感病毒株的抗原。因此，广谱保护性流感疫苗是由来已久的研发目标，目前还未能真正实现，流感仍然是人类面临的重大公共卫生问题。对 HA 精细结构的研究和免疫学特性的解析，或将有助于新型流感疫苗的研发。最近的研究表明，关注 HA 之外的其他靶标蛋白如神经氨酸酶（NA），也可能成为解决流感疫苗广谱交叉保护难题的突破口（Chen et al.，2018）。

（三）呼吸道合胞病毒疫苗

过去许多疫苗成功的经验表明，设计有效抗病毒疫苗的黄金标准就是“模仿自然感染”。然而，这对呼吸道合胞病毒（RSV）却不适用，因为 RSV 自然感染激发的免疫应答只能提供有限的保护。人常常反复被 RSV 感染，尤其是婴幼儿和老年人。因此，开发预防性 RSV 疫苗是一项艰巨的任务，目前仍然面临着几个方面的困难：① 20 世纪 60 年代 RSV 疫苗研发早期，福尔马林灭活 RSV（FI-RSV）疫苗曾引发疫苗增强的疾病（vaccine enhanced disease，VED），成为解决 RSV 疫苗安全性的首要问题；② 在疫苗安全性和免疫原性及免疫功效之间取得适当平衡成为 RSV 疫苗研发的难题；③ 缺乏理想的动物模型；④ 由于 RSV 感染的疾病症状与许多其他呼吸道病毒感染类似，评估 RSV 疫苗效力的临床终点比较难确定。近年来，F 蛋白融合前和融合后形式的高分辨率原子水平结构得到解析，激发了针对 RSV 疫苗 F 靶标进行重新研发的努力，寄希望于制备获得融合前形式的天然 F 蛋白三聚体作为疫苗免疫原。该思路和技术路线能否成功，尚未可知。

二、抗病毒疫苗未来发展方向和突破路径

当前，人单克隆抗体、结构生物学、高通量测序、单细胞深度测序等技术的应用和整合应用为在原子水平进行免疫原设计提供了新的方法和策略。这些新型技术使我们能够实现准确的中和表位鉴定、病毒表面蛋白抗原的结构设计、对 B 细胞识别和亲和力成熟机制进行深入解析等。这些技术和信息的整合必将为疫苗抗原选择、疫苗配方制定和免疫接种方案等研发过程提供全新的思路和策略。

突破传统的简单灭活和减毒技术路线，探索组分和功能特征更清楚的亚单位疫苗，应该成为疫苗研发主要形式和未来方向。

采用新技术平台深入研究抗病毒疫苗诱导的免疫应答特性和机制，有助于新型疫苗的设计。当前，系统疫苗学、多参数流式细胞分析、单细胞质谱流式（mass cytometry for single-cell analysis）技术、单细胞测序技术、表观遗传学调控、B 细胞和 T 细胞受体的深度测序、人单克隆抗体等一系列新技术的创立和应用，必将形成新一代疫苗研发平台。例如，结构生物学技术的发展，将极大地促进基于结构的疫苗的设计和研发。DNA 和 RNA 技术的突破必将推进基于 DNA 和 RNA 的疫苗发展。总之，深入研究理解免疫激活和应答的本质，形成新思路，不断采用新技术才能在抗病毒疫苗未来发展方向上取得突破。

小　　结

人类在公共卫生领域通过“卫生”的改进和“疫苗”的接种大大减少了病原微生物感染引发的疾病，显著降低了人类因传染病而导致的死亡率。疫苗已经成为预防感染性疾病最经济也是最有效的方法。现代疫苗技术已经可研制不同类型的疫苗，包括减毒活疫苗、灭活疫苗、亚单位疫苗、载体疫苗、DNA 疫苗、RNA 疫苗、多糖疫苗等。不同类型的疫苗各有优缺点。不同类型的抗病毒疫苗诱导的免疫应答特征有所不同。减毒疫苗通常可诱导比较完善的免疫应答，包括体液免疫应答和细胞免疫应答；而亚单位疫苗则以诱导体液免疫应答为主，细胞免疫应答较弱甚至没有应答，常常需要佐剂的辅助。抗病毒疫苗因采用不同的免疫接种方式、递送系统或佐剂，其诱导的免疫应答也将呈现不同特征。通过黏膜途径接种的黏膜疫苗除了诱导体液免疫、细胞免疫应答外，还能诱导黏膜相关的免疫应答，因而可拓展免疫应答谱并增强免疫保护效力。抗病毒疫苗研发需经历研究发现、概念形成、产品原型、临床试验等过程，才可能达到临床应用的要求；整个研制过程必须遵循“安全有效，质量可控”原则；还要平衡疫苗的公共安全属性及其与成本价格和大众支付能力的关系。目前，艾滋病疫苗、流感疫苗、呼吸道合胞病毒疫苗及各种可能的新发与再发病毒性疾病疫苗的研发仍面临着许多问题和挑战，还存在各种技术、伦理、管理等层面的瓶颈。新型生物医

学技术的发展以及对免疫激活和应答本质的深入探索和认识，必将为抗病毒疫苗研发提供新的发展方向和突破路径。

复习思考题

1. 请从病毒传播特征和感染致病过程的角度简述你对“群体免疫力”的理解。
2. 概述疫苗的类型及其优缺点。
3. 阐述你对亚单位疫苗概念中“亚单位”的认识。
4. 试述疫苗递送系统与佐剂的关系。
5. 请从人类与微生物关系的角度谈谈抗病毒疫苗的未来发展方向和可能的突破路径。

（郗慧民）

参考文献

国家药典委员会. 2018. 中华人民共和国药典. 北京：中国医药科技出版社.

余瀛鳌. 1994. 中国科学技术典籍通汇. 医学卷（第二分册）. 郑州：河南教育出版社：147-148.

Belyakov IM, Ahlers JD. 2009. What role does the route of immunization play in the generation of protective immunity against mucosal pathogens? J Immunol, 183:6883-6892.

Bode C, Zhao G, Steinhagen F, et al. 2011. CpG DNA as a vaccine adjuvant. Expert Rev Vaccines, 10: 499-511.

Burakova Y, Madera R, McVey S, et al. 2018. Adjuvants for Animal Vaccines. Viral Immunol, 31: 11-22.

CaoY, Zhang E, Yang J, et al. 2017. Nasal epithelial GM-CSF contributes to TLR5-mediated modulation of airway dendritic cells and subsequent IgA response. J Leukoc Biol, 102: 575-587

Chen YQ, Wohlbold TJ, Zheng NY, et al. 2018. Influenza infection in humans induces broadly cross-reactive and protective neuraminidase-reactive antibodies. Cell, 173: 417-429.e410.

Fields BN, Knipe DM, Howley PM. 1996. Fields Virology. 3rd ed. Philadelphia: Lippincott-Raven Publishers.

Garcia A, De Sanctis JB. 2014. An overview of adjuvant formulations and delivery systems. APMIS, 122:257-267.

Gupta SK, Bajwa P, Deb R, et al. 2014. Flagellin a toll-like receptor 5 agonist as an adjuvant in chicken vaccines. Clin Vaccine Immunol, 21:261-270.

Hartmann G, Weiner GJ, Krieg AM. 1999. CpG DNA: a potent signal for growth, activation, and maturation of human dendritic cells. Proc Natl Acad Sci U S A, 96:9305-9310.

Hawgood BJ. 2007. Albert Calmette (1863—1933) and Camille Guérin (1872—1961): the C and G of BCG vaccine. J Med Biogr, 15 (3): 139-146.

Iho S, Maeyama J, Suzuki F. 2015. CpG oligodeoxynucleotides as mucosal adjuvants. Hum Vaccin Immunother, 11:755-760.

Jackson, Alan C ed. (2013). Rabies: Scientific Basis of the Disease and Its Management. 3rd ed. Amsterdam:

Academic Press.

Liu MA. 2003. DNA vaccines:a review. J Intern Med, 253:402-410.

Pils S, Joura EA. 2015. From the monovalent to the nine-valent HPV vaccine. Clin Microbiol Infect, 21:827-833.

Racz R, Li X, Patel M, et al. 2014. DNAVaxDB: the first web-based DNA vaccine database and its data analysis. BMC Bioinformatics, 15 (4):S2.

Sardesai NY, Weiner DB. 2011. Electroporation delivery of DNA vaccines: prospects for success. Curr Opin Immunol, 23:421-429.

Schlake T, Thess A, Fotin-Mleczek M, et al. 2012. Developing mRNA-vaccine technologies. RNA Biol, 9:1319-1330.

Schwartz M. 2001. The life and works of Louis Pasteur. J Appl Microbiol, 91 (4): 597-601.

Ulmer JB, Mason PW, Geall A, et al. 2012. RNA-based vaccines. Vaccine, 30:4414-4418.

Vallery-Radot R. 1919. The Life of Pasteur. Translated by Devonshire R. L. London: Constable & Company.

Wolff JA, Malone RW, Williams P, et al. 1990. Direct gene transfer into mouse muscle *in vivo*. Science, 247:1465-1468.

Yang J, Sun Y, Bao R, et al. 2017. Second-generation flagellin-rPAc fusion protein, KFD2-rPAc, shows high protective efficacy against dental caries with low potential side effects. Scientific Reports. 7(1): 11191

Zhong M, Yan H, Li Y. 2017. Flagellin：a unique microbe-associated molecular pattern and a multi-faceted immunomodulator. Cell Mol Immunol, 14: 862-864.

Chapter Nine 第9章

抗病毒药物

第一节 概　　述

一、抗病毒药物研究的简要历史

病毒感染能导致一些严重疾病的发生，人们对此高度重视并开展了广泛的研究。在抗病毒研究的早期，由于缺乏便捷的组织培养体系，人们只能在动物体内培养病毒和进行相关研究。直到20世纪50年代中期，由于组织培养体系的建立，大量病毒可进行体外培养和检测，抗病毒药物研究取得了一些进展。抗病毒药物研发早期，人们主要热衷于研究像天花和小儿麻痹症这类严重疾病的治疗药物。早在1950年，缩氨硫脲类（thiosemicarbazones）化合物就被发现具有抗天花病毒和其他DNA病毒（如疱疹病毒）的活性，其中靛红缩氨基硫脲（甲吲噻腙）在人体中的研究最为广泛。最初发现甲吲噻腙具有抗痘病毒的功效，但后续研究发现此药的临床疗效不理想，研究由此终结（Blair et al.，1998）。

自1963年碘苷（idoxuridine，IDU）作为核苷类抗病毒药物被批准上市后，抗病毒药物研发开启了新时代。碘苷是合成的抗癌核苷类似物，其靶标是DNA复制过程。人们联想到DNA病毒复制的关键也是DNA复制，于是IDU被用于抗单纯疱疹病毒研究，很快体外实验、动物实验、人体实验都证实了其有效性。IDU被批准用于临床治疗疱疹性角膜炎，是第一个获得批准的抗病毒药物，至今仍在使用。但IDU的作用靶标并非仅仅是病毒，也会作用于正常细胞而导致毒副作用。随后，阿糖腺苷作为嘌呤核苷类似物被证实具有抗疱疹病毒活性，这是抗病毒药物研究的第二个里程碑。1974年，科学家研发了阿昔洛韦，作用于病毒编码的DNA聚合酶，只选择性地对单纯疱疹病毒有效，是第一个特异性抗病毒药物（Kinchington et al.，2013）。阿昔洛韦的出现创立了抗病毒治疗的新标准，并成为世界上最成功的药物之一（Blair et al.，1998）。紧接着，各种核苷类似物陆续被开发。

随着分子生物学的发展，一些非核苷类药物相继被研发出来，如治疗人类免疫缺陷病毒（human immunodeficiency virus，HIV）的非核苷类逆转录酶抑制剂、蛋白酶抑制剂、整合酶抑制剂，治疗流感病毒的M2离子通道抑制剂金刚烷胺、神经氨酸酶抑制剂扎那米韦和奥司他韦，治疗肝炎病毒的干扰素，广谱抗病毒药物利巴韦林等。

二、抗病毒药物的现状

由于病毒的种类非常多，不同的病毒的复制机制及其与宿主的相互作用差异很大，很难研制出比较广谱的抗病毒药物。此外，药物研发的趋利性也限制了许多少发的病毒感染性疾病治疗药物的研制。总体来说，针对种类众多的病毒性疾病尚缺乏有效的治疗药物。目前的研究重点主要是针对疱疹病毒、HIV、肝炎病毒、流感病毒等少数几类病毒的抑制药物，以及增强机体抵御病毒感染的免疫调节剂（郭会芳和李卓荣，2017）。自 1963 年碘苷被批准上市以来，近 50 多年已有约 90 种抗病毒药物被批准上市用于治疗 HIV、乙型肝炎病毒（hepatitis B virus，HBV）、丙型肝炎病毒（hepatitis C virus，HCV）、疱疹病毒、流感病毒、人巨细胞病毒（human cytomegalovirus，HCMV）、水痘-带状疱疹病毒（varicella-zoster virus，VZV）、呼吸道合胞病毒（respiratory syncytial virus，RSV）、人乳头瘤病毒（human papilloma virus，HPV）9 类引起的病毒感染，共包含两大类 13 小类（De Clercq et al.，2016）。第一大类是直接抗病毒（direct-acting antiviral，DAA）药物，分别为核苷类似物、核苷类逆转录酶抑制剂（NRTI）、非核苷类逆转录酶抑制剂（NNRTI）、蛋白酶抑制剂、整合酶抑制剂、进入抑制剂、流感病毒抑制剂、HCV 的 NS5A 和 NS5B 抑制剂、焦磷酸类似物、5-取代 2′-脱氧尿嘧啶类似物、无环鸟苷类似物、无环核苷磷酸类似物（ANP）等。第二大类为作用于宿主的抗病毒（host-targeting antiviral，HTA）药物，如抗体、干扰素、免疫调节剂、寡核苷酸类、抗有丝分裂抑制剂等。其中 DAA 类药物仍然是抗病毒药物的主体，其作用于病毒的特定靶标，易于开发，且毒副作用小，但长期使用容易诱导病毒变异和产生耐药病毒株。在研究 HIV 和 HCV 的抗病毒治疗过程中，人们发现不同作用机制药物的联合应用强化了抗病毒疗效、减少了耐药发生，为抗病毒药物研发提供了新的策略。HTA 类药作用宿主细胞，在应对病毒耐药、病毒清除、新发病毒传染等方面具有潜在优势，还可作用于多种病毒、可避免联合用药过程中的药物相互作用等。但其最主要缺点是体外有效的药物较少能在体内发挥疗效，可能原因是其对宿主的潜在毒性限制了其应用，还可能受到机体代偿机制影响（Martinez et al.，2015）。

第二节　抗病毒药物研究方法与技术

一、病毒的生活周期与抗病毒药物靶标

病毒是严格的细胞内寄生的微生物，在细胞外病毒不能存活和增殖。动物病毒与植物病毒以及细菌病毒（噬菌体）的生活周期有较大的区别。抗病毒药物研究主要关注的是动物病毒，特别是人类病毒。所有动物病毒的生活周期大致上分为以下几个阶段。

（1）吸附进入　病毒通过其包膜（有包膜病毒）或衣壳（无包膜病毒）上的结构蛋白与宿主细胞膜上的受体（和/或共受体）结合，从而介导病毒的吸附和进入（各种方式的内吞）。

（2）病毒核酸的复制和转录　通常在膜融合后，病毒的核酸（一般与核蛋白形成复合物）进入复制地点，多数DNA病毒和少数RNA病毒在细胞核内复制和转录，少数DNA病毒（如痘苗病毒）和多数RNA病毒（如HCV）在细胞质内复制和转录。根据病毒核酸类型的不同，复制和转录的详细机制大不相同，但都需要有病毒编码的聚合酶参与，同时也需要大量的宿主因子参与，有时候宿主的聚合酶也会参与病毒复制或转录的步骤。

（3）病毒蛋白的翻译和转运　病毒蛋白的翻译和运输完全依赖于宿主细胞的翻译机器和运输系统，翻译后的病毒蛋白会被运送到细胞核或细胞质的特定位置，与病毒核酸及其他结构蛋白分步骤组装成病毒的核衣壳。

（4）病毒的出芽和释放　有包膜病毒通常以出芽的方式获得包膜和释放到胞外，而无包膜病毒可以通过细胞裂解的方式释放到胞外。

病毒生活周期看似复杂，每一步都有多种蛋白分子参与，但是病毒的生活周期（复制）是单线条的，只要抑制了该链条上的任意一个（病毒的或者宿主的）蛋白质的功能，从而影响了病毒复制的一个小的步骤，就能达到抑制病毒复制的目的。抗病毒药物研发中应该充分了解相关病毒的生活周期，并在此基础上谨慎选择药物靶标，从而实现药物的有效抗病毒作用和适当的广谱性，并尽可能减少药物对宿主的毒性作用。现有的抗病毒药物根据其靶标的不同，可以分成两大类：作用于宿主靶标的抗病毒药物（HTA）和直接作用于病毒靶标的抗病毒药物（DAA）。从理论上讲，DAA类抗病毒药物的毒性可能会小一些（如果脱靶效应低），但是容易产生耐药的病毒株。而HTA类药物，因作用于宿主靶标，可能会产生较大的毒性，但是不大可能产生耐药性突变病毒株。表9-1列举了针对HCV的抗病毒药物研发的常用靶标。对某个具体的病毒感染而言，选择靶标应该从病毒的亚型、生活周期、病毒感染的靶器官（组织）、病程和致病特点等多方面的因素进行综合考量。无论选择的是哪种靶标，研发出的新药的药效及安全性必须在体外和体内进行严谨的验证。

表9-1　丙型肝炎病毒（HCV）特异性抗病毒治疗靶点

药物类型	靶标蛋白	在病毒复制中的功能	药物类别/作用机制
病毒靶标	E1/E2	病毒囊膜糖蛋白，参与病毒吸附和进入	E1/E2抑制剂：阻止病毒进入，如Chlorcyclizine、Grosheimol、Flunarizine等
	P7	病毒孔蛋白（离子通道），参与病毒装配与释放	离子通道抑制剂：BIT 225、NN-DNJ、Rimantadine等
	NS3/4A	病毒丝氨酸蛋白酶，参与病毒多肽的剪切和干扰宿主天然免疫	蛋白酶抑制剂：可逆的共价结合抑制剂，如Boceprevir、Telaprevir等；非共价结合抑制剂，如Simeprevir、Asunaprevir、Vaniprevir、Grazoprevir等
	NS4B	病毒膜蛋白，参与病毒复制所需的膜网结构的形成	NS4B抑制剂：干扰NS4B-RNA相互作用；NS4B与膜的结合；NS3/4A-NS4B相互作用，如PTC725、Piperazinone类似物等
	NS5A	病毒膜蛋白，参与病毒RNA复制及病毒颗粒的装配	NS5A抑制剂：干扰膜网结构形成，阻碍病毒装配，如Samatasvir、Ravidasvir、Daclatasvir等

续表

<table>
<tr><th>药物类型</th><th>靶标蛋白</th><th>在病毒复制中的功能</th><th>药物类别 / 作用机制</th></tr>
<tr><td>病毒靶标</td><td>NS5B</td><td>病毒编码的依赖于 RNA 的 RNA 聚合酶，参与病毒 RNA 复制</td><td>核苷类抑制剂（NI）和非核苷类抑制剂（NNI）：造成链终止；抑制聚合酶与 RNA 模板结合和延伸的起始，如 MK-3682、Mericitabine、Beclabuvir 等</td></tr>
<tr><td rowspan="6">宿主靶标</td><td>CD81</td><td>宿主膜蛋白，病毒共受体</td><td rowspan="4">各种抗体、多肽和小分子抑制剂：干扰病毒与细胞的吸附、病毒侵入和病毒在细胞间的传播，如 Anti-CD81 mAbs、Anti-CLDN1 peptides、Erlotinib、Anti-SRB1 pAb and mAb</td></tr>
<tr><td>CLDN1</td><td>宿主膜蛋白，病毒共受体</td></tr>
<tr><td>OCLN1</td><td>宿主膜蛋白，病毒共受体</td></tr>
<tr><td>SCARB1</td><td>宿主膜蛋白，病毒共受体</td></tr>
<tr><td>亲环蛋白 A</td><td>NS5A 辅因子</td><td>非免疫抑制环孢霉素 A 衍生物：干扰膜网的形成和病毒 RNA 的复制，如 Sanglifehrin</td></tr>
<tr><td>miR122</td><td>稳定病毒 RNA，促进病毒 RNA 复制和翻译</td><td>miR122 抑制剂：寡核苷酸，降低病毒 RNA 的复制水平，如 SPC3649（Miravirsen）等</td></tr>
</table>

二、基于靶标的体外抗病毒药物筛选技术

基于靶标的体外筛选，是指在人为设定的反应条件下筛选可与一个孤立的靶标相互作用的化合物。病毒的基因组一般很小，仅能编码不多的几个蛋白质，通常包括结构蛋白、聚合酶和复制相关的蛋白质等。在一些情况下可以考虑从基于靶标的体外筛选开始抗病毒药物的研究。例如，对于某些烈性病毒开展活病毒的研究需要在生物安全三级或者四级实验室中进行，可以先针对病毒的重要蛋白质开展抑制剂的研究；对于病毒编码的具有酶活性的靶标分子（如聚合酶、蛋白酶、神经氨酸酶等），可以建立基于靶标活性的体外生物化学反应的筛选模型筛选抑制剂；对于存在（蛋白质）分子相互作用的靶标，可以通过体外分子相互作用检测仪实现筛选；对于结构已经解析的靶标分子，还可以通过计算机进行虚拟（in silicon）筛选。基于靶标的体外筛选技术经常采用各种基于荧光和化学发光，以及荧光共振能量转移等技术，让筛选变得简便。基于靶标的体外筛选技术也可以用于验证通过其他方法得到的特定靶标的抑制剂是否能抑制该靶标。

基于靶标的体外筛选中，由于靶标分子（通常是蛋白质）需要通过某些体系表达和纯化，或者从病毒感染的细胞裂解液中纯化，体外反应与真实的体内病毒复制过程中的反应可能有较大差异。因此，基于靶标的体外筛选技术不应该作为首选。通过基于靶标的体外筛选得到的阳性化合物（hit），假阳性会比较多。其抗病毒活性必须通过活病毒细胞感染实验进行验证。

三、基于细胞的抗病毒药物筛选技术

基于细胞的筛选技术是抗病毒药物研究中最常用的技术，也是最重要的技术之一。因为病毒要从感染细胞开始，在允许细胞中完成复制，产生并释放出具有感染性的病毒颗粒，才能完成其生活周期。病毒对感染的细胞有非常严格的要求，以实现其复制的目的。当一个具体的病毒感染人或动物时，通常只能感染少数的组织和器官，或者只能感染一种组织器官（如肝脏）。因此开展基于细胞的筛选，首先要准备合适的能支

持病毒复制且尽可能与疾病相关的细胞株。其次是病毒株的选择，尽可能选择临床分离株或实验株的病毒。经过改造的报告病毒虽然会给筛选带来方便，但也可能出现筛选到的抑制剂对临床分离株病毒无效的情况。根据具体的病毒种类，有时候可能需要选用一种以上的细胞株或者病毒株。

基于细胞的筛选技术大致上可以分为以下 4 种。

（一）表型的终点检测

病毒感染细胞后在细胞内复制，通常会产生特定的表型。最常见的表型包括细胞裂解、产生细胞病变、形成合胞体等。常用于检测病毒复制水平的终点有空斑数量及细胞病变效应（cytopathic effect，CPE），并由此而产生出两种实验用于检测药物在细胞水平对病毒复制的抑制作用，即空斑减少实验和细胞病变减少实验。空斑减少实验中，空斑的数量近似等于感染性病毒的数量，少数空斑可能由 1 个以上的病毒感染产生。所以如果能观察到浓度依赖的空斑减少效应，则表明药物有抗病毒作用（图 9-1）。细胞病变减少实验中，对于能产生明显细胞病变或细胞裂解的病毒，其引起细胞病变的程度与病毒的复制水平成正比。所以如果能观察到浓度依赖的细胞病变减少，则表明药物有抗病毒作用（图 9-2）。以上两种基于表型的终点检测实验，空斑减少实验的定量更为准确，但相对难以操作；而细胞病变减少实验易于操作，可以选择使用各种细胞存活率检测试剂盒来检测终点，但有时候读值（read-out）与病毒复制水平的线性关系不好，因此在使用前要检测方法的有效性。

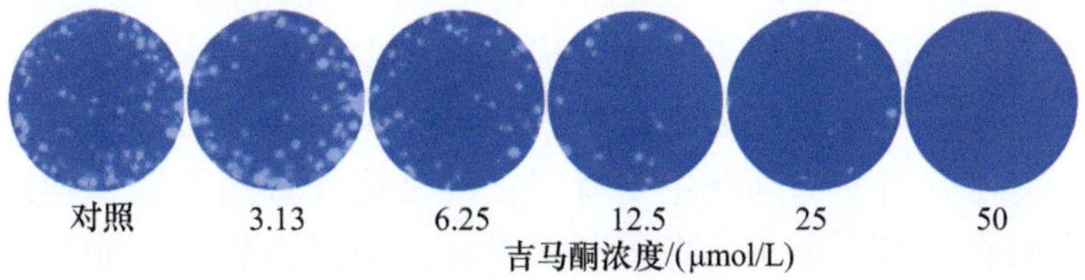

图 9-1 吉马酮在空斑减少实验中能浓度依赖性地抑制流感病毒 PR8 株在 MDCK 细胞中的复制

对照是指未加药物的培养孔。空斑是病毒经过多轮裂解性复制，导致一团细胞裂解而形成的。每个空斑代表一个活病毒的感染

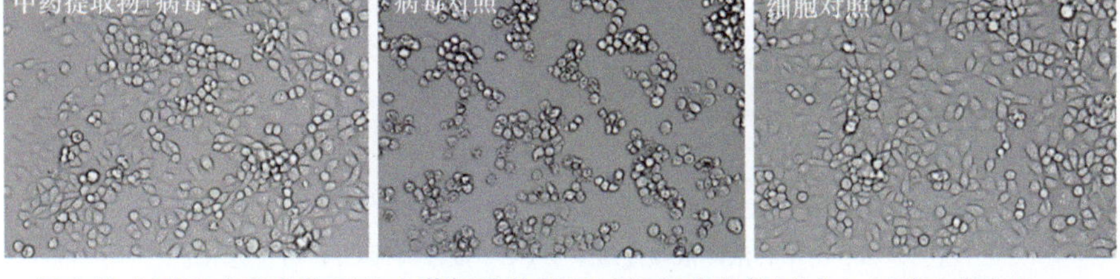

图 9-2 具有抗人副流感病毒作用的中药提取物能通过抑制病毒复制减少人副流感病毒 HPIV3 株在 LLC-MK2 细胞中引起的细胞病变效应

副流感病毒的细胞病变特点是细胞圆缩、肿胀。细胞病变的程度与病毒复制水平成正比

（二）基于细胞的单靶标检测

对于既不能产生裂解性复制又不产生细胞病变的病毒，可以通过检测病毒编码的

蛋白质或病毒核酸的水平来反映药物对病毒复制水平的影响。由于不同的化合物可能会抑制病毒复制周期的不同阶段，药物对不同的病毒靶标分子的影响也是不同的，因此应该谨慎选择所检测的靶标分子，必要时可以检测多个靶标分子。常用的单靶标检测方法主要有病毒抗原减少实验和病毒基因组拷贝数减少实验（图 9-3 A、B）。单靶标的检测有时不能准确反映药物的抗病毒作用，抗病毒药效检测的金标准是药物对感染性病毒颗粒产生的影响（通过空斑减少实验或滴度减少实验检测）（图 9-3C）。

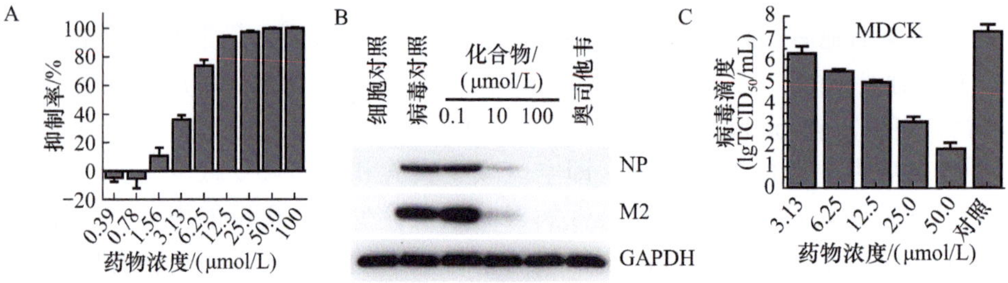

图 9-3 候选药物对流感病毒的抑制作用

A. 药物减少流感病毒 NA 的水平；B. 药物减少流感病毒 NP 及 M2 的水平，GAPDH 为一种常用的持家基因；C. 药物对感染性病毒颗粒产生的影响（滴度减少实验）

（三）报告基因检测

在抗病毒药物研究中，为了便于高通量筛选，研究者有时会通过改造病毒或者细胞，构建含有报告基因（如绿色荧光蛋白或荧光素酶）的病毒（称为报告病毒），或者含报告基因的细胞。报告病毒如果能构建成功，病毒的复制水平（影响绿色荧光蛋白或荧光素酶表达水平）可以很容易地被看到或者定量，大大方便了高通量抗病毒药物的筛选。但是在实际应用中的问题主要有二：一是报告基因很容易随病毒发生某些突变而失去报告的功能，但不影响病毒复制水平；二是报告病毒可能在某些方面与野生型病毒株有所不同，对药物的反应也可能有所不同。报告细胞则是含有能被特定的病毒蛋白调控表达的报告基因的细胞系，通常难以构建成功。图 9-4 中，HCV GFP（绿色荧光蛋白）报告病毒能反映药物利巴韦林对病毒复制的抑制作用。

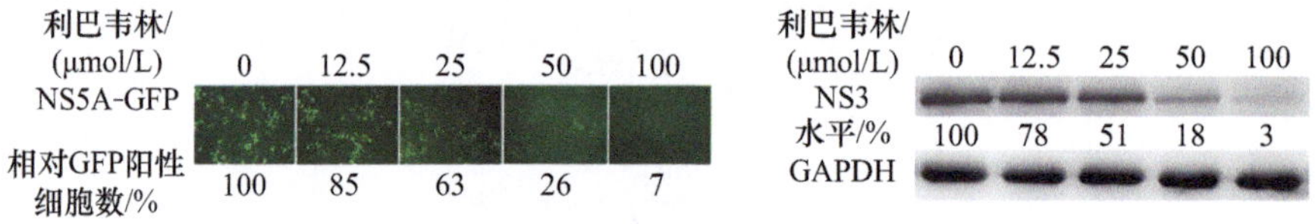

图 9-4 HCV 报告病毒在抗病毒药物筛选中的应用

左图显示利巴韦林浓度依赖性地减少 HCV 报告病毒 GFP 的表达水平，右图显示利巴韦林浓度依赖性地减少 HCV NS3 蛋白的水平

（四）高内涵筛选技术

基于细胞的高内涵筛选（high content screening，HCS）实质上是一种较高通量的成像技术。HCS 是指在保持细胞结构和功能完整性的前提下，同时检测药物对细胞形态、

生长、分化、凋亡及信号转导等各个环节的影响，当然也可以包括对病毒复制的影响。在单一实验中获取多种与基因、蛋白质及其他细胞成分相关的信息。一台高内涵成像系统能同时检测不超过 6 种靶标分子的表达水平和细胞内定位。在抗病毒药物筛选中，可以只检测一种或几种靶标分子。通常至少检测一个病毒相关靶标来反映病毒复制水平。图 9-5 中，采用 HCS 技术检测病毒蛋白（红色）及细胞核酸水平（紫色），证实被检测药物能抑制人卡波氏肉瘤相关疱疹病毒（KSHV）的裂解期复制，而对细胞无毒性作用。

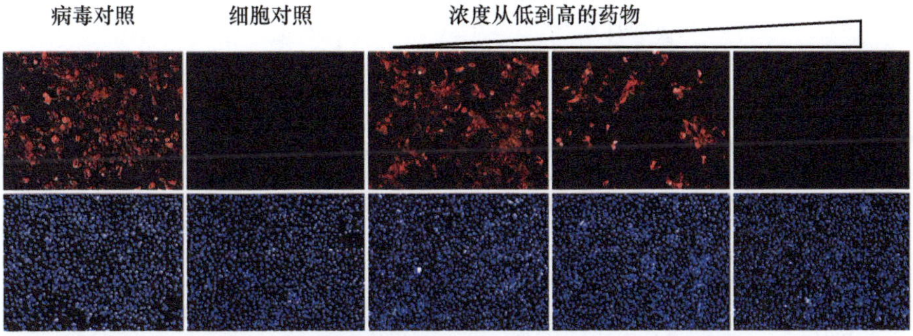

图 9-5 高内涵筛选在抗病毒药物筛选中的应用举例

红色（TRITC 标记）代表 KSHV 的裂解期复制水平，蓝色（DAPI 染色）代表细胞的存活率

细胞水平的抗病毒药物筛选得到的阳性化合物称为 hit。得到具有抗病毒活性且具有新结构的化合物则称为先导化合物（lead）。一般需要对初筛得到的 hit 再继续复筛，通常需要设置较多的梯度浓度，在同等条件下检测化合物对病毒的抑制作用以及对细胞的毒性作用。采用足够多的浓度点（宽的浓度范围），并得到完整的抗病毒和细胞毒性动力学曲线，对于准确计算化合物的半数有效浓度（half maximal effective concentration，EC_{50}）、半数毒性浓度（half maximal cytotoxic concentration，CC_{50}）及选择指数（selective index，SI）尤为重要。完整的动力学曲线应该在无效和 100% 有效范围内至少有 2 个浓度点，以便消除对照不够准确造成的误差。细胞毒性实验中，因为所能达到的最高浓度所限，或者化合物稀缺价贵不够用，细胞毒性动力学曲线有时候测不完全，会缺少有毒性或完全毒性的部分。

EC_{50} 是指化合物在暴露规定的时间后，其生物活性在基线和最大反应值之间的中间值。它通常被用来衡量一种药物的效力。EC_{50} 以摩尔单位（mol/L）表示。CC_{50} 是指化合物在暴露规定的时间后，导致 50% 的宿主活细胞死亡（或细胞活力下降）的浓度。SI 是指化合物在暴露规定的时间后，相比较于（50%）细胞毒性而言达到所期望（50%）的抗病毒效果的程度。

关于 EC_{50}、CC_{50} 和 SI，可以运用相关的软件作图并计算（图 9-6）。例如，利用 GraphPad 中抑制剂浓度的对数值对校正后的反应变量（抑制率或细胞存活率）作图［lg（concentration of inhibitor）vs. normalized response-variable slope］可计算 EC_{50} 和 CC_{50}，$SI=CC_{50}/EC_{50}$。

当药物处在细胞毒性作用浓度范围内时，其细胞毒性作用（如抑制细胞的基因转录或蛋白质翻译）通常会抑制病毒复制。此外，基于细胞的各种抗病毒检测方法都会产生一定程度（如 1～5 倍）的误差，因此 SI 成为判断药物是否具有抗病毒作用的重要指标。一般应该把标准定为 10 左右，大于 10 则可以初步判定药物具有抗病毒作用。选择指数越大，药物达到抗病毒作用所需的浓度就越远离细胞毒性作用的浓度范围，药物就越安全。反之，选择指数越小（如靠近 1 左右），药物发挥抗病毒作用的浓度与其细胞毒性浓度越接近，药物就越不安全。好的药物其 EC_{50} 在微摩尔或纳摩尔范围，

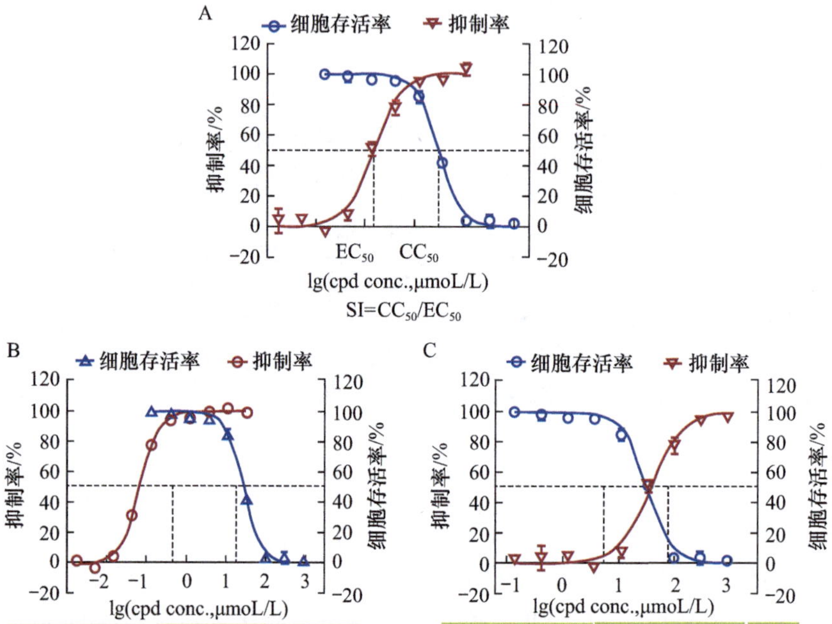

EC_{50}/(μmol/L)	CC_{50}/(μmol/L)	SI
0.07	27.38	391

EC_{50}/(μmol/L)	CC_{50}/(μmol/L)	SI
38.14	32.03	0.84

图 9-6　药物抗病毒活性及细胞毒性动力学曲线（EC_{50}、CC_{50} 和 SI 的计算）

A. 药物的抗病毒作用及细胞毒性作用的动力学曲线模式图，以及 EC_{50} 和 CC_{50} 的判定方法；B. 一个具有较好抗病毒活性和较高选择指数的抗病毒药物的抗病毒作用及细胞毒性作用的动力学曲线；C. 一个没有抗病毒活性但有细胞毒性的抗病毒药物的抗病毒作用及细胞毒性作用的动力学曲线

其选择指数在几千以上甚至更高。当一种病毒能侵染多种细胞时，应该在多种敏感细胞上检测药物的抗病毒药效。当一种病毒有多种亚型或血清型时，应该在敏感细胞上检测药物对多种亚型或血清型病毒（最好是临床分离株）的抗病毒药效。在安全性方面，也可以检测候选药物对多种组织细胞的毒性作用。对于成药性好的候选药物，其抗病毒药效还需进一步在恰当的动物模型上验证其治疗效果。

四、药物的抗病毒机制研究及耐药性

病毒的复制严格依赖于活细胞，药物的抗病毒机制研究可以先通过不同时间加药（time-of-addition）等实验初步确定药物作用于病毒复制的哪个大的阶段（如进入、复制、组装和释放等），然后再根据病毒的复制周期分别设计实验检测药物对各个相关步骤的影响，从而精确评估药物影响了病毒复制的哪个具体步骤（如病毒核酸的复制、

转录，或是蛋白质翻译）。如果药物作用于病毒靶标，通常可以通过筛选病毒耐药株，测定耐药突变的具体位点就能确定药物的靶标。但是，如果药物作用于宿主靶标，通常靶标的确定很难，但还是可以确定该靶标参与病毒复制的具体步骤。确定药物抗病毒机制的目的是了解药物影响了病毒复制周期的具体步骤，如果能确定是病毒靶标还是宿主靶标则有助于对药物耐药性做出预判。一般来说，作用于病毒靶标的药物通常容易产生耐药性，其耐药性屏障（drug resistant barrier）的高低应该被测定，如果屏障较低（药物很快诱导病毒产生耐药）则应该弃之不用，停止研发。而作用于宿主靶标的药物通常不会诱导病毒产生耐药，因为组织细胞 DNA 复制的机会少且有很强的校正机制，故而不会产生耐药。这类药物对宿主的毒性作用取决于靶标对组织细胞的重要性。药物耐药性屏障是指药物诱导病毒产生耐药性的难易程度，通常与药物结合位点氨基酸基因编码序列变异导致靶标蛋白构象改变而失去药物结合能力后对病毒复制能力的影响程度有关。其测定方法是在高浓度药物存在下，连续以相同 MOI 的病毒感染细胞，收集病毒上清测定病毒滴度，直到病毒滴度陡然上升 10 倍以上，筛选得到病毒耐药株所需要的细胞感染和传代次数就是耐药性屏障。这个值越高，则表明药物越不容易产生耐药。反之，如果药物很快诱导病毒产生耐药，表明药物的耐药性屏障很低。这样的药物如果用于临床，则很快会导致在人际间流行的病毒皆耐药，从而使药物完全失去治疗作用。例如，抗流感药物金刚烷胺和金刚乙胺的耐药性屏障低，结果导致临床感染的流感病毒失去对药物的敏感性，已被停止使用。

五、病毒感染性疾病的动物模型

动物实验是药物研发过程中重要的一环，动物模型可以用于评价药物对病毒感染的疗效，还可以用于评价药物短期或长期应用过程中的安全性（急性毒性和慢性毒性）。虽然人类和动物（非人类的动物）可能看起来有所不同，但在生理和解剖学层面上它们非常相似。从鼠到猴子，动物都有同样的器官（心脏、肺、大脑等）和器官系统（呼吸系统、心血管系统、神经系统等），它们以几乎相同的方式执行同样的功能。用于治疗动物的兽药有近 90% 与用于治疗人类疾病的药物相同，或非常相似。虽然有一些细微的差别，但这些差别远远小于相似之处。大约 8000 万年前，人类、鼠和其他哺乳动物拥有共同的祖先。因此，所有哺乳动物的基因组都是相似的，鼠和人类拥有几乎相同的一组基因。在被研究过的大约 4000 个基因中，只有不到 10 个是在一个物种中发现而在另一个物种中没有的。平均来说，鼠和人类基因组的蛋白质编码区域 85% 是相同的，一些基因 99% 相同，而另一些只有 60% 相同。这些区域在进化上是保守的，因为它们是功能所必需的。相比之下，非编码区域的相似性要小得多（只有 50% 或更少）。鼠作为实验动物的主要优势在于它是一个完善的实验模型。在小鼠基因组序列中不仅可以很容易地找到基因，还可以通过实验测试这些基因在小鼠体内的功能。

病毒的种类非常多，同时病毒与宿主的相互作用是非常特异的。虽然有人畜共患的病毒感染，但是绝大多数情况下，同种病毒，人和动物通常不会交叉感染。为了评价抗病毒药物在动物模型中对特定病毒感染的治疗效果，需要用人的病毒去感染动物，并产生与人类感染类似的适应证。理想的动物模型最好能实现以下指标：人类病毒在动物模型中通过与感染人类相同的途径（如上呼吸道）感染动物，并在相同的组织器官中增殖，产生与人类感染相同的适应证。由于病毒与宿主细胞的严格亲嗜性，人类病毒可能在动物组织中复制效率低或不能感染，或者感染的组织不一样。病毒不能感染的问题，可以通过转基因小鼠使其表达人类病毒感染所需的特异性受体（或共受体），或使用人组织移植的小鼠等方法解决。病毒复制效率低的问题，可以在动物组织中反复接种和传代人类病毒，以产生动物组织适应株，提高病毒的滴度，从而产生相应的病毒感染的表型（适应证）。例如，人乙肝病毒可以感染转基因或人肝移植小鼠，人流感病毒可以在小鼠肺中反复传代以产生鼠肺适应株，直到毒力足以产生致死的表型。近年来，随着几种重要人类病毒抗病毒药物研究需求的增加，对乙型肝炎（Dandri et al.，2015）、丙型肝炎（Vercauteren et al.，2014）、艾滋病（Sliva et al.，2015）、流感（Thangavel et al.，2014）及手足口病（Wang et al.，2014）等病毒感染的动物模型的研究取得了许多进展。在抗病毒药物研究过程中，可以根据实际需要选择一种或多种有效的动物模型评价药物在体内的药效学。

在动物模型上测试候选药物的抗病毒药效，通常需要检测以下指标：药物在动物体内对病毒滴度的减少作用；药物延缓病毒感染动物体重下降的作用、降低炎性细胞浸润的作用、减少器官功能性损伤的作用、减少组织病理损伤的作用，以及降低死亡率等生理生化指标。一个抗病毒药物在动物体内的治疗效果可以用治疗指数（therapeutic index，TI）来表征，TI 也称为治疗窗或安全窗，是指引起治疗效果的治疗剂的量与引起毒性的量的比较，$TI=LD_{50}/ED_{50}$，其中，LD_{50} 为药物的半数致死剂量，ED_{50} 为半数治疗剂量。

第三节　抗 HIV 药物

一、抗 HIV 药物及 HAART 治疗

HIV 主要侵染 $CD4^{+}T$ 细胞及巨噬细胞，通过病毒表面的包膜糖蛋白（gp120/gp41）与靶细胞表面的受体相互作用，介导病毒与宿主细胞发生膜融合并将病毒核心释放进入细胞。当核衣壳进入宿主细胞后，完成脱壳，并将基因组 RNA 释放入胞质中。随后，逆转录酶将病毒基因组 RNA 逆转录为全长双链 DNA。逆转录过程具有高错配倾向，并造成病毒的高变异率，从而产生耐药性或逃脱宿主免疫系统。病毒线性双链 DNA 在病毒整合酶的催化作用下整合到宿主染色体上，与细胞基因组共同经历 DNA 复制和细胞分裂。整合到宿主 DNA 上的病毒 DNA 称为前病毒（provirus）。在发现艾滋病，即获得性免疫缺陷综合征（acquired immune deficiency syndrome，AIDS）的最初几年，由于没有任何有效的抗 HIV 药物，AIDS 患者平均生存周期只有 12 个月左右。1985 年，第一个 HIV 治疗药物齐多夫定（zidovudine，AZT）被成功开发（Mitsuya et al.，1985），并于 1987 年通过美国食品药品监督管理局（Food and Drug Administration，FDA）的批准应用于临床治疗。

20 世纪 90 年代高效抗逆转录病毒疗法（highly active antiretroviral therapy，HAART）极大地提高了艾滋病的治疗效果，同时也极大地促进了抗艾滋病药物的研发速度。HAART 是一种至少由两种或三种不同靶标的抗病毒药联合使用，通过多靶点

阻断病毒复制，减少耐药病毒株产生机会，降低病毒载量，降低被感染者发病率和死亡率的治疗方法。目前，美国 FDA 批准的用于治疗 HIV/AIDS 的药物多达 41 种（De Clercq and Li，2016），根据其作用机制可分为 4 类，分别为进入 / 融合抑制剂（entry/fusion inhibitor）、逆转录酶抑制剂（reverse transcriptase inhibitor，RTI）、蛋白酶抑制剂（protease inhibitor，PI）及整合酶抑制剂（integrase inhibitor，INI）。FDA 共批准了 2 种 HIV 进入抑制剂，一种为恩夫韦肽（Enfuvirtide），商品名 Fuzeon（T20），是合成肽类 HIV 融合抑制剂，含有 7 个与 gp41 同源重复的序列，可与病毒包膜糖蛋白结合，阻止病毒与细胞膜融合所必需的构象变化，从而抑制 HIV 的复制；另一种为马拉维若（Maraviroc），商品名 Selzentry，通过抑制 CCR5 受体，从而抑制 HIV 与 CCR5 受体结合，阻止病毒进入细胞。马拉维若对 CXCR4 受体没有抑制作用，因此对部分 R4 型病毒感染的患者无效（Yost et al.，2009）。进入 / 融合抑制剂由于发现较晚，在 21 世纪之后才批准用于 HAART 疗法。逆转录抑制剂包括核苷类逆转录酶抑制剂（nucleoside reverse transcriptase inhibitor，NRTI）和非核苷类逆转录酶抑制剂（nonnucleoside reverse transcriptase inhibitor，NNRTI）。例如，第一个被 FDA 批准在临床上用于治疗 HIV 感染的齐多夫定（AZT），作用于病毒的逆转录阶段，药物进入细胞后被细胞激酶磷酸化形成具有活性的三磷酸化合物。由于结构与病毒逆转录酶的天然底物类似，这些三磷酸化合物是 HIV 逆转录酶的竞争性抑制剂，当插入 DNA 链时，可导致病毒 DNA 的合成受阻。受 AZT 的启发，FDA 后续共批准了 6 个核苷类抑制剂用于 HIV 或者 HBV 感染的治疗。AZT 曾是 HAART 的重要组成部分，但在 2001 年以后，由于 AZT 有一些副作用，如造成红细胞性贫血及中性粒细胞减少，头晕、恶心和头痛等症状，同时 AZT 需要一天服用两次，替诺福韦（Tenofovir）逐渐代替 AZT 成为 HAART 的主要成分（Pau and George，2014）。非核苷类逆转录酶抑制剂可以与逆转录酶的活性位点 p66 的疏水区结合，造成蛋白质构象的变化，从而抑制逆转录酶的活性。FDA 共批准了 5 种非核苷类抑制剂用于 HIV 感染的治疗。它们分别是奈韦拉平（Nevirapine）、地拉韦啶（Delavirdine）、依法韦仑（Efavirenz）、依曲韦林（Etravirine）和利匹韦林（Rilpivirine）。蛋白酶抑制剂（protease inhibitor，PI）作用于病毒复制的晚期，目前 FDA 批准的蛋白酶抑制剂有 11 种，因其结构与蛋白酶底物相似而能竞争性地与蛋白酶结合，抑制蛋白酶活性，从而抑制 Gag 和 Gag-Pol 多聚蛋白前体的剪切，最终导致病毒在复制过程中缺乏必要蛋白而停止。蛋白酶抑制剂是 HAART 疗法的主要组成成分。FDA 批准的整合酶抑制剂有 3 种，分别是雷特格韦（Raltegravir）、埃替格韦（Elvitegravir）和多替拉韦（Dolutegravir），作用于 HIV 整合酶的活性部位，使病毒 DNA 不能插入宿主 DNA 中形成潜伏的原病毒。但在 HAART 疗法中，整合酶一般选用埃替格韦和多替拉韦，这 3 种药物在临床上的效果类似，但雷特格韦需要一天服用两次才能达到效果。

二、抗 HIV 药物的研究进展与展望

AIDS 发病过程主要表现为 HIV 的持续复制以及 $CD4^{+}T$ 细胞的持续减少。HIV 在侵染宿主细胞后，能够进入静息状态，不产生感染性病毒。而在一定条件下，病毒复制又能够被激活。HIV 潜伏性感染的病毒库包括静息 $CD4^{+}$ 淋巴细胞，以及单核巨噬

细胞。潜伏性感染正是HIV逃脱宿主免疫反应和药物不能完全清除病毒的主要原因，同时HIV在复制过程中的高突变性导致耐药株的快速产生，使得其治疗效果非常有限。

直到20世纪90年代中期，随着非核苷类抗逆转录酶抑制剂和蛋白酶抑制剂的研发成功以及HAART的提出，AIDS的治疗才有了根本性的改变（Stanley，1998）。经过近30年的基础研究和抗病毒药物的开发，目前艾滋病已经由不治之症转变为棘手的但可控的慢性传染病。

在大部分HIV/AIDS患者中，HAART持续治疗可以将病毒RNA含量降至每毫升50拷贝以下，但该方法并不能完全抑制病毒的复制，使用更为灵敏的方法可以检测到低水平的病毒血症。而且，如果中断HAART治疗后，病毒载量依然会迅速回升（Palmer et al.，2011）。所以，目前的HAART还不能从根本上清除HIV。除不能清除病毒感染外，HAART还有另外一些局限性。首先，HIV感染的患者在经历HAART治疗过程中，会出现耐药株，其结果是药物抑制病毒复制的能力大幅度下降。其次，HAART造成的毒副作用也非常明显。再次，长期使用抗HIV药物会导致药物代谢并发症，包括乳酸中毒、脂肪营养综合征、骨和心血管疾病（Currier，2009）、免疫恢复炎症综合征（Schambelan et al.，2002）等。HAART虽然对70%以上的HIV/AIDS患者有效，但需要长期不间断地服药，一旦中断，血液中的病毒载量会很快回升。因HIV/AIDS患者需要长期服药，HAART疗法的费用不得不考虑，根据不同的药物组合所需费用不同，但都在1000美元/月左右。所以，现在HIV/AIDS治疗的药物远未达到理想水平。因此采用新技术，开发新的靶点，研发低毒副作用和高耐药性屏障，实现功能性治愈乃至遗传学治愈的抗病毒药物，仍然是以后较长一段时间抗艾滋病药物研究工作的重要目标。

第四节　抗乙型肝炎病毒药物

一、慢性乙肝的治疗药物

目前乙型肝炎的治疗分为两大类，即免疫调节剂药物和抗病毒药物。其中免疫调节剂药物属于干扰素类药物，注射6个月到1年的时间。抗病毒药物可以阻止或减缓乙肝病毒的繁殖，从而减少肝脏的炎症和损伤。抗病毒药每天服用一次，至少服用1年。聚乙二醇干扰素（PEG-interferon，PEG-IFN）是进行乙肝治疗的有效药物，其中α-2b干扰素的抗病毒及免疫调控作用最强，是目前公认最有希望和最有效的乙肝治疗药物之一。干扰素具有免疫调节和抗病毒的双重作用，其作用主要通过在多个环节诱导宿主产生细胞因子起到抗病毒作用，包括阻止病毒进入细胞、降解病毒mRNA、抑制病毒包装、抑制病毒复制、增强肝细胞活性、抑制病毒蛋白翻译等。干扰素的主要优点是药效持续时间较长和能高效降低乙肝表面抗原（HBsAg）水平（特别是感染A型HBV的乙肝患者）。但是，干扰素对乙肝e抗原（HBeAg）阴性的患者效果并不显著，患者适应率较低（约30%），且副作用较大，常伴随疲劳、恶心、腹痛等不良反应（Lau et al.，2005）。

核苷/核苷酸类似物通过直接抑制病毒的复制来降低血清HBV的DNA含量，对于 HBV DNA 转阴、HBeAg 转阴、HBeAg/ 抗 HBe 血清转换、ALT 的恢复、肝组织学的改善都具有明显的效果。拉米夫定通过竞争性结合 HBV 逆转录酶活性位点抑制酶活性，阿德福韦、替比夫定和恩替卡韦通过抑制 HBV 聚合酶的逆转录酶和 DNA 聚合酶的活性来抑制病毒复制。持续用药 4 或 5 年后，患者血清中的表面抗原水平可降至 0～10%。对于有早期肝硬化症状的 HBeAg 阳性的患者，治疗要持续到 HBeAg 阴性、anti-HBe 阳性和血清检测不到病毒 DNA，并完成 12 个月的巩固治疗为止（Reijnders et al.，2010）。但是，长期用药容易导致耐药病毒株的产生，停药后病毒复制水平容易反弹。此外，大多核苷类似物具有肾毒性，长期使用可能对机体肾脏造成不可逆的损伤。为了达到更好的治疗效果并缩短用药时间，临床上开始尝试聚乙二醇干扰素与恩替卡韦的联合用药，研究表明两者具有很好的协同治疗效果，但目前还是推荐分别单独使用干扰素和核苷类似物。

二、抗乙肝药物的研究进展与展望

除了目前已经批准应用于临床的干扰素和核苷类似物药物，仍有不少开发抗乙肝病毒新药的可能性。HBV 生活史中的大量步骤可以作为潜在的抗病毒靶点，这些靶标可以是宿主的信号通路或者蛋白质，也可以是病毒自身的蛋白质。因此 HTA 类药物和 DAA 类药物都是目前研发新的抗乙肝药物的研究方向。

1. 以病毒感染为靶标的抗病毒药物

2012 年，李文辉课题组发现肝细胞膜特异表达的 NA^+-牛磺胆盐共转运多肽（Na^+-taurocholate cotransporting polypeptide，hNTCP）能特异性地结合 HBV L 蛋白的 preS1 结构域，然后可能通过内吞途径及膜融合机制将 HBV 核衣壳释放进细胞质（Yan et al.，2012）。以 HBV 侵入为抗病毒靶标对于控制 HBV 感染和传播方面极具潜力，Myrcludex B（MyrB）是最近研发的一种 HBV/HDV 侵入抑制剂，在极低的浓度（<10nmol/L）能抑制 99% 的病毒感染。

2. 以病毒组装或核衣壳化为靶标的抗病毒药物

HBV 的持续存在和复制需要病毒正常复制并产生完整的子代病毒，其中组装是形成完整病毒颗粒的关键步骤，这一过程需要由 HBV 核衣壳蛋白、HBV DNA 聚合酶及前基因组 RNA 共同参与完成。目前已发现多种化合物可以异常调控或者抑制病毒粒子的组装和衣壳化（Deres et al.，2003）。杂环芳基二氢嘧啶类化合物如 Bay41-4109 能降低核心蛋白的半衰期从而抑制核衣壳的形成。与之相似，苯基丙烯酰胺类化合物诱导 HBV 核衣壳的三级结构和四级结构发生变化，进而影响病毒的组装。一种苯基丙烯酰胺的取代物 AT-130 能和核心蛋白二聚体间的接触面上的一个口袋结构结合，使病毒粒子在错误的时间组装，进而使形态学上正常的核衣壳中缺少 HBV 基因组而不具有感染性。尽管在细胞水平上确认了这些药物的抗 HBV 效果，但是它们的临床效果还有待验证。

3. 以表面抗原分泌为靶标的抗病毒药物

有数据表明，在 HBV 感染的患者血清中 HBsAg 的水平高达 400μg/mL，占总血清蛋白的 0.4%，研究认为 HBsAg 直接作用于树突状细胞并限制其细胞因子的产生。因此，控制 HBsAg 的分泌可以作为潜在的治疗性疫苗进行开发并和核苷类似物联合治疗乙型肝炎。现在已经有几类降低 HBsAg 分泌的药物在研究中（Korba et al.，2008）。体外实验数据表明杀菌剂硝唑尼特和它的活性代谢产物替唑尼特能剂量依赖地降低胞外 HBsAg 和 HBeAg 水平，以及胞内 HBcAg 水平。

4. 以 cccDNA 为靶标的抗病毒药物

目前的核苷类似物能阻断病毒复制并限制新的 cccDNA 形成，但不能直接影响在感染细胞里已经存在的 cccDNA。位于细胞核的 cccDNA 作为一个存储仓库可以不断产生新的子代病毒及其耐药突变株，在停药后使病毒复制反弹。目前，直接干扰 cccDNA 的结构或功能的治疗方法有：淋巴毒素 β 受体（LTβR）激动剂（Stenglein et al.，2010）、以表观遗传学控制 cccDNA 转录和翻译（甲基化和乙酰化）为靶点的药物（Weber et al.，2014）、DNA 剪切酶（Schiffer et al.，2012）等。

5. 以病毒 mRNA 为靶标的抗病毒药物

病毒的 mRNA 能通过使用反义寡核苷酸、反义核酸或 RNAi 而直接作为靶标。现在的体外实验数据表明可以通过使用反义寡核苷酸、发卡状核酸，或者使用慢病毒载体投放的锤头状核酶来降低 HBV 转录本水平。RNAi 是目前发展最为迅速的现代生物技术之一，由于 HBV 基因组编码框的高度重叠特性，HBV 的每个转录本 RNA 都有高度的序列重叠区域，因此合理设计的 RNAi 会具有良好的抗病毒效果。尽管如此，在 RNAi 疗法用于临床前还有一些挑战和问题，如体内的有效投放、RNA 的不稳定性及存在的脱靶效应等。

6. 细胞因子抗病毒药物

使用细胞因子的免疫调节疗法来治疗慢性乙肝，这一领域已经有了大量深入的研究成果。多种模型的临床前研究证明 IL-7 会增强和恢复机体对 HBV 的免疫反应。CYT107 是 Cytheris SA 公司通过重组哺乳动物细胞培养生产的第二代重组人 IL-7 产品，目前 CYT107 联合常规抗病毒治疗 HBeAg 阴性的慢性乙肝患者的临床Ⅰ与Ⅱ期试验正在进行中。还有研究表明 IL-21 在 HBV 感染的小鼠模型上能诱导和激活 $CD8^{+}$T 细胞，从而促进机体免疫系统清除 HBV。使用重组 IL-21 和核苷类似物药物联合用药治疗慢性乙肝将是一个很有希望的方法。

第五节　抗丙型肝炎病毒药物

一、早期抗 HCV 药物及治疗

HCV 分为 7 个基因型（1～7 型）和 86 个亚型，其中 1 型和 3 型是导致全世界感染的主要基因型，其次是 2 型、4 型和 6 型，5 型和 7 型则较少感染（Smith et al.，2014）。我国最主要的基因型为 1b 型（66%），其次为 2a 型（14%）（李杰等，2012）。在病毒急性感染期间，HCV 的潜伏期约为 7 周（4～20 周），85%～90% 的感染者没有症状，一部分人可以通过自身免疫反应自发清除病毒。丙肝病毒变异迅速，并且感染极易导致慢性化，约 80% 的急性感染者会发展成为慢性感染。慢性感染会导致多种临床并发症，包括慢性肝炎、脂肪肝、肝硬化、肝功能衰竭、门静脉高压症，甚至是肝细胞癌（Li et al.，2017）。

HCV 被发现后，干扰素 alfacon-1 首先被美国 FDA 批准用于治疗 HCV 感染。随后，核苷类似物利巴韦林（Ribavirin）、聚乙二醇偶联的干扰素 α2b、聚乙二醇偶联的干扰素 α2a 也被用于治疗 HCV 感染。在 2011 年以前，聚乙二醇偶联的 α 干扰素（PegIFNα）与利巴韦林的联合疗法一直作为 HCV 感染的主要治疗方法。但这种疗法手段只对 40% 左右的患者起作用，而且疗程长，价格昂贵，还会产生严重的副作用（如发烧、疲劳、骨髓抑制、流感样症状、抑郁、自身免疫性疾病的恶化或发展等）（De Clercq et al.，2016）。目前，还没有有效的疫苗可以预防 HCV 的感染。

二、抗 HCV 药物研究进展

2011 年美国 FDA 批准了 HCV NS3 蛋白酶的两种抑制剂，博赛匹韦（Boceprevir）和特拉匹韦（Telaprevir）作为 DAA 类抗病毒药物。两者均主要对 1 型 HCV 病毒感染有抗病毒效果，同时也存在严重的副作用，已被停止开发和使用（De Clercq and Li，2016）。自 2013 年吉利德公司的抗 HCV 新药索非布韦（Sofosbuvir）上市以后，全球范围内丙型肝炎治疗领域获得了快速发展，随后多种 DAA 类药物及联合疗法被开发和批准上市使用，许多国家和地区很快进入了无干扰素全口服 DAA 时代，未来有望治愈大多数患者的 HCV 感染。

目前在临床使用的抗 HCV 药物主要作用于病毒的 NS3/4A 蛋白酶、NS5A 复制调节蛋白、NS5B 聚合酶，直接抑制病毒的复制。其中针对 NS3/4A 蛋白酶的抑制剂主要有 Asunaprevir、Paritaprevir、Grazoprevir、Simeprevir、Vaniprevir、Voxilaprevir 等；NS5A 的抑制剂有 Daclatasvir、Ledipasvir、Ombitasvir、Elbasvir、Velpatasvir 等；NS5B 聚合酶核苷类似物抑制剂有 Sofosbuvir，NS5B 聚合酶非核苷类似物抑制剂为 Dasabuvir（Li et al.，2017）。三种药物靶标为 HCV 组合疗法的设计提供了理想的药物结合靶标，从而使泛基因型疗法取得了巨大成功，持续病毒应答率（sustained virological response，SVR）超过 90%。批准上市的 DAA 联合疗法通常由两种或三种抑制 NS3/4A、NS5A 或 NS5B 的具有不同药物作用机制的化合物组成，有些疗法同时联合了 PegIFNα 和 / 或利巴韦林。与单个化合物相比，联合疗法具有更高的抑制 HCV 感染的功效。

博赛匹韦联合 PegIFNα/ 利巴韦林，特拉匹韦联合 PegIFNα/ 利巴韦林，分别是第一和第二个被 FDA 批准用于治疗基因型 1 型 HCV 感染的疗法，后都因为毒副作用等原因被终止使用。2013 年 12 月，美国 FDA 批准吉利德公司的 Sofosbuvir 上市用于治疗 1～4 型的 HCV 感染。Sofosbuvir 是 FDA 批准的第一种每日口服一次的 HCV 药物，具有更好的依从性、优异的耐受性和安全性。Sofosbuvir 联合 PegIFNα/ 利巴韦林在临床中展现出了强大的泛基因型疗效。在不同的临床试验中，对于 1～6 型 HCV 的 12 周 SVR 在 87.6%～100%。此外，肝移植后复发性感染的 HCV 患者，包括纤维化性胆汁淤积性肝炎和失代偿性肝硬化患者，也可用 Sofosbuvir 联合利巴韦林治疗，也达到了理想的疗效（SVR12：59%）（Li et al.，2017）。Sofosbuvir 联合 PegIFNα/ 利巴韦林副作用较小，最常见的是疲劳、头痛、恶心、失眠和贫血。Sofosbuvir 的上市彻底改变了丙肝治疗的局面，将以往 24～48 周以上的治疗时间缩短至数周，并可以以较低的副作用达到极好的治疗效果，因此也创下了 DAA 类药物的销售神话（卢捷等，2018）。

其他的治疗方案还有：Simeprevir+Sofosbuvir、PegIFNα+RBV、Ledipasvir+Sofosbuvir、Ombitasvir+Paritaprevir+Ritonavir+Dasabuvir、Ombitasvir+Paritaprevir+Ritonavir、

Daclatasvir+Sofosbuvir、Elbasvir+Grazoprevir、Sofosbuvir+Velpatasvir、Glecaprevir+Pibrentasvir 等。这些治疗方案针对一种或者多种 HCV 基因型的感染，用药疗程一般在 12 周或者 24 周。其中 Sofosbuvir+Velpatasvir（药物商品名 Epclusa，丙通沙）可以用于除 7 型以外的 1～6 型的治疗，是第一个被批准的泛基因型疗法。最新报道显示，Epclusa 对 7 型 HCV 感染也是有效的，并且 Epclusa 在用药 8 周的情况下也取得了非常好的疗效（Li et al.，2017）。艾伯维公司的 Mavyret 作为另外一种治疗 1～6 型成年丙肝患者的泛基因型治疗方案也已被欧盟、美国等批准上市。吉利德的泛基因型丙肝鸡尾酒药物 Vosevi（Sofosbuvir、Velpatasvir，以及 Voxilaprevir）适用于各种基因型 HCV 感染者的治疗，包括伴有或不伴有肝硬化、初治或经治患者（Struble et al.，2017）。

目前仍有很多 DAA 类药物在研发之中。例如，NS3/4A 抑制剂 Danoprevir、Vedroprevir、MK-8831 等。处于临床前研究的 NS4B 抑制剂 PTC725、Piperazinone、Derivative 等。正在临床试验的 NS5A 抑制剂 Samatasvir、Ravidasvir、GSK2336805 等。NS5B 抑制剂 MK-3682、Mericitabine、Beclabuvir 等。HCV 的 E1/E2 糖蛋白抑制剂还没有一个被批准上市，但有一些正在进行研究开发，如 Chlorcyclizine、Cynaropicrin、Flunarizine 等。病毒进入抑制剂的研发对于清除 HCV 病毒的感染提供了又一个可选择的治疗手段。Adamantane、Rimantadine 是基于高通量筛选出的具有干扰 p7 蛋白（离子通道）功能的化合物，初步分析显示这些化合物有望成为针对 p7 蛋白有效的药物，但仍需要进一步的试验研究（Li et al.，2017）。以上药物主要是针对病毒靶标，一些免疫激活剂和细胞靶标的抑制剂也在开发之中，如 ITX-5061、Alisporivir 正在进行临床试验，NIM258、MA026、Soraphen A 等处于临床前开发阶段。

抗 HCV 药物研发近年来发展迅猛，有效治疗率达到了前所未有的 90% 以上，且副作用小、疗程短，极大地改善了慢性丙肝患者抗病毒治疗的现状。相信未来 10 年 HCV 的全球流行将能够得到很好的控制。但是，想要彻底控制甚至消灭 HCV 病毒感染仍面临巨大的挑战。对于晚期肾病 HCV 感染患者、肾或者肝脏移植的 HCV 感染患者等仍需要更加有效的治疗药物。由于 HCV 病毒基因变异迅速，对于作用于单靶点的 DAA 类药物来说，耐药性的出现、治疗效果的下降以及交叉感染仍是一个值得关注的问题（Sorbo et al.，2018）。发展泛基因型药物及治疗方案仍然很重要。

第六节　抗流感病毒药物

一、流感的致病特点及治疗药物

流感病毒侵袭的目标是呼吸道黏膜上皮细胞，偶有侵袭肠黏膜的病例，并引起胃肠型流感。大多数受流感影响的人在几天内或最多在两周内恢复。然而，一些患者可能会出现非常严重的并发症。由于流感病毒感染会降低呼吸道黏膜上皮细胞清除黏附异物的能力，因此大大降低了人体抵御呼吸道感染的能力。流感病毒感染之后通常会引起肺损伤，可能会引发继发性的细菌性肺炎。最常见的并发症是支气管炎、肺炎、耳部感染等。

流感并发症的高危人群包括儿童、65 岁以上的成年人、孕妇，以及哮喘、糖尿病和心脏病等特定疾病患者。尽早实施抗病毒药物治疗可以减轻症状，缩短病程1～2d。还可以预防严重的流感并发症，如肺炎。对于有严重流感并发症风险的人来说，是否采用抗病毒药物治疗可能意味着轻度或严重疾病之间的区别，严重疾病可能导致住院。美国FDA推荐了4种经批准的抗病毒药物来治疗流感，它们是磷酸奥司他韦、扎那米韦、帕拉米韦、巴洛沙韦（Baloxavir marboxil）。奥司他韦作为药丸或悬浮液体，治疗出生14d及以上的人群的早期流感。扎那米韦是一种可吸入的粉末，被批准用于7岁以上人群的流感的早期治疗（要使用吸入器设备，不建议有呼吸问题的人如哮喘或慢性阻塞性肺患者使用）。帕拉米韦经静脉注射，被批准用于2岁以上人群的流感早期治疗。巴洛沙韦是一种口服单剂量的药丸，被批准用于12岁以上人群的流感早期治疗（不建议孕妇、母乳喂养的母亲，以及复杂或进行性疾病或住院患者使用）（Grohskopf et al.，2014）。

此外，板蓝根、大青叶等多种抗感冒中草药也具有一定的治疗流感的作用，其疗效未必是直接的抗病毒作用，可能与杀病毒作用及杀菌作用减少继发性感染有关，但是未获得临床试验研究的证实。除了针对流感病毒的抗病毒治疗，更多的治疗是针对流感病毒引起的症状，并不能缩短病程。例如，泰诺（酚麻美敏混悬液），可减轻普通感冒或流行性感冒引起的发热、头痛、四肢酸痛、喷嚏、流涕、鼻塞、咳嗽、咽痛等症状。该复方由对乙酰氨基酚、盐酸伪麻黄碱、氢溴酸右美沙芬和马来酸氯苯那敏组成。对乙酰氨基酚为解热镇痛药，作用机制主要为抑制前列腺素合成；盐酸伪麻黄碱为拟肾上腺素药，可收缩鼻黏膜血管，减轻鼻塞、流涕症状；氢溴酸右美沙芬为镇咳药，通过抑制延髓咳嗽中枢而产生作用；马来酸氯苯那敏为抗组胺药，可消除或减轻感冒的流泪、喷嚏和流涕症状（Grohskopf et al.，2011）。

二、抗流感药物研究进展

近几十年来，几乎没有抗流感病毒感染的抗病毒新药问世。此外，在季节性和大流行暴发期间使用的抗病毒药物通常作为单一疗法使用，并且有时以不受控制的方式施用于农场动物中，这导致了耐药性病毒株，特别是对金刚烷胺家族化合物耐药株的出现。此外，抗病毒药物在复杂的流感病例中特别有价值，特别是在住院患者和有风险的个体中，如老年人或患有慢性呼吸道疾病的患者。在这种情况下，特别希望有更多的抗病毒药物，并以适当的方式用于临床。因此，开发针对流感病毒的新型抗病毒药物十分重要。

金刚烷胺和金刚乙胺是第一代抗流感病毒的M2抑制剂。金刚烷胺是烃三环癸烷的衍生物。金刚烷胺可以作为盐酸盐衍生物（symmetrel），100mg片剂或糖浆，或以其有效衍生物金刚乙胺（α-甲基-1-金刚烷甲胺盐酸盐）给药。在高浓度下，金刚烷胺和金刚乙胺非特异性地提高细胞内体中的pH，从而抑制或延迟病毒HA中酸诱导的构象变化。在低浓度下，金刚烷胺和金刚乙胺特异性地抑制M2蛋白的离子通道活性。很遗憾的是，M2抑制剂的使用受限于流感病毒的耐药株的出现（Dolin et al.，1982；Wang et al.，1993）。

临床上，针对流感最广泛使用的抗病毒剂是神经氨酸酶（neuraminidase，NA）的抑制剂，如奥司他韦和扎那米韦等。从化学观点来看，NA抑制剂可分为唾液酸衍生

（或 5，6-二氢-4H-吡喃衍生物）、苯甲酸衍生物、环己烯衍生物、环戊烷衍生物、吡咯烷衍生物和天然产物。第一种 NA 抑制剂——唾液酸衍生物的代表是不饱和唾液酸类似物（如 DANA 和 FANA），其中为人熟知的具有较强亲和力的唾液酸衍生物是扎那米韦，其作用机制与奥司他韦相同，具有与唾液酸类似的分子结构。因此，它与唾液酸竞争并可逆地结合病毒 NA 分子。扎那米韦多为局部用药，集中在呼吸道中。而奥司他韦为全身用药，口服后具有高生物利用度（80%）。事实上，奥司他韦可很好地被胃肠道吸收，并迅速代谢成活性奥司他韦羧酸盐。虽然目前流行的大多数流感病毒株对金刚烷胺具有抗性，但 H1N1 和 H3N2 株及 B 型病毒对奥司他韦和扎那米韦的抗性非常低（Ebell，2014）。拉尼米韦辛酸水合物于 2010 年 10 月在日本推出，为干粉吸入剂。它是一种药物前体，在气道组织中转化为有活性的 NAI 拉尼米韦，并在单次吸入 40mg 后，能长时间滞留于流感病毒入侵和复制的部位——呼吸道，保持高浓度至少 10d（Barroso et al.，2005）。

利巴韦林是鸟苷核苷类似物，具有病毒 RNA 致死诱变功能，类似于鸟苷并导致 RNA 复制异常。然而，其需要高剂量的药物才能获得良好的临床效果，限制了利巴韦林作为抗流感药物的使用。目前有几种潜在有效的药物，可作为 HA 抑制剂。然而，只有一种药物，小吲哚衍生物阿比朵尔（ARB）或盐酸阿比朵尔，已授权上市（Koyama et al.，2014）。

2018 年，巴洛沙韦由日本制药企业盐野义公司（Shionogi）发明，由罗氏和盐野义进行全球共同开发。同年 2 月，巴洛沙韦获日本厚生劳动省（Ministry of Health，Labor and Welfare，MHLW）批准，以品牌名 Xofluza 在日本销售，用于成人及儿科患者 A 型和 B 型流感的治疗（Kawaguchi et al.，2018）。巴洛沙韦是一种首创（first-in-class）、单剂量实验性口服药物，具有一种不同于市面其他抗病毒药物的全新抗流感作用机制，该药是一种病毒核酸内切酶抑制剂，旨在抑制流感病毒中的帽子结构依赖性核酸内切酶，该酶对于流感病毒的复制必不可少（Omoto et al.，2018）。巴洛沙韦旨在对抗 A 型和 B 型流感病毒，包括奥司他韦耐药流感株和禽流感株（H7N9、H5N1）。

小　结

随着人们对病毒感染性疾病认知的增加，生命科学的发展驱动了药物研发手段的日新月异，抗病毒药物的研究取得了显著的进步。其中最引人注目的成就体现在抗艾滋病和丙型肝炎药物领域的重大进展。在乙型肝炎和流感的治疗上也取得了一些进展，但更多的病毒感染还没有可用的治疗药物。抗病毒药物的研究技术主要包含体外和体内研究技术。而体外药物筛选和药效评价主要依赖基于细胞的筛选评价技术，包含表型的终点检测、基于细胞的单靶标检测、报告基因检测，以及高内涵检测技术。通过体外抗病毒研究，能筛选得到具有抗病毒活性的阳性化合物及先导化合物；能研究候选药物在特定细胞中针对特定病毒的抗病毒作用及其对细胞的毒性作用的动力学；药物的药效和毒性作用分别通过 EC_{50} 和 CC_{50} 来表征，药物的选择性抗病毒作用通过选择指数 SI 来表征；SI 大于 10 可以初步认为药物具有抗病毒作用，SI 的值越大，药物的抗病毒药效越强，药物的细胞毒性越小。而体内抗病毒药物研究主要依赖病毒特异性的动物模型，确定药物能否克服生物利用度、药物与血清蛋白的结合、药物代谢、药物毒性及发挥治疗作用等诸多因素，最终表现出抗病毒治疗的药效。临床前研究确认的候选新药还需要通过临床试验进一步验证其对病毒感染者的疗效。

复习思考题

1. 基于表型的终点检测技术有哪些？优缺点分别是什么？

2. 基于细胞的单靶标检测方法有哪些？单靶标检测阴性的药物是否一定就没有抗病毒作用？如何甄别真假阴性？

3. 药物对细胞的毒性作用也能导致病毒复制水平的下降，如何避免筛选到假阳性的抗病毒药物？

4. 如何确定抗病毒药物的耐药性屏障？耐药性屏障的高低对药物的临床应用和病毒感染的流行会产生什么后果？

5. 为什么说动物水平的抗病毒药效评价的结果比细胞水平的药效评价结果更有意义？

（陈绪林）

参考文献

郭会芳，李卓荣．2017．抗病毒药物的发展和研发策略．中国医药生物技术，12(6): 496-504.

李杰，陈杰，庄辉．2012．丙型肝炎的流行病学．实用肝脏病杂志，15(5): 379-383.

卢捷，谢青．2018．丙型肝炎直接抗病毒药物的临床研究进展．药学进展，42(5):323-327.

Barroso, L, Treanor J, Gubareva L, et al. 2005. Efficacy and tolerability of the oral neuraminidase inhibitor peramivir in experimental human influenza: randomized, controlled trials for prophylaxis and treatment. Antivir Ther, 10(8): 901-910.

Blair E, Darby G, Gough G，et al. 1998. Antiviral Therapy. Singapore: BIOS Scientific Publishers Limited.

Currier JS. 2009. Update on cardiovascular complications in HIV infection. Topics in HIV Medicine, 17: 98-103.

Dandri M, Petersen J. 2017. Animal models of HBV infection. Best Pract Res Clin Gastroenterol, 31(3): 273-279.

De Clercq E, Li G. 2016. Approved antiviral drugs over the past 50 years. Clin Microbiol Rev, 29(3): 695-747.

Deres K, Schröder CH, Paessens A, et al. 2003. Inhibition of hepatitis B virus replication by drug-induced depletion of nucleocapsids. Science, 299(5608): 893-896.

Dolin R, Reichman RC, Madore HP, et al. 1982. A controlled trial of amantadine and rimantadine in the prophylaxis of influenza-ainfection. New Engl J Med, 307(10): 580-584.

Ebell MH. 2014. Oseltamivir and zanamivir have limited effect on symptoms and do not reduce hospitalisation or serious complications of influenza. Evidence-Based Medicine, 19(6): 211.

Gambaryan AS, Tuzikov AB, Piskarev VE, et al. 1997. Specification of receptor-binding phenotypes of influenza virus isolates from different hosts using synthetic sialylglycopolymers: non-egg-adapted human H1 and H3 influenza A and influenza B viruses share a common high binding affinity for 6′-sialyl (*N*-acetyllactosamine). Virology, 232(2): 345-350.

Grohskopf LA, Uyeki T, Bresee J, et al. 2011. Prevention and control of influenza with vaccines: recommendations of the Advisory Committee on Immunization Practices (ACIP). Am J Transplant，11(10): 2250-2255.

Grohskopf LA, Olsen SJ, Sokolow LZ, et al. 2014. Prevention and control of seasonal influenza with vaccines: recommendations of the Advisory Committee on Immunization Practices (ACIP)-United States, 2014-15 influenza season. Am J Transplant, 14(12): 2906-2913.

Kawaguchi N, Koshimichi H, Ishibashi T, et al. 2018. Evaluation of drug-drug interaction potential between baloxavir marboxil and oseltamivir in healthy subjects. Clin Drug Investig, 38(11): 1053-1060.

Kinchington D, Schinazi RF. 2000. Antiviral Methods and Protocols Methods in Molecular Medicine. vol. 24. Totowa: Human Press.

Korba BE, Montero AB, Farrar K, et al. 2008. Nitazoxanide, tizoxanide and other thiazolides are potent inhibitors of hepatitis B virus and hepatitis C virus replication. Antiviral Res, 77: 56-63.

Koyama K, Ogura Y, Nakai D, et al. 2014. Identification of bioactivating enzymes involved in the hydrolysis of laninamivir octanoate, a long-acting neuraminidase inhibitor, in human pulmonary tissue. Drug Metab Dispos, 42(6): 1031-1038.

Lau GKK,Piratvisuth T, Luo KX, et al. 2005. Peginterferon Alfa-2a, lamivudine, and the combination for HBeAg-positive chronic hepatitis B. N Engl J Med, 352(26): 2682-2695.

Li G, De Clercq E. 2017. Current therapy for chronic hepatitis C: The role of direct-acting antivirals. Antiviral Res, 142: 83-122.

Martinez JP, Sasse F, Brönstrup M, et al. 2015. Antiviral drug discovery: broad-spectrum drugs from nature. Nat Prod Rep, 32(1):29-48.

MitsuyaH, Weinhold KJ, Furman PA, et al. 1985. 3′-Azido-3′-deoxythymidine (BW A509U): an antiviral agent that inhibits the infectivity and cytopathic effect of human T-lymphotropic virus type Ⅲ/ lymphadenopathy-associated virus in vitro. Proc Natl Acad Sci U S A, 82: 7096-7100.

Omoto S, Speranzini V, Hashimoto T, et al. 2018. Characterization of influenza virus variants induced by treatment with the endonuclease inhibitor baloxavir marboxil. Sci Rep, 8(1): 9633.

Palmer S, Josefsson L, Coffin JM. 2011. HIV reservoirs and the possibility of a cure for HIV infection. Journal of Internal Medicine, 270: 550-560.

Pau AK, George JM. 2014. Antiretroviral therapy: current drugs. Infectious Disease Clinics of North America, 28: 371-402.

Reijnders JG, Perquin MJ, Zhang N, et al. 2010. Nucleos(t)ide analogues only induce temporary hepatitis B e antigen seroconversion in most patients with chronic hepatitis B. Gastroenterology, 139: 491-498.

Schambelan M, Benson CA, Carr A, et al. 2002. Management of metabolic complications associated with antiretroviral therapy for HIV-1 infection: recommendations of an International AIDS Society-USA panel. J Acquir Immune Defic Syndr, 31: 257-275.

Schiffer JT, Aubert M, Weber ND，et al. 2012. Targeted DNA mutagenesis for the cure of chronic viral infections. J Virol, 86: 8920-8936.

Stanley SK, Kaplan JE. 1998. Guidelines for the use of antiretroviral agents in HIV-infected adults and adolescents. Morbidity and Mortality Weekly Report, 47(RR-5)：42-82.

Sliva K. 2015. Latest animal models for anti-HIV drug discovery. Expert Opin Drug Discov, 10 (2): 111-123.

Smith DB, Bukh J, Kuiken C, et al. 2014. Expanded classification of hepatitis C virus into 7 genotypes and 67 subtypes: updated criteria and genotype assignment web resource. Hepatology, 59:318-327.

Sorbo MC, Cento V, Di Maio VC, et al. 2018. Hepatitis C virus drug resistance associated substitutions and their clinical relevance: update 2018. Drug Resist Updat, 37: 17-39.

Stenglein MD, Burns MB, Li M, et al. 2010. APOBEC3 proteins mediate the clearance of foreign DNA from human cells. Nat Struct Mol Biol, 17:222-229.

Struble K, Chan-Tack K, Qi K, et al. 2017. Benefit-risk assessment for sofosbuvir/velpatasvir/voxilaprevir based on patient population and hepatitis C virus genotype: U. S. Food and Drug Administration's evaluation. Hepatology, 67: 482-491.

Thangavel RR, Bouvier NM. 2014. Animal models for influenza virus pathogenesis, transmission, and immunology. J Immunol Methods, 410: 60-79.

Vercauteren K, de Jong YP, Meuleman P. 2014. HCV animal models and liver disease. J Hepatol, 61 (1 Suppl): S26-33.

Wang C, Takeuchi K, Pinto LH，et al. 1993. Ion channel activity of influenza A virus M2 protein: characterization of the amantadine block. J Virol, 67 (9): 5585-5594.

Wang YF, Yu CK. 2014. Animal models of enterovirus 71 infection: applications and limitations. J Biomed Sci, 21: 31.

Weber ND, Aubert M, Dang CH，et al. 2014. DNA cleavage enzymes for treatment of persistent viral infections: recent advances and the pathway forward. Virology, 454-455: 353-361.

Yan H, Zhong G, Xu G, et al. 2012. Sodium taurocholate cotransporting polypeptide is a functional receptor for human hepatitis B and D virus. Elife, 1: e00049.

Yost R, Pasquale TR, Sahloff EG. 2009. Maraviroc: a coreceptor CCR5 antagonist for management of HIV infection. Am J Health Syst Pharm, 66: 715-726.

C 第10章 Chapter Ten

病毒与病毒性新发传染病

第一节　病毒性新发传染病

新发传染病主要是指由新病原引起的、原来未被认识的传染病，以及传播到新的地理区域或人群的已知传染病。由于已知病原体发生变异或进化、致病性发生重大改变而出现的新型传染病也属于新发传染病的范畴。过去20～30年，出现在世界各地的各种新发传染病对人类健康构成严重威胁，对世界经济发展和社会稳定产生了巨大的影响。随着城市化与全球化进程的加快，新发传染病也加快了蔓延的步伐，成为所有国家面临的一项共同挑战。

在各种病原体所致的新发传染病中，病毒性疾病所占的比例最大。全球大约每年都会有一到两种新发、突发病毒性传染病暴发（Howard et al.，2012），如2003年的严重急性呼吸综合征（severe acute respiratory syndrome，SARS）、2009年的H1N1甲型流感、2014年的埃博拉病毒病等。本节将对病毒性新发传染病的特征、传播方式及影响因素等进行简要介绍。

一、病毒性新发传染病的特征

（一）动物源传播

据估计，在造成人类新发传染病的病原体中，有大约75%来源于动物（Jones et al.，2008）。新发传染病的病毒病原动物宿主种类多样，既包括野生动物，也包括和人类接触密切的家养动物。蚊虫、蜱等媒介节肢动物也携带多种新发病毒。某些疾病原先在动物间传播，但病原体在发生突变后具备了感染人类并在人群中传播的能力。近年来出现的多种病毒性新发传染病的来源均与动物有关。例如，蝙蝠是SARS冠状病毒、尼帕病毒的自然储存宿主；非洲的多起埃博拉疫情的暴发都与人类接触、处理或食用感染埃博拉病毒的灵长类野生动物有关；H7N9禽流感病毒来源于候鸟携带的流感病毒与长三角本地家禽流感病毒的重配。

（二）流行范围广、传播速度快

在地理分布上，新发病毒性疾病多发源于非洲、东南亚、拉丁美洲等热带、亚热带地区，而在温带地区的发生频率较低，这与不同地区的野生动物种群密度与多样性、媒介蚊虫密度、动物与人群接触机会等因素呈现相关性。我国幅员辽阔，动物种类丰富、携带病毒复杂多样，也是新发病毒性疾病的热点地区之一。随着国际旅行越来越便利和快捷，各国之间的人员交往日益密切，一些病毒性新发传染病可在较短的时间内快速传播，呈现广泛的流行范围。

（三）病原体以 RNA 病毒为主

新发传染病的病毒病原种类繁多，然而大部分新发病毒都是基因组为 RNA 的病毒，这与 RNA 聚合酶缺乏 DNA 聚合酶的校对机制有关。与 DNA 病毒相比，RNA 病毒基因组的突变率更高，且一些 RNA 病毒易发生重组或重配，这些特点使得 RNA 病毒较易发生变异，更可能出现能突破物种屏障、感染并适应人类这一新宿主的新型病毒（Wolfe et al.，2007）。

（四）防治难度高

在新发传染病出现的早期阶段，人们对其流行特点、病原特征等缺乏了解，对其传播规律认识不足。因此在判断新发病毒的流行趋势以及采取控制措施方面存在不确定性。另外，人体对未出现过的新病毒普遍不具备特异性免疫力，现有疫苗也通常无法提供有效的保护力。在疫情暴发后，有效、及时地治疗与控制疾病往往具有挑战性。一些传播性强、致病性高的新发病毒对人类健康构成严重威胁。

二、病毒性新发传染病的传播

（一）野生动物传播

蝙蝠、鼠类和野鸟等野生动物是病毒性新发传染病的主要来源。蝙蝠作为多种新发病毒的自然宿主尤其受到关注。埃博拉病毒、亨德拉病毒、尼帕病毒、SARS 冠状病毒等多种造成严重人类疾病的新发病毒均和蝙蝠有关。目前已证实可直接由蝙蝠传播给人类的病毒包括马尔堡病毒、尼帕病毒、狂犬病病毒等。人类可通过吸入蝙蝠洞穴内含有病毒颗粒的气溶胶、食用被蝙蝠污染的水果或水源、被蝙蝠咬伤等途径感染病毒。蝙蝠源新发病毒也可通过其他动物作为中间宿主传播给人类，如 SARS 冠状病毒通过果子狸传播至人群。

在鼠类携带的病毒中，汉坦病毒和沙粒病毒是对人类健康危害最为严重的病毒（Meerburg et al.，2009）。不同的汉坦病毒可引起肾综合征出血热或汉坦心肺综合征两类严重疾病。以拉沙病毒为代表的沙粒病毒则在非洲、南美等地引起拉沙热等急性出血热。啮齿目动物体型小、食性杂、繁衍迅速，一些鼠类动物的生活环境与人类交叉，人类可因吸入含啮齿动物尿液、唾液、粪便的气溶胶或被啮齿动物咬伤而感染其携带的病毒。

野鸟具有长距离迁徙的生物学习性，它们在流感病毒等新发病毒的扩散和传播的过程中扮演着独特的角色（Chan et al.，2013）。大部分禽流感病毒对野鸟的致病性较低，野鸟可以携带着不同亚型的病毒长距离飞行，这些与其他野鸟种群或者家禽携带的病毒发生混合、重配，成为流感病毒遗传多样性的主要来源。

（二）家养动物传播

虽然家畜、家禽携带的病毒种类相比野生动物并不丰富，但由于它们与人类的接触机会更多，因此在人畜共患传染病的传播过程中占据重要地位（Wiethoelter et al.，2015）。人类可在饲喂、贩卖、宰杀畜禽的过程中或食用未煮熟的畜禽产品而感染病毒。在很多情况下，家畜是病毒从野生动物向人类传播的中间宿主，是人感染某种新发病毒的最直接原因。例如，亨德拉病毒和尼帕病毒先由蝙蝠分别传播到马和猪，然后感染到人。大部分感染人的禽流感病毒都是在家禽中进行扩增、混合，然后由家禽传给人。不同地区、不同种类来源的家禽混杂售卖的活禽市场也是人感染禽流感的主要传染源（Li et al.，2014）。

（三）媒介节肢动物传播

虫媒病毒病是病毒性新发传染病中的另一大类。超过 130 种虫媒病毒可以造成人类疾病，对人类健康危害较大的主要集中于黄病毒科、甲病毒属和布尼亚病毒目，主要通过蚊、蜱等节肢动物叮咬传播（Mackenzie et al.，2013）。近年来暴发流行的主要虫媒病毒病包括蚊子传播的西尼罗病毒病、登革热、基孔肯雅热、裂谷热和近两年出现大规模流行的寨卡病毒病，蜱传的克里米亚-刚果出血热、发热伴血小板减少综合征等。

（四）人际传播

仅有部分新发病毒在感染人后可进行有效的人际传播。病毒性新发传染病在人际间的传播途径多样。SARS、甲型 H1N1 流感等呼吸道病毒可经空气飞沫传播，轮状病毒、戊型肝炎病毒等消化道病毒主要经粪-口途径传播，埃博拉病毒主要通过接触患者体液和分泌物传播，蚊媒病毒通过蚊虫叮咬传播，性传播也是某些新发病毒的传播途径之一。

三、病毒性新发传染病的影响因素

（一）社会、经济发展的影响

人类社会与经济活动的快速发展不可避免地造成了自然生态环境的改变，一些新发传染病也因此而诞生。在许多发展中国家，人类的活动范围急剧扩张。土地被过度开垦，森林面积大量流失，野生动物的栖息地受到人类的侵犯，直接导致人和动物之间原有的生态屏障被破坏，人类暴露于病毒宿主动物的风险上升，为病毒“溢出”和传染病的出现提供了便利（Aguirre et al.，2008）。现代化动物养殖业也是导致新发传染病发生的潜在“孵化器”：集约化养殖动物多处于低龄，免疫机能还未成熟，对病原体普遍易感，而高密度的养殖环境有利于病毒的传播。

（二）人类行为的影响

对野生动物的捕猎和消费等人类行为是过去多起病毒性新发传染病暴发的直接原因。在买卖、屠宰或食用携带病毒的动物的过程中，病毒实现了从动物到人的跨种感染，并造成疫情扩散。另外，生态旅游、丛林探险、洞穴探险等项目近年来逐渐兴起，这些户外活动无形中增加了人类与病毒的野生动物宿主及传播媒介接触的概率，为动物源病毒的传播和传染病的发生提供了机会。

（三）气候变化的影响

地球正在经历严峻的气候变暖问题。气温升高、湿度增大等气候变化可能会促进鼠类、蚊虫等病媒动物种群的繁殖，增强其活动力，其携带病毒的传染力和稳定性也会得到加强，进而成为病毒性传染病的催化剂（Bai et al.，2013）。

第二节 病毒性新发传染病的动物溯源

一、SARS冠状病毒

（一）SARS暴发史

SARS是21世纪初首先暴发于我国并造成全球大流行的一种致死性呼吸道传染病，具有起病急、传染性强、死亡率高等特征。2002年11月，首个SARS病例在广东佛山出现。随后，广东其他地区也接连出现类似的急性呼吸道感染患者，他们表现出相似的临床症状：发高烧、咳嗽、呼吸困难、胸片显示双肺阴影，部分患者出现呼吸衰竭，使用针对细菌感染的各种抗生素均不见效。负责调查的专家组将这种病因不明的传染病诊断为“非典型肺炎”（简称“非典”）。2003年春节前后，广东“非典”病例数迅速攀升，并出现了大量医院和家庭感染病例，发病具有明显的聚集性（Zhong et al.，2003）。

接下来数月，“非典”迅速传播至全国其他地区，同时蔓延至东南亚、北美等世界各地。世界卫生组织将这种未确定病原的非典型肺炎正式命名为“严重急性呼吸综合征（SARS）”，并公布了全球旅行警告。截至2003年7月疫情结束时，SARS共在26个国家造成8096人感染，其中774例死亡。其中，我国报告病例7429例，占到了全球病例总数的91.8%；死亡685例，占到全球总数的88.5%（数据引自WHO官方网站）。

（二）SARS冠状病毒病原学特征

2003年3月，中国香港大学和美国疾病预防控制中心的科学家先后从SARS患者样本中成功分离到了一种病毒。电子显微镜下的病毒颗粒像一顶中世纪欧洲帝王的皇冠，呈现明显的冠状病毒形态特征。通过对病毒基因序列的测定，发现这是一种新型冠状病毒。世界卫生组织随后正式确定SARS的病原体是一种新型冠状病毒，将其命名为SARS冠状病毒（SARS coronavirus，SARS-CoV）。

SARS-CoV属于冠状病毒科的β冠状病毒属，其基因组大小约为30kb，基因组结构和其他冠状病毒类似（Rota et al.，2003）。包括6个主要的ORF，依次为编码复制相关非结构蛋白的*ORF1a*和*ORF1b*，以及分别编码刺突蛋白（*S*）、囊膜蛋白（*E*）、膜蛋白（*M*）和核衣壳蛋白（*N*）的4个结构蛋白基因。在*S*和*N*基因之间，还分布有一些

SARS-CoV 所特有的附属基因（图 10-1）。

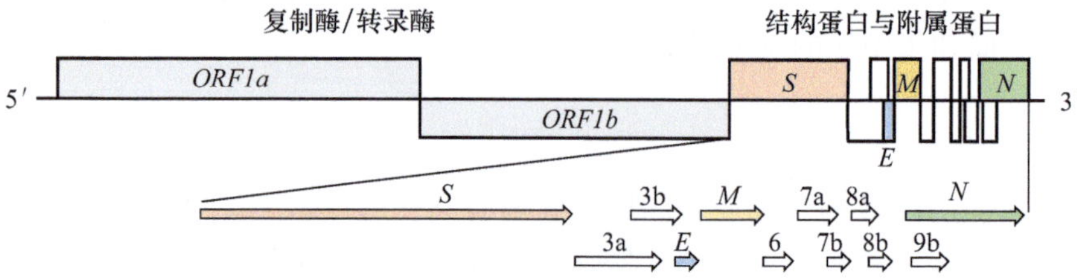

图 10-1　SARS-CoV 的基因组结构和编码产物

SARS 患者是 SARS-CoV 的主要传染源。呼吸道分泌物中的病毒可通过空气飞沫传播给与患者密切接触的人员，也可以通过气溶胶传播到环境中。病毒入侵人体后，主要侵袭气管和支气管上皮细胞、肺泡上皮细胞等，主要攻击的靶器官是肺。病变特征包括肺间质内巨噬细胞和淋巴细胞渗出，进而增加肺泡毛细血管的通透性，产生弥漫性肺泡损伤，而重症肺炎正是 SARS 致死率的主要原因。

（三）SARS 冠状病毒的动物溯源

SARS 给公众健康和社会经济造成了严重危害，虽然它已销声匿迹十多年，但人们对它的关注一直没有停止。SARS 到底从哪里来？一直是科学家想要解答的问题。

1. 果子狸是 SARS 冠状病毒的中间宿主

SARS 暴发后的流行病学调查显示，大部分早期病例在发病前都有过动物接触史，研究人员随即开展了 SARS-CoV 的动物溯源工作。他们在深圳野生动物市场的果子狸体内检测到了 SARS-CoV 的抗体，并从果子狸的肛拭子中分离到了两株 SARS-CoV，其全长基因组序列与人 SARS-CoV 的一致性达到了 99.8%（图 10-2）。另外，血清学调查发现果子狸商贩的抗体阳性率达到了 72.7%，显著高于受调查的其他人群。这表明果子狸是人类感染 SARS-CoV 的直接来源（Guan et al.，2003）。

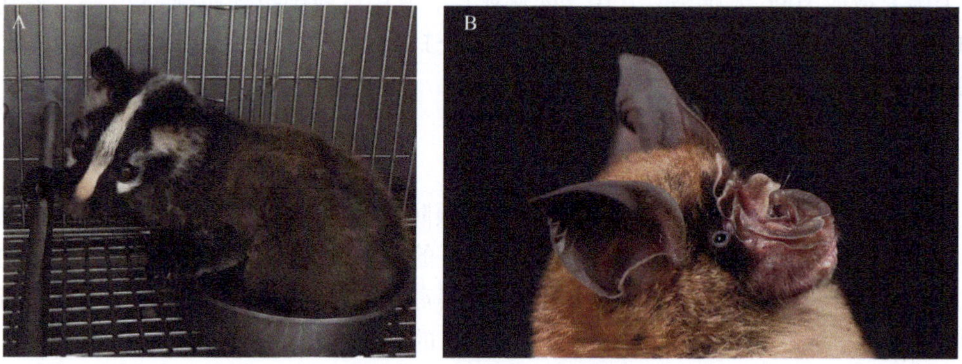

图 10-2　果子狸与菊头蝠

A. 广东野生动物市场和餐馆的果子狸是 SARS 病毒的中间宿主（中国科学院武汉病毒研究所王汉中研究员提供）；B. 菊头蝠是 SARS 样冠状病毒的自然宿主（广东省生物资源应用研究所张礼标研究员提供）

SARS-CoV 是一种新型的动物源病毒，要找到它的根本源头，需要弄清楚病毒的自然宿主。有一些宿主长期携带某类病毒而自身不发病，与病毒和谐共存，其群体中存在一定的自然感染率，这类宿主就像是病毒在自然界中的一个储存库，被称为病毒的自然宿主。为进一步确认果子狸是否是 SARS-CoV 的自然宿主，研究人员调查了全国各地的养殖果子狸和野生果子狸，然而没有发现它们被 SARS-CoV 感染的证据（Tu et al.，2004）。在实验室里用 SARS-CoV 对果子狸进行人工感染，果子狸也会出现临床症状（Wu et al.，2005）。这些研究结果表明果子狸不符合 SARS-CoV 自然宿主的特征，它只是将病毒从自然宿主传播到人的中间宿主，而背后的自然宿主是其他动物。

2. SARS 冠状病毒来源于蝙蝠

20 世纪 90 年代，两种致死性新发病毒——亨德拉病毒和尼帕病毒引起的传染病先后在澳大利亚和东南亚暴发，这两种病毒均被证实来源于蝙蝠。研究人员于是把蝙蝠列为搜寻 SARS 冠状病毒源头的目标。2005 年，两支不同的研究团队分别在我国南方的菊头蝠中发现了与人 SARS-CoV 类似的新型冠状病毒，将其命名为 SARS 样冠状病毒（Li et al.，2005；Lau et al.，2005）。蝙蝠 SARS 样冠状病毒与 SARS-CoV 基因组结构一致，基因组序列一致性在 87%～92%。随后的 10 多年，越来越多的 SARS 样冠状病毒在我国不同省份以及欧洲等地的蝙蝠中被发现，呈现出丰富的遗传多样性，表明蝙蝠是与 SARS-CoV 相关的一类冠状病毒的自然宿主。

从 2011 年起，中国科学院武汉病毒所的研究人员在我国云南一处菊头蝠栖息洞穴开展了为期 5 年的长期监测。他们先后从蝙蝠粪便样本中成功分离到三株 SARS 样冠状病毒（图 10-3）。相比之前发现的 SARS 样冠状病毒，这三株病毒要更加接近 SARS-CoV，并且可以使用与 SARS-CoV 相同的细胞受体入侵细胞（Ge et al.，2013；Yang et al.，2016）。分离到与 SARS-CoV 高度同源的蝙蝠 SARS 样冠状病毒为 SARS 的蝙蝠起源提供了直接有力的证据。5 年的监测结果表明，这处洞穴是 SARS-CoV 的一处天然基因库，流行于该洞穴的不同株蝙蝠 SARS 样冠状病毒的基因组中包括了 SARS-CoV 基因组的全部组成成分（Hu et al.，2017）。该发现进一步证实了 SARS-CoV 起源于蝙蝠。

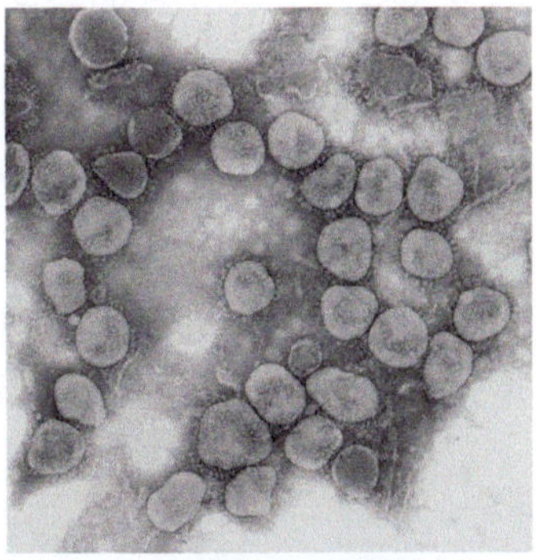

图 10-3　蝙蝠粪便样品中分离到的 SARS 样冠状病毒

（四）SARS 冠状病毒的跨种传播

1. 蝙蝠 SARS 样冠状病毒的遗传多样性

蝙蝠 SARS 样冠状病毒与感染人和果子狸的 SARS-CoV 最主要的差异体现在 *S* 基因上。S 蛋白即刺突蛋白，由 N 端的 S1 和 C 端的 S2 亚单位组成。其中 S1 蛋白负责识别并结合宿主细胞受体，S2 蛋白则负责膜融合（Gallagher et al.，2001）。蝙蝠 SARS 样冠状病毒与 SARS-CoV S 蛋白的 S1 区域高度多变，根据其序列差异，可将其分为两簇：其中一簇 SARS 样冠状病毒的 S 蛋白的受体结合区和 SARS-CoV 相比出现两段缺失，与 SARS-CoV S 蛋白的氨基酸序列一致性为 78.2%～80.2%，这一类 SARS 样冠状病毒广泛分布于全国各地的蝙蝠中。而另一簇 SARS 样冠状病毒的 S 蛋白不存在缺失段，大小与人 SARS-CoV 完全一致，氨基酸序列一致性在 90% 以上。由于在受体结合区与 SARS-CoV 相似，且部分毒株在部分受体结合关键氨基酸位点上与 SARS-CoV 相同，这些蝙蝠 SARS 样冠状病毒可使用与 SARS-CoV 相同的细胞受体血管紧张素转化酶-2（angiotensin converting enzyme-2，ACE2），可感染包括人在内的多种哺乳动物细胞，具备跨种传播的可能。目前，这一簇 SARS 样冠状病毒只在云南的菊头蝠中发现（Cui et al.，2019）。除 *S* 基因外，SARS-CoV 和大多数蝙蝠 SARS 样冠状病毒在 *ORF8*、*ORF3* 两个附属基因上也存在较大的差异。

2. SARS 冠状病毒的进化、跨种传播与未来发生风险

科学家开展 SARS 的动物溯源至今已有 16 年，虽然关于 SARS 冠状病毒起源于蝙蝠的证据已经基本明晰，但我们还未在蝙蝠中发现 SARS 冠状病毒的最直接祖先毒株，即在各个基因上均与 SARS 冠状病毒相似的蝙蝠 SARS 样冠状病毒。然而如前文所述，研究人员在我国云南发现了一处 SARS 冠状病毒的天然基因库，在包括 *S*、*ORF8*、*ORF3* 等基因组高变区上分别与 SARS 冠状病毒高度同源的 SARS 样冠状病毒均存在于该洞穴的蝙蝠中，并且在这些 SARS 样冠状病毒的 *S* 基因、*ORF8* 基因等位点检测到了基因重组的证据。根据重组分析结果，推测 SARS 冠状病毒的直接祖先可能是通过不同株蝙蝠 SARS 样冠状病毒之间一系列的基因重组事件产生的（Hu et al.，2017）。

虽然 SARS 样冠状病毒在全国多地的蝙蝠中都有分布，但 *S* 基因与 SARS 冠状病毒高度同源、可使用 ACE2 受体的 SARS 样冠状病毒只在云南发现。因此，SARS 冠状病毒更可能起源于云南或邻近地区。然而 SARS 疫情是在广东出现的，在云南却并未出现病例。对此，研究人员推测出了一条 SARS 冠状病毒可能的传播链：云南或西南地区的蝙蝠携带一些与 SARS 冠状病毒近似、具有跨种感染能力的病毒，SARS 冠状病毒的直接祖先通过重组从这些病毒中产生，并通过偶然的机会从蝙蝠“溢出”到了果子狸。感染病毒的果子狸被贩卖到了广东，病毒在市场上的果子狸之间迅速传播，在果子狸体内得以大量扩增，并在 *S* 基因个别重要氨基酸位点上发生了突变，与人 ACE2 受体的结合能力增强，进而在市场、餐馆等场所通过果子狸和人的接触将病毒传播到了人（图 10-4）。

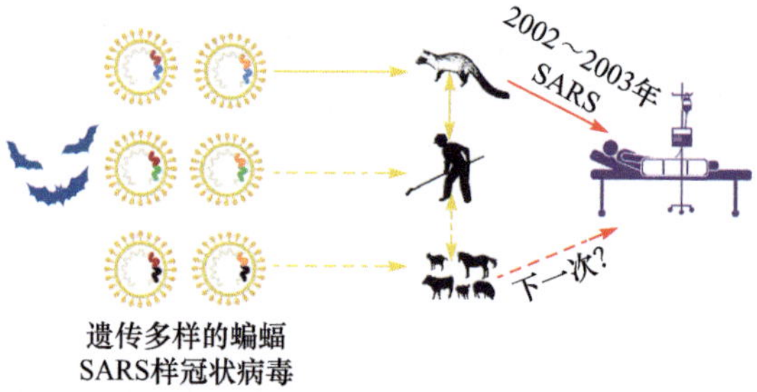

图 10-4　SARS 冠状病毒跨种传播链与未来发生风险

2002～2003 年暴发的 SARS 是由果子狸将 SARS-CoV 传播给人的，传播链为蝙蝠→果子狸→人

具有跨种传播至人群可能的 SARS 样冠状病毒仍存在于我国的蝙蝠中，且呈现一定的遗传多样性，因此我国仍存在 SARS 发生的风险。上一次 SARS 通过果子狸传播给人，而下一次可能经过其他动物，甚至可能不经中间宿主直接传播给人（图 10-4）。对于 SARS 这类蝙蝠源的新发传染病，最有效的预防是从疾病的源头做起，不去侵扰蝙蝠的自然栖息地，减少与蝙蝠等传染源动物的接触机会。另外，由于中间宿主相对于蝙蝠和人类接触机会更多，在病毒从自然宿主到人的传播链中往往扮演着关键角色。

因此杜绝果子狸等野生动物交易、避免养殖动物与宿主蝙蝠的接触，对预防 SARS 也具有重要意义。

二、MERS 冠状病毒

（一）MERS 暴发史

SARS 暴发 10 年后，另一种新型冠状病毒在中东出现。这种病毒与 SARS 冠状病毒类似，感染人后引起严重呼吸道疾病。世界卫生组织将这种新发冠状病毒病命名为“中东呼吸综合征”（Middle-East respiratory syndrome，MERS），其病原体称为中东呼吸综合征冠状病毒，即 MERS 冠状病毒（MERS-CoV）。

首个确诊的 MERS 病例出现在 2012 年 6 月。一名 60 岁的沙特阿拉伯男性因急性肺炎住院，后死于呼吸衰竭与肾衰竭（Zaki et al.，2012）。PCR 检测显示该样品为冠状病毒阳性，测序结果表明患者感染的是一种新型冠状病毒。9 月，在一名从卡塔尔转到英国治疗的患有不明原因严重呼吸疾患的患者体内发现了相同的病毒，而该患者曾到过沙特阿拉伯旅行。2013 年至今，沙特阿拉伯出现了多次 MERS 暴发，感染人数从 20 余例到 200 余例不等。MERS 的临床症状与 SARS 相似，包括发热、咳嗽、头痛、咽痛、呼吸困难等，一些重症病例还可能出现肾衰竭。同 SARS 相比，MERS 的持续人际传播能力较弱，鲜少出现类似 SARS 的超级传播事件。虽然 MERS 已持续出现多年，但绝大部分病例都发生在沙特阿拉伯、阿拉伯联合酋长国（简称阿联酋）等中东国家，且大部分中东以外国家报告的患者都有过中东旅行史。韩国的情况较为特殊，自 2015 年 5 月确认首个输入病例后，韩国的 MERS 疫情迅速发展，出现大量医院内感染和聚集性感染事件，并出现了多个二代、三代病例，共报告 186 例 MERS 确诊病例，其中 36 例死亡，使得韩国成为仅次于沙特阿拉伯的 MERS 感染人数第二多的国家（Nishiura et al.，2016）。截止到 2019 年 1 月，全球 27 个国家共确诊 MERS 病例 2279 例，其中 806 例死亡。

（二）MERS 冠状病毒病原学特征

MERS-CoV 具有和其他冠状病毒相似的形态与结构蛋白。病毒粒子近似球形，直径 80～120 nm，表面有呈放射状的刺状突起。MERS-CoV 共含有刺突蛋白（S）、囊膜蛋白（E）、膜蛋白（M）和核衣壳蛋白（N）4 个结构蛋白。其中，S 蛋白负责与病毒的细胞受体相结合，引导病毒囊膜与细胞膜的融合，启动病毒的入侵过程。

MERS-CoV 与 SARS-CoV 同为 β 冠状病毒属的成员，但两者分属两个不同的亚类。在目前已知的冠状病毒中，MERS-CoV 与两种在蝙蝠中发现的冠状病毒 HKU4-CoV 和 HKU5-CoV 同属于 β 冠状病毒属 C 亚类。MERS-CoV 基因组长度约 30kb，结构与 SARS-CoV 类似。除了相关的几种 C 亚类 β 冠状病毒外，MERS-CoV 的附属基因与已知的其他冠状病毒基因和宿主基因均不具备同源性。这些附属基因非病毒复制所必需，但可能与病毒的致病性相关。例如，ORF4b 蛋白可定位到细胞核内抑制天然免疫信号转导过程，且可以抑制 I 类和Ⅲ类干扰素的生成。

二肽基肽酶Ⅳ（dipeptide peptidase 4，DPP4），是 MERS-CoV 的功能受体（Raj et

al.，2013）。除人的 DPP4 外，骆驼、马、蝙蝠等动物的 DPP4 也可以被 MERS-CoV 识别并结合。DPP4 在下呼吸道支气管上皮细胞、肾上皮细胞、小肠细胞等细胞中均有表达。但和骆驼相比，DPP4 在人类上呼吸道上皮细胞中的表达量很小，从而导致其不具备类似 SARS-CoV 的较强的人际传播能力。

（三）MERS 冠状病毒的动物溯源

1. 单峰骆驼是 MERS 冠状病毒的直接来源

和 SARS 类似，MERS 也是一种由动物传播给人的新发传染病。大部分的 MERS 早期病例都有过单峰骆驼接触史。研究人员在沙特阿拉伯、卡塔尔等国的骆驼鼻拭子中检测到了 MERS-CoV 核酸，其中包括一些 MERS 患者饲养的骆驼。骆驼 MERS-CoV 全长基因组序列与感染人的 MERS-CoV 高度相似，序列一致性大于 99%，在沙特阿拉伯发现的一株骆驼 MERS-CoV 与对应患者感染的毒株全基因组仅有两个核苷酸的差异（Haagmans et al.，2014；Drosten et al.，2014）。感染实验证实，骆驼中分离到的 MERS-CoV 可在人气管上皮细胞、肺泡细胞、肺内皮细胞中复制。骆驼与人 MERS-CoV 高度的同源性、相同的细胞嗜性及复制水平揭示了单峰骆驼是 MERS 的直接来源。

血清学调查结果显示，MERS-CoV 在单峰骆驼中具有非常高的感染率。中东、北非等地的骆驼普遍存在 MERS-CoV 的特异性抗体，沙特阿拉伯、阿曼苏丹国、阿联酋等国的骆驼抗体阳性率均高于 90%，而牛、羊等其他家畜都未检测到 MERS 抗体，表明骆驼在中东国家 MERS-CoV 的传播过程中扮演着重要角色（Reusken et al.，2013）。另外，沙特阿拉伯的一项调查显示，骆驼暴露人群的 MERS 抗体阳性率要显著高于普通人群，进一步说明在当地造成疫情的 MERS-CoV 是从骆驼向人群传播的（Muller et al.，2015）。

MERS-CoV 在单峰骆驼中的流行范围相当广泛。除中东地区外，肯尼亚等非疫区国家养殖骆驼也存在普遍的 MERS-CoV 感染情况，抗体阳性率在 60% 以上（Ommeh et al.，2018）。东非骆驼中检测到 MERS-CoV 中和抗体的阳性血清采集时间最早可以追溯到 1983 年，提示 MERS 冠状病毒已在单峰驼中长期流行（Muller et al.，2014）。MERS-CoV 在骆驼中的传播可能与东非等地到中东的骆驼贸易及中东骆驼的集中化饲养相关。

2. 蝙蝠是 MERS 相关冠状病毒的自然宿主

MERS-CoV 属于 β 冠状病毒属 C 亚类。同属这一亚类的成员还包括在 MERS 出现之前就在蝙蝠中发现的两种冠状病毒——蝙蝠冠状病毒 HKU4 和 HKU5（Woo et al.，2007；Lau et al.，2013）。这两类冠状病毒和 MERS-CoV 在非结构蛋白基因及多个结构蛋白基因上较为保守，全基因组序列一致性在 70% 左右，但在 *S* 基因和附属基因上区别很大，均没有直接感染人类细胞的能力。

蝙蝠是包括 SARS 冠状病毒在内的多种冠状病毒的自然宿主。在对 MERS-CoV 的溯源过程中，蝙蝠也受到了高度关注。研究人员在欧洲、非洲、北美和中国等地的蝙蝠中陆续发现了比 HKU4-CoV 和 HKU5-CoV 在进化上更接近 MERS-CoV 的新型冠状病毒。这些病毒来自蝙蝠科和裂颜蝠科的 14 种蝙蝠，与 MERS-CoV 同属一个病毒种，称为 MERS 相关冠状病毒（MERS-related coronavirus，MERSr-CoV）。蝙蝠 MERSr-CoV 呈现丰富的遗传多样性、多样的宿主类型和广泛的地理分布，因此蝙蝠也是 MERSr-CoV 的自然宿主。在已报道的病毒中，在南非的棕蝠和乌干达的伏翼里发现的两株 MERSr-CoV 在全基因组水平上最接近 MERS-CoV，序列相似度达到了 85%。然而它们的 *S* 基因特别是受体结合区与 MERS-CoV 的同源性却很低。因此，目前发现的所有蝙蝠 MERSr-CoV 都不是 MERS-CoV 的直接祖先（Ithete et al.，2013；Antony et al.，2017）。

与 MERSr-CoV 相比，蝙蝠冠状病毒 HKU4 的 *S* 基因更加接近 MERS-CoV，序列一致性达 67%。由于 *S* 基因稍高的相似度，HKU4-CoV 也可使用 DPP4 作为其受体。最近，在广东的南蝠和伏翼里新发现了两株新型 MERSr-CoV，它们的 S 蛋白与 MERS-CoV 的序列相似度虽低于 HKU4-CoV，但也可利用 DPP4 作为受体，具有潜在的跨种感染风险（Luo et al.，2018；Lau et al.，2018）。虽然在蝙蝠中尚未发现 MERS-CoV 的直接进化来源，但越来越多证据显示 MERS-CoV 可能由蝙蝠冠状病毒进化而来。

（四）MERS 冠状病毒的进化、跨种传播与预防

虽然 MERS-CoV 和 SARS-CoV 的演化来源可能都是蝙蝠，但两者的进化有着很大的不同。某些蝙蝠 SARS 样冠状病毒和 SARS-CoV 高度近似，SARS-CoV 的直接祖先毒株在蝙蝠中即可产生，在 SARS 出现前的一段时间传播给果子狸。而蝙蝠 MERSr-CoV 和 MERS-CoV 之间的差异要远远大于蝙蝠 SARS 样冠状病毒和 SARS-CoV 之间的差异。感染人和骆驼的 MERS-CoV 和蝙蝠 MERSr-CoV 的遗传距离较远，在系统发育上两者位于不同的分支。调查结果表明在 MERS 暴发之前 MERS-CoV 已经在骆驼体内存在了至少 30 年。而相比非洲骆驼 MERS-CoV，中东骆驼中流行的 MERS-CoV 和人 MERS-CoV 更加接近。据此我们推测，骆驼 MERS-CoV 和蝙蝠 MERSr-CoV 的最近共同祖先时间点较为久远。MERS-CoV 的祖先在很早之前即从蝙蝠跨种传播到了骆驼，在骆驼中经历了多年的适应性进化，并且随着非洲和中东等地骆驼的贸易、迁徙，演化出不同的支系。中东的骆驼 MERS-CoV 对人的致病性在进化过程中得以增强，最终病毒从骆驼传播到了人。

单峰骆驼是目前唯一明确的 MERS-CoV 动物宿主，因此预防 MERS 最根本的措施还需要从切断骆驼—人这一传播链着手。与带毒骆驼直接接触和空气飞沫传播是 MERS-CoV 从骆驼传播到人的主要途径，生驼奶也是 MERS 的传染源之一。我国公民在前往中东疫区国家旅行时，为预防感染 MERS 冠状病毒，需尽量避免与骆驼发生直接接触，且应避免饮用未经巴氏消毒的驼奶。

虽然蝙蝠 MERSr-CoV 和 MERS-CoV 遗传距离较远，但少数蝙蝠 MERSr-CoV 可以和 MERS-CoV 使用相同类型的细胞受体，这些病毒仍可能发生跨种传播。蝙蝠携带遗传多样的 MERSr-CoV，很可能还有其他具有跨种传播风险的 MERSr-CoV 未被发现。有必要在蝙蝠这类高风险动物中对 MERSr-CoV 开展持续的监测，发现、鉴定新型毒株，评估其向人类传播的可能性，这对于预防类似 MERS 的疾病出现具有重要意义。

三、汉坦病毒

（一）肾综合征出血热暴发史

汉坦病毒感染人类可引起肾综合征出血热（hemorrhagic fever with renal syndrome，

HFRS）或汉坦心肺综合征（Hantavirus cardiopulmonary syndrome，HCPS）。这两种疾病分别由不同种的汉坦病毒引起。HFRS 主要在亚欧大陆流行，死亡率约为 12%，其病原体主要包括汉滩病毒（Hantaan virus，HTNV）、汉城病毒（Seoul virus，SEOV）、普马拉病毒（Puumala virus）等；而 HCPS 主要在南美洲和北美洲流行，死亡率达 60%，由辛诺柏病毒、安第斯病毒等引起（Kruger et al.，2015）。

HFRS 最早在 1913 年出现于苏联海参崴地区。1931 年我国首次记载暴发于黑龙江省孙吴县。朝鲜战争时期，美军有 3000 多名士兵患出血热，引起世界关注。由于疫情是在朝鲜和韩国之间的汉坦河区域暴发的，所以称为朝鲜出血热。汉坦病毒感染引起的疾病在其他不同区域的名称也不一样，在中国和日本被称为流行性出血热，在苏联被称为远东出血热和出血性肾炎。1982 年，世界卫生组织将其统一命名为 HFRS。

HFRS 分布广泛，全世界每年约有两万多人感染。主要分布在俄罗斯的远东地区、中国、朝鲜及日本，在欧洲主要分布于北欧、匈牙利等地区。近些年来，中国 HFRS 疫情相对稳定，发病人数显著下降，但仍存在周期性波动，而美国和欧洲的病例数在逐年增加。尽管如此，中国依然是 HFRS 病例较多的国家，31 个省（自治区、直辖市）均有过 HFRS 病例报道，多数病例发生在冬春季（Zhang et al.，2010）。2018 年，全国 HFRS 病例共 11 966 例，死亡 97 人（http://www.nhc.gov.cn/jkj/s3578/201904）。HFRS 临床表现以高热、三痛（头痛、眼眶痛、腰痛）及三红（面、颈、胸皮肤潮红）为主要特征。在我国，黑线姬鼠和褐家鼠是 HFRS 的主要传染源。

（二）汉坦病毒病原学特征

汉坦病毒是布尼亚病毒目汉坦病毒科（*Hantaviridae*）正汉坦病毒属（*Orthohantavirus*）成员的统称。病毒颗粒呈圆形或椭圆形，直径为 75～210nm，含有脂质双分子层包膜，包膜表面有病毒糖蛋白突起。病毒基因组由大（L）、中（M）和小（S）三个 RNA 节段组成，分别编码 RNA 依赖的 RNA 聚合酶（RdRp），包膜糖蛋白前体（GPC）和核衣壳蛋白（N）。

汉坦病毒的核衣壳蛋白由 S 片段编码，主要包含 4 个功能区：N 端 1～165 氨基酸残基为主要抗原表位区，165～173 氨基酸残基与病毒的生长及感染密切相关，173～310 氨基酸残基为高变区，C 端 311～429 氨基酸残基为病毒 RNA 结合区。病毒包膜糖蛋白前体由 M 片段编码，对汉坦病毒的致病性起关键作用，包含了中和抗原位点、受体结合位点、融合肽和血凝位点。汉坦病毒感染首先进入上皮细胞和内皮细胞，通过糖蛋白与宿主细胞表面的整合素受体结合从而进入细胞。致病性汉坦病毒利用 β3 整合素作为受体，而非致病性汉坦病毒则利用 β1 整合素作为受体。

（三）汉坦病毒的动物宿主

自 20 世纪 70 年代首次鉴定汉坦病毒是 HFRS 的病原后，遗传多样的汉坦病毒被陆续发现。依据国际病毒分类委员会的最新报告，正汉坦病毒属包含 35 个种 57 个分离株（Maes et al.，2019）。汉坦病毒的动物宿主主要是啮齿目动物，食虫目和翼手目也是汉坦病毒的重要宿主。

1. 啮齿动物汉坦病毒

汉坦病毒的啮齿类宿主主要分布于鼠亚科及仓鼠科中的田鼠亚科、林鼠亚科和棉鼠亚科。最先发现的汉坦病毒主要是鼠亚科相关病毒。汉城病毒（SEOV）呈世界性分布，而其他型别主要分布在亚洲（主要在中国、朝鲜和日本）和欧洲。田鼠亚科相关的汉坦病毒分布范围也很广泛。棉鼠亚科相关汉坦病毒则分布于南北美洲（Forbes et al.，2018）。表 10-1 对目前已知的致病性汉坦病毒的啮齿动物宿主及分布进行了归纳。

我国流行的汉坦病毒主要是 HTNV 和 SEOV。HTNV 的宿主是黑线姬鼠，也称野鼠型，SEOV 的宿主是褐家鼠，也称家鼠型。啮齿动物感染汉坦病毒后不发病，感染 2～4 周后病毒含量最高，可通过唾液及排泄物排毒。各组织中以肺和肾的病毒含量最高。近年来我国也有新型啮齿动物汉坦病毒的报道，如在大绒鼠（*Eothenomys miletus*）中发现的泸西病毒，滇绒鼠（*Eothenomys eleusis*）中发现的福贡病毒等。

表 10-1　致病性汉坦病毒的啮齿动物宿主及其区域分布

病毒株	引起疾病	啮齿动物宿主	区域分布
Amur virus（AMRV）	HFRS	*Apodemus peninsulae*	俄罗斯、中国、朝鲜
Dobrava-Belgrade virus（DOBV）	HFRS	*Apodemus flavicollis*	欧洲地区
Hantaan virus（HTNV）	HFRS	*Apodemus agrarius*	中国、韩国、俄罗斯
Puumala virus（PUUV）	HFRS/ HCPS	*Clethrionomys glareolus* *Myodes glareolus*	欧洲地区
Saaremaa virus（SAAV）	HFRS	*Apodemus agrarius*	欧洲地区
Seoul virus（SEOV）	HFRS	*Rattus norvegicus*	世界范围
Thailand hantavirus（THAIV）	HFRS	*Bandicota indica*	泰国
Tula virus（TULV）	HFRS	*Microtus arvalis*	欧洲地区
Andes virus（ANDV）	HCPS	*Oligoryzomys longicaudatus*	阿根廷、智利
Araraquara virus（ARAV）	HCPS	*Necromys lasiurus*	巴西
Bayou virus（BAYV）	HCPS	*Oryzomys palustris*	北美地区
Bermejo virus（BMJV）	HCPS	*Oligoryzomys chacoensis* *Oligoryzomys flavescens*	阿根廷、玻利维亚
Black Creek Canal virus（BCCV）	HCPS	*Sigmodon hispidus*	北美地区
Castelo Dos Sonhos virus（CASV）	HCPS	*Oligoryzomys* spp.	巴西
Choclo virus（CHOV）	HCPS	*Oligoryzomys fulvescens*	巴拿马
Juquitiba virus（JUQV）	HCPS	*Oligoryzomys nigripes*	阿根廷、巴西
Laguna Negra virus（LANV）	HCPS	*Calomys callosus*	阿根廷、巴拉圭、玻利维亚
Lechiguanas virus（LECV）	HCPS	*Oligoryzomys flavescens*	阿根廷
Maciel virus（MCLV）	HCPS	*Bolomys obscurus*	阿根廷
Oran virus（ORNV）	HCPS	*Oligoryzomys chacoensis*	阿根廷
Sin Nombre virus（SNV）	HCPS	*Peromyscus maniculatus*	北美地区

2. 食虫动物汉坦病毒

除啮齿动物外，汉坦病毒在食虫动物中也呈现多样性和全球性分布。1971年从印度的臭鼩（*Suncus murinus*）中分离到索托帕拉雅病毒（Thottapalayam virus，TPMV），是食虫目相关的汉坦病毒的原型病毒。而后，食虫动物相关的新型汉坦病毒陆续被报道，如分别在美国的蒙面鼩鼱（*Sorex cinereus*）、灰黑鼩鼱（*Sorex monticolus*）和北美短尾鼩（*Blarina brevicauda*）中发现的Ash Rive病毒、Jemez Spring病毒和Camp Ripley病毒，在瑞士的普通鼩鼱（*Sorex araneus*）中发现的Seewis病毒，在越南的四川短尾鼩（*Anourosorex squamipes*）中发现的Cao Bang病毒，在日本的日本鼩鼹（*Urotrichus talpoides*）中发现的Asama病毒，在朝鲜的大麝鼩（*Crocidura lasiura*）中发现的Imjin病毒，等等。迄今已有超过20多种汉坦病毒在食虫目动物中被发现，表明食虫目动物是汉坦病毒的重要宿主之一。

（四）汉坦病毒的进化、跨种传播和预防

进化模型分析表明，鼠亚科及仓鼠科的汉坦病毒同宿主有着协同进化关系，共进化历史超过百万年（Plyusnin et al.，2014）。基于此理论，汉坦病毒可划分为4个谱系：食虫目相关的汉坦病毒，以TPMV为原型病毒；翼手目相关汉坦病毒，以黄陂病毒和龙泉病毒为代表；鼠亚科和鼩鼱相关的汉坦病毒，以HTNV为原型病毒；田鼠亚科及棉鼠亚科相关的汉坦病毒，以普马拉病毒和辛诺柏病毒为代表（Holmes et al.，2015）。也有研究学者认为汉坦病毒同宿主的共进化历史较短，宿主跳跃及适应在汉坦病毒进化史中发挥重要作用（Ramsden et al.，2009）。宿主跳跃不仅限于同属不同种之间，也可以跨不同哺乳动物科感染，如鼠亚科汉坦病毒同鼩鼱汉坦病毒的亲缘关系远于同仓鼠科的汉坦病毒。

汉坦病毒主要通过接触鼠类等带毒动物的排泄物或其分泌物而感染。因此，提高城乡居民的卫生环境，减少同野鼠的接触机会，可从传染源头上切断传播链，有效预防汉坦病毒感染。具体的预防措施包括以下几条。① 灭鼠：以药物毒杀为主，处理死鼠或排泄物时要佩戴橡胶或乳胶手套，同时做好消毒和个人防护等工作。② 搞好环境卫生：减少室内外可隐藏鼠类的暗处；废弃的食物容器或食物残渣及使用过的餐具要及时清理，废弃物要放在带盖的垃圾桶中。③ 注意食品卫生：食物及饮用水储存在有盖的容器中，要防止食物被鼠觅食或受鼠的排泄物污染；可能或已经受污染的容器在清洁消毒之前不能使用。④ 个人防护：不直接用手接触鼠类及其排泄物，不在无防护的情况下捣动鼠窝。在野外时，要穿袜子，扎紧裤腿和袖口；野外露宿时应选在地势高，地面开阔、干燥的地方，防止鼠类侵扰。此外，接种HFRS疫苗具有良好预防效果，有效率可达90%以上。

四、拉沙病毒

（一）拉沙热暴发史

拉沙热是由拉沙病毒（Lassa virus，LASV）感染引起的一种急性病毒性出血热，总病死率为1%～2%，住院患者的病死率可达15%。由于拉沙热致病性强，且目前缺

少特效药物及有效疫苗，因此拉沙病毒被归为生物安全四级病毒，在2006年卫生部颁布的《人间传染的病原微生物名录》中危害等级列为第一类。

首个确诊的拉沙热病例出现在1969年1月，患者是一名在尼日利亚西北部拉沙镇教会医院工作的女护士。发病后，参与护理的另外两名护士也被感染。1969年3月，美国耶鲁虫媒病毒研究所从三名患者样本中分离到同一种病毒，确认了拉沙热的病原体。按照首个病例出现的小镇名字，将其命名为拉沙病毒。此后，拉沙热在西非持续暴发，每年影响的人数约200万，造成5000～10 000人死亡。最近来说，从2018年初至2019年2月，尼日利亚暴发了4次拉沙热疫情，最近的一次造成327人感染，72人死亡，死亡率22%。拉沙热的暴发区域主要包括尼日利亚、几内亚、利比里亚、塞拉利昂等西非国家，布基纳法索、中非共和国、加纳、科特迪瓦、马里、塞内加尔等国也存在拉沙病毒感染的血清学证据。

（二）拉沙病毒病原学特征

拉沙病毒属于布尼亚病毒目沙粒病毒科（*Arenaviridae*）哺乳动物沙粒病毒属（*Mammarenavirus*）。沙粒病毒由于从宿主细胞中获得的数目不等的核糖体呈现沙粒状而得名。依据地理分布，分为新世界沙粒病毒和旧世界沙粒病毒两大类，新世界沙粒病毒主要包括来自于拉丁美洲的病毒，如胡宁病毒和马丘波病毒；旧世界沙粒病毒主要来自于非洲和欧亚大陆，如拉沙病毒。

拉沙病毒的病毒粒子有包膜，直径为80～150nm。包膜表面有“T”形突起，长度为7～10nm，由病毒糖蛋白组成。病毒核酸为两个节段的单股负义RNA（S和L片段）。S片段全长3.5kb，编码病毒的核蛋白（NP）和包膜糖蛋白前体（GPC）。NP是病毒主要结构蛋白，GPC在胞内被酶切割成信号肽、GP1和GP2，其中GP1负责与细胞受体结合，GP2负责膜融合。L片段全长7.2kb，编码病毒RNA多聚酶和Z蛋白。

拉沙病毒通过受体介导的胞饮作用进入宿主细胞，同内吞体发生膜融合，脱壳后核糖核蛋白复合物进入细胞质，启动病毒的转录和复制。缺陷多糖（DG）被鉴定为拉沙病毒的受体，在哺乳动物的大部分组织细胞表面广泛存在。而溶酶体相关膜蛋白1则在拉沙病毒入侵晚期发挥重要作用（Torriani et al.，2017）。拉沙病毒可在Vero细胞中繁殖，也可以感染小鼠、仓鼠、豚鼠、恒河猴等多种动物。拉沙病毒对理化因素的抵抗力较弱，对酸、热、紫外线、脂溶剂、去污剂等敏感。

感染拉沙病毒后的潜伏期一般为10d，而后出现高热、全身无力和不适。几天后可能出现头痛、喉咙痛、肌肉疼痛、恶心、呕吐、腹泻。严重者可发展到脸部肿胀，胸腔积水，口、鼻或胃肠道出血，也可能出现蛋白尿。晚期可见休克、癫痫、震颤、定向障碍和昏迷。危重病例发病后通常在14d内死亡。早期的支持性护理，如补液治疗或对症治疗有助于提高存活率。

（三）拉沙病毒的动物宿主、进化和预防

多乳鼠（*Mastomys natalensis*）是拉沙病毒的主要自然宿主。这种鼠类动物广泛分布于撒哈拉沙漠以南的非洲地区，主要栖居在城镇与乡村，与人关系密切，因此拉沙热的暴发风险区域很广（Fichet-Calvet et al.，2009）。除多乳鼠外，研究人员在尼日利

亚的非洲木鼠（*Hylomyscus pamfi*）、红乳鼠和几内亚的红乳鼠中也检测或分离到了拉沙病毒，表明拉沙病毒的啮齿动物宿主种类多样（Olayemi et al.，2016）。拉沙病毒是否有更多其他种类宿主，其在自然界环境中的流行范围及规律如何，还需要进一步研究。

拉沙病毒是遗传多样性最丰富的沙粒病毒，其核苷酸和氨基酸差异最高分别可达 27% 和 15%。基于已有 NP 序列进行分析，可以发现拉沙病毒分为 6 个谱系，其中前三个是传统尼日利亚谱系，谱系四包含发现于几内亚、利比里亚和塞拉利昂的分离株。近期发现的谱系五来自于从加纳感染患者的分离株，谱系六为来自尼日利亚非洲木鼠的分离株（Whitmer et al.，2018）。进化分析表明尼日利亚拉沙病毒的共同祖先在 1000～2000 年前出现，而后传播到几内亚、利比里亚等国（Anderson et al.，2015）。

拉沙病毒主要通过人类接触多乳鼠的尿液、粪便或被排泄物污染的食物或生活物品而感染。因此最有效的防控措施是减少同鼠类动物的接触。需搞好社区和家庭卫生，将粮食和其他食物储存在防啮齿动物容器中，在离家远的地方处理垃圾，保持家庭清洁，阻止鼠类进入家中。拉沙病毒可发生人际传播或医院内感染，感染途径包括直接接触拉沙热患者的血液、尿、粪便或其他身体分泌物，以及通过污染的针头等感染。因此家庭成员在照料患者时，应始终注意避免接触其血液或体液。医疗工作者在护理拉沙热的疑似或确诊患者时，须采取额外的感染控制措施，防止与患者血液和体液，以及受污染的表面或衣服和床上用品等材料的接触。

我国目前尚无拉沙热的病例及病原报道。但近年来在我国鼠类中发现了温州病毒等其他新型沙粒病毒（Li et al.，2015），这些沙粒病毒对人和其他动物是否致病需要进一步研究。虽然拉沙热流行区域主要在非洲，但随着我国与非洲各国的联系愈加紧密，拉沙热传入我国的风险正在上升。需要加强海关检验检疫，协助非洲国家开展病原监测和防治，将传染病防控阵线前移，切断输入传播。

第三节 新发病毒的预防与控制

新的传染病往往意味着我们对它一无所知，从而无法用已有的知识去应对。古人曾经将急性传染病称为“天刑”，认为是天降的灾祸，对疾病的控制也无从谈起。直到我国东晋医学家葛洪排除迷信，指出急性传染病是由外界的物质因素引起的。进入 21 世纪以来，新发病毒性传染病的暴发比以往更加频繁，传播更加迅速，波及的范围也更广，相应的应对策略也展现出新的特点。

要控制一种病毒性新发传染病，需要首先了解其流行规律。一般可分为以下 4 个阶段：① 病毒出现或被引入个人或一个小的群体，如 SARS 疫情初始，病毒首先感染接触果子狸的厨师；② 在一个小的范围传播，如 2002 年底 SARS 在广东的暴发；③ 疫情扩大引发大流行，病毒获得了人群中稳定传播的能力，并不断扩大，如 SARS 在 2003 年引发的全球大流行；④ 人群产生抵抗或者由于有效的防控措施，病毒在人群中的传播最终得到控制。

由此我们提出了应对的 5 个关键步骤：① 首先要对新疾病的暴发有一个基本的预判从而加快诊断和应对，如判定传播方式；② 早期诊断，确定病原，在人和动物中溯源；③ 在传播早期控制疾病；④ 在流行的扩张期控制疾病；⑤ 消除暴发的风险或彻底清除该病毒（图 10-5）。

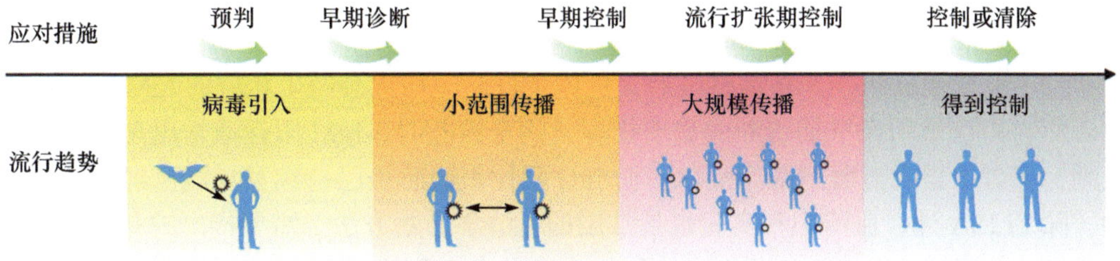

图 10-5　新发传染病的流行趋势及应对策略

（一）预判

在疾病传播的第一阶段，我们尚无法对暴发进行准确预测，不过可以尝试预判可能加速疾病传播的因素。在该阶段，现场流行病学家将会起到至关重要的作用。有许多病毒性新发传染病的初期症状很类似，因而成功的预判对正确应对至关重要。在 2015 年巴西多地出现了新生儿的小头症，医生总结这些病例发现他们的母亲在怀孕期都曾被蚊虫叮咬过，由此预判小头症可能与蚊虫携带的病原有关。在这一阶段，虽然不能确定病原，但通过蚊虫控制可以有效地应对疫情。

（二）早期诊断

早期诊断的目标是明确病原体及其源头，是传染病防控的关键环节，需要医院和实验室共同完成。

1. 医院

早期诊断始于医院。医务人员需要识别潜在的流行病并上报异常病例，然后通过隔离患病人群来降低小范围内暴发的风险。随后展开已知病毒筛查工作或者由专门的实验室进行未知病毒的鉴定。值得注意的是，医院往往是新发病毒疾病的传播地。在疾病暴发的早期，在病原和传播方式不明确的情况下，医院如不能采取有效的保护措施会导致继发感染。

2. 实验室诊断

判定病原对于控制病原最为关键。在这一步，专业实验室的诊断至关重要。大体上未知病毒诊断可以分为分子检测、血清学检测及病毒分离三部分。

（1）分子检测　聚合酶链反应（PCR）是最常用的病毒特异性检测手段。具有快速、简单等特点，PCR 及相关的 RT-PCR（逆转录 PCR，检测病毒 RNA）广泛应用于新传染病的诊断。特别是针对那些症状上难以判定的疾病，如埃博拉病毒感染的初始表征与流感类似，寨卡病毒感染的表型与登革病毒也难以区分。

PCR 具有无法在基因信息未知的情况下诊断病原的缺陷。近年来应用广泛的高通量测序（next-generation sequencing，NGS）则弥补了这种不足。NGS 可以获得样本中所有的基因信息，包括病毒及宿主信息。通过后续的基因片段组装，可快速获取未知病毒的基因组。SARS 暴发后，科学家利用传统的基因组扩增方法花了数周才拿到其全基因组，判定为一种新型的冠状病毒，而此时病毒已经扩散至全球。而 2012 年 MERS 暴发时，仅仅几天的时间，科学家就利用 NGS 测序了其基因组，判定其为另一种冠状病毒。值得注意的是，NGS 测序产生的大量数据往往会让判定真正的病原更加困难，因而临床上常通过 PCR 加以确证。

（2）血清学检测　病毒感染后，机体免疫反应往往会产生相应的 IgM 和 IgG 抗体，而它们也被用作早期诊断的重要指标。病毒诊断时，IgM 阳性通常出现于急性感染期，患者也常有显著的临床症状。而 IgG 阳性表明感染已持续数周或已经处于恢复期。除 ELISA 外，血清中和实验也是常用的血清学诊断方法。需要指出的是，由于交叉反应的普遍性，血清学诊断无法达到分子检测的精确度。

（3）病毒分离　从患病宿主体内分离出活病毒曾是病毒检测的金标准。时至今日，由于病原分离的复杂性及其较高的生物安全需求，病毒分离已不再作为诊断的常用标准。然而对于那些能够培养的新发病毒，细胞病变、电子显微镜观察及免疫染色依然可以提供最确凿的证据。

3. 现场调查

在确定病原后，必须要尽快确定传播途径、传播史及传播源头。人群间传播常见的方式为呼吸道、消化道及体液传播。临床上会采集患者的呼吸道分泌物、血液等体液，特异性地检测该病毒，以判断人群传播的可能性。另外需要调查感染者的接触史，判定潜在的感染者。

传播源头的判断则要复杂一些。综合近年来暴发的动物源性病毒疾病，我们发现了两种基本的传播模式：单次动物源性传播和继发的人传人感染或多次动物源性传播。前者如埃博拉病毒和艾滋病病毒；后者如 MERS 冠状病毒，由携带病毒的骆驼多次传播至人。传播源头的判定主要是通过调查人类生活环境中的其他动物，如蚊虫、家畜及野生动物等来进行。近年来，科学界提出了全球病毒组计划，希望通过测序自然界中所有存在的病毒，从而在下一次暴发的时候尽快锁定源头、快速应对。

（三）早期控制

在病原未知的情况下的早期控制策略可以分为患者隔离和非特异性支持性治疗。隔离感染者曾经很好地应对了 SARS 疫情。支持性治疗指的是在没有特异性疫苗和药物的情况下，仅通过药物或器具维持患者生命体征或增强其抵抗力的手段。在拉沙热、埃博拉等烈性新发病毒的治疗中，广谱抗病毒药利巴韦林或干扰素等支持性治疗有效地降低了死亡率。

（四）流行扩张期控制

如果未能实现早期控制，该疾病会演化为大流行。该阶段的主要控制目的在于延缓流行速度。最有效的延缓措施即旅行禁令，然而这意味着经济活动的停滞和重大经济损失。因而，世界卫生组织仅在少数紧急情况下建议了旅行禁令。更常见的方式为野生动物或媒介等传播源头的控制。在调查清楚病原体源头后，通过媒介控制或关闭野生动物市场等行为可以有效地控制新的感染发生。在 2016 年新加坡的寨卡病毒流行中，通过多个社区的蚊虫控制，感染率在 4 周内从 3.62% 降到了 1.22%。

（五）控制或消除

控制指的是某一次流行得到控制，但也许会再次暴发，清除则意味着永久性的消失。仅有天花病毒等少数几种人类病毒被清除，对于绝大多数新发病毒病来说，再次暴发的可能性很大。疫苗、特异性抗体和药物是控制病毒感染最有效的手段。

1. 疫苗

好的疫苗会引发机体针对野生病毒的特异性免疫，而又不会对机体造成伤害，这就要求对病毒与宿主相互作用机制的解析。解析病毒受体结合蛋白的结构可以设计出具有中和保护效用的疫苗，而选择性敲除宿主天然免疫的拮抗基因也可能产生良好的减毒疫苗。然而，目前绝大多数的新发病毒都尚无针对性的疫苗。

2. 抗体和药物

新发病毒病的暴发往往来势急而短暂。由于这种特点，具有中和效力的单克隆抗体是更为常用的防控策略，如三种单抗的混合制剂 Zmapp 曾很好地应对了埃博拉病毒引起的传染病。另外，更多病毒复制的阻断药物或肽段也被设计出来，这些药物通常针对病毒复制酶、蛋白酶或受体结合蛋白等关键蛋白。例如，RNA 复制酶抑制剂 Favipiravir 就可以同时针对流感病毒、黄病毒等多种 RNA 病毒。

小　　结

新发传染病严重威胁人类健康。大部分病毒性新发传染病具有流行范围广、传播速度快、防治难度高等特征，病原体主要以野生动物、家养动物和虫媒动物传播的 RNA 病毒为主。病毒性新发传染病是人类与动物、环境之间相互作用的结果，其发生受到社会经济发展、人类行为、气候变化等多种因素影响。

本章以 SARS 冠状病毒、MERS 冠状病毒、汉坦病毒和拉沙病毒 4 种引起严重人类疾病的新发病毒为例，对其溯源研究历程进行了回顾，介绍了几类病毒在其动物宿主中的遗传多样性、进化特征及跨种传播链。蝙蝠是 SARS 样冠状病毒的自然宿主，目前已完全证实 SARS 冠状病毒起源于蝙蝠，通过中间宿主果子狸传播到人类。单峰骆驼是人感染 MERS 冠状病毒的直接来源，而蝙蝠携带遗传多样的 MERS 相关冠状病毒，表明 MERS 冠状病毒的演化来源可能也是蝙蝠。汉坦病毒和拉沙病毒这两类引起急性出血热的病毒以鼠类作为其自然宿主。

本章还论述了病毒性新发传染病防控的 5 个步骤：病毒引入初期对疾病传播因素的预判；通过实验室早期诊断、流行病学调查，确定病原体及其传播源头；通过隔离患者和非特异性支持性治疗进行早期控制；制定延缓传播措施、控制传播源头以阻断疾病蔓延；最终研发特异性疫苗、抗体和药物对抗病毒感染，预防疾病再发。

复习思考题

1. 请列举 5 种病毒性新发传染病，并指出其宿主动物或媒介动物。

2. 科学家发现的哪些证据能够证实 SARS 冠状病毒起源于蝙蝠?

3. 请从病原学特征、疾病临床表现、宿主动物和遗传进化等方面比较 SARS 冠状病毒和 MERS 冠状病毒的相似和不同之处。

4. 如何有效预防汉坦病毒和拉沙病毒?

5. 新发病毒性疾病的早期实验室诊断主要包括哪些方法?

(石正丽 周 鹏 杨兴娄 胡 犇)

参 考 文 献

Aguirre AA, Tabor GM. 2008. Global factors driving emerging infectious diseases. Ann N Y Acad Sci, 1149:1-3.

Andersen KG, Shapiro BJ, Matranga CB, et al. 2015. Clinical sequencing uncovers origins and evolution of Lassa virus. Cell, 162: 738-750.

Anthony SJ, Gilardi K, Menachery VD, et al. 2017. Further evidence for bats as the evolutionary source of Middle East respiratory syndrome coronavirus. mBio, 8: 00373-17.

Bai L, Morton LC, Liu Q. 2013. Climate change and mosquito-borne diseases in China: a review. Global Health, 9:10.

Chan JF, To KK, Tse H, et al. 2013. Interspecies transmission and emergence of novel viruses: lessons from bats and birds. Trends Microbiol, 21: 544-555.

Cui J, Li F, Shi ZL. 2019. Origin and evolution of pathogenic coronaviruses. Nat Rev Microbiol, 17: 181-192.

Drosten C, Kellam P, Memish ZA. 2014. Evidence for camel-to-human transmission of MERS coronavirus. N Engl J Med, 371: 1359-1360.

Fichet-Calvet E, Rogers DJ. 2009. Risk maps of Lassa fever in West Africa. PLoS Negl Trop Dis, 3:e388.

Forbes KM, Sironen T, Plyusnin A. 2018. Hantavirus maintenance and transmission in reservoir host populations. Curr Opin Virol, 28:1-6.

Gallagher TM, Buchmeier MJ. 2001. Coronavirus spike proteins in viral entry and pathogenesis. Virology, 279: 371-374.

Ge XY, Li JL, Yang XL， et al. 2013. Isolation and characterization of a bat SARS-like coronavirus that uses the ACE2 receptor. Nature, 503: 535-538.

Guan Y, Zheng BJ, He YQ, et al. 2003. Isolation and characterization of viruses related to the SARS coronavirus from animals in southern China. Science, 302:276-278.

Haagmans BL, Al Dhahiry SH, Reusken CB, et al. 2014. Middle East respiratory syndrome coronavirus in dromedary camels: an outbreak investigation. Lancet Infect Dis, 14: 140-145.

Holmes EC, Zhang YZ. 2015. The evolution and emergence of hantaviruses. Curr Opin Virol, 10: 27-33.

Howard CR, Fletcher NF. 2012. Emerging virus diseases: can we ever expect the unexpected? Emerg Microbes Infect, 1: e46.

Hu B, Zeng LP, Yang, XL, et al. 2017. Discovery of a rich gene pool of bat SARS-related coronaviruses provides new insights into the origin of SARS coronavirus. PLoS Pathog, 13: e1006698.

Ithete NL, Stoffberg S, Corman VM, et al. 2013. Close relative of human Middle East respiratory syndrome coronavirus in bat, South Africa. Emerg Infect Dis, 19: 1697-1699.

Jones KE, Patel NG, Levy MA, et al. 2008. Global trends in emerging infectious diseases. Nature, 451: 990-993.

Kruger DH, Figueiredo LT, Song JW, et al. 2015. Hantaviruses—globally emerging pathogens. J Clin Virol, 64: 128-136.

Lau SK, Woo PC, Li KS, et al. 2005. Severe acute respiratory syndrome coronavirus-like virus in Chinese horseshoe bats. Proc Natl Acad Sci U S A, 102: 14040-14045.

Lau SK, Li KS, Tsang AK, et al. 2013. Genetic characterization of Betacoronavirus lineage C viruses in bats reveals marked sequence divergence in the spike protein of pipistrellus bat coronavirus HKU5 in Japanese pipistrelle: implications for the origin of the novel Middle East respiratory syndrome coronavirus. J Virol, 87: 8638-8650.

Lau SKP, Zhang L, Luk HKH, et al. 2018. Receptor usage of a novel bat lineage C Betacoronavirus reveals evolution of Middle East Respiratory Syndrome-related coronavirus spike proteins for human dipeptidyl peptidase 4 binding. J Infect Dis, 218: 197-207.

Li K, Lin XD, Wang W, et al. 2015. Isolation and characterization of a novel arenavirus harbored by Rodents and Shrews in Zhejiang province, China. Virology, 476: 37-42.

Li Q, Zhou L, Zhou M, et al. 2014. Epidemiology of human infections with avian influenza A (H7N9) virus in China. N Engl J Med, 370: 520-532.

Li W, Shi Z, Yu M, et al. 2005. Bats are natural reservoirs of SARS-like coronaviruses. Science, 310: 676-679.

Luo CM, Wang N, Yang XL, et al. 2018. Discovery of novel bat coronaviruses in south China that use the same receptor as Middle East respiratory syndrome coronavirus. J Virol, 92: e00116-18.

Mackenzie JS, Jeggo M. 2013. Reservoirs and vectors of emerging viruses. Curr Opin Virol, 3: 170-179.

Maes P, Adkins S, Alkhovsky SV, et al. 2019. Taxonomy of the order *Bunyavirales*: second update 2018. Arch Virol, 164: 927-941.

Meerburg BG, Singleton GR, Kijlstra A. 2009. Rodent-borne diseases and their risks for public health. Crit Rev Microbiol, 35: 221-270.

Muller MA, Corman VM, Jores J, et al. 2014. MERS coronavirus neutralizing antibodies in camels, Eastern Africa, 1983-1997. Emerg Infect Dis, 20: 2093-2095.

Muller MA, Meyer B, Corman VM， et al. 2015. Presence of Middle East respiratory syndrome coronavirus antibodies in Saudi Arabia: a nationwide, cross-sectional, serological study. Lancet Infect Dis, 15: 629.

Nishiura H, Miyamatsu Y, Mizumoto K, et al. 2016. Objective determination of end of MERS outbreak, South Korea, 2015. Emerg Infect Dis, 22: 146-148.

Olayemi A, Cadar D, Magassouba N, et al. 2016. New hosts of the lassa virus. Sci Rep, 6: 25280.

Ommeh S, Zhang W, Zohaib A, et al. 2018. Genetic evidence of Middle East respiratory syndrome coronavirus (MERS-CoV) and widespread seroprevalence among camels in Kenya. Virol Sin, 33: 484-492.

Plyusnin A, Sironen T. 2014. Evolution of hantaviruses: co-speciation with reservoir hosts for more than 100 MYR. Virus Res, 187: 22-26.

Raj VS, Mou H, Smits SL, et al. 2013. Dipeptidyl peptidase 4 is a functional receptor for the emerging human coronavirus-EMC. Nature, 495: 251-254.

Ramsden C, Holmes EC, Charleston MA, et al. 2009, Hantavirus evolution in relation to its rodent and insectivore hosts: no evidence for codivergence. Mol Biol Evol, 26: 143-153.

Reusken CB, Haagmans BL, Muller MA, et al. 2013. Middle East respiratory syndrome coronavirus neutralising serum antibodies in dromedary camels: a comparative serological study. Lancet Infect Dis, 13: 859-866.

Rota PA, Oberste MS, Monroe SS, et al. 2003. Characterization of a novel coronavirus associated with severe acute respiratory syndrome. Science, 300: 1394-1399.

Torriani G, Galan-Navarro C, Kunz S, et al. 2017. Lassa virus cell entry reveals new aspects of virus-host cell interaction. J Virol, 91: e01902-16.

Tu C, Crameri G, Kong X, et al. 2004. Antibodies to SARS coronavirus in civets. Emerg Infect Dis, 10: 2244-2248.

Whitmer SLM, Strecker T, Cadar D, et al. 2018. New lineage of Lassa virus, Togo, 2016. Emerg Infect Dis, 24: 599-602.

Wiethoelter AK, Beltran-Alcrudo D, Kock R， et al. 2015. Global trends in infectious diseases at the wildlife-livestock interface. Proc Natl Acad Sci U S A, 112: 9662-9667.

Wolfe ND, Dunaven CP, Diamond J. 2007. Origins of major human infectious diseases. Nature, 447: 279-283.

Woo PC, Wang M, Lau SK, et al. 2007. Comparative analysis of twelve genomes of three novel group 2c and group 2d coronaviruses reveals unique group and subgroup features. J Virol, 81: 1574-1585.

Wu D, Tu C, Xin C, et al. 2005. Civets are equally susceptible to experimental infection by two different severe acute respiratory syndrome coronavirus isolates. J Virol, 79: 2620-2625.

Yang XL, Hu B, Wang B, et al. 2016. Isolation and characterization of a novel bat coronavirus closely related to the direct progenitor of severe acute respiratory syndrome coronavirus. J Virol, 90: 3253-3256.

Zaki AM, van Boheemen S, Bestebroer TM, et al. 2012. Isolation of a novel coronavirus from a man with pneumonia in Saudi Arabia. N Engl J Med，367: 1814-1820.

Zhang YZ, Zou Y, Fu ZF, et al. 2010. Hantavirus infections in humans and animals, China. Emerg Infect Dis, 16: 1195-1203.

Zhong NS, Zheng BJ, Li YM, et al. 2003. Epidemiology and cause of severe acute respiratory syndrome (SARS) in Guangdong, People's Republic of China, in February, 2003. Lancet, 362: 1353-1358.

第11章 Chapter Eleven

重要人类病毒

继 1901 年发现了第一个人类病毒黄热病病毒后（Enquist and Racaniello，2013），随着分子生物学技术和高通量测序手段的日益发展，新病毒种类呈爆发式增长（Kowarsky et al.，2017）。并非所有人类病毒都具有致病性，部分病毒甚至可能是正常人体有益共生环境的重要组成部分（Roossinck，2015），但致病和条件致病病毒的感染及其导致的疾病严重影响了人类的健康。病毒感染可以导致几乎人体所有器官出现急性或慢性疾病，其中消化系统、神经系统、呼吸系统和免疫系统病毒感染所导致疾病最为常见和严重。本章将按感染发生的系统器官介绍其代表性病毒。

第一节　消化系统病毒

消化系统的基本生理功能是摄取、转运、消化食物和吸收营养，以及排泄废物。常见的消化系统的病毒包括肝炎病毒和肠道病毒，主要侵袭肝脏和胃肠道。

一、肝炎病毒

肝炎病毒是一类主要感染肝细胞、引起病毒性肝炎的病原体。目前公认的肝炎病毒主要有甲、乙、丙、丁、戊 5 型，分别对应 5 种类型肝炎。其中，乙型肝炎病毒和丙型肝炎病毒流行范围较广，引起的慢性持续性感染与肝硬化、肝癌等的发生关系密切。

（一）乙型肝炎病毒

乙型肝炎病毒（hepatits B virus，HBV）属嗜肝 DNA 病毒科（*Hepadnaviridae*），正嗜肝 DNA 病毒属（*Orthohepadnavirus*）。根据基因组核苷酸序列差异分为 A～H 共 8 个基因型（genotype），我国以 B 型和 C 型为主。

1. HBV 的形态与结构

HBV 为有包膜的病毒。完整的 HBV 病毒颗粒又称为丹氏颗粒（Dane particle），呈球形，直径约为 42nm；最外层的包膜由 HBV 基因组编码的三种包膜蛋白，大包膜蛋白（L）、中包膜蛋白（M）、小包膜蛋白（S），以及少量脂质成分组成；包膜内为病毒核心蛋白（Core）组成的核衣壳，直径约为 22nm；核衣壳内含有一个拷贝的 HBV 基因组，其中基因组负链 5′ 端与病毒聚合酶（Pol）共价连接（图 11-1）。此外，HBV

病毒颗粒内可能还含有丝氨酸激酶等宿主蛋白。HBV 亚病毒颗粒（subviral particle）根据形态分为球形颗粒（sphere）和管形颗粒（filament）两种，直径约为 22nm，主要由表面蛋白和脂质组成，不含核衣壳和 HBV 基因组，因此不具有感染性和复制能力（Knipe and Howley，2013）（图 11-1）。亚病毒颗粒的量是丹氏颗粒量的 10^4～10^6 倍，其中小球形颗粒的含量最丰富。亚病毒颗粒的生物学作用尚不明确，有可能通过吸附病毒的中和抗体促进 HBV 在宿主中的传播和持续感染（Knipe and Howley，2013）。

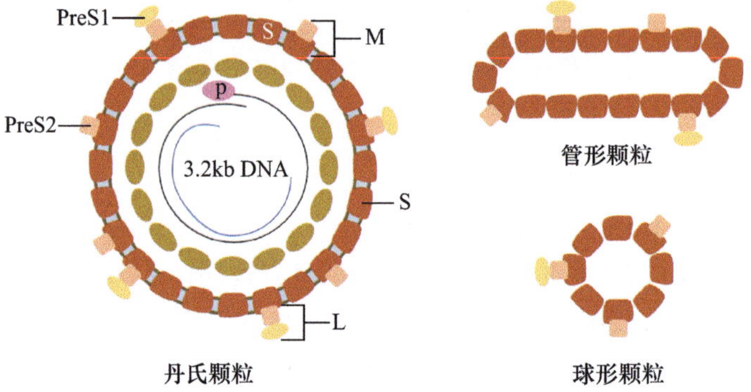

图 11-1　HBV 病毒颗粒

2. HBV 基因组结构及特点

HBV 基因组全长约为 3.2kb，为非闭合环状双链 DNA（RC-dsDNA），其中负链 DNA 较长，正链 DNA 较短。负链 DNA 和正链 DNA 的 5′ 端通过 250～300 个核苷酸碱基配对（称为黏性末端），维持病毒基因组的环状结构。黏性末端两侧各含有一段由 10～12 个核苷酸组成的顺向重复序列（DR）（图 11-2），即 DR2 和 DR1，在 HBV 复制和形成基因组环状结构的过程中发挥关键作用（Knipe and Howley，2013）。HBV 基因组含 4 个可读框（ORF），PreC+Core、Pol、PreS1+PreS2+S 和 X，分别编码 Core 及 HBeAg、Pol、包膜蛋白（L、M 和 S）和 X 蛋白。4 个 ORF 区高度重叠（图 11-2）。HBV 基因组转录产生 4 种不同长度的 RNA，即 3.5kb RNA、2.4kb RNA、2.1kb RNA 和 0.7kb RNA。3.5kb RNA 包括 PreC RNA（pcRNA）和前基因组 RNA（pgRNA），pcRNA 比 pgRNA 略长，负责 HBeAg 的翻译；pgRNA 承担双重功能，一方面作为翻译模板，负责 Core 和 Pol 蛋白的翻译；另一方面作为病毒逆转录模板，负责负链 DNA 的合成；2.4kb RNA 负责 L 蛋白的翻译；2.1kb RNA 负责 M 蛋白和 S 蛋白的翻译；0.7kb RNA 负责 X 蛋白的翻译（图 11-2）。

3. HBV 的复制生活周期

HBV 通过其特异性受体牛磺胆酸钠共转移多肽（NTCP）介导进入肝细胞；RC-dsDNA 基因组在细胞核中形成共价闭合环状双链 DNA（cccDNA）；cccDNA 作为模板，转录出 4 种病毒 RNA；RNA 出核后，在细胞质中翻译出相应的蛋白质；3.5kb pgRNA 作为逆转录模板在核衣壳中合成子代病毒基因组；成熟核衣壳被包膜蛋白进一步包裹组装成完整的病毒粒子释放到胞外（Zeyen and Prange，2018）。此外，新形成的子代成熟核衣壳还可回到细胞核中进一步补充 cccDNA 库（Knipe and Howley，2013）。包膜蛋白也可单独组装成亚病毒粒子释放到胞外。

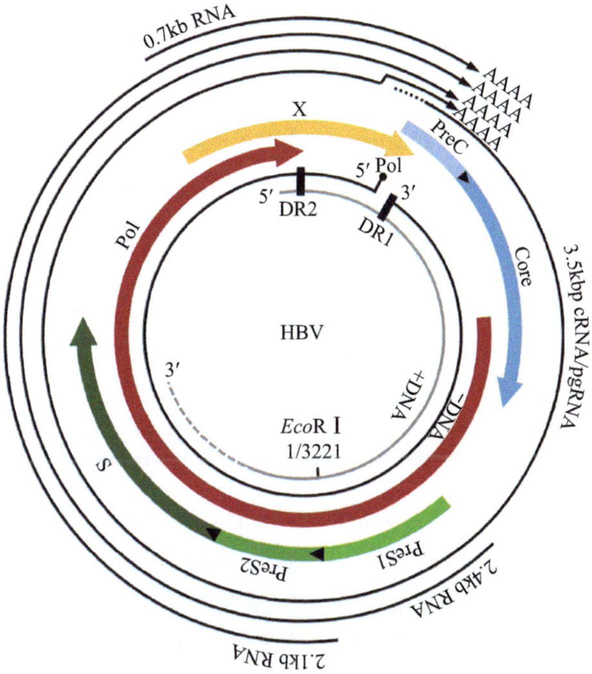

图 11-2 HBV 基因组结构

1/3221 表示第 1 位点与第 3221 位点在此重合

4. HBV 编码的蛋白质及功能简介

HBV 的三个包膜蛋白——L、M 和 S 蛋白，分别由病毒基因组的 PreS1+PreS2+S、PreS2+S 和 S 区编码，在核衣壳的包膜化、病毒粒子的形成和释放过程中发挥关键作用。此外，L 蛋白的 PreS1 是介导 HBV 与特异性受体 NTCP 结合进入肝细胞的关键区域（Watashi and Wakita，2015）；S 蛋白是 HBV 感染性病毒粒子和亚病毒颗粒中含量最为丰富的包膜蛋白，携带多种重要的抗原表位，可诱导机体产生保护性抗体，是 HBV 疫苗的主要成分（Gerlich，2013）。

Core 蛋白由 PreC+Core 编码，是非分泌型蛋白，可自组装成核衣壳。

HBeAg 是由整个 PreC+Core 编码形成的前体蛋白经切割加工而成的分泌型蛋白。目前认为 HBeAg 在 HBV 感染过程中主要发挥免疫调节功能。在临床上，血清中的 HBeAg 是判断 HBV 感染进程和传染性强弱的一项重要指标（Knipe and Howley，2013）。

Pol 蛋白是 HBV 的聚合酶，具有逆转录功能，负责 HBV pgRNA 的逆转录过程，也是目前除干扰素以外其他已上市的抗 HBV 药物的作用靶点（Knipe and Howley，2013）。

X 蛋白（HBx）具有转录因子样活性，在 HBV 的复制过程中发挥关键作用；此外，X 蛋白还具有反式激活特性，可以通过影响细胞信号转导及宿主细胞的基因表达来改变肝细胞的生理特性，从而促进病毒的复制和感染的持续及肝癌的发生（Slagle and Bouchard，2016）。

5. cccDNA 形成微染色体结构及表观遗传学调节

在感染的肝细胞核内，cccDNA 分子与组蛋白结合组装成宿主细胞染色质样结构，称为微染色体（minichrosome）。与宿主细胞染色质类似，cccDNA 微染色体上核小体的排列形式及组蛋白的表观遗传学修饰，如乙酰化和甲基化等，在调节 cccDNA 转录活性的过程中发挥着重要作用。此外，宿主细胞转录因子、共活化子、共抑制子、染色质修饰酶及 HBV 病毒蛋白，如 Core 蛋白和 X 蛋白等，均可被招募到 cccDNA 微染色体上，调控 cccDNA 的转录活性（Hong et al.，2017）。

6. HBV 致病性

（1）HBV 感染与致病　HBV 感染人体后，经过急性感染期，5%～10% 的新生儿及 95% 的成人可通过免疫系统清除病毒，自行痊愈，其余的则发展为慢性乙型肝炎（Nelson et al.，2016），还有极少数人发展为急性重型肝炎（Knipe and Howley，2013）。HBV 感染后可通过逃避或削弱宿主天然免疫反应、干扰宿主适应性免疫应答等机制造成持续性感染；cccDNA 微染色体在细胞核内持续存在也是导致 HBV 慢性化的分子基础（Knipe and Howley，2013）。

慢性乙型肝炎的发病机制较为复杂，迄今尚未完全阐明。大量研究表明，HBV 不直接杀伤肝细胞，其引起的免疫应答是肝细胞损伤及炎症发生的主要机制。而炎症反复存在是慢性乙肝患者进展为肝硬化甚至肝细胞癌的重要因素（Hou et al.，2017）。

（2）实验室检测与诊断　检测 HBV 感染最常用的血清学指标是“乙肝两对半”，即 HBsAg 和乙肝表面抗体（anti-HBs），HBeAg 和 e 抗体（anti-HBe），以及 HBcAg。血液中检测到 HBsAg 并持续 6 个月以上是诊断慢性 HBV 感染的重要指标。未检测到 HBsAg 则说明病毒完全清除。anti-HBs 是具有保护性免疫的标志分子。HBeAg 是病毒活跃复制的血清学标志分子。血液中 HBeAg 转阴，而其抗体 anti-HBe 的出现则预示病毒活跃复制终止，急性感染趋于好转。HBcAg，即 Core 蛋白，具有高度的免疫原性，血液中抗 HBc IgM 的出现通常是提示急性 HBV 感染的第一个免疫学指征。检测血液中病毒存在的金标准是定量血清中病毒 DNA 的水平。

（3）防控与治疗　HBV 主要经血、母婴及性接触传播，不经呼吸道和消化道传播。接种乙型肝炎疫苗是预防 HBV 感染最有效的方法。当有破损的皮肤或黏膜意外暴露 HBV 感染者的血液和体液后，除进行必要的血清学检测之外，可采取疫苗接种联合乙型肝炎免疫球蛋白（HBIG）注射的方式进行预防（Hou et al.，2017）。

抗 HBV 药物主要有普通干扰素（IFN-α）、长效干扰素（pegIFN-α）和核苷类似物［nucleos（t）ide analog，NUC］等。这些抗病毒治疗药物在诱导 HBeAg 转阴，降低病毒 DNA 载量，降低转氨酶水平，改善肝功能，降低肝衰竭和肝细胞癌的发生率等方面已取得显著疗效（Suk-Fong Lok，2019）。由于这些治疗手段并不能靶向 cccDNA，因此尚不能彻底清除 cccDNA，达到完全治愈慢性 HBV 感染的目的。如何实现 cccDNA 的功能性治愈（Levrero et al.，2016）是目前 HBV 领域的研究热点和难点。

（二）丙型肝炎病毒

1. HCV 形态、结构与分类

丙型肝炎病毒（hepatitis C virus，HCV）属于黄病毒科（*Flaviviridae*）肝炎病毒属（*Hepacivirinae*），是一种含脂质囊膜的单股正链 RNA 病毒，病毒粒子直径为 40～100nm。病毒核衣壳为正二十面体，病毒囊膜蛋白 E1 和 E2 锚定在源于宿主细胞的脂质囊膜

中。血液中HCV与血清中的脂蛋白结合，以脂病毒颗粒（lipoviral partical）形式存在（Catanese et al.，2013）。

HCV基因组全长约9.6kb，两端为非编码区5′UTR和3′UTR，中间为一个可读框，编码一个大的多聚蛋白前体，在宿主和病毒自身蛋白酶作用下被切割为结构蛋白（Core、E1、E2）和非结构蛋白（P7、NS2、NS3、NS4A、NS4B、NS5A、NS5B）（Lohmann et al.，1996）。HCV的非编码区具备调节RNA复制和翻译的功能：5′UTR含内部核糖体进入位点（IRES），介导HCV的翻译过程；3′UTR与病毒蛋白NS5B、宿主蛋白及5′UTR结合，调控HCV RNA的复制（Niepmann et al.，2018）。

介导HCV基因组复制的NS5B蛋白是一种RNA依赖性的RNA聚合酶，缺乏校正功能，因而HCV具有较高的变异性。已报道的HCV序列可归为7个基因型，67个基因亚型；其中不同基因型间序列差异超过30%，不同亚型间差异20%～25%（Simmonds et al.，2005）。

2. HCV的复制和生活周期

HCV生活周期可简单概括为吸附和进入，脱衣壳和基因组的释放，蛋白质的合成和加工，基因组的复制，病毒粒子的装配，病毒粒子的成熟和释放。

血液中的HCV病毒粒子通过受体依赖的内吞方式进入肝细胞，已经鉴定出多种HCV受体及进入相关因子，根据作用机制可分为黏附因子、进入因子及促进入因子三类。黏附因子如硫酸乙酰肝素聚糖（HSPG）、低密度脂蛋白受体（LDL-R）、高密度脂蛋白受体（HDL-R），通过与HCV E2蛋白或脂蛋白相互作用将病毒吸附在细胞表面，增加病毒囊膜蛋白与特异性受体结合的概率；白细胞分化抗原81（CD81）、紧密连接蛋白claudin1和occludin与HCV的E2蛋白结合，是病毒进入的特异性受体；受体酪氨酸激酶EGFR和EphA2信号通路在病毒进入过程中发生活化并促进病毒的进入过程。HCV进入细胞后在低pH诱导下，病毒粒子与早期溶酶体发生膜融合，完成脱衣壳过程，释放基因组（Tawar et al.，2016）。

释放到细胞质的基因组通过5′UTR的IRES与核糖体结合，翻译出多聚蛋白前体。在宿主信号肽酶（signal peptidase，SP）和信号肽肽酶（signal peptide peptidase，SPP）的作用下释放产生结构蛋白Core、E1、E2；在病毒编码的NS2-3蛋白酶的作用下切割NS2和NS3，在NS3-4A蛋白酶的作用下切割其他连接位点，释放产生非结构蛋白NS2、NS3、NS4A、NS4B、NS5A及NS5B。结构蛋白及NS2主要参与病毒颗粒的成熟，非结构蛋白NS3-NS5B是病毒复制的主要复制酶。NS3-NS5B的表达诱导细胞内的膜结构发生重组，形成一种新的“膜网结构”，由病毒复制酶和宿主因子组成的复制复合体即定位于膜网结构，是病毒复制的主要位点。膜网结构主要源于内质网，多为双层膜小泡（double-membrane vesicle，DMV），其形成需多种宿主因子如PI4K Ⅲ α、OSBP、FAPP2、PSTPIP2、PLA2G4C等参与（Romero-Brey et al.，2012）。

HCV病毒粒子的装配与脂滴结构密切相关（Filipe and McLauchlan，2015）。破坏Core或NS5A的脂滴定位影响HCV病毒粒子的产生；多种脂滴相关蛋白质或参与脂滴形成的蛋白质在病毒粒子装配过程中发挥重要作用。病毒粒子在脂滴表面起始包装后，出芽进入内质网结构获得含E1、E2的囊膜，并与载脂蛋白ApoE结合，此时的病毒粒子已具感染性。HCV病毒粒子的出芽释放过程可能部分依赖于ESCRT（endosomalsorting complex required for transprot）通路。

3. HCV 的研究模型

（1）一致性序列　科学家在 1989 年成功克隆出 HCV 基因组，但体外克隆得到的 HCV 基因组导入细胞或黑猩猩后并不能复制。通过构建一致性序列获得的 H77（1a 亚型）病毒株是第一株有复制功能的全长 HCV 序列（Yanagi et al.，1997），可以感染黑猩猩并使其发病。

（2）亚复制子体系　删除 HCV 基因组的 Core-NS2 区域，在 IRES 后加入编码新霉素磷酸转移酶基因的序列，在 NS3 前插入脑心肌炎病毒（EMCV）的 IRES 序列，形成亚复制子结构（Lohmann et al.，1999）。Huh7 细胞导入亚复制子 RNA 后，经新霉素筛选获得持续复制的亚复制子细胞。利用干扰素将亚复制子细胞中的病毒 RNA 清除，即获得对 HCV 的容许性较高的亚细胞系；另外，复制子中适应性突变的出现也大大提高了复制水平。含荧光素酶或荧光蛋白的亚复制子体系可用于高通量药物筛选。

（3）HCVcc 感染体系　2001 年从一例急性重症肝炎患者体内分离克隆了 2a 亚型的 JFH1 HCV 基因组，基于 JFH-1 的全长 HCV RNA 导入 Huh7 细胞后产生感染性病毒颗粒。此后通过引入突变成功得到 2b 型 J6 株和 J8 株，1a 型 TN 株、HCV-1 株和 H77C 株，2b 型 DH8 株和 DH10 株的感染性克隆（Ramirez and Bukh，2018）。

（4）黑猩猩模型　黑猩猩是除人类外唯一可被 HCV 感染的灵长类动物，在 HCV 研究中起到了重要的作用（Bukh，2004）。但由于价格、遗传异质性、种群数量、伦理争议等原因应用受限。

（5）树鼩模型　HCV 感染可在部分树鼩体内产生间歇性、一过性的病毒血症；急性感染也可转归为持续性病毒血症并在 3 年后产生肝脂肪病变、肝纤维化、肝硬化等临床病症（Amako et al.，2010）。但其应用同样由于遗传背景复杂，具有较大个体差异等原因受到明显限制。

（6）小鼠模型　用于 HCV 研究的小鼠模型可分为 3 类：HCV 蛋白转基因小鼠，人肝嵌合小鼠，表达人源宿主因子的转基因小鼠（von Schaewen et al.，2016）。持续表达 HCV 蛋白的转基因小鼠因不能真实反映病毒感染情况而应用有限；人肝细胞的嵌合型小鼠可广泛用于 HCV 病毒感染和抗病毒药物开发等研究；多种表达 HCV 受体的转基因小鼠不能有效支持 HCV 复制，但新近研究发现表达 4 种 HCV 受体的 ICR 小鼠发生 HCV 病毒持续感染及相关慢性病变。

4. HCV 感染与致病

HCV 主要经血液、性接触和垂直传播。经血感染后仅少部分人（约 20% 患者）发生一过性感染并清除病毒，约 80% 的患者会形成慢性感染，持续慢性感染可导致肝硬化、肝癌。一般认为除病毒复制造成肝细胞损伤外，免疫介导的损伤也是 HCV 引发肝炎的原因。

目前，常用的诊断方法是通过酶免疫实验（enzyme immunoassay，EIA）检测抗体以及 PCR 检测病毒 RNA。在过去很长一段时间，丙型肝炎的标准抗病毒治疗方案是联合使用聚乙二醇干扰素和利巴韦林，该方案对 1 型和 4 型丙型肝炎患者的治愈率为 45%～70%，对 2 型和 3 型患者的治愈率为 70%～80%。这一方案治疗周期长，药物副作用大，价钱昂贵，不能防止肝脏移植导致的 HCV 再次感染。针对 HCV 的口服直接抗病毒药物的上市开创了丙型肝炎治疗的新时代，这一类药物直接作用于病毒蛋白，治愈率高达 90% 以上。我国于 2017 年先后批准的 Daclatasvir（NS5A 抑制剂）、Sofosbuvir（NS5B 聚合酶抑制剂）等也属于其中。

二、肠道病毒

肠道病毒（*Enterovirus*）归属于小 RNA 病毒科（*Picornaviridae*），其中包含多种致人类疾病的病原，如脊髓灰质炎病毒（3 种血清型）、甲型肝炎病毒、柯萨奇病毒（25 种血清型）和人肠道病毒（43 种血清型）等。

（一）代表性肠道病毒

1. 脊髓灰质炎病毒

脊髓灰质炎病毒是肠道病毒中最具代表性，也是研究最为深入的一种病毒。能引发脊髓灰质炎，传染性极强，人类是其唯一宿主。居住环境拥挤和卫生条件差能加速脊髓灰质炎病毒的传播，导致脊髓灰质炎的暴发。临床症状有头疼、发热、乏力，严重时可导致脑膜炎、肌群松弛萎缩。脊髓灰质炎被认为是一种很古老的疾病，公元前 2000 年的埃及石碑上的牧师就具有典型的脊髓灰质炎下肢麻痹后遗症（Johnson，1978）。直到 20 世纪中叶，科学家才认识到病毒是通过粪-口途径感染和传播，而中枢神经系统疾病是通过病毒血症引起的，这为日后发展抗病毒免疫打下了基础。脊髓灰质炎病毒研究的发展也是病毒学发展的里程碑，其标志性事件包括：噬斑实验的发明和建立；第一个 RNA 依赖的 RNA 聚合酶的发现；病毒的前体多聚蛋白合成机制的发现；RNA 动物病毒的第一个 DNA 感染性克隆的建立（Racaniello and Baltimore，1981）；X 射线晶体学首次基于脊髓灰质炎病毒和鼻病毒模拟出了动物病毒的三维结构（Hogle et al.，1985）；在脊髓灰质炎病毒的 RNA 中发现第一个 mRNA 缺乏 5′ 端的帽子结构。

1955 年，经肌内注射的灭活疫苗在美国获得认证，1961～1962 年通过口服的减毒疫苗也获得了认证。自 20 世纪 50 年代中期以来，由于疫苗的推广，极大地降低了脊髓灰质炎的发病率。全球消灭脊髓灰质炎行动取得了令人注目的成绩。

2. 肠道病毒 71 型

EV71 被认为是继脊髓灰质炎病毒之后最为重要的具有神经症状的肠道病毒之一。它是儿童手足口病的病原体，临床症状为发热、口腔溃疡及手足臀部皮疹，可自行恢复，但严重的可导致脑炎和脑膜炎，甚至死亡（Goksugur and Goksugur，2010）。2008 年我国暴发了严重的手足口病疫情，近 50 万人感染，造成 126 人死亡，之后手足口病被列为丙类传染病，要求医院在发现病例后 24h 内上报国家卫生健康委员会疾病预防控制局。目前没有有效药物治疗 EV71 导致的手足口病。

3. 柯萨奇病毒

根据对乳鼠的致病特性，柯萨奇病毒可分为 A 类和 B 类。柯萨奇 A 类病毒是在 1974 年脊髓灰质炎暴发时从纽约柯萨奇市的一名瘫痪儿童粪便中分离出来的（Dalldorf and Sickles，1948），能引起新生小鼠后肢麻痹；第二年，柯萨奇 B 类病毒从无菌性脑膜炎患者中分离出来，能引起新生小鼠痉挛性麻痹和全身感染。柯萨奇病毒侵入人体后能引起人上呼吸道感染，出现发热咳嗽等症状，是人类病毒性心肌炎的主要病原体。

（二）肠道病毒的病毒学

1. 肠道病毒的形态与结构

肠道病毒具典型小 RNA 病毒形态，病毒颗粒为直径约 30nm 的球体，结构较为简单，由裸 RNA 基因组及包裹在其周围的蛋白外壳构成，缺乏脂质包膜。病毒的物理特性常常决定了其感染宿主的方式，如脊髓灰质炎病毒和柯萨奇病毒对低 pH 具有抵抗力，可在消化道内复制（McErlean et al.，2008）。小 RNA 病毒衣壳含有 60 个结构蛋白，共同排列成一个二十面体。

2. 肠道病毒的复制与生长周期

肠道病毒依赖于细胞表面特异性受体进入易感细胞。病毒基因组复制时，首先由病毒和宿主蛋白识别 RNA 基因组特殊的二级结构，引发病毒负链 RNA 的合成，之后以此为模板再合成新的正链 RNA。病毒以基因组 RNA 为模板合成一条长约 2194 个氨基酸残基的多聚蛋白，接着被蛋白酶切割成独立的病毒功能和结构蛋白。当病毒基因组完成复制后，开始进行子代病毒粒子的组装，结构蛋白形成五聚体，12 个五聚体形成二十面体，最终结合 RNA 基因组形成一个完整的病毒颗粒。在脊髓灰质炎病毒感染的细胞中，先形成负链中间体，再以此为模板合成大量的正链。通过负链中间体可将正链基因组扩增至每个细胞约 50 000 个拷贝数。

（三）肠道病毒感染与致病

1. 病毒的传播与感染途径

人类是所有人肠道病毒的天然宿主。病毒通过粪-口途径和呼吸道飞沫传播（Horstmann，1967）。在感染者的咽部和肠中均有病毒的存在，病毒在患者的排泄物、污水、土壤及农作物中均可存活较长时间。卫生条件差、潮湿温暖、人群密集的地区可加速病毒的传播（Alexander et al.，1993）。病毒被食入后，首先在人类消化道细胞壁内繁殖，后经血液感染侵入其他靶细胞，并引发相应的临床症状（Bodian，1955）。

2. 病毒引起的疾病与致病机制

（1）脊髓灰质炎　是由脊髓灰质炎病毒引起的急性传染病，患者多为儿童。顿挫型脊髓灰质炎是该病毒引起的最常见的轻度发热症状性疾病，人群中发病率为 4%～8%，潜伏期通常为 1～3d。在易感人群中，平均每 200 例病毒感染者中有 1 例会导致麻痹性疾病，从感染到瘫痪的潜伏期通常为 4～10d。脊髓灰质炎病毒主要感染中枢神经系统中的运动神经元，特别是脊髓前角运动神经元，导致中枢神经系统特别是脊髓灰质部分发生炎症和损坏（Girard et al.，1999）。研究认为，该病毒在血液中能够穿越血脑屏障进入中枢神经系统，或者通过神经元轴突逆向转运进入胞体导致感染。

（2）手足口病　是一种由肠道病毒感染引发的手、足和口腔（有时还有臀部）出现水疱性病变的疾病。多发生于 5 岁以下儿童。多数患者症状轻微，少数可并发无菌性脑膜炎、心肌炎、呼吸道感染和急性弛缓性麻痹等病症，病情严重者易导致死亡。柯萨奇病毒 A10、A16 和 EV71 病毒是手足口的主要病因（Grist et al.，1978）。

（3）无菌性脑膜炎　是由中枢神经系统被感染引起的一种非细菌性炎症，伴有发热、头痛、畏光和脑膜征，脑实质未受感染。该病是肠道病毒感染引起的最常见的临床综合征。脊髓灰质炎病毒、柯萨奇病毒、埃可病毒等感染被认为是无菌性脑膜炎的主要病因。在温暖时期，病毒更容易经粪-口途径传播，其发病率存在季节性增加的现象。

3. 实验室检测与诊断

（1）分子检测　利用PCR技术和测序检测肠道病毒基因组，检测灵敏度高、耗时短，主要用于直接检测细胞培养、临床标本、活检或解剖组织中的肠道病毒基因组。

（2）病毒分离　将病毒从培养的细胞中分离并鉴定其血清型是检测肠道病毒的传统方法，该方法耗时费力，但特异性高，常用于病毒分离的最佳样本依次为粪便或直肠拭子、咽拭子和脑脊液。

（3）抗体检测　相对于临床诊断，肠道病毒血清学诊断多应用于流行病学的回顾性研究。通过对急性期和恢复期的血清样本中抗体滴度进行比较，可以对肠道病毒感染进行血清学诊断。血清中IgM抗体的检测可作为近期肠道病毒感染的依据。目前已经研发出用于肠道病毒特异性IgM的酶联免疫吸附测定（ELISA）。ELISA具有操作简单、快速、灵敏度高等特点，已成功地应用于流行病学暴发的研究及特异性诊断。

4. 流行病学与防控

年龄是影响肠道病毒感染结果的最重要因素之一。不同年龄的患者在感染后病症的严重程度、临床表现和预后效果都不同：大多数原发性肠道病毒感染发生在儿童期，引起的脑炎、无菌性脑膜炎、麻痹症、手足口病等的发病率也高于成人；新生儿中，病毒感染更易诱发如病毒性败血症、心肌炎、脑炎等较为严重的病症，严重时甚至死亡。

目前尚没有治疗肠道病毒感染的药物，但有些药物的有效性在体外和动物模型中已被证实。例如，已发现IFN-α和IFN-β在CVA24体外感染中有效；抗病毒抗体也被用于患者的治疗。

在肠道病毒疫苗方面，目前预防脊髓灰质炎病毒的疫苗有两类，口服减毒活疫苗（OPV）和注射型灭活疫苗（IPV），为消灭脊髓灰质炎，WHO推荐使用IPV。我国在国际上率先研发出EV71的灭活疫苗，该疫苗针对EV71引起的手足口病的预防率高达90%。

第二节　神经系统病毒

神经系统是人体最重要的器官之一，负责机体的所有重要行为，包括接收、整合、加工和处理体内外信息，协调各器官或系统间的功能，继而控制肌肉等靶器官应对外界刺激，完成各种生理、心理和社会功能。神经系统分为中枢神经系统和外周神经系统两部分，中枢神经系统包括脑和脊髓，其余属于外周神经系统。病毒感染中枢神经系统可导致脊髓炎、脑炎、脑膜炎、小头症等，严重时可能导致死亡。感染神经系统的常见病毒包括疱疹病毒、狂犬病病毒、肠道病毒、黄病毒等，这些病毒均偏嗜神经细胞并可造成神经损伤。本节将以疱疹病毒和狂犬病病毒为代表介绍神经系统病毒。

一、疱疹病毒

疱疹病毒是一类常见的动物病毒，其感染宿主广泛，包括从双壳类到人类的多种物种。疱疹病毒完整病毒颗粒呈球形，直径为160～300nm；基因组为线状双链DNA，大小为125～295kb；基因组由正二十面体结构的衣壳（capsid）包裹，构成直径为100～125nm的核衣壳（nucleocapsid）；核衣壳由皮膜层（tegument）包裹，皮膜层主要由病毒皮膜蛋白及部分宿主细胞蛋白组成；最外层覆盖囊膜（envelope），其脂质双层源于细胞膜，镶嵌多种病毒糖蛋白形成的刺突（spike）（图11-3）。

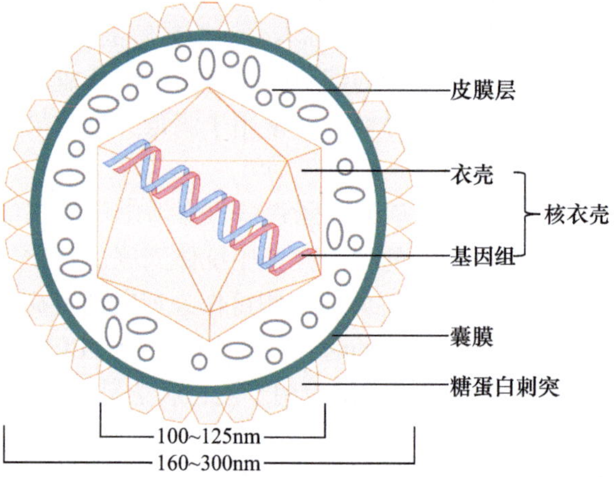

图 11-3 疱疹病毒结构示意图

2009年，国际病毒命名委员会（ICTV）增设疱疹病毒目（*Herpesvirales*），按宿主分为感染哺乳动物、鸟类和爬行类的疱疹病毒科（*Herpesviridae*）、感染鱼类及两栖类的异疱疹病毒科（*Alloherpesviridae*）和感染双壳类的软体动物疱疹病毒科（*Malacoherpesviridae*）（Davison et al.，2009）。迄今已发现的人类疱疹病毒（Human herpesvirus，HHV）有9种，分属于疱疹病毒科的α、β和γ亚科（表11-1）。

表 11-1 人类疱疹病毒

正式名	常用名	缩写	亚科	基因组 /kb	GenBank 标准基因组
人类疱疹病毒 1 型（human herpesvirus 1）	1 型单纯疱疹病毒（herpes simplex virus 1）	HHV-1 HSV-1	α	152	NC_001806
人类疱疹病毒 2 型（human herpesvirus 2）	2 型单纯疱疹病毒（herpes simplex virus 2）	HHV-2 HSV-2	α	155	NC_001798
人类疱疹病毒 3 型（human herpesvirus 3）	水痘-带状疱疹病毒（varicella-zoster virus）	HHV-3 VZV	α	125	NC_001348
人类疱疹病毒 4 型（human herpesvirus 4）	爱泼斯坦-巴尔病毒（Epstein-Barr virus）	HHV-4 EBV	γ	172	NC_007605 (type1)/ NC_009334 (type2)
人类疱疹病毒 5 型（human herpesvirus 5）	人巨细胞病毒（human cytomegalovirus）	HHV-5 HCMV	β	236/230	NC_006273/NC_001347
人类疱疹病毒 6A 型（human herpesvirus 6A）	—	HHV-6A	β	159/170	NC_001664
人类疱疹病毒 6B 型（human herpesvirus 6B）	—	HHV-6B	β	162/168	NC_000898

续表

正式名	常用名	缩写	亚科	基因组 /kb	GenBank 标准基因组
人类疱疹病毒 7 型（human herpesvirus 7）	—	HHV-7	β	145	NC_001716
人类疱疹病毒 8 型（human herpesvirus 8）	卡波氏肉瘤相关疱疹病毒（Kaposi's sarcoma-associated herpesvirus）	HHV-8 KSHV	γ	170/210	NC_003409/NC_009333

α 疱疹病毒亚科感染的宿主范围较广，如 HSV-1 除感染人外，还感染小鼠、大鼠、树鼩和猴。原发感染后，病毒在感觉神经节中建立潜伏性感染。在培养细胞中复制较快，生活周期约 12h，呈裂解性感染。β 疱疹病毒亚科感染宿主具严格的种属特异性，如 HCMV 只感染人，而鼠 CMV 只感染鼠。原发感染后，这些病毒在骨髓、分泌腺、淋巴细胞等中建立潜伏性感染。在培养细胞中病毒复制周期为 48～72h，感染进程较慢，可呈裂解性感染。γ 疱疹病毒亚科感染宿主有明显的种属特异性。通常特异性感染 T 淋巴细胞、B 淋巴细胞和上皮细胞，一般不引起裂解性细胞病变，不产生高滴度感染性病毒粒子，在淋巴组织中建立潜伏性感染，并导致肿瘤发生。

（一）单纯疱疹病毒

单纯疱疹病毒（herpes simplex virus，HSV）是最早发现的人类疱疹病毒，存在 HSV-1 和 HSV-2 两种血清型，二者基因组同源性为 83%（Roizman et al.，2013），病毒结构、病毒蛋白与功能、感染进程等均类似。

1. HSV 病毒颗粒和基因组

HSV 病毒颗粒近球形，直径约 186nm，若包含囊膜表面刺突，则直径约 225nm；成熟的核衣壳直径约 125nm。HSV 基因组为线性双链 DNA，GC 含量接近 70%，HSV-1 和 HSV-2 基因组分别为 152kb 与 155kb。HSV 基因组可分为（unique long，U_L）区和短（unique short，U_S）区，均由反向重复（repeat，R）区组成。R 区依其所处位置被命名为末端重复序列（terminal repeat，TR）和中间重复序列（internal repeat，IR）。在病毒复制过程中 U_L 和 U_S 区域可能以不同方向随机组合形成 4 种异构体（图 11-4）。

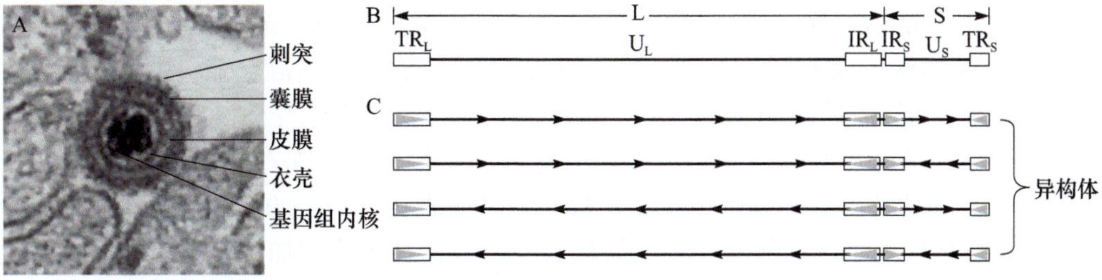

图 11-4　HSV 病毒（A）与基因组结构（B）及产生的异构体组合（C）

2. HSV 复制和生命周期

HSV 感染完全容许细胞后的复制周期约为 12h，病毒蛋白在整个复制周期持续表达，病毒基因组在感染后 3～15hpi（hpi 为感染后的时间，单位为 h）复制，子代病毒在6～18hpi呈指数增长，在24hpi左右达到平台期。HSV利用病毒囊膜上的糖蛋白与宿主细胞表面受体结合，通过膜融合使核衣壳连同皮膜蛋白一起进入细胞；也可通过结合受体经胞吞作用进入细胞，在细胞内脱去囊膜释放核衣壳。之后核衣壳附着于核膜，病毒基因组进入细胞核后环化，经滚环式复制（rolling circle replication）大量扩增，开始病毒基因表达。HSV基因组编码超过80个病毒蛋白，根据表达时相可分成立即早期（immediate-early，IE，或α）、早期（early，E，或β）和晚期（late，L，或γ）蛋白。IE蛋白是基因表达或抑制免疫的调节蛋白，E蛋白多为病毒DNA复制所需酶以及部分皮膜糖蛋白，L蛋白主要为病毒的结构蛋白。衣壳蛋白表达后进入细胞核组装成为正二十面体衣壳，包装病毒基因组后形成成熟的核衣壳。随后，核衣壳出核进入胞质，包裹皮膜蛋白，经囊泡运输到细胞膜附近，病毒颗粒通过囊泡与细胞膜融合以出芽方式释放到胞外。

3. HSV的感染与致病

HSV的两种不同血清型HSV-1和HSV-2均为常见病原，全球感染率分别为64%和11%。HSV-1多经口鼻感染引发口唇疱疹，或感染眼部导致角膜炎；HSV-2常经性传播，导致生殖器疱疹。HSV感染正常人群一般仅引发局部疱疹，不导致严重疾病，且多为自限性。但其建立潜伏性感染后可反复激活，免疫低下时可引发全身播散性感染，甚至单纯疱疹性脑炎。此外，孕期HSV感染可导致宫内感染，垂直传播给胎儿，造成流产、早产、先天畸形等。

HSV-1往往经口腔黏膜或破损皮肤感染，在初始感染位点增殖后，入侵神经末梢，沿轴突逆向（retrograde）传播至三叉神经节，建立潜伏性感染；潜伏的病毒激活后沿神经元轴突顺向（anterograde）传播至所支配的黏膜或皮肤引发唇疱疹、角膜炎，或逆向传播入侵中枢神经系统导致脑炎等严重疾病。临床检测主要为血清学检测IgG和IgM抗体水平，或PCR检测病毒基因组或基因转录。

（二）水痘-带状疱疹病毒

1. VZV病毒

水痘-带状疱疹病毒（varicella-zoster virus，VZV）属于α疱疹病毒亚科，其病毒颗粒的基本结构和HSV类似，因感染细胞所产生的子代病毒黏附于细胞膜，呈高度细胞关联状态（highly cell associated），不生产高滴度的游离病毒（free virion），因此高清晰的VZV结构解析尚未实现。VZV基因组约125kb，在疱疹病毒α亚科中最小。

VZV感染复制过程与HSV类似。病毒颗粒结合宿主细胞受体经膜融合或胞吞作用入侵细胞；部分皮膜蛋白随病毒基因组进入细胞核，启动VZV的*IE*基因表达；*E*基因在4hpi表达伴随病毒基因组复制；接着*L*基因表达，编码的结构蛋白在胞质中合成、进入细胞核开始装配核衣壳；之后核衣壳出核，在胞质中加载皮膜蛋白并囊膜化形成成熟的子代病毒。在体外培养细胞中，子代病毒在9hpi开始形成，12hpi达到高峰。子代病毒在体外培养的细胞中通过膜融合形成合胞体，经cell to cell方式侵染邻近细胞。合胞体形成是VZV感染的标志之一。

2. VZV的感染与致病

VZV感染有一定的种属特异性，人是其唯一的天然宿主。利用移植有人体组织或细胞的嵌合小鼠模型表明，VZV 主要感染 T 细胞、上皮细胞和神经细胞（Zerboni et al., 2014）。由于 VZV 具有嗜皮肤和嗜神经的特性，在疾病上表现为水痘和带状疱疹。VZV 原发感染（primary infection）引发水痘，多发于儿童，偶发于成人。VZV 经呼吸道进入人体，首先在黏膜上皮细胞、局部淋巴结中增殖，随 T 细胞入血，形成第一次病毒血症，再传播至肝脏等器官，进一步增殖，再次入血形成第二次病毒血症，继而播散至全身皮肤上皮细胞，大量复制并引发疱疹，表现为水痘，伴随发热等全身症状。水痘患者的呼吸道、疱疹液及血液中含大量病毒，可经飞沫、接触传播，传染性极强。VZV 感染经历两次病毒血症，而病毒只有一个血清型。原发感染后 VZV 潜伏于背根神经节，被激活后沿神经纤维传播至神经所支配的皮肤导致带状疱疹，多见于 50 岁以上的中老年人，但目前带状疱疹发病呈年轻化趋势。水痘和带状疱疹均为自限性疾病，一般不需要抗病毒治疗，病程 1～2 周即可自愈，但带状疱疹需早治疗，减少疱疹后神经痛的发生。目前已有减毒活病毒 Oka 株作为疫苗来预防水痘和带状疱疹。

（三）人巨细胞病毒

1. HCMV

人巨细胞病毒（human cytomegalovirus，HCMV）的病毒颗粒呈典型疱疹病毒结构，直径 200～230nm。其基因组在 HHV 中最大，约 236kb，编码至少 167 种病毒蛋白、至少 23 个 microRNA（miRNA）和 4 个长片段非编码 RNA（LnRNA）。HCMV 基因功能的注释尚未完成，部分长度较短或重叠的可读框（ORF）未标注，大量已知基因的功能不清楚。目前已鉴定的 HCMV 编码的 miRNA 的基因散布于整个基因组上，这有别于 α 和 γ 疱疹病毒成簇出现的 miRNA 基因。尽管 HCMV 的 miRNA 并非病毒复制所必需，但在调控病毒整个生命周期中起重要作用，与 HCMV 致病性有关。

2. HCMV 复制和生命周期

HCMV 复制周期相对较长，是 β 疱疹病毒亚科的特点之一。在成纤维细胞中，HCMV 复制周期为 48～72h，成熟子代病毒释放在感染后第 5 天达到最高峰。在此期间，HCMV“挟持”细胞器、抑制细胞凋亡，以保证子代病毒复制。

HCMV 的感染复制过程与 HSV 类似。病毒借助囊膜表面的糖蛋白结合宿主细胞受体引发膜融合或胞吞作用入侵细胞；部分皮膜蛋白及病毒基因组进入细胞核启动病毒复制；*IE* 基因在感染后数分钟内即开始表达；*IE* 基因产物启动 *E* 基因表达，*E* 基因产物为病毒基因组复制所需；E 至 L 转换发生于 24～36hpi；核衣壳在细胞核内完成装配后出核，随后包裹皮膜蛋白，并经高尔基体囊膜化，最后完整病毒颗粒释放至胞外。

与 HSV、VZV 等疱疹病毒相似，HCMV 可产生 3 种不同的衣壳粒子，分别为 A、B 和 C 型衣壳（图 11-5）。其中只有 C 衣壳含有病毒基因组 DNA，最终形成感染性病毒粒子（virion）。A 衣壳无核心结构，B 衣壳含有未降解的脚手架蛋白而无病毒基因组，二者形成非感染性颗粒（noninfectious enveloped particle，NIEP）或高密度颗粒（dense body）与感染性病毒粒子一起释放到胞外。HCMV 与 HSV 等的不同之处在于 HCMV 复制时在胞质内近核处形成特殊的病毒装配复合体。

3. HCMV 的感染与致病

HCMV 在全球感染普遍，成年人 HCMV 的感染率为 52%～100%，在中国，学龄前儿童的 HCMV 血清阳性率超过 90%。HCMV 感染具有严格的种属特异性，人是 HCMV 的唯一宿主。和其他疱疹病毒一样，HCMV 在原发感染后即建立长期潜伏性感染。在免疫功能正常的人群中，HCMV 感染不引发严重症状，可有类似感冒样症状。

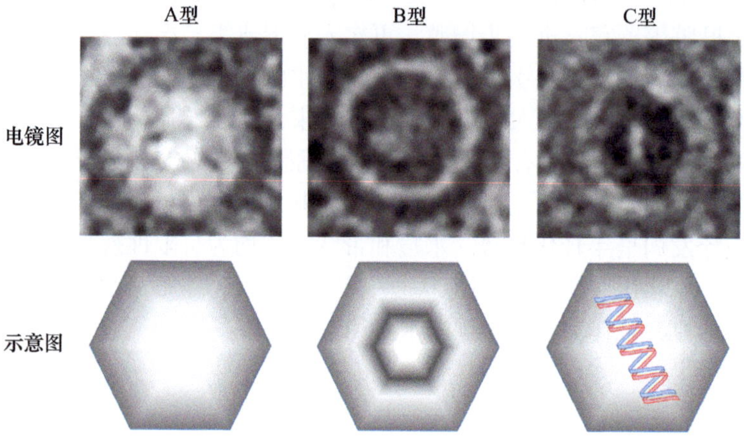

图 11-5 HCMV 的不同类型衣壳

但在免疫受损或抑制人群中，如 AIDS 患者、移植受者，特别是骨髓移植者，HCMV 的原发感染或激活感染可导致严重疾病甚至死亡。

HCMV 可经母亲胎盘垂直传播给胎儿，造成先天性感染，分娩时经产道造成围产期感染。HCMV 先天性感染是出生缺陷最常见的感染性病因，可见小头畸形、发育迟缓、听力损失等多种神经系统发育异常。胎脑是 HCMV 先天感染最主要的疾病发生器官（end-organ disease site），其中胎脑的室管膜下区（subventricular zone，SVZ）（Tsutsui，2009）及该区的神经前体细胞（neural progenitor cell，NPC）是 HCMV 感染的主要靶标。NPC 对 HCMV 感染最敏感，也是脑发育的根本。通过建立最接近临床的 HCMV 感染的 NPC 细胞模型，表明 NPC 对 HCMV 的感染为完全容许性感染（Pan et al.，2013），HCMV 感染影响 NPC 的增殖、分化，也影响胎脑发育（Luo et al.，2010）。

目前仍缺乏有效疫苗预防 HCMV 感染。人源抗 HCMV 免疫球蛋白（如 Cytogam）和抗病毒药物，如更昔洛韦（Ganciclovir）、阿昔洛韦（Acyclovir）、膦甲酸钠（Foscarnet）等有较好的干预效果。

二、狂犬病病毒

狂犬病病毒（rabies virus，RABV）是单负链 RNA 病毒目（*Mononegavirales*）弹状病毒科（*Rhabdoviridae*）丽沙病毒属（*Lyssavirus*，又名狂犬病病毒属）的代表种，具有弹状病毒典型的子弹状电镜形态。在所有弹状病毒中，尤以侵犯中枢神经系统的 RABV 对人类健康威胁最大（Hemachudha et al.，2013）。

RABV 颗粒由囊膜包裹螺旋状核衣壳构成，二者之间由基质蛋白 M 桥接，平均直径约 60nm，长 180nm。病毒囊膜源自宿主膜结构，镶嵌有 300～400 个糖蛋白（G）三聚体。G 的膜外结构域构成长约 10nm 的刺突，是宿主表面受体的唯一配体；膜内结构域和M相互作用，从而和核衣壳紧密结合。核衣壳由大蛋白（L）、磷蛋白（P）和核糖核蛋白（ribonucleoprotein，RNP）复合体组成：L是RABV最大的结构蛋白，作为依赖于RNA的RNA聚合酶（RdRp），为病毒基因组复制和转录所必需；P是L的辅因子，参与病毒基因组的复制和转录；RNP包含约1200个被基因组RNA紧密缠绕的核蛋白（N）（Davis et al.，2015）。RABV基因组为长约12kb的单股负链RNA，从3′到5′分别编码N、P、M、G、L 5种病毒蛋白（图11-6）。除去结构功能，这些蛋白质之间的协同作用及它们和宿主蛋白之间的相互作用更为重要，是构成RABV复杂的病原学特性的基础。例如，M还具有调节病毒复制、装配和出芽的功能，P能够破坏干扰素介导的抗病毒天然免疫等，G决定了病毒在轴突内的运输方向，等等。

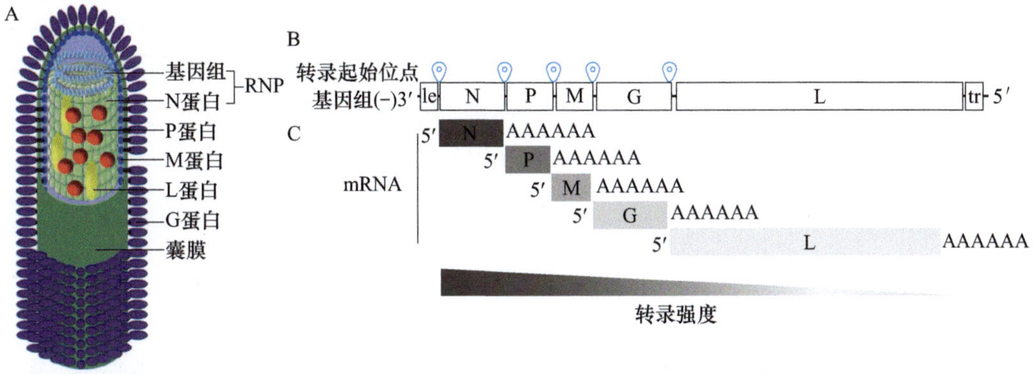

图11-6　RABV病毒颗粒结构（A）和基因组（B）与几种蛋白的转录强度（C）示意图

RABV的生命周期和其他弹状病毒类似。病毒通过G与宿主细胞表面受体（如烟碱乙酰胆碱受体等）相互作用，经胞吞作用入侵细胞；在内体的低pH环境中，G介导病毒囊膜和内体膜融合，从而将病毒核衣壳释放进入胞质；病毒颗粒中少量的L和P组成聚合酶复合物以病毒RNA基因组为模板合成正链RNA，合成的正链RNA可以作为mRNA被宿主的翻译机器识别并最终合成蛋白质。RABV的基因组在每个ORF之后都有一个转录终止信号，但只包含一个转录起始位点，聚合酶遇到终止信号时会有一定概率和RNP解离，转录终止，下一轮的转录必须从头开始。因此，基因转录效率由基因组3′端向5′端逐渐衰减，导致病毒蛋白表达丰度不同，由高到低依次是N蛋白、P蛋白、M蛋白、G蛋白和L蛋白（图11-6C）。当结构蛋白（N或M）达到一定阈值时，聚合酶L转换至持续合成模式以便合成全长正链RNA，并以此作为模板合成全长负链基因组RNA。结构蛋白和遗传物质准备就绪后，病毒装配其核衣壳，并通过M蛋白与插入宿主细胞膜的G蛋白胞内区相互作用，包裹囊膜并出芽释放，完成一个生命周期，RABV的生命周期可以全部在胞质中完成。

RABV是严格的嗜神经病毒，感染人类引发狂犬病。99%的人类感染病例中RABV是由带毒家犬抓咬或舔舐破损皮肤传播的。其他野生动物如狼、狐狸、浣熊及蝙蝠等也是重要的传染源；目前还没有被啮齿类动物咬伤后患狂犬病的病例。病毒首先感染伤口处的肌肉细胞，复制后经神经肌肉接头处的突触间隙进入控制该肌肉组织的运动神经元，之后沿轴突逆向运输至神经元胞体继续复制，子代RABV经突触逆向传播至上一级神经元，逐级抵达中枢神经系统，复制后扩散并造成大范围感染，同时 RABV 也从中枢神经系统向外周传播，感染皮肤、毛囊、心脏、唾液腺等组织器官（Schnell et al.，2010）。

狂犬病可根据发病症状不同分为麻痹型和狂躁型。麻痹型狂犬病多为脊髓或延髓出现病毒感染的病理损害，病程较长，主要特点是程度日益加重、影响范围逐渐扩大的肌肉麻痹，患者最后昏迷进而死亡。狂躁型狂犬病表现出烦躁、恐水、痉挛等典型的狂犬病症状，几天后患者由兴奋状态逐渐转为麻痹昏迷，最终因呼吸循环衰竭而死亡（Zhu and Guo，2016）。

狂犬病的潜伏期从几天到几年不等，目前还没有发病前的检测手段，临床诊断依据典型狂犬病症状。虽然已有暴露前和暴露后的干预手段，但都必须在尚未发病之前应用，一旦发病其死亡率接近 100%（Du Pont et al.，2019）。最有效的降低发病率的手段是提前预防，如避免接触带毒动物、给家养犬注射狂犬病疫苗等。如果被咬伤或接触了带毒动物，需尽快用肥皂等碱性洗涤剂彻底冲洗伤口，并用聚维酮碘消毒剂等清创，随后尽快注射狂犬病疫苗，同时注射狂犬病高效免疫球蛋白以中和体内的 RABV。

第三节 呼吸系统病毒

呼吸系统负责生物体与外界的气体交换，包含一系列器官和组织，如鼻、咽、喉、气管、支气管及肺等。呼吸系统可被多种病原感染，如病毒、细菌、支原体，甚至真菌等，其中流感病毒是最常见也是危害最大的病毒性病原体。

一、流感病毒基本特性

1. 病毒的分类

流行性感冒病毒（influenza virus）属正黏病毒科（*Orthomyxoviridae*），是一类有囊膜、分节段、单股、负链 RNA 病毒。流感病毒有 4 种型别，即 A、B、C、D（又称甲、乙、丙、丁）（Hause et al.，2013）。流感病毒分型的主要依据是病毒内部核蛋白（NP）和基质蛋白（M）抗原性的不同。生物信息学分析显示，4 种类型流感病毒均起源于同一个祖先。

2. 病毒的命名

A 型流感病毒按其表面抗原血凝素（hemagglutinin，HA）和神经氨酸酶（neuraminidase，NA）的差异分为若干亚型。HA 共分为 18 个亚型（H1～H18），NA 分为 11 个亚型（N1～N11）。其中 H17、H18、N10、N11 仅在蝙蝠中发现核酸证据，未分离出活毒株（Tong et al.，2012，2013）。B、C 和 D 型流感病毒不分亚型。一株流感病毒名称中包括下面几项内容：型别 / 宿主 / 分离地点 / 毒株序号 / 分离年代（亚型），如 A/Chicken/Vietnam/36/2004（H5N1），B、C 和 D 型流感的命名规则同 A 型流感一致，但均无亚型的划分。

3. 病毒的培养

流感病毒虽能引起人和多种动物的疾病，大多数毒株仍具有比较明显的宿主特异性，但各型流感病毒均能在鸡胚中良好增殖。大多数 A 型流感，特别是禽流感，可直接从鸡胚尿囊腔中分离得到。从人体内初次分离的病毒也可在细胞中培养，如狗肾传代细胞（MDCK）。检测细胞培养物内病毒增殖的方法是红细胞凝集实验，流感病毒对细胞的吸附，发生在病毒血凝素与细胞受体（含神经氨酸）之间。

4. 病毒的形态与结构

A 型流感病毒颗粒一般呈球形，直径为 80～120nm。从人和动物中初次分离出的病毒呈长短不一的丝状。流感病毒的结构可分为包膜、基质蛋白及核心三部分（图 11-7）。最外层的脂质包膜是病毒出芽时从宿主细胞获得的。脂质膜上镶嵌着 HA、NA 和基质蛋白 2（matrix protein 2，M2）三类膜蛋白纤突。脂质膜内侧为基质蛋白 M1 形成的球形蛋白壳，M1 内包裹着病毒核心成分——RNP 复合体，由病毒 RNA 基因组、多聚酶 PB2（polymerase basic 2）、PB1（polymerase basic 1）、PA（polymerase acid）和核蛋白（nucleoprotein，NP）组成。非结构蛋白 2（nonstructural protein 2）、出核蛋白（nuclear export protein，NEP）也存在病毒颗粒中。病毒颗粒内 RNP 的结构类似一条首尾相连的双螺旋链条，呈现有规则的排列。

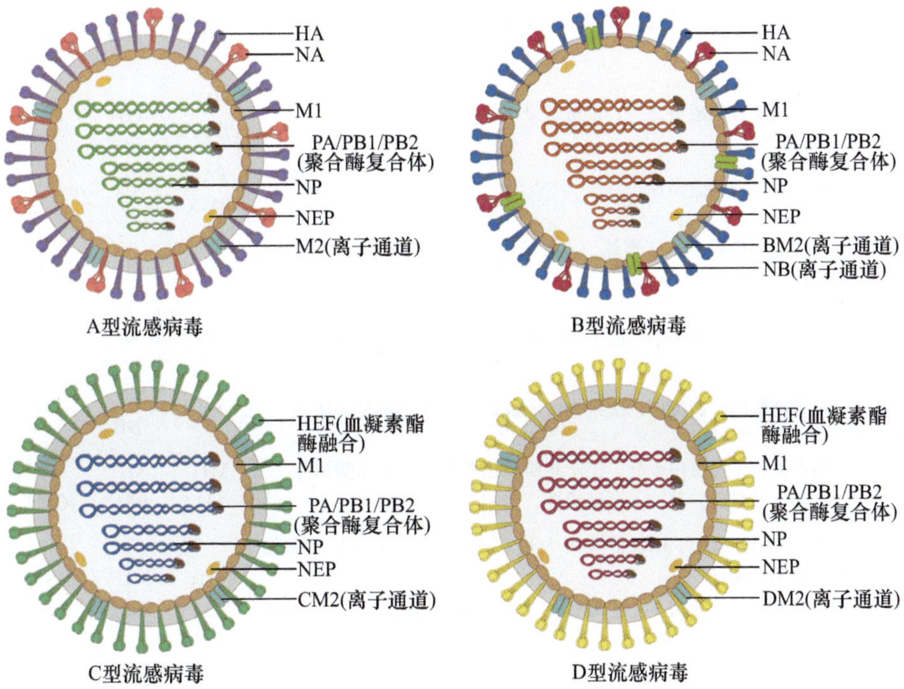

图 11-7　流感病毒结构示意图

B 型流感病毒在形态和结构上与 A 型流感基本一致，电镜下基本无法区分。与 A 型流感病毒不同的是，在 B 型流感病毒颗粒包膜上有 4 种膜蛋白：HA、NA、NB 和 BM2（图 11-7）。C 型流感病毒则有较大差异，在电镜下常呈长条状，包膜上缺少 NA，仅有 HEF（hemagglutinin-esterase-fusion，HEF）和 CM2 两种蛋白刺突，排列规则呈正六角形。HEF 蛋白是集血凝素活性、脂酶活性和膜融合活性于一体的复合功能蛋白（图 11-7）。D 型流感病毒形态和结构与 C 型流感病毒相同。尽管 C 型和 D 型流感病毒基因组为 7 节段 RNA，不过最近的超薄电镜技术证实，病毒颗粒中出现了与 A 型和 B 型流感病毒相同的 8 节段 RNP。

5. 基因组结构与功能

A 型和 B 型流感病毒的基因组由 8 个节段的 RNA 组成，C 型和 D 型流感病毒的基因组是 7 节段 RNA。流感病毒的基因组（vRNA）为负链 RNA（−RNA），它既是 mRNA 转录的模板，又是正链 RNA（+RNA）复制的模板。流感病毒基因组中，RNA 5′ 端的 13 个核苷酸和 3′ 端的 12 个核苷酸序列高度保守，而且每节段的 3′ 和 5′ 端中，分别有部分序列互补，所以每个节段 RNA 的 3′ 端和 5′ 端相互结合使病毒 RNA 环化形成“锅柄状”结构，在流感病毒的复制及转录中起着十分重要的作用。

A 型流感病毒有 8 节段 RNA，能编码至少有 11 种蛋白质，但并非所有的 A 型流感病毒都编码相同数量和种类的蛋白质。4 种类型流感病毒及其编码蛋白如表 11-2 所示。

表 11-2　流感病毒 RNA 节段及其编码蛋白

RNA 节段	编码蛋白功能	不同型流感病毒编码蛋白			
		A 型	B 型	C 型	D 型
1	识别并结合宿主甲基化“帽”，与 PB1、PA 一起组成转录酶复合物	PB2	PB2	PB2	PB2
2	转录酶复合物成员之一，促进转录	PB1，PB1-F2	PB1	PB1	PB1
3	转录酶复合物之一	PA，PA-X	PA	P3	P3
4	主要包膜糖蛋白，三聚体，主要抗原成分，具受体结合、膜融合活性	HA	HA	HE	HE
5	与 RNA 结合成核糖核蛋白（RNP）复合体，参与 RNA 合成	NP	NP	NP	NP
6	包膜糖蛋白，四聚体，决定性抗原成分，具神经氨酸酶活性	NA	NA，NB	—	—
7	病毒颗粒主要蛋白成分，位于脂质双层膜下，尚未知酶活性 主要包膜蛋白，具粒子通道活性，金刚烷胺可阻断	M1，M2	M1，BM2	M1，CM2	M1，CM2
8	非结构蛋白，宿主细胞核内大量存在，调节 mRNA 合成及 mRNA 前体剪切 病毒粒子上含量很少，主要存在于宿主胞质和核内，参与 RNP 的核输出	NS1，NS2	NS1，NS2	NS1，NS2	NS1，NS2

二、病毒的复制与生活周期

流感病毒与其他病毒一样，感染的第一步是病毒与细胞膜上的特异性受体结合，病毒吸附于细胞表面。流感病毒的受体结合部位（receptor binding site）位于 HA 头部顶端，细胞受体是位于细胞膜糖蛋白或糖脂链末端的唾液酸。

病毒与受体结合后，宿主细胞以胞吞（endocytosis）的方式将病毒吞入细胞并运送至内体（endosome）。病毒进入酸性环境的内体后，即开始膜融合和脱壳（uncoating）过程。病毒囊膜与内体膜融合，RNP 与 M1 分离，接着 RNP 释放进入胞质中并被转运至细胞核，这个过程高度依赖宿主细胞。病毒从入侵细胞开始到 vRNP（病毒基因组 RNA+ 核糖核蛋白，vRNA+RNP）进入核，这个过程在近 1h 内完成，其中入侵和膜融合过程迅速，仅需 10min。

流感病毒在宿主细胞核内开始 RNA 的复制和转录。首先基于病毒基因组 RNA 合成与其互补的全长 cRNA，接着以 cRNA 为模板合成子代负链 RNA，即 vRNA，这个过程是在 RNA 多聚酶复合体的作用下进行的。新合成的 vRNA 在核内与 NP 组成复合体，作为模板转录病毒 mRNA。mRNA 转录在病毒繁殖周期的早期阶段进行，但 cRNA 及 vRNA 的合成则在中、晚期阶段。流感病毒的蛋白质合成完全依赖宿主细胞的蛋白质机器。

病毒 mRNA 在核内合成并出核后，在胞质或内质网核糖体中翻译成蛋白质。部分病毒蛋白依赖核输入蛋白 α 和 β 通路再入核，帮助病毒 mRNA 转录和 vRNA 复制并形成 vRNP。vRNP 复合体从核内进入胞质，再被转运至细胞膜进行组装。

流感病毒以出芽（budding）的方式进行释放，病毒各组分在细胞膜内有序组装并形成成熟的病毒颗粒，之后通过细胞膜脂筏上的出芽点出芽。流感病毒的出芽需要 HA、NA 和 M2 蛋白的辅助。新组装的病毒出芽时，在病毒释放过程中，NA 蛋白催化并剪切唾液酸与糖分子之间的糖苷键，从而促进病毒的释放，而且 NA 蛋白也能移除 HA 和 NA 蛋白的唾液酸残基加速病毒与宿主细胞的分离。

三、病毒流行及防控

1. 病毒宿主范围

流感病毒宿主范围非常广泛。A 型流感病毒可感染人、马、猪、野鸟、家禽、蝙蝠和海洋哺乳动物等，是宿主范围最广的流感病毒，野鸟和水禽是 A 型流感的自然宿主。A 型流感病毒血清型众多，也是危害最大的流感病毒。B 型和 C 型流感病毒一般只在人群中流行，不过其他哺乳动物也能构成 B 型和 C 型流感病毒的宿主，如海豹（B 型流感病毒）、猪和牛（C 型流感病毒）（Webster et al.，1992）。D 型流感病毒直到 2011 年才从美国的牛群中被鉴定出来，此后多个国家或地区报道 D 型流感病毒在家畜（猪、牛、羊）中广泛流行，甚至人群中也有阳性抗体。

2. 病毒的流行

在人群中，A 型流感病毒常以季节性流行形式出现，危害大，每年会导致全球 10 亿左右人感染、发病，每年因为季节性流感感染而引起的呼吸道疾病导致多达 65 万人死亡。此外人类还经历了数次流感大流行。有详细记载的世界范围流感流行一共发生了 4 次，最早是 1918 年由 A 型 H1N1 引起的“西班牙流感”，这次流行死亡人数为 2000 万～5000 万，导致了当时 8%～10% 的青年死亡，人均期望寿命下降了 10～12 年，是迄今为止病死率最高的一次流行。在此之后，A 型流感不同亚型在人群中还引起过几次大规模的流行，随后的一百年间又相继发生了三次流感大流行，分别是 1957 年 H2N2、1968 年 H3N2 及 2009 年的 H1N1 流感大流行。后三次危害程度低于 1918 年的“西班牙流感”，但是也给全球人类健康产生了巨大威胁。

A 型流感在禽类中的分布相当广泛，经常引起大规模禽流感流行，给养殖业带来了巨大的经济损失。禽流感病毒还可以跨种族传播给人和动物，引起人或动物的感染甚至死亡。感染人类的禽流感病毒有 H5（H5N1 和 H5N6）、H7（H7N2、H7N3、H7N4、H7N7 和 H7N9）、H6（H6N1）、H9（H9N2）和 H10（H10N8）亚型，高致病性 H5 和 H7 的威胁尤为严重（Mostafa et al.，2018）。有关猪流感的最早记载是在 1918 年，据悉与同期人类流感大流行有关。由于猪对人和禽类流感均敏感，可以感染 A 型流感的不同亚型，因此猪是流感病毒的“基因混合器”，被认为是病毒基因重组，产生流感新亚型的场所。此外，历史上发生的几次马流感流行也与 A 型流感有关，在海豹、鲸及许多动物如猴、狗、牛中均分离到 A 型流感病毒。

3. 病毒的进化方式

流感病毒基因组有一个重要特点，即编码 HA 和 NA 的两个节段极易发生变异，HA 变得更快，HA 和 NA 的变异使得流感病毒新毒株频繁出现。同时由于流感病毒的基因组由 8 个节段的 RNA 组成，当宿主细胞同时被两种不同的病毒感染时，新生的子代病毒可获得来自两个亲代病毒的基因片段，成为基因重配病毒。驱动流感病毒进化有抗原漂移和抗原转变两种方式。

（1）抗原漂移（antigen drift） 抗原漂移是由点突变累积引起小幅度的变异，点突变包括基因置换、缺失和插入。当氨基酸的改变积累到一定程度或突变氨基酸正好使抗原决定簇改变，则引起抗原性的变异，这种变异称为抗原漂移。抗原漂移一般发生在病毒表面蛋白 HA 和 NA 上，免疫选择压力及病毒的自身突变是导致抗原漂移的诱因。

（2）抗原转变（antigen shift） 抗原转变是由变异幅度较大而产生新的病毒亚型。变异及抗原的数量和幅度大小，直接影响流行的规模。当不同亚型病毒在同一细胞内发生片段重配时，有可能产生 144 种（16×9）遗传学上不同的毒力的子代病毒。A 型流感病毒中，人、动物、禽类流感的毒株相互之间均能发生基因交换，产生重配病毒。不同亚型感染同一宿主有可能产生新亚型组合。当发生抗原转变时，多数人对新病毒没有或只有轻度抵抗力，可引发世界性大流行。

4. 病毒的传播及临床特征

流感病毒可通过直接接触分泌物（或者污染物）、气溶胶或者排泄物而传播。病毒在人际间传播的最有效方式是气溶胶，气溶胶微滴直径小于 2μm，可直达肺部下呼吸道。多数气溶胶微滴经咳嗽和打喷嚏生成，正常的呼吸也可产生气溶胶。

流感病毒感染后，轻者无症状，重者病毒性肺炎甚至死亡。潜伏期一般 1～5d，人感染禽流感潜伏期稍长。流感病毒感染后发病急，症状有头痛、恶寒、干咳，随后迅速发展为高烧、肌痛和浑身乏力。体温常在一天内升至 38～40℃。人感染 H7N7 禽流感病毒还会导致角膜炎。如无并发症，发病 3～4d 后体温逐渐消退，全身症状好转，但咳嗽停止、体力恢复常需 1～2 周。一些患者会发展为病毒性肺炎，表现为高烧持续不退，剧烈咳嗽，肺部有湿啰音，胸片有阴影。流感感染会导致严重的并发症，如细菌性肺炎或急性肺损伤，进一步可发展为急性呼吸窘迫综合征（acute respiratory distress syndrom，ARDS）。

5. 抗病毒药物

目前，被正式批准使用的抗流感药物大体分为以下几类。离子通道 M2 的阻断剂包括金刚烷（Adamantane）及其衍生物，此类药物只对 A 型流感病毒有效，对 B 型流感病毒无效；NA 抑制剂包括奥斯他韦（Oseltamivir，又称“达菲”，Tamiflu™）等，达菲是目前广泛用于临床治疗流感病毒感染的药物；聚合酶夺帽抑制剂，包括已经上市的巴洛沙韦，该药物抑制流感病毒聚合酶活性，针对 A、B 和 C 型流感病毒都有效。抗流感药物能有效地控制流感症状，然而伴随抗流感药物的使用，耐药株也随之出现。耐药株最早可在治疗期的 2～3d 内出现，经实验室多次传代后这些耐药株仍能保留其耐药性。由于病毒耐药性的出现，流感流行季节会出现因感染流感病毒而住院的人数增加，耐药株的出现为流感的防控和治疗带来了新的挑战。

6. 流感疫苗

预防流感病毒最好的办法就是接种疫苗。人群中季节性流行的毒株有 A 型流感病毒 H1N1 和 H3N2，B 型流感病毒 B/Yamagata 和 B/Victoria，C 型流感病毒很少见。针对这些毒株的季节性流行，目前有三价（H1N1、H3N2、B/Victoria）和四价（H1N1、H3N2、B/Yamagata、B/Victoria）灭活疫苗可供接种，多数国家和地区接种灭活疫苗，而在美国和俄罗斯还提供减毒活疫苗。疫苗株由世界卫生组织（WHO）推荐，为了保证疫苗株与流行株匹配，世界卫生组织（WHO）每年 2 月会评估流行毒株并给出推荐疫苗株。针对动物来源流感病毒可能导致的大流行，如 H5、H7 和 H9 亚型禽流感病毒，已储备灭活疫苗。

健康成人中，比较好的疫苗效果每年能减少 70%～90% 临床病例；即使疫苗株与流行毒株匹配度不高，也能减少 50%～80% 临床病例。灭活苗和减毒活疫苗在健康人群中提供的保护率相近。而在老年人中，保护率降低至 20%～40%。流感病毒易变异，一方面发生抗原漂移导致疫苗株与流行毒株不匹配，人群需要不断接种才能获得保护；另一方面抗原转变毒株的出现可导致流感大流行发生。因此，通用疫苗的开发具有重要意义，理想的通用疫苗应能预防多数甚至所有亚型流感病毒。

第四节 免疫系统病毒

人类免疫缺陷病毒（human immunodeficiency virus，HIV）是引起获得性免疫缺陷综合征（acquired immunodeficiency syndrome，AIDS，又名艾滋病）的病原体。HIV 感染人细胞，会造成免疫缺陷，导致一系列严重并发症，主要包括人类免疫缺陷病毒 I 型（HIV-1）和人类免疫缺陷病毒 II 型（HIV-2），其中 HIV-1 在全球范围流行，HIV-2 的流行区域则主要集中在西非的一些发展中国家。1981 年，美国最初报告了多例男性艾滋病患者，法国人弗朗索瓦丝 • 巴尔-西诺西和吕克 • 蒙塔尼在 1983 年鉴定 HIV 为该病病原（Barre-Sinoussi et al.，1983），并因此获得了 2008 年诺贝尔生理学或医学奖。

一、HIV 形态结构

HIV 呈球形，直径约为 120nm，结构如图 11-8 所示。病毒外膜是来源于宿主细胞的类脂包膜，嵌有病毒糖蛋白 gp120 与 gp41，gp41 是跨膜蛋白，gp120 位于外膜表面，并与 gp41 非共价结合。病毒外膜向内依次是由病毒蛋白 p17（Matrix，MA）形成的球形基质和病毒衣壳蛋白 p24（capsid，CA）形成的半锥形衣壳，衣壳包裹病毒基因组等，构成核衣壳。核衣壳内含有病毒的 RNA 基因组、逆转录酶（reverse transcriptase，

RT）、整合酶（integrase，IN）、Nef 蛋白、Vpr 蛋白及其他来自宿主细胞的成分，核衣壳在电镜下呈高电子密度（Freed and Martin，2013）。

二、HIV 基因组

HIV 的基因组由两条相同的正义 RNA 链组成，每条 RNA 的长度为 9.2～9.8kb，与其他逆转录病毒类似，其基因组也包括 *gag*、*pol*、*env* 三个结构基因和长末端重复序列（LTR），以及编码调节蛋白 Tat 和 Rev，辅助蛋白 Nef、Vif、Vpr 和 Vpu/Vpx 的基因（图 11-9）。

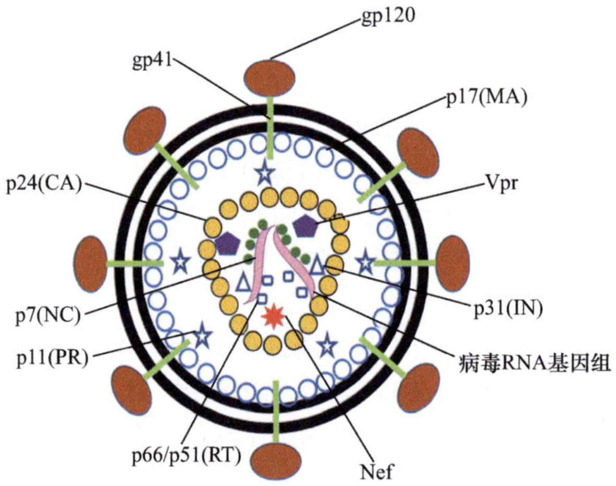

图 11-8　HIV 结构示意图

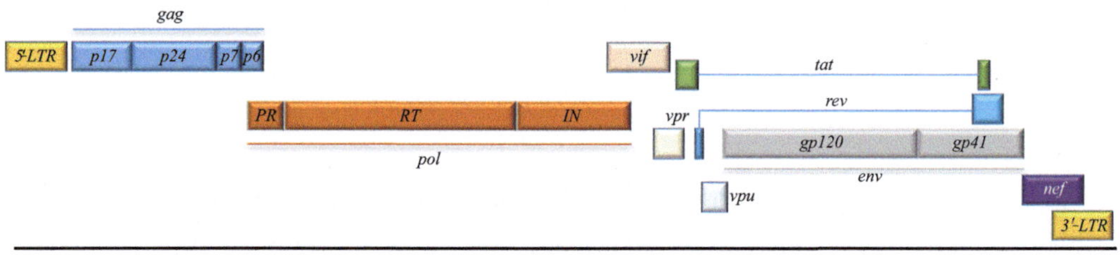

图 11-9　HIV 基因组结构示意图

gag 基因编码约 500 个氨基酸组成的多聚前体蛋白，经蛋白酶水解为衣壳蛋白 p24、基质蛋白 p17、衣壳蛋白 p7 和 p6 蛋白。*pol* 基因编码聚合酶前体蛋白，经切割形成蛋白酶、整合酶、逆转录酶，均为病毒复制所必需。*env* 基因编码 863 个氨基酸的前体蛋白，经糖基化形成 gp160，在宿主蛋白酶作用下分解为 gp120 和 gp41。*tat* 基因编码蛋白可与 LTR 结合，提高病毒基因转录效率，也可以在转录后促进病毒 mRNA 的翻译。*rev* 基因的产物是一种顺式激活因子，对 *env* 和 *gag* 中顺式作用抑制序列起去抑制作用，增强 *env* 和 *gag* 基因的表达，以合成相应的病毒结构蛋白。*nef* 基因编码的蛋白质对 HIV 基因的表达有负调控作用，以推迟病毒复制。*vif* 基因对 HIV 并非必不可少，但可能影响游离 HIV 的感染性、病毒颗粒的产生和体内传播。*vpu* 基因为 HIV-1 所特有，对 HIV 的复制及病毒的装配与成熟必不可少（Strebel et al.，1988）；HIV-2 基因结

构不含 *vpu* 基因，但有一个功能不明的 *vpx* 基因（Kappes et al.，1988）。*vpr* 基因的编码蛋白是一种弱的转录激活物，在体内繁殖周期中起一定作用。

三、HIV 复制生活周期

HIV-1 从感染靶细胞到子代病毒颗粒产生，按时间顺序主要经历了以下阶段。

（1）吸附和侵染　病毒接触靶细胞，表面糖蛋白 gp120 与细胞表面的 CD4 分子结合，导致病毒膜蛋白构象发生改变，从而暴露出辅助受体的结合位点。

（2）膜融合　病毒膜蛋白进一步与辅助受体 CCR5（Deng et al.，1996）和 CXCR4 分子结合，促使病毒膜蛋白构象继续改变，病毒与细胞发生膜融合。

（3）脱壳　当病毒囊膜和细胞膜发生融合之后，病毒核心颗粒（包括逆转录酶、整合酶、基因组 RNA、基质蛋白、辅助蛋白 Vpr 和 Nef）以 pH 非依赖的方式进入细胞。

（4）逆转录　在细胞质内，逆转录酶将基因组 RNA 逆转录合成单链 DNA，然后以此 DNA 为模板复制 DNA，进一步形成部分双链的线形 DNA，结合部分 Gag 和 Pol 蛋白形成整合前复合物（pre-integration complex，PIC）。

（5）PIC 转运入核　PIC 从细胞质转运进入细胞核。

（6）整合　病毒 DNA 在其编码的整合酶作用下整合到宿主染色体上，并完成 DNA 修复。

（7）病毒基因的转录　以整合到宿主染色体上的病毒 DNA 作为模板，通过 RNA 聚合酶Ⅱ的作用，合成一系列的 mRNA。

（8）RNA 转运出核　上述合成的 mRNA，部分被剪切，并进一步从细胞核转运到细胞质。

（9）病毒膜蛋白的合成　*env* 基因表达的 gp160 蛋白在细胞质内通过宿主蛋白酶切割，形成表面膜蛋白 gp120 和跨膜蛋白 gp41，并转运到细胞膜上。

（10）Gag/Gag-Pol 多聚蛋白的合成及切割　Gag 和 Gag-Pol 在细胞质内翻译表达两个多聚蛋白，通过蛋白酶切割，加工形成衣壳蛋白（p24）、基质蛋白（p17）、衣壳蛋白（p7、p6 蛋白）、逆转录酶（RT）、整合酶（IN）和蛋白酶（PR）。

（11）HIV 颗粒装配　相关结构蛋白和基因组 RNA 装配成病毒颗粒核心，进一步被转运到细胞膜上。

（12）出芽　未成熟的子代病毒包含着基因组 RNA 及相关的结构蛋白，通过出芽方式形成未成熟的病毒颗粒，p6 蛋白被认为在这一过程中起到了重要作用。

（13）包装成熟　通过病毒蛋白酶（PR）的作用，形成成熟的病毒颗粒。成熟的 HIV-1 病毒颗粒感染下一个靶细胞，进入下一个感染、复制周期。

四、HIV 临床感染症状、传播方式与检测

（一）HIV 临床感染症状

人感染 HIV 后导致严重的 T 细胞、巨噬细胞损伤和数量锐减，造成免疫缺陷，并由此引发一系列机会性感染及肿瘤，严重者可导致死亡。HIV-1 感染的病程大致可分为

三个阶段。

（1）原发（或急性）感染　50%～70%的HIV-1感染个体出现急性病毒性感染的非特异症状，在病毒暴露2周后开始，通常包括发烧、咽炎、头痛、关节痛、肌痛、不适和体重减轻。如果症状持续8～12周，伴有严重的$CD4^{+}T$细胞计数降低和血浆HIV-1 RNA水平升高，预示疾病进展快。

（2）慢性（无症状）感染　大多数患者在这一阶段的大部分时间内无症状，HIV抗体阳性，病毒持续复制，$CD4^{+}T$细胞数量降低。从感染到出现症状之间的潜伏期可能1～15年。

（3）晚期疾病（艾滋病）　在长期无症状感染后，患者出现不明原因的渐进性消瘦、乏力，继之发生“机会性”感染，导致无法控制而死亡，这是大多数AIDS患者死亡的直接原因。

（二）HIV传播方式

HIV主要存在于感染者和艾滋病患者的血液、乳汁、精液、阴道分泌物中，它的传播途径主要有以下几种。

（1）母婴垂直传播　感染HIV的母亲在怀孕、生产和母乳喂养婴儿等过程中，有可能将病毒传播给胎儿或者婴儿。

（2）性接触传播　与已经感染HIV的人发生没有保护措施的性行为，可能导致HIV的传播，包括同性、异性和双性性行为。

（3）静脉注射传播　和被感染者共同使用未经消毒的注射工具可导致HIV传播，在吸毒人群中这是一种主要的HIV传播途径。

（4）血液传播　皮肤移植和器官移植等手术中使用了被HIV污染的血液，可能导致HIV感染。

（三）HIV感染检测

HIV病毒的检测对于艾滋病的预防和治疗具有重要意义。目前实验室的检测方法主要包括HIV抗体、抗原检测，病毒核酸检测。

（1）HIV抗体、抗原检测　包括初筛试验和确证试验。初筛抗体试验主要使用ELISA、化学发光法或免疫荧光试验，快速检测血清中抗体；确证试验主要是免疫印迹法。抗原检测主要针对HIV抗原衣壳蛋白p24，在感染后1～2周即可检出。

（2）病毒核酸检测　常用方法包括逆转录PCR（RT-PCR）、分支DNA杂交实验和实时荧光定量PCR（realtime PCR），其中病毒核酸的测定是预测疾病进程、提供抗病毒治疗依据、评估治疗效果、指导治疗方案调整的参考指标。

五、HIV感染现状与治疗

联合国艾滋病规划署最新艾滋病全球疫情报告显示，截至2018年底，全球存活的HIV感染者估计为3790万人，其中2018年新增感染者约为170万，约有2330万人接受了抗逆转录病毒治疗，仍有大量患者无法及时得到相应治疗。据中国疾病预防控制中心、联合国艾滋病规划署和世界卫生组织联合评估，截至2018年底，中国报告存活 HIV 感染者约 85 万，死亡 26.2 万例，全人群感染率约为万分之九，年新发感染者 8 万例左右。参照国际标准与其他国家流行情况，我国艾滋病疫情处于低流行水平，但疫情分布不平衡。

随着针对 HIV 的医学的进步，以及高效抗逆转录病毒治疗（highly active anti-retroviral therapy，HAART）和不断发展的新疗法的推出，艾滋病的发病率和死亡率都在下降，患者的生命得以延续（见第 9 章）。

到目前为止，依然没有一种有效的疫苗可以预防 HIV 的感染，也没有一种疗法可以彻底治愈艾滋病，艾滋病的防治工作依然艰巨。

小　结

几千年来，病毒的感染一直威胁着人类健康，对社会公共卫生造成了严重的挑战。了解人类病毒的病毒学特征、致病机制、传播特点，有助于有效防治病毒性疾病。本章按照病毒感染发生的组织对重要的人类病毒进行了介绍。

常见的消化系统的病毒包括肝炎病毒和肠道病毒。肝炎病毒中 HBV 和 HCV 流行范围较广，可引起慢性持续性感染，与肝硬化、肝癌等的发生关系密切。肠道病毒的代表性病毒包括脊髓灰质炎病毒、肠道病毒 71 型和柯萨奇病毒等，大多数原发性肠道病毒感染发生在儿童期，引起的脑炎、无菌性脑膜炎、麻痹症、手足口病等的发病率也高于成人。

感染神经系统的常见病毒包括疱疹病毒、狂犬病病毒等，这些病毒均偏嗜神经细胞并可造成神经损伤。多种疱疹病毒可侵染神经系统并导致脑炎、带状疱疹等，更严重的是可能垂直传播给胎儿引发先天性感染，最终可导致流产、器官损伤或新生儿神经发育异常。狂犬病病毒感染后不经治疗的死亡率接近 100%。

呼吸系统最常见的病毒是流感病毒。流感传播快、突变多、发病急、症状重，且治疗手段有限，在人类历史上曾长期流行，多次暴发，造成大量死亡。流感病毒的多节段 RNA 基因组容易发生抗原漂移和抗原转变。

HIV 是引起艾滋病的最原始病原体，是一类感染免疫系统的逆转录病毒科病毒，其感染造成人免疫系统缺陷，进而引发"机会性"感染，产生一系列严重并发症，导致患者死亡。目前可以通过药物控制 HIV 感染的发展，但仍无有效的疫苗预防 HIV 的感染，也无法彻底治愈艾滋病。

复习思考题

1. HBV 的基因组及结构特点是什么？其生活周期与其他病毒相比有什么独特之处？
2. 为何肠道病毒更易在儿童中引起严重病症？
3. 结合 HSV 的传播途径和生活史，探讨哪些是易感人群和高危暴露行为，如何预防？

4. 简述流感病毒基本结构和基因组特征。

5. 为什么艾滋病患者体内的病毒难以清除？

（罗敏华　赵　非　吴春晨　裴荣娟　陈新文　郑振华　陈建军　曾文波　杨荣阁）

参考文献

Alexander JP Jr, Chapman LE, Pallansch MA, et al. 1993. Coxsackievirus B2 infection and aseptic meningitis: a focal outbreak among members of a high school football team. J Infect Dis, 167: 1201-1205.

Amako Y, Tsukiyama-Kohara K, Katsume A, et al. 2010. Pathogenesis of hepatitis C virus infection in Tupaia belangeri. J Virol, 84: 303-311.

Barre-Sinoussi F, Chermann JC, Rey F, et al. 1983. Isolation of a T-lymphotropic retrovirus from a patient at risk for acquired immune deficiency syndrome (AIDS). Science, 220: 868-871.

Bodian D. 1955. Emerging concept of poliomyelitis infection. Science, 122: 105-108.

Bukh J. 2004. A critical role for the chimpanzee model in the study of hepatitis C. Hepatology, 39: 1469-1475.

Catanese MT, Uryu K, Kopp M, et al. 2013. Ultrastructural analysis of hepatitis C virus particles. Proc Natl Acad Sci U S A, 110: 9505-9510.

Dalldorf G, Sickles GM. 1948. An unidentified, filtrable agent isolated from the feces of children with paralysis. Science, 108: 61-62.

Davis BM, Rall GF, Schnell MJ. 2015. Everything you always wanted to know about rabies virus (but were afraid to ask). Annu Rev Virol, 2: 451-471.

Davison AJ, Eberle R, Ehlers B, et al. 2009. The order Herpesvirales. Arch Virol, 154: 171-177.

Deng H, Liu R, Ellmeier W, et al. 1996. Identification of a major co-receptor for primary isolates of HIV-1. Nature, 381:661-666.

Du Pont V, Plemper RK, Schnell MJ. 2019. Status of antiviral therapeutics against rabies virus and related emerging lyssaviruses. Curr Opin Virol, 35: 1-13.

Enquist LW, Racaniello VR. 2013. Virology: From Contagium Fluidum to Virome. *In*: Knipe DM, Howley P. Fields Virology. Philadelphia, PA: Lippincott Williams & Wilkins.

Filipe A, McLauchlan J. 2015. Hepatitis C virus and lipid droplets: finding a niche. Trends Mol Med, 21: 34-42.

Freed EO, Martin MA. 2013. HIVs and their replication. *In*: Knipe DM, Howley P. Fields Virology. Philadelphia, PA: Lippincott Williams & Wilkins: 2108-2185.

Gerlich WH. 2013. Medical virology of hepatitis B: how it began and where we are now. Virol J, 10: 239.

Girard S, Couderc T, Destombes J, et al. 1999. Poliovirus induces apoptosis in the mouse central nervous system. J Virol, 73: 6066-6072.

Goksugur N, Goksugur S. 2010. Images in clinical medicine. Hand, foot, and mouth disease. N Engl J Med, 362: e49.

Grist NR, Bell EJ, Assaad F. 1978. Enteroviruses in human disease. Prog Med Virol, 24: 114-157.

Hause BM, Ducatez M, Collin EA, et al. 2013. Isolation of a novel swine influenza virus from Oklahoma in 2011 which is distantly related to human influenza C viruses. PLoS Pathog, 9: e1003176.

Hemachudha T, Ugolini G, Wacharapluesadee S, et al. 2013. Human rabies: neuropathogenesis, diagnosis, and management. Lancet Neurol, 12: 498-513.

Hogle JM, Chow M, Filman DJ. 1985. Three-dimensional structure of poliovirus at 2.9 A resolution. Science, 229: 1358-1365.

Hong X, Kim ES, Guo H. 2017. Epigenetic regulation of hepatitis B virus covalently closed circular DNA: implications for epigenetic therapy against chronic hepatitis B. Hepatology, 66: 2066-2077.

Horstmann DM. 1967. Enterovirus infections of the central nervous system. The present and future of poliomyelitis. Med Clin North Am, 51:681-692.

Hou J, Wang G, Wang F, et al. 2017. Guideline of prevention and treatment for chronic hepatitis B (2015 Update). J Clin Transl Hepatol, 5: 297-318.

Johnson RT. 1978. Virology and neuroepidemiology: chronic viral infections of the nervous system. Adv Neurol, 19: 161-167.

Kappes JC, Morrow CD, Lee SW, et al. 1988. Identification of a novel retroviral gene unique to human immunodeficiency virus type 2 and simian immunodeficiency virus SIVMAC. J Virol, 62: 3501-3505.

Knipe DM, Howley PM. 2013. Fields Virology.6th ed. Philadelphia, PA: Lippincott Williams & Wilkins.

Kowarsky M, Camunas-Soler J, Kertesz M, et al. 2017. Numerous uncharacterized and highly divergent microbes which colonize humans are revealed by circulating cell-free DNA. Proc Natl Acad Sci U S A, 114: 9623-9628.

Levrero M, Testoni B, Zoulim F. 2016. HBV cure: why, how, when? Curr Opin Virol, 18: 135-143.

Lohmann V, Koch JO, Bartenschlager R. 1996. Processing pathways of the hepatitis C virus proteins. J Hepatol, 24: 11-19.

Lohmann V, Korner F, Koch J, et al. 1999. Replication of subgenomic hepatitis C virus RNAs in a hepatoma cell line. Science, 285: 110-113.

Luo MH, Hannemann H, Kulkarni AS, et al. 2010. Human cytomegalovirus infection causes premature and abnormal differentiation of human neural progenitor cells. J Virol, 84: 3528-3541.

McErlean P, Shackelton LA, Andrews E, et al. 2008. Distinguishing molecular features and clinical characteristics of a putative new rhinovirus species, human rhinovirus C (HRV C). PLoS One, 3: e1847.

Mostafa A, Abdelwhab EM, Mettenleiter TC, et al. 2018. Zoonotic potential of influenza a viruses: a comprehensive overview. Viruses, 10:497.

Nelson NP, Easterbrook PJ, McMahon BJ. 2016. Epidemiology of hepatitis B virus infection and impact of vaccination on disease. Clin Liver Dis, 20: 607-628.

Niepmann M, Shalamova LA, Gerresheim GK, et al. 2018. Signals involved in regulation of hepatitis C virus RNA genome translation and replication. Front Microbiol, 9: 395.

Pan X, Li XJ, Liu XJ, et al. 2013. Later passages of neural progenitor cells from neonatal brain are more permissive for human cytomegalovirus infection. J Virol, 87: 10968-10979.

Racaniello VR, Baltimore D. 1981. Cloned poliovirus complementary DNA is infectious in mammalian cells. Science, 214: 916-919.

Ramirez S, Bukh J. 2018. Current status and future development of infectious cell-culture models for the major genotypes of hepatitis C virus: Essential tools in testing of antivirals and emerging vaccine strategies. Antiviral Res, 158: 264-287.

Roizman B, Knipe DM, Whitley RJ. 2013. Herpes Simplex Viruses. *In*:Knipe DM, Howley P. Fields Virology. Philadelphia, PA: Lippincott Williams & Wilkins: 1823-1897.

Romero-Brey I, Merz A, Chiramel A, et al. 2012. Three-dimensional architecture and biogenesis of membrane structures associated with hepatitis C virus replication. PLoS Pathog, 8: e1003056.

Roossinck MJ. 2015. Move over, bacteria! Viruses make their mark as mutualistic microbial symbionts. J Virol, 89: 6532-6535.

Schnell MJ, McGettigan JP, Wirblich C, et al. 2010. The cell biology of rabies virus: using stealth to reach the brain. Nat Rev Microbiol, 8: 51-61.

Simmonds P, Bukh J, Combet C, et al. 2005. Consensus proposals for a unified system of nomenclature of hepatitis C virus genotypes. Hepatology, 42: 962-973.

Slagle BL, Bouchard MJ. 2016. Hepatitis b virus x and regulation of viral gene expression. Cold Spring Harb Perspect Med,6: a021402.

Strebel K, Klimkait T, Martin MA. 1988. A novel gene of HIV-1, vpu, and its 16-kilodalton product. Science, 241: 1221-1223.

Suk-Fong Lok A. 2019. Hepatitis B Treatment: What we know now and what remains to be researched. Hepatol Commun, 3: 8-19.

Tawar RG, Schuster C, Baumert TF. 2016. HCV Receptors and Virus Entry. *In*: Miyamura T, Lemon SM, Walker CM, et al. Hepatitis C Virus I: Cellular and Molecular Virology. Tokyo: Springer Japan: 81-103.

Tong S, Li Y, Rivailler P, et al. 2012. A distinct lineage of influenza A virus from bats. Proc Natl Acad Sci U S A, 109: 4269-4274.

Tong S, Zhu X, Li Y, et al. 2013. New world bats harbor diverse influenza A viruses. PLoS Pathog, 9: e1003657.

Tsutsui Y. 2009. Effects of cytomegalovirus infection on embryogenesis and brain development. Congenit Anom (Kyoto), 49: 47-55.

von Schaewen M, Gaska JM, Ploss A. 2016. New Animal Models for Hepatitis C. *In*: Miyamura T, Lemon SM, Walker CM, et al. Hepatitis C Virus I: Cellular and Molecular Virology. Tokyo: Springer Japan: 275-297.

Watashi K, Wakita T. 2015. Hepatitis b virus and hepatitis d virus entry, species specificity, and tissue tropism. Cold Spring Harb Perspect Med, 5: a021378.

Webster RG, Bean WJ, Gorman OT, et al. 1992. Evolution and ecology of influenza A viruses. Microbiol Rev, 56: 152-179.

Yanagi M, Purcell RH, Emerson SU, et al. 1997. Transcripts from a single full-length cDNA clone of hepatitis C virus are infectious when directly transfected into the liver of a chimpanzee. Proc Natl Acad Sci U S A, 94: 8738-8743.

Zerboni L, Sen N, Oliver SL, et al. 2014. Molecular mechanisms of varicella zoster virus pathogenesis. Nat Rev Microbiol, 12: 197-210.

Zeyen L, Prange R. 2018. Host cell rab GTPases in hepatitis B virus infection. Front Cell Dev Biol, 6: 154.

Zhu S, Guo C. 2016. Rabies control and treatment: from prophylaxis to strategies with curative potential. Viruses, 8:279.

C 第12章 hapter Twelve

重要动物病毒

第一节　重要动物病毒简介

广义上的动物病毒是以动物（包括脊椎动物与无脊椎动物）为宿主的一大类病毒，然而，由于对主要感染人类导致人类疾病的人类病毒关注度更高，因此，“动物病毒”的概念在实际使用中往往被用来指代不包括人类病毒在内的、感染其他动物的病毒。其中，主要以其他动物为宿主，也能感染人类甚至致病的一些动物源性病毒（如狂犬病病毒、禽流感病毒等），往往也划归到动物病毒的范畴。不过，这些概念的边界较为模糊。

动物病毒对人类健康与农牧业生产具有重要的影响。大量动物源性病毒通过以动物为宿主或媒介进行携带、传播，在感染人类以后可导致严重的疾病。例如，导致人乙型脑炎的乙型脑炎病毒，通过蚊虫媒介传播，也是重要的感染猪的动物病毒，对养猪业造成极大的危害。同时，大批动物病毒，如口蹄疫病毒、猪瘟病毒、牛病毒性腹泻病毒等，会对畜牧业造成巨大危害。另外，一些动物病毒，如杆状病毒等，在生物技术、生物医药研发等方面发挥重要作用。同时，对动物病毒的研究也对我们理解病毒与宿主相互作用的基本规律，揭示病毒复制与致病的机制具有重要的科学理论价值。本章我们仅挑选几个危害较大、研究较多的动物病毒进行介绍。

第二节　口蹄疫病毒

一、病毒特性

口蹄疫病毒（food and mouth disease virus，FMDV）是引起牛、羊等偶蹄动物口蹄疫的病原体，是小 RNA 病毒科（*Picornaviridae*）口蹄疫病毒属（*Aphthovirus*）的单股正链 RNA 病毒（Ali et al.，2018）。病毒粒子呈正二十面体球形结构，无囊膜，直径为 28～30nm。FMDV 对热敏感，在 4℃条件下，血液及粪便中的 FDMV 可存活 4～6 个月。FMDV 对酸、碱、氧化剂和卤族消毒剂也敏感，对普通消毒剂抵抗力较强，酚类消毒剂、乙醇等对 FMDV 没有灭活作用。常用 3%～5% 的福尔马林溶液、4% 的碳酸氢钠或 3% 的草木灰等对 FMDV 进行消毒灭活。

FMDV 包括至少 7 个血清型，分别是 O 型、A 型、C 型、南非 1 型、南非 2 型、南非 3 型及亚洲 1 型（Carrillo et al.，2005）。由于 FMDV 的 RNA 聚合酶缺乏校对功能，基因组突变率高，因此同一地区可出现多种血清亚型或基因型流行毒株同时存在。FMDV 宿主范围广，它的主要嗜性动物是偶蹄类动物，包括所有偶蹄类的家畜和野生反刍动物。

二、病毒基因组结构、编码蛋白与复制调节

FMDV 为单股正链 RNA 病毒，基因组全长约由 8500 个核苷酸（nt）组成，由 5′非编码区（UTR），可读框（ORF），3′UTR 和 poly（A）尾巴组成（Saiz et al.，2001）。5′UTR 长约 1300nt，其中呈茎环状结构的 S 段，在基因组抗核酸酶降解、病毒复制、致病性和宿主细胞嗜性等方面发挥作用（Kloc et al.，2017）。ORF 编码的多聚蛋白经切割产生 4 种结构蛋白（VP4、VP2、VP3 和 VP1）和 9 种非结构蛋白（La、Lb、2A、2B、2C、3A、3B、3C 和 3D）。病毒粒子形成过程中，VP1～VP4 各 5 个拷贝组成一个原体，12 个原体组成二十面体病毒衣壳结构，其中 VP1、VP2 和 VP3 为表面结构蛋白，VP4 位于衣壳内部。结构蛋白是 FMDV 的免疫原，可诱导机体的免疫应答。

VP1 具有血清型特异性，容易发生变异，是 FMDV 毒株遗传进化和分型的主要依据，也是研制口蹄疫表位疫苗的首选组分；VP1 上的 RGD 基序被认为是受体识别位点，与细胞表面二聚体整联素受体结合，介导病毒吸附（Dicara et al.，2008）。VP1、VP2 和 VP3 是重要抗原组分。VP3 上第 56 位精氨酸残基是病毒识别硫酸乙酰肝素受体的关键位点。VP4 序列高度保守，能诱导 T 细胞的细胞应答和中和抗体产生；一般认为，VP1 和 VP4 同时存在才能刺激有效的体液免疫和细胞免疫反应（Ashkani and Rees，2016）。表达编码 4 种结构蛋白的 *P1* 基因，能诱导类似于全病毒的抗病毒免疫，是潜在基因工程疫苗候选（Sanz-Parra et al.，1999）。

编码非结构蛋白的基因分为 *L*、*P2* 和 *P3* 基因区。*L* 编码 La 和 Lb 两种具有分子内裂解、自身裂解活性的蛋白酶。*P2* 编码 2ABC 联体蛋白，经加工切割形成 2A、2B 和 2C。2B 在病毒致细胞病变效应中发挥作用；2C 是起始负链 RNA 合成所必需的膜结合复合物组分（Moffat et al.，2007），具有 GTPase 和 ATPase 活性，并参与病毒衣壳装配、病毒粒子出芽等过程。*P3* 编码 3ABCD 联体蛋白，加工形成 3A、3B、3C 和 3D。3A 与病毒致病力和宿主范围有关，是病毒复制复合体锚定宿主细胞膜结构的蛋白质之一。3B 即病毒基因组连接蛋白 VPg，VPg 通过 Tyr-OH 以酯键共价结合到正链和负链 RNA 的 5′端 pUpU 上，形成 VPgpUpU 发挥 RNA 合成引物的作用（Pacheco et al.，2003）。3C 是蛋白酶，在 FMDV 蛋白成熟、病毒增殖和抑制宿主 DNA 转录和翻译等方面发挥重要作用（Belsham et al.，2000）。3D 是 RNA 聚合酶，催化病毒 RNA 合成，3D 末端与病毒基因组 3′ UTR、3A 和 3B 形成 RNP 复合物，在腺苷转移酶作用下使 VPg 尿苷化，并以 VPgpUpU 为引物，在 3D 聚合酶作用下合成负链 RNA，再以负链 RNA 为模板合成正链 RNA，被包装到病毒粒子中（Jeong et al.，2015）。

三、病毒感染、传播与危害

口蹄疫病毒感染机体后，首先在上皮细胞内繁殖，引起浆液渗出，病毒可进入血液

形成病毒血症，动物体温升高和出现全身性临床症状（Arzt et al.，2014）。FMDV 主要通过接触和空气传播。自然条件下，易感动物直接或间接接触被病毒污染的环境、媒介物如携带病毒的人员、被污染车辆等而感染。鸟类和鼠等动物也可传播此病毒。

口蹄疫发病的临床症状因动物年龄不同而不同。成年动物死亡率较低，表现为口腔黏膜、蹄部和乳房皮肤出现水泡和溃烂；幼龄动物表现为食欲不振、跛行，口鼻部、乳头、乳腺、外阴和皮肤黏膜等部位出现水泡和溃烂，最终因心肌损伤而死亡。猪口蹄疫表现为蹄跟球茎、脚趾间部位、冠状带严重的水泡损伤和溃烂。牛口蹄疫临床症状包括流口水、严重口腔水泡病变、趾间蹄后跟球茎和冠状带等部位病变。

口蹄疫病毒型别多，易变异，传播迅速，一旦暴发疫情，会给畜牧业带来致命性危害，造成严重经济损失。口蹄疫是危害世界畜牧业发展的最重要疾病之一。

四、疾病的诊断、预防与控制

口蹄疫临床症状因不同种类动物存在差异，易与其他疾病混淆。口蹄疫的实验室诊断方法包括病毒分离鉴定、补体结合试验、病毒中和试验、反向间接血凝试验、酶联免疫吸附试验和基因检测等（Longjam et al.，2011）。其中病毒分离鉴定是口蹄疫诊断的金标准。病毒中和试验和 ELISA 被指定用于国际贸易中疫情检测。

口蹄疫防控通常采用免疫接种、预防传播和扑灭根除等措施。疫苗免疫接种是预防控制口蹄疫的主要手段。现行口蹄疫疫苗主要包括弱毒疫苗和灭活疫苗两大类。这些疫苗在口蹄疫防控中发挥着重大作用。然而，弱毒疫苗存在免疫后带毒、潜在毒力不稳定或返强的缺点，有些发达国家限用此类疫苗，鼓励发展新型疫苗。新型疫苗包括 DNA 疫苗、合成肽疫苗、载体疫苗和可饲疫苗等。我国为防制口蹄疫先后颁布了多项法律法规，包括《国家突发重大动物疫情应急预案》《中华人民共和国动物防疫法》《重大动物疫情应急条例》《口蹄疫防治技术规范》等。2016 年中国农业部制定了《国家口蹄疫防治计划（2016—2020 年）》，提出了全国范围内口蹄疫免疫防控的原则、措施和任务目标。坚持“预防为主”、区域化管理、检疫监督、监测净化、应急处置、流通监管和无害化处理等综合防控措施，实现口蹄疫有效防控。

第三节 瘟病毒属

瘟病毒属（*Pestivirus*）在分类上归黄病毒科（*Flaviviridae*）。成员包括猪瘟病毒（classical swine fever virus，CSFV）、牛病毒性腹泻病毒（bovine viral diarrhea virus，BVDV）、羊边界病病毒（border disease virus，BDV）和一些新发现未分类的非典型瘟病毒。其中猪瘟病毒和牛病毒性腹泻病毒是对畜牧业危害最严重的两种代表性瘟病毒。

一、病毒特性

猪瘟病毒（CSFV），是能感染家猪和野猪，引起猪的一种烈性致死性传染病——猪瘟的病原体。猪瘟于 1810 年在美国田纳西州首次发现，随后在世界许多国家暴发流行，造成巨大经济损失，是世界动物卫生组织规定必须上报的重大烈性传染病之一

(Edwards et al., 2000)。CSFV 是一种有囊膜的小 RNA 病毒。病毒粒子呈球形，直径 40～60nm。病毒粒子对温度敏感，5℃可存活数周，60℃ 3min 病毒完全灭活。潮湿低温环境有利于病毒存活，有报道称 CSFV 在冷冻肉类中可存活长达 5 年。CSFV 对酸、碱较为耐受，可在 pH 5～10 条件下存活。

BVDV 是引起牛病毒性腹泻或黏膜病的病原体。1946 年在美国首次发现牛病毒性腹泻病（BVD），1953 年发现消化道黏膜严重糜烂坏死为症状的牛黏膜病（MD）。1961 年证实两种疾病均是 BVDV 感染引起。美国兽医学会于 1971 年将此病统一后命名为牛病毒性腹泻 / 黏膜病（BVD/MD）。BVDV 感染性疾病给全球养牛业造成巨大损失，是世界动物卫生组织规定必报的烈性传染病之一。BVDV 易感染牛，6～18 月龄犊牛最易感染致病。牛是 BVDV 的自然宿主，包括黄牛、乳牛、牦牛和水牛等。BVDV 也感染猪、羊等家畜和骆驼、鹿等野生反刍动物。BVDV 病毒粒子对酸和高温敏感。pH 3.0 溶液中病毒很快失活，56℃条件下 1h 可使病毒灭活。此外，用氯仿、乙醚和胰蛋白酶处理也可灭活病毒。低温下病毒稳定，−70℃条件下病毒可保存数年。

二、病毒基因组结构、编码蛋白与复制调节

CSFV 和 BVDV 的基因组结构、编码蛋白功能相似（Collett et al., 1988；Meyers et al., 1989）。基因组均为单股正链 RNA，长度为 12.3～12.5kb，依次由 5′UTR、一个大的 ORF 和 3′ UTR 构成。5′UTR 包含一个内部核糖体进入位点（IRES），负责起始帽子非依赖的蛋白质翻译。3′UTR 在基因组复制和翻译早期调节中发挥作用。ORF 编码一个大分子多聚蛋白，经宿主细胞蛋白酶和 / 或病毒编码蛋白酶的切割加工产生至少 12 种成熟蛋白质，包括 4 种结构蛋白（Core、E^{rns}、E1 和 E2）和 8 种非结构蛋白（Meyers and Thiel, 1996）。Core 又称 C 蛋白，是一种富含碱性氨基酸的 RNA 结合蛋白，参与病毒 RNA 复制调节。E^{rns} 是一种囊膜糖蛋白，呈同源二聚体，具有细胞表面结合能力，参与病毒入侵过程；E^{rns} 还具有 RNase 活性，通过降解外源 dsRNA，抑制 dsRNA 诱导 IFN-I 产生。E1 和 E2 是囊膜糖蛋白，E1E2 异源二聚体参与病毒吸附和侵入。E2 是 CSFV 重要的保护性抗原蛋白，能诱导机体产生中和抗体，是研制亚单位疫苗的重要组分。

CSFV 和 BVDV 基因组编码的 8 种非结构蛋白包括 N^{pro}、P7、NS2、NS3、NS4A、NS4B、NS5A 和 NS5B 等。N^{pro} 具有自切割半胱氨酸蛋白酶活性（Rumenapf et al., 1998），通过泛素蛋白酶体途径降解 IRF3 和 IRF7，逃逸抗病毒天然免疫应答。P7 是一个小疏水跨膜蛋白，通过寡聚化形成跨膜复合物，调节离子跨膜转运，参与调节病毒粒子组装、成熟和释放。NS2 具有自剪切蛋白酶活性，在非结构蛋白加工过程中发挥作用。并参与调控病毒复制与组装转换、调节宿主细胞分裂过程和诱导内质网应激反应，以及激活 NF-κB 信号通路。NS3 是一个多功能蛋白酶，N 端为丝氨酸蛋白酶活性域，C 端为 NTPases/RNA 解旋酶活性域，参与病毒 RNA 复制过程（Wen et al., 2009）；NS3 通过与 NS5B、NS5A、NS2 和 5′UTR 中 IRES 相互作用，调节病毒基因组复制和蛋白质翻译。NS4A 是 NS3 丝氨酸蛋白酶的辅因子，是病毒基因组复制和病毒颗粒组装的必需蛋白。NS4B 具有 NTPase 活性，是一个跨膜蛋白，是毒力相关因子，与 E2 有协同作用。NS5A 在调节病毒复制、蛋白质翻译和子代病毒组装，以及病毒感

染引起细胞自噬中发挥作用。NS5B 是病毒编码的 RdRp，能与基因组 3′UTR 结合首先起始负链 RNA 合成，再以负链 RNA 为模板合成正链 RNA。NS5B 与 NS3、NS4A 和 NS4B 共同形成复制复合体。

三、病毒感染、传播与危害

猪瘟主要通过直接或间接接触感染动物，或接触污染的饲料、排泄物和运载工具等进行传染和传播（Stegeman et al.，2002）。在猪场，猪群之间易发生互相传染。猪瘟根据临床症状分为急性、慢性及胚胎感染的迟发型三种类型。12 周龄内幼龄猪感染表现为急性猪瘟，体温高于 40℃；临床症状为皮肤出血，持续至病猪死亡；CSFV 感染引起白细胞减少，进而导致肠道或呼吸道继发感染。感染猪唾液、尿液和粪便中存在病毒。病死猪尸检可观察淋巴结肿胀、水肿和出血；肾脏、膀胱、会厌、喉和心脏表面可见出血灶；出血灶可广泛扩散至腹部和胸腔浆膜。慢性猪瘟一般发生在感染发生后不能产生免疫反应的猪群中，感染猪出现慢性腹泻、回盲瓣和直肠溃疡坏死病变，在存活 2～3 个月后死亡。母猪感染猪瘟病毒通常呈现亚临床状态，妊娠早期感染可引起流产、死胎、木乃伊胎和畸形胎。母猪受孕 50～70d 发生感染，仔猪可正常出生并存活数月，但发生持续病毒血症，生长发育不良，消瘦，偶有先天性震颤，这种感染形式也被称为迟发性猪瘟。

牛病毒性腹泻/黏膜病的主要传染源是发病或病毒携带牛、持续感染耐受牛（Meyling et al.，1990）。发病或带毒牛的鼻分泌物、精液、唾液、泪液、乳汁及粪尿等排泄物、带毒母牛流产胎儿或血液等均可传播病毒；发病康复牛可携带病毒数月，成为潜在传染源。BVDV 通过接触方式经消化道和呼吸道传播。食入病毒污染水、饲料或吸入带毒飞沫均可引起动物感染。病毒也可通过胎盘垂直传播。授精、直肠检查、哺乳、胚胎移植或使用污染注射器等都能传播病毒。动物感染 BVDV 引起临床症状各异、不同严重程度的疾病。急性病毒性腹泻是最常见的疾病类型，发病率高，致死率低，病牛出现流鼻涕、厌食、口腔黏膜溃疡或糜烂、发热和血液白细胞减少，感染奶牛产奶量显著减少。慢性病毒性腹泻与黏膜病是 BVDV 持续性感染所致，是临床疾病的严重类型，表现为发病率低，致死率高。此外，BVDV 强毒株感染能引起牛出血综合征和血小板减少症，成年牛急性感染 BVDV 约 10% 出现这种病理特征，伴随血样腹泻、出血和高死亡率。

四、疾病的诊断、预防与控制

猪瘟诊断包括临床症状观察和实验室诊断。BVDV 感染牛能引起疾病或隐性感染，疾病临床症状及病理变化存在很大差异，临床确诊需要实验室病原检测。

CSFV 与 BVDV 的确诊依赖于实验室诊断。包括病毒分离鉴定、血清学检测和分子生物学检测等方法。通常在感染后 1 周左右可检测病毒抗原或 2～3 周后检测到特异性抗体。

猪瘟预防主要以疫苗免疫接种为主，现行猪瘟疫苗主要包括减毒活疫苗、灭活疫苗和亚单位疫苗等。接种疫苗也是防控 BVDV 感染性疾病的有效措施，已上市的 BVDV 疫苗包括灭活疫苗和弱毒疫苗。

第四节 非洲猪瘟病毒

一、病毒特征

非洲猪瘟（African swine fever，ASF）于 20 世纪初在东非首次被鉴定为导致家猪高死亡率的疾病。很快就确定疣猪（*Phacochoerus africanus*）可能是其感染源，生活在疣猪洞穴中的一种软蜱（*Ornithodoros* spp.）是非洲猪瘟的传染媒介。非洲猪瘟病毒（African swine fever virus，ASFV）由蜱传感染后引起非洲猪瘟，该病病程短，急性感染死亡率高达 100%（Galindo and Alonso，2017）。世界动物卫生组织将其列为法定报告动物疫病，也是我国重点防范的一类动物疫情。ASFV 不感染人。

ASFV 属于非洲猪瘟病毒科（*Asfarviridae*）非洲猪瘟病毒属（*Asfivirus*），为该病毒科唯一成员，同时也是唯一已知基因组核酸为 DNA 的虫媒病毒（Tulman et al.，2009）。ASFV 可分为 24 种基因型。

二、病毒基因组结构、编码蛋白与复制调节

ASFV 基因组由单股双链 DNA 组成，大小为 170～194kb，G+C 含量为 39%，其末端共价闭合，呈发卡结构。ASFV 基因组共有 151 个 ORF，编码 150～200 种蛋白质，其中 131 种病毒蛋白的结构与功能已有报道。

ASFV 编码的蛋白质依据其功能，可分为四类。① 病毒结构蛋白及参与病毒粒子组装蛋白，如 p72、p12、p32 与 p54 等。p72 蛋白是 ASFV 的主要衣壳蛋白，约占整个病毒粒子蛋白的 30%。该蛋白具有构象中和表位，可作为免疫抗原诱导产生中和抗体。② 病毒 DNA 复制与修复所需的酶和因子，如 DNA 聚合酶、dUTPase 及 UBC 酶等。③ 参与调节宿主细胞功能的蛋白质，如 Bcl-2 样凋亡抑制因子、p54 等。其中，结构蛋白 p54 在 ASFV 诱导细胞凋亡过程中发挥重要作用。④ 参与病毒免疫逃逸的蛋白质，如 MGF360 与 MGF530/505 能够抑制 I 型干扰素的表达及其抗病毒效果（Franzoni et al.，2018）。

ASFV 病毒粒子由 50 多种蛋白质组成，在电镜下呈对称的二十面体结构且包含多个同心层，总直径约 200nm。直径 80nm 的病毒体核心由电子致密的核蛋白结构或由厚蛋白质层包围的核仁组成，称为核心壳或基质。核心周围是两层脂质双层膜，最初被称为内膜，可能来源于宿主细胞的内质网池塌陷。内膜外部是核衣壳，由结构蛋白 p72 组成，并为病毒粒子提供二十面体结构。

尽管细胞核在病毒复制中的确切作用仍不清楚，但 ASFV DNA 复制中确实存在核阶段。被感染细胞的细胞核和细胞质中合成的复制中间体由头对头的多联体组成。由此推测，细胞核可能提供引发病毒复制所需的小转录本或其他因子，或者是在病毒 DNA 复制的早期阶段发挥作用（Rojo et al.，1999）。

三、病毒感染、传播与危害

ASFV 主要经过消化道和呼吸道途径侵入猪体，主要感染猪的单核细胞和巨噬细胞。ASFV 经口感染时，病毒首先在扁桃体和下颌淋巴结的单核细胞和巨噬细胞中进行复制，然后经血液和（或）淋巴转移至病毒二次复制的场所——淋巴结、骨髓、脾、

肺、肝和肾。病毒血症通常在感染后 4～8d 出现，并将持续数周或数月。ASFV 易与血液红细胞膜和血小板相互作用，能够引起感染猪的血细胞吸附现象。急性病例中的出血机制是由在疾病后期，在内皮细胞中复制的病毒使内皮细胞的吞噬活性增强引起的。亚急性病例中的出血机制主要是由血管壁的通透性升高而引起。

ASFV 主要有两种感染途径：第一种为猪与蜱之间的传播，包括野猪或家猪与软蜱之间的传播。猪被带 ASFV 的软蜱叮咬而感染，病毒在猪体内淋巴组织中存活，该猪可终生带毒。被带毒软蜱叮咬的猪，其病毒血症可以持续数周，其间可以被未感染 ASFV 的软蜱叮咬，则蜱被病毒感染。第二种为猪群之间的相互感染。患病动物及其代谢产物、粪便、被病毒污染的工具、设备等都能作为传播源，易感动物可以通过直接或间接接触这些传染源而患病。

ASFV 于 1921 年首次在肯尼亚发现，迄今为止已在非洲、欧洲、亚洲和美洲等地数十个国家流行。该病传染性强、发病快、致死率高，并且缺乏有效的防治措施，对养猪业造成严重危害，并且有继续向世界各地蔓延的趋势。2018 年 8 月 3 日，我国沈阳发生首例 ASFV 感染疫情，截至 2019 年 9 月，已对我国养猪业造成严重影响。

四、疾病的诊断、预防与控制

ASFV 的感染，可根据其流行病学、临床症状及病理解剖等做出初步诊断，进一步确诊需进行实验室检测。ASFV 感染的临床症状与猪瘟非常相似。根据病毒毒力与感染途径不同，其症状可分为特急性、急性、亚急性与慢性。特急性一般由强毒力毒株引起，特征是高烧，发病极速，在感染 1～3d 后突然死亡，往往未见到明显临床症状。急性一般由强毒力或中等毒力毒株引起，病猪呈现出高烧、食欲不振、心跳加速、呼吸急促、关节重度肿胀及皮肤出血等症状，致死率达到 90% 以上，一般在感染后 6～15d 死亡。亚急性一般由中等毒力毒株引起，临床症状与急性型相似，病猪通常在感染后 7～20d 死亡，死亡率为 30%～70%。慢性一般由自然至弱的病毒引起，感染 14～21d 后开始轻度发烧，伴随呼吸轻度困难和中度关节肿胀等临床症状，致死率一般低于 30%。

实验室快速检测 ASFV 的方法主要包括动物接种试验、细胞吸附试验、免疫组化实验、免疫酶实验、荧光抗体试验、血清学试验（间接 ELISA、夹心 ELISA、间接免疫荧光试验）、病毒核酸检测（荧光定量 PCR 技术、巢式 PCR、多重 PCR）等技术与方法。

目前尚无有效的抗 ASFV 药物和疫苗。早期研制的灭活疫苗虽然能诱导机体产生抗体，但其保护作用十分有限。另外，减毒疫苗株安全性差，极易导致病毒扩散，且 ASFV 具有高变异性，使得减毒疫苗的应用受到限制。对于该病的防治主要采取对发病或疑似病猪进行严格的捕杀销毁等措施。

第五节　伪狂犬病病毒

一、病毒特性

伪狂犬病（pseudorabies，PR）由伪狂犬病病毒（pseudorabies virus，PRV）感染引起，其宿主范围很广，能感染大多数哺乳动物。其中，猪是 PRV 的主要宿主和传染源，临床上以仔猪发生神经性症状和严重的呼吸道疾病，以及种猪发生流产、死产和产仔数下降等为主要特征。

PRV属于疱疹病毒目（*Herpesvirales*）疱疹病毒科（*Herpesviridae*）α疱疹病毒亚科（*Alphaherpesvirinae*）水痘疱疹病毒属（*Varicellovirus*）。PRV只存在一种血清型，但不同毒株之间毒力存在差异。PRV能在鸡胚及多种哺乳动物细胞上扩增，并能产生核内包涵体。PRV对外界抵抗能力较强，在宰杀的猪肉中可以存活7d以上，在污染的牲畜圈舍中可存活1个月以上。PRV对常规酸碱消毒剂比较敏感。

二、病毒基因组结构、编码蛋白与复制调节

PRV基因组为线性双链DNA，全长约为143kb，包含70多个不同的基因。PRV基因组GC含量较高（70%以上），并具有典型的疱疹病毒特征，由内部重复序列（internal repeat，IR）、末端重复序列（terminal repeat，TR）、独特短区段（unique short region，US）及独特长区段（Unique long region，UL）组成（Klupp et al.，2004）。

PRV病毒粒子包含三类蛋白，分别为核衣壳蛋白、间质蛋白及囊膜蛋白。成熟PRV病毒粒子核衣壳由VP5、VP26、VP23、VP19c及UL6蛋白组成，它们共形成162个壳粒、150个六邻体及12个五邻体，包裹病毒基因组DNA形成核衣壳结构。间质蛋白位于成熟病毒粒子囊膜与核衣壳之间，目前已知至少有14种间质蛋白。囊膜蛋白位于成熟病毒粒子囊膜上或跨膜，目前已知16种囊膜蛋白，包括11种糖蛋白（gE、gI、gD、gG、gL、gM、gH、gC、gB、gN及gK），以及5种非糖基化蛋白（UL20、UL43、US9、UL24及UL34）。囊膜蛋白在病毒识别细胞表面受体、病毒发挥毒力等方面起着重要作用。其中毒力相关基因有*gB*、*gC*、*gD*、*gE*及*gI*；缺失*gE*与*gI*，PRV毒力减弱。

PRV感染宿主细胞起始于gC与细胞膜上硫酸乙酰肝素糖蛋白受体的结合，随后gD与黏连蛋白结合使得病毒与细胞的结合更为紧密，紧接着，gB、gD、gH和gL介导病毒与细胞融合。融合后，间质蛋白迅速分散，核衣壳被转运至细胞核。核孔处，通过细胞蛋白酶的裂解作用，病毒基因组DNA从核衣壳释放到细胞核中。病毒DNA进入细胞核后，线性DNA分子会形成圆环状，以滚环方式进行复制，继而形成了头尾相连的DNA分子，在装配进衣壳的同时或之前被裂解成特定长度的基因组，该过程需要UL5、UL8、UL9、UL19、UL29、UL30、UL42、UL52等基因表达产物。病毒衣壳在细胞核中进行组装，该过程需要成熟的衣壳蛋白UL38、UL35、UL25、UL19、UL18、UL16及2种支架蛋白UL26和UL26.5参与。合成的衣壳以出芽方式穿过核膜而离开细胞核，此过程需要US3、UL31与UL34蛋白的参与。借助于UL3.5蛋白，病毒粒子二次包裹囊膜在高尔基体跨膜区形成，此时的病毒粒子囊膜已经出现了带有病毒糖蛋白组成的纤突。囊泡中完整的病毒粒子被移至细胞膜，与细胞膜融合，并最终将病毒粒子释放到细胞外（Pomeranz et al.，2005）。

三、病毒感染、传播与危害

PRV宿主范围非常广泛，在自然条件下，PRV可感染猪、绵羊、山羊、牛、犬、猫、兔、狐、雪貂及水貂等多种家畜及经济动物，并且野猪、獾、熊、鹿及鼠等多种野生动物也可被感染。在哺乳动物中，只有人和无尾猿不易感。

猪是PRV的主要宿主与传染源，临床症状以发热、神经系统紊乱及呼吸障碍为主要特征。对于哺乳期15日龄以内仔猪，PRV的潜伏期一般为2～5d。最初，患病仔猪发热，无精打采，1d后逐步出现中枢神经细胞感染症状，如战栗、流涎过多、运动失调、步态不稳及癫痫发作等。一旦出现中枢神经系统紊乱异常，1～3d内患病仔猪将死亡，死亡率几乎为100%。3～9周龄断奶仔猪与哺乳期仔猪症状相似，但是死亡率会降低为50%。成年猪感染后一般呈阴性感染，有轻微发热，精神沉郁，体重明显下降，在发病后加强护理，死亡率通常不超过2%。妊娠期母猪会出现流产、死胎和木乃伊胎。但成年猪感染耐过后长期带毒排毒，是重要传染源，给伪狂犬病的防治带来困难。

我国于1947年首次在家猫中发现PRV感染。20世纪60年代以前，PRV呈地方流行性，并没有造成严重经济损失。直到20世纪80年代，伪狂犬病在国内频频暴发并迅速传播，并且有相当数量的猪感染耐过后转为潜伏性感染，成为主要传染源。当时，被感染猪群中新生仔猪致死率高达70%以上。为了控制PRV感染，我国于1979年从匈牙利引进Bartha-K61疫苗，并在80年代广泛推广使用，接种疫苗感染猪群中的新生仔猪致死率降至10%以内，极大地控制了PRV感染疫情。然而，2005年后，PRV又呈现地方流行性。2011年，在多个省份出现Bartha-K61疫苗免疫过的猪群暴发疑似伪狂犬病疫情。经病毒分离及诊断发现，PRV发生了较大变异，毒力出现明显增强（An et al.，2013）。2014年以后，各地多有变异PRV感染病例的报道，表明PRV变异株已在国内流行开来，对我国养殖业造成严重经济损失（Tong et al.，2015）。

四、疾病的诊断、预防与控制

对伪狂犬病进行快速准确的诊断有助于快速对病毒传播进行控制及监控。目前对PRV的诊断包括病毒中和试验、荧光定量PCR、gB-ELISA、gE-ELISA等。病毒中和试验及荧光定量PCR可以精确诊断病毒类型；gB-ELISA用来评估接种疫苗后的免疫水平；而gE-ELISA可用来区分感染猪与免疫猪。

猪伪狂犬病已经被列为《国家中长期动物疫病防治规划（2012—2020）》中优先防治的动物疫病。目前没有针对PRV的有效治疗药物，因此免疫接种是预防与控制PRV传播最有效的措施。20世纪80年代起，Bartha-K61疫苗被我国广泛应用。Bartha-K61（缺失*gE*基因）是在PK-15细胞、鸡胚或胚胎成纤维细胞中连续传代的减毒PRV疫苗。除了Bartha-K61外，还有包括基因缺失疫苗、DNA疫苗、亚单位疫苗和活病毒载体疫苗等多种基因工程疫苗也被制备使用。*gE*/*gI*/*TK*基因缺失疫苗株SA215于2003年获批，这是我国自制的第一个基因工程疫苗。*TK*/*gG*基因缺失疫苗株HB-98于2006年获批，适用防治伪狂犬病暴发而紧急接种。近年来，一些针对流行变异毒株的新疫苗被研制出来，它们可以为防控流行变异PRV的感染提供有效保护。

第六节　猪繁殖与呼吸综合征病毒

一、病毒特性

猪繁殖与呼吸综合征病毒（porcine reproductive and respiratory syndrome virus，

PRRSV）是猪蓝耳病的病原体，分类上归属于套式病毒目（*Nidovirales*）动脉炎病毒科（*Arteriviridae*）的猪动脉炎病毒属（*Porartevirus*）（Kuhn et al.，2016）。根据代表株分离地点和基因差异性，PRRSV分Ⅰ型（欧洲型，代表株LV株）和Ⅱ型（北美型，代表株VR-2332株），两型病毒基因组序列有60%～70%的同源性。

PRRSV粒子直径为40～65nm，呈卵圆形或球形，内部核衣壳由核蛋白N二聚体包裹基因组RNA构成，外层是脂质囊膜。囊膜表面光滑，有少数突起（Dokland，2010）。PRRSV在−70℃或−20℃条件下长期存活，56℃ 45min可灭活病毒。在pH 6.5～7.5环境中相对稳定，当pH小于6.5或大于7.5时病毒感染性逐步降低直至消失。氯仿、乙醚等脂溶剂或去垢剂等能破坏病毒粒子脂膜，使病毒失去感染性。PRRSV粒子在气溶胶中通过空气可传播数千米。

动脉炎病毒科成员宿主相对单一。目前已知猪是PRRSV自然宿主。PRRSV无血凝活性。PRRSV对巨噬细胞有亲嗜性，能感染猪肺泡或肺血管巨噬细胞和外周血单核细胞。6～8周龄仔猪的肺泡巨噬细胞对PRRSV最易感。接种后24～72h引起典型致细胞病变（CPE），病毒载量可达10^5～10^6 $TCID_{50}$/mL。PRRSV还感染单核细胞、神经胶质细胞或猪睾丸细胞等。

二、病毒基因组结构、编码蛋白与复制调节

PRRSV基因组为单股正链RNA，长14.9～15.4kb，由5′UTR、ORF和3′UTR构成。5′UTR含帽子结构（5′cap），3′端有poly（A）尾（Conzelmann et al.，1993）。PRRSV基因组含至少11个ORF，ORF编码区有重叠。其中ORF1a/1b最大，占基因组的3/4，可以编码4种复制酶多聚蛋白，分别为pp1a、pp1a-nsp2N、pp1a-nsp2TF及pp1ab。ORFlb下游有8个ORF，依次是ORF2a、ORF2b、ORF3、ORF4、ORF5a、ORF5、ORF6和ORF7，分别编码GP2a、E、GP3、GP4、ORF5a、GP5、M和N 8种结构蛋白。

PRRSV生命周期包括吸附、内吞、基因组释放与复制、蛋白质翻译、病毒粒子组装和释放等步骤（Lunney et al.，2016）。PRRSV借助细胞表面的受体和辅助分子进入细胞，目前已知的细胞表面受体有硫酸肝素、唾液酸黏附素和波形蛋白、CD163等。吸附时，病毒粒子先与细胞表面糖胺聚糖结合，接着GP5/M异二聚体的胞外域与唾液酸黏附素（CD169）结合，经网格蛋白介导的内吞作用进入细胞。CD163是介导病毒内化和分解的主要受体，属于清道夫受体家族成员。病毒糖蛋白GP2a、GP3和GP4形成的三聚体复合体与受体CD163分子相互作用，对于病毒进入至关重要（Das et al.，2010）。

进入细胞后，病毒先与早期内体膜融合，再由CD163介导脱衣壳，将基因组RNA释放到细胞质中。随后病毒以基因组RNA为模板，合成复制酶前体多聚蛋白ppla、pplab，经切割加工形成成熟非结构蛋白（Nsp），组装形成复制转录复合体。复制转录复合体识别并结合到病毒基因组RNA的3′端，按3′—5′方向起始负链RNA合成。负链RNA合成以连续或不连续方式进行。经RdRp复合体催化，以连续方式合成全长基因组负链RNA，再以负链RNA为模板合成子代病毒基因组RNA；同时，以不连续方式合成系列亚基因组负链RNA，以其为模板合成亚基因组mRNA（sg mRNA）， sg mRNA 指导翻译病毒蛋白（Fang and Snijder，2010）。不连续负链 RNA 合成与连续负链 RNA 合成转换受细胞和病毒蛋白调控，病毒非结构蛋白 nsp1 是一种关键的调节因子。

三、病毒感染、传播与危害

PRRSV 感染引起猪繁殖与呼吸综合征（PRRS）。PRRSV 可感染不同年龄的猪，疾病和临床症状各异。主要疾病包括母猪严重繁殖障碍（流产、早产、死胎、弱胎、木乃伊胎等）、幼猪呼吸道症状以及非特异性淋巴单核性和间质性肺炎等（Done and Paton，1995）。临床症状常表现为猪耳、吻突等处可视黏膜发绀，俗称“蓝耳病”。PRRS 于 1987 年首次在美国发现，随后在全球广泛流行。我国 1996 年首次发现 PRRS，仔猪发病率近乎 100%，死亡率高达 50%，母猪流产率超过 30%。给养猪业带来巨大经济损失。PRRSV 突变率高，变异快，易产生不同致病性与遗传差异的新毒株。

持续性感染是 PRRSV 流行病学的一个特点。病毒在猪体内持续存在数月或更长时间。仔猪和育肥猪是病毒的主要携带者和重要传染源。传播途径包括呼吸道等途径水平传播和胎盘垂直传播。感染猪唾液、鼻腔分泌物、精液、粪尿及乳汁等都存在病毒。PRRS 多呈地方流行性，传染性强，传播速度快，可持续 2～4 个月。临床上，PRRSV 可与猪瘟病毒、圆环病毒、伪狂犬病病毒、猪流感病毒或肺炎支原体混合感染，或继发感染猪链球菌 2 型、猪霍乱沙门氏菌、胸膜肺炎放线杆菌、副猪嗜血杆菌等，危害更严重。

PRRSV 感染的靶细胞是巨噬细胞和树突状细胞。PRRSV 感染通过抑制 RIG-Ⅰ信号通路激活从而抑制Ⅰ型干扰素和肿瘤坏死因子产生，拮抗宿主抗病毒天然免疫反应。PRRSV 感染能够延迟宿主中和抗体产生，减弱细胞免疫反应和延缓 IFN-γ 产生，导致获得性免疫反应异常。PRRSV 感染 5～7d 后，猪血清中能检测到针对 N、M 及 nspl、nsp2 的抗体。感染 7～10d 后产生低浓度的中和抗体。抗体依赖性增强作用（antibody-dependent enhancement，ADE）是 PRRSV 感染的特征之一，可能是病毒粒子表面抗原蛋白与抗体形成免疫复合物，抗体 Fc 段与 PAM 细胞膜表面的 Fc 受体结合，介导病毒侵入和细胞间扩散（Yoon et al.，1996）。

四、疾病的诊断、预防与控制

PRRS 诊断包括临床诊断和实验室诊断。PRRS 临床症状为种猪繁殖障碍、各年龄猪的慢性呼吸道症状和耳部、吻突处发绀等。实验室诊断包括病毒分离鉴定、血清学诊断或病毒核酸检测等。血清学诊断有间接免疫荧光抗体试验、血清抗体中和试验、ELISA 和免疫过氧化物细胞单层试验等。病毒核酸检测包括 RT-PCR、qPCR 等。

PRRSV 感染传播迅速，病毒易发生变异，尚无有效治疗药物。防控难度大，需要采取综合措施，包括严格检疫，选择健康猪群，及时淘汰或严格隔离感染或疑似染病猪。引进种猪、猪精液与猪胚胎和血液制品时，要避开疫区和阳性供种单位。引进猪需隔离观察 2 周以上，并进行相关监测。经观察监测无异常后，方可接种疫苗。

加强新疫苗研制是 PRRSV 防控研究的重要领域之一。目前批准上市或正在研制疫苗包括灭活疫苗、减毒活疫苗、亚单位疫苗、基因工程疫苗和 DNA 疫苗等，这些疫苗各有优缺点。灭活苗安全性高，不存在毒力返强，但抗原性较弱，诱导免疫保护效力较差。减毒活疫苗具有免疫力强、免疫持续时间长、母猪免疫接种可使仔猪获得被动免疫保护等优点；但大规模接种存在与野生毒株重组产生新流行株等安全风险。亚单位疫苗、基因工程疫苗和DNA疫苗等可作为未来新疫苗的发展方向。

第七节 昆虫病毒

昆虫是地球上最庞大、总类最多的生物类群，已命名的有100万种，实际可能达1000万种。绝大部分昆虫都能被病毒感染。昆虫病毒是主要以昆虫为宿主，对昆虫致病及在昆虫间传播的病毒，依据其遗传物质与复制规律，分为昆虫DNA病毒、昆虫RNA病毒与昆虫逆转录病毒。

一、昆虫DNA病毒

（一）杆状病毒

1. 病毒特性

杆状病毒（baculovirus）因其病毒粒子呈杆状而被命名，基因组为双链环状DNA，全长为80～180kb，编码90～180个基因。已发现的杆状病毒能感染超过1690种昆虫，主要包括鳞翅目、膜翅目和双翅目的昆虫。

杆状病毒复制过程中生成两种病毒形态，即出芽型病毒粒子（budded virus，BV）和包埋型病毒粒子（occlusion-derived virus，ODV），在病毒的生活周期中发挥不同的功能。BV主要介导虫体内的系统性感染，ODV则介导虫体间的水平传播。在自然环境下，昆虫食入污染ODV的病毒粒子，在中肠内的碱性环境下，多角体蛋白被溶解，释放ODV感染中肠上皮细胞，在肠道细胞内病毒完成第一轮复制，产生BV病毒粒子，释放到体腔感染虫体的其他组织和细胞，在病毒感染晚期，虫体产生大量ODV，它们被包埋在包涵体中，随虫体裂解，释放到环境中，感染其他昆虫。

杆状病毒科（*Baculoviridae*）分成α、β、γ和δ 4个属。其中，α、β属病毒主要感染鳞翅目昆虫；γ属病毒主要感染膜翅目昆虫；δ属病毒主要感染双翅目昆虫。α、γ、δ属的病毒在宿主细胞核中形成包含多个病毒粒子的多面体形包涵体，这些病毒统称核型多角体病毒（nucleopolyhedrovirus，NPV）。β属的病毒在宿主细胞质或细胞核中形成，每个包涵体只含单个病毒体，又称颗粒体病毒（granulovirus，GV）。

2. 杆状病毒的复制

杆状病毒的代表种为苜蓿银纹夜蛾多核型多角体病毒（Autographa californica multiple NPV，AcMNPV）。AcMNPV感染后，脱衣壳释放DNA基因组到细胞核中，起始病毒基因转录、DNA复制、衣壳组装等均在细胞核内完成，最后出芽释放病毒粒子。在这个过程中，杆状病毒基因表达调控遵循时间级联。杆状病毒感染后，在细胞核内先组装成核衣壳，早期形成的核衣壳穿过核膜，进一步从细胞膜表面出芽形成BV（Blissard and Theilmann，2018），在感染的晚期，核衣壳从核内膜衍生出的微囊泡中获得囊膜，形成ODV，进而包装到包涵体中。BV和ODV具有不同的囊膜蛋白，分别在系统感染和口服感染中发挥重要作用（Hou et al.，2013）。

在 BV 的表面，最主要的膜蛋白是 GP64 或融合蛋白（fusion protein，F），它们对 BV 的感染入侵和子代病毒的有效释放是必需的（Blissard and Theilmann，2018）。在 ODV 的表面，存在口服感染因子（*per os* infectivity factor，PIF），它们不仅介导病毒进入中肠上皮细胞，而且决定了病毒的宿主范围。目前已发现有 10 个口服感染因子（PIF0～9），除了 PIF5 以外，其他的 9 个 PIF 在 ODV 表面形成大小约为 500kDa 的蛋白复合物，协同行使口服感染的功能（Wang et al.，2019）。

杆状病毒在感染复制过程中，病毒的编码蛋白与宿主蛋白在初始感染（primary infection）和系统感染（systemic infection）的多个层面发生相互作用，包括昆虫中肠、气管、血腔，最终导致宿主的死亡和虫尸的液化（图 12-1）（Wang and Hu，2019）。

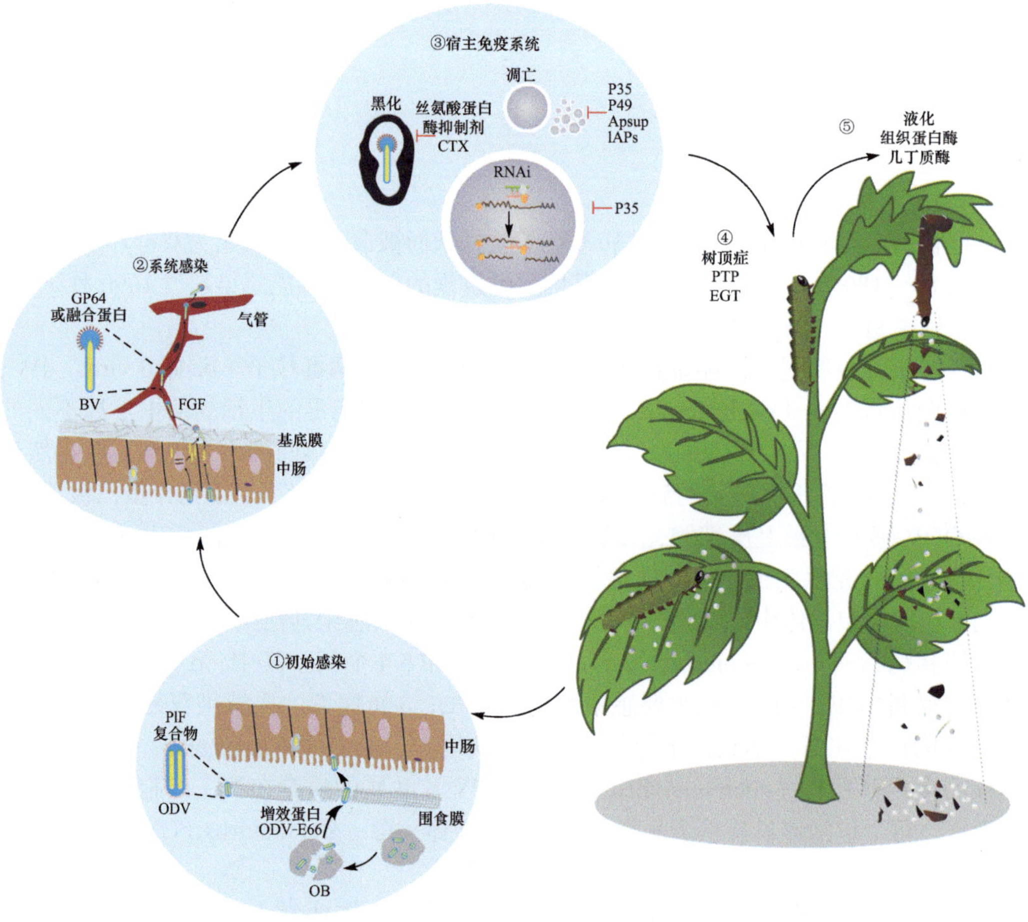

图 12-1　杆状病毒在感染昆虫过程中与宿主的相互作用（修改自 Wang and Hu，2019）

图中显示了杆状病毒与宿主相关作用的主要环节，以及参与相互作用的主要病毒及宿主蛋白

3. 杆状病毒的应用

杆状病毒具有重要的应用价值。① 杆状病毒可以作为生物杀虫剂，有效替代化学农药，进行害虫防治，避免环境污染，同时由于对昆虫宿主的专一性，对人类安全。② 杆状病毒作为真核表达载体，具备容量大、可对蛋白质翻译后修饰加工等能力，成为是基因工程的四大表达载体之一。③ 杆状病毒作为表面展示系统，可以较好地展示

蛋白质的构象、突出抗原决定簇等优点，在疫苗制备、多肽药物研发等生命科学领域发挥作用。④ 杆状病毒作为基因治疗载体，可操作性强，能够进入哺乳动物细胞，获得目的蛋白的高效表达，但病毒自身不复制，具备安全、高效等特点，在基因治疗领域有潜在应用前景。

（二）其他昆虫 DNA 病毒

1. 多分 DNA 病毒科（*Polydnaviridae*）

多分 DNA 病毒（polydnavirus）是与膜翅目姬蜂科和茧蜂科寄生蜂共存的一类独特病毒。多分 DNA 病毒科分为两个属：姬蜂病毒属（*Ichnovirus*）与茧峰病毒属（*Bracovirus*）。病毒粒子为长椭圆或柱形（85nm × 330nm 或 30nm × 150nm）。病毒基因组由多个节段的共价闭合双链环状 DNA 分子组成，一般以两种形式存在：一种是以线性的原病毒片段的形式整合于寄生蜂基因组上，另一种是以游离于染色体外的环状 DNA 分子（2～28kb）存在。病毒基因组以原病毒 DNA 片段的形式在寄生蜂种群内垂直传播。病毒在寄生蜂雌蜂卵巢的输卵管萼上皮细胞的细胞核内复制，不会造成宿主死亡。当寄生蜂发育为成虫时，病毒从卵管萼细胞中释放，进入输卵管腔内。因此，雌蜂在其产卵时将病毒粒子随卵一起传递到幼虫体内。病毒进入幼虫血腔，抑制宿主免疫反应并调节宿主生长发育，营造有利于寄生蜂卵孵化、幼虫存活发育的环境（Strand and Burke，2015）。

2. 昆虫痘病毒亚科（*Entomopoxvirinae*）

昆虫痘病毒（entomopoxvirus）首次从鞘翅目西方五月鳃角金龟中分离得到，而后世界各地相继在鳞翅目、直翅目、双翅目和膜翅目的昆虫中发现了昆虫痘病毒。昆虫痘病毒属痘病毒科（*Poxviridae*）中的昆虫痘病毒亚科，病毒的形态学和某些理化性质与脊椎动物的痘病毒十分相似，其病毒粒子呈卵圆形或方形，大小约为 450nm × 250nm。根据其感染宿主的不同，昆虫痘病毒分为 A 属（感染鞘翅目昆虫）、B 属（感染鳞翅目昆虫）与 C 属（感染双翅目昆虫）。其基因组为双链 DNA，大小为 250～380kb。病毒在幼虫脂肪体和血细胞的细胞质中增殖，形成两种形态不同的包涵体。染病幼虫的外部症状不明显，但行动迟缓，失去原有弹性，最终死亡（Walsh，2017）。

3. 囊泡病毒科（*Ascoviridae*）

囊泡病毒科含囊泡病毒属（*Ascovirus*）和图尔病毒属（*Toursvirus*）。囊泡病毒（ascovirus）的基因组为环状 DNA，长 156～186kb，编码 117～180 个基因，基因组的 G+C 含量为 42%～60%（Asgari et al.，2017）。病毒核酸在宿主细胞核内复制，装配发生于宿主细胞的胞质中。病毒粒子有囊膜、核和内脂膜。病毒粒子直径为 130nm，长 200～240nm，形状为杆状或椭圆状，对有机溶剂和去污剂敏感。病毒由内寄生蜂通过机械方式传播，主要感染鳞翅目昆虫的幼虫，导致慢性疾病致死。该科病毒从虹彩病毒科演化而来（Chinchar et al.，2017）。

4. 虹彩病毒科（*Iridoviridae*）

虹彩病毒（iridovirus）最早于 1954 年从沼泽大蚊体内分离得到，虹彩病毒科含细胞肿大病毒属（*Megalocytivirus*）、蛙病毒属（*Ranavirus*）、淋巴囊肿病毒属

（*Lymphocystivirus*）、绿虹彩病毒属（*Chloriridovirus*）和虹彩病毒属（*Iridovirus*）5 个属。前三个属的病毒主要感染变温脊椎动物，而后两个属的病毒主要感染无脊椎动物。基因组大小为 140～303kb，G+C 含量为 27%～55%。病毒基因组有 100 多个 ORF，其中 26 个为所有虹彩病毒共有。病毒核酸复制发生在宿主细胞核和细胞质中，病毒装配发生在细胞质中一个明显的装配位点。病毒颗粒为直径 120～350nm 的二十面体。部分病毒有囊膜，有囊膜的病毒经宿主细胞膜出芽形成，而无囊膜病毒由裂解细胞产生。囊膜增加感染的特异性，但对于感染不是必需的。病毒颗粒在 pH 3～10 条件下稳定，在 4℃可长期保存，但 55℃条件下 15～30min 病毒就失活。病毒颗粒经由受体介导的细胞内吞方式进入宿主细胞。进化分析表明虹彩病毒和马赛病毒有共同祖先（Chinchar et al.，2017）。

5. 浓核症病毒亚科（*Densovirinae*）

细小病毒科（*Parvoviridae*）分为细小病毒亚科（*Parvovirinae*）与浓核症病毒亚科，前者感染脊椎动物，后者感染昆虫。浓核症病毒亚科包括浓核症病毒属（*Densovirus*）、短浓核病毒属（*Brevidensovirus*）、相同病毒属（*Iteravirus*）及环星黑烟浓核病毒属（*Pefudensovirus*）（Cotmore et al.，2019）。浓核症病毒（densovirus）病毒粒子呈正二十面体，直径为 20～25nm，无囊膜。其基因组有 2 套基因，一套编码非结构蛋白（NS），一套编码结构蛋白（VP），据此浓核症病毒有 2 种类型基因组，由此划分为单义浓核病毒和双义浓核病毒。单义浓核病毒是指基因组编码 VP 与 NS 的基因在同一条 DNA 链上，而双义浓核病毒是指 VP 与 NS 分别分布在 2 条正负互补链上，它们可以独立包装成为不同的病毒粒子。浓核病毒是经口进入昆虫体内的，大多数鳞翅目昆虫感染浓核病毒后出现的病症为：先是厌食、无力、麻痹，随后是幼虫体肤苍白、肌肉松弛、停食，以及蜕皮和变态受到抑制。

二、昆虫 RNA 病毒

昆虫 RNA 病毒以多样化著称。下面分别简述其中几种重要的、研究较多的昆虫 RNA 病毒。

（一）T4 病毒科（*Tetraviridae*）病毒

T4 病毒（tetravirus）是一组病毒粒子直径为 35～41nm，无囊膜的正义单链 RNA 病毒，其宿主仅限于鳞翅目昆虫。因其衣壳蛋白呈现独特的 *T*=4 的正二十面体对称排列形态而命名。T4 病毒基因组为二分单链 RNA，其中 RNA1 大小约为 5.5kb，RNA2 大小约为 2.5kb。研究较多的 T4 病毒包括松毛虫 T4 病毒等，下面以它为例简述。

松毛虫 T4 病毒（dendrolimus punctatus tetravirus，DpTV）是从云南省患病的松蛾中分离出来的，已被鉴定为 T4 病毒科 *Omegatetravirus* 的新成员。DpTV 无包膜，具有 *T*=4 的二十面体的病毒颗粒。该病毒包含两种衣壳蛋白（62.5kDa 和 6.8kDa）和两种正链 RNA（5.4kb 的 RNA1 和 2.5kb 的 RNA2）。松毛虫 T4 病毒的 RNA1 编码约 180kDa 的大 ORF，而 RNA2 含有分别编码 17kDa 和 70kDa 多肽的两个部分重叠的 ORF。180 kDa 蛋白质含有特定的甲基转移酶、解旋酶和 RdRp 的共有基序（Yi et al.，2005）。

DpTV RdRp 以不依赖引物的方式启动病毒 RNA 合成。DpTV p17 蛋白被鉴定为

RNA 结合蛋白，显示与 RNA2 3′-UTR、RNA2 5′-UTR 结合，但不与 RNA1 3′-UTR 结合。p17 四聚体仅与 RNA2 3′-UTR 结合，这表明其具有与 RNA 结合的协同性和特异性（Zhou et al.，2008）。

（二）昆虫小 RNA 类似病毒（picorna-like virus）

小 RNA 病毒目（*Picornavirales*）是一大类单股正链 RNA 病毒，包括许多脊椎动物病毒，也包括传染性软化病毒科（*Iflaviridae*）、双顺反子科（*Dicistroviridae*）等感染昆虫的小 RNA 类似病毒。下面以茶尺蠖小 RNA 病毒为例进行简单介绍。

茶尺蠖小 RNA 病毒（*Ectropis obliqua* picorna-like virus，EoV）属于传染性软化病毒科，能使茶尺蠖（*Ectropis obliqua*）幼虫致死。EoV 最初从云南确定，有一个 9.4kb 的正链 RNA 基因组，编码单一的前体多蛋白（340kDa）。该科病毒与小核糖核酸病毒科（*Picornaviridae*）的成员具有类似的基因组结构与复制机制（Wang et al.，2004）。

（三）野田村病毒科（*Nodaviridae*）

野田村病毒，也称诺达病毒（nodavirus）是一类病毒粒子直径为 29～32nm，无囊膜，在氯化铯中的浮力密度为 1.30～1.351g/mL 的正链 RNA 病毒。衣壳由 180 个拷贝的衣壳蛋白构成，排成 T=3 的正二十面体对称结构。野田村病毒的原型是 1967 年在日本野田村地区，从三带喙库蚊雌成虫中分离到的一种病毒——nodamura virus。野田村病毒科分为两个属：α 野田村病毒属（*Alphanodavirus*），主要感染昆虫；β 野田村病毒属（*Betanodavirus*），主要感染鱼类。野田村病毒中研究较为清楚的包括弗罗克豪斯病毒（Flock House virus）、武汉野田村病毒（Wuhan nodavirus，WhNV）等，下面以武汉野田村病毒为例进行简述。

WhNV 是中国境内分离鉴定的第一株野田村病毒。其基因组由两条正链 RNA 组成，RNA1（3.1kb）和 RNA2（1.4 kb）。RNA1 含有用于合成蛋白 A 的 ORF，具备 RdRp 与末端转移酶（TNTase）功能，用于扩增基因组链及亚基因组 RNA（sgRNA3）。蛋白 A 是基因组 RNA 复制所需的唯一病毒编码蛋白，也帮助完成子代 RNA 的 5′ 端加帽过程。RNA2 编码外壳蛋白（蛋白 α）的前体，经自催化裂解才能具备传染性。WhNV sgRNA3 长度为 370nt，未包装到病毒体中，编码 B2 蛋白，研究显示，B2 蛋白是病毒编码的 RNA 沉默抑制因子。

WhNV sgRNA3 的合成通过内部起始机制产生，其转录起始位点为负链 RNA1 的 2780nt。此外，确定 sgRNA3 的合成与 RNA2 的复制密切相关（Qiu et al.，2011）。

RNA 干扰（RNAi）是一种真核基因沉默机制，在多种生物体中起着抗病毒先天免疫的作用。WhNV B2 蛋白通过螯合 dsRNA 和 siRNA 抑制 Dicer 介导的 dsRNA 切割。此外，WhNV B2 蛋白通过直接与 Dicer-2 相互作用抑制 RNAi 通路（Qi et al.，2011；Qi et al.，2012）。

（四）质型多角体病毒

质型多角体病毒（cytoplasmic polyhedrosisvirus）属于呼肠孤病毒科（*Reoviridae*）质型多角体病毒属（*Cypovirus*）。1934 年，由 Ishimori 在患病家蚕中肠细胞的细胞质中首次观察到。质型多角体病毒的病毒粒子直径为60～70nm，呈二十面体结构，其基因组通常包含10个节段的双链RNA片段。质型多角体病毒主要依据其基因组双链RNA的电泳图谱进行分类，可分为20种电泳型。昆虫质型多角体病毒在昆虫细胞质内增殖，具有蛋白质包涵体，侵染昆虫中肠细胞，宿主范围相对较广，约250种，其中80%为鳞翅目，16%为双翅目，3%为膜翅目，1%为鞘翅目和脉翅目。质型多角体病毒最主要的特点是在病毒感染后期能表达角体蛋白并组装成多角体。多角体一般包含从几个到几千个数目不等的病毒粒子（Ahlquist，2006）。

三、昆虫逆转录病毒

感染昆虫的逆转录病毒主要分为变位病毒科（*Metaviridae*）与伪病毒科（*Pseudoviridae*）。伪病毒科分为2个属，包括伪病毒属（*Pseudovirus*），代表种为啤酒酵母Ty1病毒（Sacccharomyces cereviae Ty1 virus），以及半病毒属（*Hemivirus*），代表种为黑腹果蝇copia病毒（Drosophila melanogaster copia virus）。变位病毒科又称为转座病毒科或变换病毒科，分为2个属，包括变位病毒属（*Metavirus*），代表种为啤酒酵母Ty3病毒（Sacccharomyces cereviae Ty3 virus），以及漂移病毒属（*Errantivirus*），代表种为黑腹果蝇gypsy病毒（Drosophila melanogaster gypsy virus）。下面以黑腹果蝇gypsy病毒为例进行简述。

黑腹果蝇gypsy病毒表现为不规则的粒子，有囊膜，直径约为100nm，还有更小的无囊膜颗粒。黑腹果蝇gypsy病毒基因组分子大小约7.5kb，包括两个482bp的LTR。与大多数逆转录病毒和反转座子不同，黑腹果蝇gypsy病毒LTR的末端是由AG…TT组成，而不是由TG…CA组成。病毒基因组编码3个ORF，ORF1编码主要结构蛋白；ORF2与ORF1框-1位重叠，编码逆转录酶、蛋白酶与核酸酶；ORF3位于叠接的2.1kb大小的mRNA中，编码囊膜蛋白（Touret et al.，2014）。

小　　结

动物病毒的概念主要是指不包括人类病毒、感染其他动物的病毒。在农牧业生产中，大批动物病毒，如口蹄疫病毒、猪瘟病毒、伪狂犬病病毒等会对畜牧业产生巨大危害。有些动物病毒也在生物防治、生物医药研发等方面发挥重要作用。本章我们从病毒特性、基因组结构与蛋白质、感染与传播、诊断与防控等方面展开论述，为读者介绍了几种具有代表性的动物病毒。

口蹄疫病毒属于小RNA病毒科，基因组为单股正链RNA。口蹄疫是猪、牛、羊等主要家畜和其他家养、野生偶蹄动物共患的一种急性、高度接触性传染病。

伪狂犬病病毒属于疱疹病毒科，基因组为线性双链DNA。猪是该病毒的主要宿主和传染源，临床上以仔猪发生神经性症状和严重的呼吸道疾病，以及种猪发生流产、死产和产仔数下降等为主要特征。

非洲猪瘟病毒属于非洲猪瘟病毒科，基因组为单股双链DNA。非洲猪瘟病毒可在蜱与猪之间传播，也可在猪群之间传播，它是唯一已知基因组核酸为DNA的虫媒病毒。

杆状病毒是昆虫特异性的大DNA病毒，具有重要的应用价值，可用作生物杀虫剂、外源基因表达载体、展示系统等。

复习思考题

1. 简述伪狂犬病病毒感染仔猪的临床症状。
2. 简述杆状病毒的应用价值。
3. 简述口蹄疫病毒基因组的结构特征。
4. 简述猪繁殖与呼吸综合征病毒的复制过程。

（周 溪 潘兹书）

参考文献

Ahlquist P. 2006. Parallels among positive-strand RNA viruses, reverse-transcribing viruses and double-stranded RNA viruses. Nat Rev Microbiol, 4: 371-382.

Ali W, Habib M, Khan RSA, et al. 2018. Molecular investigation of foot-and-mouth disease virus circulating in Pakistan during 2014-17. Arch Virol, 163: 1733-1743.

An TQ, Peng JM, TianZJ, et al. 2013. Pseudorabies virus variant in Bartha-K61-vaccinated pigs, China, 2012. Emerg Infect Dis, 19: 1749-1755.

Arzt J, Pacheco JM, Smoliga GR, et al. 2014. Foot-and-mouth disease virus virulence in cattle is co-determined by viral replication dynamics and route of infection. Virology, 452-453: 12-22.

Asgari S, Bideshi DK, Bigot Y, et al. 2017. ICTV virus taxonomy profile: *Ascoviridae*. J Gen Virol, 98: 4-5.

Ashkani J, Rees DJ. 2016. The critical role of VP1 in forming the necessary cavities for receptor-mediated entry of FMDV to the host cell. Sci Rep, 6: 27140.

Belsham GJ, McInerney GM, Ross-Smith N. 2000. Foot-and-mouth disease virus 3C protease induces cleavage of translation initiation factors eIF4A and eIF4G within infected cells. J Virol, 74: 272-280.

Blissard GW, Theilmann DA. 2018. Baculovirus entry and egress from insect cells. Annu Rev Virol, 5: 113-139.

Carrillo C, Tulman ER, Delhon G, et al. 2005. Comparative genomics of foot-and-mouth disease virus. J Virol, 79: 6487-6504.

Chinchar VG, Waltzek TB, Subramaniam K. 2017. Ranaviruses and other members of the family Iridoviridae: Their place in the virosphere. Virology, 511: 259-271.

Collett MS, Larson R, Belzer SK, et al. 1988. Proteins encoded by bovine viral diarrhea virus: the genomic organization of a pestivirus. Virology, 165: 200-208.

Conzelmann KK, VisserN, Van Woensel P, et al. 1993. Molecular characterization of porcine reproductive and respiratory syndrome virus, a member of the arterivirus group. Virology, 193: 329-339.

Cotmore SF, Agbandje-McKenna M, Canuti M, et al. 2019. ICTV virus taxonomy profile: *Parvoviridae*. J Gen Virol, 100: 367-368.

Das PB, Dinh PX, Ansari IH, et al. 2010. The minor envelope glycoproteins GP2a and GP4 of porcine reproductive and respiratory syndrome virus interact with the receptor CD163. J Virol, 84: 1731-1740.

Dicara D, Burman A, Clark S, et al. 2008. Foot-and-mouth disease virus forms a highly stable, EDTA-resistant complex with its principal receptor, integrin alphavbeta6: implications for infectiousness. J Virol, 82: 1537-1546.

Dokland T. 2010. The structural biology of PRRSV. Virus Res, 154: 86-97.

Done SH, Paton DJ. 1995. Porcine reproductive and respiratory syndrome: clinical disease, pathology and immunosuppression. Vet Rec, 136: 32-35.

Edwards S, Fukusho A, Lefevre P C, et al. 2000. Classical swine fever: the global situation. Vet Microbiol, 73: 103-119.

Fang Y, Snijder EJ. 2010. The PRRSV replicase: exploring the multifunctionality of an intriguing set of nonstructural proteins. Virus Res, 154: 61-76.

Franzoni G, Dei Giudici S, OggianoA. 2018. Infection, modulation and responses of antigen-presenting cells to African swine fever viruses. Virus Res, 258: 73-80.

Galindo I, Alonso C. 2017. African swine fever virus: a review. Viruses, 9:103.

Hou D, Zhang L, Deng F, et al. 2013. Comparative proteomics reveal fundamental structural and functional differences between the two progeny phenotypes of a baculovirus. J Virol, 87: 829-839.

Jeong KW, Lee JH, Park SM, et al. 2015. Synthesis and *in-vitro* evaluation of 2-amino-4-arylthiazole as inhibitor of 3D polymerase against foot-and-mouth disease (FMD). Eur J Med Chem, 102: 387-397.

Kloc A, Diaz-San SegundoF, Schafer EA, et al. 2017. Foot-and-mouth disease virus 5′-terminal S fragment is required for replication and modulation of the innate immune response in host cells. Virology, 512: 132-143.

Klupp BG, Hengartner CJ, Mettenleiter TC, et al. 2004. Complete, annotated sequence of the pseudorabies virus, genome. J Virol, 78: 424-440.

Kuhn JH, Lauck M, Bailey AL, et al. 2016. Reorganization and expansion of the nidoviral family Arteriviridae. Arch Virol, 161: 755-768.

Longjam N, Deb R, Sarmah A K, et al. 2011. A brief review on diagnosis of foot-and-mouth disease of livestock: conventional to molecular tools. Vet Med Int, 2011: 905768.

Lunney JK, Fang Y, Ladinig A, et al. 2016. Porcine reproductive and respiratory syndrome virus (PRRSV): pathogenesis and interaction with the immune system. Annu Rev Anim Biosci, 4: 129-154.

Meyers G, Rumenapf T, Thiel HJ. 1989. Molecular cloning and nucleotide sequence of the genome of hog cholera virus. Virology, 171: 555-567.

Meyers G, Thiel HJ. 1996. Molecular characterization of pestiviruses. Adv Virus Res, 47: 53-118.

Meyling A, Houe H, Jensen, AM. 1990. Epidemiology of bovine virus diarrhoea virus. Rev Sci Tech, 9: 75-93.

Moffat K, Knox C, Howell G, et al. 2007. Inhibition of the secretory pathway by foot-and-mouth disease virus 2BC protein is reproduced by coexpression of 2B with 2C, and the site of inhibition is determined by the subcellular location of 2C. J Virol, 81: 1129-1139.

Pacheco JM, Henry TM, O'Donnell VK, et al. 2003. Role of nonstructural proteins 3A and 3B in host range and pathogenicity of foot-and-mouth disease virus. J Virol, 77: 13017-13027.

Pomeranz LE, Reynolds AE, Hengartner CJ. 2005. Molecular biology of pseudorabies virus: impact on neurovirology and veterinary medicine. Microbiol Mol Biol Rev, 69: 462-500.

QiN, CaiD, Qiu Y, et al. 2011. RNA binding by a novel helical fold of b2 protein from wuhan nodavirus mediates the suppression of RNA interference and promotes b2 dimerization. J Virol, 85: 9543-9554.

Qi N, Zhang L, Qiu Y, et al. 2012. Targeting of dicer-2 and RNA by a viral RNA silencing suppressor in Drosophila cells. J Virol, 86: 5763-5773.

Qiu Y, Cai D, Qi N, et al. 2011. Internal initiation is responsible for synthesis of Wuhan nodavirus subgenomic RNA. J Virol, 85: 4440-4451.

Rojo G, García-Beato R, Viñuela E, et al. 1999. Replication of African swine fever virus DNA in infected cells. Virology, 257:524-536.

Rumenapf T, Stark R, Heimann M, et al. 1998. N-terminal protease of pestiviruses: identification of putative catalytic residues by site-directed mutagenesis. J Virol, 72: 2544-2547.

Saiz M, Gomez S, Martinez-Salas E, et al. 2001. Deletion or substitution of the aphthovirus 3'NCR abrogates infectivity and virus replication. J Gen Virol, 82: 93-101.

Sanz-Parra A, Vazquez B, Sobrino F, et al. 1999. Evidence of partial protection against foot-and-mouth disease in cattle immunized with a recombinant adenovirus vector expressing the precursor polypeptide (P1) of foot-and-mouth disease virus capsid proteins. J Gen Virol, 80: 671-679.

Stegeman JA, Elbers AR, Boum A, et al. 2002. Rate of inter-herd transmission of classical swine fever virus by different types of contact during the 1997-8 epidemic in The Netherlands. Epidemiol Infect, 128: 285-291.

Strand MR, Burke GR. 2015. Polydnaviruses: from discovery to current insights. Virology, 479-480: 393-402.

Tong W, Liu F, Zheng H, et al. 2015. Emergence of a Pseudorabies virus variant with increased virulence to piglets. Vet Microbiol, 181: 236-240.

Touret F, Guiguen F, Greenland T, et al. 2014. In between: gypsy in Drosophila melanogaster reveals new insights into endogenous retrovirus evolution. Viruses, 6: 4914-4925.

Tulman ER, Delhon GA, Ku BK, et al. 2009. African swine fever virus. Curr Top Microbiol Immunol, 328: 43-87.

Walsh D. 2017. Poxviruses: slipping and sliding through transcription and translation. PLoS Pathog, 13: e1006634.

Wang M, Hu Z. 2019. Cross-talking between baculoviruses and host insects towards a successful infection. Phil Trans R Soc B, 374: 20180324.

Wang X, Shang Y, Chen C, et al. 2019. Baculovirus per os infectivity factor complex: components and assembly. J Virol, 93:e02053-18.

Wang X, Zhang J, Lu J, et al. 2004. Sequence analysis and genomic organization of a new insect picorna-like virus, Ectropis obliqua picorna-like virus, isolated from *Ectropis obliqua*. J Gen Virol, 85: 1145-1151.

Wen G, Xue J, Shen Y, et al. 2009. Characterization of classical swine fever virus (CSFV) nonstructural protein 3 (NS3) helicase activity and its modulation by CSFV RNA-dependent RNA polymerase. Virus Res, 141:63-70.

Yi F, Zhang J, Yu H, et al. 2005. Isolation and identification of a new tetravirus from *Dendrolimus punctatus* larvae collected from Yunnan Province, China. J Gen Virol, 86: 789-796.

Yoon KJ, Wu LL, Zimmerman JJ, et al. 1996. Antibody-dependent enhancement (ADE) of porcine reproductive and respiratory syndrome virus (PRRSV) infection in pigs. Viral Immunol, 9: 51-63.

Zhou L, Zheng Y, Jiang H, et al. 2008. RNA-binding properties of Dendrolimus punctatus tetravirus p17 protein. Virus Res, 138: 1-6.

C第13章 hapter Thirteen

重要植物病毒

第一节　植物病毒简介

一、植物病毒概述

植物病毒常常在一些重要作物上产生严重病害，如水稻黑条矮缩病、玉米粗缩病、小麦黄矮病、番茄黄化曲叶病等，使世界各地的粮食和经济作物严重减产或品质明显降低。据统计，全世界每年因植物病毒病害造成的损失达 600 亿美元，每年仅粮食作物因病毒病害造成的损失即达 200 亿美元。近年来，水稻黑条矮缩病毒（rice black-streaked dwarf virus，RBSDV）和南方水稻黑条矮缩病毒（southern rice black-streaked dwarf virus，SRBSDV）在我国华东、华南稻区普遍发生，造成水稻和玉米大面积歉收甚至绝产。番茄黄化曲叶病毒（tomato yellow leaf curl virus，TYLCV）在我国所有番茄产区普遍发生，经济损失惨重。其他较常见的植物病毒有烟草花叶病毒（tomato mosaic virus，TMV）、黄瓜花叶病毒（cucumber mosaic virus，CMV）、大麦条纹花叶病毒（barley streak mosaic virus，BSMV）、甘蔗花叶病毒（sugarcane mosaic virus，SCMV）、马铃薯 Y 病毒（potato virus Y，PVY）等。加强对植物病毒及其所致病害发生机制的研究，有利于降低和避免植物病毒病的发生和保证粮食安全。

随着人们对植物病毒本质认识的深入，目前已经可以对一些植物病毒进行改造并加以利用。例如，在植物基因工程技术方面，利用病毒的启动子及增强子，把部分病毒改造成能够表达外源基因的优良基因载体，通过病毒载体来过量表达或抑制表达基因，可以用于植物功能基因组等研究。TMV、烟草脆裂病毒（tobacco rattle virus，TRV）、豇豆花叶病毒（cowpea mosaic virus）等，已成为生命科学和分子生物学研究中的重要工具和研究对象。

（一）植物病毒的命名和分类

植物病毒的命名采用英文俗名，名称一般由寄主名称、描述症状的名词和病毒 3 部分组成，如烟草花叶病毒，其侵染烟草，受侵染的烟草表现花叶症状。

植物病毒依据基因组类型和核苷酸相似度、病毒粒子形态、寄主范围、血清学关系等特性进行分类。植物病毒的基因组类型有双链 DNA、单链 DNA、双链 RNA、正单链 RNA、负单链 RNA 和双义 RNA。植物病毒的粒子形态有球状、杆状、线状、弹生状、丝状等多种类型。目前鉴定的植物病毒有1000余种，最大的植物病毒属是菜豆金色花叶病毒属（*Begomovirus*）和马铃薯Y病毒属（*Potyvirus*），成员均多达200余种。

（二）类病毒

类病毒（viroid）是一类可以侵染植物、能够进行自我复制的单链环状RNA分子，通常由246～475个核苷酸组成，没有衣壳包被，因基因组内部大量碱基的配对而具有高度的二级及三级结构，可以保持自身的稳定性，不编码蛋白质或多肽。“类病毒”一词最早由Diener于1971年在描述马铃薯纺锤块茎病害的侵染性病原物时提出。目前类病毒仅在植物中发现。一些类病毒，如马铃薯纺锤块茎类病毒（potato spindle tuber viroid，PSTVd）、苹果锈果类病毒（apple scar skin viroid，ASSVd）、柑橘裂皮类病毒（citrus exocortis viroid，CEVd）、椰子死亡类病毒（coconut cadang-cadang viroid，CCCVd）在马铃薯、苹果、柑橘、椰子等多种经济植物上引起严重病害。有些类病毒为无症状侵染，如啤酒花潜隐类病毒（hop latent viroid，HLVd）。

（三）植物病毒的侵染

植物病毒对寄主植物的侵染过程包括侵入、脱壳、复制、转录、翻译、装配和成熟（带有包膜的植物病毒有此阶段）。植物病毒侵染通常引起寄主植物表现一定特征的症状，同时植物病毒仅能侵染一定范围的寄主植物，即各种病毒都有一定的寄主范围。

病毒侵入寄主细胞是建立侵染的第一步。植物组织表面的一些特殊结构，如角质层和细胞壁等，能够抵抗病毒等微生物的侵染。植物病毒没有特化的结构直接侵入植物，必须借助外部因素，如微伤口、昆虫刺吸等，以被动方式进入寄主植物细胞。微伤口是指通过接触摩擦等外力造成的一些仅破损细胞壁而不会使寄主细胞死亡的微小伤口。自然界中，多数情况下，植物病毒通过机械损伤和昆虫取食活动对植物造成的微伤口侵入寄主植物细胞，该过程一般在几分钟到几十分钟内完成。

植物病毒侵染引起常见的症状类型有变色、畸形、坏死、萎蔫等。变色最为常见，是指植物被病毒侵染后局部或全部失去正常的绿色或变为其他颜色，通常是叶片褪绿黄化，或表现花叶、斑驳、明脉、条纹等症状。畸形主要表现为线条状叶片、蕨叶、叶片卷曲、皱缩、耳突、小叶、矮缩等症状。坏死是指病毒侵染造成植物的某些组织和细胞死亡，如坏死斑、坏死环、坏死条纹、沿脉坏死等症状。此外，一些潜隐病毒和无症类病毒侵染植株不引起症状。植物病毒侵染会引起寄主植物部分细胞的生理变化，如导致叶绿体产生空泡结构、干扰叶绿体活性、降低叶绿体光合效率、呼吸作用有所增强；还会影响植物内源激素水平，导致植株矮缩等症状。有些植物病毒在细胞质或细胞核内产生特征性的内含体结构，如马铃薯Y病毒科（*Potyviridae*）的成员侵染的细胞内通常产生柱状内含体结构，被横切后显示为风轮状，可作为鉴定该病毒科成员的重要依据。

不同病毒的寄主范围差异很大。寄主范围最广的是CMV，侵染超过85个科的1000多种植物。某些科的植物，如茄科、藜科、番杏科、豆科的植物，易于被多种病毒侵染，特别是在人工接种时。例如，昆诺藜（*Chenopodium quinoa*）和本生烟（*Nicotiana benthamiana*）可以被多种植物病毒感染，这些植物对于研究病毒寄主范围、分离纯化病毒以及研究病毒的分子生物学特性很有用处。病毒分离鉴定或生物学实验中最常用到的是指示植物（indicator）或鉴别寄主（differential host）。凡是病毒接种后能快速产生稳定且具有特征性症状的植物均可以作为鉴别寄主。组合使用几种或一套鉴别寄主进行病毒的初步鉴定，称为鉴别寄主谱，鉴别寄主谱一般包括局部侵染的寄主、系统侵染性寄主和不能侵染的寄主。例如，TMV 可以系统侵染普通烟、番茄等，并产生系统花叶症状，在心叶烟、曼陀罗和菜豆等寄主上则产生局部坏死枯斑。

（四）植物病毒的复制和增殖

植物病毒在侵入寄主细胞，脱去部分外壳蛋白后，通过在寄主植物细胞内复制子代核酸和表达病毒蛋白质，最终装配成子代病毒粒子完成增殖。基因组核酸复制是病毒增殖的中心环节，用于完成遗传信息的传递，包括产生翻译病毒蛋白质的 mRNA 和子代病毒基因组核酸。病毒核酸复制需要寄主植物提供场所和原材料，植物 RNA 病毒的复制在细胞质内一些与细胞内膜相连的结构内进行，部分 DNA 病毒的复制在细胞核内进行。病毒转录出 mRNA 后，开始由寄主植物的蛋白质翻译系统进行病毒蛋白质的合成。植物病毒蛋白质的合成需要寄主核糖体的参与，主要是 80S 细胞质核糖体，还需要寄主提供氨基酸、tRNA 等。翻译后的蛋白质有些还需要进一步加工才能形成成熟蛋白。

以植物正单链 RNA（+ssRNA）病毒为例介绍增殖过程。病毒以被动方式进入寄主植物细胞后，脱壳释放基因组核酸，基因组核酸直接作为 mRNA，在寄主核糖体翻译系统的参与下表达依赖于 RNA 的 RNA 聚合酶（RdRp）；RdRp 以正链 RNA 为模板，复制出大量的负链 RNA；以负链 RNA 为模板大量复制正链 RNA，也可转录出一些亚基因组 RNA（sgRNA）；sgRNA 翻译产生部分病毒蛋白质，包括外壳蛋白（coat protein，CP）等。最后，正链 RNA 与 CP 进行装配，形成完整的子代病毒粒体。

（五）植物病毒在寄主体内的移动

植物病毒通过微伤口进入植物细胞后，由于植物对病毒的抗感性不同，病毒在植物体内的移动和分布也不同。一些种类的病毒被局限在接种的叶片中，而另一些种类的病毒可以在植物中进行长距离移动而形成系统侵染。病毒采用两个基本的路径在植株中移动而产生系统侵染：细胞间移动和长距离移动（图 13-1）。

1. 细胞间移动（cell-to-cell movement）

植物细胞具有富含纤维素的细胞壁，和细胞骨架一起维持植物细胞形态，而这一结构的存在似乎阻碍了细胞之间的沟通。为了打破这一障碍，在相邻细胞的胞间溶质中形成了管状的连接以完成小分子物质及信号的运输。这种连接形式及胞间连丝（plasmodesmata，PD）的存在为植物病毒的侵染提供了可能。但是病毒粒子，或者即使是自由折叠的病毒核酸，都因体积太大而不能通过未经修饰的胞间连丝。

大多数植物病毒都可以编码一个或多个运动相关蛋白去完成其在宿主植物中的细胞间移动及系统侵染。病毒的移动蛋白（movement protein，MP）在病毒侵染过程中通常会定位于胞间连丝上，促进胞间连丝的排阻分子限度（size exclusion limit，SEL，胞间连丝容许通过物质的分子大小限度）增加，介导病毒复制复合体（viral replication complex，VRC）或者病毒粒子完成细胞间移动。多数植物病毒编码一个 MP，有些病毒编码 2 或 3 个参与病毒细胞间移动的蛋白质，如马铃薯 X 病毒属（*Potexvirus*）成员编码的三基因框（triple gene block，TGB）TGB1、TGB2 与 TGB3，3 个蛋白质一起参与病毒的细胞间移动。

病毒编码的 MP 识别病毒基因组核酸，然后将其从复制位点运送到胞间连丝，穿过细胞壁完成病毒的细胞间移动。有的病毒以病毒核糖核蛋白复合体（viral ribonucleoprotein complex，vRNP）形式在 MP 的携带下进行细胞间移动，如 TMV；有的以完整病毒的形式，在其编码的 MP 的参与下，形成可以通过胞间连丝或细胞壁的管状结构（细管）到达相邻细胞，如豇豆花叶病毒、番茄斑萎病毒等。

2. 植物病毒的长距离移动（long-distance movement）

病毒可以通过维管束鞘细胞、韧皮部薄壁细胞、伴胞细胞和筛分子进入维管束系统，在这些组织中被动地进行长距离移动，最终进入植物顶端生长组织及植物的根部，形成系统侵染。大多数病毒需要 CP 进行长距离运输。病毒的长距离移动主要依靠植物输导组织中的营养流动力，可以进行上下双向移动。

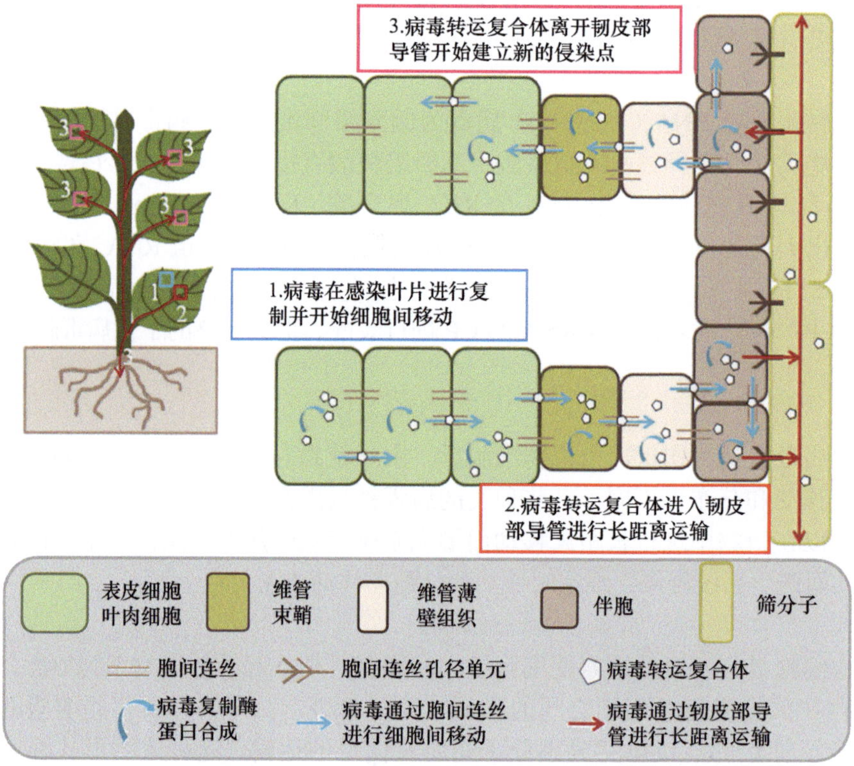

图 13-1 病毒细胞间移动及长距离移动示意图（修改自 Hipper et al.，2013）

1. 当宿主植物感染病毒后，绝大多数病毒粒子进入表皮细胞或叶肉细胞中，首先会进行去组装使病毒基因组暴露出来，然后再进行复制及病毒蛋白质的翻译。2. 在宿主因子的参与下，病毒蛋白质与基因组结合，形成转运复合体（transport complex），将病毒从细胞内运输至胞间连丝，完成病毒的细胞间移动。病毒复制和细胞间移动过程在韧皮部细胞（如维管束鞘细胞、伴胞）中继续进行，以完整的病毒粒子的形式完成病毒的长距离移动。3. 最终病毒粒子被释放至系统叶片中重新进行侵染循环

3. 植物病毒在寄主体内的分布

植物病毒在寄主体内的分布一般是不均匀的，受病毒本身、寄主和环境等因素的影响。有些病毒局限在特定的组织，如大麦黄矮病毒（barley yellow dwarf virus，BYDV）仅分布在寄主植物的韧皮部、薄壁细胞、伴胞和筛管细胞；一些双生病毒则局限在寄主植物的韧皮部。大多数引起花叶、斑驳等症状的病毒一般不受组织限制，可侵染植物叶片大部分细胞。植物顶端分生组织等生长旺盛的区域病毒含量低，甚至没有病毒，因此可以利用分生组织对植物进行脱毒获得无毒苗木。

（六）植物病毒的传播

植物病毒在不同寄主植株间的传播是病毒病害扩散和流行的必要条件，病毒一般通过一种或多种传播方式扩散到新的植物个体并进行侵染。病毒在和寄主植物长期协同进化的过程中，进化出了特有的传播方式。了解病毒在寄主间的传播方式和规律，有助于掌握病毒病害的发生规律，以便采取合理有效的防治措施。

植物病毒的传播方式分为介体传播和非介体传播。通过昆虫、螨虫、线虫、真菌等生物介体的活动（取食、侵染等）而进行的传播称为介体传播。由风、雨、水流、农事操作、种子、无性繁殖材料等造成的病毒传播称为非介体传播。

1. 介体传播

多数植物病毒可以通过无脊椎动物介体传播。植物病毒的传毒介体包括昆虫、真菌、线虫、螨虫等，其中昆虫是最重要的传毒介体。

（1）昆虫介体　昆虫是植物病毒传播中最常见和最重要的介体。目前已知的1100种植物病毒中，大约80%由昆虫传播。昆虫种类繁多，个体微小，繁殖速度快，扩散能力强，与植物关系密切，且昆虫的取食等行为能够促进病毒的传播。重要的病毒传播介体有蚜虫、粉虱、飞虱、叶蝉、蓟马等。蚜虫种类多，生活史短，繁殖力强，近一半种类的植物病毒由蚜虫传播，几乎为害各种植物，是最重要的病毒传播介体。近年来，烟粉虱（*Bemisia tabaci*）活动猖獗，由其传播的双生病毒如非洲木薯花叶病毒与番茄黄化曲叶病毒等，给许多经济作物造成严重损失。

（2）线虫介体　线虫从发病植物的根部取食获毒后，通过取食健康植株的根部传毒。烟草脆裂病毒属（*Tobravirus*）和线虫传多面体病毒属（*Nepovirus*）的成员通过不同属的线虫传播，为害烟草、番茄、马铃薯、葡萄等经济作物。

（3）真菌类介体　传毒真菌靠游动孢子带毒，当游动孢子侵染植物根组织时将病毒传播给植物。已发现和证实的能够传播植物病毒的真菌介体主要是壶菌中的油壶菌属（*Olpidium*）和根肿菌中的多黏菌属（*Polymyxa*）与粉痂菌属（*Spongospora*）。

2. 非介体传播

病毒的非介体传播通常是通过植物表面的微伤口进入，传播过程是机械性而非生物性的，一般没有特异性。实验室中常用到的机械摩擦接种即人为地在叶片上造成微伤口，使植物病毒直接进入植物细胞而形成侵染。自然界中，非介体传播主要表现在带毒植株与健康植株的直接接触。农业生产劳动过程中的农事操作如定植、整枝、打叉、摘果、修剪等，以及使用的工具与人的衣物，都可造成病毒的传播。有些病毒在自然界中非常稳定，如TMV，在水和土壤中可存活数年，遇到适宜条件和寄主就可以侵染。携带病毒的无性繁殖材料，如块根、块茎、用于扦插的枝条、嫁接用的接穗和砧木等，都能够导致病毒的传播。种子传播也是非介体传播的一种方式，但一般种子传毒率较低，主要是因为高传毒率可能造成花和种子发育缺陷，进而导致种子不能正常发育和萌发。一些果树病毒在果园里通过修剪工具进行传播，使得果树病毒病的发生呈现一定的规律。草坪草上的一些病毒也易通过割草机等机械进行传播。

3. 介体与所传病毒的关系

介体和所传病毒之间具有特异性，不同的病毒以不同的方式由不同的介体传播。

介体传毒过程可分为三个阶段：① 获毒期（acquisition period），即介体在被侵染植物上取食并获得足够量病毒的时期；② 潜育期（latent period），指介体从获得病毒到能够传播病毒的一段时间；③ 持毒期（retention period），即介体保持传毒能力的时间。

传毒介体在取食获得病毒后，不同的病毒与介体有不同的传播关系。根据病毒是否需在虫体内循环后才能被传播，分为循回型传毒和非循回型传毒。循回型传毒是指病毒经介体取食后，经消化道进入血液循环后到达唾液腺，再经口针排出体外完成传播的过程。非循回型传毒是指病毒被介体取食后，病毒附着在口针或前肠，不在介体内循回。大多数介体的传毒属于非循回型传毒，介体获毒和传毒时间短，且很快失去传毒能力。

根据介体持毒时间的长短可以分为非持久性传毒、半持久性传毒和持久性传毒。非持久性传毒也称口针传带型传毒，是指昆虫取食时很快获毒，获毒后很快便可传毒，但传毒时间较短。持久性传毒是指昆虫获毒后，需要在体内循回一定的时间后才能传毒，一些病毒可以在介体昆虫体内复制，开始传毒后可以长期保持传毒能力，甚至终身传毒。循回型传毒或持久性传毒的重要特征是传毒过程需要潜育期。半持久性传毒的获毒及传毒时间介于非持久性传毒和持久性传毒之间。

二、寄主的抗病毒与病毒致病机制

（一）植物对病毒的防御策略

在病毒与植物宿主的长期博弈过程中，为了抵抗病毒的侵染，植物宿主进化出了多种抗病毒防御策略。植物会根据病毒侵染的时间（如早期侵染和晚期侵染）、位置（如局部叶片和系统叶片）以及病毒来源的组分（如病毒的基因或病毒编码的蛋白质）启动一种或多种不同的防御策略。这些防御策略主要包括 4 种。

1. 显性抗性（dominant resistance）

显性抗性一般是指显性基因（*R* 基因）介导的抗性，大多数显性基因属于核苷酸结合位点 - 富含亮氨酸重复序列（nucleotide binding site-leucine-rich repeat，NBS-LRR）基因家族，根据其编码蛋白质的 N 端结构为 Toll- 白介素 1 受体（toll-interleukin-1 receptor，TIR）结构域或 coiled-coil（CC）结构域进行分类。*R* 基因蛋白产物能够特异性地识别病毒的毒力因子（viral avirulence，avr）产物，二者既可以通过直接的相互作用，也可以通过启动一种更为复杂的“防卫假说”模型发挥作用。R 蛋白介导的防御策略下游可以通过钙离子流、丝裂原激活蛋白激酶（mitogen-activated protein kinase，MAPK）介导的信号通路、活性氧（reactive oxygen species，ROS）产物、水杨酸

（salicylic acid，SA）的积累以及广泛的转录重新编程（transcriptional reprogramming）发挥作用。此外，与*R*基因激活最为相关的是超敏反应（hypersensitive response，HR），包括侵染细胞及其相邻细胞的程序性死亡，有助于将病原物限制在超敏病斑内部，阻止其向整个植株扩散。

2. 隐性抗性（recessive resistance）

病毒的复制涉及自身编码的蛋白质及其与寄主蛋白质间的互作，参与病毒复制的寄主蛋白质很多，当这类蛋白质因子功能丧失或者以病毒不能识别的方式存在时，病毒就无法在寄主植物中完成其生活史，从而使植物获得对病毒的抗性。例如，真核翻译起始因子（eukaryotic initiation factor，eIF）有两个重要家族eIF4E和eIF4G，eIF4E蛋白家族可与真核mRNA的5′帽子结构相结合，而eIF4G是支架蛋白，能将eIF4E和其他起始因子结合形成eIF4F复合体，进而起始蛋白质合成。马铃薯Y病毒属首次被报道病毒翻译蛋白质需要结合宿主的eIF4E蛋白家族，从而揭示了eIF4E蛋白家族介导的隐性抗病机制，之后的相关研究逐步揭示eIF4E和eIF4G蛋白家族还参与包括大麦黄花叶病毒属（*Bymovirus*）、黄瓜花叶病毒属（*Cucumoviruses*）、番薯病毒属（*Ipomoviruses*）、南方菜豆花叶病毒属（*Sobemoviruses*）等病毒的复制和翻译过程，揭示了其广谱的植物抗病毒机制。

3. RNA沉默（RNA silencing）

RNA沉默是真核生物基因表达调控的一种重要方式，也是植物抵抗病毒侵染的一种保守机制。这一现象最早是由Wingard于1928年在对烟草环斑病毒（tobacco ring spot virus，TRSV）侵染烟草的研究中发现的。它广泛存在于植物、动物、真菌等真核生物体内，不仅是植物抵御病毒侵染的主要手段，还可以调控植物整个生长发育过程。大多数病毒侵染植物后会产生双链RNA（double-stranded RNA，dsRNA），这些dsRNA会被Ⅲ型核糖核酸酶Dicer-like（DCL）识别并切割成长度为21～24个核苷酸的小RNA，这些小RNA会被装配进入以Argonaute（AGO）蛋白为核心的RNA诱导的沉默复合体（RNA-induced silencing complex，RISC）中，并以碱基互补配对的方式靶向与小RNA同源的靶标mRNA，从而对其进行切割或翻译抑制。大多数病毒在复制过程中需要宿主的RNA依赖的RNA聚合酶（RNA-dependent RNA polymerase，RDR，也称为RdRp），RDR能以目标RNA为模板，以起指导作用的小RNA单链为引物合成新的dsRNA，供DCL加工形成次级小RNA，进而引发新一轮的dsRNA的合成及剪切，使沉默信号得以放大并能形成足够多的RISC复合物来完成对病毒基因组的RNA沉默。AGO1蛋白通过结合病毒来源的小RNA靶向病毒基因组，被认为是植物抗病毒的核心元件，在植物抗病毒过程中发挥举足轻重的作用。而在水稻中AGO1蛋白的抗病毒活性还需依赖AGO18蛋白的保护，AGO18蛋白作为“分子锁扣”通过结合高丰度的miR168和miR528，使后者不能行使对目标基因的降解，从而分别释放下游的AGO1蛋白和ROS参与水稻的抗病毒免疫。

4. 植物激素介导的抗性（plant hormone-mediated resistance）

植物激素不仅是调节植物整个生长发育过程的重要物质，同时也参与植物应对外界各种生物和非生物胁迫的过程。一些植物激素在很长一段时间内被认为在植物应对病原菌的侵染过程中发挥重要作用，如水杨酸、茉莉酸（jasmonic acid，JA）和乙烯

(ethylene，ET)等。其他几类经典的植物激素，如生长素(auxin，Aux)、细胞分裂素(cytokinin，CK)、脱落酸(abscisic acid，ABA)、赤霉素(gibberellin，GA)及油菜素甾醇类(brassinosteroid，BR)也逐步被发现能够调控植物-病原物互作。病毒侵染宿主植物通常会改变植物激素的水平，而这种改变往往与病毒的复制、运动和病症的形成及抗性密切相关。植物激素在发挥功能时往往通过互相协同或拮抗的方式进行“对话”(cross-talk)，不同激素间的对话是调控植物抗病毒免疫反应的关键。例如，水稻抗水稻条纹病毒(rice stripe virus，RSV)的基因 *STV11* 编码水稻磺基转移酶，催化水杨酸磺化生成磺化水杨酸(sulphonated SA，SSA)，上调水杨酸的生物合成，发挥抗病毒功能。

(二)病毒逃避防御的反防御机制

在病毒与寄主的长期演化过程中，植物获得了防御病毒的多种机制。然而，面对宿主的防御，病毒也进化出了逃避防御的能力。

大多数病毒均编码 RNA 复制酶，该酶可以引发由 *R* 基因介导的、效应因子触发的免疫反应(effector triggered immunity，ETI)，从而引起超敏反应。然而，无效的超敏反应不仅不能将病毒限制在侵染部位，还会引起系统性的坏死斑。此外，病毒的复制酶还可以破坏宿主的其他防御反应。例如，番茄花叶病毒(tomato mosaic virus，ToMV)的复制蛋白通过点突变逃脱了与宿主抗性基因 *Tm-1* 产物的互作，从而躲避了宿主的防御。

一些病毒的外壳蛋白(CP)也可以引发由 *R* 基因介导的超敏反应，CP 与病毒侵染植物后的病症密切相关，如叶片褪绿、叶色加深及花叶等症状。此外，病毒的 CP 还会干扰植物的激素通路。例如，水稻矮缩病毒(rice dwarf virus，RDV)的 P2 蛋白通过分别干扰赤霉素合成和生长素信号通路，促进感病植物症状的产生。

病毒的移动蛋白(MP)是负责病毒在宿主细胞间移动的关键蛋白，它可以通过挟持宿主内源的因子或改变宿主通路来达到帮助病毒在宿主体内运输的目的，进而也对植物的生理形态产生了严重的影响。研究表明，MP 的组织特异性表达可能会引起特定的病毒侵染病症，如糖类的非正常积累、光合系统的缺陷、病斑及植株矮化等。

病毒编码的其他蛋白质也可以通过干扰植物激素通路来达到致病的目的，如 RDV 编码的 Pns11 蛋白通过与乙烯合成通路中的关键酶互作并激活其活性，诱导乙烯含量的升高而致病，RSV 也可以通过调节 miR319 来抑制茉莉酸介导的植物抗性，从而促进病毒侵染，此外，RSV 还可通过调节 miR171b 来促进病症的形成。

针对 RNA 沉默通路，大多数植物病毒会编码不同的 RNA 沉默抑制因子(viral suppressor of RNA silencing，VSR)来拮抗宿主的 RNA 沉默通路。例如，烟草蚀纹病毒(tobacco etch virus，TEV)编码的 HC-Pro 蛋白能够通过抑制病毒来源的小 RNA 的甲基化来抑制 RNA 沉默。此外，HC-Pro 蛋白还能与植物钙调素相关蛋白(regulator of gene silencing calmodulin，rgs-CaM)互作，而 rgs-CaM 为 RISC 的组分，HC-Pro 蛋白可能通过与其互作干扰 RISC 的形成来抑制沉默作用。番茄丛矮病毒(tomato bushy stunt virus，TBSV)编码的 p19 蛋白是一个强致病因子，也是第一个明确知道能够与小干扰型 RNA(small interference RNA，siRNA)相结合的抑制子，p19-siRNA 复合体阻止了 siRNA 进入 RISC 复合体，从而阻断沉默复合体的形成，抑制基因沉默。CMV

编码的 2b 蛋白能够与拟南芥的 AGO1 和 AGO4 蛋白相互作用，通过阻止沉默信号的转移而达到抑制 RNA 沉默的效果。芜菁皱缩病毒（turnip crinkle virus，TCV）编码的 p38 蛋白被证实能够在多种层面抑制 RNA 沉默通路，p38 蛋白不仅能够结合 dsRNA，还能够结合 AGO1 和 AGO2 蛋白，同时对 DCL4 酶有破坏作用，从而导致了 siRNA 的降解，抑制系统沉默。马铃薯 X 病毒（potato virus X，PVX）编码的 p25 蛋白被证实能够与 AGO1、AGO2、AGO3 和 AGO4 蛋白互作，以蛋白酶体依赖的方式促进 AGO 蛋白的降解。番茄环斑病毒（tomato ringspot virus，ToRSV）的外壳蛋白及甜菜西方黄化病毒（beet western yellows virus，BWYV）编码的 P0 蛋白同样能够影响 AGO1 蛋白的稳定性及功能，抑制宿主 RNA 沉默通路。RDV 编码的 Pns10 能够下调 RDR6 的表达，提高病毒在茎尖的侵染能力。

除 RNA 病毒外，DNA 病毒同样能够编码 VSR 来抑制宿主基因沉默。番茄黄化曲叶病毒编码的 V2 蛋白能够直接与宿主的基因沉默因子 3（suppressor of gene silencing 3，SGS3，RDR6 的辅助因子）互作，抑制沉默信号的放大。中国番茄黄化曲叶病毒（tomato yellow leaf curl China virus，TYLCCNV）卫星 DNA 编码的 βC1 蛋白能够与 rgs-CAM 互作，抑制 RDR6 的表达以及次级 siRNA 的产生。番茄金色花叶病毒（tomato golden mosaic virus，TGMV）编码的 AL2 蛋白以及甜菜曲顶病毒（beet curly top virus，BCTV）编码的 L2 蛋白均能够抑制腺苷激酶（ADK）的活性，降低基因组甲基化水平，逆转抗病毒 RNA 沉默。水稻黄斑驳病毒（rice yellow mottle virus，RYMV）编码的 P1 蛋白能够抑制局部基因沉默以及 DCL4 依赖的 siRNA 通路。由此可见，病毒编码的沉默抑制因子会通过不同的方式靶向宿主 RNA 沉默通路中的不同环节，从而对宿主的 RNA 沉默功能进行抑制，使其得以逃脱宿主的防御机制，并成功侵染。

由此可见，植物宿主与病毒在长期的进化过程中各自发展出了防御与反防御的功能，在二者相互博弈的过程中，还有更多未知领域等待科学家的研究和探索，而这些更深层次机制的发现，将有利于开发更加环保、经济的抗病毒策略，对指导生产实践有重大的科学意义。

三、病毒-介体昆虫-植物三者相互作用

自然条件下，植物病毒作为一种严格寄生物，必须具备以下三个条件才能生存：① 能在一种或者多种植物寄主中复制；② 通过有效的中介生物传播到新的寄主植物上；③ 能够成功感染其他合适的寄主植物。这三界生物的两两互作，以及三者间的互作关系对于病毒扩散流行具有决定性作用。一种新进化出来的病毒是在原生境的寄主植物体内隐症复制，还是在某地局部发生或者在全球范围内流行暴发，均取决于特定环境下病毒-介体昆虫-植物三者的互作关系，介体昆虫的数量和流行情况在很大程度上决定了植物病毒病害的发生和流行。

病毒在植株之间主要靠半翅目的刺吸式昆虫如飞虱、烟粉虱、蚜虫、叶蝉等传播，缨翅目昆虫蓟马等也是重要介体昆虫。早在 1920 年就有植物虫媒病毒病害的相关记载。三者互作的研究早期关注的是病毒感染植物对于介体昆虫的生态学和行为学影响，以 1951 年英国剑桥的 Kennedy 在 *Nature* 上发表的文章为代表。该文章首次报道了病毒感染植物有利于介体昆虫种群增长的生态学现象。近几十年以来，植物病毒分子生

物学的研究大大丰富了我们对病毒-介体昆虫-植物互作的认知。特别是近10年来，科学家开始逐渐揭示三者互作的分子机制。2007年我国科学家在国际上首次发现烟粉虱-双生病毒协同入侵的分子机制。我国科学家在对持久增殖型虫媒病毒与介体昆虫互作的研究中，深入系统地解析了病毒入侵、垂直和水平传播的介体昆虫体内的循回过程。三者互作研究拓展了植物病毒学的研究范畴，将植物病毒学从二维平面阶段拓展到贴近自然发生条件的三维立体动态多界生物互作阶段，在病毒学理论重大突破和疾病防控应用上均具有重要意义。

（一）病毒-介体昆虫-植物三者互作研究的新领域

病毒是微小的传染性病原体，通过侵入活细胞和其他介体生物进行繁殖，高度依赖寄主，不断进化出利用和改变寄主生理生化过程的能力。病毒可以通过影响植物激素、表观遗传学修饰、天然免疫、蛋白质降解途径等生理学功能途径从而间接调控介体昆虫与寄主植物的互作关系。介体昆虫也能通过分泌蛋白等物质进入植物体内，同病毒或者植物细胞来源的分子，进行分子间识别互作，影响三者互作关系（图13-2）。

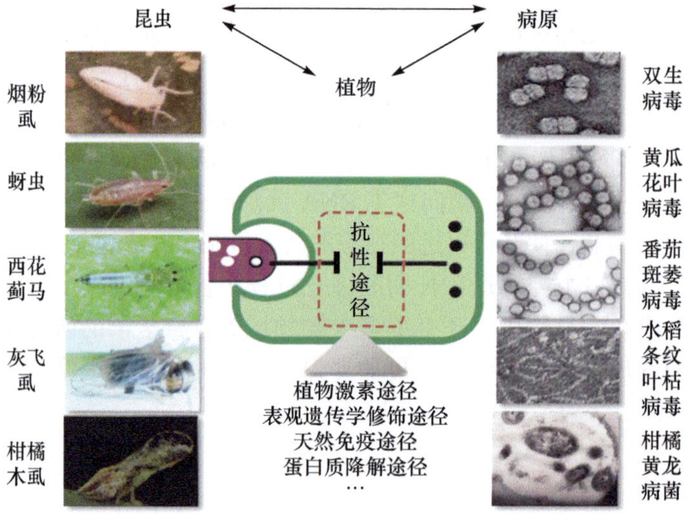

图13-2 虫传植物病原影响植物抗性途径

白色圆球表示昆虫分泌的唾液效应子，黑色圆球表示病毒基因组编码的病毒效应子

（二）病毒-介体昆虫-植物三者互作的分子机制

1. 植物激素参与昆虫和病毒之间的相互作用

植物激素在植物生长发育和抗病虫害过程中发挥重要作用，植物防御激素如茉莉酸（JA）、水杨酸（SA）和乙烯等在病毒-介体昆虫-植物三者互作方面都扮演关键角色。然而，在自然界中植物对病毒和对介体昆虫的抗性反应并不一定是一致的，有时甚至是截然相反的。由于JA和SA的相互拮抗效应，JA信号通路的激活增强了植物对昆虫的防御反应，同时导致SA信号通路的衰减，使得植物抗病能力下降。病毒可以通过影响植物激素来调节植物的生长发育和抗虫抗病性，从而促进自身传播。深入了解三者互作机制对于虫传病害的绿色防控尤为重要。

2. 双生病毒调节植物激素促进病毒-烟粉虱-植物形成三者互惠共生关系

目前的研究表明植物的 JA 信号通路可以抵抗昆虫，而昆虫可以利用病毒来抑制 JA 信号途径，病毒采用效应分子调控宿主植物激素信号。例如，中国番茄黄化曲叶病毒（TYLCCNV）和甘蓝曲叶病毒（cabbage leaf curl virus，CalCuV）是由烟粉虱传播的双生病毒，可以导致番茄、烟草等作物的病害，其中 TYLCCNV 及其卫星 DNA 可以抑制植物萜烯类化合物合成，促进其与昆虫互惠共生。

JA 信号途径中转录因子 MYC2 是生物胁迫和非生物胁迫共有的“总开关”，一些萜烯类化合物是烟粉虱的有效趋避剂。烟粉虱取食会激活植物 MYC2，诱导植物抗刺吸式昆虫信号途径下游的萜烯合酶基因，合成高效趋避昆虫的挥发性化合物，这是植物对昆虫嗅觉抗性的重要组成部分（图 13-3A）。双生病毒侵染后，病毒的 βC1 蛋白可以与 MYC2 直接互作，干扰其形成二聚体，通过抑制下游萜烯合成酶基因的表达抑制萜烯类化合物的合成，从而有利于吸引烟粉虱取食，促进自身的传播（图 13-3B）。双生病毒与 MYC2 互作使得烟粉虱更偏好于取食感染双生病毒的植物，而且取食带毒植物的烟粉虱的繁殖能力和寿命均显著增强，说明双生病毒侵染能够正向调控介体昆虫的生长繁殖。

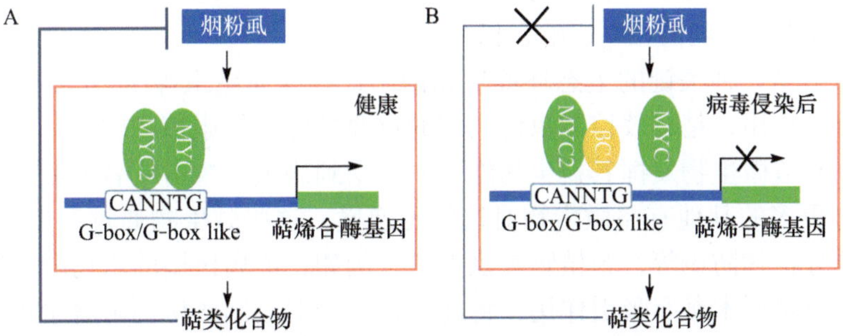

图 13-3 MYC2 在双生病毒-烟粉虱- 植物三者互作中的工作模型

A. 健康状态下，烟粉虱取食激活植物 MYC2 转录因子，诱导萜烯合酶基因合成萜类化合物，抵抗刺吸式昆虫；B. 病毒侵染后，病毒编码的 βC1 蛋白与 MYC2 直接互作，抑制下游萜类化合物的合成，从而有利于吸引烟粉虱取食

双生病毒操控传毒介体昆虫烟粉虱不但体现在对其的嗅觉吸引，还体现在定殖在感病植物后的取食行为。从介体昆虫被吸引到寄主植物，到成功传毒、植物建立感染，包括了多个关键节点，如刺探次数、总刺探时间、筛管唾液分泌时间等参数，多种双生病毒均有改变烟粉虱取食特性从而提高昆虫的传毒能力。

3. 其他病毒的效应蛋白调控植物激素吸引昆虫的机制

番茄斑萎病毒（tomato spotted wilt virus，TSWV）会对农业和经济造成严重损失，主要由介体昆虫西花蓟马传播。TSWV 的侵染一方面可以诱发植物 SA 调控基因的表达，使植物抗病能力下降；另一方面可以改变西花蓟马的取食行为，感染 TSWV 的雄性蓟马的捕食率比未被感染的雄性蓟马多 3 倍，从而提高了病毒接种的效率。

芜菁花叶病毒（turnip mosaic virus，TuMV）会给农业、田园、园艺和观赏作物造成重大损失，已知可以被超过 200 种蚜虫传播。研究发现，植物对绿色桃蚜（*Myzus persicae*）取食的防御反应是通过筛管中胼胝质的沉积实现的，感染了 TuMV 的植物胼胝质沉积堵塞筛管的能力下降，从而有利于绿色桃蚜繁殖。另外，TuMV 编码的核包涵体蛋白酶（NIa-Pro）可以通过操纵宿主植物乙烯信号通路来增强绿色桃蚜的繁殖能力。

CMV 在植物间通过汁液和蚜虫传播，病毒在寄主体内复制会诱发 RNA 沉默。烟草感染 CMV 后蚜虫数量增加，最新的研究表明 CMV 编码的 2b 蛋白通过直接与寄主 JA 途径中的 ZIM 结构蛋白互作，抑制其降解，增强寄主对昆虫的吸引力。

（三）病毒和介体昆虫“双重”危害的防控措施

虫传病毒没有国界，小昆虫大危害。媒介昆虫个体小，隐蔽性强，可以利用不同的机制传播不同的植物病毒，并且通过病毒局部进化、寄主转变、混合侵染和远距离传播产生新型病毒，形成层出不穷的病毒病害。虫传病毒病的防控既要控制病毒本身，又要通过控制介体昆虫来控制病毒病的蔓延与流行，防治策略复杂、难度很大。然而，由于高效性的抗病毒作物种质品种匮乏，目前生产上仍主要通过对介体昆虫的化学防治来实现病毒的预防与控制，这造成了化学杀虫药剂的不合理使用甚至滥用，进而导致害虫抗药性、杀虫剂污染与残留等问题，严重威胁农产品安全与生态安全。因此，需深入探索三者互作的分子机制，以期探寻应对病毒和介体昆虫“双重”危害的绿色防御措施。注重从生态学和病毒病害田间自然体系着手，综合利用多者关系，研究复杂系统中多种因素之间的相互影响、相互制约关系。

微生物组是一种关键的生态环境生物因子，在介体昆虫-病毒-植物三者互作过程中发挥了重要作用，是有效控制虫传病害的重要保障。健康植物的根际、根内和根表面存在一些有益微生物发挥其益生功能，而在受到病虫害攻击或者逆境胁迫时，更能特异地招募更多的其他有益微生物对抗特定逆境，这些微生物通过产生特定化合物、抗生素或诱导植物防御等，为植物提供保护。例如，罹病柑橘的水杨酸甲酯等次生代谢物增加，对柑橘木虱有吸引作用，将此类化合物混合制成诱剂附着于黄板，可增强对昆虫的诱集效果，从而干扰病毒的传播途径。此外，健康作物的微生物群落发挥了单一菌株无法实现的生态功能，通过对重要粮食作物和经济作物的地上部分、地下部分根际和昆虫体内中的微生物组学研究，有望发现并人工设计出高效生防微生物工程菌株。

第二节　重要的植物病毒

一、烟草花叶病毒

烟草花叶病毒（TMV）是第一个被发现的病毒。早在一个多世纪前，Beijerinck 发现并描述了烟草花叶病，随后 Mayer 和 Ivanowski 等确定了导致烟草花叶病的病原物没有细胞结构，并将其命名为烟草花叶病毒。此后的百年间，由于 TMV 具有的一系列特性：能在植物中快速复制并达到很高滴度、不会被蚜虫和真菌等介体传播、接种方式简单（体外摩擦接种）等，因此成为一种模式病毒在世界范围内得到了广泛研究。迄今为止，TMV 仍作为一种研究植物生物学、病毒学及宿主-病原物互作的工具，发挥着重要作用。

（一）病毒粒子及其基因组结构

TMV 为正义单链 RNA 病毒，从属于帚顶病毒科（*Virgaviridae*）烟草花叶病毒属（*Tobamovirus*）。病毒粒子为长 300nm、直径 18nm 的杆状结构，在其表面紧密围绕着由 2130 个病毒外壳蛋白（CP）亚基组成的螺旋状外壳结构（图 13-4）。

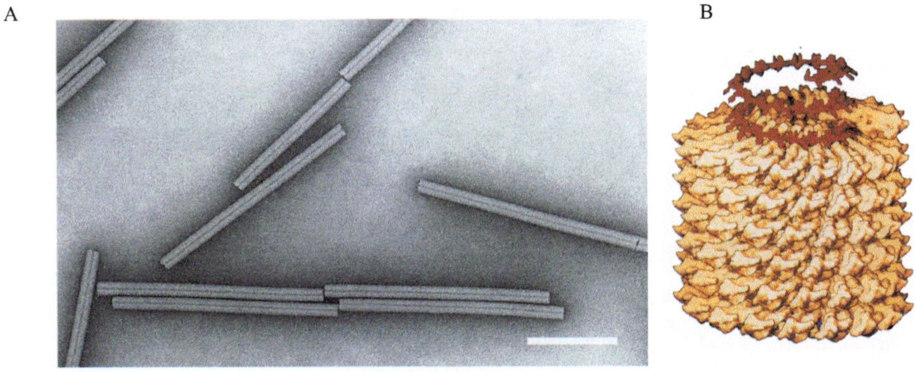

图 13-4 TMV 病毒粒子形态（Adams et al.，2017）

A. 利用负染的方法对 TMV 病毒粒子进行电子显微镜观察，标尺 =100nm；B. TMV 病毒粒子的模拟结构，在病毒粒子组装的过程中，CP 以螺旋对称的形式聚合，形成病毒的外壳，病毒粒子的中心具有直径约 2nm 的空心，包裹着病毒基因组 RNA

TMV 的基因组由一条长约 6400nt 的正单链 RNA 组成（图 13-5）。其 5′ 端具有帽子结构（m7GpppG），可以作为病毒蛋白翻译的模板；5′ 端还有约 70nt 的非翻译区（untranslated region，UTR），具有增强翻译的作用。其 3′ 端 UTR 长度约 200nt，包含一个类似 tRNA 的结构来转运组氨酸和 3 个上游重复序列。

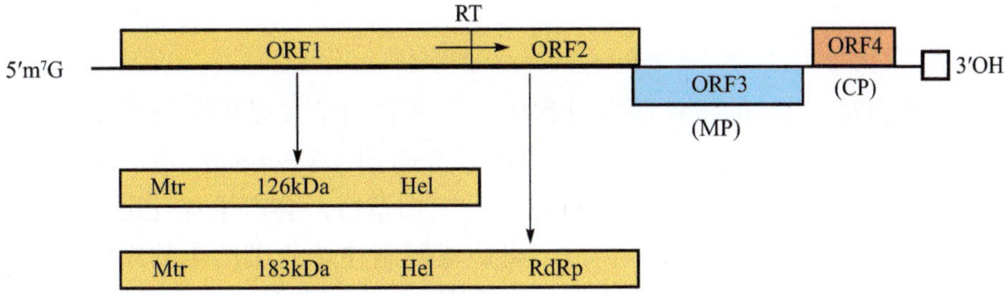

图 13-5 TMV 病毒基因组结构示意图（修改自 ICTV 第十次分类报告）

TMV 基因组能够编码至少 4 种病毒蛋白。病毒基因组 RNA 翻译产生 183kDa 和 126kDa 的复制蛋白（replication protein），126kDa 复制蛋白的 N 端和 C 端分别具有甲基转移酶（methyltransferase，MT）和解旋酶（helicase）活性，在病毒复制过程中起到加帽和解旋的功能；183kDa 复制蛋白由 126kDa 复制蛋白通读产生，是一种 RdRp。由病毒亚基因组产生的 30kDa 和 17.6kDa 的蛋白质分别为移动蛋白（MP）和外壳蛋白（CP）。

（二）病毒种类及变异

TMV 具有较多的株系，但是由于 TMV 侵染寄主和地理分布的广泛性和复杂性，对其新株系的划分以及变异病毒的鉴定具有一定的困难。

TMV 具有非常广泛的地理分布，在中国、韩国、西班牙和美国等多个国家都有发现，且寄主范围广，目前已知可侵染 30 个科，至少 310 种植物，不仅可以侵染各种双子叶农作物，还可以侵染一些观赏植物和杂草。

（三）病毒的复制和翻译

TMV 的复制过程与正单链 RNA 病毒相似，当病毒粒子侵入宿主细胞后，首先以其自身 RNA 为模板，翻译产生病毒的复制酶，随后，翻译产生的复制酶会迅速结合至病毒基因组 RNA 的 5′ 端，基因组 RNA 及复制所需的宿主因子等被复制酶招募至病毒复制场所（内质网），形成复制复合体，先由正链基因组 RNA 复制产生负链 RNA，再由此复制产生正单链基因组 RNA，完成病毒的复制过程。

存在于 TMV 基因组 RNA 链 5′ 端非编码区的 67nt 核酸序列（命名为 omega，Ω）具有翻译增强子的作用，其上的 poly（CAA）区域可与热激蛋白 HSP101 互作，对翻译起始因子 eIF4F 进行招募，从而发挥增强翻译的作用（Scholthof，2004）。

（四）病毒的细胞间运动和系统移动

前人的研究发现，无论在病毒侵染的叶片中还是在 MP 单独表达的转基因烟草中，MP 均能够在 PD 处积累并造成胞间连丝的孔径变大，使得 TMV 能够以 RNP 的形式在 MP 的携带下完成细胞间移动。在侵染过程中，MP 与微管结合，病毒 RNP 结构通过微丝与微管的运输从病毒的复制位点（内质网）转移到胞间连丝处，扩散至相邻细胞。Boyko 等发现，随着温度的适当升高，TMV 在细胞间传播的效率得到了提高，这是由于温度的变化导致 MP 的定位发生改变，从病毒复制的内质网内涵体中重定位至微管上，促进了 MP 携带病毒 RNA 转运（Boyko et al.，2000）。

（五）植物对 TMV 的抗性研究

在宿主植物对 TMV 的抗性研究过程中，最著名的是 *N* 基因介导的抗性，植物病毒学家 Holmes 在前人的研究基础上，培育了普通烟（*Nicotiana tabacum*）和心叶烟（*N. glutinosa*）的杂交种。当 TMV 接种这种杂交烟草后，会产生坏死斑点，这种坏死反应有效地阻止了 TMV 的进一步扩散，将病毒限制在坏死斑产生的组织中。Holmes 将这个从心叶烟中找到的抗性基因描述为 *N* 基因。

N 蛋白是一个典型的 TIR-NBS-LRR 类型的 R 蛋白，具有一个 TIR 结构域、核酸结合区（NBS）和一个富含亮氨酸的重复区（LRR）。LRR 结构域能与 TMV 126kDa 复制蛋白的 C 端发生互作，因此将 TMV 的复制蛋白定义为一个毒力因子。对 126kDa 复制蛋白的研究发现许多宿主因子均可与其 C 端的 p50 发生互作，这些宿主因子均可参与到对 TMV 的抗性过程中。

此外，第二类被发现的能够对 TMV 具有抗性的 *R* 蛋白为番茄中的 CC-NBS-LRR 类抗性蛋白 Tm-2 及其等位基因编码的 Tm-2^2，二者均能够通过识别 TMV 的 MP，对病毒的侵染产生抗性。Tm-2 和 Tm-2^2 在 LRR 结构域中存在两个氨基酸的差异，这种差异导致它们对病毒识别的特异性不同（Kobayashi et al.，2011）。相比于 Tm-2，Tm-2^2

具有更持久的抗病性并已成功在生产实践中进行了应用，在番茄和烟草的易感病株系中转入 *Tm-2*^{2} 基因，能够使植株获得由 Tm-2^2 介导的对 TMV 的抗性。

（六）病毒的传播流行及防控策略

TMV 在烟草植物中非常容易建立侵染，只需要将带毒叶片通过叶片之间的摩擦造成伤口，便可以侵染健康植株，TMV 的侵染还能够通过种子进行传播，但是不会通过蚜虫、线虫或者其他虫媒介体进行传播，其种传概率也相对较低。TMV 侵染的最适温度为 26℃左右，因此，烟草发育的苗期至现蕾期的温度及湿度最适于病毒侵染和传播。受病毒侵染的植株叶绿体发育受到抑制，导致植株生长迟缓，并表现出花叶的症状。TMV 非常稳定，可在侵染的植株中存活约 3000d，纯化的病毒粒子在 4℃条件下可保存活性长达 50 年，这种稳定性主要是因为其病毒粒子具有致密的结构。目前生产上对 TMV 的防治手段主要有两种：① 使用 TMV 的弱毒株系 N_{11}、N_{14} 对寄主植物烟草或番茄进行接种，利用超侵染抑制的方法抑制致病力强的病毒株系在宿主植物中的侵染，保护植物的正常生长；② 利用含 *Tm-1*、*Tm-2*、*Tm-2*^{2} 等抗性基因的品种抵抗 TMV 的侵染。

二、番茄斑萎病毒

（一）病毒粒体与基因组结构

番茄斑萎病毒（TSWV）属于布尼亚病毒目（*Bunyaviridale*）番茄斑萎病毒科（*Tospovidae*）正番茄斑萎病毒属（*Orthotospovirus*）。与很多动物布尼亚病毒成员的病毒粒体和基因组结构类似，TSWV 的成熟病毒粒体为球状，外面包裹一层来自寄主的磷脂囊膜结构，粒体直径为 80～120nm（图 13-6A）。病毒的糖蛋白 Gn 和 Gc 嵌入膜表面，糖蛋白是病毒传播介体昆虫蓟马获毒所必需的。病毒粒体的核心结构是 RNP，RNP 通过核蛋白 N 紧密包裹病毒基因组 RNA 组装而成，并结合少量的复制酶蛋白 RdRp，RNP 复合体是病毒侵染的最小单元（图 13-6B）。

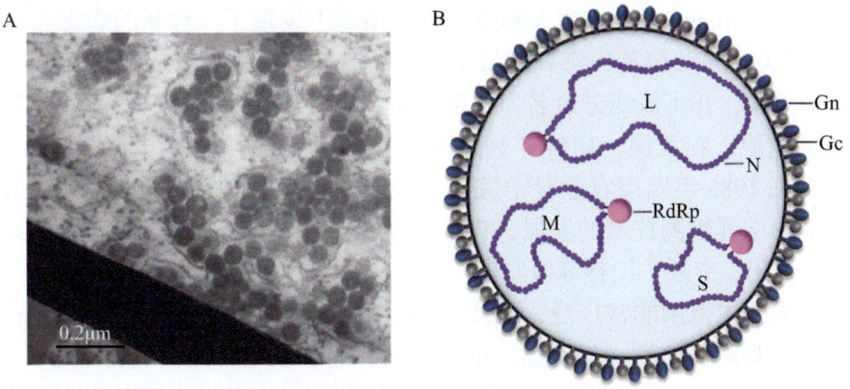

图 13-6　番茄斑萎病毒粒体

A. 纯化的番茄斑萎病毒粒体在电子显微镜下的形态图；B. 番茄斑萎病毒粒体结构示意图

TSWV 核蛋白 N 与单链 RNA 复合物的晶体结构已被解析，病毒 RNA 结合在由带正电荷氨基酸形成的N蛋白凹槽中，这种深度包埋能够保护病毒RNA抵抗RNase的降解，N蛋白形成三聚体，以三聚体为单位再组装形成RNP复合体。

正番茄斑萎病毒属病毒基因组包含3条负义单链RNA，依据其长度分别命名为L（large，约8.9kb）链、M（medium，约4.8kb）链、S（small，约2.9kb）链（图13-7）。L链负义编码病毒的RdRp；M链和S链采取双义编码的策略，各包含两个ORF，ORF之间存在一段富含A-U碱基的基因间隔区，可能参与调控病毒基因的翻译过程。M链负义编码移动蛋白（nonstructural viral movement protein，NSm），互补链编码糖蛋白（glycoprotein，GP）前体，它被进一步加工成N端糖蛋白（Gn）和C端糖蛋白（Gc）；S链负义编码一个基因沉默抑制子（nonstructural，silencing suppressor，NSs，也称VSR），互补链编码核蛋白N。病毒所有基因组RNA片段末端的前8个核苷酸序列都是高度保守和互补的，能够配对形成“锅柄状”结构，可能在起始病毒的转录和复制过程中发挥重要作用。

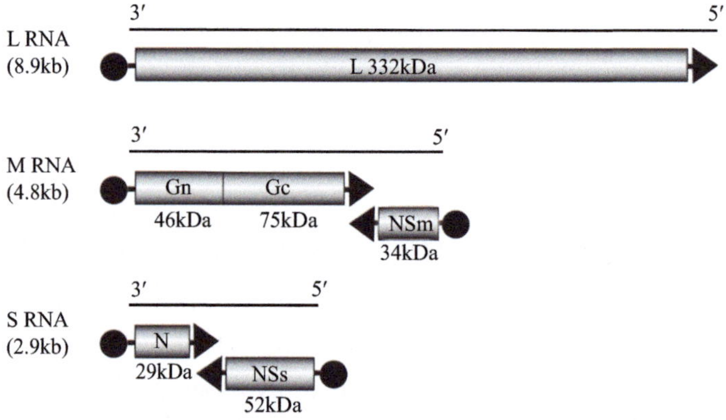

图13-7 番茄斑萎病毒基因组结构及蛋白质表达策略示意图

（二）地理分布、寄主范围和农业重要性

1915年，Brittlebank等在澳大利亚的番茄植株上发现了一种新的病害症状“斑驳、萎蔫”，这是关于番茄斑萎病毒病的最早文献记录。1930年，Samuel等确定了该症状由病毒侵染引起，并将该病毒命名为“番茄斑萎病毒”，并确认该病毒是许多重要农作物病毒病的病原。在我国，1944年魏景超等在四川调查时曾指出番茄上有TSWV存在，但是直到1986年四川农业科学院苏大昆等才证实番茄上存在TSWV。随着血清学、分子生物学等检测技术的发展，TSWV及正番茄斑萎病毒属的其他病毒陆续在四川、云南、贵州、宁夏、长春等地发现。

TSWV的寄主范围非常广泛，能侵染90多个科的900多种双子叶和单子叶植物，包括农作物和观赏性植物，如番茄、辣椒、马铃薯、生菜、莴苣、花生等，该病毒同时可感染一些常见的杂草，如三叶鬼针草、蒲公英等，病毒侵染后因植株品种、年龄、环境等因素的差异植株表现出不同的症状，典型的症状表现为植株萎蔫矮化、生长不对称、叶片变形，产生同心轮纹或坏死斑，形成不规则坏死区，最终显著影响植株的正常发育，严重影响产量，导致严重的经济损失（图13-8）。

图 13-8 番茄斑萎病毒侵染不同寄主植物症状图

A. 番茄；B. 生菜；C. 辣椒；D. 蝴蝶兰；E. 烟草

（三）病毒复制、转录与病毒粒体成熟

TSWV 能够在植物和昆虫介体中复制增殖，纯化的病毒粒体能够在体外进行复制和转录。研究表明，烟草中的真核延伸因子（eukaryotic translation elongation factor 1A，eEF1A）能够增强病毒复制和转录。西花蓟马中的转录因子（*F. occidentalis* putative transcription factor，FoTF）能够显著的增强病毒的复制效率。TSWV 转录形成的 mRNA 含有一段 12～20 个碱基的带帽子结构的非病毒序列，它们是病毒通过"抓帽机制"从寄主 mRNA 上窃取的。在这个过程中，病毒 RdRp 与寄主 mRNA 帽子相结合，通过 RdRp 中的内切酶从寄主 mRNA 上切割带有帽子结构的 RNA 前导序列，该前导序列随后与病毒基因组 RNA 的 3′ 端匹配被用于病毒 mRNA 的转录。

在病毒复制后期，子代 RNP 以依赖于肌动蛋白的方式，向富集了大量病毒 Gn/Gc 糖蛋白的内质网和高尔基体复合体移动，RNP 被高尔基体脂膜包裹，形成双层包被的病毒粒体，随后彼此相互融合并与内质网膜融合后产生成熟的具有单层囊膜结构的病毒粒体。病毒糖蛋白 GP 前体在内质网膜上被加工形成 Gn 和 Gc，Gn 会以单体或者与 Gc 互作形成二聚体的形式向高尔基体复合体运输。在病毒糖蛋白 GP 合成和加工的早期阶段，GP 蛋白定位于内质网输出位点（ER export site，ERES）。抑制 ERES 处 COPⅡ囊泡的形成能够阻断 Gn 或者 Gn-Gc 异源二聚体向高尔基体移动，表明病毒糖蛋白从内质网到高尔基体的运输过程依赖于 COPⅡ囊泡运输途径。

（四）病毒细胞间移动和系统移动

TSWV 非结构蛋白 NSm 具有植物病毒移动蛋白的典型特征。NSm 在病毒侵染的早期阶段短暂表达，并定位到胞间连丝，可增大胞间连丝的孔径，同时能够诱导形成管状结构。在病毒复制的早期阶段，具有侵染活性的子代 RNP 与 NSm 结合形成运输复合体，穿过被修饰的胞间连丝。NSm 能够结合到内质网膜上，并利用胞间互连的内质网网络结构作为其细胞间移动的通道。NSm 还能够与寄主蛋白 SGT1 互作，SGT1 对于病毒的细胞间移动和系统侵染具有重要作用。

除了 NSm 具有移动功能外，核蛋白 N 也能够在细胞质形成沿内质网和细胞骨架高速运动的颗粒物，并且这种运动由微丝上的马达蛋白 XI-K 驱动。在基于烟草花叶病毒重组质粒的移动体系中，TSWV 的 N 蛋白能够促进烟草花叶病毒的长距离移动，表明 TSWV 的 N 蛋白可能也在病毒的长距离移动中发挥作用。

（五）病毒抑制寄主基因沉默的反防御机制

TSWV 通过编码具有基因沉默抑制子活性的 NSs 对抗植物的基因沉默防御系统。NSs 能够结合长短不一的 dsRNA，干扰 RISC 复合体的形成，从而抑制寄主基因沉默体系，确保病毒的成功侵染。NSs 蛋白缺陷的突变体病毒能够被蓟马取食获毒，但是却不在蓟马中进行增殖与传播，表明 NSs 在昆虫中可能也具有促进病毒侵染的重要作用。

（六）病毒的传播与防控策略

几乎所有的正番茄斑萎病毒属病毒都由蓟马传播。TSWV 主要以持久增殖型的方式传播，仅在若虫期获毒的蓟马成虫才可传毒，获毒蓟马终身带毒，且病毒可在蓟马体内复制，目前还没有证据表明病毒可经卵传播。传毒蓟马通过传播病毒对寄主植物引起的经济损失远大于其直接取食所造成的损失，传毒蓟马种群数量高则导致病毒发生流行。

TSWV 及其传播介体蓟马广泛的寄主范围导致病毒的侵染循环很难被阻断，单一的防控措施很难奏效，必须采取综合防控策略降低病毒暴发流行的风险。培育抗病毒品种是防控策略中极其重要的一方面，来源于番茄和辣椒的抗病基因 *Sw-5* 和 *Tsw* 对 TSWV 具有良好的抗性。*Sw-5* 和 *Tsw* 都为经典的 NB-LRR 抗性基因，Sw-5 可以识别 NSm，而 Tsw 识别 NSs，识别后都能在病毒侵染局部区域诱导 HR 反应。通过传统遗传育种方法，*Sw-5* 和 *Tsw* 已分别在番茄和辣椒品种上广泛运用，并表现出良好的抗病毒效果。但是由于单一品种的大规模使用，目前田间已经出现能够突破 *Sw-5* 和 *Tsw* 抗性的病毒变异株系。由于可利用的天然寄主抗病基因资源匮乏，通过转基因技术生产抗病毒品种也是一种良好的策略，转基因表达病毒 N、NSs、NSm 和复制酶序列部分片段的植株都能够有效对抗番茄斑萎病毒的侵染，但是目前还没有商业化生产应用的转基因品种。植物抗病活化剂阿拉酸式苯-*S*-甲基（acibenzolar-*S*-methyl）能够诱导植物自身免疫反应，从而使植物对多种病原微生物产生自我保护作用，预先用阿拉酸式基 -*S*- 甲基处理植株能够显著减轻番茄斑萎病毒的侵染。

控制病毒传播介体昆虫种群数量是媒传病毒病防控的重要环节。目前除了利用化学药剂杀灭蓟马之外，还可利用黄瓜钝绥螨（*Amblyseius cucumeris*）等商业化的产品进行生物防治（Oliver and Whitfield，2016）。TSWV 的 Gn 蛋白可以特异性地结合到蓟马中肠，喂食 Gn 蛋白的蓟马若虫传播病毒的能力显著降低。转基因表达病毒 Gn 蛋白的植株也可通过干扰蓟马获毒和传毒过程阻断病毒的传播途径，从而实现控制病毒传播的目的。

三、水稻矮缩病毒

水稻矮缩病毒（RDV）属于呼肠孤病毒科（*Reoviridae*）植物呼肠孤病毒属（*Phytoreovirus*）。同属的病毒有水稻瘿矮病毒（rice gall dwarf virus，RGDV）和伤瘤病毒（wound tumor virus，WTV）。RDV是水稻矮缩病的病原，该病在水稻的秧田和本田期均能发生，为系统性侵染的病害。水稻感染RDV后，生长受阻，普遍表现为植株矮小、分蘖增多、叶色浓绿、叶片粗而僵直，沿叶脉出现断续点线状的白色斑点（图13-9）。根据水稻品种和发病时期的不同，症状有一定差异。1883年日本第一次报道水稻矮缩病，现该病广泛分布于中国、日本、朝鲜、菲律宾、尼泊尔等水稻产区。水稻矮缩病的暴发可导致30%～50%的减产，严重威胁水稻的产量。

图13-9　水稻矮缩病株的症状

A. 感染RDV的水稻整体症状，标尺=8.5cm；B. 感染RDV的水稻叶片症状，标尺=0.5cm

（一）RDV的基因组结构及编码蛋白的功能

RDV的基因组由12条双链RNA组成，RNA与蛋白质组成复合体，以超卷曲形式包装在病毒粒子内部。根据它们在聚丙烯酰胺凝胶电泳中的迁移率，由慢到快，依次命名为S1～S12。RDV基因组双链RNA末端结构相似，5′和3′端分别存在由6个和4个核苷酸［5′-GG(C/U)AAA—(U/C)GAU-3′］组成的保守序列，与同属的RGDV和WTV的末端保守序列非常相似，表明三者在进化上的亲缘关系很近。这些末端保守序列可能在病毒的复制、转录、翻译和组装过程中起重要作用（李毅和陈章良，2001）。

在非降解条件下提纯的病毒粒子含有7或8个病毒编码的蛋白质，称为结构蛋白，分别由S1、S2、S3、S5、S7、S8和S9编码的蛋白质P1、P2、P3、P5、P7、P8（P8′）和P9，P8′为P8的水解产物。在被病毒侵染的细胞中，还有由S4、S6、S10、S11和S12分别编码的一些非结构蛋白Pns4、Pns6、Pns10、Pns11和Pns12；S11有两个可读框，分别编码Pns11a和Pns11b；S12有4个可读框，其中ORF1编码Pns12蛋白。

RDV基因组编码的结构蛋白中，P1是RdRp；P2是微量外壳蛋白；P3是RDV的主要核心蛋白，序列中也存在RdRp的保守序列，可能在病毒基因组的复制和转录中起一定的作用；P5位于RDV核心，具有鸟苷转移酶的特性，为转录出的mRNA的5′端加上甲基化帽子；P7可以与P3、P8相互作用，参与病毒的复制过程及病毒粒子的组装；P8是RDV的主要外壳蛋白之一，P8′是P8蛋白在Asp362-Pro363位点被特异性切割的产物，但是二者具有相同的N端序列，P8可以与水稻的乙醇酸氧化酶（glycolate oxidase，GOX）相互作用，可能有利于病毒的复制（Zhou et al.，2007）；P9具有转录激活活性，推测其可能在病毒的侵染和复制过程中参与调控病毒或者寄主基因的转录表达。

非结构蛋白中，Pns4蛋白结构中包括一个锌指结构域和一个结合嘌呤（NTP）的结构，在RDV侵染的昆虫细胞中，Pns4能够形成与细胞纤维相关的微管状结构，可能与病毒粒子的组装有关。Pns6的C端具有镁离子依赖的ATPase活性，N端具有RNA结合活性。此外，Pns6能够互补异源病毒细胞间移动蛋白突变体的细胞间移动，免疫电镜结果显示Pns6蛋白在植物中位于胞间连丝和细胞质中，推测是病毒的细胞移动蛋白。在昆虫细胞中 Pns10 可以形成管状结构，连接相邻的细胞，从而协助 RDV 病毒粒子在细胞间进行次级侵染。Pns11 可以非特异性结合单链或者双链的 DNA 和 RNA。Pns12 可以被磷酸化，在细胞质中积累。在 RDV 侵染的叶蝉细胞中，Pns12 可以与 Pns6、Pns11 形成复合体，有利于病毒的复制和组装。

（二）RDV 病毒粒子的结构和组装

RDV 病毒粒子为无刺突、无脂蛋白外膜的二十面体。P2、P8 和 P9 组成病毒粒子的外层外壳，直径为 69.3nm，厚度为 17nm；P3 蛋白之间形成稳定的二聚体，60 个 P3 二聚体组成内层外壳，是 RDV 粒子结构的基础，直径为 53.0nm，厚度为 7nm。P2 与外壳蛋白核心结合不紧密，在使用氯仿、四氯化碳等有机溶剂提纯病毒粒子的时候常常丢失。在水稻和叶蝉细胞中共表达 P3 和 P8 蛋白可以组装成不含 RDV 基因组的病毒粒子。

Nakagawa 等提出了 RDV 粒子的分层结构组装模型（Nakagawa et al.，2018）：首先，P3 的二聚体化引发内核颗粒的组装。P3 二聚体结构充当内核结构的拼图零件，组装形成具有二十面体对称性的 5 重对称性的十聚体结构。在该过程中，转录复合物可以在完整病毒颗粒内核的形成中围绕 5 重轴附着。内核颗粒形成后，第一个 P8 三聚体将通过与内核之间的静电相互作用附着在二十面体的 3 重轴上，之后会有 12 个 P8 三聚体依次附着在内核颗粒的所有 3 重轴上。最后，P8 三聚体围绕二十面体的 5 重轴附着，形成 RDV 的完整颗粒。外壳形成后，P2 蛋白通过疏水相互作用插入由 P8 三聚体形成的 5 重对称的缝隙中。

（三）RDV 的侵染和传播

水稻矮缩病毒在自然条件下主要侵染禾本科植物，如水稻、稗草等，通过介体昆虫黑尾叶蝉（*Nephotettix cincticeps*）以持久增殖型的方式传播，不能通过摩擦接种等机械方式侵染。二条黑尾叶蝉（*Nephotettix nigropictus*）和电光叶蝉（*Recilia dorsalis*）也有比较弱的传毒能力。叶蝉通过取食感病水稻被病毒侵染，再经过取食传播到健康水稻中。黑尾叶蝉获毒时间短，病毒在昆虫体内经过 12～17d 的循回期即可传毒。带毒叶蝉取食过的水稻经过 1～4 周的潜伏期就能呈现出症状，潜伏期随着温度的升高而缩短，随着感病水稻苗龄的增加而增长。

黑尾叶蝉获毒后可以终身传毒，并且可以通过雌虫以经卵传播的方式将病毒传至子代昆虫。研究发现，P2 蛋白可与叶蝉细胞膜上的受体结合，诱导叶蝉细胞的膜融合，再通过囊泡介导 RDV 进入细胞。丢失 P2 蛋白的病毒粒子不能被叶蝉识别进入体内，所以不能被传播，也不能在叶蝉体内增殖（Zhou et al.，2007）。RDV 还可以通过 P2 蛋白与共生菌 *Sulcia muelleri* 的外膜蛋白相互作用而吸附或嵌入共生菌的表面，随后伴随共生菌入卵，侵入上皮鞘及卵母细胞，从而突破经卵传播屏障（Jia et al.，2017）。

（四）RDV 对寄主植物的致病性及寄主对 RDV 的抗病性

植物中赤霉素（GA）含量的高低对植物的株高具有显著的影响。在感病水稻中，外壳蛋白 P2 与赤霉素合成的关键酶之一内根贝壳杉烯氧化酶相互作用，阻碍赤霉素的合成，可能是导致 RDV 侵染后水稻矮化的主要原因之一。通过外源喷洒 GA，感病植株的株高可以恢复正常（Zhu et al.，2005）。但是，当用 RDV 侵染内根贝壳杉烯氧化酶缺失突变体 *d35* 时，可以观察到比健康 *d35* 突变体水稻更加严重的矮化表型（图 13-10），说明可能还存在其他的激素调控着 RDV 侵染水稻的矮化表型。进一步研究发现，P2 蛋白还可以与生长素信号途径的 OsIAA10 蛋白相互作用，阻断 OsIAA10 和 OsTIR1 的结合，阻止 OsIAA10 的泛素化降解，从而抑制了下游基因对生长素水平变化的响应，使水稻对生长素信号的敏感性降低，产生相应的矮化、分蘖增多、叶片浓绿、根系发育受阻和结实率降低等表型（Jin et al.，2016）。

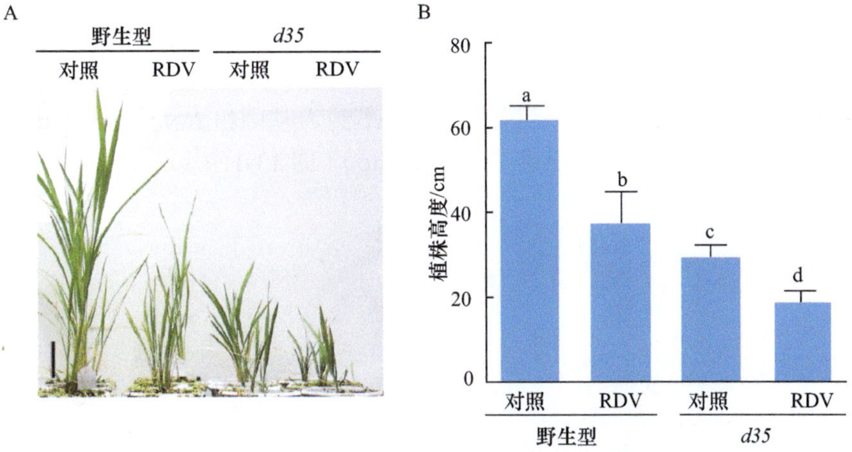

图 13-10　内根贝壳杉烯氧化酶缺失突变体 *d35* 的 RDV 感病表型（Jin et al., 2016）

A. 感染 RDV 的 *d35* 突变体表现出比健康 *d35* 突变体更加严重的矮化表型，标尺 =10cm；B. 株高统计分析结果，显著性分析采用 Tukey-Kramer HSD 检验，不同字母代表差异显著，即 $P<0.05$

乙烯参与植物种子萌发、叶片衰老及果实成熟等发育过程，并在植物抵抗非生物胁迫和生物胁迫中起重要的调节作用。RDV 的 Pns11 能够与水稻的 *S*-腺苷-*L*-甲硫氨酸合成酶 1（OsSAMS1）相互作用并激活其酶活性，产生更多乙烯合成途径的前体 SAM，从而使下游产物 ACC 及乙烯含量升高，最终导致水稻更容易感染 RDV（Zhao et al., 2017）。

研究发现，RDV 侵染水稻后，OsAGO18 的启动子被激活，增强了 OsAGO18 mRNA 的转录水平，进而蛋白质水平上调；OsAGO18 与 AGO1 竞争性结合 miR168，使细胞中的 miR168 无法与 AGO1 有效结合，从而不能切割 AGO1 的 mRNA，使 AGO1 蛋白水平上调；积累的 AGO1 通过结合病毒来源的 vsiRNA，切割病毒的 RNA 链，从而抑制病毒的积累（Wu et al.，2015）。另外，病毒可以编码沉默抑制因子来抵抗宿主的 RNA 沉默。RDV 编码的沉默抑制因子 Pns10 能够抑制 RNA 沉默通路中 RDR6 的表达，同时结合 21nt 和 24nt 的 siRNA，从而抑制 RNA 沉默。

四、中国番茄黄化曲叶病毒

双生病毒是一类世界范围内广泛发生的植物单链 DNA 病毒，病毒粒子为 18nm × 30nm 的孪生颗粒形态，无包膜，由两个不完整的二十面体组成。根据基因组结构、介体种类和寄主范围，国际病毒分类委员会于2017年将双生病毒划分为9个属，大多数具有经济重要性的双生病毒为菜豆金色花叶病毒属病毒，主要由烟粉虱以持久性传毒方式进行传播。中国番茄黄化曲叶病毒（TYLCCNV）是被研究得比较深入的菜豆金色花叶病毒属病毒。

（一）病毒粒体和基因组结构

TYLCCNV的粒子为双联体结构（图13-11A），基因组为1条闭合环状单链DNA，大小约为2.7kb（1kb=1000nt）。病毒基因组DNA的病毒链编码外壳蛋白CP、V2蛋白能够抑制RNA沉默，互补链C1编码复制相关蛋白（replication-associated protein，Rep）、C2编码转录激活蛋白（transcriptional activator protein，TrAP）、C3编码复制增强蛋白（replication enhancer protein，REN）和互补链C4编码C4蛋白参与病毒的系统运动或症状形成。TYLCCNV还伴随有1条大小约为基因组DNA一半（1.3kb）的单链环状的卫星DNA，称为beta卫星（betasatellite）（图13-11B）。

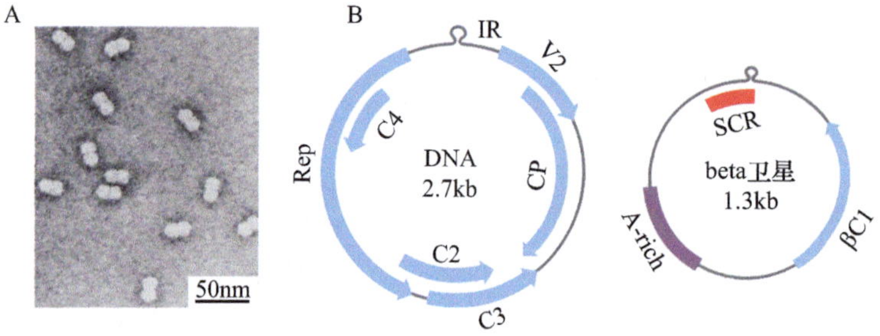

图13-11　TYLCCNV的粒子形态和基因组结构（修改自Zhou et al.，2013）

A. TYLCCNV的粒子形态；B. TYLCCNV基因组DNA及伴随的beta卫星的基因组结构，IR表示基因间隔区，SCR表示卫星保守区，A-rich表示腺嘌呤富含区

病毒链和互补链之间由基因间隔区（intergenic region，IR）隔开，IR在序列、位置和结构上与其他双生病毒相比都比较保守，含有双生病毒复制和转录所必需的结构及茎环结构顶端的“TAATATT↓AC”9碱基保守序列（箭头所在之处表示可能发生断裂）。TYLCCNV的beta卫星（tomato yellow leaf curl China betasatellite，TYLCCNB）主要包括三个特征：①含有一个大小约120bp的卫星保守区（satellite conserved region，SCR），SCR内也含有一个茎环结构，且含有保守的9碱基核苷酸序列“TAATATT↓AC”。除了该9碱基核苷酸序列外，beta卫星与基因组DNA之间没有显著的序列同源性；②互补链上编码了一个大小和位置都比较保守的βC1蛋白，是症状决定因子及逃脱植物防御反应的关键因子；③此外，在βC1上游还有一个腺嘌呤富含区（A-rich region）。

（二）地理分布、寄主范围和变异

TYLCCNV主要分布在我国的广西、云南和四川，自然条件下其寄主范围主要包括烟草、番茄、豨莶、赛葵、刺茄、芸豆、曼陀罗、青蒿、锦葵和三七，发病植株产生叶片黄化、卷曲，叶背面叶脉凸起、耳突增生、植株矮化等症状。病毒感染后期，植物的开花异常，造成产量急剧降低。通过构建TYLCCNV和TYLCCNB的侵染性克隆并对其进行侵染性测定，表明 TYLCCNV 单独可以侵染本氏烟、三生烟、心叶烟、番茄和矮牵牛，但不能产生任何症状，只有与 TYLCCNB 共同侵染时才能产生叶片卷曲、叶脉增厚、耳突增生和植物严重矮化等典型的病害症状。

TYLCCNV 接种模式植物本氏烟后，本氏烟中病毒的遗传结构是异质种群，病毒种群具有准种（准种指种群中有不同的成分）特征。通过对种群的变异性或遗传多样性进行分析，发现 TYLCCNV 的突变频率为 4.54×10^{-4}，与已报道的植物 RNA 病毒具有相似的突变率。

（三）病毒的复制与转录

TYLCCNV 单独能够复制并且系统侵染本氏烟和番茄等寄主植物。虽然目前并未专门针对 TYLCCNV 的复制与转录机制开展研究，但是对一部分双生病毒的复制开展的研究表明，双生病毒一旦通过昆虫介体进入植物细胞后其复制周期可以概括分为两个阶段。首先，病毒的单链 DNA（ssDNA）基因组在寄主 DNA 聚合酶的作用下启动病毒互补链的合成，然后在 RNase H 的作用下除去 RNA 引物，所形成的双链 DNA（dsDNA）在连接酶的作用下连接成环，随之通过拓扑异构酶将其缠绕在寄主的核小体上，形成被核小体包裹的 dsDNA 中间体。其次，病毒 ssDNA 在 Rep 和 REN 的作用下利用寄主体内与复制有关的蛋白质进行滚环复制或者重组依赖型复制，产生病毒链 DNA。TYLCCNB 自身不能进行复制，必须依赖 TYLCCNV 才能进行复制、包裹及介体传播。

（四）病毒的细胞间移动和系统移动

双生病毒在寄主细胞核内进行复制和转录。为了达到系统侵染的目的，后代病毒核酸需要从核孔到达胞间连丝从而进入相邻的细胞，再进入维管束组织完成系统侵染。目前，对双生病毒如何从侵染的起始位点进入细胞核，以及病毒是以病毒粒子的形式还是脱壳后以核蛋白复合体的形式进入细胞核的都不甚清楚。

（五）病毒抑制寄主基因沉默的反防御机制

RNA 沉默是一种基于序列特异性的基因表达调控机制，也是植物抵御病毒侵染的一种重要的防御反应。根据作用部位和作用机制的不同，RNA 沉默可以被分为转录后基因沉默（posttranscriptional gene silencing，PTGS）和转录水平基因沉默（transcriptional gene silencing，TGS）。PTGS 一般发生在细胞质和转录后阶段，由于发生了核酸降解，mRNA 的积累量很低或者检测不到。TGS 一般发生在细胞核，主要是由 DNA 甲基化引起启动子失活，进而导致基因转录无法正常进行。目前的研究表明，植物可以通过 PTGS 和 TGS 两方面来抵御双生病毒的侵染，但是病毒在与寄主长期共进化过程中，能够编码一个或多个 RNA 沉默抑制子来逃脱 PTGS 和 TGS。

TYLCCNB 互补链编码的 βC1 蛋白（TYLCCNB-βC1）能够上调烟草和番茄等植物中内源的 RNA 沉默抑制子——钙调素类似蛋白 rgs-CaM 的表达。一方面，TYLCCNB-βC1 通过上调 rgs-CaM 的表达可以进一步抑制 RNA 沉默途径中的关键组分 RDR6 的功能从而促进病毒侵染。另一方面，rgs-CaM 能够与双链 RNA 结合蛋白 SGS3 互作，并且通过细胞自噬途径介导SGS3的分解，促进双生病毒侵染。

由于双生病毒复制过程中形成的dsDNA复制中间体可与组蛋白结合形成微染色体，双生病毒可以成为TGS的靶标。TYLCCNV基因组能够在寄主植物中发生甲基化，而TYLCCNB不仅能够降低病毒基因组的DNA甲基化水平，还能够降低寄主DNA的甲基化。TYLCCNB-βC1与甲基循环中的关键酶*S*-腺苷-高半胱氨酸水解酶（*S*-adenosyl homocysteine hydrolase，SAHH）互作并且抑制SAHH的活性。在甲基循环中，SAHH能够将转甲基反应的竞争性抑制剂*S*-腺苷-高半胱氨酸（*S*-adenosyl homocysteine，SAH）转化为高半胱氨酸和腺苷（adenosine），腺苷可重新合成*S*-腺苷甲硫氨酸（SAM），而SAHH活性的抑制则导致SAH的积累，抑制了甲基转移反应。由于核定位信号缺失的βC1突变体不能与SAHH互作，也丧失了抑制TGS的能力，推测βC1通过与SAHH互作并抑制SAHH的活性来阻止SAM的再生合成，从而抑制寄主的DNA甲基化。

（六）病毒的传播、流行与防控策略

菜豆金色花叶病毒属病毒由烟粉虱以持久循回型的方式进行传播。病毒粒子经烟粉虱的口针摄入后，进入食管和消化道，主动穿过介体肠膜进入血淋巴，再到达唾液腺，随后在唾管内与唾液混合后随唾液一起排出；病毒可由烟粉虱在作物与作物之间以及作物与杂草之间进行传播。尽管不同的双生病毒对烟粉虱的生殖、发育及存活的影响有所不同，但烟粉虱种群的暴发往往伴随着病毒病害的迅速流行。TYLCCNV/TYLCCNB能够通过寄主植物与烟粉虱建立互惠关系。与在健康的普通烟植株上发育羽化的个体相比，在TYLCCNV和TYLCCNB共同侵染的普通烟上发育羽化的B型烟粉虱雌成虫的产卵量可增加至原来的18倍，寿命也延长至原来的7倍，并且增加的个体同样携带病毒，促进了病毒病的流行。TYLCCNV和TYLCCNB共同侵染能抑制烟草的茉莉酸（JA）防御途径，TYLCCNB-βC1蛋白是影响植物防御途径变化的关键因子。植物中的次生代谢途径是介导烟粉虱与TYLCCNV/TYLCCNB互惠关系的另一重要途径。TYLCCNV和TYLCCNB共同侵染和烟粉虱取食分别下调和上调了普通烟中萜类化合物合成途径中的一个关键基因马兜铃烯合酶基因（*5-epi-aristolochene synthase*，*NtEAS*）的表达；转基因沉默*NtEAS*有利于烟粉虱的存活。TYLCCNB-βC1可与JA途径中的关键调控因子——MYC2转录因子互作，干扰MYC2同源二聚体的形成，导致MYC2不能激活其所调控的下游的多种抗虫相关次生代谢物质挥发物，如与萜烯类化合物的合成代谢相关的基因。

像大多数植物病毒的防治一样，除了高抗和免疫品种，难以通过单一措施来防控TYLCCNV/TYLCCNB，因此针对TYLCCNV/TYLCCNB的发生、流行特点，应采取综合防治措施控制病害。① 减少或消除病毒初侵染源：首先在种植时间上避开烟粉虱的发生高峰期通常能够起到很好的防治效果；其次在空间上可避开病原较多的区域。② 减少烟粉虱的移动：在露地栽培中，可通过选用适当的反光膜来影响烟粉虱的行为从而可以有效降低发病率；在保护地栽培模式下，使用防虫网并配合喷洒少量的杀虫剂可将损失降低在可以接受的范围。③ 栽培抗病品种：该方法被认为是防治双生病毒最好的方法。除自然产生的抗病性外，还可以通过病毒基因工程培养抗病品种。科学

家已经利用野生型番茄中的抗性基因培育了一些具有不同抗性水平的品系，但是这些抗性品系对 TYLCCNV/TYLCCNB 的抗性还需要进一步确认。

小 结

病毒虽然是一种结构简单且必须在活细胞内寄生并增殖的微小生物，但其危害性却极大。植物病毒侵染寄主植物会使植物出现矮化、变色、畸形、萎蔫、坏死等症状，是影响世界作物产量和品质的最大“元凶”之一。据统计，全世界每年由于植物病毒病害造成的损失高达 600 亿美元，严重威胁粮食安全。

植物病毒并没有特化的结构直接侵入植物，必须借助外部因素，如机械摩擦产生的微伤口、昆虫刺吸等，以被动的方式进入寄主植物细胞。目前已知的植物病毒有 1100 余种，约 80% 由介体昆虫传播，因此，介体昆虫的数量和流行情况在很大程度上影响了植物病害的发生和流行。

在植物与病毒的长期博弈过程中，植物寄主进化出了多种抗病毒防御策略，如显性抗性、隐性抗性、RNA 沉默和植物激素介导的抗性等，植物会根据病毒侵染的时间、位置、病毒来源的组分等启动一种或多种不同的防御策略。相应的，病毒可以通过影响植物激素、表观遗传学修饰、天然免疫、蛋白质降解途径等生理学功能途径，间接改变和调控介体昆虫与寄主植物的互作关系，从而逃避植物的抵抗。介体昆虫也能通过分泌蛋白等物质进入植物体内，同病毒或者植物细胞来源的分子进行分子间识别互作，影响三者互作关系。

通过对几种重要植物病毒的研究，加强对植物病毒病害发生机制、植物寄主防御机制及植物病毒-介体昆虫-植物寄主三者之间的互作机制的阐释，有助于掌握植物病毒病害的发生规律，降低和避免植物病毒病害的发生。

复习思考题

1. 植物病毒分类的主要依据是什么？
2. 以植物正单链 RNA（+ssRNA）病毒为例，简单介绍病毒的复制与翻译过程。
3. 植物寄主的抗病毒防御策略有哪些？
4. 病毒如何应对植物寄主的防御系统？
5. 自然条件下，植物病毒作为一种严格寄生物，为了生存，必须具备的三个条件是什么？
6. 举例说明基于病毒-介体昆虫-植物寄主三者的互作机制对绿色防控虫传病害的重要性。

（李 毅 范在丰 周 涛 吴建国 叶 健 刘玉乐 陶小荣 周雪平 杨秀玲 黄 钰 赵 坤）

参考文献

李毅，陈章良．2001．水稻病毒的分子生物学．北京：科学出版社．

Adams MJ, Adkins S, Bragard C, et al. 2017. ICTV Virus Taxonomy Profile: *Virgaviridae*. J Gen Virol, 98: 1999-2000.

Boyko V, FerralliJ, Heinlein M. 2000. Cell-to-cell movement of TMV RNA is temperature-dependent and corresponds to the association of movement protein with microtubules. Plant J, 22: 315-325.

Collum TD, Culver JN. 2016. The impact of phytohormones on virus infection and disease. Curr Opin Virol, 17: 25-31.

Hipper C, Brault V, Ziegler-Graff V, et al. 2013. Viral and cellular factors involved in phloem transport of plant viruses. Front Plant Sci, 4: 154.

Jia D, Mao Q, Chen Y, et al. 2017. Insect symbiotic bacteria harbour viral pathogens for transovarial transmission. Nat Microbiol, 2: 17025.

Jin L, Qin Q, Wang Y, et al. 2016. *Rice dwarf virus* P2 protein hijacks auxin signaling by directly targeting the rice OsIAA10 protein, enhancing viral infection and disease development. PLoS Pathog, 12: e1005847.

Kobayashi M, Yamamoto-KatouA, Katou S, et al. 2011. Identification of an amino acid residue required for differential recognition of a viral movement protein by the *Tomato mosaic virus* resistance gene $Tm\text{-}2^2$. J Plant Physiol, 168: 1142-1145.

Li F, Zhao N, Li Z, et al. 2017. A calmodulin-like protein suppresses RNA silencing and promotes geminivirus infection by degrading SGS3 via the autophagy pathway in *Nicotiana benthamiana*. PLoS Pathog, 13: e1006213.

Li F, Yang X, Bisaro DM, et al. 2018. The βC1 protein of geminivirus-betasatellite complexes: a target and repressor of host defenses. Mol Plant, 11: 1424-1426.

Nakagawa A, Miyazaki N, Higashiura A. 2018. Hierarchical structure assembly model of *Rice dwarf virus* particle formation. Biophys Rev, 10: 659-665.

Oliver JE, Whitfield AE. 2016. The genus *Tospovirus*: emerging bunyaviruses that threaten food security. Annu Rev Virol, 3: 101-124.

Scholthof KB. 2004. *Tobacco mosaic virus*: a model system for plant biology. Annu Rev Phytopathol, 42: 13-34.

Wu J, Yang Z, Wang Y, et al. 2015. Viral-inducible argonaute18 confers broad-spectrum virus resistance in rice by sequestering a host microRNA. eLife, 4:e05733.

Xu X, Qian Y, Wang Y, et al. 2019. Iterons homologous to helper geminivirus are essential for efficient replication of betasatellite. J Virol, 93: e01532-18.

Zhou X. 2013. Advances in understanding begomovirus satellites. Annu Rev Phytopathol, 51: 357-381.

Zhao S, Hong W, Wu J， et al. 2017. A viral protein promotes host SAMS1 activity and ethylene production for the benefit of virus infection. eLife, 6:e27529.

Zhou F, Pu Y, Wei T, et al. 2007. The P2 capsid protein of the nonenveloped *Rice dwarf phytoreovirus* induces membrane fusion in insect host cells. Proc Natl Acad Sci USA, 104: 19547-19552.

Zhu S, Gao F, Cao X, et al. 2005. The *Rice dwarf virus* P2 protein interacts with ent-kaurene oxidases *in vivo*, leading to reduced biosynthesis of gibberellins and rice dwarf symptoms. Plant Physiol, 139: 1935-1945.

重要虫媒病毒

第一节　媒介生物及虫媒病毒的定义

一、重要的媒介生物及传播的疾病

媒介生物是指能在人与人之间传播传染病或者将传染病从动物传播到人的生物。重要的媒介生物以节肢动物为主，有蚊、蜱、沙蝇、跳蚤、飞虱等。媒介生物传播疾病历史悠久，影响范围广泛，严重威胁着人类健康。全球半数以上人口面临媒介生物传播疾病感染的风险，每年有超过 100 万人因感染媒介生物传播的疾病而死亡。据世界卫生组织统计，媒介传播的疾病占全球所有传染病的 17% 以上。

媒介生物传播多种疾病，传播范围广泛分布于全球各地。除疟疾、斑疹伤寒、黑热病等细菌类或者寄生虫类的病原体经虫媒传播引起的严重传染病外，虫媒病毒也是重要的虫媒病原体，可以引起严重的传染病，导致如登革热、出血热等严重的疾病危害。

二、虫媒病毒的定义

虫媒病毒（arbovirus）是通过吸血节肢动物传播的病毒，其传播媒介主要是蚊、蜱和白蛉等无脊椎动物。媒介通过吸血或者刺吸行为将虫媒病毒从一个宿主传播到另一个宿主。目前已经报道的虫媒病毒有 530 多种。

虫媒病毒可通过节肢动物（主要是蚊和蜱）叮咬而在脊椎动物间传播。鸟类或其他动物常为蚊、蜱的感染原，蚊、蜱吸血感染病毒后又将病毒传播给其他野生或家养动物及人类。按照人类在病毒生命周期中的地位，虫媒病毒的传播可分为两种典型模式：① 媒介昆虫叮咬患病的人后，患者血液中的病毒会感染媒介昆虫，昆虫再叮咬其他人从而将病毒在人群中传播开来，如黄热病、基孔肯雅病及登革热等传染病，人是终宿主，也是自然循环的一部分且为病毒传播所必需；② 人是“死亡终端”（dead-end）宿主，昆虫不会从患者的血液中获取病毒并感染，人是偶尔参与自然循环，对病毒不能进行有效的传代，大多数虫媒病毒都是属于这种传播模式。虫媒病毒在全球的分布范围，主要取决于是否有合适的宿主和载体。

三、新发虫媒病毒传染病带来生物安全挑战

由于存在全球气候变化导致的生态环境改变、全球贸易与人口流动的加速、人类

生产生活方式的变化与城市化进程的加速、杀虫剂抗性等因素，媒介生物分布范围不断扩大，甚至一些以前已经被消除的媒介生物又“死灰复燃”，因此媒介生物传播疾病的情况也日益严重。很多自然因素和人类活动都会直接或者间接影响病原体、宿主和疾病的传播媒介，改变传染病的发生和传播规律。自然因素如气候变暖影响了媒介生物的发育，从而导致了媒介生物生存范围的扩大，如欧洲 3 种主要蜱的活动范围增加、全球白纹伊蚊的分布范围扩大及攻击性增强等，都增加了相关病原传播疾病的风险。人类活动也改变着生态环境，其中农田被侵占、大量农村人口向城市迁移改变了许多地方病的传播方式；国际化的旅行和贸易增强了各种虫媒病原体的扩散能力；另外，飞速发展的交通运输在传染病传播过程中也起到了极大的助推作用。流行病学调查分析认为，近 50～60 年来登革病毒的全球性肆虐与人口增长、人群迁移、城市化、气候变化、公共卫生基础设施的瓦解及媒介控制相关。

本章选取一些重要的蚊媒病毒和蜱传病毒进行介绍，其他虫媒病毒请参见本书其他章节，如蜱传的非洲猪瘟病毒（第 12 章）、克里米亚-刚果出血热病毒（第 15 章）。

第二节 重要的蚊媒病毒

蚊子是最大的一类媒介群体，世界上约有 3500 种，可分为 41 个属（Xia et al., 2018）。蚊子可携带和传播多种病原和寄生虫，当叮咬受感染的宿主后，病原随血液进入蚊子体内并大量增殖，并存在于蚊子的唾液腺中。当蚊子再次叮咬未感染的宿主时，病原即随蚊子的唾液进入血液，这样就形成了病原在蚊子和脊椎动物宿主之间的传播循环，导致疾病在人群和 / 或动物间的广泛流行。蚊子传播的疾病种类繁多，人群感染发病率和致死率极高，全世界约有 25 亿人有感染登革热的风险，每年有超过 40 万人死于疟疾（Lee et al., 2018)。蚊子携带和传播的感染性病毒病原严重威胁着人类健康，其中最主要的有黄热病毒、乙型脑炎病毒、登革病毒、西尼罗病毒、寨卡病毒、基孔肯雅病毒等，这些经蚊子传播的病毒称为蚊媒病毒。

一、蚊媒黄病毒

黄病毒科（*Flaviviridae*）由黄病毒属（*Flavivirus*）、丙型肝炎病毒属（*Hepacivirus*）和瘟病毒属（*Pegivirus*）组成，包含超过 100 种病毒，其中黄病毒属是黄病毒科中最大的病毒属。黄病毒属病毒又可分为两个大病毒群，蚊媒黄病毒与蜱传黄病毒，以及少数传播媒介不明确的黄病毒（Uchida et al., 2018）。其中，蚊媒黄病毒包含多种可引起人类致病的重要病原体。本节重点介绍乙型脑炎病毒、登革病毒、西尼罗病毒和寨卡病毒。

（一）乙型脑炎病毒

1. 病毒特性

乙型脑炎病毒（Japanese encephalitis virus, JEV）属于黄病毒科黄病毒属的蚊媒病毒群，是最常见的黄病毒之一。病毒粒子呈球形，直径 37～50nm，外面是来源于宿主细胞的脂质双层膜和病毒囊膜蛋白（envelope protein, E）构成的囊膜结构，病毒表面有穗状突起。病毒分子质量为 60×10^6Da，在蔗糖中的浮力密度为 1.10～1.23g/cm^3，沉降系数为 200S。JEV 对紫外线、福尔马林及热较敏感，加热煮沸可将其杀灭。对乙醚、氯仿、蛋白酶、胆汁和去氧胆酸钠都很敏感，蛋白酶处理可去除病毒粒子的表面突起和血凝素。该病毒经真空冻干后可在 −70℃长期保存。

2. 病毒的基因组结构及感染周期

JEV 基因组为单股正链 RNA 分子，全长约 11kb，不同毒株因非编码区长度不同而略有差异。基因组编码区长度为 10 296nt，只有一个可读框（open reading frame，ORF），编码多聚蛋白前体（polyprotein），可在病毒自身编码的蛋白酶和胞内其他酶类的作用下，剪切为结构蛋白与非结构蛋白。

JEV 的结构蛋白包括：C 蛋白即核衣壳蛋白（capsid protein），M 蛋白即膜蛋白（membrane protein），PrM 蛋白即前体膜蛋白，E 蛋白即囊膜糖蛋白。E 蛋白是病毒离子表面的重要组成成分，形成表面抗原决定簇，具有血凝活性和诱导产生中和抗体的能力，与病毒吸附和入侵、病毒粒子组装、病毒毒力和诱导宿主免疫应答等作用紧密相关。

JEV 的非结构蛋白（non-structural protein）包括：NS1 蛋白，是病毒主要的抗原成分之一，具有可溶性补体结合活性；NS2 和 NS4 均为疏水性蛋白，与改变细胞膜通透性有关（Chang et al.，1999）；NS3 为亲水性蛋白，具有蛋白酶作用，能将多聚蛋白切割为结构蛋白和非结构蛋白；NS5 是 RNA 依赖的 RNA 聚合酶（RNA-dependent RNA polymerase，RdRp）。

JEV 具有典型的黄病毒复制机制。病毒入侵宿主细胞后，病毒核酸释放于胞质中，多聚蛋白前体表达后，由病毒蛋白酶与细胞蛋白酶在蛋白质翻译的同时和 / 或翻译后作用于多聚蛋白前体，将其剪切为 3 个结构蛋白（C、E、PrM）与 7 个非结构蛋白（NS、NS1、NS2a/b、NS3、NS4a/b、NS5）。黄病毒的胞内转录复制发生在细胞质中，起始于互补的负义链的合成，进而形成一种双链复制形式的病毒复制复合物（replication complex，RC）。该复合物可形成一种包含新生单链 RNA 尾巴的复制中间体，进一步产生病毒基因组 RNA 单链。NS5 蛋白与其他非结构蛋白和相关的宿主细胞因子协同行使 RdRp 功能，形成膜锚定的病毒复制工厂。JEV 感染宿主细胞后 15～18h，病毒复制酶活与病毒 RNA 水平达到最高峰，培养上清中的病毒滴度在 21h 后进入平台期（Uchil and Satchidanandam，2003）。

3. 病毒的感染与传播

乙型脑炎最早在 1871 年发现于日本，至今已影响了世界上 24 个国家，流行范围广，发病率高。JEV 主要由库蚊和伊蚊传播，猪是该病毒主要的脊椎动物宿主。被感染的猪不表现任何疾病症状，但病毒可通过蚊子叮咬再次进入循环进而传播至其他宿主动物和人。

4. 疫苗与药物

目前，我国有 3 种类型的疫苗可用于预防 JEV 感染：鼠脑来源的灭活疫苗、北京 P-3 株细胞来源的灭活疫苗、细胞培养的减毒疫苗。其中鼠脑来源的灭活疫苗是 WHO 批准的唯一全球适用的疫苗（Burnett，2016），该疫苗的接种大幅降低了我国人群的发病率。

（二）登革病毒

1. 病毒特性

登革病毒（dengue virus）属于黄病毒科黄病毒属蚊媒黄病毒群，是有包膜的单股正链 RNA 病毒。病毒颗粒呈球形，直径为 45～55nm，具有双层脂质膜，核心为二十面体对称结构的核衣壳，核衣壳直径为 25～30nm，病毒颗粒包膜外有一些长 5～10nm 的突起，突起末端膨为直径 2nm 的球状物。

登革病毒颗粒在蔗糖溶液中的沉降系数为 175～218S。在 pH 7～9 时感染性稳定，pH<6 时，病毒粒子失去完整结构。病毒在 −70℃或冷冻干燥 4℃存放较稳定，患者血清在 4℃条件下，其传染性可保持数周。一些脂溶剂如乙醚、氯仿、脱氧胆酸钠等和多种蛋白水解酶均可灭活病毒，紫外线照射、X 射线辐射或 56℃加热 30min 也可灭活病毒。

2. 病毒的基因组结构与复制周期

登革病毒具有和大多数黄病毒一致的基因组结构，唯一的可读框编码多聚蛋白前体，可被剪切为 3 个结构蛋白与 7 个非结构蛋白。

登革病毒通过网格蛋白依赖的受体介导的内吞途径进入宿主细胞，在内吞体中由于 pH 降低诱导的构象改变，将病毒 RNA 释放进入胞质，随后在内质网进行病毒蛋白质翻译和复制。病毒 RNA 与核衣壳蛋白相互作用，出芽进入内质网获得脂质膜，上面包裹有 M 蛋白和 E 蛋白，病毒离子再通过宿主细胞分泌途径释放（Guzman and Harris，2015）。

3. 病毒的感染性与流行病学

登革病毒主要由埃及伊蚊和白纹伊蚊传播，前者是城市型登革病毒的传播媒介，后者是丛林型和农村地区的主要传播媒介。登革病毒感染导致的疾病症状主要包括：高热、头痛、呕吐、肌肉和关节痛、皮疹。一些重症患者还出现严重的出血热或休克症状，导致高致死率。登革热广泛分布于亚洲、大洋洲、美洲的 100 多个国家和地区，是最常见的传播最快的蚊媒病毒性疾病之一。目前，共有 4 种血清型的登革病毒被鉴定分离，我国 4 种血清型的登革病毒均有感染的案例和导致疾病流行的报道。

4. 疫苗与药物

登革热的治疗主要以对症支持性治疗为主，包括口服水合物防止脱水、使用对乙酰氨基酚和非固醇类抗炎药物等。Dengvaxia 是目前唯一可用的减毒活疫苗，仅在少数的几个国家投入市场使用（Lee et al.，2018；Lim，2019）。

（三）西尼罗病毒

1. 病毒特性及基因组特征

西尼罗病毒（West Nile virus，WNV）属于黄病毒科黄病毒属的蚊媒病毒群，具有典型的黄病毒形态结构，呈球形，直径约为 50nm，表面有囊膜，内部为致密的核心。

WNV 基因组 RNA 约 11kb，具有典型的黄病毒科成员的基因组结构与蛋白质组成。WNV 可分为 2 个基因型，导致疾病的 WNV 主要为 I 型。

2. 病毒的感染性与流行病学

WNV 于 1937 年首先分离自乌干达，是最早发现的感染人类的虫媒病毒之一。

WNV 感染引起人畜共患病西尼罗热，主要感染鸟类、人、马、牛等哺乳动物。鸟类是该病毒的储存宿主，人主要通过带毒蚊虫叮咬而感染。人感染 WNV 后多数没有症状，约 20% 主要表现为西尼罗热、西尼罗病毒性脑炎。病毒感染后的潜伏期约为 10d，一般的临床特点有高热、头痛、肌肉疼痛、皮疹、淋巴结肿大等，可侵犯中枢神经系统，产生脑膜脑炎症状（Lustig et al.，2018）。该病毒在人群间主要由库蚊传播，在北美洲、欧洲和非洲等地引起流行（Lee et al.，2018）。2011 年，在我国新疆地区首次从尖音库蚊中鉴定分离出了西尼罗病毒，该病毒株与 I 型病毒有较高的遗传相似性，并在当地人群中检测到抗血清（Lu et al.，2014）。

3. 疫苗与药物

严重的西尼罗脑炎可致死，但目前尚无治疗该病的特效药物，主要以对症支持性治疗为主。目前尚无针对西尼罗病毒的有效疫苗。

（四）寨卡病毒

1. 病毒特性

寨卡病毒（Zika virus，ZIKV）属于黄病毒科黄病毒属蚊媒病毒群，成熟的寨卡病毒颗粒结构与其他黄病毒类似，为二十面体，其外壳由 180 个 E 蛋白组成。E 蛋白的第 154 位天冬酰胺是 *N*-糖基化修饰位点，该位点及糖链很可能是病毒入侵宿主细胞时的结合位点。该位点周围的 10 个氨基酸是可变区，不仅在寨卡病毒不同毒株间有差异，其他黄病毒在该区域的氨基酸差异也较大。这一区域可能与黄病毒的传播相关（Sirohi et al.，2016）。

目前尚缺少特异性针对寨卡病毒理化特性和灭活条件的研究。

2. 病毒的感染性与流行病学

寨卡病毒于 1947 年首次在乌干达被发现（Dick et al.，1952），随后蔓延至大洋洲和美洲。2007 年 4～7 月，位于太平洋密克罗尼西亚的雅浦（Yap）岛上的 185 例患者出现发热、头痛、皮疹、结膜炎和关节痛等症状，其中 49 例确诊为寨卡病毒感染病例。随后，南美洲和太平洋群岛也暴发了寨卡疫情，美洲和欧洲也出现了输入性病例。进化分析发现寨卡病毒在全球大范围的暴发流行与病毒迁移进化相关（Shen et al.，2016）。寨卡病毒主要由伊蚊叮咬传播。此外，寨卡病毒也可通过性传播（Foy et al.，2011），并能感染围产期妇女再垂直传播感染新生儿，导致新生儿小头症，并可导致胎儿畸形（Musso and Gubler，2016）。

3. 疫苗与药物

目前尚无批准使用的寨卡病毒的有效疫苗，也尚无针对寨卡病毒的特效抗病毒药物，现有的治疗方案以对症治疗为主，包括使用对乙酰氨基酚退热和减轻疼痛，抗组胺剂缓解皮疹，并补充体液。患者感染的急性期应采取隔离措施，防止传染其他人。

二、蚊媒甲病毒

披膜病毒科（*Togaviridae*）包含两个病毒属：甲病毒属（*Alphavirus*）和风疹病毒属（*Rubivirus*）。甲病毒属包含了披膜病毒科中所有能感染动物的致病性病毒或人畜共患病的病毒，并可划分为新世界病毒组与旧世界病毒组。新世界甲病毒包括东方马脑炎病毒（Eastern equine encephalitis virus）、西方马脑炎病毒（Western equine encephalitis virus）、委内瑞拉马脑炎病毒（Venezuelan equine encephalitis virus）等，遍布美洲，能感染人和马导致脑炎。旧世界甲病毒包括辛德毕斯病毒（Sindbis virus）、基孔肯雅病毒（Chikungunya virus）、O'nyong-nyong 病毒（O'nyong-nyong virus）、马亚罗病毒（Mayaro virus）、罗斯河病毒病（Ross river virus）、巴尔马森林病毒（Barmah Forest virus）、Semliki 森林病毒（Semliki Forest virus）等，主要分布于欧洲、亚洲、澳大利亚及非洲大部分地区，能感染人导致发热、皮疹和关节炎等，罗斯河病毒、辛德毕斯病毒、基孔肯雅病毒感染还可引起脑炎。根据抗原性差异，甲病毒属还可分为 7 个组群（MacLachlan and Dubovi，2016b）。本节重点介绍基孔肯雅病毒与辛德毕斯病毒。

（一）基孔肯雅病毒

1. 病毒特性

基孔肯雅病毒（Chikungunya virus，CHIKV）属于披膜病毒科甲病毒属，病毒颗粒直径约 70nm，表面有 240 个拷贝的由 E1 和 E2 囊膜糖蛋白组成的异二聚体，分别介导病毒与受体的结合及融合。E1 和 E2 蛋白在病毒颗粒表面排列成三聚体刺突，包裹住囊膜核衣壳，将病毒 RNA 基因组包裹在内（Akahata et al.，2010）。CHIKV 沉降系数为 46S，相对分子质量为 4.3×10^8。甲病毒在外环境中相对不稳定，常规的消毒剂可将其灭活。

2. 病毒的基因组结构及复制周期

甲病毒属成员是正链 RNA 病毒，基因组长度为 9.7～11.8kb，有相似的基因组结构与蛋白质组成。CHIKV 基因组长度为约 12kb，病毒 RNA 的 5′ 端有甲基化帽结构，3′ 端有 poly（A）。基因组 5′ 端 2/3 的区域编码非结构蛋白，3′ 端剩余的 1/3 区域转录称为一条亚基因组 mRNA（subgenomic mRNA）分子（26S），该 mRNA 编码 5 种蛋白质，包括 C、E3、E2、6K 和 E1。C 蛋白即核衣壳蛋白，分子质量约为 30kDa；E1 和 E2 为囊膜糖蛋白，分子质量为 45～58kDa；E3 也是囊膜蛋白，分子质量为 10kDa，由蛋白前体 PE2 剪切而成（MacLachlan and Dubovi，2016b）。

甲病毒在细胞中的感染复制周期基本一致。病毒首先通过 E2 糖蛋白与细胞表面的受体结合，通过网格蛋白介导的内吞途径进入细胞。囊泡中 pH 降低使 E1-E2 蛋白二聚体发生重构，E1 诱导病毒囊膜与囊泡脂质膜的融合发生，将病毒核衣壳释放进入细胞质。病毒基因组 5′ 端首先翻译产生非结构蛋白，这些非结构蛋白辅助合成负链 RNA，并以此为模板进一步合成全长正链病毒 RNA，同时转录产生亚基因组 RNA。全长正链 RNA 将包装进入新的病毒粒子，亚基因组 RNA 将翻译产生病毒结构蛋白。病毒核衣壳组装发生在胞质中，最后以出芽形式获得囊膜并释放至胞外（MacLachlan and Dubovi，2016b）。

3. 病毒的感染性与流行病学

CHIKV 感染导致基孔肯雅热（Chikungunya fever），是一种急性发热疾病，导致严重的关节疼痛和炎症，患者有明显病毒血症。多数患者有发热、肌肉痛、关节痛的症状，部分患者还患有皮疹。CHIKV 于 1952 年首次从坦桑尼亚分离到，此后逐渐蔓延至亚洲、非洲、美洲和印度洋及太平洋地区的多个热带和亚热带国家。我国尚无基孔肯雅热流行的报道。

CHIKV 的媒介主要为埃及伊蚊和白纹伊蚊，由蚊虫叮咬传播。流行病学调查发现，蚊子相对于宿主的密度、每天从宿主吸血的概率，以及蚊子的存活能力与外在潜伏期等与病毒感染直接相关。遗传进化分析发现 CHIKV 进化分为 4 个株系：西非株系、东 / 中 / 南非株系（ECSA）、亚洲株系、印度洋株系（IOL），其进化分型与地理分布相关（Ojeda Rodriguez and Walker，2019）。

4. 疫苗与药物

目前有多种基孔肯雅热候选疫苗正在开展临床或临床前研究。这些候选疫苗采用了不同的制备策略，包括灭活疫苗、亚单位疫苗、类病毒颗粒、减毒活疫苗、复制缺陷病毒疫苗、DNA 疫苗（Erasmus et al.，2016）。早期的基孔肯雅热治疗以支持性治疗为主。在 21 世纪基孔肯雅热全球大暴发之前，磷酸氯喹曾被用于该病的治疗，但对该药物作用机制的研究与效用评估比较有限。

（二）辛德毕斯病毒

1. 病毒特性

辛德毕斯病毒属于披膜病毒科甲病毒属，是该病毒属的代表种。其基因组组成、理化特性、感染复制机制等均与前面介绍的基孔肯雅病毒类似。

2. 病毒的感染性与流行病学

辛德毕斯病毒于 1952 年首次从埃及辛德毕斯镇采集的蚊子中分离得到，随后广泛分布于欧亚大陆、非洲、大洋洲。1974 年初，南非暴发了辛德毕斯病毒感染疫情，8～9 月，疫情在芬兰和瑞士暴发。此后，北欧地区每年都有感染病例，最近的一次疫情发生在 2013 年的瑞士北部地区。辛德毕斯病毒由蚊子及其宿主鸟类携带传播，称为鸟类-蚊子传播循环，库蚊和脉毛蚊是主要的媒介，带毒候鸟的迁移也有助于病毒传播。辛德毕斯病毒感染的潜伏期约为 4d（2～18d），疾病症状主要有：发热、不适、皮疹、肌肉骨骼疼痛并可持续多年（Adouchief et al.，2016）。患者表现病毒血症，但与其他甲病毒感染相比，持续时间短且病毒载量较低。

3. 疫苗与药物

目前尚无特效治疗药物和疫苗，治疗主要用非类固醇抗炎症药物缓解疼痛。

三、蚊媒布尼亚病毒

2018 年 10 月，国际病毒分类委员会再次更新了布尼亚病毒目（*Bunyavirales*）的分类地位。布尼亚病毒目属于负链 RNA 病毒门（*Negarnaviricota*）复合病毒亚门（*Polyploviricotina*）艾里奥病毒纲（*Ellioviricetes*），下含 10 个病毒科：沙粒病毒科（*Arenaviridae*）、甲壳动物病毒科（*Cruliviridae*）、无花果花叶病毒科（*Fimoviridae*）、汉坦病毒科（*Hantaviridae*）、多足动物病毒科（*Mypoviridae*）、内罗病毒科（*Nairoviridae*）、泛布尼亚病毒科（*Peribunyaviridae*）、幻影病毒科（*Phasmaviridae*）、白纤病毒科（*Phenuiviridae*）和节肢动物病毒科（*Wupedeviridae*）。其中，泛布尼亚病毒科的正布尼亚病毒属（*Orthobunyavirus*）与白纤病毒科的白蛉病毒属（*Phlebovirus*）

包含蚊媒病毒成员，多数可感染人导致严重疾病。幻影病毒科病毒成员是从北极幻影蚊中分离到的，但尚无证据显示其能跨物种传播感染人或动物，因此，被定义为蚊限制性病毒（mosquito-restricted virus）。本节着重介绍裂谷热病毒（Rift Valley fever virus, RVFV）的相关信息。

1. 病毒特性

白纤病毒科可以分为12个病毒属，多为虫媒病毒。RVFV属于白蛉病毒属，该病毒属成员多由蚊、白蛉、蜱携带或传播。电镜观察裂谷热病毒呈球形，直径为90～100nm，有来源于宿主细胞的双层脂质膜，囊膜表面由病毒基因编码的长6～7.5nm的糖蛋白纤突，中央有直径为5nm的中心孔，由病毒颗粒为二十面体，表面覆盖了由病毒糖蛋白Gn和Gc形成的异二聚体。

RVFV在氯化铯中的浮力密度为1.18g/mL，病毒颗粒中含有的3个节段单链RNA的沉降系数分别为32S、26S和16S，总分子质量为4×10^6Da。病毒对外界环境的抵抗力较强，能在−60℃以下或冻干状态下长期存活，在−20℃可存活8个月。血清中的病毒在4℃可存活2年以上，在室温下存活3个月，56℃处理3h后仍有感染性。病毒对去污剂和酸性环境敏感，可被乙醚、脱氧胆酸钠等脂溶剂、低浓度的福尔马林和酸性溶液（pH<6.8）灭活。

2. 病毒的基因组结构及复制周期

RVFV基因组为单股负链分节段的RNA，共分为3个节段，依据片段长度分别命名为L、M和S片段，长度分别为6.4kb、3.2kb、1.7kb。L片段编码一个可读框，表达RdRp；M片段编码糖蛋白G，可被剪切为Gn、Gc和功能不明确的非结构蛋白NSm；S片段采用双义编码策略，编码核蛋白NP和非结构蛋白NSs。每个片段的3′端和5′端的非编码区有一段反向互补序列，使每个片段两端结合形成“锅柄状”结构（Hartman，2017）。

RVFV表面糖蛋白与细胞受体结合后，可通过网格蛋白介导的内吞、小窝蛋白-1介导的内吞或微胞饮等方式进入细胞。由于囊泡中pH下降，病毒囊膜与细胞膜融合，核衣壳释放进入细胞质。首先发生的是病毒RNA（vRNA）的复制，同时vRNA转录产生mRNA，mRNA在内质网翻译表达病毒蛋白。病毒糖蛋白Gn和Gc转运至高尔基体，在这里与新合成的病毒核蛋白复合物RNP组装为病毒颗粒。新产生的病毒颗粒通过分泌途径释放到胞外（Sun et al.，2018）。

3. 病毒的感染性与流行病学

裂谷热（Rift Valley fever，RVF），又称里夫特山谷热，因最先出现于东非畜牧区，故以东非大裂谷命名。RVFV最早于20世纪30年代在肯尼亚的绵羊样本中分离到，随后蔓延至东非乃至整个非洲大陆、沙特阿拉伯、欧洲和美洲。RVFV的传播媒介种类较多，涉及7个属的多种蚊种。伊蚊是最主要的媒介，库蚊、按蚊和曼蚊也对RVFV在动物群体中的流行起重要作用。也有报道显示蜱、苍蝇、蠓等也可携带该病毒，但对疾病传播的作用尚不明确。裂谷热病毒能在按蚊中经卵传播，并能在旱季长期存活在蚊卵中，待到雨季来时随蚊卵孵化由新生蚊携带传播，导致疫情再发。

脊椎动物也是RVFV的宿主。该病毒对野生动物如骆驼、蝙蝠、狮子、大象等不致病或者感染导致很轻的病症表现，但对家养动物如牛、羊等具有高度致病性。RVFV对绵羊和山羊的致死率为30%～50%，对牛的致死率为5%～10%。RVFV在动物之间不传播。

蚊子叮咬可能导致人感染RVFV，但人群感染最主要的传播途径是在处理被感染动物和尸体时发生的黏膜暴露或者吸入了含有病毒颗粒的气溶胶。尚无证据表明RVFV可在人群间直接传播，但有少数垂直传播病例报道（Hartman，2017）。人感染RVFV的症状有：头痛、发热、腹痛、关节肌肉痛、呕吐、厌食、乏力、鼻出血、出汗等，伴有眼部不适、出血和脑膜炎等症状。因病毒感染导致脑膜炎等神经性疾病的患者死亡率可高达53%，世界卫生组织已将裂谷热列入威胁公共卫生应急响应的严重新发疾病名录。

4. 疫苗与药物

早期的裂谷热疫苗主要是利用传统方法制备的灭活疫苗和减毒活疫苗，对非洲裂谷热疫区的疫情防控起到重要作用。近年来开发的裂谷热疫苗包括两大类：利用非重组核酸技术制备的传统疫苗、利用重组核酸技术制备的新型疫苗（Faburay et al.，2017）。目前尚无针对RVFV的特效药物，住院患者以支持性治疗为主。利巴韦林（Ribavirin）曾用于裂谷热治疗，但有报道认为利巴韦林输液治疗可能导致患者神经性疾病发生率增高。动物模型研究表明新的广谱抗病毒药物如法匹拉韦（Favipiravir）可能对治疗裂谷热有较好的应用前景（Hartman，2017）。

四、蚊媒呼肠孤病毒

1. 病毒特性

2009年，国际病毒分类委员会将呼肠孤病毒科（*Reoviridae*）分为两个亚科：刺突呼肠孤病毒亚科（*Spinareovirinae*）和光滑呼肠孤病毒亚科（*Sedoreovirinae*）。刺突呼肠孤病毒亚科的东南亚十二节段RNA病毒属（*Seadornavirus*）和环状病毒属（*Orbivirus*）包含蚊媒病毒。

呼肠孤病毒颗粒没有囊膜，呈球状外观，直径55～80nm。病毒颗粒由3层同心的衣壳组成，均呈对称二十面体，不同病毒属的最外层衣壳有所不同，与病毒传播、细胞结合、入侵相关；病毒的核心由核酸基因组及其密切连接的内衣壳构成，与病毒组装和复制相关，不同病毒属间结构较为保守。刺突呼肠孤病毒亚科病毒具有完整的病毒内核，在二十面体的12个顶点处有较大的突起（spike）；光滑呼肠孤病毒亚科病毒表面相对光滑，在5重对称轴上没有突起结构（MacLachlan and Dubovi，2016a）。

呼肠孤病毒的外衣壳比较脆弱，易被热和凝乳蛋白酶等蛋白水解酶破坏。内衣壳却很稳定，对热和胰凝乳蛋白酶有较大的抵抗力，能耐高浓度的尿素、二甲亚砜处理。

2. 病毒的基因组结构及感染周期

基因组为线性双链RNA，包含10～12个片段，每个片段长度为0.2～3.0kb，共编码10～14种蛋白质，基因组总大小为18.2～30.5kb。其中，环状病毒属的基因组包含10个节段，编码12种蛋白质，每个节段长度为822～3954bp，总基因组大小为19.2kb。*Seadornavirus*基因组包含12个片段，编码12种蛋白质，片段长度为862～3747bp，总基因组大小为约21kb。

呼肠孤病毒与细胞受体结合后，经内吞途径进入细胞，病毒颗粒在内体中不完全脱壳，穿透进入细胞质。病毒早期RNA转录由病毒聚合酶介导，发生在病毒的内核心，其双链RNA自始至终都不会暴露在细胞质中。转录合成全长正链RNA后作为模板翻译产生病毒蛋白，病毒蛋白再与病毒基因组RNA在位于胞质的病毒发生工厂聚集，正链RNA被核衣壳包裹进亚病毒颗粒中，然后在亚病毒颗粒中转录产生负链RNA，由此最终形成病毒的双链RNA基因组。衣壳蛋白进一步组装到亚病毒颗粒上，成熟的病毒颗粒在细胞死亡破裂后释放（MacLachlan and Dubovi，2016a）。

3. 病毒的感染性与流行病学

Seadornavirus 包含3种病毒，版纳病毒（Banna virus）、卡迪皮诺病毒（Kadipiro virus）和辽宁病毒（Liaoning virus）。版纳病毒是该属的原型株，于1987年在我国云南一名患有脑炎和高热的患者样本中分离到，随后调查发现该病毒广泛分布于我国甘肃、辽宁、北京、云南、山西和内蒙古，以及东南亚国家。迄今为止，已从库蚊、按蚊和伊蚊中分离到该病毒。版纳病毒感染患者多患有脑炎、发热，症状类似乙型脑炎(Xia et al., 2018)。辽宁病毒于1997年在我国辽宁的伊蚊中分离到，随后在新疆、青海、北京、山西和甘肃也有发现。辽宁病毒能感染多种哺乳动物细胞，感染鼠能产生病毒血症和出血症状，但尚无该病毒感染人致病的报道（Xia et al.，2018）。

环状病毒属病毒大多为虫媒病毒，媒介主要有蠓、蜱和蚊等。云南环状病毒（Yunnan orbivirus）和西藏环状病毒（Tibet orbivirus）分别在我国云南和西藏的蚊子中鉴定发现。1999年，云南环状病毒从澜沧拉祜族自治县采集的库蚊中分离到（Li et al.，2014），随后在澳大利亚和秘鲁也有发现。血清学调查发现，中国、缅甸和老挝三国交界地区的发热患者中可检测到云南环状病毒的IgM和IgG抗血清。2009年，西藏环状病毒首先从西藏的库蚊中分离到，随后在云南和广东的库蠓、库蚊中分离到。西藏环状病毒是否对人有感染致病性目前还不清楚（Xia et al.，2018）。

4. 疫苗与药物

上述蚊媒呼肠孤病毒的相关研究有限，尚无特效药物和疫苗的报道。

第三节　重要的蜱传病毒

蜱是高度专性吸血的体外寄生虫，列入蜱螨目，蜱总科，下分为硬蜱和软蜱。成虫在躯体背面有壳质化较强的盾板，通称为硬蜱，属硬蜱科；无盾板者，通称为软蜱，属软蜱科。目前在世界范围内一共发现超过900种蜱，其中硬蜱科700多种，软蜱科约150种，纳蜱科1种（仅存于欧洲）。中国已记录的硬蜱科约100种，软蜱科10种。蜱虫大部分都能传播病原体，而感染蜱传病毒是蜱虫叮咬的主要危害。

蜱虫之所以被人类关注是因为它们寄生于牲畜对牲畜健康和繁殖造成危害。早在100多年前，人们就发现蜱虫携带一种叫跳跃病病毒的黄病毒，该病毒导致羊和其他牲畜产生严重的脑炎。1957年，印度暴发发热疾病，这次流行导致大量的猴子死亡及当地居民发热，随后发现雅萨努尔森林病病毒（Kyasanur Forest disease virus）是导致该次疾病流行的病原体（Pattnaik，2006）。1945年，克里米亚-刚果出血热（在中国也叫新疆出血热）在苏联的军队和当地居民中首次被报道，随后发现此次出血热流行是蜱虫携带的克里米亚-刚果出血热病毒所致（Bente et al.，2013）。

就目前所知，被鉴定的蜱传病毒涉及 2 个目 9 个科，以及大量未分类成员。其中通过蜱对人和动物造成严重危害的蜱传病毒主要为黄病毒科黄病毒属成员，以及布尼亚病毒目内罗病毒科、泛布尼亚病毒科和白纤病毒科成员。近年来在世界不同地区不同蜱种中发现许多新的病毒序列，其中大部分病毒序列与已知的任何病毒差异较大，无法被归类。

一、蜱传黄病毒

根据黄病毒属病毒传播媒介，黄病毒分为蜱传黄病毒（tick-borne flavivirus，TBFV）、蚊传黄病毒和未知媒介组。目前已知至少有 15 种蜱传黄病毒，并被进一步根据感染宿主划分，分为哺乳动物蜱传黄病毒（M-TBFV）组和海鸟蜱传黄病毒（S-TBFV）组。

（一）哺乳动物蜱传黄病毒（M-TBFV）组

哺乳动物蜱传黄病毒（M-TBFV）组中有 5 种重要的感染人或动物的黄病毒，也被称为蜱传脑炎（tick-borne encephalitis，TBE）血清组，包括蜱传脑炎病毒（tick-borne encephalitis virus，TBEV）、基萨诺尔森林病病毒（Kyasanur Forest disease virus，KFDV）、跳跃病病毒（louping ill virus，LIV）、鄂木斯克出血热病毒（Omsk hemorrhagic fever virus，OHFV）和波瓦森病毒（Powassan virus，POWV）。KFDV 和 OHFV 可导致人出血和发热，其他几种为脑炎病毒。下面仅以跳跃病病毒为例进行介绍。

1. 跳跃病病毒（LIV）的流行病学

LIV 最初于 1929 年在苏格兰的发病羊分离到，也是欧洲被分离的第一株蜱传动物病毒（Yunker，1975）。在自然界 LIV 不在小型啮齿类动物之间传播，而是在羊、红松鸡、黑松鸡、山兔这些有经济价值的动物之间传播，并导致严重疾病甚至死亡而造成严重经济损失。LIV 在其他动物包括狗、马、鹿、骆驼、羊驼和野兔中也有发现。LIV 主要在英国流行，并呈季节性暴发，春、秋发病率高，显然这与蜱的活动有关（Libikova and Rajcani，1975）。1934 年报道了第一例可能的人感染 LIV，并且从那以后有多篇关于人感染 LIV 的报道。大部分报道人感染 LIV 的情况都发生于从事接触牲畜的职业人员，如畜牧业者、兽医等（Jeffries et al.，2014）。

蓖麻硬蜱被认为是跳跃病病毒的主要传播蜱种，该蜱种的分布与 LIV 的分布相关，主要在高原牧区。绵羊、山兔、红松鸡和鹿被认为是 LIV 重要的自然宿主，虽然野生小型啮齿类动物可以感染 LIV，但尚未有证据表明 LIV 能在野生小型啮齿类动物中大量复制。

2. 跳跃病病毒感染引起的临床症状

跳跃病病毒主要感染绵羊并导致神经性疾病甚至死亡，典型神经性症状为跳跃，这也是该病毒名称的由来。跳跃病在不同地区的死亡率为 5%～60%。感染 LIV 的第一阶段与病毒血症有关，第二阶段病毒入侵神经系统，使感染羊出现沮丧、气喘和啃咬等症状，随后发展为肌肉颤抖、不协调、共济失调。自 1934 年报道首例人感染 LIV 以来，人感染 LIV 大多表现为流感样轻微症状，包括发热、头疼，极少患者会出现癫痫持续状态（Agafonov et al.，1973）。

3. 疫苗和治疗

目前没有针对LIV有效的治疗方法，因而控制LIV尤为重要。牧民主要通过接种灭活病毒疫苗和使用杀螨剂控制蜱虫数量，来减少LIV在牧区的密度。

（二）海鸟蜱传黄病毒（S-TBFV）组

至少有29种蜱是以候鸟为寄生宿主的，而候鸟种群庞大，分布广泛且迁移距离长，因而候鸟对病毒的传播有重要意义。S-TBFV组病毒包括3个种：米斑病毒（Meaban virus，MEAV）、索马里兹礁病毒（Saumarez Reef virus，SREV）和秋列尼病毒（Tyuleniy virus，TYUV）。MEAV最初分离于采自1981年和1982年法国南布列塔尼的银鸥鸟巢中的海岛钝蜱（*Ornithodoros maritimus*），血清学检测未发现当地居民国有针对MEAV的抗体。SREV于20世纪70年代分离于澳大利亚昆士兰的乌燕鸥巢中的好角钝蜱（*Ornithodoros capensis*），随后在采集于塔斯马尼亚北部死亡银鸥（silver gull）身上的企鹅硬蜱（*Ixodes eudyptidis*）中也成功分离。TYUV最初分离于采自Tuleniy岛海鸟聚集地的岩石裂缝中的海鸟硬蜱（*Ixodes putus*）。尽管没有与这些S-TBFV相关的人和其他哺乳动物疾病的报道，但这些病毒都能导致乳鼠瘫痪，SREV甚至能对小鼠致死（McAuley et al.，2017）。

二、蜱传布尼亚病毒

蜱传布尼亚病毒（tick-borne Bunyavirus）主要涉及3个科，包括内罗病毒科、泛布尼亚病毒科和白纤病毒科。

（一）内罗病毒科

内罗病毒科（*Nairoviridae*）包含3个病毒属，其中正内罗病毒属（*Orthonairovirus*）为蜱传病毒，至少有35种病毒，被分为7个血清组，各血清组的代表种分别为克里米亚-刚果出血热病毒（Crimean-Congo hemorrhagic fever virus，CCHFV）、德拉加齐汗病毒（Dera Ghazi Khan virus，DGKV）、休斯病毒（Hughes virus，HUGV）、内罗毕绵羊病病毒（Nairobi sheep disease virus，NSDV）、盖勒尤卜病毒（Qalyub virus，QV）、库页岛病毒（Sakhalin virus，SV）和蒂亚福拉病毒（Thiafora virus）（Shi et al.，2018）。

这些内罗病毒主要以蜱为传播媒介，其涉及的自然宿主包括鸟类、蝙蝠、啮齿类和其他一些动物。最烈性的内罗病毒当属CCHFV，该病毒可致人出现严重发热伴随出血症状。CCHFV通过蜱在脊椎动物和人类之间传播，璃眼蜱和扇头蜱被认为是主要的传播蜱种。人感染CCHFV途径包括被带毒蜱虫叮咬或者接触带毒动物或患者的体液。人感染CCHFV后会出现一些非特异性症状，病症初期表现为高烧、肌痛伴随频繁的呕吐和腹泻。随后，大部分患者病情加重，表现为血小板减少，肝酶升高和出血。致命的结果是血管内出现弥散性凝血障碍，休克和/或多器官衰竭。目前，针对CCHFV的抗病毒治疗方案仍有争议并处在试验阶段。试验表明最广泛使用的抗病毒药物利巴韦林在体外和动物水平对治疗CCHFV有一定的效果，但其临床效果有待证实。

杜贝病毒（Dugbe virus，DUGV）属于CCHFV血清学组，于1964年在尼日利亚的钝眼蜱（*Amblyomma variegatum*）中分离得到。随后在其他蜱种包括长喙璃眼蜱

（*Hyalomma truncatum*）、消色牛蜱（*Boophilus decoloratus*）、附尾扇头蜱（*Rhipicephalus appendiculatus*）中被分离到。DUGV 在蜱虫的各阶段都能复制并维持，并且可以通过吸血感染宿主动物。由于 DUGV 致病性弱于 CCHFV，但其在抗原性和遗传特性上与 CCHFV 类似，于是 DUGV 被认为是用来研究内罗病毒的合适模型。

内罗毕绵羊病（Nairobi sheep disease，NSD）因于 1910 年首次在肯尼亚内罗毕地区被报道而得名，直到 1917 年导致该病的病原体——内罗毕绵羊病病毒（NSDV）才被鉴定。该病毒通过附尾扇头蜱传播，可致绵羊和山羊严重出血性肠炎并伴随超过 90% 的死亡率，严重危害农业发展。

休斯病毒血清组包括 5 种病毒，分别是 Farallon virus（FARV）、休斯病毒（HUGV）、蓬塔萨利纳斯病毒（Punta Salinas virus，PSV）、索尔达多病毒（Soldado virus，SOLV）和泽夸病毒（Zirqa virus，ZIRV），它们的传播蜱中都是软蜱。1965 年，FARV 首次在美国加利福尼亚的一中钝缘蜱中被分离。1962 年，HUGV 首次在美国佛罗里达的丹氏钝蜱（*Ornithodoros denmarki*）中分离得到。1967 年，PSV 首次在秘鲁的迷糊钝蜱（*O. amblus*）中分离得到。在 19 世纪六七十年代，SOLV 在威尔士北部、英国、法国、塞舌尔以及印度洋地区的迷糊钝蜱（*O. amblus*）中分离得到。1969 年，ZIRV 在阿联酋的阿布扎比酋长国的鸟身上的软蜱（*Ornithodorus* spp.）中分离得到。这些信息表明 HUGV 血清组病毒分布广泛，但关于这些病毒的研究很有限。

（二）泛布尼亚病毒科

泛布尼亚病毒科（*Peribunyaviridae*）包括赫伯病毒属（*Herbevirus*）、正布尼亚病毒属（*Orthobunyavirus*）、番茄斑萎病毒属（*Tospovirus*）和 *Shangavirus*。正布尼亚病毒属包含超过 220 种病毒，这些病毒基于补体结合试验、血凝抑制试验或者中和试验被划分为 48 个单独种。正布尼亚病毒属的大部分成员属于虫媒病毒，传播媒介包括蚊、苍蝇，少数成员为蜱传病毒。目前，发现的蜱传正布尼亚病毒属病毒仅包括大特病毒（Tete virus）组的巴希格病毒（Bahig virus，BAGV）和马特鲁病毒（Matruh virus，MTRV）。BAGV 的代表种 EgB-90 于 1966 年首次在来自埃及名为 Bahig 的村庄的黄鹂血清中被分离。BAGV 随后在意大利的候鸟和埃及寄生于候鸟的边缘璃眼蜱（*Hyalomma marginatum*）中被分离出来。MRTV 于 1961 年首次在埃及的雀形目鸟中被发现，随后在意大利的候鸟中被发现。BAGV 和 MRTV 都以边缘璃眼蜱为传播媒介，目前还没有关于 BAGV 和 MRTV 致人和动物疾病的报道。

（三）白纤病毒科

白纤病毒科包括 12 个病毒属，其中白蛉病毒属（*Phlebovirus*）和班阳病毒属（*Banyangvirus*）中包含蜱传病毒。白蛉病毒属成员都为虫媒病毒，传播媒介包括蜱、蚊、白蛉、蠓和苍蝇。该病毒属包括至少 17 种蜱传病毒，在欧洲、非洲、中亚、澳大利亚和美国都有发现。尤库尼米病毒（Uukuniemi virus，UUKV）原型株于 1960 年从采集于芬兰南部的篦子硬蜱（*Ixodes ricinus*）中分离得到。人血清学检测出针对 UUKV 组部分病毒的抗体，但目前认为 UUKV 组病毒不会对人类健康造成威胁。班阳病毒属包含班杰（Bhanja）组和淮阳山（Huaiyangshan）组。其中的淮阳山组代表原型种即发热伴血小板减少综合征病毒（severe fever with thrombocytopenia syndrome virus，SFTSV），还包括腹地病毒（heartland virus）、猎人群岛病毒（Hunter Island group virus）等。这里以 SFTSV 为例进行介绍。

1．病毒特性

SFTSV 属于布尼亚病毒目（*Bunyavirales*）的白纤病毒科（*Phenuiviridae*）班阳病毒属（*Banyangvirus*），也被称为淮阳山班阳病毒（Huaiyangshan banyangvirus）。根据系统分析，SFTSV 主要分为 5 个亚型（C1、C2、C3、C4、J）。

SFTSV 是一类直径为 80～120nm 的球状病毒粒子，外面覆盖 5～7nm 的双层脂质膜，膜内凸起有 5～10nm 长的糖蛋白棘突（Gn 和 Gc 组成）。

2. 病毒的基因组结构与感染周期

SFTSV 为单股负链 RNA 病毒，并分为 S（1744bp）、M（3378bp）、L（6368bp）三个 RNA 节段。三个片段的 5′ 和 3′ 端的非编码序列区（UTR）短，核苷酸序列大部分互补，形成“锅柄状”结构，病毒基因的复制有赖于该区碱基的精确配对，其 UTR 对调节病毒 RNA 的合成也发挥着重要作用。S 片段相对保守，双向编码蛋白质，即正向编码核蛋白（NP）和反向编码非结构蛋白（NSs），NP 在病毒传代中扮演重要角色，NSs 与病毒的免疫逃逸高度相关。M 片段编码膜蛋白前体（GP），在第 563 位氨基酸处剪切形成 Gn（44.2kDa）和 Gc（56kDa）两个膜蛋白。

SFTSV 进入宿主细胞后，释放 RNP 并在 RNA 多聚酶即 L 蛋白的作用下，进行初始转录并合成相应蛋白质，接着进行病毒 RNA 的复制，即先合成互补链 cRNA，然后以其为模板合成病毒 RNA。

3. 病毒的感染性与流行病学

SFTSV 最初因在中国中东部多数地区报道的蜱虫叮咬致死的病例而引起社会广泛关注。2009 年 12 月，中国疾病预防控制中心从患者血液中分离出一种新的病毒，通过对病毒的全基因序列进行测定和同源性比较，发现该新病毒属于布尼亚病毒科白蛉病毒属。感染患者表现为发热、白细胞和血小板减少并伴随胃肠道症状、寒战、关节疼痛和肌痛等症状，因而命名为发热伴血小板减少综合征（SFTS），该病死亡率达 30%（Yu et al.，2011）。回溯调查发现部分患者有过被蜱虫叮咬的历史，并且 SFTSV 在当地的长角血蜱中被检测到。随后的研究表明 SFTSV 可在中国的两种蜱虫［长角血蜱（*Haemaphysalis longicornis*）和微小牛蜱（*Boophilus microplus*）］及蜱虫的常规宿主（牛、羊、猪、狗、鼠）中检测到。在中国发现 SFTSV 后，日本和韩国也报道了 SFTSV 的感染事件。系统进化分析显示 SFTSV 基因型与地理分布呈相关性。

4. 疫苗与药物

目前尚无针对 SFTSV 的有效特异性疫苗、治疗药物或者有效的治疗方法。现有研究表明，从感染 SFTSV 痊愈的患者提取抗体血清，可以用来缓解感染 SFTSV 患者的病症（Zasukhina，1966）。目前国内有对 SFTSV 减毒疫苗的初级研究，筛选出可以作为减毒疫苗种子库的毒株，由于减毒疫苗存在回复突变的安全性问题，上升到临床还需要很多实验来确保其安全性和有效性。

三、蜱传正黏病毒

正黏病毒科（*Orthomyxoviridae*）由一类基因组为 6～8 个单负链 RNA 的病毒构成，其中最具有代表性成员为流感病毒。正黏病毒科涉及蜱传病毒的为最近新增的 2 个病毒属，分别为 *Quaranjavirus* 和托高土病毒属（*Thogotovirus*）（Presti et al.，2009）。

蜱传正黏病毒的病毒颗粒，在电镜下通常是球形或卵形，直径为 80～120nm，且病毒颗粒外有囊膜包被。病毒基因组包含 6 片段的线性负义单链 RNA。分段的 ssRNA 线性基因组，由核蛋白（NP）包裹包含 6 或 7 个片段，编码 7～9 个蛋白质。分段 RNA 大小为 0.9～2.3kb，基因组总大小约为 10kb。各个片段编码与流感病毒 PA 聚合酶亚基（片段 3）、PB1 聚合酶亚基（片段 2）、PB2 聚合酶亚基（片段 1）和核衣壳蛋白（片段 5）同源的基因产物。在托高土病毒属中，片段 4 编码与流感病毒蛋白无关但与杆状病毒表面糖蛋白具有氨基酸相似性的表面糖蛋白。而片段 6 编码与流感病毒 PB1 聚合酶亚基和基质蛋白有关的产物。但在 *Quaranjavirus* 中片段 4 和 6 编码产物尚不清楚。

（一）*Quaranjavirus*

该病毒属包括 2 个种，分别为 Johnston Atoll virus（JAV）和 Quaranfil virus（QRFV）。JAV 最初于 1964 年从太平洋名为约翰斯顿环礁（Johnston Atoll）的白顶玄燕鸥（*Anous stolidus*）巢内的好角钝蜱（*Ornithodorus capensis*）中分离得到，因此而得名（Clifford et al.，1968）。目前，没有 JAV 引起人类疾病相关的报道，但该病毒通过皮下接种可对新生小鼠致死。QRFV 最初于 1953 年分离于一名轻微发热的埃及儿童，随后，在采自埃及、南非、阿富汗、尼日利亚、科威特、伊拉克、也门和伊朗的蜱（*Argas arboreus*）和鸟中也成功分离到（Converse and Moussa，1982）。

（二）托高土病毒属

托高土病毒（Thogoto virus，THOV）是托高土病毒属的代表种，在肯尼亚、西西里岛的牛蜱属（*Boophilus* spp.）和扇头蜱属（*Rhipicephalus* spp.）（Sang et al.，2006），尼日利亚的彩饰花蜱（*Amblyomma variegatum*），尼日利亚和埃及的璃眼蜱属（*Hyalomma* spp.）中都有过 THOV 的分离发现。THOV 能感染绵羊造成高概率流产。其他动物也能被 THOV 感染，包括牛、山羊、猫鼬。曾有 2 名患者因自然感染 THOV 而出现典型的临床症状，包括发热、脑炎，其中一名患者最后死亡（Moore et al.，1975）。

托高土病毒属的另一病毒多利病毒（Dhori virus，DHOV）分离于璃眼蜱属，目前报道有 DHOV 的地区包括印度、俄罗斯东部、埃及和葡萄牙南部。目前一共报道过 5 例人感染 DHOV 的案例，这些患者出现发热和脑炎等症状，表明 DHOV 有感染人的潜在危害（Shi et al.，2018）。

小　结

媒介生物能够传播多种疾病，如疟疾、登革热、出血热等对人类健康具有非常大危害的传染性疾病，这些媒介生物传播范围极广，也导致了许多地域性的传染病逐渐成为全球的公共卫生事件。虫媒病毒是指通过吸血节肢动物传播的病毒，本章围绕重要的虫媒病毒进行了详细的介绍，包括一些重要的蚊媒病毒和蜱传病毒。在蚊媒病毒中，重点选取了黄病毒、披膜病毒、布尼亚病毒和呼肠孤病毒中的代表病毒种，如黄病毒中从传统的乙脑病毒、登革病毒，到新发再发的西尼罗病毒、寨卡病毒等，分别从病毒特性、基因组组成和复制周期、感染性和流行病学、疫苗与药物等方面进行了综述。在蜱传病毒中，重点针对蜱传黄病毒、布尼亚病毒和正黏病毒进行了详细介绍。这些蜱传病毒具有一定的地域分布和宿主蜱种的特色；有一些高致病性的蜱传病毒，如列入最高生物安全级别的克里米亚-刚果出血热病毒（CCHFV）、发热伴血小板减少综合征病毒（SFTSV）等是我国重要的传染病病原；还有很多已报道的未分类蜱传新病毒也可能成为潜在的人类病原，因此蜱传病毒的研究亟待加强。这些病毒目前普遍缺乏疫苗或者有效抗病毒药物的现状对虫媒病毒传染病的防控提出了更高的要求。

复习思考题

1. 虫媒病毒的传播媒介主要有哪些？
2. 虫媒病毒有哪两种传播模式？
3. 蚊媒黄病毒的基因组结构和大小如何？由哪些蛋白质组成？
4. 蜱传黄病毒根据感染宿主划分，可以分为哪两种病毒组？
5. 蜱传布尼亚病毒分布于几个病毒科？ SFTSV 属于哪个病毒科哪个病毒属？SFTSV 的主要传播媒介是什么蜱？ SFTSV 感染患者的临床表现有哪些？

（邓　菲　王华林）

参 考 文 献

Adouchief S, Smura T, Sane J, et al. 2016. Sindbis virus as a human pathogen-epidemiology, clinical picture and pathogenesis. Rev Med Virol, 26: 221-241.

Agafonov V, Gol'din R, Abushkevich P, et al. 1973. Comparative evaluation of the methods for detecting and identifying tick-borne encephalitis viruses. Voen Med Zh, 10: 54-58.

Akahata W, Yang Z, Andersen H, et al. 2010. A virus-like particle vaccine for epidemic Chikungunya virus protects nonhuman primates against infection. Nat Med, 16: 334-338.

Bente D, Forrester N, Watts D, et al. 2013. Crimean-Congo hemorrhagic fever: history, epidemiology, pathogenesis, clinical syndrome and genetic diversity. Antiviral Res, 100: 159-189.

Burnett M. 2016. Japanese Encephalitis. J Spec Oper Med, 16: 89-90.

Chang Y, Liao C, Tsao C, et al. 1999. Membrane permeabilization by small hydrophobic nonstructural proteins of Japanese encephalitis virus. J Virol, 73: 6257-6264.

Clifford C, Thomas L, Hughes L, et al. 1968. Identification and comparison of two viruses isolated from ticks of the genus *Ornithodoros*. Am J Trop Med Hyg, 17: 881-885.

Converse J, Moussa M. 1982. Quaranfil virus from *Hyalomma dromedarii* (Acari: *Ixodoidea*) collected in Kuwait, Iraq and Yemen. J Med Entomol, 19: 209-210.

Dick G, Kitchen S, Haddow A. 1952. Zika virus. I. Isolations and serological specificity. Trans R Soc Trop Med Hyg, 46: 509-520.

Erasmus J, Rossi S, Weaver S. 2016. Development of vaccines for Chikungunya fever. J Infect Dis, 214: 488-496.

Faburay B, LaBeaud A, McVey D, et al. 2017. Current status of Rift Valley fever vaccine development. Vaccines, 5: 29-48 .

Foy B, Kobylinski K, Chilson Foy J, et al. 2011. Probable non-vector-borne transmission of Zika virus, Colorado, USA. Emerg Infect Dis, 17: 880-882.

Guzman M, Harris E. 2015. Dengue. Lancet, 385: 453-465.

Hartman A. 2017. Rift Valley Fever. Clin Lab Med, 37: 285-301.

Jeffries C, Mansfield K, Phipps L, et al. 2014. Louping ill virus: an endemic tick-borne disease of Great Britain. J Gen Virol, 95: 1005-1014.

Lee H, Halverson S, Ezinwa N. 2018. Mosquito-Borne diseases. Prim Care, 45: 393-407.

Li M, Zheng Y, Zhao G, et al. 2014. Tibet Orbivirus, a novel Orbivirus species isolated from *Anopheles maculatus* mosquitoes in Tibet, China. PloS one, 9: e88738.

Libíková H, Rajcáni J. 1975. Experimental mixed infection with two tick-borne viruses and interferon-mediated interference. Acta Virol, 19: 1-9.

Lim S.2019. Dengue drug discovery: progress, challenges and outlook. Antiviral Res, 163: 156-178.

Lu Z, Fu S, Cao L, et al. 2014. Human infection with West Nile Virus, Xinjiang, China, 2011. Emerg Infect Dis, 20: 1421-1423.

Lustig Y, Sofer D, Bucris E, et al. 2018. Surveillance and diagnosis of West Nile virus in the face of flavivirus cross-reactivity. Front Microbiol, 9: 2421.

MacLachlan N. J, Dubovi E. 2016a. Fenner's Veterinary Virology. 5th ed. Chapter 15-*Reoviridae*. New York: Academic Press: 299-317.

MacLachlan N. J, Dubovi E. 2016b. Fenner's Veterinary Virology. 5th ed. Chapter 28-*Togaviridae*. New York: Academic Press: 511-524.

McAuley A, Sawatsky B, Ksiazek T, et al. 2017. Cross-neutralisation of viruses of the tick-borne encephalitis complex following tick-borne encephalitis vaccination and/or infection. NPJ vaccines, 2: 5.

Moore D, Causey O, Carey D, et al. 1975. Arthropod-borne viral infections of man in Nigeria, 1964-1970. Ann Trop Med Parasitol, 69: 49-64.

Musso D, Gubler D. 2016. Zika virus. Clin Microbiol Rev, 29: 487-524.

Ojeda Rodriguez JA, Walker Ⅲ JR. Chikungunya Fever. [Updated 2019 Feb 19]. In:StatPearls [Internet]. Treasure Island (FL): StatPearls Publishing: 2019 Jan-. Available from: https://www.ncbi.nlm.nih.gov/

books/NBK534224/.

Pattnaik P. 2006. Kyasanur forest disease: an epidemiological view in India. Rev Med Virol, 16: 151-165.

Presti R, Zhao G, Beatty W, et al. 2009. Quaranfil, Johnston Atoll, and Lake Chad viruses are novel members of the family *Orthomyxoviridae*. J Virol，83: 11599-11606.

Sang R, Onyango C, Gachoya J, et al. 2006. Tick-borne arbovirus surveillance in market livestock, Nairobi, Kenya. Emerg Infect Dis, 12: 1074-1080.

Shen S, Shi J, Wang J， et al. 2016. Phylogenetic analysis revealed the central roles of two African countries in the evolution and worldwide spread of Zika virus. Virol Sin, 31: 118-130.

Shi J, Hu Z, Deng F, et al. 2018. Tick-borne viruses. Virol Sin, 33: 21-43.

Sirohi D, Chen Z, Sun L, et al. 2016. The 3.8 A resolution cryo-EM structure of Zika virus. Science, 352: 467-470.

Sun Y, Li J, Gao G, et al. 2018. *Bunyavirales* ribonucleoproteins: the viral replication and transcription machinery. Crit Rev Microbiol, 44: 522-540.

Uchida L, Hayasaka D, Ngwe Tun M, et al. 2018. Survey of Tick-borne zoonotic viruses in wild deer in Hokkaido, Japan. J Vet Med Sci, 80: 985-988.

Uchil P, Satchidanandam V. 2003. Characterization of RNA synthesis, replication mechanism, and *in vitro* RNA-dependent RNA polymerase activity of Japanese encephalitis virus. Virol, 307: 358-371.

Xia H, Wang Y, Atoni E， et al. 2018. Mosquito-associated viruses in China. Virol Sin, 33: 5-20.

Yu X, Liang M, Zhang S, et al. 2011. Fever with thrombocytopenia associated with a novel bunyavirus in China. N Engl J Med, 364: 1523-1532.

Yunker C. 1975. Tick-borne viruses associated with seabirds in North America and related islands. Med Biol, 53: 302-311.

Zasukhina G. 1966. On the problems of the plaque method for viruses of the tick-borne encephalitis complex. Vopr Virusol, 11: 617-619.

第15章 Chapter Fifteen

烈性病毒与生物安全

全球新发和再发传染病不断出现，如传染性非典型肺炎、埃博拉出血热等烈性传染病的流行和暴发，给人类健康、经济发展、社会稳定乃至国家安全带来严重威胁，使生物安全成为人类社会发展所面临的最重要和最现实的问题之一。生物安全实验室是烈性病毒研究、传染病防控和生物医药产业发展的重要安全保障。

第一节　病原微生物分级、分类和生物安全实验室分级

生物安全是一个系统的概念，实验室生物安全是其重要组成部分。20 世纪中期生物安全实验室在美国出现，欧美国家开始关注实验室生物安全问题，并引起了世界卫生组织的重视，因此 WHO 于 1983 年公布了《实验室生物安全手册》（第一版），鼓励各国接受和执行实验室生物安全概念，并鼓励针对本国的实际情况制定操作规程，对病原和生物安全实验室实行分级分类管理制度，极大地推动了全球实验室生物安全的发展。

一、生物安全

（一）生物安全的概念

广义层面上，生物安全（biosafety）是指与生物有关的各种因素（如自然界天然生物因子、转基因生物、人工合成生物、生物技术等）对国家、社会、经济、人民健康及生态环境所产生的危害或潜在风险，以及对这些危害或风险进行防范、管理的战略性、综合性措施。其中，与生物有关的因素是生物安全的主体，社会、经济、人类健康和生态环境是承载生物安全的客体，现实危害或潜在风险是生物安全的效应。狭义层面上，生物安全是指生物性的传染媒介通过直接感染或间接破坏环境而对人类、动物或者植物产生的真实的或潜在的危险。

（二）实验室生物安全的概念

实验室生物安全（laboratory biosafety）是指那些用以防止实验室发生病原体或毒素无意中暴露及意外释放的防护原则、技术和操作规范。实验室生物安全是通过物理防护，加上规范的实验室管理及安全操作程序和受过良好培训并具有经验的操作和管理人员共同实现的综合措施。为了控制实验室内病原操作人员的感染风险，避免病原

泄露造成环境危害，国际组织和各国政府制定了实验室生物安全管理的法律、法规、标准和手册，保证实验室合法、科学、安全地运行。

二、病原危害程度分级、分类

1974 年，美国疾病预防控制中心（Centers for Disease Control and Prevention，CDC）和美国国立卫生研究院（National Institutes of Health，NIH）联合发布了《基于危害程度的病原微生物分类》（*Classification of Etiologic Agents on the Basis of Hazard*）一书，根据风险评估结果，首次将可供研究的病原微生物和开展相应的实验室活动按不同危险级别分为 4 级，其中生物危害 1 级病原的危害性最低，生物危害 4 级病原的危害性最高。2004 年，世界卫生组织（WHO）将感染性微生物和生物安全实验室分为 1～4 级，并鼓励各国针对本国实际情况，制定出病原微生物及生物安全实验室的分级标准。

我国于 2004 年颁布了《病原微生物实验室生物安全管理条例》，根据病原微生物的传染性、感染后对个体或者群体的危害程度，将病原微生物分为 4 类，第一类病原的危害性最高，第四类病原的危害性最低，其中第一类、第二类病原微生物统称为高致病性病原微生物。需与 WHO 和美国 CDC/NIH 的标准加以区分，防止混淆。表 15-1 列出了 WHO、美国 CDC/NIH 和我国对病原微生物危害程度分级的异同。

表 15-1 世界上及我国的病原微生物危害程度分级、分类

生物危害程度分级、分类		微生物类型		
世界卫生组织、美国	中国	世界卫生组织	美国	中国
危害度 1 级（risk group 1）	第四类	不太可能引起人或动物致病的微生物，对个体或群体的危险极低或无	不会导致健康个体感病	在通常情况下不会引起人类或者动物发生疾病的微生物
危害度 2 级（risk group 2）	第三类	病原体能够对人或动物致病，但对实验室工作人员、社区、牲畜或环境不易导致严重危害。实验室暴露也许会引起严重感染，但对感染有有效的预防和治疗措施，并且疾病传播的危险有限，对个体危险中等，群体危险低	病原体能够引起人类疾病，但不会导致严重危害，并且对其感染有有效的预防和治疗措施	能够引起人类或者动物疾病，但一般情况下对人、动物或者环境不构成严重危害，传播风险有限，实验室感染后很少引起严重疾病，并且具备有效治疗和预防措施的微生物
危害度 3 级（risk group 3）	第二类	病原体通常能引起人或动物的严重疾病，但一般不会发生感染个体向其他个体的传播，并且对感染有有效的预防和治疗措施，对个体危险高，群体危险低	病原体可导致人类严重或致死性疾病，但是有有效的预防和治疗措施（高个体危害，低群体危害）	能够引起人类或者动物严重疾病，比较容易直接或者间接在人与人、动物与人、动物与动物间传播的微生物
危害度 4 级（risk group 4）	第一类	病原体通常能引起人或动物的严重疾病，并且很容易发生个体之间的直接或间接传播，对感染一般没有有效的预防和治疗措施，对个体和群体危险均高	病原体可导致人类严重或致死性疾病，并且无有效的预防和治疗措施（高个体危害，高群体危害）	能够引起人类或者动物非常严重疾病的微生物，以及我国尚未发现或者已经宣布消灭的微生物

三、生物安全实验室分级

（一）生物安全实验室的概述

生物安全实验室（biosafety laboratory）是指能够避免或控制被操作的有害生物因子危险的实验室。生物安全实验室由一级防护屏障（安全设备和个人防护装备）和二级防护屏障（安全设施）共同构成。根据实验室的设计特点、建筑构造和屏障设施等防护措施将生物安全实验室分为4个等级，其中一级防护水平最低，而四级防护水平最高。目前，该实验室防护水平分级已在世界范围内被广泛采纳，但是国际上仍尚无具有约束力且统一的生物安全标准。一些国际组织、国家和地区以BSL-1、BSL-2、BSL-3和BSL-4 (biosafety level，BSL) 表示从事体外操作的实验室的相应生物安全防护水平，而用ABSL-1、ABSL-2、ABSL-3和ABSL-4（animal biosafety level，ABSL）表示专门从事动物活体操作的实验室的相应生物安全防护水平，也有国家用CL1～4（containment laboratory）表示不同的生物安全防护水平。

（二）世界卫生组织和美国的生物安全实验室分级

WHO编制的《实验室生物安全指南》（第三版）、美国NIH联合CDC出版的《微生物和生物医学实验室生物安全指南》（第五版）均结合不同的生物危险物质的危险程度，将相关生物安全实验室分为4个等级，其中一级防护水平最低，四级最高（表15-2）。

表15-2 世界卫生组织和美国的生物安全实验室分级

实验室分级	实验室类型	处理对象	操作要求	安全设施
一级生物安全水平（BSL-1）	基础教学研究	risk group 1	标准的微生物操作	不需要；开放实验台
二级生物安全水平（BSL-2）	初级卫生服务；诊断、研究	risk group 2	BSL-1操作外加：①限制进入；②有生物危险警告标志；③需要配备实验室生物安全手册；④对实验人员的医疗监督、废弃物消毒、锐器的使用等进行特殊规定	开放实验台，此外需生物安全柜（BSC）用于防护可能生成的气溶胶
三级生物安全水平（BSL-3）	特殊的诊断、研究	risk group 3	BSL-2操作外加：①控制进入；②所有废物消毒；③洗涤，实验服消毒；④留基础血清	BSC和/或其他所有实验室工作所需要的基本设备
四级生物安全水平（BSL-4）	危险病原体研究	risk group 4	BSL-3操作外加：①进入前换衣服；②出实验室淋浴；③带出设施的所有材料消毒	Ⅲ级BSC或Ⅱ级BSC并穿着正压服、双开门高压灭菌器、经过过滤的空气

（三）中国生物安全实验室分级

根据中华人民共和国国家质量监督检验检疫总局（2018年3月，将其相关职责整合，组成中华人民共和国国家市场监督管理总局）、中国国家标准化管理委员会制定的

《实验室生物安全通用要求》（GB 19489—2008）的规定，我国依据对所操作生物因子采取的防护措施，将实验室生物安全防护水平分为一级、二级、三级、四级。一级防护水平最低，四级防护水平最高。生物安全防护水平为一级的实验室，适用于表 15-1 中描述的第四类微生物；生物安全防护水平为二级的实验室，适用于第三类微生物；生物安全防护水平为三级的实验室，适用于第二类微生物；生物安全防护水平为四级的实验室，适用于第一类微生物。在我国，生物安全一级和二级（BSL-1 和 BSL-2）实验室为基础实验室，生物安全三级和四级（BSL-3 和 BSL-4）实验室为高等级生物安全实验室。

2016 年，国家发展和改革委员会和科学技术部联合发布《国家高级别生物安全实验室体系建设规划（2016—2025 年）》。根据人口健康、动物卫生、经济发展、生态安全等领域的战略需求和生物安全相关领域的需要，服务我国“总体国家安全观”战略目标，统筹高等级生物安全实验室发展规划，以基础研究、应用研究和产业开发为主攻方向，以提升高等级生物安全实验室的建设、运行、维护、管理等整体能力为目标，以医药与人口健康、动物卫生、检验检疫三大领域的需要为重点，面向微生物菌种资源保藏、科学研究、产业应用转化三大主体功能，针对烈性传染病病原体的监测预警、检测、消杀、防控、治疗五大环节，统筹全国高等级生物安全实验室整体布局，最终形成布局合理、网络运行的高等级生物安全实验室国家体系。

作为高等级生物安全实验室体系的重要组成部分，我国首个生物安全四级实验室——武汉国家生物安全实验室于 2015 年建成物理设施（图 15-1），并获得了中国合格评定国家认可委员会的认可和国家卫生健康委员会实验室活动资格，具备从事开展高致性病原微生物实验室活动的能力和资质。2018 年该实验室正式投入运行。

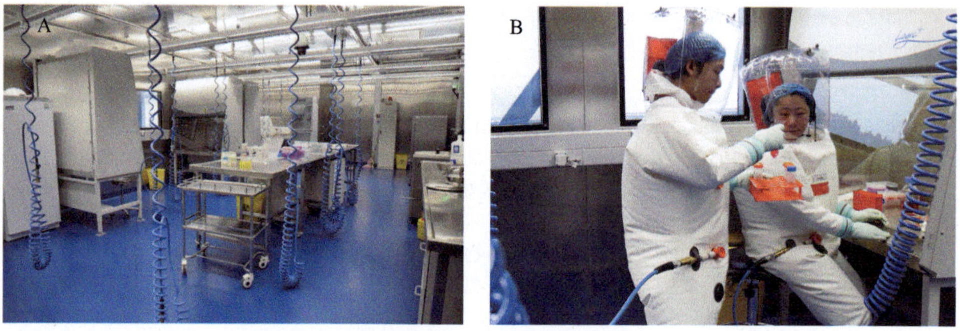

图 15-1 武汉国家生物安全实验室（四级）

A. 生物安全四级实验室核心工作区内景；B. 实验室工作人员穿着正压防护服开展科研活动

第二节 烈性病毒

《病原微生物实验室生物安全管理条例》明确规定：国家对病原微生物实行分类管理，对实验室实行分级管理，并指出：第一类、第二类病原微生物统称为高致病性病原微生物。国务院卫生主管部门颁布的《人间传染的病原微生物名录》（卫科教发〔2006〕15 号）列出了 29 种第一类病原微生物、51 种第二类病原微生物。为区别于高致病性病原微生物的概念，我们将第一类病原微生物（均为病毒）称为烈性病毒。29

种烈性病毒分属于布尼亚病毒目（9 种）、黄病毒科（9 种）、披膜病毒科（3 种）、痘病毒科（3 种）、丝状病毒科（2 种）、副黏病毒科（2 种）和疱疹病毒科（1 种）。冠状病毒科的传染性非典型肺炎（severe acute respiratory syndrome，SARS）病毒和中东呼吸综合征（Middle East respiratory syndrome，MERS）病毒均为新发病毒，虽未列入名录，但均按第一类病原微生物管理，因此，也归为烈性病毒。鉴于本书第 10 章已对 SARS 病毒、MERS 病毒和拉沙病毒等作了介绍，以下按照布尼亚病毒、黄病毒等顺序阐述其他烈性病毒。

一、布尼亚病毒

国际病毒分类委员会（ICTV）2017 年 3 月发布的第十次报告将原布尼亚病毒科升级为布尼亚病毒目（*Bunyavirales*），分为内罗病毒科（*Nairoviridae*）、白纤病毒科（*Phenuiviridae*）和汉坦病毒科（*Hantaviridae*）等 9 个病毒科，并将原沙粒病毒科（*Arenaviridae*）病毒全部划归至布尼亚病毒目。《人间传染的病原微生物名录》所列危害程度分类为“第一类”的病原中，有 9 种属于布尼亚病毒目，其中 8 种属于沙粒病毒科，1 种属于内罗病毒科。由于拉沙病毒在第 10 章已经介绍过了，这里重点介绍其他几种病毒。

（一）胡宁病毒

沙粒病毒科病毒颗粒内部渗有来自宿主细胞的电子致密核糖体颗粒，形似沙粒，因而得名。根据血清学特征，哺乳动物沙粒病毒属分为：淋巴细胞脉络丛脑膜炎病毒（lymphocytic chorimeningtis virus，LCMV）-拉沙病毒（Lassa virus，LASV）血清群（LCMV-LASV serocomplex），又称旧世界病毒群；塔卡里伯病毒血清群（Tacaribe serocomplex），又称新世界病毒群。胡宁病毒（Junin virus，JUNV，又译“鸠宁病毒”）是沙粒病毒科哺乳动物沙粒病毒属新世界沙粒病毒的重要成员，最早于 20 世纪 50 年代在阿根廷胡宁市的潘帕斯草原地区流行，因而得名。1966 年认定 JUNV 是阿根廷出血热（Argentine hemorrhagic fever，AHF）的病原。每年感染 300～1000 人，病死率为 15%～20%。我国将 JUNV 列为“第一类”病原，病毒培养等活动需要 BSL-4 实验室。

JUNV 与 LASV 等旧世界沙粒病毒的基因组结构及复制机制相似。但与 LASV 以 α-DG 作为细胞受体不同，JUNV 感染人体细胞则是由人转铁蛋白受体 1（transferrin receptor 1，TfR1）来介导的（Radoshitzky et al.，2007）。病毒通过囊膜糖蛋白 GP1 与细胞受体 TfR1 结合，通过网格蛋白介导的内吞途径入侵细胞。随后病毒在晚期内体 pH<5.5 的环境下发生 GP2 介导的膜融合，释放核酸，从而开始病毒的复制。

JUNV 的自然宿主为啮齿类动物，主要为壮暮鼠（*Calomys musculinus*）。壮暮鼠感染病毒后，表现为无症状或症状较轻，但其体液及排泄物如血液、唾液、尿液、粪便等均含有病毒。人类接触携带病毒的野鼠或其体液及排泄物、被污染的食物或气溶胶等则有可能被感染。密切接触重症患者的体液如血液、尿液、精液和呼吸道分泌物等也会造成人际传播。潜伏期为 6～14d。与 LASV 类似，JUNV 感染者初期表现为发热和全身不适。在感染后的第一周，表现为中度发热（38～39℃），并伴有寒战、厌食、头痛、肌肉关节痛、恶心、呕吐、上腹痛。在感染后的第二周，部分感染者

（20%～30%）症状逐渐加重，表现出明显的多器官出血和神经症状及共感染，危重者死亡。与LASV不同的是，在第二到第三周，幸存者体内伴随着病毒血症逐渐消失开始出现中和性抗体。尽管如此，在数周的康复期中，患者仍然经历疲惫、头晕、脑炎、听力丢失等症状。

针对确诊的AHF患者，应进行隔离并给予支持治疗。利巴韦林和来源于康复者的血浆或免疫球蛋白应用于发病早期，可以减轻病毒血症，延缓病情。尽管AHF的预防性疫苗Candid#1在1991年已被阿根廷批准使用并使病死率下降至1%，但目前仍无理想的针对性治疗手段和药物用于临床。

（二）马秋波病毒

马秋波病毒（Machupo virus，MACV）与JUNV在起源和进化上最为相近，也是沙粒病毒科哺乳动物沙粒病毒属新世界沙粒病毒B进化枝的一员，于1959年发现于玻利维亚大草原，后因1962年在玻利维亚引发出血热疫情而被关注，是玻利维亚出血热（Bolivian hemorrhagic fever，BHF）的病原。在随后的几十年里，MACV在玻利维亚多次暴发，累积约2000人感染，数百人丧生，病死率35%。我国将MACV列为“第一类”病原，病毒培养等活动需要BSL-4实验室。

MACV的自然储存宿主主要为胼胝暮鼠（*Calomys callosus*）。MACV感染使自然宿主的排泄物和体液中含有病毒，构成人类接触致病的主要源头。在每年4～7月，玻利维亚农作物收获的季节容易造成疫情暴发。BHF发病进程和症状与AHF非常类似。与LASV不同，JUNV和MACV感染可以激活模式识别受体蛋白激酶R（PKR）但并不抑制病毒复制，患者可以出现干扰素产生的峰值（Huang et al.，2017）。另外，BHF和AHF的神经损伤症状也均较拉沙热更为明显。目前没有针对MACV的疫苗和药物。

（三）克里米亚-刚果出血热病毒

克里米亚-刚果出血热病毒（Crimean-Congo hemorrhagic fever virus，CCHFV）属于内罗病毒科正内罗病毒属（*Orthonairovirus*）。克里米亚-刚果出血热因感染CCHFV而引起。1944年，克里米亚半岛的士兵在农田被蜱虫叮咬而发病，1945年经蜱悬浮物和患者血液接种试验证明该病是由蜱传病毒引起的一种出血热。1969年发现其与1956年从刚果地区一发热儿童血液中分离到的病毒为同一病毒，因此命名为CCHFV。我国于1965年第一次在新疆南部发现该病流行，称为新疆出血热，其病原体——新疆出血热病毒，后证实与CCHFV一致。全世界每年有1万～1.5万感染者，分布在西亚、中亚、中东、东南欧和非洲。我国将CCHFV列为“第一类”病原，病毒培养、未经培养的感染材料的操作等活动需要BSL-3实验室，美国、欧洲均将CCHFV列为BSL-4级病原。

CCHFV呈圆形或卵圆形，直径在85～95nm，具有脂质双层囊膜，向外伸出7nm的纤突。CCHFV基因组为单股负链RNA，由S（1.6kb）、M（5.4kb）、L（12.1kb）三个片段组成，分别编码核衣壳蛋白（NP）、膜蛋白（Gn、Gc）和聚合酶（L）。病毒膜蛋白与受体，通过网格蛋白介导的内吞途径进入宿主细胞，在细胞多泡体内发生膜融合。病毒基因组RNA依赖L蛋白和NP蛋白进行复制，L蛋白具有夺帽功能。子代病毒成熟后，通过胞吐途径释放，不产生可辨识的细胞病变效应。

璃眼蜱是 CCHFV 主要媒介，也是其储存宿主。蜱虫叮咬、屠宰感染的家畜、密切接触病患是人感染的重要途径。人被蜱咬而感染的潜伏期为 1～3d，偶尔会延长至 7d，因接触病畜或患者而感染的潜伏期可达 9d 或更长。患者骤然起病，呈现发热、头痛、肌痛、呕吐、腹泻等全身中毒症状。发热一般为 38～41℃。而在大量出血阶段体温却反而降至正常，或低于正常，这往往是低血压休克和循环衰竭的信号。出血期于第 3～6 病日开始，患者躯干和四肢出现瘀点，可很快出现大的瘀斑，随即开始出现鼻出血、呕血、尿血、便血，也可发生内出血，包括腹腔出血和颅内出血。患者多在出血期初，如鼻出血时入院，此时发热等中毒症状仍然存在。严重患者可在第 5 病日后进入肝、肾、肺衰竭状态，约 10% 逐渐转为昏睡和昏迷，乃至死亡。患者的单核巨噬细胞、上皮细胞、肝细胞为主要受累细胞。肿瘤坏死因子 α 和白细胞介素 6 等炎症因子升高，谷丙转氨酶（ALT）和谷草转氨酶（AST）等肝脏酶升高，血小板减少，以及高病毒载量、低抗体滴度等指标预示预后不良。病死率为 5%～30%（Zivcec et al., 2016）。

分离自患者或蜱悬液的 CCHFV 可在乳鼠脑内连续传代，也可在 SW-13、HUVEC、BHK-21、Vero 和 Vero E6 细胞等多种细胞系中生长，但往往不产生或只产生很轻微的致细胞病变效应。因此，多用免疫荧光法来确定病毒的感染性。SW-13 细胞适合做空斑试验。CCHFV 可在鸡胚卵黄中繁殖，并使胚胎死亡。乳鼠颅内接种常用于病毒分离和滴定。各种成年小鼠、豚鼠、兔、山羊、绵羊等经多种途径接种均不表现出血等临床症状或只轻度发热，但 1～7d 后可产生病毒血症。1 型干扰素受体和信号转导及转录激活因子 1 STAT1 敲除小鼠可以较好地反映 CCHFV 病症，常用于抗病毒药物筛选和评价。

目前尚无理想的疫苗和药物。保加利亚等国曾在有限范围内使用鼠脑制备的福尔马林灭活疫苗，但有效性和安全性未能得到国际社会公认。有报道称在发病 48h 内使用利巴韦林可以降低病死率，但也未能得到严谨的安慰剂对照试验的验证。

（四）其他布尼亚病毒

沙粒病毒科哺乳动物沙粒病毒属新世界沙粒病毒根据遗传特性，主要是囊膜糖蛋白（GPC）和核衣壳蛋白（NP）的序列分析，可以分为 A、B、C、D 4 个进化枝，致人严重疾病的主要在 B 枝。除了 JUNV 和 MACV 分别引起 AHF 和 BHF 外，瓜纳瑞托病毒（Guanarito virus，GTOV）和萨比亚病毒（Sabia virus，SABV）分别引起委内瑞拉出血热和巴西出血热，我国将其列为“第一类”病原，病毒培养等活动需要 BSL-4 实验室。新世界沙粒病毒的代表种——塔卡里伯病毒（Tacaribe virus，TCRV）也属于 B 枝，最初是 20 世纪 50 年代在中美洲加勒比海南部的特立尼达岛从患病的果蝠中分离得到的，2012 年又从美国佛罗里达州的孤星蜱中发现与其核苷酸序列同源性达 99.6% 的病毒，但至今尚未确定 TCRV 的自然宿主。曾有实验室工作者获得性感染 TCRV，但病症较轻。国外经常将 TCRV 作为模式病毒，无须 BSL-4 实验室条件，用来研究高致病性沙粒病毒的致病机制。鉴于 TCRV 的自然宿主尚不明确并可以感染人类，我国将其和国内外均较少研究的 A 进化枝新世界沙粒病毒——弗莱克索尔病毒

（Flexal virus，FLEV）以及与旧世界沙粒病毒 LASV 基因组结构相似但尚未发现人感染病例的莫佩亚病毒（Mopeia virus，MOPV）均列为“第一类”病原，病毒培养等活动需要 BSL-4 实验室。

白纤病毒科白蛉病毒属（*Phlebovirus*）均为虫媒病毒，可通过白蛉、蚊、蜱和蠓等节肢动物传播，感染多种哺乳动物和人类。裂谷热病毒（Rift Valley fever virus，RVFV）即属于白蛉病毒属。1931 年首次在肯尼亚东非大裂谷分离到该病毒。RVFV 是一种蚊媒病毒，可经由蚊虫叮咬由绵羊、山羊和牛等家畜传播给人类，人类感染后可出现发热、乏力、肝功能异常等轻微症状，而严重感染者可发展为脑膜炎症候群或出血热症候群，死亡率可高达 50%。裂谷热主要分布于非洲东部和南部国家，在亚洲中东国家也有报道。2003 年至今，在埃及、肯尼亚、马达加斯加、南非和尼日尔出现暴发流行，且流行地区不断扩大。我国于 2016 年 7 月确诊了首例由安哥拉输入的 RVFV 感染病例。

汉坦病毒科最大的病毒属是正汉坦病毒属（*Orthohantavirus*），该属包含 41 个病毒种，代表种之一为辛诺柏病毒（Sin Nombre virus，SNV），引起以肺毛细血管渗漏和心血管受累为特征的汉坦病毒心肺综合征（Hantavirus cardiopulmonary syndrome，HCPS），主要流行于美国、加拿大，近年德国、瑞典等也有病例报道。SNV 的自然宿主为鹿鼠（*deer mice*），鹿鼠之间主要通过打斗等直接接触传播，病毒经粪、尿和唾液排出，以气溶胶或颗粒形式被人体吸入而导致人类染病。潜伏期 14～17 d，也可长达月余。骤起发病，快速进展为急性心肺综合征，病死率为 35%～40%。在我国尚未发现该病毒和该病。RVFV 和 SNV 均被列为联合国《禁止发展生产、储存细菌（生物）及毒素武器和销毁此种武器公约》（简称《禁止生物武器公约》）所关注的特殊病原，且无有效的疫苗和药物。因此，除了前述 9 种布尼亚病毒外，也将 RVFV 和 SNV 作为烈性布尼亚病毒予以介绍。

二、黄病毒

黄病毒科（*Flaviviridae*）分为黄病毒属（*Flavivirus*）、瘟病毒属（*Pestivirus*）、丙型肝炎病毒属（*Hepacivirus*）和庚型肝炎病毒属（*Pegivirus*）。《人间传染的病原微生物名录》所列危害程度分类为“第一类”的病原中，有 9 种属于黄病毒科黄病毒属。

（一）黄热病毒

黄热病毒（yellow fever virus，YFV）属于黄病毒科黄病毒属，是黄病毒原型或模式种。黄热病因感染 YFV 而引起，除了常见的发热症状外，中毒者也有黄疸，因而得名。病毒起源于非洲，因为奴隶贸易传至美洲。1648 年在墨西哥首次报道黄热病，17～20 世纪远播至加拿大、西班牙等国。1927 年用加纳患者血样接种恒河猴分离得到 YFV(Asibi 株）。1937 年，麦克斯·泰累尔（Max Theiler）发明了减毒活疫苗 YFV17D，并于 1951 年获得诺贝尔生理学或医学奖。WHO 统计，目前每年约有 20 万 YFV 感染者，3 万人死亡，主要在撒哈拉沙漠以南的非洲地区。2016 年 3 月，国家卫生和计划生育委员会通报中国发现首例输入性黄热病病例。我国将 YFV 列为“第一类”病原，病毒培养等活动需要 BSL-3 实验室。

YFV 是具有囊膜的单股正链 RNA 病毒，有衣壳蛋白（C）、膜蛋白（prM/M）和囊膜糖蛋白（E）3 种结构蛋白，以及 NS1、NS2A、NS2B、NS3、NS4A、NS4B 和 NS5（RNA 依赖的 RNA 聚合酶）7 种非结构蛋白。衣壳蛋白包裹基因组 RNA，形成核衣壳。不成熟的 prM 和成熟的 M 膜蛋白作为分子伴侣确保囊膜糖蛋白 E 的正确折叠，180 个拷贝的 M 和 E 以相对平滑的形式镶嵌在病毒颗粒表面。E 蛋白与受体，如整合素结合，依赖网格蛋白介导的内吞进入宿主细胞。有报道称疫苗株 YFV17D 不依赖网格蛋白而内吞，这是因为与亲本株 Asibi 相比，YFV17D 的 E 蛋白有 12 个氨基酸的变异。YFV 的基因组复制在胞质完成，但 C、NS4B 和 NS5 可以入核，机制不明，可能与免疫抑制有关。YFV 只有 1 个血清型，但根据 prM、E 和 3′ 端非编码序列的差异（大于 9%）可分为 7 个基因型：2 个西非、2 个东非、2 个南美、1 个中非 / 南非重组基因型（Klitting et al.，2018）。

蚊虫，如埃及伊蚊（*Aedes aegypti*）是 YFV 的自然宿主和传播媒介，YFV 在蚊虫和野猴之间形成丛林循环，人因蚊虫叮咬而感染。患者在蚊虫叮咬 3～6d 后出现发热、寒战、肌痛、背痛、头痛，持续 3d 后出现病毒血症。随后退热、临床症状改善。但约有 20% 的患者进入中毒期，出现呕吐、上腹痛、黄疸。此时，虽无病毒血症，但病毒却在肝细胞和肾小管上皮细胞中大量复制。严重者出现出血热，伴重症肝炎、肾衰、休克、多器官衰竭。出血的机制，一般认为是肝脏受损，合成维生素 K 依赖的凝血因子显著减少所致。发生严重内脏疾病的患者，病死率为 20%～50%。

免疫接种是预防黄热病的有效方法。90% 的 YFV17D 疫苗接种者在 16～19 年后仍有中和性抗体，但仍推荐每 10 年加强免疫 1 次。

（二）蜱传脑炎病毒

蜱传脑炎病毒（tick-borne encephalitis virus，TBEV）属于黄病毒科黄病毒属。其自然宿主为蜱，感染人后主要引起脑膜炎、脑炎、灰质炎等神经系统疾病，称为蜱传脑炎。1937 年，在俄罗斯远东地区首次分离到该病毒。1943 年，我国首次报道人感染病例。目前主要流行于东北亚地区与欧洲中部、东部和北部地区，每年约 1.4 万个病例。TBEV 包括远东（FE）、欧洲（Eu）和西伯利亚（Sib）三个亚型。TBEV-Eu 的传播媒介为篦子硬蜱（*Ixodes ricinus*），而 TBEV-FE 和 TBEV-Sib 的传播媒介为全沟硬蜱（*Ixodes persulcatus*）。三个亚型病毒的氨基酸差异仅为 5%～7%，但 TBEV-FE 感染往往引起严重的神经症状，病死率可高达 40%；TBEV-Eu 导致的临床症状较轻，病死率仅为 0.5%～2%；TBEV-Sib 的致病性介于两者之间。我国将 TBEV 列为“第一类”病原，病毒培养、未经培养的感染材料的操作等活动需要 BSL-3 实验室。

TBEV 呈圆形，直径 50nm，具有脂质双层囊膜。基因组为单股正链 RNA，长度约 11kb，5′ 端具有帽子结构，3′ 端不具有多聚腺苷酸尾。病毒基因组 RNA 只有一个可读框，编码含 3414 个氨基酸残基的多聚蛋白，经过病毒和宿主的蛋白酶切割，产生三种结构蛋白——衣壳蛋白（C）、膜蛋白（M）和囊膜糖蛋白（E），以及 7 种非结构蛋白——NS1（糖蛋白）、NS2A、NS2B（蛋白酶组成蛋白）、NS3（具有蛋白酶、解旋酶和 NTP 酶活性）、NS4A、NS4B 和 NS5（RNA 依赖的 RNA 聚合酶）。囊膜糖蛋白 E 和膜蛋白 M 介导病毒入侵。E 蛋白的结构域Ⅲ为受体结合域，结构域Ⅱ含有高度保守的疏水融合环（fusion loop）。E、M 蛋白形成 E-M-M-E 四聚体，M 起胶合作用，增强两个 E 蛋白的结合。两个 E 蛋白反向平行相互作用，在保留受体结合域暴露的同时使融合环埋藏在内部。病毒与受体结合后，内吞进入宿主细胞。E 蛋白的第 216、248 位组氨酸和 M 蛋白的第 7、17 位组氨酸感知内体的低 pH，并变构，使融合环暴露，引发病毒-细胞内体的膜融合。病毒基因组复制在病毒聚合酶 NS5 的催化下完成。病毒编码的多聚蛋白，在 NS2B-NS3 蛋白酶的作用下切割产生衣壳蛋白 C 等。子代病毒基因组 RNA 被衣壳蛋白 C 包裹并组装后，通过内质网-高尔基体途径成熟并出芽释放（Pulkkinen et al.，2018）。

硬蜱是 TBEV 的自然宿主，姬鼠属（*Apodemus*）和䶄属（*Myodes*）是储存和扩增宿主。牛、山羊、绵羊、猪、狗和鹿等均可被携带病毒的蜱虫叮咬而感染。人通过蜱虫叮咬、饮用未经巴氏消毒的牛或羊奶而感染。经输血感染、哺乳时母婴传播和实验室接触病毒的气溶胶感染，也有发生，但均为散发病例。蜱虫叮咬后，患者经过约 8d 的潜伏期后发病。72%～87% 的患者表现为双相性（biphasic）疾病进程。第一阶段主要表现出类似感冒的症状，并伴有恶心、呕吐，持续 4d 左右。生化指标出现异常，如白细胞和血小板减少、血清转氨酶升高。间歇期约 8d，没有明显的临床症状。大约 1/3 患者发展到第二阶段，出现严重的神经症状，如脑膜炎、共济失调、震颤、面部神经麻痹等。TBEV 侵入机体后，首先在局部淋巴结等单核-巨噬细胞系统中复制，然后子代病毒粒子进入血液循环，引起病毒血症。大约 10% 免疫功能强大的患者可以产生高滴度中和性抗体，呈隐性感染或仅表现为轻型的非典型病征。TBEV 感染也可产生非中和性抗体，出现类似登革热的抗体依赖的感染增强（antibody-dependent enhancement，ADE）。这些非中和性抗体与病毒囊膜糖蛋白 E 结合、诱导其变构并暴露融合环，介导病毒囊膜直接与细胞质膜发生膜融合，从而促进病毒感染。

BHK-21 等细胞对 TBEV 敏感，是病毒分离培养常用细胞系。用于研究 TBEV 神经病理反应的动物模型有小鼠、仓鼠、猴。小鼠易感，是最为常用的动物模型，其致死率与日龄相关。仓鼠颅内接种可导致持续性感染，出现嗜神经元等病理反应。猴经鼻或颅内接种均可导致慢性脑炎，表现为神经组织淀粉样变性和星形胶质细胞增生。

免疫接种是预防蜱传脑炎的有效方法。目前有俄罗斯生产、奥地利生产、瑞士诺华公司生产等多种福尔马林灭活疫苗可用。但这些疫苗均以某国的某一次流行毒株为基础，覆盖率不够，且不良反应较大。目前没有针对 TBEV 的特异性治疗方法。

（三）鄂木斯克出血热病毒

鄂木斯克出血热病毒（Omsk hemorrhagic fever virus，OHFV）属于黄病毒科黄病毒属蜱传脑炎血清群。鄂木斯克出血热因感染 OHFV 而引起，最早报告于 20 世纪 40 年代初，俄罗斯西伯利亚的鄂木斯克北部草原地区出现特征为急性发热，伴有口、鼻、子宫大量出血且皮肤出血疹以及白细胞减少的散在或小规模暴发的病例。1947 年分离出病毒，1948 年定名。目前主要流行于俄罗斯的鄂木斯克、新西伯利亚、秋明市和库尔干州。我国将 OHFV 列为“第一类”病原，病毒培养等活动需要 BSL-4 实验室。

OHFV 的病毒形态、遗传特性、抗原性、基因组结构和复制模式均与 TBEV 相似。基因组长度为 10 787bp，5′ 端具有帽子结构并含有一段在其他蜱传脑炎血清群病毒中不常见的 30bp 序列，对 RNA 稳定性和病毒蛋白翻译具有重要作用。与 TBEV 流行于茂密的森林地区不同，OHFV 流行于大草原地区。网纹革蜱（*Dermacentor reticulatus*）等蜱虫是 OHFV 的传播媒介，麝鼠（*Ondatra zibethicus*）等野生动物是其储存和扩增宿主。人因蜱虫叮咬和接触感染麝鼠的尿液、粪便或血液而感染。OHFV 感染人主要侵犯血管和神经系统。潜伏期 2～10d，骤然起病。发病之初，体温即可高达 40℃，结膜充血常见，部分患者软腭上有出血点或紫斑，具有一定的特征性。进入出血症期，可表现牙龈出血、鼻出血、血尿、呕血、便血等。常有全身淋巴结及脾肿大，可发生脑膜炎或脑膜脑炎。该病康复缓慢，死亡率为 0.5%～3%（Zhang et al.，2019）。

OHFV 可以在 Vero、A549、BHK-21 等细胞中增殖。豚鼠、猫、小猪、绵羊及猴均对此病毒敏感。Balb/c 小鼠可作为 OHFV 研究的动物模型。

目前尚无特效的药物或治疗方法。动物实验证实干扰素诱导剂 Larifan（一种双链 RNA）对 OHFV 的抑制率高达 65%。早年曾尝试接种福尔马林灭活疫苗，但由于副作用明显而停用。

（四）科萨诺尔森林病病毒

科萨诺尔森林病病毒（Kyasanur Forest disease virus，KFDV）属于黄病毒科黄病毒属蜱传脑炎血清群。科萨诺尔森林病因感染 KFDV 而引起，1957 年首先发现于印度卡纳塔克邦的科萨诺尔森林地区，起初发现黑面叶猴和红面帽猴感染，当地称为“猴热”，随后发现也有人感染。2003～2012 年，卡纳塔克邦共发生 3263 例人感染病例，确诊 823 例，死亡 28 例。1989 年中国云南一例患者出现发热症状，2009 年发现其病毒基因序列与 KFDV 参考株 P9605 序列一致（Wang et al.，2009）。我国将 KFDV 列为“第一类”病原，病毒培养等活动需要 BSL-4 实验室。

KFDV 病毒粒子呈球形，直径 40～65nm，基因组长度为 10 774bp。病毒衣壳蛋白（C）与病毒基因组单股正链 RNA 组成正二十面体核衣壳结构，外层由膜蛋白（M）和囊膜糖蛋白（E）组成脂质双层膜包覆。KFDV 的 E 蛋白氨基酸序列与其他蜱传脑炎血清群病毒的同源性为 77.4%～81.3%。E 蛋白 T76A 突变，同时第 67 位为天冬酰胺，可能是 KFDV 和 OHFV 有别于 TBEV 呈现出血热表型的原因（Shah et al.，2018）。

蜱是 KFDV 的传播媒介。人主要通过蜱虫，尤其是距刺血蜱（*Haemaphysalis Spinigera*）叮咬感染。临床上以发热、出血和虚脱为主要特征。潜伏期 2～7d。突然发病并持续 1～2 周：发热、寒战、头痛、肌痛和呕吐，也可表现为局部或全身淋巴结病变，结膜充血，畏光，黏膜点状出血，鼻、口或胃肠道出血，多无明显的造血系统的破坏。大多数患者在 2 周后开始恢复，但 10%～20% 的病例在经过 1～2 周的缓解期之后，重现第一阶段的出血热症状并发展到以神经症状为主的第二阶段：伴有严重头痛、精神障碍、震颤、僵硬、畏光、眼痛和视力缺陷，持续 2～12d。幸存者昏睡数周，最终得到缓解。叶猴和帽猴与人有相似病症，病死率为 85%，所幸人的病死率仅为 3%～10%。

KFDV 可以在 Vero、BHK-21、HEK-293T 等细胞中增殖并致细胞病变。小鼠（C57BL/6）、大鼠、松鼠和帽猴等，均可被 KFDV 感染并观察到疾病症状。

目前没有针对性的成熟的抗病毒治疗方法，及时住院和支持性治疗至关重要。印度现用疫苗是由鸡胚胎成纤维细胞培养扩增、福尔马林灭活的 KFDV 制成的。

（五）其他黄病毒

跳跃病病毒（louping ill virus，LIV）引起跳跃病，最早记录是 100 多年前苏格兰的病羊出现共济失调步态，因而得名，1931 年从病羊中分离得到该病毒。人疑似病例可以追溯到 1934 年，目前公开的报道超过 44 例。主要流行于英国和爱尔兰，挪威、西班牙也有报道。序列分析提示 LIV 源于 TBEV 的一个变种，在 800 年前传输到英国。蜱是传播媒介，宿主为羊和人。羊患病时首先发热并出现病毒血症，接着运动失调而麻痹死亡。人感染后发热、头痛、肌痛，部分发展为脊髓灰质炎样的症状，未见确认引起人的脑炎。

库姆灵厄病毒（Kumlinge virus）引起库姆灵厄病。Kumlinge 为瑞典语，是芬兰奥兰群岛一个岛屿的名称。该岛屿居住的主要是瑞典民族。1956 年分离到该病毒的原型株 A52，与 TBEV 高度同源。目前主要流行于奥兰群岛，偶见于芬兰大陆。

以上两种病毒与主要分布在捷克的汉扎洛瓦病毒（Hanzalova virus），主要分布在匈牙利、波兰、塞尔维亚、奥地利、瑞典、芬兰的海普病毒（Hypr virus）同为蜱传脑炎血清群黄病毒，我国均列为"第一类"病原，病毒培养等活动需要 BSL-4 实验室。

圣路易斯脑炎病毒（St. Louis encephalitis virus，SLEV）是可以引起严重神经症状如脑炎的蚊媒传播病毒，1933 年首次发现于美国密苏里州的圣路易斯。流行于美国、阿根廷、巴西等美洲地区，近年巴西重现严重疫情。SLEV 属于黄病毒属，与日本脑炎病毒为一个血清群，我国将其列为"第一类"病原，病毒培养等活动需要 BSL-3 实验室。

三、披膜病毒

披膜病毒科（*Togaviridae*）只有一个属，即甲病毒属（*Alphavirus*），在虫媒病毒中被归为 A 组，因而得名。旧世界甲病毒，如基孔肯尼雅病毒（Chikungunya virus，CHIKV），引起发热、皮疹和关节炎。新世界甲病毒则引起脑炎等严重病症。我国将披膜病毒科甲病毒属的东方马脑炎病毒、西方马脑炎病毒、委内瑞拉马脑炎病毒均列为"第一类"病原，病毒培养等活动需要 BSL-3 实验室。

（一）东方马脑炎病毒

东方马脑炎病毒（Eastern equine encephalitis virus，EEEV）于 1933 年从美国东部的新泽西州和弗吉尼亚州病死马匹的脑中分离得到。1938 年在美国马脑炎流行区有 30 名儿童感染致死，随后从人脑中也分离到该病毒。北美的东方马脑炎病毒（NA-EEEV）致病力最强，对儿童尤甚，早年病死率达 60%～70%，近年仍有 30%～50%（Griffin et al.，2013）。

EEEV 是具有囊膜的单股正链 RNA 病毒，病毒颗粒呈球形，直径 60～70nm，囊膜表面有纤突。基因组大小约 11kb。基因组 RNA 直接翻译出多聚前体蛋白 P123 和 P1234，再被蛋白酶切割为 4 种非结构蛋白 NSP1、NSP2、NSP3、NSP4，它们参与病毒基因组的复制和亚基因组 RNA 的合成。亚基因组 RNA 翻译出一个多聚蛋白并被切割为 C、E3、E2、6K 和 E1 5 种结构蛋白，6K 蛋白为 –1 位核糖体移码产生。衣壳蛋白（C）包裹病毒核酸，E3 帮助 E2 正确折叠，E2 负责与细胞受体结合，E1 负责膜融合，而 6K 作为 E1 的信号肽，参与病毒出芽释放（Frolov et al.，2017）。

EEEV 的传播媒介是蚊虫，主要储存宿主为鸟类。人和马主要通过蚊虫叮咬而感染，也有经呼吸道感染的报道。感染者出现以中枢神经系统病变为特征的脑炎症状，临床表现为高热、意识障碍、强直性痉挛等。病毒在神经元中的复制导致未成熟神经元凋亡、成熟神经元坏死，病毒感染少突胶质细胞则引起脱髓壳作用。脑脊液高白细胞计数或严重的低钠血症提示预后不良。35%～80% 的幸存者，尤其是儿童有严重的神经后遗症。

EEEV 可在 HeLa、MRC-5、BHK-21、Vero 等细胞中繁殖并产生空斑，C6/36 蚊细胞支持病毒复制但不产生致细胞病变。NSP1 和 NSP4 对应的基因高度保守，常用于核酸检测。EEEV 灭活疫苗已用于马和高危职业暴露者的免疫防控，治疗性单抗正在研制之中。

（二）西方马脑炎病毒

西方马脑炎病毒（western equine encephalitis virus，WEEV）于 1931 年从美国西部加利福尼亚州圣华金河谷的马流行性脑炎的患病马脑中分离得到。1937 年又从 1 名病死患儿的脑中分离出。WEEV 病毒学特征与 EEEV 相似，WEEV 在鸡胚成纤维细胞（CEF）中形成空斑，是历史上第一个动物病毒的空斑试验。WEEV 感染者临床表现也与 EEEV 类似，但比 EEEV 更轻，病死率为 10%。仓鼠和猴是易感动物模型。

（三）委内瑞拉马脑炎病毒

委内瑞拉马脑炎病毒（Venezuelan equine encephalitis virus，VEEV）于 1936 年从委内瑞拉瓜希拉盆地的马流行性脑炎的患病马脑中分离得到。nsP3 蛋白 T360M 突变和 E2 蛋白第 193、213 位非带电氨基酸被精氨酸取代，使病毒对马的毒力增强。人病死率约 1%。减毒活疫苗 TC-83 及其灭活疫苗 C-84 正在试验评价之中（Griffin et al.，2013）。

四、痘病毒

痘病毒科（*Poxviridae*）是动物病毒中体积最大、结构最复杂的病毒，分为脊索动物痘病毒（*Chordopoxvirinae*）和昆虫痘病毒（*Entomopoxvirinae*）两个亚科。脊索动物痘病毒亚科又分为正痘病毒属（*Orthopoxvirus*）和禽痘病毒属（*Avipoxvirus*）等 8 个属。

（一）天花病毒

天花病毒（variola virus，VARV）属于正痘病毒属，导致的疾病——天花（smallpox）是严格限制在人类的严重传染病。最早有记录的天花发作是在古埃及，公元前 1156 年去世的埃及法老木乃伊上有疑似天花皮疹的迹象。感染者发热、出疹，病灶化脓。多数患者痊愈，但脸上留有麻子，“天花”由此得名。死亡情形发生在患病后 1～2 周，病死率为 30%。

预防接种历史悠久，中国古代名医孙思邈即用取自天花患者口疮中的脓液敷在健康人的皮肤上来预防天花。1796年，英国乡村医生爱德华·詹纳发明牛痘疫苗。1980年WHO宣布通过种痘等技术，人类已成功消灭天花。最后1例自然感染患者出现在1977年非洲之角的索马里。一名英国医学摄影师在1978年从实验室感染上VARV，其是全球最后一名患者。目前只有美国疾病预防控制中心以及俄罗斯国家病毒学与生物技术研究中心被允许保存VARV毒株（Damon et al.，2013）。

VARV是长、宽、高分别约为300nm、200nm、200nm的长方体颗粒，中央为双面凹陷的核心，两个侧体分别位于凹陷内。核心是由病毒基因组和蛋白质组成的核蛋白复合体，紧绕核心周围的是栅栏状核心膜。核心和侧体一起，被脂蛋白性的膜包围，其间充填可溶性蛋白。细胞外的病毒粒子，外面还有一层来自于细胞的脂质双层囊膜，其间镶嵌病毒表面糖蛋白。VARV为双链DNA病毒，基因组长度为186kb，两个末端均为回文结构，编码区有196～207个可读框（ORF），各个ORF之间严格间隔，不重叠，也不存在mRNA剪接。在基因组的14kb、161kb位置有不同数量的T、AT重复序列，这与病毒DNA聚合酶位点特异性卡顿或病毒基因组内部的重组有关。VARV分离株可分成3个进化枝——西非（A）枝、南美（B）枝和亚洲（C）枝，B枝可能是A枝和C枝重组产生的。基因丢失在病毒的自然进化中发挥重要作用（Damon et al.，2006）。

1999年，美国医学研究院提出为提升生物恐怖应对能力而发展抗天花药物。2018年，美国食品药品监督管理局用快速通道批准以正痘病毒属保守的p37蛋白为靶点的、病毒成熟和释放的抑制剂Tecovirimat作为抗天花药物，是美国政府国家战略储备物质，不对外提供。

（二）类天花病毒

常见天花病毒又称大天花病毒（variola major），也有小天花病毒（variola minor）。两者病症与传染方式相同，但小天花病毒感染者只有1%有生命危险。小天花病毒又分为2种亚型，非洲的称为Amass，美洲的称为Alastrim。一般认为Alastrim是18世纪由西非约鲁巴部落奴隶贸易传输到巴西的。《人间传染的病原微生物目录》将Alastrim virus译为类天花病毒，并与天花病毒一起归为“第一类”病原，病毒培养等需要BSL-4实验室。

（三）猴痘病毒

猴痘病毒（monkeypox virus）也属于正痘病毒属。1970年在刚果民主共和国［The Democratic Repubic of the Congo，DRC，简称刚果（金）］发现人感染猴痘病毒病例，1996年在该国再发。2003年通过野生动物贸易由加纳输入美国，但加纳毒株比刚果毒株的毒力减弱。人感染猴痘后的发热、出疹与天花相似，其特殊表现为颈部、耳廓后、下颌下或腹股沟的淋巴结肿大（Damon et al.，2013）。猴痘病毒形貌也与VARV相似，基因组长度为191kb。已经证实猴痘病毒可以通过包括气溶胶在内的多种途径传播。联合国《禁止生物武器公约》将其列为关注名录，我国也将其列为“第一类”病原，病毒培养等需要BSL-3实验室。

五、丝状病毒

单负链 RNA 病毒目（*Mononegavirales*）丝状病毒科（*Filoviridae*）分为弯曲病毒属（*Cuevavirus*）、埃博拉病毒属（*Ebolavirus*）、马尔堡病毒属（*Marburgvirus*）、条纹病毒属（*Striavirus*）和 Thamno 属（*Thamnovirus*）5 个属。埃博拉病毒和马尔堡病毒是最为人们所熟知的两种烈性病毒。

（一）埃博拉病毒

埃博拉病毒（ebola virus，EBOV）属于丝状病毒科埃博拉病毒属。1976 年，EBOV 在非洲暴发了两次，相互独立，但是几乎同时发生，这是人类第一次认识到 EBOV 疾病的发作。一次是在扎伊尔北部（现刚果民主共和国）Bumaba 区的 Yambuku 村的天主教会医院，共造成 280 人死亡；随后电子显微镜显示 EBOV 粒子呈纤丝状。另外一次暴发在苏丹西南部，暴发中心在一个离扎伊尔边境很近的小镇——Yambuku 村东北 500 英里[①]处，导致 151 人丧生。EBOV 分为 5 个亚型：扎伊尔型 (Zaire ebola virus，ZEBOV)；苏丹型（Sudan ebola virus，SEBOV）；塔衣森林型（Taï Forest viruses，TAFV)，又称科特迪瓦型或象牙海岸型；本迪布焦型（Bundibugyo ebola virus，BEBOV），又称乌干达型；以及雷斯顿型（Reston ebola virus，RESTV）。前 4 种 EBOV 都有感染人类并导致类似临床症状的报道，目前仅在非洲发现，它们毒力不同，所致疾病的病程进展也各不相同，病死率为 25%～90%，其中扎伊尔型对人的致病性最强，苏丹型、本迪布焦型、塔伊森林型对黑猩猩的致病性强。对人致病性较弱的雷斯顿型曾在菲律宾的猕猴暴发疫情中发现，也曾在美国和意大利从菲律宾进口的猕猴中发现。我国将 EBOV 列为“第一类”病原，病毒培养等活动需要 BSL-4 实验室。

EBOV 基因组为单股负链 RNA，长 19kb，由 3′端约 60bp 前导序列、NP、VP35、VP40、GP、VP30、VP24、L 及 5′端的非翻译区组成。每个基因都包含一个可读框，分别编码核蛋白（NP）、病毒蛋白（VP35）、基质蛋白（VP40）、囊膜糖蛋白（GP）、病毒蛋白（VP30）、基质蛋白（VP24）及 RNA 依赖的 RNA 聚合酶（L）。GP 具有三个重叠的可读框，除 GP 蛋白外，还翻译可溶性糖蛋白 sGP 和小可溶性糖蛋白 ssGP。GP 为跨膜蛋白，裂解后产生 2 个亚基 GP1 和 GP2 并形成三聚刺突，负责病毒入侵。sGP 和 ssGP 与跨膜 GP 约有 300 个氨基酸相同，经过相同的基因转录编辑过程，与 EBOV 细胞毒性有关（Rougeron et al.，2015）。

狐蝠科的果蝠（*Pteropodid fruit bats*）是 EBOV 的自然宿主，但是具体的传播循环途径尚不清楚。EBOV 可通过破损的黏膜、皮肤伤口侵入人体。患者常在感染 8～10d 后突然出现症状。发病初期表现为高烧、寒战和全身不适等非特异性症状，部分患者皮肤上会出现弥漫性红斑或丘疹、胃肠道症状，随着病情的发展可出现全身出血和器官衰竭，最终死亡。

埃博拉出血热自 1976 年在刚果民主共和国暴发以来，随后在苏丹、刚果共和国［简称刚果（布）］、加蓬、乌干达等非洲国家均有暴发，成为最致命的病原体之一。到

① 1 英里（mi）=1.609 344km

目前为止，埃博拉疫情最大规模的暴发为2014～2016年的西非大暴发，病例最先出现在几内亚，随后扩散至利比亚、塞拉利昂、尼日利亚和塞内加尔等地区，共计2.8万人感染，1.1万人死亡。2017～2018年，刚果民主共和国先后又暴发2次疫情，截至2019年8月，疫情仍未解除。

抗EBOV药物和疫苗的研制近年取得巨大进展。重组病毒型EBOV疫苗，尤其是rVSV-ZEBOV安全性较好，诱导的免疫反应响应快、水平高、持续较久，在西非人群中证明了其较好的保护效果，同时还可以作为治疗性疫苗在接触EBOV后使用。抗EBOV药物的研发主要针对：病毒进入抑制剂、RNA依赖的RNA聚合酶抑制剂、广谱抗病毒药物及单克隆抗体等。其中ZMapp属于抗体药物，是通过转基因方法将来自感染EBOV动物体内的抗体基因转入烟草属植物中获得的单克隆抗体，已被FDA批准用于埃博拉出血热的治疗。

（二）马尔堡病毒

马尔堡病毒（Marburg virus，MARV）属于丝状病毒科马尔堡病毒属。1967年8月德国马尔堡和法兰克福以及南斯拉夫的贝尔格莱德因输入受感染乌干达绿猴而暴发未知疾病，共有31人发病，其中25例为原发感染病例，6例为继发感染病例，共死亡7例，这些患者大多数是接触过这种猴子的新鲜组织或原代细胞培养物。随后3个月里，科学家对患者的血液和组织细胞进行了培养，分离出一种以前未曾见过的丝状病毒，命名为MARV。我国将MARV列为“第一类”病原，病毒培养等活动需要BSL-4实验室。

MARV基因组大小及其编码序列、自然宿主、传播途径、致病机制和患者的临床症状均与EBOV类似，但是在导致疾病的严重程度和致死率方面有所不同。马尔堡出血热（Marburg hemorrhagic fever，MHF）的流行主要局限于中非热带雨林地区和东南非洲大陆，如扎伊尔、苏丹、刚果民主共和国、安哥拉、乌干达、加蓬，其他国家的病例基本上都是输入性病例或实验室感染病例。1975～1985年，MHF仅在非洲大陆零星暴发，起初因为它的致死率低于埃博拉，并未引起大众关注。至今为止MHF发生了两次大暴发，分别是：1998～2000年，在刚果民主共和国（DRC）共有154例发病，128例死亡，病死率为83%；2004～2005年，在安哥拉共有374例发病，329例死亡，病死率高达88%。人类重新认识到了MARV的危险性（Esposito et al.，2017）。

六、副黏病毒

单负链RNA病毒目副黏病毒科（*Paramyxoviridae*）包括正副黏病毒亚科（*Orthoparamyxovirinae*）和腮腺炎病毒亚科（*Rubulavirinae*）。正副黏病毒亚科又分呼吸道病毒属（*Respirovirus*）、亨尼巴病毒属（*Henipavirus*）等8个属。

（一）尼巴病毒

尼巴病毒（Nipah virus，NiV）属于副黏病毒科亨尼巴病毒属。1998年，NiV引起的发热性脑炎在马来西亚一个养猪场的猪群和工人中首次暴发。1999年，从马来西亚一名脑炎患者脑脊液中分离到病毒，并因患者所住的村庄Nipah而得名。自2001年起，孟加拉国和印度几乎每年都会暴发疫情。菲律宾等也有报道。我国将 NiV 列为“第一类”病原，病毒培养等活动需要 BSL-4 实验室。

NiV 分为 MY（马来西亚）和 BD（孟加拉）两个基因型，MY 型基因组大小为 18 246nt，BD 型基因组大小为 18 252nt，两者核苷酸序列一致性为 92%。NiV 具有囊膜，核衣壳呈螺旋状，由囊膜包裹，形成球形或多形病毒颗粒。在受感染的细胞中，NiV 在内质网膜附近形成罕见的胞质环形网状包涵体。NiV 基因组为不分节段的单股负链 RNA，从 3′ 端到 5′ 端依次编码 6 个蛋白质：核衣壳蛋白（N）、磷蛋白（P）、基质蛋白（M）、融合蛋白（F）、囊膜糖蛋白（G）和聚合酶蛋白（L）。每个基因编码序列的两翼均存在含有一个基因起始序列和一个基因终止序列的非翻译区。NiV 基因组 3′ 端和 5′ 端的 12 个核苷酸可以互补，在副黏病毒中高度保守，含有复制和转录的启动子元件。NiV 细胞受体是 Ephrin-B2/B3，受体基因在所有哺乳动物中均高度保守（Ang et al.，2018）。

狐蝠科的果蝠是 NiV 的自然宿主。NiV 可以感染猪、马、狗、猫和人。猪感染后，病毒血症持续时间长，并可通过呼吸道、尿液、粪便、唾液等途径排毒。马来西亚 NiV 感染者绝大部分都是和猪有密切接触的猪场工作人员。孟加拉国 NiV 感染者多是因为饮用了被果蝠污染的椰枣树汁或食用了被果蝠啃食过的水果。也曾报道 NiV 人际传播。NiV 潜伏期约 2 周，随后出现发热、头痛、头晕、嗜睡、呕吐等症状。一些患者出现意识减退和脑干机能障碍，表现为反射消失、肌张力减退、瞳孔反射异常、心动过速。部分患者还出现咳嗽、非典型肺炎、急性呼吸窘迫综合征。MY 型病毒感染者病死率为 32%～41%，BD 型病毒感染者病死率约 70%。NiV 可在 Vero 等细胞中增殖，出现细胞融合等典型的致细胞病变特征。仓鼠、雪貂和非洲绿猴均对 NiV 易感并表现出呼吸系统和神经疾病症状。

目前尚无针对 NiV 的人用疫苗，表达 NiV G 蛋白的水泡性口炎活病毒载体疫苗有望进入临床。单克隆抗体 m102.4 已被用于一位美国 NiV 高危职业暴露者的应急免疫。

（二）亨德拉病毒

亨德拉病毒（Hendra virus，HeV）同属于亨尼巴病毒属。1994 年在澳大利亚东岸昆士兰省首府布里斯班尼近郊亨德拉镇的一个赛马场，发生了严重的呼吸性或神经性疾病，14 匹赛马和 1 人死亡，后分离出病原并命名为亨德拉病毒。果蝠是其自然宿主，除了感染马和人外，也可感染猪。目前尚未发现 HeV 人际传播的证据。患者病死率为 30%～60%。我国将 NiV 列为“第一类”病原，病毒培养等活动需要 BSL-4 实验室。

HeV 和 NiV 基因组序列有 80% 的同源性。HeV 和 NiV 感染者血清有交叉中和活性，但滴度相差 8～16 倍。NiV 囊膜的表面突起是单层的，而 HeV 则具有双层表面突起。HeV 和 NiV 在 Vero 细胞增殖均可诱导细胞融合，但 HeV 形成的合胞体比 NiV 要小。

可溶性 HeV G 蛋白（sG）亚单位疫苗已在澳大利亚用于免疫马匹，有效阻止了 HeV 从蝙蝠传到马并进而从马传到人，该疫苗具有人用的潜在可能。针对 HeV G 蛋白的单克隆抗体 m102.4 已被用于高危职业暴露者的应急免疫，其中 10 人为澳大利亚 HeV 暴露者。

七、疱疹病毒

疱疹病毒目（*Herpesvirales*）是一群较大的有囊膜的双链DNA病毒，分3个科：包括哺乳动物、鸟类和爬行类疱疹病毒的疱疹病毒科（*Herpesviridae*）；包括鱼和蛙类疱疹病毒的异疱疹病毒科（*Allo herpesviridae*）；软体动物疱疹病毒科（*Malacoherpesviridae*）。疱疹病毒科又分α、β、γ 3个亚科。下面仅以猿疱疹病毒进行介绍。

猿疱疹病毒（herpesvirus simiae）是有囊膜的双链DNA病毒，属于疱疹病毒科α疱疹病毒亚科单纯疱疹病毒属（*Simplexvirus*），于1932年被发现。一名医务人员在做实验时被恒河猴咬伤手指。3d后，手指红肿，很快出现发热和全身疼痛，最后发展为脑脊髓炎，15d后死于呼吸衰竭。在其神经组织中发现了一种人类未见的疱疹病毒，根据患者姓氏首字母B命名为B病毒（B virus），又称猴疱疹病毒1型（macacine herpesvirus 1，MaHV1）。

猿猴感染B病毒，就像人类感染单纯疱疹病毒1型一样，仅引起口唇疱疹或没有临床症状，但可以持续分泌病毒。但人类感染B病毒，却可以进入中枢神经系统，引起急性上行性麻痹和脑脊髓炎，病死率高达80%。我国将其列为“第一类”病原，病毒培养等活动需要BSL-3实验室。

目前尚无疫苗，若被猿猴类抓伤或咬伤，应立即清洗伤口，并服用抗疱疹药物。

小　　结

生物安全是国家安全的重要组成部分。国家对实验室生物安全实行分级管理，将防护水平分为一级、二级、三级、四级，一级防护水平最低，四级防护水平最高。生物安全三级和四级实验室统称为高等级生物安全实验室。国家对病原微生物实行分类管理，将危害程度分为一类、二类、三类、四类，一类危害程度最高，四类危害程度最低。第一和第二类病原微生物统称为高致病性病原微生物。

本章重点介绍的烈性病毒为第一类病原微生物，包括：① 布尼亚病毒目沙粒病毒科，如胡宁病毒（鸠宁病毒）、马秋波病毒等；② 布尼亚病毒目内罗病毒科，如克里米亚-刚果出血热病毒（新疆出血热病毒）；③ 黄病毒科，如黄热病毒、蜱传脑炎病毒、鄂木斯克出血热病毒、科萨诺尔森林病病毒等；④ 披膜病毒科，如东方马脑炎病毒、西方马脑炎病毒、委内瑞拉马脑炎病毒；⑤ 痘病毒科，如天花病毒、类天花病毒、猴痘病毒；⑥ 丝状病毒科，如埃博拉病毒、马尔堡病毒；⑦ 副黏病毒科，如尼巴病毒、亨德拉病毒；⑧ 疱疹病毒科，如猿疱疹病毒（猴疱疹病毒1型，又称B病毒）。

烈性病毒研究需要在高等级生物安全实验室进行。随着病毒分子生物学的发展以及对致病机制研究的突破，必将带来抗病毒药物和疫苗的技术发展与产品创新。

复习思考题

1. 国家如何对病原微生物实验室生物安全进行管理？病原微生物分类和实验室分级有何意义？实验室使用新技术、新方法从事高致病性病原微生物实验活动，需要注意哪些问题？

2. 蚊、蜱在黄病毒和披膜病毒的传播和致病过程中发挥了什么作用？有人认为蜱传病毒的致病性比蚊传病毒要高，你的看法如何？为什么？

3. 关于埃博拉病毒和尼巴病毒的基础研究，有什么重要科学问题亟待解决？基础科学的突破又如何指导临床防治研究的进展？

4. 你认为天花病毒是否应该彻底销毁？为什么？

5. 你认为 SARS 病毒有没有可能卷土重来？为什么？

（肖庚富　袁志明　夏　菡）

参 考 文 献

Ang BSP, Lim TCC, Wang L. 2018. Nipah virus infection. J Clin Microbiol, 56: e01875-17.

Damon IK. 2013. Poxviruses. *In*: Knipe DM，Howley PM. Fields Virology. Philadephia, PA: Lippincott, Williams & Wilkins: 2160-2184.

Damon IK, Kline R, Laker M, et al. 2006. Genome sequence diversity and clues to the evolution of variola (smallpox) virus. Science, 313:807-812.

Frolov I, Kim DY, Akhrymuk M, et al. 2017. Hypervariable domain of Eastern equine encephalitis virus nsP3 redundantly utilizes multiple cellular proteins for replication complex assembly. J Virol，91: e00371-17.

Griffin DE. 2013. Alphaviruses. *In*: Knipe DM, Howley PM. Fields Virology. Philadephia, PA: Lippincott, Williams & Wilkins: 2013: 651-686.

Huang C, Kolokoltsova OA, Mateer EJ, et al. 2017. Highly pathogenic New World arenavirus infection activates the pattern recognition receptor protein kinase R without attenuating virus replication in human cells. J Virol, 91: e01090-17.

Klitting R, Gould EA, Paupy C, et al. 2018. What does the future hold for yellow fever virus? (I). Genes，9: E291.

Pulkkinen LIA, Butcher SJ, Anastasina M. 2018. Tick-borne encephalitis virus: a structural view. Viruses, 10: E350.

Radoshitzky SR, Abraham J, Spiropoulou CF, et al. 2007. Transferrin receptor 1 is a cellular receptor for New World haemorrhagic fever arenaviruses. Nature, 446: 2-96.

Rougeron V, Feldmann H, Grard G, et al. 2015. Ebola and Marburg haemorrhagic fever. J Clin Virol, 64: 111-119.

Shah SZ, Jabbar B, Ahmed N, et al. 2018. Epidemiology, pathogenesis, and control of a tick-borne disease-Kyasanur Forest disease: current status and future directions. Front Cell Infect Microbiol, 8: 149.

Wang J , Zhang H, Fu S, et al. 2009. Isolation of kyasanur forest disease virus from febrile patient, Yunnan, China. Emerg Infect Dis, 15:326-328.

Werner S. 2017. Filovirus Research: How it Began. In: Muhlberger E, Hensley LL, Towner JS. Marburg-and Ebolaviruses. Heide lberg, West Berlin: Springer International Publishing.

Zhang Q, Li N, Deng C, et al. 2019. Trans complementation of replication-defective Omsk Hemorrhagic fever virus for antiviral study. Virol Sin, 34:412-422.

Zivcec M, Scholte FE, Spiropoulou CF, et al. 2016. Molecular insights into Crimean-Congo hemorrhagic fever virus. Viruses, 8:106.

第16章 Chapter Sixteen

非传统病毒

传统病毒的病毒颗粒一般小于200μm，由核酸和蛋白质等组装而成，往往依赖于宿主进行复制。非传统病毒是指不同于传统病毒却具有感染力的物质。非传统病毒分为三大类，第一类病毒组成和复制方式与传统病毒相似但病毒颗粒大于200μm；第二类由核酸组成但依赖于辅助病毒才能复制；第三类不形成病毒颗粒，而是具有感染力的核酸或蛋白质成分。非传统病毒主要包括类病毒、朊病毒、巨型病毒、内源性病毒、卫星等。本章重点对类病毒、朊病毒、巨型病毒、内源性病毒加以介绍，卫星参见第2章。

第一节　类　病　毒

一、基本简介

类病毒是类病毒界、类病毒科的成员，构成该科的类病毒有32种。根据类病毒核酸的一级、二级结构，类病毒复制模式和复制的亚细胞定位，这32种类病毒可以分为2科8属，即马铃薯纺锤形块茎类病毒科（*Pospiviroidae*）和鳄梨日斑类病毒科（*Avsunviroidae*）（表16-1）。类病毒是小环状核糖核酸（RNA）病原，能够感染多种重要经济作物。这种病原本身不编码蛋白质，但是可以通过自身特异的RNA结构和宿主因子相互作用，在保证自身复制、传播和克服宿主防御反应的同时引起宿主基因表达的改变而致病。虽然类病毒主要感染植物，但是在人类和植物细胞中存在近亲，如人类乙肝病毒（hepatitis B virus，HBV）的卫星病毒丁肝病毒（hepatitis delta virus，HDV）和植物体细胞内的逆转录类病毒（retroviroid）。由于类病毒感染导致重要的经济作物减产，因此对于它的研究主要集中在如何防治上。此外，对于类病毒的研究也导致了一些核酸生物学重要原理的发现：① 非编码不翻译的核酸可以导致疾病的发生（Diener，2017）；② 核酸介导的脱氧核糖核酸的全新甲基化等（Wassenegger et al.，1994）。

表16-1　类病毒的分类

科	属	代表种	核苷酸长度/nt
马铃薯纺锤形块茎类病毒科（*Pospiviroidae*）	马铃薯纺锤形块茎类病毒属（*Pospiviroid*）	马铃薯纺锤形块茎类病毒（*Potato spindle tuber viroid*）	356～361

续表

科	属	代表种	核苷酸长度 /nt
马铃薯纺锤形块茎类病毒科 （*Pospiviroidae*）	啤酒花矮化类病毒属 （*Hostuviroid*）	啤酒花矮化类病毒 （*Hop stunt viroid*）	294～303
	椰子死亡类病毒属 （*Cocadviroid*）	椰子死亡类病毒 （*Coconut cadang-cadang viroid*）	246～297
	苹果锈果类病毒属 （*Apscaviroid*）	苹果锈果类病毒 （*Apple scar skin viroid*）	329～334
	锦紫苏类病毒属 （*Coleviroid*）	锦紫苏类病毒 1 （*Coleus blumei viroid 1*）	248～251
鳄梨日斑类病毒科 （*Avsunviroidae*）	鳄梨日斑类病毒属 （*Avsunviroid*）	鳄梨日斑类病毒 （*Avocado sunblotch viroid*）	246～251
	桃潜花叶类病毒属 （*Pelamoviroid*）	桃潜花叶类病毒 （*Peach latent mosaic viroid*）	335～351
	茄潜类病毒属 （*Elaviroid*）	茄潜类病毒 （*Eggplant latent viroid*）	332～335

二、病毒特征

类病毒一般由 246～467 个核苷酸共价闭合组成环状单链核糖核酸，分子质量一般在（0.5～1.2）× 10^5Da，其中部分碱基配对构成双链区，而不配对单链环状区域穿插其间（图 16-1）。类病毒的核酸裸露，呈棒状结构，无衣壳蛋白，缺少信使核糖核酸（mRNA）酶活性。类病毒的活性不受紫外线、蛋白酶和脱氧核糖核酸酶的影响，但是对核糖核酸酶非常敏感。

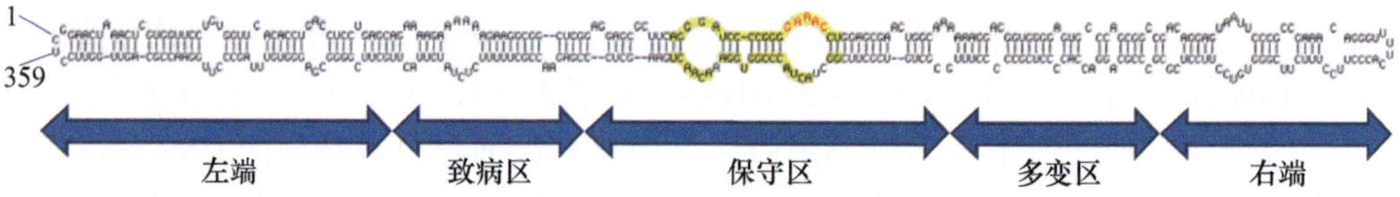

图 16-1　类病毒一级结构模式图（Daros et al.，2006）

三、研究历史

早在 20 世纪 20 年代，马铃薯纺锤块茎病（potato spindle tuber disease）就在美国纽约州和新泽西州的农田被发现。造成马铃薯纺锤块茎病的类病毒由美国农业部的植物病理学家 Theodor Otto Diener 及同事于 1971 年首次鉴定并报道。随后的研究发现类病毒不形成病毒颗粒、不具有抗原性、对酚等有机溶剂不敏感、耐热（70～75℃）、对高速离心稳定（说明其分子质量小），但是对 RNA 酶敏感。

1976 年 Sänger 等认为类病毒是棒状的单链共价闭环的核酸分子（Sanger et al.，1976），1978 年 Gross 等完成了马铃薯纺锤块茎病类病毒的测序（Gross et al.，1978）。

四、致病机制

和大多数植物病毒一样，类病毒感染的主要模式是通过植物表面的机械损伤如蚜虫的刺吸完成的。此外，也可以通过花粉和种子进行垂直传播。类病毒感染的植物症状可以几乎不被察觉，也可以非常明显，如植株变形、生长发育严重受阻等。此外，症状的严重程度受环境影响较大并且在感染的过程中可以改变。类病毒可以在细胞核或叶绿体中利用宿主编码的脱氧核糖核酸依赖的核糖核酸聚合酶进行滚环式复制。类病毒也可以通过和宿主编码的蛋白质相互作用从而穿过胞间连丝（plasmodesmata）在植物体内进行系统性的穿梭。类病毒特异的小干扰核糖核酸（siRNA）可以结合宿主因子形成 RNA 诱导沉默复合体（RISC）进而定位到宿主的 mRNA，降解宿主 RNA 或抑制宿主基因的表达。类病毒也可以通过引起植物基因序列的甲基化从而导致宿主基因转录的失活。

五、进化意义

类病毒的发现使人类对生命体微观尺度的认知发生了第三次改变（类病毒的大小是病毒颗粒的 1/80）。鉴于类病毒的独特性，Diener 于 1989 提出，相对于内含子（intron）或其他 RNA 而言，类病毒更可能是在细胞产生前 RNA 世界中的活化石（living relic）。

第二节 朊 病 毒

一、基本简介

朊病毒病（prion disease），也称传染性海绵状脑病（transmissible spongiform encephalopathy，TSE），是由朊病毒（prion 或 PrP^{SC}）感染引起的人和动物的致死性神经退行性疾病。典型的朊病毒病包括人的克雅氏病（Creutzfeldt-Jakob disease，CJD）、吉斯特曼斯特劳斯综合征（Gerstmann-Straüssler-Scheinker syndrome，GSS）、致死性家族性失眠症（fatal familial insomnia，FFI）、散发型致死性失眠症（sporadic fatal insomnia，SFI）、库鲁病（Kuru）、变异型克雅氏病（new variant Creutzfeldt-Jakob disease，vCJD），牛传染性海绵状脑病（bovine spongiform encephalopathy，BSE）又称疯牛病（mad cow disease）和羊瘙痒病（scrapie）等。

人类朊病毒病的发病率非常低，每年仅 1～3 例 / 百万人。根据疾病发生途径的差异，朊病毒病可分为散发型（sporadic）、遗传型（genetic）和感染型（infectious）三大类。其中遗传型朊病毒病是指由人或动物本身编码细胞型朊病毒蛋白（cellular prion protein，PrP^{C}）的基因（*PRNP*）存在致病性突变引起的，发病率占比为 10%～15%；传染型朊病毒病是指由含朊病毒的物品感染所致，发生率占比低于 1%；散发型朊病毒病是指病原不明确的朊病毒病，发生率占比约 85%。

二、朊病毒及其底物朊病毒蛋白的特征

（一）朊病毒和朊病毒蛋白

引起动物和人类朊病毒病的病原为朊病毒，由 Prusiner 于 1982 年命名，本意是指传染性蛋白质颗粒（proteinaceous infectious particle）。纯化的朊病毒中检测不到足够量或足够长的能编码遗传信息的核酸。病毒颗粒为 10～50nm。但是经电镜负染出显现

的羊瘙痒相关纤维（scrapie associated fibril，SAF）为棒状，大小在（10～250）nm×（100～200）nm。构成朊病毒的主要成分是蛋白质聚集体（Prusiner，1998），可能含有少量的脂类或糖类（Caughey and Baron，2006）。朊病毒感染主要引起中枢神经系统神经细胞的死亡，致死性感染的必要条件是中枢神经系统神经细胞表达细胞型朊病毒蛋白，这是一个和朊病毒具有相同氨基酸序列但有不同二级构象的蛋白质。朊病毒不溶于水且对蛋白酶K具有部分抗性。被蛋白酶有限消化的朊病毒表现为27～30kDa的具有糖基化的蛋白，称为PrP27-30（图16-2）。研究发现损伤核酸的方法（如脱氧核糖核酸酶、核酸酶、紫外线或放射性照射等）或常见的消毒方法（如高温、乙醇处理等）都不能有效地消除朊病毒的感染性，揭示朊病毒的感染不依赖于核酸。但是能够引起蛋白质变性、水解或改变蛋白质构象的修饰，均可以极大地降低朊病毒的感染性，提示朊病毒感染的感染源是蛋白质。朊病毒不溶于水并对蛋白酶K具有一定的抗性而朊病毒蛋白溶于水且易被蛋白酶K消化，这是区分朊病毒和朊病毒蛋白的重要生化手段（图16-2）。

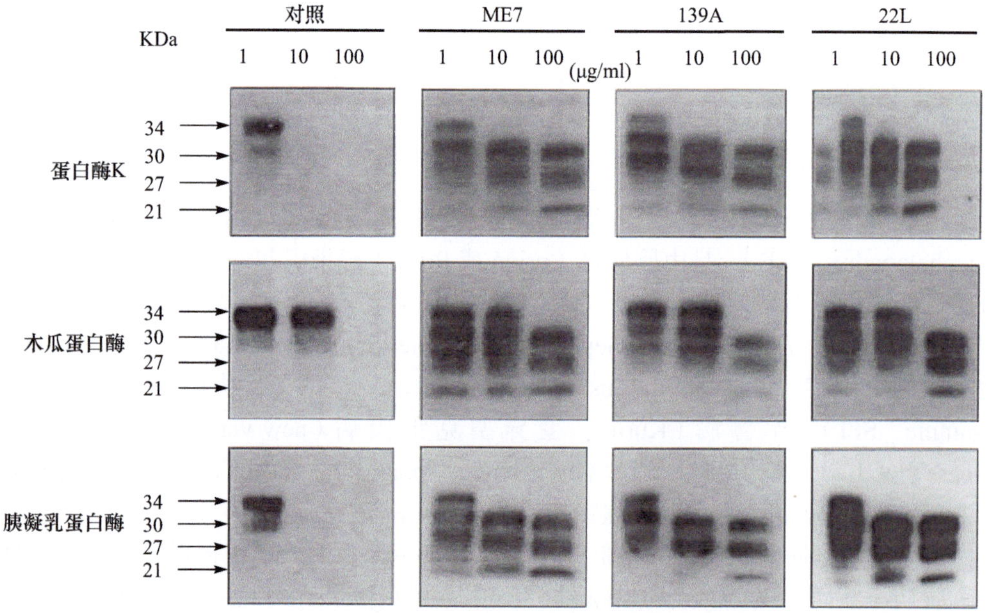

图16-2　细胞型朊病毒蛋白（PrP^{C}）和朊病毒（prion）的区分

虽然两者都是糖基化蛋白，但是前者对蛋白酶K敏感而后者（此处为三个不同的小鼠prion毒株：ME7、139A和22L）对蛋白酶K具有一定的抗性

（二）朊病毒蛋白基因及表达

编码人的朊病毒蛋白的基因*PRNP*位于人类染色体的20p13上（图16-3），而小鼠（*Mus musculus*）的*Prnp*基因位于鼠染色体2F2上。从进化的角度来看，朊病毒蛋白基因出现于所有的脊椎动物中，并在哺乳动物中高度保守。朊病毒蛋白在动物组织中广泛分布，尤其在中枢神经系统的神经元和心脏等部位高表达，在淋巴系统、消化道上皮和肌肉等部位有较低但可以被诱导的表达。目前朊病毒蛋白的组织特异性表

达的调控还不是很清楚。人 *PRNP* 基因的 5′ 端上游 1.2kb 的片段是主要的启动子区域，内含外显子Ⅰ和Ⅱ和内含子Ⅰ。主要的启动子活性在外显子Ⅰ和Ⅱ的 5' 端而在转录抑制活性区域位于内含子的 5′ 端。在启动子片段中发现了 p53、sp1、sp-3、MTF-1、ATF4、ΔATF6 等促进 *PRNP* 表达的转录因子结合区和抑制 *PRNP* 表达的转录因子 YY-1、Hes-1 和 Nrf-2 的结合区。

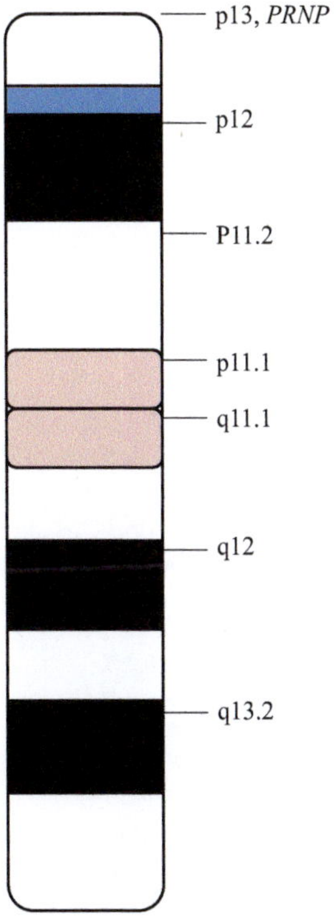

图 16-3 人的朊病毒蛋白基因 *PRNP* 位于 20p13

除了转录调控外，在大鼠脑神经细胞中有大约 70% 的 PrP 以信使核糖核酸（mRNA）形式和多核糖体（polysome）相结合，提示朊病毒蛋白极可能存在翻译的调控。这一现象也提示朊病毒蛋白的快速表达可能是维持大鼠脑功能的重要前提条件之一。

（三）朊病毒蛋白的生物学合成及功能

朊病毒蛋白的生物合成较为复杂，该蛋白首先被翻译成前-原-朊病毒蛋白（pre-pro-PrP）。其氨基端的信号肽引导蛋白质进入内质网（endoplasmic reticulum，ER）的效率不高；在该蛋白的羧基端还有一个糖基磷脂酰肌醇锚（glycosyl phospatidyl inositol anchor，GPI anchor）信号肽。氨基端的信号肽进入内质网后被切除从而形成原-朊病毒蛋白（pro-PrP），而羧基端的信号肽在内质网中被糖基磷脂酰肌醇锚生物合成酶识别后被置换成糖基磷脂酰肌醇锚，这样才成为糖基磷脂酰肌醇锚修饰的朊病毒蛋白。除蛋白质羧基和氨基端的信号肽需要被切除外，朊病毒蛋白在内质网中可能形成分子内二硫键及被 *N*-糖基修饰。简单型 *N*-糖基发生在内质网中，但是复杂型糖基化发生在高尔基体内。完成翻译后修饰的朊病毒蛋白最终经由高尔基外侧网络分泌到细胞膜外表面并利用糖基磷脂酰肌醇锚定位于脂筏中，这样成熟的细胞型朊病毒蛋白才真正形成（图 16-4）。

朊病毒蛋白序列分为无序的氨基端和球状结构的羧基端。氨基端的前 5 个氨基酸 KKRPK［赖氨酸（lysine，K）、精氨酸（arginine，R）、脯氨酸（proline，P）］是结合糖胺聚糖（glycosaminoglycan，GAG）的主要位点并参与细胞的移动。在氨基端还存在 8 肽重复序列（octapeptide repeat，OR），这段氨基酸的主要功能是参与铜离子等金属离子的结合并将其转运到细胞内。氨基端也存在一段序列相当保守的疏水区，这段序列被证明具有神经细胞毒性。具有球形结构的朊病毒蛋白的羧基端是朊病毒种属屏障的决定区域。朊病毒蛋白还存在多个酶切位点，常见的如 calpain 造成的 β-切割，发生在 90-91 位氨基酸之间；由 ADAM8\10\17 引起的 α-切割发生在 110-111 位氨基酸之间（图 16-5）。目前，在细胞表面的朊病毒蛋白进行这些切割的生理学意义还不是很清楚。

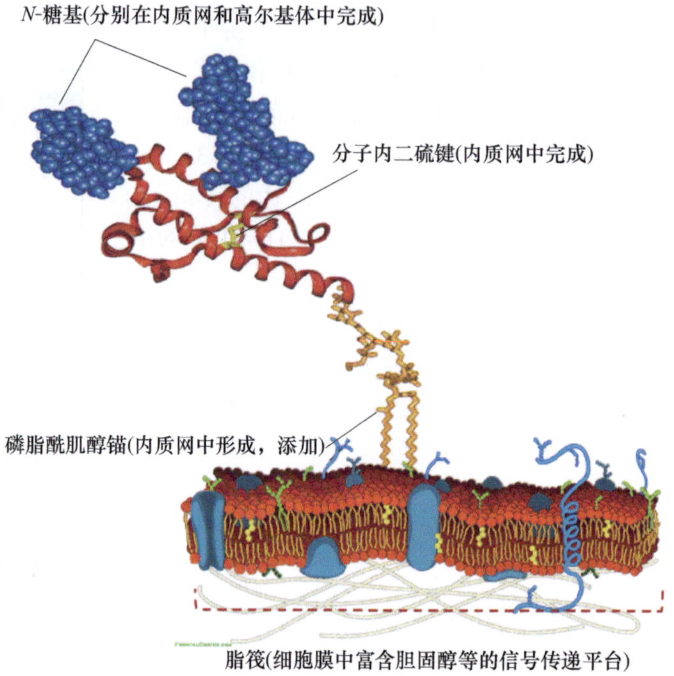

图 16-4 细胞型朊病毒蛋白通过磷脂酰肌醇锚附着在细胞膜表面的脂筏中

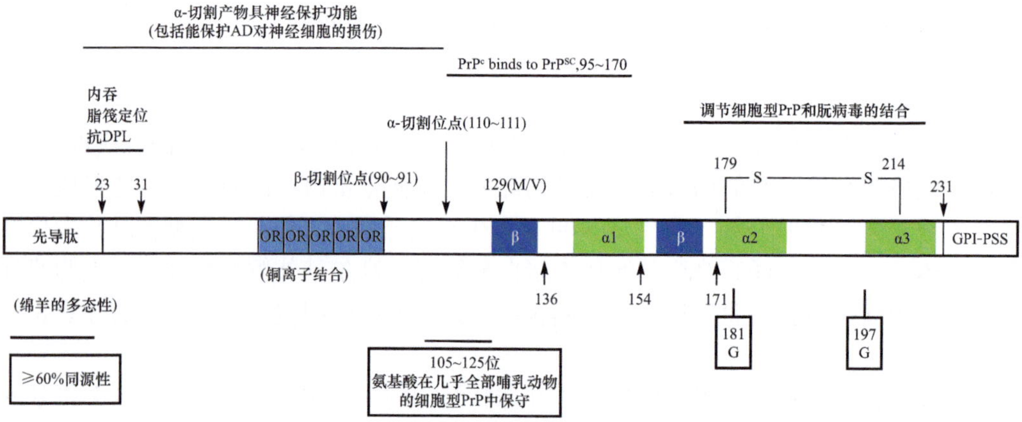

图 16-5 人朊病毒蛋白的重要功能域

细胞型朊病毒蛋白的具体生理功能目前并没有确定，但有研究表明该蛋白参与了细胞的多种生理过程，包括细胞的迁移和黏附、细胞的程序性死亡等。值得注意的是，近年来的研究表明，在多种肿瘤中都存在朊病毒蛋白的高表达，并且和患者的预后相关联（Li et al.，2009）。细胞型朊病毒蛋白是整合素黏连复合体中的成分（Horton et al.，2015），虽然 *prnp* 敲除的小鼠没有明显的生长发育缺陷，但 *prnp* 敲除的斑马鱼（*Danio rerio*）却表现出由于细胞迁移缺陷导致的胚胎死亡（Malaga-Trillo et al.，2009）。研究表明，朊病毒本身并没有明显的细胞毒性，朊病毒感染 *prnp* 敲除的小鼠并不引起小鼠的朊病毒病，也不引起干扰素的表达（Bueler et al.，1993）。只有当小鼠中枢神经细胞表达细胞型朊病毒蛋白时，朊病毒才引起小鼠神经退行性病变。在这个过程中，朊病毒诱导细胞型朊病毒蛋白发生构象变化，由 α 螺旋为主的细胞型朊病毒蛋白转变为以 β 折叠为主的朊病毒，从而导致了神经细胞的死亡（图 16-6），但是具体的机制仍然不明确。此外，朊病毒具有明显的种属屏障和毒株差异性，即不同种属的动物感染朊病毒后，潜伏期长短、临床表现、朊病毒生化特点等均不相同。

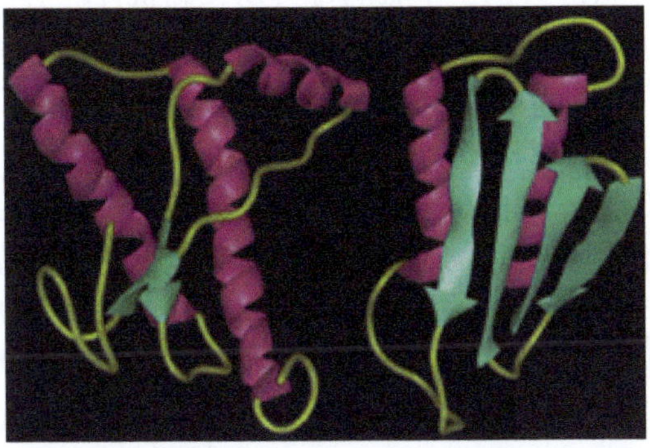

图 16-6 细胞型朊病毒蛋白（左）主要以 α 螺旋为主，而朊病毒（右）据推测主要以 β 折叠为主

三、动物及人类朊病毒疾病概况

（一）动物传染性朊病毒疾病

1. 牛传染性海绵状脑病

引起疯牛病的最早病毒来源目前仍然不确定，散发型或遗传型朊病毒进入肉骨粉可能是导致疯牛病发生的原因（Capobianco et al.，2007）。世界上第一例疯牛病于 1985 年发生在英国，由于其能传染到人而引起了极大的恐慌（Wells et al.，1987）。到目前为止，全世界共发生疯牛病近 20 万例，而感染的病牛估计超过 200 万头。

疯牛病的典型病理特征有中枢神经系统的海绵状空泡、朊病毒聚集体的沉积和星状胶质细胞的增生。该病的潜伏期为 2～5 年，病牛在临床症状出现后 2 周到 6 个月内死亡。流行病学研究表明病牛的牛奶、精液和胚胎等不具传染性。一般认为疯牛病不出现种内自然传播，但是病牛的后代更容易发生疯牛病。

除典型的疯牛病外，也存在非典型性疯牛病。该病不表现明显的疯牛病症状，往往在对倒地牛（指发病时牛已经倒地）进行病理检测时才能确诊。非典型性牛传染性海绵状脑病有 H-型和 L-型两个毒株。和典型性疯牛病病毒相比，在有限蛋白酶 K 消化的条件下，H-型毒株无糖基组分分子质量较高，而 L-型毒株的主要成分是单糖基修饰的，无糖基组分的分子质量较低。由 L-型病毒引起的非典型性疯牛病的脑中可以检测到淀粉样蛋白斑。

在英国流行疯牛病期间，引进到英国的一些牛科的反刍动物也被证实发生传染性海绵状脑病，但是这些患病动物的临床症状和疾病进程却明显不同于疯牛病。

牛朊病毒蛋白基因多态性，如 E211K 或 PRNP 上游启动子区的 23 个碱基对的突变和位于第一个内含子中 12 个碱基对的突变，对于疯牛病病毒的感染性有一定的影响。

2. 羊瘙痒病

最早于 1732 年在欧洲被发现和确诊的一类朊病毒病是羊瘙痒病。此病可以感染绵羊（*Ovis aries*）、山羊（*Capra aegagrus hircus*）等。自然状态下发病率可达 0.12%。羊瘙痒病的最初感染源也未知。该病因为不能传染人而长时间不被重视。

羊瘙痒病的典型病理特征包括星状胶质细胞增生、朊病毒聚集体沉积及中枢神经系统的海绵状空泡。临床表现为挠痒导致的皮肤损伤、抽搐性崩溃和唇动等；非典型的羊瘙痒病临床表现为共济失调。羊朊病毒可以在扁桃体、脾脏、淋巴系统、肌肉等组织和器官检测到，也可以在病羊的分泌物和排泄物中检测到，并因此导致羊朊病毒的水平传播。该病的年病死率为 3%～5%，在一些羊群中年死亡率甚至高达 20%。除水平传播外，羊朊病毒也可能存在垂直传播途径。

绵羊朊蛋白基因（*PRNP*）的多态性对羊瘙痒病的传播有一定影响，如 A136V 多态性易感但 Q171R 多态性则有很强的抗性。欧盟国家已经建立了基于绵羊朊病毒蛋白基因的三位点（A136V、R154H 和 Q171R）培育体系并于 2001 年开始培育有抗性基因的羊，其中 ARR/ARR 纯合子具有最高的抗羊瘙痒病的能力而不影响绵羊的产量、生长、繁殖和健康。类似地，山羊朊蛋白基因（*PRNP*）的多态性 I142M、H143R、N146S/D、R154H、R211Q 和 Q222K 也表现出对羊瘙痒病的抗性。

3. 大耳鹿慢性消耗病

大耳鹿慢性消耗病（chronic wasting disease，CWD）于 1967 年发现，但直到 1996 年才在加拿大被首先报道。目前，美国 14 个州、加拿大 2 个省和韩国都有大耳鹿慢性消耗病的报道。该病的发病率在鹿科（*Cervidae*）动物自然种群中为 0.1%～50%，甚至 100%。引起大耳鹿慢性消耗病的病原来源目前还不清楚。

大耳鹿慢性消耗病最重要的病理特征是在迷走神经背运动核出现神经空泡、星形细胞肥大和增生。大耳鹿慢性消耗病的潜伏期可达 16 个月到 5 年，出现症状的鹿往往在 1 年内死亡。自然感染的鹿种群中可能存在多种大耳鹿慢性消耗病的病毒。与羊瘙痒病一样，大耳鹿慢性消耗病可以水平转播，与病鹿接触或生活在鹿朊病毒污染的环境中，健康鹿如有口腔溃疡或鼻腔暴露在感染性的朊病毒气溶胶中时可明显增加感染性（Tamguney et al.，2009）。此外，病鹿还存在垂直传播的可能。虽然有实验证据表明鹿可以通过口腔途径感染大耳鹿慢性消耗病，但是自然种群中鹿的感染途径还不明确。目前的证据表明大耳鹿慢性消耗病病毒可以传染其他种类的鹿但不能自发传染给人类、牛和羊（Tamguney et al.，2009；Sigurdson and Miller，2003）。鹿的朊病毒蛋白基因（*PRNP*）的多态性 S96G、M132L 和 S225F 有较强的抵抗该病的能力，这是抗大耳鹿慢性消耗病的理论基础。

4. 传染性水貂脑病

传染性水貂脑病（transmissible mink encephalopathy，TME）于 1947 年在美国威斯康星州和明尼苏达州的圈养水貂（*Mustla vison/lutreola*）中确诊。除美国外，加拿大、芬兰、德国等也暴发过该病。引起该病的病原最早认为是羊瘙痒病病毒，但是 L-型牛朊病毒可能是真正元凶。此外，经典的牛朊病毒可以通过口腔传染给水貂，但是这种病毒感染引起水貂相对温和而非攻击性表型。病毒可以通过同类残食或水貂间相互撕咬而水平传播，但暴露在传染性水貂脑病污染的环境中不发生感染。该病目前没有母婴间垂直传播的报道。传染性水貂脑病通常在成年水貂中发生，暴发时死亡率高达 60%～90%，甚至 100%。自然发生的传染性水貂脑病潜伏期为 6～12 个月，感染的水貂在2～8周后死亡。患病水貂的早期临床表现为进食和吞咽困难，晚期出现强攻击性和共济失调等行为，且常将粪便排在窝中。

除种内传播外，条纹臭鼬（*Mephitis mephitis*）、雪貂（*Mustela pulourius furo*）、石貂（*Martes foina*）、羊、仓鼠（*Cricetidae*）和除人外的多种灵长类，如恒河猴（*Macaca mulatta*）均可被传染性水貂脑病病毒感染。用传染性水貂脑病病毒感染仓鼠的研究表明，该病毒至少分为嗜睡症（drowsy）株和亢奋症（hyper）株。

5. 猫海绵状传染性脑病

20世纪90年代开始发现家猫（*Felis catus*）和圈养的猫科动物中出现猫海绵状传染性脑病（feline spongiform encephalopathy，FSE）。报道表明100多只家猫和19只被圈养的野生猫科动物，如狮子（*Panthera leo*）和美洲虎（*Panthera onca*）等被感染。猫海绵状传染性脑病发生在两岁以上的猫科动物中。在临床症状出现后家猫于3～8周死亡，而猎豹在8～10周死亡（Sigurdson and Miller，2003）。大多数猫海绵状传染性脑病和疯牛病的发生在时间上高度重合，因此推测这些猫科动物由于食用了含有牛朊病毒的肉骨粉而致病。此外，圈养的猎豹可发生病毒的垂直传播；家猫也可能患上散发型朊病毒病，导致这例二分型猫海绵状传染性脑病的原因不明确。

（二）人类传染性朊病毒病

引起人类朊病毒病的病原依据毒株差异分为散发型克雅氏病病毒（M1、V1、M2、V2株）、散发型致死性失眠症病毒、家族性致死性失眠症病毒和两种吉斯特曼斯特劳斯综合征毒株（Piccardo et al.，2007）。此外，还存在能致病的对蛋白酶K敏感的朊病毒和淀粉样沉淀脑病朊病毒（Cronier et al.，2008）。目前报道的导致遗传性朊病毒的点突变有50多种，其中4种点突变导致的神经退行病变的临床表征类似阿尔茨海默病（Alzheimer disease，AD）（Ghetti et al.，1996）。导致遗传性朊病毒病的大多数突变发生在*PRNP*羧基端，但氨基端也有多种点突变或8肽重复区的缺失或插入突变也会导致朊病毒病。和*PRNP*点突变可能导致类阿尔茨海默病一样，位于第82位氨基酸附近的8肽重叠区的缺失也可能产生类似阿尔茨海默病的临床表现。人的传染性朊病毒病包括库鲁病、医源性克雅氏病和新变异型克雅氏病。

1. 库鲁病

最早一例库鲁病于1910年被报道发生在巴布亚新几内亚，造成该病重要原因是近亲相食（endocannibalism）的风俗。这个风俗在20世纪60年代被禁，其后发病率急速下降。零星库鲁病患者存活到2004年4月而长期无临床症状，可能是因为他们的PrP蛋白的第129位氨基酸为甲硫氨酸/缬氨酸杂合子。这种基因型具有较高的抗朊病毒感染的特点，也有可能是这种基因型对感染后临床症状的出现具有延迟作用，因此患者具有较长的感染潜伏期。

2. 医源性克雅氏病

1974年Duffy等报道了第一例医源性克雅氏病（iatrogenic CJD，iCJD）（Duffy et al.，1974）。器官供体（如人类生长激素和血液制品）或医疗器械（如用于移植的角膜、电极插片）被朊病毒污染可导致医源性克雅氏病。传染源的确定导致人类生长激素生产的规范化及医学器械消毒方式的革新，并引起该病的发生率明显下降。全世界确诊的医源性克雅氏病患者到2016年底共有492例。

3. 新变异型克雅氏病

1996年在英国首次确认新变异型克雅氏病（new variant CJD，nvCJD）发生。截至2015年12月，该病全世界共报道228例，其中英国177例，其他11个国家51例。该病在2000年处于发病高峰期，共报道28例，随后发病率下降。2012年与2013年，每年各发生1例。引起新变异型克雅氏病的主要原因是食用了被疯牛病病毒污染的牛肉；另有4例因输血而引发的新变异型克雅氏病。

早期新变异型克雅氏病患者临床表现为持续6个月左右的精神症状，如抑郁、焦虑不安；晚期患者临床表现出快速神经症状，如共济失调等（Zeidler et al.，1997a）。新变异型克雅氏病患者的死亡年龄中位数相较于散发型克雅氏病明显下降，但临床症状出现后患者平均可存活14个月，远高于散发型克雅氏病患者的4个月。

人朊病毒蛋白第129位氨基酸的多态性极大地影响其对朊病毒的易感性，易感性从高到低是129甲硫氨酸纯合子>129甲硫氨酸/缬氨酸杂合子>129缬氨酸纯合子。目前只有一例因输血导致的非典型新变异型克雅氏病患者的朊蛋白是129甲硫氨酸/缬氨酸杂合子，而其他新变异型克雅氏病的患者的朊蛋白都是129甲硫氨酸纯合子。大样本量测序表明欧美高加索人种朊蛋白的129甲硫氨酸纯合子比例为42%，而新变异型克雅氏病患者朊蛋白的129甲硫氨酸纯合子比例接近100%，这个结果表明129甲硫氨酸纯合子对朊病毒易感。除典型的新变异型克雅氏病外，也存在潜伏期很长的非典型新变异型克雅氏病。原因在于朊病毒蛋白的129甲硫氨酸/缬氨酸杂合子和129缬氨酸纯合子对朊病毒具有较强的抗性。这两种类型在欧美高加索人种中的比例分别为47%和11%。鉴于抗性的存在，这些非典型新变异型克雅氏病的患者存在较长时间的潜伏期。流行病学调查表明，无临床症状新变异型克雅氏病发生的比例高达49～692例/百万人（Frosh et al.，2004；Clewley et al.，2009）。虽然最近10年跟踪调查结果没有发现新的因输血导致的新变异型克雅氏病患者，但是输血导致新变异型克雅氏病仍然是值得关注的问题。

四、朊病毒诱导朊病毒蛋白构象变化的机制

（一）关于构象诱导存在两个假说

1. 单核催化假说

单核催化假说是指朊病毒单体作为模板通过和细胞型朊病毒蛋白直接相互作用，催化产生朊病毒，这个假说中的限速步骤是分子间的构象变化。

2. 成核催化假说

成核催化假说是指朊病毒寡聚体作为催化核心招募细胞型朊病毒蛋白并将其多聚化而诱导构象变化，这个假说的限速步骤是寡聚体的成核过程。目前的多数实验证据支持成核催化假说。

（二）朊病毒的种属屏障

朊病毒传染存在种属屏障，即某种朊病毒可以传给某些物种却不能传给另一些物

种。典型的例子是羊瘙痒病不能传给人，但是疯牛病可以传染给人而造成变异型克雅氏病。类似的，传染性水貂脑病病毒可以传给仓鼠但是不能传给小鼠（Marsh et al.，1969）。引起朊病毒种属屏障的最大原因目前认为在于细胞型朊病毒蛋白的一级结构，尤其是羧基端的序列，以及由此导致的构象差别。同时，朊病毒的变种和到现在仍然不明确的宿主因子（包括对细胞型朊病毒蛋白的翻译后修饰等）对于种属屏障的产生也很重要。

五、演化

（一）动物性朊病毒病不能在自然界中被消灭

禁用肉骨粉使全球动物性朊病毒病显著减少；禁止近亲相食控制了库鲁病；对于死亡患者的朊病毒排查，显著地减少了医源性克雅氏病。从动物性朊病毒病发生的历史来看，羊瘙痒病、大耳鹿慢性消耗性疾病和水貂传染性脑病首次发生的病原都不清楚。由于这些动物首次发生朊病毒病时都不存在含朊病毒肉骨粉作为饲料的可能性，因此朊病毒病的自然感染途径早已存在。例如，在美国，大耳鹿慢性消耗病在远离疫区的地方自然发生。朊病毒病的自然传播存在两种可能：① 黏附到土壤颗粒上的朊病毒可以保持多年的感染性且感染效率可能更高，因此散发型或遗传型朊病毒可能源于黏附在土壤颗粒上的朊病毒，自然环境中的这些朊病毒导致消灭动物性朊病毒疾病成为不可能；② 另一种可能性是新毒株的变异，虽然物种间传播屏障可以防止朊病毒的跨种传播，但是朊病毒可以传播到其他物种从而产生新毒株，这种新毒株有可能克服之前存在的种间屏障。例如，种间屏障导致朊病毒 X 不能从物种 A 传到 B，但是朊病毒 X 可以从物种 A 先传到物种 C 而形成朊病毒 Y，而朊病毒 Y 就可能从物种 C 传到物种 B。

（二）人类朊病毒病将伴随人类存在

目前典型的动物性朊病毒病传染途径被阻断，但非典型动物性朊病毒病仍可能传染人。例如，疯牛病病毒可以感染多种猫科动物及绵羊和山羊（Houston et al.，2000），和患病宠物的密切接触或食用被疯牛病病毒感染的羊肉都可能引起疯牛病。另外，在欧美国家进行的抗典型性羊瘙痒病培育羊可能导致非典型性羊瘙痒病毒感染的增加，而非典型性羊瘙痒病可突破种间屏障导致人的疯牛病。更重要的是，由于散发型克雅氏病和遗传型克雅氏病的存在，因此不可能消灭人类朊病毒病。事实上，目前人类传染性海绵状脑病在大多数发展中国家和不发达国家不能被准确鉴定，这些国家也可能发生医源性克雅氏病。此外，鉴于非典型性新变异型克雅氏病的存在，即使在发达国家仍然可能发生医源性克雅氏病的传染。由于中国汉族人群的朊病毒蛋白第 129 位氨基酸甲硫氨酸纯合子的比例高达 98%，新变异型克雅氏病对中国人群健康的潜在危害尤其值得关注。

除影响动物和人类健康外，朊病毒病的流行可造成巨大的生态危机。目前大耳鹿慢性消耗病在北美洲的野外有扩大趋势，而自然种群中患慢性消耗病的鹿更容易被美洲狮捕食，因此大耳鹿慢性消耗病可能使捕食者致病而引起地方性食物网的失衡及生态系统的破坏。

从确定肉骨粉是导致疯牛病发生的传染源开始，疯牛病经过数十年时间得到了有效控制。对于朊病毒的研究，已经有 Gajdusek 和 Prusiner 两位科学家获得了两次诺贝尔奖，但是其生物学本质还有许多未解之谜。同样，细胞型朊病毒蛋白的生理学功能仍然不明确。考虑到细胞型朊病毒蛋白在进化上的高度保守性、蛋白质翻译后修饰的复杂性、组织表达的多样性和表达的可诱导性，这个蛋白质的生理功能解析将对理解朊病毒的生物学本质并对阐明这种（类）神经退行疾病起决定性作用。最后，由朊病毒感染引起的细胞型朊病毒蛋白构象变化的机制目前仍然不清楚，对于这个科学问题的阐述将极大地提高人类对自然的认知！

卡尔顿·盖杜谢克（Carleton Gajdusek，1923～2008），美国科学家。因为发现库鲁病的病原体小于细菌、具有传染性且对蛋白酶敏感而获得 1976 年的诺贝尔生理学或医学奖。库鲁病是发生在新几内亚高地的一种神经退行疾病，由于当地近亲相食的风俗而传染。Gajdusek 的研究为后来朊病毒的发现奠定了重要的基础。

史坦利·布鲁希纳（Stanley Prusiner，1942～），美国加州大学旧金山分校教授，因为发现导致克雅氏病的病原体为朊病毒于 1997 年获得诺贝尔生理学或医学奖。由朊病毒导致的神经退行疾病包括疯牛病，大耳鹿慢性消耗病（僵尸病），羊瘙痒病，人的克雅氏病、致死性家族性失眠症和库鲁病等。朊病毒感染的本质是蛋白质而非核酸，因此其遗传特性的产生是中心法则的重要补充。

第三节 巨型病毒

一、基本简介

巨型病毒是指病毒颗粒巨大，超过 200nm 的一系列病毒，是巴尔的摩分类系统 I 类中的一类病毒，具有双链脱氧核糖核酸。这类病毒具有巨大的基因组并且很多的基因参与脱氧核糖核酸的复制、修复、转录和翻译。同时，这类病毒大多数可以在宿主的细胞质和细胞核中进行复制。

二、病毒特征

巨型病毒被建议属于核质巨大脱氧核糖核酸病毒目（*Megavirales*）（Colson et al., 2013），包含囊泡病毒科（*Ascoviridae*）、非洲猪瘟病毒科（*Asfarviridae*）、藻类 DNA 病毒科（*Phycodnaviridae*）、痘病毒科（*Poxviridae*）、虹彩病毒科（*Iridoviridae*）和

拟菌病毒科（*Mimiviridae*）6科，以及马赛病毒科（*Marseilleviridae*）、阔口罐病毒科（*Pithoviridae*）和潘多拉病毒科（*Pandoraviridae*）潜在3科，目前尚不确定这9科的病毒是否有共同的祖先。本节主要讲述马赛病毒科、拟菌病毒科、潘多拉病毒科、藻类DNA病毒科和阔口罐病毒科。

（一）马赛病毒科

马赛病毒科（*Marseilleviridae*）病毒最早于2007年从培养的刺叶多狸藻（*Acanthamoeba polyphaga*）中发现，主要感染阿米巴，有证据表明该科病毒的一种（Senegal virus，SGNV）可能存在于人体。病毒核酸为线性或环状，大小为372kb。病毒的复制和装配发生在宿主细胞质中。病毒颗粒为直径为190～250nm的正二十面体，通过膜融合方式进入细胞，再通过裂解方式释放病毒颗粒（Fabio et al.，2016；Colson et al.，2013）。

（二）拟菌病毒科

拟菌病毒科（*Mimiviridae*）含拟菌病毒属（*Mimivirus*）。该科病毒最早于2003年发现，具有目前已知最大的线性不分节基因组，大小可达1.18Mb，基因组的A+T含量高达72%。复制发生在宿主细胞质中。基因组编码1018个基因，但大多数蛋白质的功能未知，而且在其他病毒中也没有类似蛋白质。病毒粒子中含有完整的转录机器及重要的与翻译相关的重要蛋白酶。在微分干涉差显微镜下可以看到病毒颗粒近球形，直径750nm，内含由多糖生物多聚体构成的纤维包裹的不完全正二十面体的衣壳，直径可达500nm。成熟的病毒粒子从死亡的宿主细胞逐步释放而不是以裂解细胞方式释放。

病毒对pH、温度、还原剂、蛋白酶和去糖基化酶都有很强的抗性。病毒可以感染某些阿米巴原虫，早期报道和人的肺炎及关节炎有关联，目前该结论存疑。

（三）潘多拉病毒科

潘多拉病毒科（*Pandoraviridae*）含*Pandoravirus* 1个属，于2013年首次被报道，是目前已知的第二大的病毒，病毒粒子卵圆形，长可达约1μm。该科病毒的基因组为目前所知病毒中最大的，可达1.9～2.5Mb。病毒通过膜融合进入宿主，病毒核酸复制发生在细胞质中，复制的同时也进行病毒粒子的装配，成熟病毒粒子通过裂解宿主细胞释放。病毒基因组中有93%的孤儿基因（orphan gene），即在其他生命体中不存在同源性的基因。由于这些孤儿基因可能是由基因间核酸自发产生的，因此潘多拉病毒可能是新基因产生的温床，对于理解生命的起源和进化有重要意义。该科病毒可以感染阿米巴原虫，目前没有感染人的报道（Philippe et al.，2013）。

（四）藻类DNA病毒科

藻类DNA病毒科（*Phycodnavirida*）最早于1982年被发现，由*Chlorovirus*、*Coccolithovirus*、*Phaeovirus*、*Prasinovirus*、*Prymnesiovirus*和*Raphidovirus* 6个属组成。多数病毒颗粒为直径100～220nm的正二十面体，感染海洋或淡水藻类，有证据表明可能感染人类。病毒粒子通过受体介导的内吞方式进入宿主。该科病毒的基因组为双链脱氧核糖核酸，大小为100～560kb，G+C含量为40%～52%，编码超过1000个特异基因，构成复杂，大多数病毒基因组含甲基化修饰如 m5C（甲基化的 5C）或 m6A（甲基化的 6A）。有些基因组具有大范围的不编码序列，但是有些又具有单链脱氧核糖核酸序列。复制起始于宿主的细胞核，但终止于细胞质（Wilson et al.，2009；Moniruzzaman et al.，2016）。病毒颗粒最早于 1979 年被纯化（Mayer and Taylor，1979）。

（五）阔口罐病毒科

阔口罐病毒科（*Pithoviridae*）含阔口罐病毒属，在 2014 年发现于西伯利亚永冻层的一个 3 万年前形成的冰核中。病毒颗粒为阔口罐状，长约 1.5μm，直径约 0.5μm，是目前发现的最大的病毒颗粒。病毒基因组为 610kb 的环状双链脱氧核糖核酸，编码约 467 个蛋白质。病毒基因复制发生在阿米巴原虫细胞质中，部分病毒基因甚至可以插入宿主基因组中。基因突变频率估计为 2.23×10^{-6} 位点 / 年。该病毒的起源仍然未知。由于该病毒具有的 467 个基因当中有很多特异的基因，这对于研究生命的起源具有重要的意义。目前没有证据证明该病毒可以感染人类和动物。

第四节　内源性病毒

一、基本简介

内源性病毒或内源性病毒元件（endogenous virus element，EVE）是指来源于病毒但是整合到非病毒有机体生殖细胞（germline）染色体中的 DNA 序列。

二、病毒特征

大部分内源性病毒是逆转录内源性病毒（endogenous retrovirus，ERV），而非逆转录内源性病毒的比例极低。内源性病毒占人类基因组的 8% 左右，虽然大多数不能固定（fixed）到染色体中，但可作为等位基因（allele）而传代（Belshaw et al.，2004）。它可以是一个完整的病毒基因组，也可以是一个病毒基因组的一部分。虽然大多数内源性病毒在宿主 DNA 复制的过程中被突变而失活，但是部分内源性病毒可以受环境因素胁迫而激活。被激活的内源性病毒可能进一步导致内源性病毒整合到生殖细胞的染色体中。内源性病毒被激活的产物往往是蛋白质、核酸等非完整感染性颗粒。

内源性病毒已经在真菌、植物、动物和人的染色体中被鉴定出来。逆转录内源性病毒是转座子（transposon）的一个亚群（subclass），主要源自逆转录病毒，也可能源自突变转座的反转座子（retrotransposon）。而部分非逆转录内源性病毒可能源自细小病毒科（*Parvoviridae*）、丝状病毒科（*Filoviridae*）、博尔纳病毒科（*Bornaviridae*）、圆环病毒科（*Circoviridae*）和双生病毒科（*Geminiviridae*）。

三、研究历史

研究最多的内源性逆转录病毒主要源自禽类和小鼠。三种内源性逆转录病毒在 20 世纪 60 年代后期几乎同时被发现，包括家禽中存在的禽白血病病毒（avian leukosis virus，ALV）、小鼠的白血病病毒（murine leukemia virus，MLV）和小鼠乳腺肿瘤病毒（murine mammary tumor virus，MMTV）。1964 年 Howard Temin 提出了 DNA 原病毒（provirus）的假说，即病毒可以 DNA 形式整合到染色体中。1968 年 J. Sambrook 证实了这一假说。

在 20 世纪 60 年代，ALV 成为威胁产蛋母鸡越来越大的问题。Sarma 等发明了针对所有 ALV 血清型的检测方法——COFAL，可以检测 ALV 的主要衣壳抗原 p27 或称 Gag（组织特异性抗原）。Payne 和 Chubb 在 1968 年发现 Gag 具有显性孟德尔遗传特性。1968 年，Robin Weiss 提出在正常胚胎细胞中可能整合有逆转录病毒。1969 年 Robin Weiss 进一步研究发现某些正常鸡细胞可以给缺陷型呼吸道合胞病毒提供衣壳蛋白从而拯救病毒的缺陷。这些结果提示正常胚胎细胞中可能存在和逆转录病毒相关的元件。随后，Robin Weiss 于 1971 年提供证据表明 X 射线照射的细胞在回补 Gag 后可能产生了传染性病毒颗粒。随着 DNA 杂交印迹的出现，非常多种类的鸡中都发现了原病毒。

MLV 于 1951 年由 Ludwig Gross 在小鼠中发现，病毒颗粒在小鼠胚胎发育的后期能自动激活。1959 年 Lieberman 和 Kaplan 发现射线诱导的小鼠淋巴瘤滤取液会导致白血病，显示有传染性物质被诱导激活。Aaronson 等于 1969 年发现没有被感染的小鼠培养细胞出现 MLV 的自发释放，揭示 MLV 可能天然存于小鼠细胞中。Lowy 等发现化学刺激可以诱导 MLV 在小鼠细胞中产生，这个结果进一步表明天然存在小鼠细胞中的 MLV 可能处于潜伏状态。但是直到 20 世纪七八十年代，随着分子生物学的广泛应用，遗传图谱分析显示 MLV 是内源性病毒。

MMTV 于 1949 年被 Dmochowski 发现。1967 年 Peter Bentvelzen 报道在小鼠发生的可遗传的乳腺癌与 MMTV 的产生相关。随后于 1969 年 Peter Bentvelzen 证实导致小鼠乳腺癌的原因是 MMTV。

人类内源性病毒（human endogenous retrovirus，HERV）可通过多种方法被鉴定出来：① 动物源性逆转录病毒探针直接杂交、筛选人类基因组文库；② 大规模人基因组测序后基因位点的分析。目前，在人的基因组中找到约 98 000 个内源性病毒，占人基因组的 5%～8%。人类内源性病毒源于逆转录病毒感染人生殖细胞，其后逆转录病毒在长期的进化过程中固定在人类基因组中。大多数 HERV 由于移码突变、终止子迁移或长编码重复序列的重组而失去复制能力。很少的 HERV 的基因仍保留完整的阅读框，可编码部分功能完整的蛋白质。在某些辅助病毒存在条件下，一些 HERV 甚至可以形成完整的病毒颗粒。一个完整的 HERV 包含 U3RU5-*gag-pro-pol-env*-U3RU5，其中 U3RU5 是长编码重复序列，而 *gag-pro-pol-env* 是编码的基因。

运用 *pol* 基因与 *env* 基因的系统发育树分析并借鉴传统逆转录病毒的分类方法，HERV 被分为 3 个大家族：① 含 γ 逆转录病毒相似元件的Ⅰ类；② 含 β 逆转录病毒相似元件的Ⅱ类；③ 含泡沫病毒相似元件的Ⅲ类。

人类内源性病毒在发现后的相当长时间内被认为是垃圾 DNA。但是，于 1999 年从培养的多发性硬化病患者的巨噬细胞中发现的 HERV-W 提示人类内源性病毒可能有重要的生物学功能。目前证据表明 HERV-W 广泛存在于人的基因组中并能形成有活力的转录本，如合胞素-1（syncytin-1）可促使胚胎滋养细胞的融合，形成胎盘滋养层。

同时，合胞素-1还具有免疫抑制功能。此外，人类内源性病毒和多种疾病如系统性红斑狼疮症状、精神分裂症、乳腺癌等的发生和发展存在关联。但是具体的机制目前仍不清楚。

小　　结

不同于典型病毒，由类病毒、朊病毒、巨型病毒、内源性病毒等组成的非典型病毒虽然具有感染性，但是其病毒颗粒要么超过200nm，要么感染性物质由单一核酸或蛋白质构成。这个类群的发现对于我们认识世界无疑产生了强烈的冲击，它们是怎样演化来的，又将如何进一步演化？它们对于生物界的演化会产生怎样的影响？是否还有新形式的感染物质存在？

类病毒感染植物，不编码自身的蛋白质，通过自身特异的RNA结构和宿主因子相互作用，保证自身复制和传播。

朊病毒是传染性的蛋白质颗粒，由宿主本身的细胞型朊病毒蛋白发生构象改变而生成。朊病毒病分为散发型、遗传型和传染型三类。朊病毒诱导细胞型朊病毒蛋白构象转变和导致神经退行发生的机制是非常重要的科学问题。

巨型病毒是指病毒颗粒超过200nm的病毒，具有双链脱氧核糖核酸。病毒基因组中存在大量功能未知的孤儿基因。

内源性病毒或内源性病毒元件是指来源于病毒但是整合到非病毒有机体生殖细胞染色体中的DNA序列。虽然大多数内源性病毒在宿主DNA复制的过程中被突变而失活，但是部分内源性病毒可以受环境因素胁迫而激活。

复习思考题

1. 试比较各类非典型病毒的差别。
2. 类病毒可能是微小核酸演化来的吗？如果是，可能要经历什么样的过程？
3. 朊病毒演化的过程是什么？这种演化是否预示着中心法则的不完整性？
4. 内源性病毒是否构成生命进化的动力之一？是什么在限制整合的内源性病毒成为宿主有功能的基因？
5. 巨型病毒基因组中为什么存在那么多孤儿基因？巨型病毒可能的演化途径是什么？

（李朝阳）

参 考 文 献

Belshaw R, Pereira V, Katzourakis A, et al. 2004. Long-term reinfection of the human genome by endogenous retroviruses. Proc Natl Acad Sci U S A, 101: 4894-4899.

Bueler H, Aguzzi A, Sailer A, et al. 1993. Mice devoid of PrP are resistant to scrapie. Cell, 73: 1339-1347.

Capobianco R, Casalone C, Suardi S, et al. 2007. Conversion of the BASE prion strain into the BSE strain: the origin of BSE? PLoS Pathog, 3: e31.

Caughey B, Baron GS. 2006. Prions and their partners in crime. Nature, 443: 803-810.

Clewley JP, Kelly CM, Andrews N, et al. 2009. Prevalence of disease related prion protein in anonymous tonsil specimens in Britain: cross sectional opportunistic survey. BMJ (Clinical research ed.), 338: b1442.

Colson P, de Lamballerie X, Yutin N, et al. 2013. "Megavirales", a proposed new order for eukaryotic nucleocytoplasmic large DNA viruses. Arch Virol, 158: 2517-2521.

Colson P, Pagnier I, Yoosuf N, et al. 2013. "Marseilleviridae" , a new family of giant viruses infecting amoebae. Arch Virol, 158: 915-920.

Cronier S, Gros N, Tattum MH, et al. 2008. Detection and characterization of proteinase K-sensitive disease-related prion protein with thermolysin. Biochem J, 416: 297-305.

Daros JA, Elena SF, Flores R. 2006. Viroids: an Ariadne's thread into the RNA labyrinth. EMBO Reports, 7: 593-598.

Diener TO. 2017. Potato spindle tuber "virus": IV. A replicating, low molecular weight RNA. Virology, 45: 411-428.

Duffy P, Wolf J, Collins G, et al. 1974. Letter: possible person-to-person transmission of Creutzfeldt-Jakob disease. N Engl J Med, 290: 692-693.

Dornas FP, Assis FL , Aherfi S, et al. 2016. A Brazilian marseillevirus is the founding member of a lineage in family *Marseilleviridae*. Viruses, 8: 76.

Frosh A, Smith LC, Jackson CJ, et al. 2004. Analysis of 2000 consecutive UK tonsillectomy specimens for disease-related prion protein. Lancet (London, England), 364: 1260-1262.

Ghetti B, Piccardo P, Spillantini MG, et al. 1996. Vascular variant of prion protein cerebral amyloidosis with tau-positive neurofibrillary tangles: the phenotype of the stop codon 145 mutation in PRNP. Proc Natl Acad Sci U S A, 93: 744-748.

Gross HJ, Domdey H, Lossow C, et al. 1978. Nucleotide sequence and secondary structure of potato spindle tuber viroid. Nature, 273: 203-208.

Horton ER, Byron A, Askari JA, et al. 2015. Definition of a consensus integrin adhesome and its dynamics during adhesion complex assembly and disassembly. Nat Cell Biol, 17: 1577-1587.

Houston F, Foster JD, Chong A, et al. 2000. Transmission of BSE by blood transfusion in sheep. Lancet, 356: 999-1000.

Li C, Yu S, Nakamura F, et al. 2009. Binding of pro-prion to filamin A disrupts cytoskeleton and correlates with poor prognosis in pancreatic cancer. J Clin Invest, 119: 2725-2736.

Malaga-Trillo E, Solis GP, Schrock Y, et al. 2009. Regulation of embryonic cell adhesion by the prion protein. PLoS Biology, 7: e55.

Marsh RF, DB, Eckroade R, et al. 1969. A preliminary report on the experimental host range of the transmissible mink encephalopathy agent. J Infect Dis, 120: 713-719.

Moniruzzaman M, Gann ER, LeCleir GR, et al. 2016. Diversity and dynamics of algal *Megaviridae* members during a harmful brown tide caused by the pelagophyte, Aureococcus anophagefferens. FEMS Microbiol

Ecol, 92: fiw058.

Mayer JA, Taylor FJR. 1979. A virus which lyses the marine nanoflagellate Micromonas pusilla. Nature, 281: 299-301.

Philippe N, Legendre M, Doutre G, et al. 2013. Pandoraviruses: amoeba viruses with genomes up to 2.5Mb reaching that of parasitic eukaryotes. Science, 341: 281-286.

Piccardo P, Manson JC, King D, et al. 2007. Accumulation of prion protein in the brain that is not associated with transmissible disease. Proc Natl Acad Sci U S A, 104: 4712-4717.

Prusiner SB. 1998. Prions. Proc Natl Acad Sci U S A, 95: 13363-13383.

Sanger HL, Klotz G, Riesner D, et al.1976. Viroids are single-stranded covalently closed circular RNA molecules existing as highly base-paired rod-like structures. Proc Natl Acad Sci U S A, 73: 3852-3856.

Sigurdson CJ, and Miller MW. 2003. Other animal prion diseases. Br Med Bull, 66: 199-212.

Tamguney G, Miller MW, Wolfe LL, et al. 2009. Asymptomatic deer excrete infectious prions in faeces. Nature, 461: 529-532.

Wassenegger M, Heimes S, Riedel L, et al. 1994. RNA-directed *de novo* methylation of genomic sequences in plants. Cell, 76: 567-576.

Wells GA, Scott AC, Johnson CT, et al. 1987. A novel progressive spongiform encephalopathy in cattle. Vet Rec, 121: 419-420.

Wilson WH, Van Etten JL, Allen MJ. 2009. The phycodnaviridae: the story of how tiny giants rule the world. Curr Top Microbiol Immunol, 328: 1-42.

Zeidler M, Johnstone EC, Bamber RW, et al. 1997a. New variant Creutzfeldt-Jakob disease: psychiatric features. Lancet, 350: 908-910.

Zeidler M, Stewart GE, Barraclough CR, et al. 1997b. New variant Creutzfeldt-Jakob disease: neurological features and diagnostic tests. Lancet, 350: 903-907.